“十二五”普通高等教育本科国家级规划教材

“十三五”江苏省高等学校重点教材（编号：2017-1-110）

机床数控技术及应用

（第四版）

主　编　陈蔚芳　王宏涛

副主编　薛建彬　楼佩煌　罗福源

　　　　刘　凯　吴青聪

主　审　游有鹏

科学出版社

北　京

内 容 简 介

本书是“十二五”普通高等教育本科国家级规划教材，系统、全面地介绍了数控编程、数控原理、数控机床机械结构等方面的知识。全书共 10 章，内容包括数控技术概论、数控加工程序编制基础、数控加工编程方法、计算机数控装置、数控机床的运动控制原理、数控机床的检测装置、数控机床的伺服驱动系统、数控机床的机械结构与装置、分布式数字控制技术和柔性制造系统。

本书深入浅出，内容丰富，系统性强。在强化理论基础的同时，突出了实践性和先进性。

本书可作为高等工科院校机械工程、机械电子工程、机械设计制造及其自动化、飞行器制造工程等专业的本科生教材，也可作为从事数控技术研究与应用的工程技术人员的参考书。

图书在版编目(CIP)数据

机床数控技术及应用 / 陈蔚芳，王宏涛主编. —4 版. —北京：科学出版社，2019.9

“十二五”普通高等教育本科国家级规划教材 •“十三五”江苏省高等学校重点教材(编号：2017-1-110)

普通高等教育机械类国家级特色专业系列规划教材

ISBN 978-7-03-062363-8

Ⅰ. ①机… Ⅱ. ①陈… ②王… Ⅲ. ①数控机床-高等学校-教材 Ⅳ. ①TG659

中国版本图书馆 CIP 数据核字（2019）第 043191 号

责任编辑：朱晓颖　朱灵真 / 责任校对：王萌萌

责任印制：霍　兵 / 封面设计：迷底书装

科学出版社 出版

北京东黄城根北街 16 号

邮政编码：100717

http://www.sciencep.com

保定市中画美凯印刷有限公司 印刷

科学出版社发行　各地新华书店经销

*

2005 年 4 月第 一 版　开本：787×1092　1/16

2019 年 9 月第 四 版　印张：21 1/4

2021 年 12 月第 24 次印刷　字数：544 000

定价：69.80 元

(如有印装质量问题，我社负责调换)

前　言

科学技术的高速发展使制造业发生了翻天覆地的变化，普通机床逐渐被高效率、高精度的现代数控机床所代替，形成了巨大的生产力。数控机床的核心是机床数控技术，其发展和应用的水平标志着一个国家的工业生产能力和科学技术水平，也是实现制造系统自动化、柔性化、智能化的基础。

“数控技术”作为培养机械工程技术人才的一门专业课程，可使学生获得丰富的机械、控制、检测、编程、数控工艺等方面的基础知识和综合技能，满足社会对数控技术人才的需要。

本书与“数控技术”课程相配套，被列为“十二五”普通高等教育本科国家级规划教材、“十三五”江苏省高等学校重点教材，也曾入选普通高等教育“十一五”国家级规划教材，侧重于数控编程和数控原理，兼顾现代数控机床结构、分布式数控技术、柔性制造技术等方面的知识。编写时既注重基础性、系统性和综合性，也考虑应用性、实践性和先进性。文字叙述上力求深入浅出、通俗易懂。本书结合现代化手段，融入丰富实操类视频，读者可扫描书中二维码观看。不仅可以提高学生学习兴趣，也有助于加深对重点知识点的理解。

本书共 10 章，第 1 章介绍数控技术及数控机床的概念、组成、工作原理、分类和新发展；第 2 章介绍数控编程方面的基础知识，包括数控工艺、数学处理、常用编程指令和高速加工工艺；第 3 章介绍数控车床、数控铣床、数控线切割机床、加工中心、车铣复合机床的手工编程方法，同时介绍基于 UG 平台的自动编程方法；第 4 章介绍数控装置的硬件和软件结构及可编程控制器在数控系统中的应用；第 5 章介绍各种插补方法及其实现步骤，以及刀具半径补偿原理、进给加减速控制方法；第 6 章介绍数控机床常用的各种检测装置；第 7 章介绍应用于数控机床的多种控制电机及其驱动控制方式；第 8 章介绍数控机床机械结构的特点、主传动系统、进给传动系统及相关部件；第 9 章介绍分布式数控系统的概念、功能、控制方式、信息采集技术和应用实例；第 10 章介绍柔性制造系统的组成、功能、控制调度技术，最后给出应用实例。

本书第 1 章由陈蔚芳、刘凯编写，第 2 章、第 3 章由陈蔚芳编写，第 4 章由薛建彬、刘凯编写，第 5 章由王宏涛、陈蔚芳、罗福源编写，第 6 章、第 7 章由王宏涛、罗福源编写，第 8 章由薛建彬、吴青聪编写，第 9 章、第 10 章由楼佩煌、吴青聪编写。全书由陈蔚芳、王宏涛、刘凯统稿和定稿。

南京航空航天大学游有鹏教授和南京数控机床有限公司孙序泉教授级高工对本书进行了审阅，提出了许多宝贵意见，在此表示衷心的感谢！

在本书编写过程中，何磊、侯军明、郝小忠、刘志东提供了部分编程例题、工艺素材和加工视频，倪丽君、沈雨苏、曹新航等完成了书中大部分图形的绘制、部分文字的录入和整理工作，冷晟、史建新、赵正彩、周明虎等也提供了部分材料，对他们的大力支持表示感谢！

在此，还要向南京纳威精密机械有限公司、南京德西数控新技术有限公司、南京航空航天大学工程训练中心和南京工程学院表示感谢，感谢以上单位为本书提供的相关视频资料。

另外，本书编写时还参阅了大量相关文献、教材和 PPT 讲义，在此向相关作者表示感谢！

机床数控技术仍有许多理论需要进一步研究和完善，由于编写团队学识水平有限，书中难免存在不足或不妥之处，恳请广大读者批评指正。

编　者

2019 年 4 月

目　录

第1章 数控技术概论

1.1　数控技术的基本概念

数控技术是综合了计算机、自动控制、电机、电气传动、测量、监控、机械制造等学科领域成果而形成的一门技术。在现代机械制造领域中，数控技术已成为核心技术之一，是实现柔性制造（flexible manufacturing，FM）、计算机集成制造（computer integrated manufacturing，CIM）、工厂自动化（factory automation，FA）的重要基础技术之一。数控技术较早地应用于机床装备中，本书中的数控技术具体指机床数控技术。

国家标准《工业自动化系统　机床数值控制　词汇》（GB/T 8129—2015）把数值控制定义为"用数值数据的控制装置，在运行过程中不断地引入数值数据，从而对某一生产过程实现自动控制"，简称数控（numerical control，NC）。数控机床是装备了数控系统的机床。国际信息处理联盟第五技术委员会对数控机床作了如下定义："数控机床是一个装有程序控制系统的机床，该系统能够有逻辑地处理具有使用代码或其他符号编码指令规定的程序。"换言之，数控机床是一种采用计算机并利用数字信息进行控制的高效、能自动化加工的机床，它能够按照机床规定的数字化代码，把各种机械位移量、工艺参数、辅助功能（如刀具交换、冷却液开与关等）表示出来，经过数控系统的逻辑处理与运算，发出各种控制指令，实现要求的机械动作，自动完成零件加工任务。在被加工零件或加工工序变换时，它只需改变控制的指令程序就可以实现新的加工。所以，数控机床是一种灵活性很强、技术密集度及自动化程度很高的机电一体化加工设备。

随着自动控制理论、电子技术、计算机技术、精密测量技术和机械制造技术的进一步发展，数控技术正向高速度、高精度、智能化、网络化以及高可靠性等方向迅速发展。

1.2　机床数控技术的组成

机床数控技术由机床本体、数控系统和外围技术组成，如图 1-1 所示。

1.2.1　机床本体

机床本体主要由床身、立柱、工作台、导轨等基础件和刀库、刀架等配套件组成。数控机床的主运动、进给运动都由单独的伺服电机驱动，传动链短，结构较简单。为保证数控机床的快速响应特性，数控机床普遍采用精密滚珠丝杠和直线滚动导轨副。为保证数控机床的高精度、高效率和高自动化加工，机械结构应具有较高的动态特性、动态刚度、抗变形性能、耐磨性。除此之外，数控机床还配备有冷却、自动排屑、对刀、测量等配套装置，以利于更大地发挥数控机床的功能。

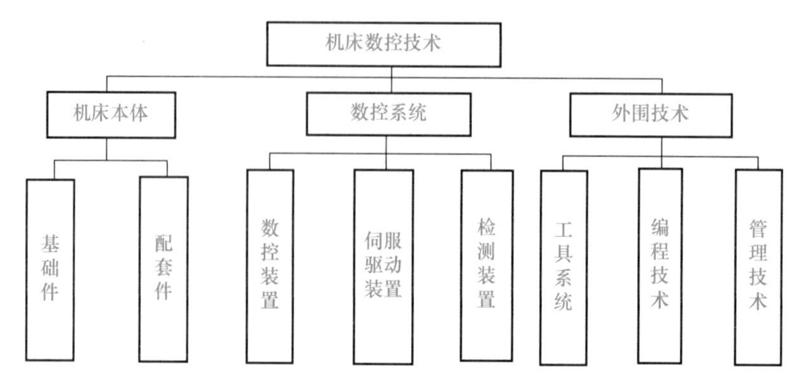

图 1-1 数控技术的组成

1.2.2 数控系统

数控系统是一种程序控制系统，能有逻辑地处理输入系统中的数控加工程序，控制数控机床运动并加工出零件。

图 1-2 为数控系统的基本组成，由输入/输出装置、计算机数控（computer numerical control，CNC）装置、可编程逻辑控制器（programmable logic controller，PLC）、主轴伺服单元与主轴驱动装置、进给伺服单元与进给驱动装置以及检测装置等组成。读者可扫描二维码，进一步了解数控系统的组成。

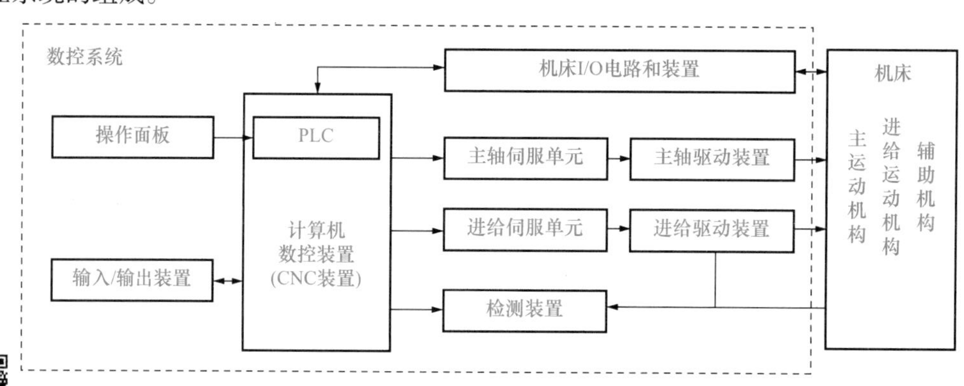

图 1-2 数控系统组成

1）CNC 装置

CNC 装置是数控系统的核心。在一般的数控加工过程中，首先启动 CNC 装置，在 CNC 装置内部控制软件的作用下，通过输入装置或输入接口读入零件的数控加工程序，并存放到 CNC 装置的程序存储器内。开始加工时，在控制软件作用下，将数控加工程序从存储器中读出，按程序段进行处理，先进行译码处理，将零件数控加工程序转换成计算机能处理的内部形式，将程序段的内容分成位置数据和控制指令，并存放到相应的存储区域，然后根据数据和指令的性质进行各种流程处理，完成数控加工的各项功能。

输入装置可以通过多种方式获得数控加工程序。早期数控机床，通过读取穿孔纸带上的信息获得编写好的数控加工程序。目前可以通过 MDI（manual data input）方式直接从键盘输入和编辑数控加工程序，也可以通过 USB、RS232C 等接口获得数控加工程序。有些高档的数控装置本身就包含了自动编程系统或 CAD/CAM 系统，只需通过键盘输入相应的零件几何信息和加工信息，就能生成数控加工程序。

CNC 装置通过编译和执行内存中的数控加工程序来实现多种功能。CNC 装置一般具有以下基本功能：坐标控制(XYZAB 代码)功能、主轴转速(S 代码)功能、准备(G 代码)功能、辅助(M 代码)功能、刀具(T 代码)功能、进给(F 代码)功能，以及插补功能、自诊断功能等。有些功能可以根据机床的特点和用途进行选择，如固定循环功能、刀具补偿(简称刀补)功能、通信功能、特殊的准备(G 代码)功能、人机对话编程功能、图形显示功能等。不同类型、不同档次的数控机床，其 CNC 装置的功能有很大的不同。CNC 系统制造厂商或供应商会向用户提供详细的 CNC 功能和各功能的具体说明书。

2) 伺服驱动装置

伺服驱动装置又称伺服系统，是 CNC 装置和机床本体的联系环节。伺服驱动装置把来自 CNC 装置的微弱指令信号调解、转换、放大后驱动伺服电机，通过执行部件驱动机床运动，使工作台精确定位或使刀具与工件按规定的轨迹做相对运动，最后加工出符合图纸要求的零件。数控机床的伺服驱动装置包括主轴伺服驱动单元(主要是速度控制)、进给伺服驱动单元(包括位置和速度控制)、回转工作台和刀库伺服控制装置以及相应的伺服电机等。伺服系统分为步进电机伺服系统、直流伺服系统、交流伺服系统、直线伺服系统。步进电机伺服系统比较简单，价格又低廉，所以在经济型数控车床、数控铣床、数控线切割中仍有使用。直流伺服系统从 20 世纪 70 年代到 80 年代中期在数控机床上获得了广泛的应用。但由于直流伺服系统使用机械(电刷、换向器)换向，维护工作量大。80 年代以后，由于交流伺服电机的材料、结构、控制理论和方法均有突破性的进展，电力电子器件的发展又为控制方法的实现创造了条件，交流伺服电机驱动装置发展很快，其最大优点是电机结构简单、不需要维护、适合在恶劣环境下工作。此外，交流伺服电机还具有动态响应好、转速高和容量大等优点。当今，在交流伺服系统中，除了驱动级，电流环、速度环和位置环可以全部采用数字化控制。交流伺服的控制模型、数控功能、静动态补偿、前馈控制、最优控制、自学习功能等均由微处理器及其控制软件高速实时地实现，使得其性能更加优越。直线伺服系统是一种新型高速、高精度的伺服机构，已开始在数控机床中使用。

3) 检测装置

检测装置主要用于闭环和半闭环系统。检测装置检测出实际的位移量，反馈给 CNC 装置中的比较器，与 CNC 装置发出的指令信号比较，如果有差值，就发出运动控制信号，控制数控机床执行部件向消除该差值的方向移动。不断比较指令信号与反馈信号，然后进行控制，直到差值为零，运动停止。

常用检测装置有旋转变压器、感应同步器、编码器、光栅、磁栅等。

4) PLC

在数控系统中除了进行轮廓轨迹控制和点位控制，还应控制一些开关量，如主轴的启动与停止、冷却液的开与关、刀具的更换、工作台的夹紧与松开等，在目前的数控系统中主要由 PLC 完成。

1.2.3　外围技术

外围技术主要包括工具系统(主要指刀具系统)、编程技术和管理技术。

1.3 数控加工零件的过程

在数控机床上加工零件时，要事先根据零件加工图纸的要求确定零件加工路线、工艺参数和刀具数据，再按数控机床编程手册的有关规定编写零件数控加工程序，然后通过输入装置将数控加工程序输入数控系统中，在数控系统控制软件的支持下，经过处理与计算后，发出相应的控制指令，通过伺服系统使机床按预定的轨迹运动，从而进行零件的切削加工。数控机床加工零件的过程如图 1-3 所示。

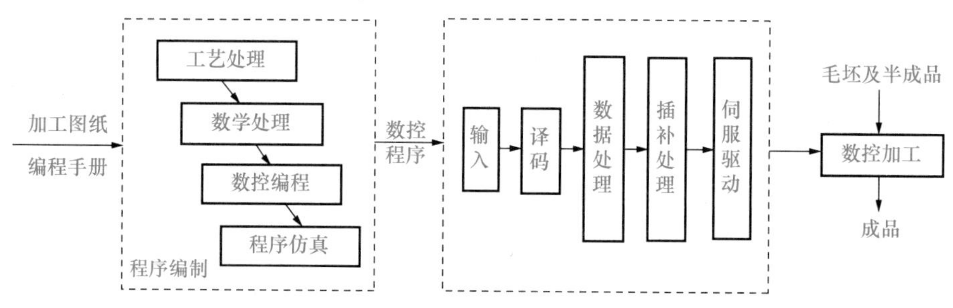

图 1-3　数控机床加工零件的过程

1）工艺处理

拿到零件加工图纸后，应对工件的形状、尺寸、位置精度、材料和技术要求进行分析，确定出合理的加工路线、装夹方式、刀具参数、对刀点和辅助动作顺序，同时还要考虑所用数控机床的指令功能。

2）数学处理

在工艺处理后，应根据刀具相对工件的运动轨迹、图纸上的几何尺寸，计算刀具中心轨迹，获得刀位数据。如果数控系统有刀具补偿功能，则只需要计算出轮廓轨迹上的坐标值。

3）数控编程和程序仿真

根据加工路线、工艺参数、刀位数据、数控系统规定的代码格式，编写数控加工程序，并利用数控程序仿真软件进行加工模拟，以检查运动轨迹是否正确，程序确认正确后，可存放在控制介质（如 U 盘等）上。

4）输入

数控加工程序通过输入装置输入数控系统。目前采用的输入方法主要有 USB 接口、RS232C 接口、MDI 手动输入、分布式数字控制（direct numerical control，DNC）接口、网络接口等。数控系统一般有两种不同的输入工作方式：一种是边输入边加工，DNC 即属于此类工作方式；另一种是一次性将零件数控加工程序输入计算机内部的存储器，加工时再由存储器一段一段地往外读出，USB 接口即属于此类工作方式。

5）译码

输入的程序中含有零件的轮廓信息（如直线起点和终点坐标，圆弧起点、终点及圆心坐标，孔的中心坐标及孔深等）、切削用量（进给速度、主轴转速）、辅助信息（换刀、冷却液开与关、主轴顺转与逆转等）。数控系统以一个程序段为单位，按照一定的语法规则把数控程序解释、翻译成计算机内部能识别的数据格式，并以一定的数据格式存放在指定的内存区内。在译码的同时还完成对程序段的语法检查，一旦有错，立即给出报警信息。

6）数据处理

数控系统的数据处理程序一般包括刀具补偿、速度计算以及辅助功能的处理程序。刀具补偿有刀具半径补偿和刀具长度补偿。刀具半径补偿的任务是根据刀具半径补偿值和零件轮廓轨迹计算出刀具中心轨迹。刀具长度补偿的任务是根据刀具长度补偿值和程序值计算出刀具轴向实际移动值。速度计算主要实现自动加减速处理，同时对机床允许的最低速度和最高速度的限制进行判别处理。辅助功能的处理主要完成指令的识别、存储与标记，这些指令大都是开关量信号，可由 PLC 控制。

7）插补处理

数控加工程序提供了刀具运动的起点、终点和运动轨迹，而刀具从起点沿直线或圆弧轨迹走向终点的过程则要通过数控系统的插补软件来控制。插补的任务就是通过插补计算程序，根据程序规定的进给速度要求，完成在轮廓起点和终点之间的中间点的坐标值计算，即数据点的密化工作。

8）伺服驱动与数控加工

伺服系统接收插补运算后的脉冲指令信号，经放大后驱动伺服电机，带动机床的执行部件运动，从而实现刀具切削零件的过程，完成零件的加工。

1.4　数控机床的特点与分类

1.4.1　数控机床的特点

数控机床是一种高效、新型的自动化机床，它与普通机床相比具有以下特点。

1）适应性、灵活性好

数控机床由于采用数控加工程序控制，当加工零件改变时，只要改变数控加工程序，便可实现对新零件的自动加工，因此能适应产品不断更新换代的要求，解决多品种、单件小批量生产的自动化问题，满足航空航天、汽车、船舶等制造业对复杂零件和型面零件的加工需要。

2）精度高、质量稳定

数控机床按照编好的程序自动加工，加工过程中不需要人工干预，这就消除了操作者人为产生的失误或误差。数控机床本身的刚度和精度高，并且精度保持性好，有利于零件加工质量的稳定。数控机床可以利用软件进行误差补偿和校正，也使数控加工具有较高的精度。

3）生产效率高

数控机床的进给运动和主运动都采用无级调速，且调速范围大，可选择合理的切削速度和进给速度；可以进行在线检测和补偿，避免数控机床加工中的停机时间；可进行自动换刀、自动交换工作台，减少了换刀和工件装卸时间；可在一次装夹中实现多工序、多工件加工，减少了工件装夹、对刀等辅助时间；数控加工工序集中，可减少零件在车间或工作单元间的周转时间。因此，数控加工生产率较高，一般零件可以高出 3～4 倍，复杂零件可提高十几倍甚至几十倍。

4）劳动强度低、劳动条件好

数控机床的操作者一般只需装卸零件、更换刀具、利用操作面板控制机床的自动加工，不需要进行繁杂的重复性手工操作，因此劳动强度可大为减轻。此外，数控机床一般都具有较好的安全防护、自动排屑、自动冷却和自动润滑装置，操作者的劳动条件可得到很大改善。

5）有利于现代化生产与管理

采用数控机床加工能方便、精确地计算零件的加工时间，以及计算生产和加工的费用，有利于生产过程的科学管理和信息化管理。数控机床是 DNC、FMS（柔性制造系统）等先进制造系统的基础，便于制造系统的集成。

6）使用、维护要求高

数控机床是综合多学科、新技术的产物，机床价格高，设备一次性投资大，因此，机床的操作和维护要求较高。为保证数控加工的综合经济效益，要求机床的使用者和维修人员具有较高的专业素质。

1.4.2 数控机床的分类

数控机床的品种规格繁多，分类方法不一。根据数控机床的功能、结构、组成不同，可从运动控制方式、伺服系统类型、功能水平、工艺方法几个方面进行分类，如表 1-1 所示。

表 1-1 数控机床的分类

分类方法	数控机床类型		
按运动控制方式分类	点位控制数控机床	直线控制数控机床	轮廓控制数控机床
按伺服系统类型分类	开环控制数控机床	半闭环控制数控机床	闭环控制数控机床
按功能水平分类	经济型数控机床	中档型数控机床	高档型数控机床
按工艺方法分类	金属切削数控机床	金属成形数控机床	特种加工数控机床

1. 按运动控制方式分类

根据数控机床运动控制方式的不同，可将数控机床分成点位控制数控机床、直线控制数控机床和轮廓控制数控机床三种类型，如图 1-4 所示。

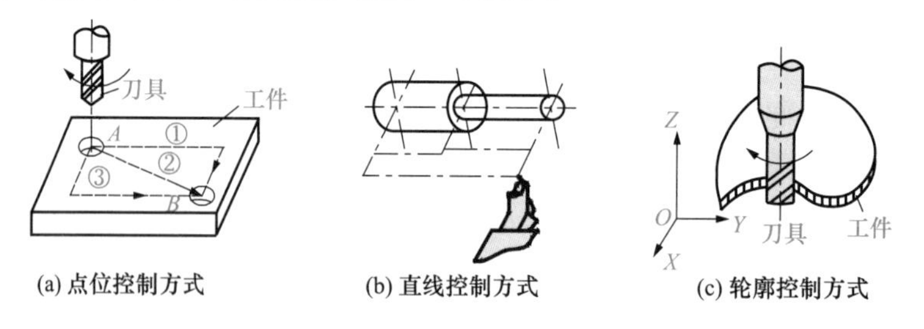

图 1-4 数控机床的运动控制方式

1）点位控制数控机床

点位控制数控机床的特点是机床的运动部件只能够实现从一个位置到另一个位置的精确定位，从一个位置到另一个位置的移动轨迹则无严格要求，在机床运动部件的移动过程中，不进行切削加工。为了尽量减少运动部件最终到达目标位置的时间，并提高定位精度，通常先快速接近终点坐标，然后低速准确到达终点位置。典型的点位控制数控机床有数控钻床、数控冲床、数控点焊机等。

2）直线控制数控机床

直线控制数控机床的特点是机床的运动部件不仅要求实现从一个位置到另一个位置的精确定位，而且要求机床工作台或刀具（刀架）以给定的进给速度，沿平行于坐标轴的方向或与坐标轴成 45°的方向进行直线移动和切削加工。目前具有这种运动控制方式的数控机床很少。

3）轮廓控制数控机床

轮廓控制数控机床的特点是机床的运动部件能够实现两个或两个以上坐标轴的联动控制，使刀具与工件间的相对运动符合工件轮廓要求。该类机床在加工过程中，不仅要求控制机床运动部件的起点与终点坐标位置，而且要求对整个加工过程中每一点的位移和速度进行严格的控制。典型的轮廓控制数控机床有数控铣床、数控车床等。

对于轮廓控制数控机床，根据同时控制坐标轴的数目可分为两轴、两轴半、三轴、四轴和五轴联动。两轴联动同时控制两个坐标轴实现二维直线、圆弧、曲线的轨迹控制。两轴半联动除了控制两个坐标轴联动，还同时控制第三坐标轴做周期性进给运动，实现简单曲面的轨迹控制。三轴联动同时控制三个坐标轴联动，实现曲面的轨迹控制。四轴、五轴联动除了控制 X、Y、Z 三个直线坐标轴，还能同时控制一个或两个回转坐标轴，如工作台的旋转、刀具的摆动等，从而实现复杂曲面的轨迹控制。图 1-5 为二至五轴联动加工示意图。读者可扫描二维码，观看相关视频。

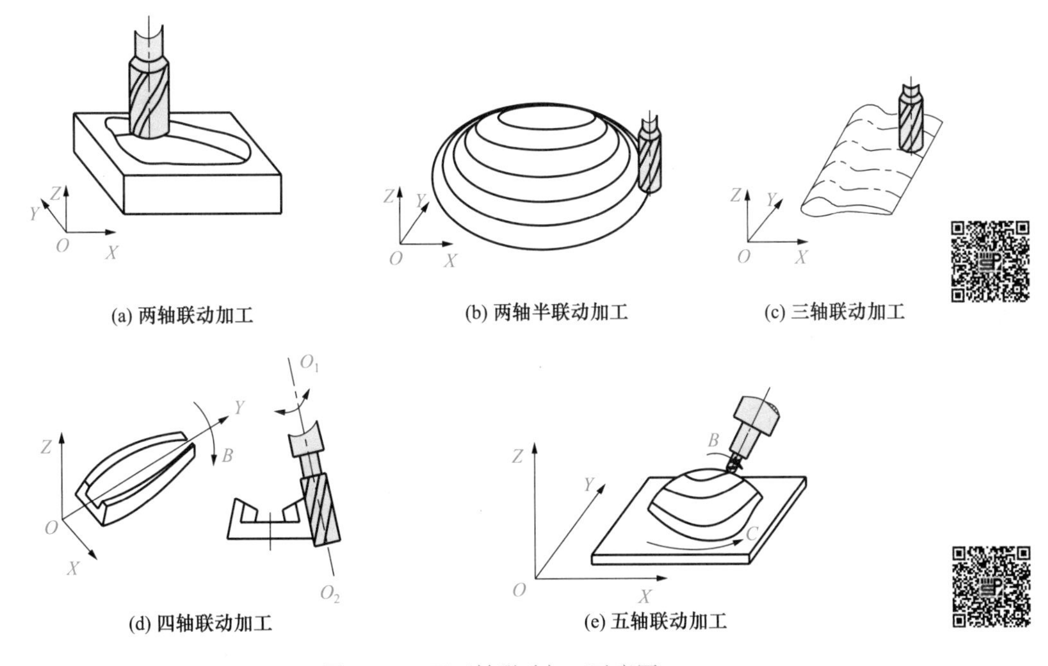

图 1-5　二至五轴联动加工示意图

由于加工中心（指带有自动换刀装置、能进行多工序加工的机床）同时具有点位和轮廓控制功能，直线控制的数控机床又很少，因此按上述运动控制方式进行分类的方法在目前的数控机床之间很难给出明确的界限。

2. 按伺服系统类型分类

根据数控机床伺服驱动控制方式的不同，可将数控机床分成开环控制数控机床、闭环控制数控机床和半闭环控制数控机床三种类型，如图 1-6 所示。

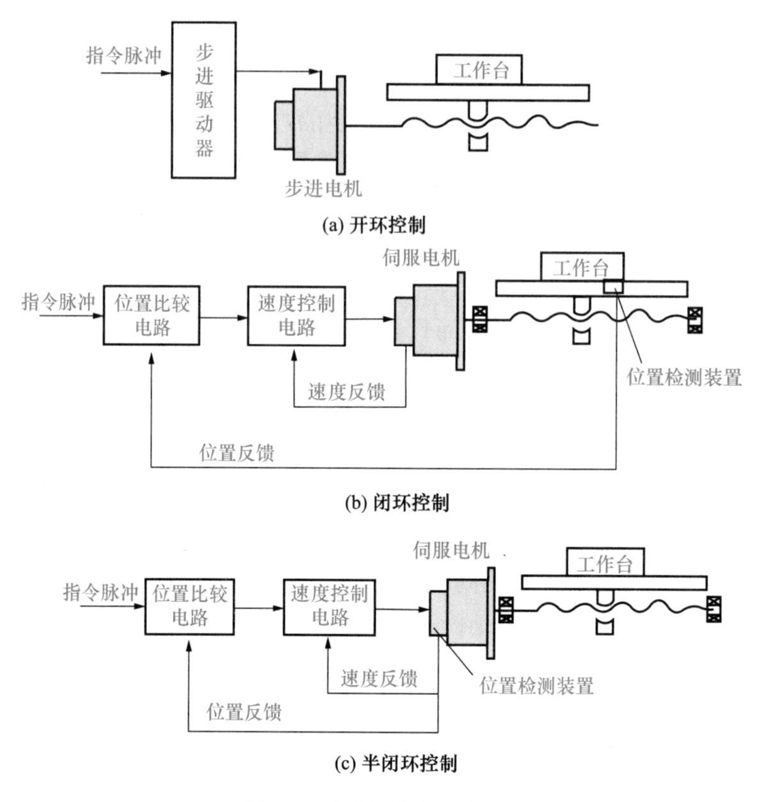

图 1-6　伺服系统控制方式

1) 开环控制数控机床

没有位置检测装置的数控机床称为开环控制数控机床。数控装置发出的控制指令直接通过驱动装置控制步进电机的运转，然后通过机械传动系统转化成刀架或工作台的位移。开环控制数控机床结构简单，制造成本较低，价格便宜，在我国有广泛应用。但是，由于这种控制系统没有位置检测装置，无法通过反馈进行误差检测和校正，因此位置精度一般不高。

2) 闭环控制数控机床

闭环控制数控机床带有位置检测装置，而且位置检测元件安装在机床刀架或工作台等执行部件上，用以随时检测这些执行部件的实际位置。插补得到的指令位置与位置检测装置反馈的实际位置相比较，根据差值控制电机旋转，进行误差修正，直到位置误差消除。这种闭环控制方式可以消除由机械传动部件误差给加工精度带来的影响，因此可得到很高的加工精度，但由于丝杠螺母副和工作台导轨副这些大惯量的装置位于闭环控制环内，所以系统稳定性受到影响，调试困难，且结构复杂、价格昂贵。

3) 半闭环控制数控机床

半闭环控制数控机床也带有位置检测装置，一般安装在伺服电机上或丝杠的端部，通过检测伺服电机或丝杠的角位移间接计算出机床工作台等执行部件的实际位置，然后与指令位置进行比较，进行差值控制。这种机床的闭环控制环内不包括丝杠螺母副和机床工作台导轨副等大惯量装置，因此可以获得稳定的控制特性，而且系统调试比较方便，价格也较闭环系统便宜。

3. 按功能水平分类

按照数控系统的功能水平，数控机床可以分为经济型数控机床、中档型数控机床和高档型数控机床三种类型。这种分类方法目前并无明确的定义和确切的分类界限，不同国家分类的含义也不同，不同时期的含义也在不断发展变化。

1）经济型数控机床

经济型数控机床的进给伺服驱动一般是由步进电机实现的开环驱动，功能简单、价格低廉、精度中等，能满足形状较简单的直线、圆弧及螺纹加工。一般控制轴数在三轴以下，脉冲当量（机床分辨率）多为 10μm，进给速度在 10m/min 以下。

2）中档型数控机床

中档型数控机床也称标准型数控机床，采用交流或直流伺服电机实现半闭环或闭环驱动，能实现四轴或四轴以下联动控制，脉冲当量为 1μm，进给速度为 15～24m/min，一般采用 16 位或 32 位处理器，具有 RS232C 接口且内装 PLC，具有图形显示功能及面向用户的宏程序功能。

3）高档型数控机床

高档型数控机床指加工复杂形状的多轴联动数控机床或加工中心，功能强、工序集中、自动化程度高、柔性高。一般采用 32 位以上微处理器，形成多 CPU 结构。采用数字化交流伺服电机形成闭环驱动，并开始使用直线电机，具有主轴伺服功能，能实现五轴以上联动，脉冲当量为 0.1～1μm，进给速度可达 100m/min 以上。具有宜人的图形用户界面，有三维动画功能，能进行加工仿真检验；同时具有多功能智能监控系统和面向用户的宏程序功能；还有很强的智能诊断和智能工艺数据库，能实现加工条件的自动设定；且具有网络接口，能实现计算机联网和通信。

4. 按工艺方法分类

按工艺方法，数控机床可分为金属切削数控机床、金属成形数控机床和特种加工数控机床，也可分为普通数控机床（指加工用途、加工工艺单一的机床）和加工中心。

1）金属切削数控机床

金属切削数控机床品种较多，有数控车床、数控铣床、数控钻床、数控磨床、带有刀库并能实现自动换刀的车削中心和铣镗加工中心。车削中心以完成各种车削加工为主，也能完成铣平面、铣键槽及钻横孔等工序；铣镗加工中心主要完成铣、镗、钻、攻丝等工序的加工。

2）金属成形数控机床

金属成形数控机床是指使用挤、冲、压、拉等成形工艺的数控机床，如数控压力机、折弯机、弯管机、旋压机等。

3）特种加工数控机床

特种加工数控机床主要指数控线切割机、电火花成形机、火焰切割机、激光加工机等。读者可扫描二维码，观看激光加工视频。

1.5　数控技术的发展趋势

数控机床最早诞生于美国。1948 年，美国帕森斯公司在研制加工直升机叶片轮廓检查用样板的机床时，提出了数控机床的设想，后受美国空军委托与麻省理工学院合作，于 1952 年试制了世界上第一台三坐标数控立式铣床，其数控系统采用电子管。1960年开始，联邦德国、日本、中国等都陆续地开发、生产及使用数控机床，中国于1968年由北京第一机床厂研制出第一台数控机床。1974年，微处理器直接用于数控机床，进一步促进了数控机床的普及应用和飞速发展。

由于微电子和计算机技术的不断发展，数控机床的数控系统一直在不断更新，到目前为止已经历过以下几代变化。

第一代数控(1952～1959年)：采用电子管构成的硬件数控系统。

第二代数控(1959～1965年)：采用以晶体管电路为主的硬件数控系统。

第三代数控(1965年开始)：采用小、中规模集成电路的硬件数控系统。

第四代数控(1970年开始)：采用大规模集成电路的小型通用电子计算机数控系统。

第五代数控(1974年开始)：采用微型计算机控制的数控系统。

第六代数控(1990年开始)：采用工控PC的通用CNC系统。

前三代为第一阶段，数控系统主要是由硬件联结构成，称为硬件数控；后三代称为计算机数控，其功能主要由软件完成。

近20年来，科学技术的发展，以及先进制造技术的兴起和不断成熟，对数控技术提出了更高的要求。目前数控技术主要朝以下方向发展。

1)向高速度、高精度方向发展

精度和速度是数控机床的两个重要指标，直接关系到产品的质量和档次、产品的生产周期与在市场上的竞争能力。

在加工精度方面，近10年来，普通级数控机床的加工精度已由10μm提高到5μm，精密级加工中心则从3～5μm提高到1～1.5μm，并且超精密加工精度已进入纳米级(0.001μm)。加工精度的提高不仅在于采用了滚珠丝杠副、静压导轨、直线滚动导轨、磁浮导轨等部件，提高了CNC系统的控制精度，应用了高分辨率的位置检测装置，而且在于使用了各种误差补偿技术，如丝杠螺距误差补偿、刀具误差补偿、热变形误差补偿、空间误差综合补偿等。

在加工速度方面，高速加工源于20世纪90年代初，以电主轴和直线电机的应用为特征，使主轴转速达100000r/min以上，进给速度达60m/min以上，进给加速度和减速度达到1g以上。微处理器的迅速发展，使运算速度极大提高，当分辨率为0.1μm、0.01μm时仍能获得高达24～240m/min的进给速度。高速进给要求数控系统具有足够的超前路径加(减)速优化预处理能力(前瞻处理)，有些系统可提前处理5000个程序段。为保证加工速度，高档数控系统可在每秒内进行2000～10000次进给速度的改变。换刀时间逐渐缩短，目前国外先进加工中心的刀具交换时间普遍在1s左右，有的已达0.5s。

2)向柔性化、功能复合化方向发展

数控机床在提高单机柔性化的同时，朝单元柔性化和系统化方向发展，如出现了数控多轴加工中心、换刀换箱式加工中心等具有柔性的高效加工设备；出现了由多台数控机床组成底层加工设备的柔性制造单元(flexible manufacturing cell，FMC)、柔性制造系统(flexible manufacturing system，FMS)、柔性加工线(flexible manufacturing line，FML)。

在现代数控机床上，自动换刀装置、自动工作台交换装置等已成为基本装置。随着数控机床向柔性化方向的发展，功能复合化更多地体现在：工件自动装卸，工件自动定位，刀具自动对刀，工件自动测量与补偿，集钻、车、镗、铣、磨为一体的“万能加工”和集装卸、加工、测量为一体的“完整加工”等。读者可扫描二维码，观看车铣复合

机床视频。

3）向智能化方向发展

随着人工智能在计算机领域不断渗透和发展，数控系统向智能化方向发展。在新一代的数控系统中，由于采用“进化计算”（evolutionary computation）、“模糊系统”（fuzzy system）和“神经网络”（neural network）等控制机理，性能大大提高，具有加工过程的自适应控制、负载自动识别、工艺参数自生成、运动参数动态补偿、智能诊断、智能监控等功能。

(1)引进自适应控制技术。由于在实际加工过程中，影响加工精度的因素较多，如工件余量不均匀、材料硬度不均匀、刀具磨损、工件变形、机床热变形等，这些因素事先难以预知，以致在实际加工中，很难用最佳参数进行切削。引进自适应控制技术的目的是使加工系统能根据切削条件的变化自动调节切削用量等参数，使加工过程保持最佳工作状态，从而得到较高的加工精度和较小的表面粗糙度，同时也能延长刀具的使用寿命和提高设备的生产效率。

(2)故障自诊断、自修复功能。在系统整个工作状态中，利用数控系统内装程序随时对数控系统本身以及与其相连的各种设备进行自诊断、自检查。一旦出现故障，立即采用停机等措施，并进行故障报警，提示发生故障的部位和原因等，并利用“冗余”技术，自动使故障模块脱机，接通备用模块。

(3)刀具寿命自动检测和自动换刀功能。利用红外、声发射、激光等检测手段，对刀具和工件进行检测。发现工件超差、刀具磨损和破损等，及时报警、自动补偿或更换刀具，确保产品质量。

(4)模式识别技术。应用图像识别和声控技术，使机床自己辨识图样，按照自然语言命令进行加工。

(5)智能化交流伺服驱动技术。目前已研究出能自动识别负载并自动调整参数的智能化伺服系统，包括智能化主轴交流驱动装置和进给伺服驱动装置，使驱动系统获得最佳运行。

4）向高可靠性方向发展

数控机床的可靠性一直是用户最关心的主要指标，它主要取决于数控系统各伺服驱动单元的可靠性。为提高可靠性，目前主要采取以下措施。

(1)采用更高集成度的电路芯片，采用大规模或超大规模的专用及混合式集成电路，以减少元器件的数量，提高可靠性。

(2)通过硬件功能软件化，适应各种控制功能的要求，同时通过硬件结构的模块化、标准化、通用化及系列化，提高硬件的生产批量和质量。

(3)增强故障自诊断、自恢复和保护功能，对系统内硬件、软件和各种外部设备进行故障诊断、报警。当发生加工超程、刀损、干扰、断电等各种意外时，自动进行相应的保护。

5）向网络化方向发展

数控机床的网络化将极大地满足柔性生产线、柔性制造系统、制造企业对信息集成的需求，也是实现新的制造模式，如敏捷制造（agile manufacturing，AM）、虚拟企业（virtual enterprise，VE）、全球制造（global manufacturing，GM）的基础单元。目前先进的数控系统为用户提供了强大的联网能力，除了具有RS232C接口，还带有具有远程缓冲功能的DNC接口，可以实现多台数控机床间的数据通信和直接对多台数控机床进行控制。有的已配备与工业局域网通信的功能以及网络接口，促进了系统集成化和信息综合化，使远程在线编程、远程仿真、远程操作、远程监控及远程故障诊断成为可能。

6）向标准化方向发展

数控标准是制造业信息化发展的一种趋势。数控技术诞生后的70多年里，信息交换都是基于ISO 6983标准，即采用G代码、M代码对加工过程进行描述的。显然，这种面向过程的描述方法已越来越不能满足现代数控技术高速发展的需要。为此，国际上正在研究和制定一种新的CNC系统标准ISO 14649（STEP-NC），其目的是提供一种不依赖于具体系统的中性机制，能够描述产品整个生命周期内的统一数据模型，从而实现整个制造过程，乃至各个工业领域产品信息的标准化。

7）向现场总线控制方向发展

随着数控系统开放化、智能化和网络化的发展，传统脉冲式或模拟式系统控制接口方式已不能满足高速、高精、多通道、复合化的要求，数控装置和伺服驱动器、I/O之间越来越多地采用现场总线的通信方式。现场总线支持数据双向传输，具有传输速率高、传输距离远、抗干扰能力强的优点，可以实现良好的实时性、同步性和可靠性，大大提高了数控系统的运算能力和柔性，简化了数控系统部件之间的连接，是实现机床多通道多轴联动复杂控制的技术保障。

8）向驱动并联化方向发展

并联机床（又称虚拟轴机床）是20世纪最具革命性的机床运动结构的突破，引起了普遍关注。并联机床（图1-7）由基座、平台、多根可伸缩杆组成，每根杆件的两端通过球面支承分别将动平台与基座相连，并由伺服电机和滚珠丝杠按数控指令实现伸缩运动，使动平台带动主轴部件或工作台做任意轨迹的运动。并联机床结构简单但计算复杂，整个平台的运动牵涉相当庞大的数学运算，因此并联机床是一种知识密集型机构。并联机床与传统串联式机床相比具有刚度高、承载能力高、速度高、精度高、质量轻、机械结构简单、制造成本低、标准化程度高等优点，在许多领域都得到了成功的应用。

由并联、串联同时组成的混联式数控机床，不但具有并联机床的优点，而且在使用上更具实用价值，是一类很有前途的数控机床。读者可扫描二维码，观看相关视频。

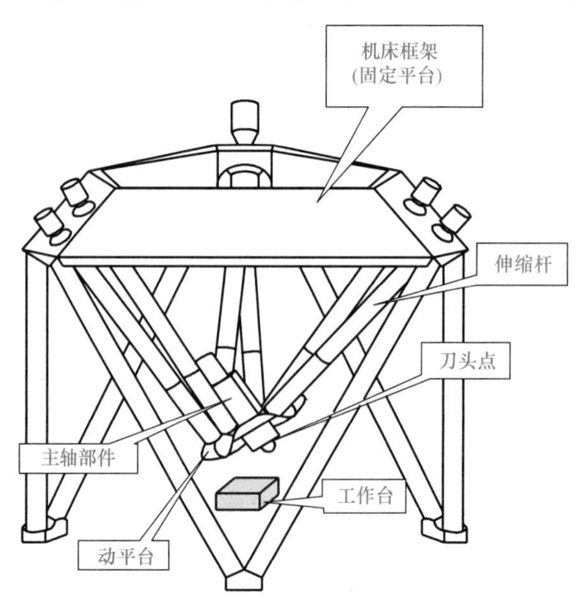

图1-7　并联机床结构图

复习思考题

1-1　什么是机床数控技术？机床数控技术由哪几部分组成？

1-2　数控加工有哪些主要特点？

1-3　什么是开环控制、闭环控制、半闭环控制？

1-4　什么是点位控制、直线控制和轮廓控制？它们的主要特点与区别是什么？

1-5　简述数控系统的组成及各部分的主要功能。

1-6　数控技术的发展趋势是什么？

1-7　简述在数控机床上加工零件的全过程。

1-8　为什么说数控机床的网络化是实现新的制造模式(如 FMS、CIMS)的基础单元？

第2章 数控加工程序编制基础

2.1 概　　述

2.1.1 数控编程的基本概念

数控机床之所以能加工出不同形状、不同尺寸和精度的零件，是因为有编程人员为它编制不同的加工程序。所以说数控编程工作是数控机床使用中最重要的一环。数控编程技术涉及制造工艺、计算机技术、数学、人工智能、微分几何等众多学科领域知识。

在加工程序编制以前，首先对零件图纸规定的技术要求、几何形状、加工内容、加工精度等进行分析，在分析基础上确定加工方案、加工路线、对刀点、刀具和切削用量等，然后进行必要的坐标点计算。在完成工艺分析并获得坐标点的基础上，将确定的工艺过程、工艺参数、刀具位移量与方向以及其他辅助动作，按走刀路线和所用数控机床规定的代码格式编制出程序单，经验证后通过 MDI、RS232C 接口、USB 接口、DNC 接口等多种方式输入数控系统，以控制机床自动加工。这种从分析零件图纸开始，到获得数控机床所需的数控加工程序的全过程称为数控编程。

2.1.2 数控编程的内容和步骤

数控编程的主要内容包括零件图分析、工艺处理、数学处理、程序编制、控制介质制备、程序校验和试切削。具体步骤与要求如下。

1) 零件图分析

拿到零件图后首先要进行数控加工工艺性分析，根据零件的材料、毛坯种类、形状、尺寸、精度、表面质量和热处理要求等确定合理的加工方案，并选择合适的数控机床。

2) 工艺处理

工艺处理涉及内容较多，主要有以下几点。

(1) 加工方法和工艺路线的确定。按照能充分发挥数控机床功能的原则，确定合理的加工方法和工艺路线。

(2) 刀具、夹具的设计和选择。数控加工刀具确定时要综合考虑加工方法、切削用量、工件材料等因素，满足调整方便、刚性好、精度高、耐用度好等要求。数控夹具设计和选用时，应能迅速完成工件的定位和夹紧过程，以减少辅助时间，并尽量使用组合夹具、柔性夹具，以缩短生产准备周期。此外，所用夹具应便于安装在机床上，便于协调工件和机床坐标系的尺寸关系。

(3) 对刀点的选择。对刀点是程序执行的起点，选择时应以简化程序编制、容易找正、在加工过程中便于检查、减小加工误差为原则。对刀点可以设置在被加工工件上，也可以设置在夹具或机床上。为了提高零件的加工精度，对刀点应尽量设置在零件的设计基准或工艺基准上。

(4) 加工路线的确定。加工路线确定时要保证被加工零件的精度和表面粗糙度要求，尽量缩短走刀路线、减少空走刀行程，有利于简化数值计算、减少程序段的数目和编程工作量。

(5) 切削用量的确定。切削用量包括切削深度、主轴转速和进给速度。切削用量的具体数值应根据数控机床使用说明书的规定、被加工工件材料、加工内容以及其他工艺要求，并结合经验数据综合考虑。

3) 数学处理

数学处理就是根据零件的几何尺寸和确定的加工路线，计算数控加工所需的输入数据。一般数控系统都具有直线插补、圆弧插补和刀具补偿功能，因此加工由直线和圆弧组成的二维轮廓零件时，只需计算出零件轮廓上相邻几何元素的交点或切点(称为基点)坐标值。对于较复杂的零件或零件的几何形状与数控系统的插补功能不一致时，就需要进行较复杂的数值计算。例如，对于非圆曲线，需要用直线段或圆弧段作逼近处理，在满足精度的条件下，计算出相邻直线段或圆弧段的交点或切点(称为节点)坐标值。对于自由曲线、自由曲面和组合曲面的程序编制，其数学处理更为复杂，一般需要通过拟合和逼近处理，获得直线段或圆弧段的节点坐标值。

4) 程序编制

在完成工艺处理和数学处理工作后，可以根据所使用机床的指令格式，逐段编写零件加工程序。编程前，只有了解数控机床的性能、功能以及程序指令，才能编写出正确的数控加工程序。此外，还应根据需要填写相关的工艺文件，如数控刀具卡片、加工示意图等。

5) 控制介质制备

程序编完后，可根据需要制备控制介质，作为数控系统输入信息的载体。目前主要有 U 盘、移动硬盘等。早期使用的穿孔纸带、磁带、软盘等，现已淘汰。数控加工程序还可直接通过数控系统操作面板手动输入，或通过 USB、RS232C、DNC 接口输入。

6) 程序校验和试切削

数控加工程序一般应经过校验和试切削才能用于正式加工。在具有图形显示功能和动态模拟功能的数控机床上或 CAD/CAM 软件中，可用图形模拟刀具切削工件以检验运动轨迹是否正确。对于重要零件和复杂零件，在正式加工前一般还需进行试切削。当发现有加工误差时，可以分析误差产生的原因，及时采取措施加以纠正。

2.1.3　数控编程的方法

数控编程的方法主要分为两大类：手工编程和自动编程。

1) 手工编程

手工编程是指由人工完成数控编程的全部工作，包括零件图分析、工艺处理、数学处理、程序编制等。

对于几何形状或加工内容比较简单的零件，数值计算也较简单，程序段不多，采用手工编程较容易完成。因此，在点位加工或由直线与圆弧组成的二维轮廓加工中，手工编程方法仍被广泛使用。但对于形状复杂的零件，特别是具有非圆曲线、列表曲线或列表曲面的零件(如叶片、复杂模具)，手工编程难度较大，计算烦琐，出错的可能性增大，效率又低，有时甚至无法编出程序，因此必须采用自动编程方法编制数控加工程序。

2）自动编程

自动编程是指由计算机来完成数控编程的大部分或全部工作，如数学处理、加工仿真、数控加工程序生成等。自动编程方法减轻了编程人员的劳动强度，缩短了编程时间，提高了编程质量，同时解决了手工编程无法解决的复杂零件的编程难题，也有利于与 CAD 系统实现信息集成。

自动编程方法种类很多，发展也很迅速。根据信息输入方式及处理方式的不同，主要分为语言式编程、图形交互式编程、语音编程等方法。语言式编程以数控语言为基础，需要编写包含几何定义语句、刀具运动语句、后置处理语句的“零件源程序”，经编译处理后生成数控加工程序，这是数控机床出现早期普遍采用的编程方法。图形交互式编程是指基于某一 CAD/CAM 软件或 CAM 软件，人机交互完成加工图形定义、工艺参数设定，后经过系统自动处理生成刀具轨迹和数控加工程序。图形交互式编程是目前最常用的方法。语音编程是通过语音把零件加工过程输入计算机，经过系统处理后生成数控加工程序。由于技术难度较大，尚不通用。

2.1.4 数控机床坐标系

1）坐标轴的命名及方向

为方便数控加工程序的编制以及使程序具有通用性，国际上数控机床的坐标轴和运动方向均已标准化。我国于 1999 年颁布了《数控机床坐标和运动方向的命名》(JB/T 3051—1999)标准。标准规定，在加工过程中无论是刀具移动、工件静止，还是工件移动、刀具静止，一般都假定工件相对静止，刀具在移动，并同时规定刀具远离工件的方向作为坐标轴的正方向。

直线运动的坐标轴采用右手笛卡儿坐标系，如图 2-1 所示。大拇指指向 X 轴的正方向，食指指向 Y 轴的正方向，中指指向 Z 轴的正方向，三个坐标轴互相垂直。此外，当数控机床直线运动多于三个坐标轴时，用 U、V、W 表示平行于 X、Y、Z 轴的第二组直线运动坐标轴，用 P、Q、R 分别表示平行于 X、Y、Z 轴的第三组直线运动坐标轴。旋转运动的坐标轴用右手螺旋定则确定，用 A、B、C 分别表示绕 X、Y、Z 轴的旋转运动，旋转运动的正方向为四指的方向，A、B、C 以外的转动轴用 D、E 表示。

2）数控机床坐标轴的确定方法

(1) Z 轴的确定。

在确定数控机床坐标轴时，一般先确定 Z 轴，后确定其他轴。通常将平行于机床主轴的方向定为 Z 轴。当机床有多个主轴时，选一个垂直于工件装夹面的主轴方向为 Z 轴。如果机床没有主轴，则 Z 轴垂直于工件装夹面。如果主轴能够摆动，在摆动范围内只与一个坐标轴平行，则这个坐标轴就是 Z 轴。如果摆动范围内能与多个坐标轴平行，则取垂直于工件装夹面的坐标轴为 Z 轴。同时规定刀具远离工件的方向为 Z 轴正方向。

(2) X 轴的确定。

X 轴平行于工件装夹面且与 Z 轴垂直，通常呈水平方向。对于工件旋转类机床(如数控车床、外圆磨床等)，X 轴方向在工件的径向上，且平行于横滑座。X 轴的正方向取刀具远离工件的方向。对于刀具旋转类机床，如果 Z 轴是垂直的，对于单立柱机床则面对刀具主轴向立柱方向看，X 轴的正方向为向右方向，对于双立柱机床(如龙门机床)则面对刀具主轴向左侧立柱看，X 轴的正方向为向右方向。如果 Z 轴是水平的，则从刀具主轴后端向工件方向看，X 轴的正方向为向右方向。

(3) Y 轴的确定。

X、Z 轴的正方向确定后，Y 轴可按图 2-1 所示的右手笛卡儿坐标系来判定。

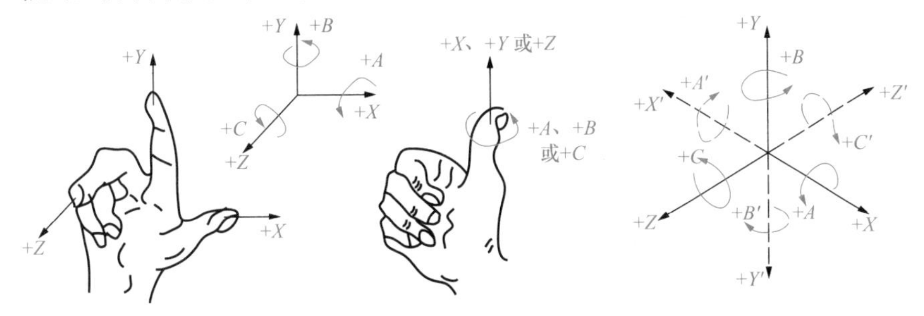

图 2-1　右手笛卡儿坐标系

(4) 旋转或摆动轴的确定。

旋转或摆动运动中 A、B、C 的正方向分别沿 X、Y、Z 轴右螺旋前进的方向。图 2-2 为各种数控机床的坐标系示例。

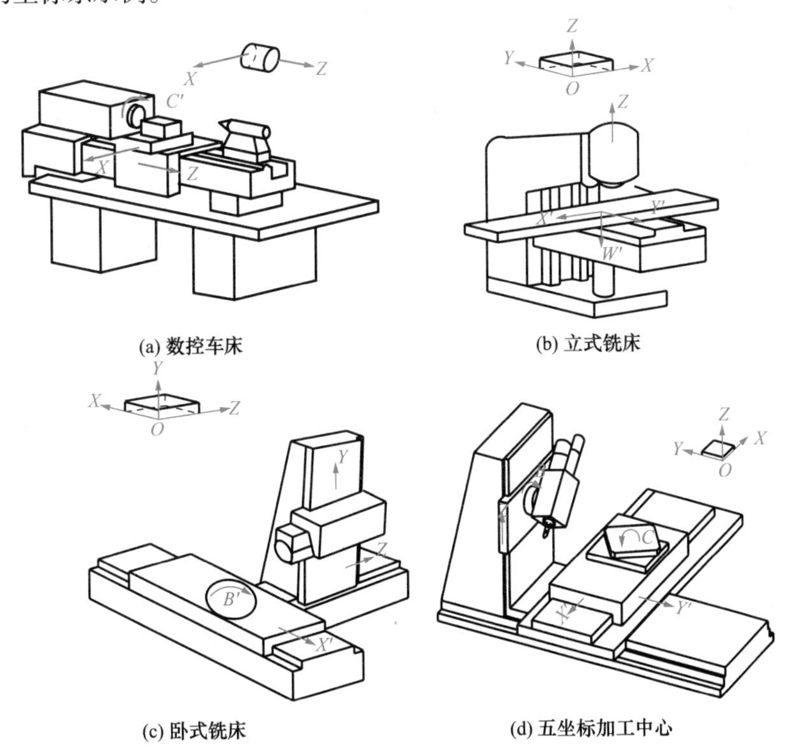

(a) 数控车床　(b) 立式铣床

(c) 卧式铣床　(d) 五坐标加工中心

图 2-2　数控机床坐标系示例

3) 机床坐标系与工件坐标系

(1) 机床坐标系与机床原点。

机床坐标系是机床上固有的坐标系，用于确定被加工零件在机床中的坐标、机床运动部件的位置(如换刀点、参考点)以及运动范围(如行程范围、保护区)等。机床坐标系的原点称为机床原点或机床零点，它是机床上的一个固定点，亦是工件坐标系、机床参考点的基准点，由机床制造厂确定。

(2)工件坐标系与工件原点。

工件坐标系是编程人员在编制零件加工程序时使用的坐标系，可根据零件图自行确定，用于确定工件几何图形上点、直线、圆弧等几何要素的位置。工件坐标系的原点称为工件原点或工件零点，可用程序指令来设置和改变。根据编程需要，在零件加工程序中可一次或多次设定或改变工件原点。

加工时，工件随夹具安装在机床上后，测量工件原点与机床原点间的距离，得到工件原点偏置值。该值在加工前需输入数控系统，加工时工件原点偏置值便能自动加到工件坐标系上，使数控系统按机床坐标系确定的工件坐标值进行加工。

4)机床参考点

为了正确地建立机床坐标系，数控机床厂家预先在机床上设置了固定点作为测量起点，即机床参考点。机床参考点与机床原点具有固定的相对位置关系。数控机床每次开机后，一般要先手动或自动返回机床参考点，由光栅尺零点精确定位后来确定机床参考点。各轴参考点确定后，根据机床参考点与机床原点具有的固定位置关系，可唯一确定机床原点和机床坐标系。机床参考点可与机床原点重合，也可不重合。

2.1.5 加工程序结构与格式

1)加工程序的构成

数控加工程序由程序段组成，程序的开头是程序名，末尾是程序结束指令。例如：

```
O0001; 程序名
N10  G92  X0  Y0  Z200.0;
N20  G90  G00  X50.0 Y60.0  S300  M03;
N30  G01  X10.0  Y50.0  F150;
……
N110  M30; 程序结束指令
```

其中，“O0001”是整个程序的程序号，也叫程序名，由地址码O和数字组成。每一个独立的程序都应有程序号，作为识别、调用该程序的标志。

不同数控系统的程序号地址码可不相同。例如，FANUC系统用O、AB8400系统用P、西门子系统用%。编程时应根据说明书的规定使用。

每个程序段以程序段号“N××××”开头，用“;”表示程序段结束(有的系统用LF、CR等符号表示)，每个程序段中有若干个指令字，每个指令字表示一种功能，所以也称功能字。功能字的开头是英文字母，其后是数字，如G90、G01、X100.0等。一个程序段表示一个完整的加工工步或加工动作。

一个程序的最大长度取决于数控系统中零件程序存储区的容量。一个程序段的字符数也有一定的限制，例如，某些数控系统规定一个程序段的字符数小于等于90个，一旦大于限定的字符数，则把它分成两个或多个程序段。

2)程序段格式

程序段格式是指一个程序段中功能字的排列顺序和表达方式。在国际标准ISO 6983-1—2009和我国的标准GB/T 8870.1—2012中都作了具体规定。目前数控系统广泛采用由一系列指令字或功能字组成的字地址程序段格式，其优点是程序简短、直观、可读性强、易于检验和修改。字地址程序段的一般格式为

```
N_  G_  X_  Y_  Z_  … F_  S_  T_  M_ ;
```

其中，N 为顺序号字；G 为准备功能字；X、Y、Z 为尺寸字；F 为进给功能字；S 为主轴转速功能字；T 为刀具功能字；M 为辅助功能字。

常用地址码及其含义如表 2-1 所示。

表 2-1　常用地址码及其含义

机能	地址码	说明
顺序号字	N	程序段顺序编号地址
尺寸字	X、Y、Z、U、V、W、P、Q、R A、B、C、D、E	直线坐标轴 旋转坐标轴
插补字	I、J、K	圆弧圆心相对起点坐标
准备功能字	G	准备功能
辅助功能字	M	辅助功能
补偿值	H、D	补偿值地址
主轴转速功能字	S	主轴转速
进给功能字	F	进给量或进给速度
刀具功能字	T	刀库中的刀具编号

3) 主程序和子程序

数控加工程序可由主程序和子程序组成。在一个加工程序中，如果有多个连续的程序段在多处重复出现，则可将这些重复使用的程序段按规定的格式独立编号成子程序，输入数控系统的子程序存储区中，以备调用。程序中子程序以外的部分称为主程序。在执行主程序的过程中，如果需要，可调用子程序，并可以多次重复调用。有些数控系统，子程序执行过程中还可以调用其他的子程序，即子程序嵌套，嵌套的层数依据不同的数控系统而定。通过采用子程序，可以加快程序编制，简化和缩短数控加工程序，便于程序更改和调试。

2.2　数控编程中的常用指令

数控加工过程中的各种动作都是事先由编程人员在程序中用指令方式予以规定的，包括 G 代码、M 代码、F 代码、S 代码、T 代码等。G 代码和 M 代码统称为工艺指令，是程序段的主要组成部分。为了通用化，国际标准化组织(ISO)制定了 G 代码和 M 代码标准。我国也制定了与 ISO 标准等效的 GB/T 8870.1—2012。下面将介绍一些常用的工艺指令。

2.2.1　准备功能 G 代码

G 代码是在数控系统插补运算之前需要预先规定，为插补运算做好准备的工艺指令，如坐标平面选择、插补方式的指定、孔加工等固定循环功能的指定等。G 代码以地址 G 后跟两位数字组成，常用的有 G00～G99，如表 2-2 所示。高档数控系统有的已扩展到三位数字(如 G107、G112)，有的则带有小数点(如 G02.2、G02.3)。

G 代码按功能类别分为模态代码和非模态代码。表 2-2 内第二栏中所示的 a，b，d，…，l，m 等 10 组，同一组对应的 G 代码称为模态代码，它表示组内某 G 代码(如 b 组中 G17)一旦被指定，功能一直保持到出现同组其他任一代码(如 G18 或 G19)时才失效，否则继续保持有效。所以在编下一个程序段时，若需使用同样的 G 代码，则可省略不写，这样可以简化加工程序编制。而非模态代码只在本程序段中有效。

下面对一些常用的 G 代码作进一步说明。

表 2-2 **准备功能 G 代码**(GB/T 8870.1—2012)

代码	模态	非模态	功能	代码	模态	非模态	功能
G00	a		快速定位	G45～G52	#	#	未指定
G01	a		直线插补	G53	f		取消尺寸偏移
G02	a		顺时针圆弧插补	G54～G59	f		零点偏移
G03	a		逆时针圆弧插补	G60	g		精确停
G04		*	暂停	G61～G62	#	#	未指定
G05	#	#	未指定	G63			攻丝
G06	a		抛物线插补	G64	g	*	连续路径方式
G07～G08	#	#	未指定	G65～G69	#	#	未指定
G09		*	精确停	G70	m		英制尺寸输入
G10～G16	#	#	未指定	G71	m		公制尺寸输入
G17	b		*XY* 平面选择	G72～G73	#	#	未指定
G18	b		*ZX* 平面选择	G74		*	回参考点
G19	b		*YZ* 平面选择	G75～G79	#	#	未指定
G20～G24	#	#	未指定	G80	e		固定循环注销
G25～G29	#	#	永久不指定	G81～G89	e		固定循环
G30～G32	#	#	未指定	G90	i		绝对尺寸
G33	a		螺纹切削，恒导程	G91	i		增量尺寸
G34	a		螺纹切削，增导程	G92		*	预置寄存
G35	a		螺纹切削，减导程	G93	k		时间倒数，进给率
G36～G39	#	#	永久不指定	G94	k		每分钟进给
G40	d		刀具补偿/刀具偏置取消	G95	k		主轴每转进给
G41	d		刀具 补偿——左	G96	l		恒线速度
G42	d		刀具 补偿——右	G97	l		每分钟转数（主轴）
G43	#(d)	#	刀具 偏置——正	G98～G99	#	#	未指定
G44	#(d)	#	刀具 偏置——负	G100～G999	#	#	未指定

注：1. 表中凡有小写字母 a，b，d，…指示的 G 代码为同一组代码，为模态指令；“*”指示的代码为非模态指令；

2. 表中“#”代表如果选作特殊用途，必须在程序格式说明中说明；

3. 表中第二列括号中字母(d)可以被同栏中没有括号字母 d 所注销或代替，亦可被有括号的字母(d)所注销或代替；

4. 表中“未指定”“永久不指定”代码分别表示在将来修订标准时，可以被指定新功能和永不指定功能。

1. 绝对坐标与增量坐标编程指令 G90、G91

用 G90 编程时，程序段中的坐标尺寸为绝对值，即在工件坐标系中的坐标值。用 G91 编程时，程序段中的坐标尺寸为增量坐标值，即刀具运动的终点相对于前一位置的坐标增量。例如，要求刀具由 A 点直线插补到 B 点(图 2-3)，用 G90、G91 编程时，程序段分别为

```
N100  G90  G01  X15.0  Y30.0  F100;
N100  G91  G01  X-20.0  Y10.0  F100;
```

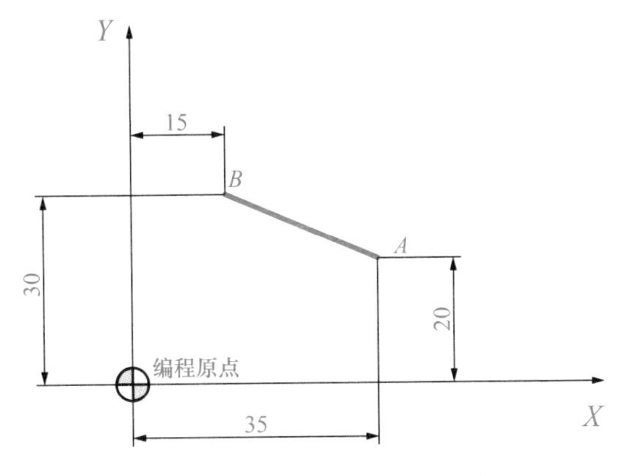

图 2-3　G90、G91 指令编程示例

数控系统通电后，机床一般处于 G90 状态。此时所有输入的坐标值是以工件原点为基准的绝对坐标值，并且一直有效，直到在后面的程序段中出现 G91 指令。

2. 快速定位指令 G00

G00 指令使刀具以最快进给速度，从刀具所在位置快速运动到另一位置。该指令只是快速定位，无运动轨迹要求，进给速度指令对 G00 无效。该指令是模态代码，直到指定了 G01、G02 和 G03 中的任一指令，G00 才无效。G00 指令程序段格式为

```
G00 X_  Y_  Z_ ;
```

其中，X、Y、Z 为目标位置的坐标值。

3. 直线插补指令 G01

G01 指令使机床各坐标轴以插补联动方式，按指定的进给速度 F 切削任意斜率的直线轮廓和用直线段逼近的曲线轮廓。G01 和 F 指令都是模态代码。直线插补程序段格式为

```
G01 X_  Y_  Z_  F_ ;
```

下面以车削加工程序编制为例加以说明(图 2-4)，采用绝对坐标编程时，直线插补程序段为

……

`N20 G00 X50.0 Z2.0 S500.0 M03;`	刀具快速移动，主轴转速 S=500r/min
`N30 G01 Z-40.0 F100.0;`	以 F=100mm/min 的进给速度从 $P_1 \to P_2$
`N40 X80.0 Z-60.0;`	$P_2 \to P_3$
`N50 G00 X160.0 Z100.0;`	$P_3 \to P_0$ 快速移动

……

采用增量坐标(用 U、W 表示)编程时，程序段为

……

```
N30 G00 U-110.0 W-98.0 S500.0 M03;        P0→P1
N40 G01 W-42.0 F100.0;                    P1→P2
N50 U30.0 W-20.0;                         P2→P3
N60 G00 U80.0 W160.0;                     P3→P0
……
```

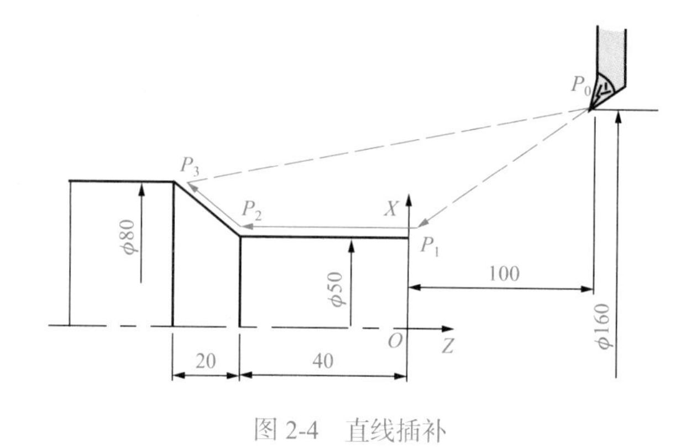

图 2-4　直线插补

4. 圆弧插补指令 G02、G03

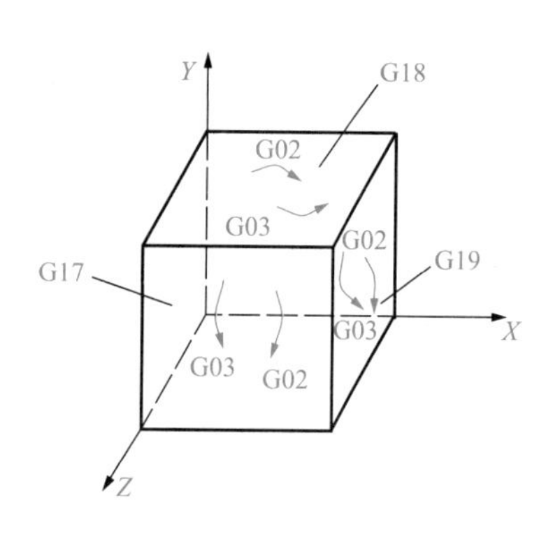

图2-5　圆弧插补的顺、逆判断

G02 为顺时针（CLW）圆弧插补，G03 为逆时针（CCLW）圆弧插补。判断顺、逆方向的方法为：沿垂直于圆弧所在平面的坐标轴的正向往负方向看，刀具相对于工件的转动方向是顺时针方向为 G02，逆时针方向为 G03，如图 2-5 所示。

1）程序段格式

加工圆弧时，不仅要用 G02、G03 指出圆弧的顺时针或逆时针方向，用 X、Y、Z 指定圆弧的终点坐标，而且要指定圆弧的圆心位置。圆心位置的指定方式有两种，因而 G02、G03 程序段的格式有两种。

（1）用 I、J、K 指定圆心位置。

```
G17⎫G02⎫
G18⎬   ⎬X_  Y_  Z_  I_  J_  K_  F_;
G19⎭G03⎭
```

（2）用圆弧半径 R 指定圆心位置。

```
G17⎫G02⎫
G18⎬   ⎬X_  Y_  Z_  R_  F_;
G19⎭G03⎭
```

2）说明

（1）采用绝对坐标编程时，X、Y、Z 为圆弧终点在工件坐标系中的坐标值；采用增量坐标编程时，X、Y、Z 为圆弧终点相对于圆弧起点的坐标增量值。

（2）无论是绝对坐标编程还是增量坐标编程，I、J、K 都为圆心坐标相对圆弧起点坐标的增量值，如图 2-6 所示。

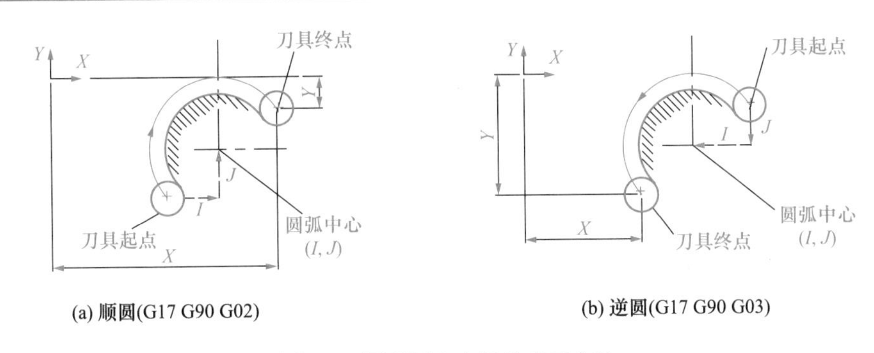

图 2-6 圆弧圆心坐标的表示方法

(3) 圆弧所对的圆心角 $\alpha \leqslant 180°$ 时，用 "+R" 表示；当 $\alpha > 180°$ 时，用 "–R" 表示，如图 2-7 中的圆弧 1 和圆弧 2 所示。

5. 刀具补偿指令

1) 刀具半径补偿建立与取消指令 G41/G42、G40

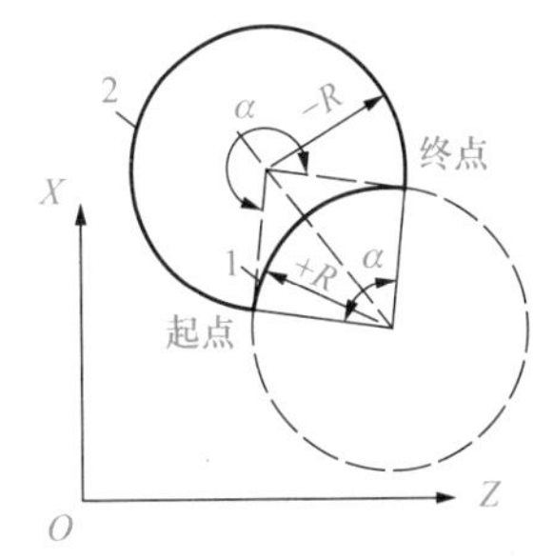

图2-7 圆弧插补时+R与–R的区别

中高档数控系统一般都具有刀具半径补偿功能，这样，在编制数控加工程序时可以不按刀具中心轨迹编程，而直接按轮廓编程。加工前通过操作面板输入补偿值后，数控系统会自动计算刀具中心轨迹，并令刀具按中心轨迹运动。图 2-8 (a) 表明刀具磨损、重磨或中途换刀致使刀具半径值改变，此时，只需要输入改变后的刀具补偿值，而不必修改已编好的程序，就可以实现补偿。

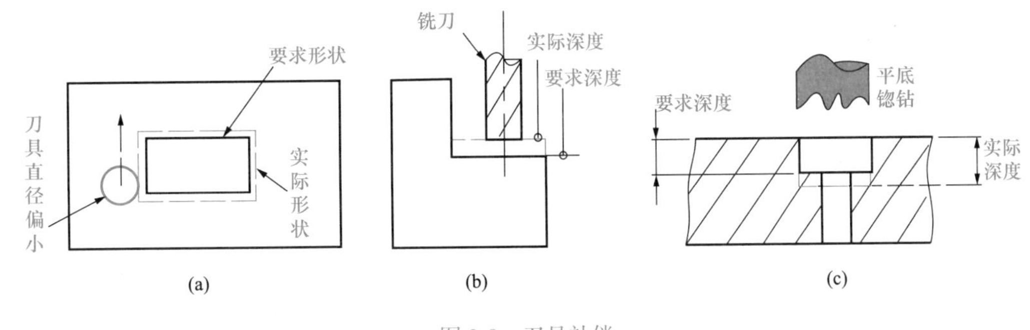

图 2-8 刀具补偿

刀具半径补偿指令有左偏置指令 G41、右偏置指令 G42 和刀具半径补偿取消指令 G40。沿着刀具运动方向看，刀具偏在工件轮廓的左侧，则为 G41 指令，如图 2-9 (a) 所示；沿着刀具运动方向看，刀具偏在工件轮廓的右侧，则为 G42 指令，如图 2-9 (b) 所示；G40 指令使由 G41 或 G42 指定的刀具半径补偿无效。

刀具半径补偿与取消的程序段格式分别为

```
G00/G01  G41/G42   X_  Y_  D(H)_  F_ ;
G00(或G01) G40    X_  Y_ ;
```

其中，X、Y 为刀具半径补偿或取消时的终点坐标值；D (H) 为刀具偏置代码地址字，后面一般用两位数字表示，D (H) 代码中存放刀具半径值或补偿值作为偏置量，用于计算刀具中心运动轨迹。

刀具半径补偿过程分为三步。

(1) 刀具半径补偿的建立。刀具中心从与编程轨迹重合过渡到与编程轨迹偏离一个偏置量。

(2) 刀具半径补偿进行。执行有 G41、G42 指令的程序段后，刀具中心始终与编程轨迹相距一个偏置量。

(3) 刀具半径补偿的取消。刀具离开工件，刀具中心轨迹过渡到与编程轨迹重合。

图 2-10 为刀具半径补偿的建立与取消过程。

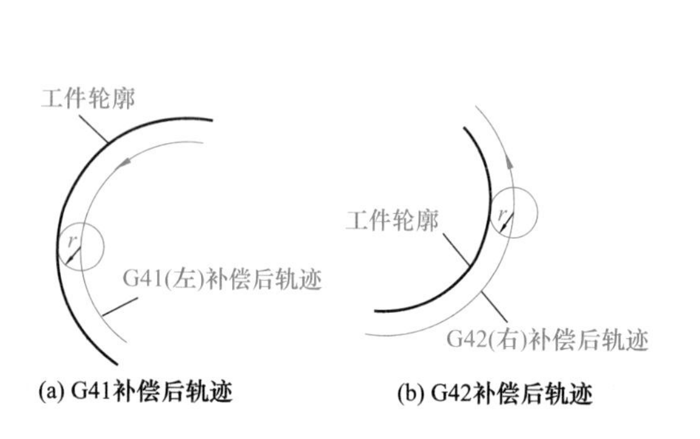

图2-9　刀具半径补偿指令

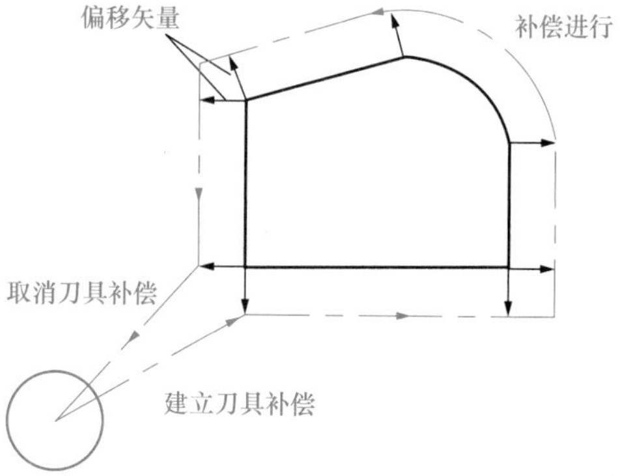

偏移矢量
补偿进行
取消刀具补偿
建立刀具补偿

图2-10　刀具半径补偿的建立与取消

2) 刀具长度补偿建立与取消指令 G43/G44、G49/G40

图 2-8(b)、(c)表明由于刀具磨损、重磨或中途换刀致使刀具轴向没有达到或超出要求的加工深度，如果更改程序则比较麻烦，此时可以对 *Z* 方向进行刀具长度补偿。补偿量可以是要求深度与实际深度的差值，也可以是实际刀具和标准刀具长度的差值。刀具长度补偿指令有轴向正补偿指令 G43、轴向负补偿指令 G44、长度补偿取消指令 G49 或 G40，均为模态指令。轴向正补偿指令 G43 表示刀具实际移动值为程序给定值与补偿值的和，轴向负补偿指令 G44 表示刀具实际移动值为程序给定值与补偿值的差。

刀具长度补偿建立与取消的程序段格式分别为

```
G00/G01  G43/G44  Z_  H_  F_ ;
G00/G01  G49/G40  Z_ ;
```

其中，H 代码中存放刀具的长度补偿值作为偏置量。

3) 刀具补偿功能应用的优点

(1) 简化编程工作量。在具有刀具半径补偿功能的数控系统中，手工编程时不必计算刀具中心轨迹，只需按零件轮廓编程即可。在加工时，数控系统会根据输入的偏置量自动计算出刀具中心轨迹，并按刀具中心轨迹运动。当数控系统具有刀具长度补偿功能时，编程时不必考虑各把刀具不同的长度尺寸，加工时数控系统会根据输入的长度补偿偏置量自动计算出刀具在轴向的实际位置。这样，当刀具磨损、更换新刀、刀具安装有误差时，不必重新编制加工程序、重新对刀或重新调整刀具，只需改变偏置量即可。

(2) 实现粗、精加工。具有刀具半径补偿的数控系统，编程人员不但可以直接按零件轮廓编程，还可以用同一个加工程序，对零件轮廓进行粗、精加工。如图 2-11 所示，在用同一把半径为 *R* 的刀具进行粗、精加工时，设精加工余量为Δ，则粗加工的偏置量为 $R+\Delta$，而精加工的偏置量改为 *R* 即可。

(3) 实现内外型面的加工。具有刀具半径补偿的数控系统，可用 G42 指令或正的偏置量得到 *A* 轨迹，用 G41 指令或负的偏置量得到 *B* 轨迹(图 2-12)，于是便能用同一程序加工同一基本尺寸的内外型面。

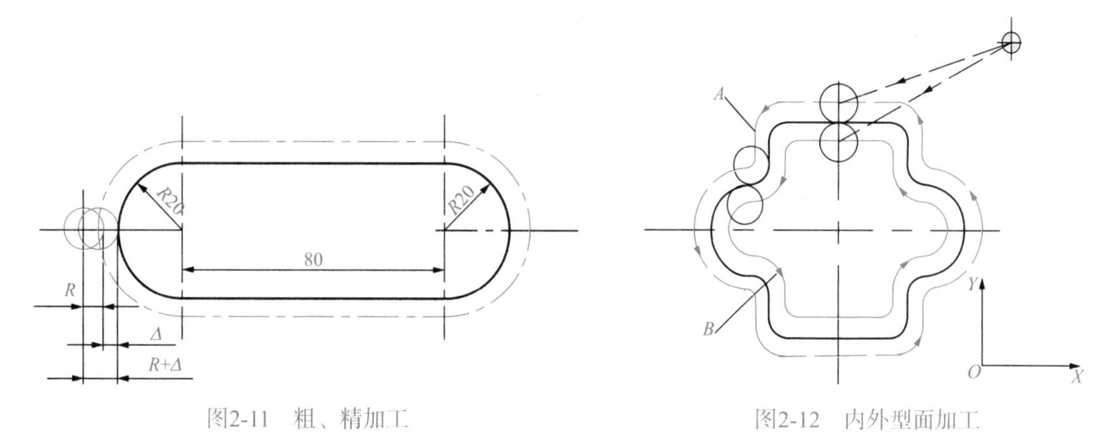

图2-11　粗、精加工　　　图2-12　内外型面加工

6. 坐标平面选择指令 G17、G18、G19

G17、G18、G19 指令分别为机床进行 *XY*、*ZX*、*YZ* 平面内的加工，如图 2-13 所示。在数控车床上一般默认为在 *ZX* 平面内加工；在数控铣床上一般默认为在 *XY* 平面内加工。若要在其他平面内加工，则应使用坐标平面选择指令。

7. 工件坐标系设定指令 G92

当采用绝对坐标编程时，需要建立工件坐标系，以确定刀具起始点在工件坐标系中的坐标值。G92 指令仅用于设定工件坐标系，并不使刀具或工件产生运动，只是显示屏上的坐标值发生变化。以图 2-14 为例，加工前，刀具起始点在机床坐标系（*XOY*）中的坐标值为（X200.0，Y20.0），此时显示屏上显示的坐标值也为（X200.0，Y20.0）；当机床执行 G92 X160.0 Y-20.0 命令后，就建立了工件坐标系，这时显示屏上显示的坐标值改变为（X160.0，Y–20.0），这个坐标值是刀具起始点相对于工件坐标系（*X′O′Y′*）原点的坐标值，而刀具相对于机床坐标系的位置并没有改变。在运行后面的程序时，凡是绝对值方式下的坐标值均指该工件坐标系（*X′O′Y′*）中的坐标值。G92 指令的程序段格式为

```
G92  X_  Y_  Z_ ;
```

其中，X、Y、Z 为刀具起始点相对于工件原点的坐标值。

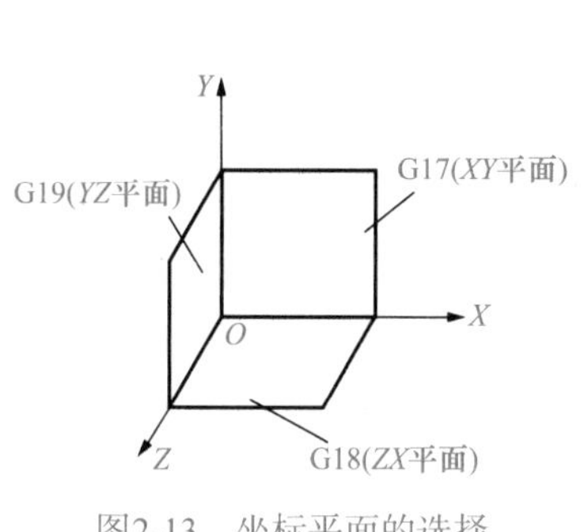

图2-13　坐标平面的选择

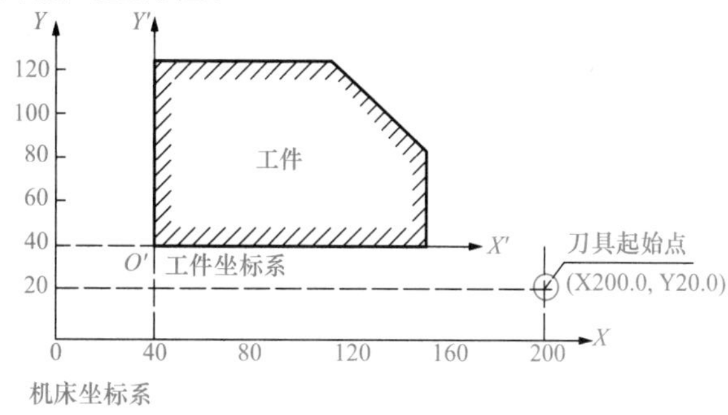

图2-14　工件坐标系

8. 暂停（延迟）指令 G04

G04 指令根据暂停计时器预先给定的暂停时间停止进给，使刀具做短时间（几秒）的无进

给光整加工，用于车槽、镗孔、锪孔等场合。例如，车环形槽时，若进给后立即退刀，车出的环形槽为螺旋面，用 G04 指令使工件空转数秒，即能光整成圆。G04 指令格式为

```
G04 P/X(U)_ ;
```

中断时间的长短可以通过地址 P/X(U)来指定，值范围视不同的数控系统而定，一般为 0.001～99999.999s。地址 P 后面的数字为整数，单位为 ms，如 G04 P3000 表示暂停 3s；X(U)后面的数字可带小数点，单位为 s，如 G04 X3.2 表示暂停 3.2s。G04 为非模态代码，只在本程序段中才有效。

2.2.2 辅助功能 M 代码

M 代码以地址 M 为首后跟两位数字组成，共 100 种(M00～M99)。表 2-3 是我国 GB/T 8870.1—2012 标准中规定的 M 代码。M 代码是控制机床辅助动作的指令，如主轴正转、反转与停止，冷却液的开与关，工作台的夹紧与松开，换刀，计划停止，程序结束等。

由于 M 代码与插补运算无直接关系，所以一般写在程序段的后面。

表 2-3 辅助功能 M 代码

代码	功能开始时间		模态	非模态	功能	代码	功能开始时间		模态	非模态	功能
	与程序段指令运动同时开始	在程序段指令运动完成后开始					与程序段指令运动同时开始	在程序段指令运动完成后开始			
M00		*		*	程序停止	M13	*		*		主轴顺时针方向，冷却液开
M01		*		*	任选停止	M14	*		*		主轴逆时针方向，冷却液开
M02		*		*	程序结束	M15	*			*	正运动
M03	*		*		主轴顺时针转动	M16	*			*	负运动
M04	*		*		主轴逆时针转动	M17～M18	#	#	#	#	不指定
M05		*	*		主轴停止	M19		*	*		主轴定向停止
M06	#	#		*	换刀	M20～M29	#	#	#	#	永不指定
M07	*		*		2 号冷却液开	M30		*		*	数据结束
M08	*		*		1 号冷却液开	M31	#	#		*	互锁旁路
M09		*	*		冷却液关	M32～M35	#	#	#	#	不指定
M10	#	#	*		夹紧	M36	*		*		进给范围 1
M11	#	#	*		松开	M37	*		*		进给范围 2
M12	#	#	#	#	不指定	M38	*		*		主轴速度范围 1

续表

代码	功能开始时间		模态	非模态	功能	代码	功能开始时间		模态	非模态	功能
	与程序段指令运动同时开始	在程序段指令运动完成后开始					与程序段指令运动同时开始	在程序段指令运动完成后开始			
M39	*		*		主轴速度范围2	M57～M59	#	#	#	#	不指定
M40～M45	#	#	#	#	如果有需要作为齿轮换挡，此外不指定	M60		*		*	更换工件
M46～M47	#	#	#	#	不指定	M61	*		*		工件直线位移，位置1
M48		*	*		注销 M49	M62	*		*		工件直线位移，位置2
M49	*		*		倍率无效	M63～M70	#	#	#	#	不指定
M50	*		*		3号冷却液开	M71	*		*		工件角度位移，位置1
M51	*		*		4号冷却液开	M72	*		*		工件角度位移，位置2
M52～M54	#	#	#	#	不指定	M73～M89	#	#	#	#	不指定
M55	*		*		刀具直线位移，位置1	M90～M99	#	#	#	#	永不指定
M56	*		*		刀具直线位移，位置2						

注：1. “#”表示如果选作特殊用途，必须在程序说明中说明；
2. M90～M99可指定为特殊用途；
3. “*”指示的代码为模态或非模态指令，并说明功能开始时间。

在加工程序中正确使用M代码非常重要，否则数控机床不能进行正常的加工。编程时必须了解清楚所使用数控系统的M代码和应用特点，才能正确使用。

下面介绍一些常用的M代码。

(1) M00——程序停止。在M00所在程序段其他指令执行后，用于停止主轴转动，关闭冷却液，停止进给，进入程序暂停状态，以便执行手动变速、换刀、测量工件等操作，如果要继续执行，须重按“启动”键。

(2) M01——任选停止。M01指令与M00相似，差别在于执行M01指令时，操作者要预先接通控制面板上的“任选停止”开关，否则M01功能不起作用。该指令常用于一些关键尺寸的抽样检测以及交接班临时停止等情况。

图2-15是M01指令应用的例子。车削该轴时，为了知道尺寸d_2是否合格，需要对第一个零件进行测量，即程序执行到⑧位置时，刀具需退出，然后测量d_2尺寸，d_2尺寸合格后再继续加工。这时可应用M01指令，程序执行过程如下：

①→②→③→④→⑤→⑥→⑦→⑧→⑨→⑩→①→M01

当第一个零件合格后，作为第一个零件测量用的程序段(⑧→⑨→⑩→①)从第二个零件起就不再需要。为此只需在上述四个程序段及M01前加上跳步字符“/”(ISO标准编码)即可。在车削第一个零件时，操作面板上“跳步”开关断开，“任选停止”开关接通，“/”对程序不起作用，而M01起作用，故可实现测量d_2的要求。当加工第二个零件时，两开关位置与上述相反，程序执行过程如下：

①→②→③→④→⑤→⑥→⑦→⑧→⑪→⑫→⑬→①→M30

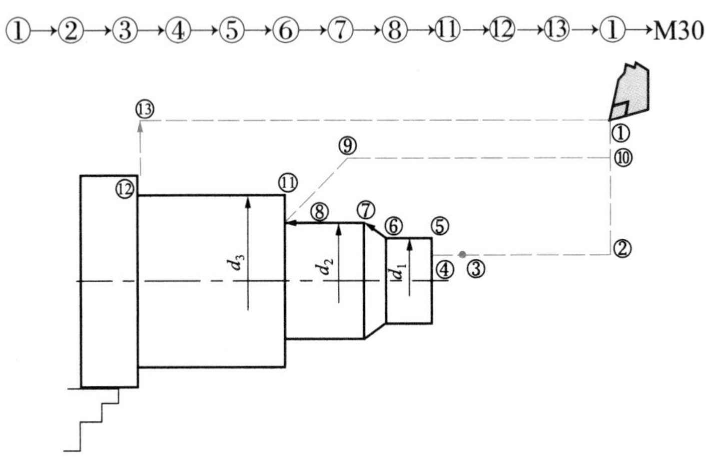

图2-15 “任选停止”指令的应用

(3)M02——程序结束。该指令编在最后一个程序段中。当全部程序执行完后，用此指令使主轴、进给、冷却液均停止，并使数控系统处于复位状态。

(4)M03、M04、M05——主轴正转、反转和停止。

(5)M06——换刀。

(6)M07、M08、M09——雾状冷却液、液状冷却液开及冷却液关。

(7)M19——主轴定向停止。该指令使主轴准停在预定的角度位置上。

(8)M30——数据结束。该指令与M02指令功能相似，但M30可使程序返回到开始状态。

2.2.3 F代码、S代码、T代码

1)F代码

F代码用于指定刀具相对于工件的进给进度，是模态代码。当进给速度与主轴转速无关时，单位一般为mm/min；当进给速度与主轴转速有关时(如车螺纹、攻螺纹等)，单位为mm/r。

2)S代码

S代码用来指定主轴转速或切削速度，单位为r/min或m/min，例如，S1500表示主轴转速为1500r/min。恒线速度功能需用G96和G97指令配合S指令来指定主轴转速，例如，G96 S160表示控制主轴转速，使切削点的线速度始终保持在160m/min；G97 S1000表示注销G96功能，此时主轴转速为1000r/min。当由G96转为G97时，应对S码赋值，否则将保留G96指令的最终值。当由G97转为G96时，若没有S指令，则按前一G96所赋S值进行恒线速度控制。

3)T代码

T代码为刀具功能指令，后面跟若干位数字，不同的机床可以有不同的数字位数和定义，一般用来表示选择刀具或用来选择刀具偏置。例如，T12M06表示将当前刀具换成12号刀具，

T0101 表示 01 号刀具选用 01 号刀具补偿值。

2.3　数控编程中的工艺处理

无论是手工编程还是自动编程，工艺处理是首先要碰到的问题，是数控编程中一项很重要的工作，直接影响零件数控加工的质量。

2.3.1　数控加工工艺的特点与内容

1）数控加工工艺的特点

数控加工工艺与常规加工工艺在工艺设计过程和设计原则上是基本相似的，但数控加工工艺也有不同于常规加工工艺的特点，主要表现在以下方面。

(1) 工序内容具体。在普通机床上加工零件时，工序卡片的内容比较简单。很多内容，如走刀路线的安排、切削用量等，可由操作员自行决定。而在数控机床上加工零件时，工序卡片中应包括详细的工步内容和工艺参数等信息，在编制数控加工程序时，每个动作、每个参数都应体现其中，以控制数控机床自动完成数控加工。

(2) 工序内容复杂。由于数控机床的运行成本和对操作人员的要求相对较高，在安排数控加工零件时，一般应首先考虑使用普通机床加工困难、使用数控加工能明显提高效率和质量的复杂零件，如整体叶盘、叶轮、叶片、模具型腔的加工等；还应考虑在一次装夹后需加工多个面和多个加工特征的零件。由于零件复杂、加工特征多，零件的工艺也相应复杂。

(3) 工序集中。高档数控机床具有刚性好、精度高、刀库容量大、切削参数范围宽、多轴联动、多工位加工、多面加工等特点，可以在一次或多次装夹中对零件进行多种加工，并完成由粗加工到精加工的过程，因此工序非常集中，需要统筹考虑、合理排序。

2）数控加工工艺的主要内容

根据数控加工的实践，数控加工工艺内容主要包括以下几个方面。

(1) 数控加工零件或加工内容的选择。

(2) 数控加工工艺性分析。

(3) 数控加工工艺路线的设计。

(4) 数控加工工序的详细设计，包括工步内容、对刀点、走刀路径、切削用量确定等。

2.3.2　数控加工零件或加工内容的选择

考虑到企业拥有的数控机床数量、型号，零件加工成本和生产效率等因素，对一个具体零件来说，通常仅是其中的一部分工序安排在数控机床上进行加工，因此拿到零件后必须仔细分析其工艺，选择最适合、最需要进行数控加工的工序内容，在保证质量、降低成本的同时，充分发挥数控加工的优势。

数控加工零件或加工内容选择时，一般可按下列顺序考虑。

(1) 用普通机床无法加工的零件，应优先考虑采用数控加工，如曲面类零件。

(2) 用普通机床难加工、质量难以保证的零件或加工内容，应重点考虑采用数控加工。

(3) 难测量、难控制尺寸的不开敞内腔的箱壳类零件可采用数控机床加工。

(4) 用普通机床加工效率低、工人手工操作劳动强度大的零件或加工内容，可在数控机床上进行加工。

2.3.3 数控加工工艺性分析

数控加工工艺性分析是指所设计的零件在满足使用要求的前提下，数控加工的可行性和经济性，以及编程的可能性与方便性。

1）采用统一的几何类型和尺寸

零件的内腔和外形等最好采用统一的几何类型和尺寸，以减少刀具规格和换刀次数，提高加工效率。

2）内槽圆角半径不应过小

内槽圆角的值决定刀具直径的值，如果太小，刀具刚度不足，影响表面加工质量，工艺性较差。图 2-16 表明零件工艺性与被加工轮廓、内槽圆角等有关。

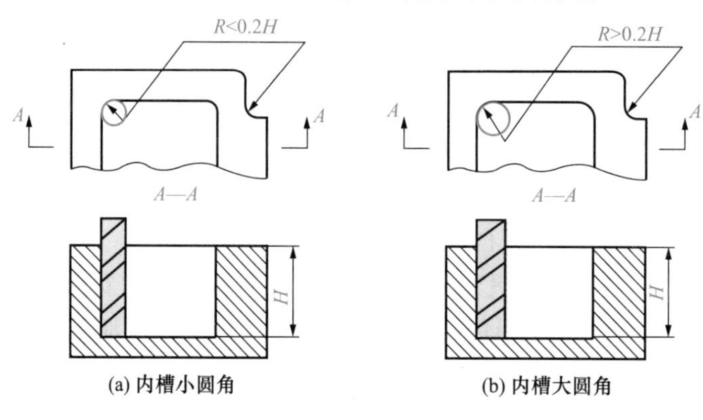

图 2-16 数控加工工艺性对比

3）铣削零件底面时，槽底圆角半径不应过大

如图 2-17 所示，槽底圆角半径 r 越大，则 d 越小（$d=D-2r$，D 为铣刀直径），即铣刀端刃铣削平面的面积越小，加工表面的能力越差，工艺性也越差。当 r 大到一定程度时，必须用球头铣刀加工，此时切削性能较差，应尽量避免。

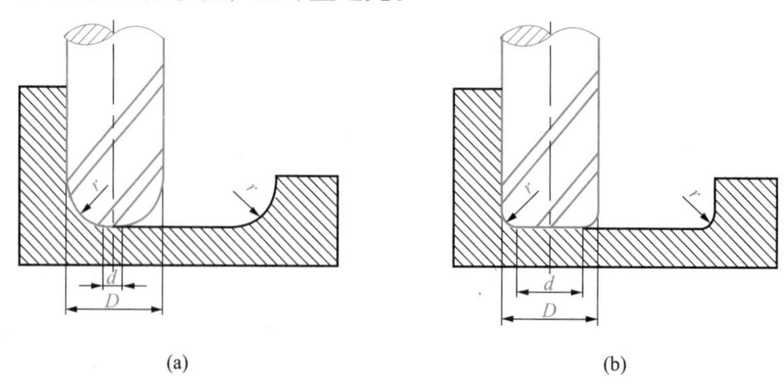

图 2-17 槽底圆角半径 r 对加工工艺的影响

4）零件的可装夹性

零件的结构应便于定位和夹紧，且装夹次数要少。例如，对正反两面都需数控加工的零件，为保证加工精度，常采用统一的定位基准。如果零件本身没有合适的定位基准，则可设置工艺孔、工艺凸台作为定位基准，完成工件定位和零件加工后再加以去除，如图 2-18 所示。

2.3.4　数控加工工艺路线的设计

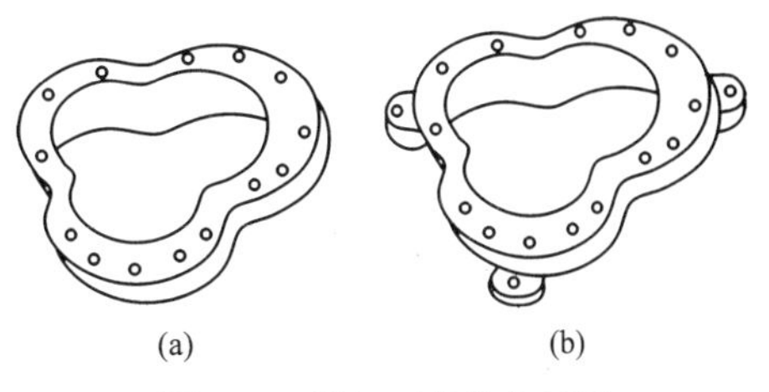

图2-18　增加工艺凸台示例

数控加工工艺路线的设计是数控加工工艺的重要内容之一，主要包括数控机床的选择、加工方法的确定、工序的安排等内容。

1）数控机床的选择

数控机床选用时要考虑毛坯的材料和类型、零件轮廓形状复杂程度、尺寸、加工精度、加工批量、热处理要求等因素。要满足以下要求：①保证加工零件的技术要求，能够加工出合格产品；②有利于提高生产率；③可以降低生产成本。

2）加工方法的确定

加工方法确定时要保证加工精度和表面粗糙度要求。由于获得同一级精度及表面粗糙度的加工方法一般有多种，在实际选择时，要结合零件的形状、尺寸、位置和热处理要求，生产率和经济性要求，以及工厂的生产设备等实际情况综合考虑。

如图 2-19 所示，有固定斜角的斜面加工可以有不同的方法。在实际加工中，应综合考虑，择优选用。

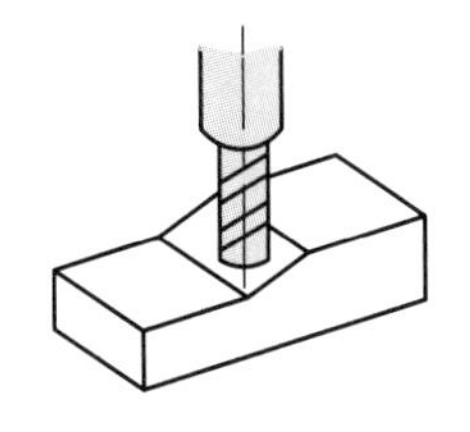
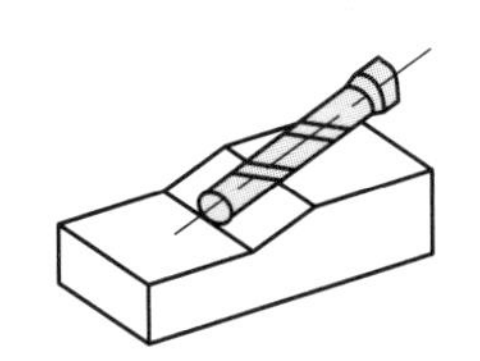
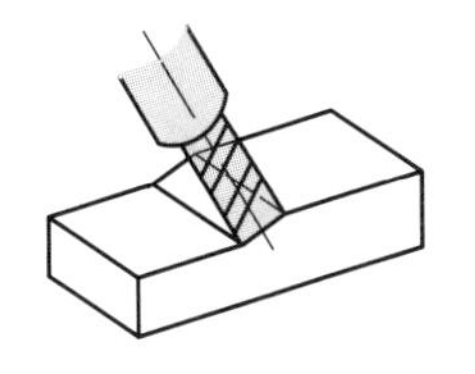
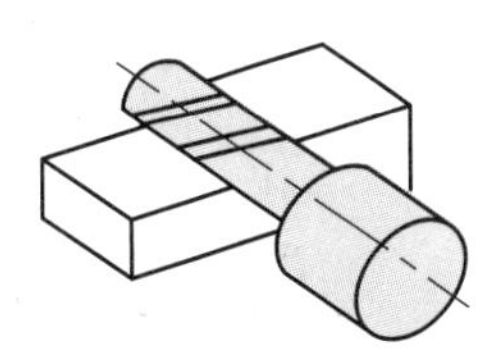

图 2-19　有固定斜角的斜面加工的多种方法

3）工序的安排

工序的安排应综合考虑零件结构、毛坯特点、装夹特征等因素，在遵循基准先行、先粗后精、先面后孔和先主后次的一般原则的基础上，还应遵循以下原则。

(1) 先进行内形内腔加工，后进行外形加工工序。

(2) 有相同装夹方式或用同一把刀具加工的工序最好一起进行，以减少重复定位，节省换刀时间。

(3) 同一次装夹中进行的多道工序，应先安排对工件刚性破坏较小的工序。

2.3.5　数控加工工序的详细设计

1. 零件装夹与夹具设计

数控机床上使用的夹具只需要具备定位和夹紧两种功能就能满足要求，不需要导向和对刀功能，夹具比较简单。由于数控夹具同样需要定位和夹紧功能，因此也存在合理选择定位基准和夹紧方案的问题。通常定位基准应尽可能与设计基准重合，以减少定位误差，并可简化尺寸换算。另外，在零件加工过程中应尽量采用统一基准，以减少重复定位次数，减少重复定位误差。零件在数控机床上的夹紧要可靠，尽量避免被加工零件产生振动，导致加工精度和表面质量降低。夹紧点分布要合理，夹紧力大小要适中且稳定，减少夹紧变形。夹紧机构力求简单，通用性强，采用易于实现夹紧过程自动化的结构，以便于零件的装卸，提高加工效率等。总之，数控加工的零件在夹具上定位要可靠、准确，夹紧要迅速、稳定。

数控夹具的选用原则主要有以下几点。

1）夹具结构应力求简单

由于零件在数控机床或加工中心上加工时大都采用工序集中的原则，加工部位较多，同时批量较小，零件更换周期短，因此夹具的标准化、通用化和自动化对加工效率的提高及加工费用的降低有很大影响。对批量小的零件应优先选用组合夹具。对形状简单的单件小批量生产的零件，可选用通用夹具，如三爪卡盘、顶尖、台钳等。只有对批量较大，且周期性投产，加工精度要求较高的关键工序才考虑设计专用夹具，而且力求简单、标准化，以缩短辅助时间，提高装夹效率。

2）加工部位要敞开

数控加工时，数控夹具的夹紧机构或其他元件不得影响刀具进给，即夹具元件不能与刀具运动轨迹发生干涉。如图 2-20 所示，用立铣刀铣削零件六边形，若采用压板机构压住工件的 *A* 面，则压板易与铣刀发生干涉；若压住 *B* 面，就不影响刀具进给。对一些箱体零件的加工，可以利用内部空间来安排夹紧机构，将其加工表面全部敞开或部分敞开，尽可能在一次装夹下完成多个面的加工，如图 2-21 所示。

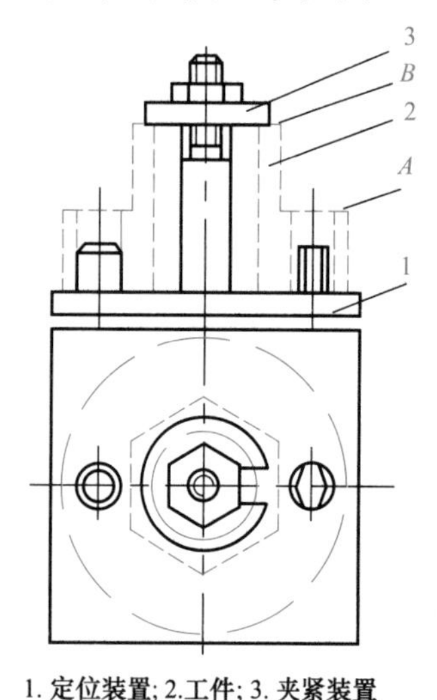

1. 定位装置; 2.工件; 3. 夹紧装置

图2-20 不影响进给的装夹示意图

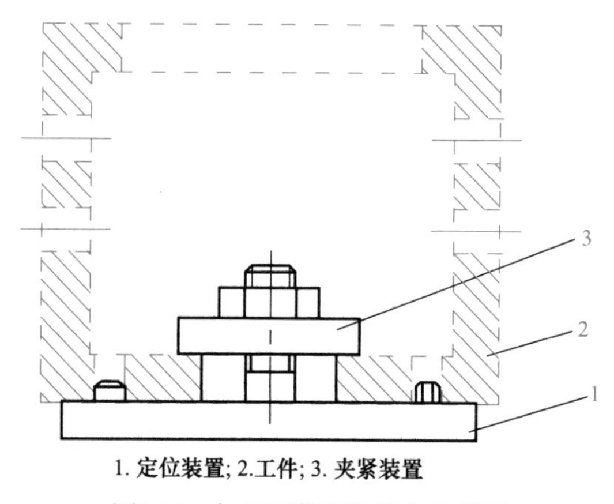

1. 定位装置; 2.工件; 3. 夹紧装置

图2-21 加工面敞开的装夹示意图

3）数控夹具必须保证最小的夹紧变形

工件在数控加工尤其是铣削加工时，切削力大，需要的夹紧力也大。较大的夹紧力会使薄壁件产生较大的夹紧变形，导致加工误差，为此，必须合理选择工件的支撑点、定位点和夹紧力。

4）数控夹具装卸应方便

由于数控机床的加工效率高，装夹工件的辅助时间对加工效率影响较大，所以要求数控夹具在使用中装卸快捷且方便，以缩短辅助时间。可尽量采用气动、液压、电磁、真空和智能夹具。读者可扫描二维码，观看气动装夹与自动装夹的视频。

5）多工件装夹

一次装夹应尽可能装夹多个工件，或者应尽可能让多个面在一次装夹中完成加工，以提高数控加工效率。读者可扫描二维码，观看多工件装夹示例。

6) 智能装夹

智能装夹系统主要由安装基座、定位装置、自适应调整装置(调整装夹点位置)、压力传感器、位移传感器和夹紧装置构成。加工过程中，通过传感器采集装夹力、位移信息，当装夹力或位移变化量超过设定值时，通过电机/执行机构实现力或位移控制，以减少或消除由装夹引起的变形，减小工件的最终变形。

2. 刀具的选择

刀具的选择是数控加工工艺的重要内容之一，不仅影响机床的加工效率，而且直接影响加工质量。随着数控机床的普及使用，数控刀具的种类也较齐全，图 2-22 是数控刀具的分类情况。

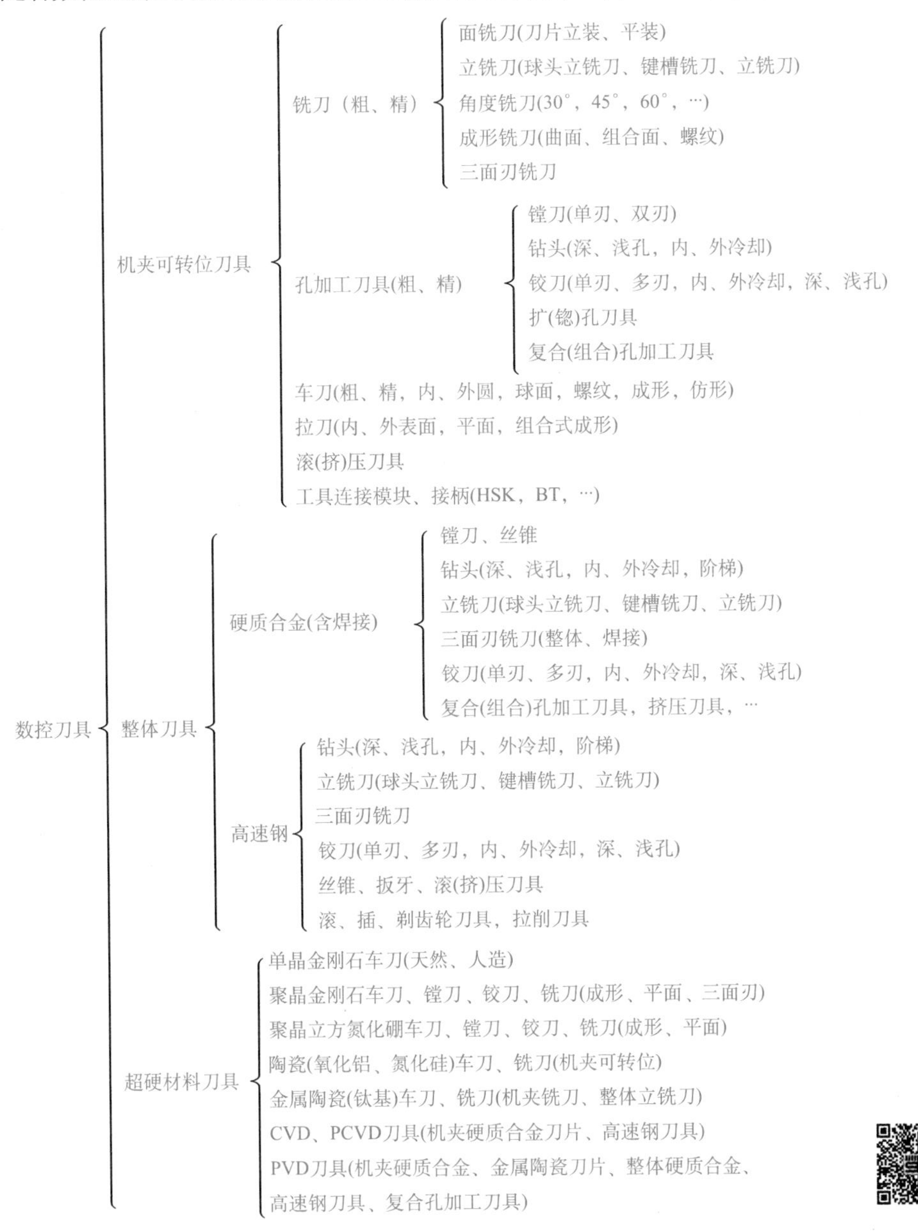

图 2-22　数控刀具的分类

用于数控加工的刀具应满足安装调整方便、刚性好、精度高、耐用度高等要求。由于铣削在数控加工中所占比例较大，因此下面主要讨论铣刀。

1) 对铣刀的两点基本要求

(1) 铣刀刚性要好。一是为提高生产效率而采用大切削用量的需要；二是适应数控铣削过程中切削用量调整难的需要。例如，当工件各处的加工余量相差悬殊时，普通铣床很容易采取分层铣削方法加以处理，而数控铣削必须按程序规定的进给路线前进，无法像普通铣床那样“随机应变”，除非在编程时能够预先考虑到余量相差悬殊的问题。在数控铣削中，因铣刀刚性差而断刀并造成零件损伤的事例常有发生，所以选择刀具时必须考虑数控铣刀的刚性问题。

(2) 铣刀耐用度要高。在数控加工过程中如果频繁换刀，不仅增加由换刀引起的调刀与对刀次数，降低加工效率，同时会使工件表面留下因对刀误差而形成的接刀台阶，降低了零件的表面质量。因此在选择刀具时，要充分考虑刀具的耐用度，至少保证加工完一个零件或一道工序。在由数控机床组成的 FMS 中，刀具的耐用度要求更高，通常要保证一个工作班的时间，以适应无人化车间、无人化工厂加工的需要。

2) 铣刀的种类

数控铣刀种类繁多，以下介绍几种在数控机床上常用的铣刀。(读者可扫描二维码，观看常用铣刀实物)

(1) 面铣刀。如图 2-23(a) 所示，面铣刀的圆周表面和端面上都有切削刃，端部切削刃为副切削刃。面铣刀多制成套式镶齿结构，刀齿材料为高速钢或硬质合金，刀体为 40Cr。

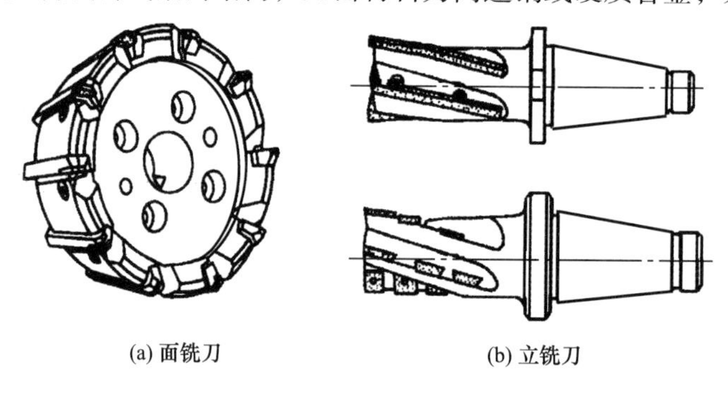

(a) 面铣刀　　(b) 立铣刀

图 2-23　面铣刀与立铣刀

硬质合金面铣刀与高速钢铣刀相比，铣削速度较高、加工效率高、加工表面质量也较好，并可加工带有硬皮和淬硬层的工件，故得到广泛应用。硬质合金面铣刀按刀片和刀齿安装方式的不同，可分为整体焊接式、机夹焊接式和可转位式三种。目前常用可转位式面铣刀。

可转位式面铣刀是将可转位刀片通过夹紧元件夹紧在刀体上，当刀片的一个切削刃用钝后，直接在机床上将刀片转位或更换新刀片。因此，这种铣刀在提高产品质量及加工效率、降低成本、提高操作使用方便性等方面都具有明显的优越性，得到了广泛应用。

(2) 立铣刀。立铣刀是数控机床上最常用的一种铣刀，如图 2-23(b) 所示。立铣刀的圆柱表面和端面上都有切削刃，圆柱表面的切削刃为主切削刃，端面上的切削刃为副切削刃。为增加切削平稳性，主切削刃一般为螺旋齿。主切削刃和副切削刃可同时进行切削，也可单独进行切削。由于普通立铣刀端面中心处无切削刃，所以普通立铣刀不能做轴向进给，端面刃主要用来加工与侧面相垂直的底平面。

为了能加工较深的沟槽，并保证有足够的备磨量，立铣刀的轴向长度一般较长。

为了改善切屑卷曲情况，增大容屑空间，防止切屑堵塞，刀齿数比较少，容屑槽圆弧半径则较大。一般粗齿立铣刀齿数 Z=3～4，细齿立铣刀齿数 Z=5～8，套式结构齿数 Z=10～20，容屑槽圆弧半径 r =2～5mm。当立铣刀直径较大时，还可制成不等齿距结构，以增强抗振作用，使切削过程平稳。直径较小的立铣刀，一般制成带柄形式。

(3) 模具铣刀。模具铣刀由立铣刀发展而成，可分为圆锥形立铣刀、圆柱形球头立铣刀和圆锥形球头立铣刀三种，其柄部有直柄、削平型直柄和莫氏锥柄三种类型。它的结构特点是球头或端面上布满切削刃，圆周刃与球头刃圆弧连接，可以进行径向和轴向进给。铣刀工作部分用高速钢或硬质合金制造。国家标准规定直径 d=4～63mm。图 2-24 为高速钢制造的模具铣刀，图 2-25 为用硬质合金制造的模具铣刀。小规格的硬质合金模具铣刀多制成整体结构，16mm 以上直径可制成焊接或机夹可转位刀片结构。

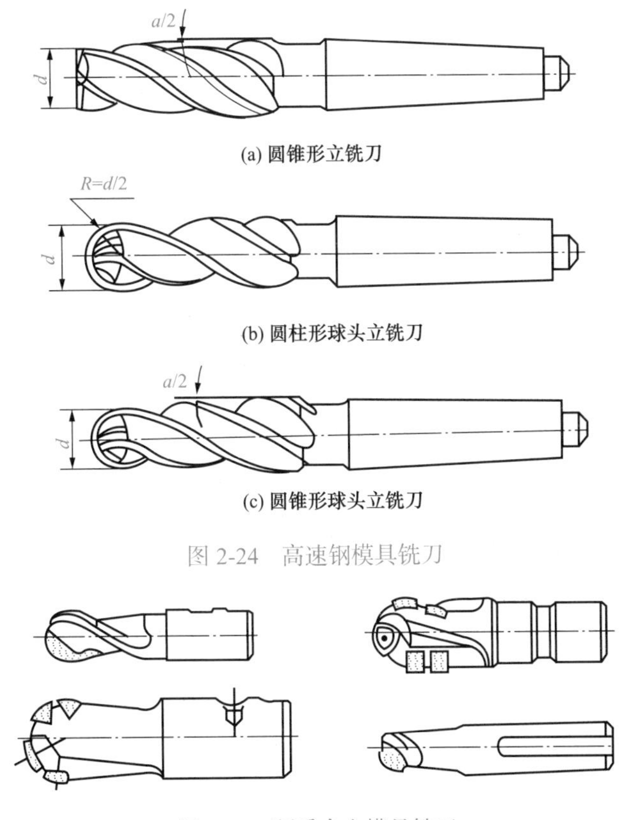

(a) 圆锥形立铣刀

(b) 圆柱形球头立铣刀

(c) 圆锥形球头立铣刀

图 2-24　高速钢模具铣刀

图 2-25　硬质合金模具铣刀

(4) 键槽铣刀。如图 2-26 所示，键槽铣刀有两个刀齿，圆柱面和端面都有切削刃，端面刃延至中心，既像立铣刀，又像钻头。加工时先轴向进给达到槽深，然后沿键槽方向铣出键槽全长。

(5) 鼓形铣刀。如图 2-27 所示，鼓形铣刀的切削刃分布在半径为 R 的圆弧面上，端面无切削刃。加工时控制刀具的上下位置，相应改变刀刃的切削部位，可以在工件上切出从负到正的不同斜角。R 越小，鼓形铣刀所能加工的斜角范围越广，但所获得的表面质量也越差。这种刀具的缺点是刃磨困难，切削条件差，且不适合加工有底的轮廓表面。

(6) 波纹立铣刀。如图 2-28 所示，波纹立铣刀因其切削刃呈正弦波的形状而得名。它的特点是主切削刃各点的半径、前角、刃倾角都不相等，能减少切削振动；切削阻力小、切屑呈鱼鳞状，因而排屑流畅，散热性能好，刀具耐用度高。这种刀具克服了传统刀具的许多缺陷，在数控加工中应用越来越广泛。

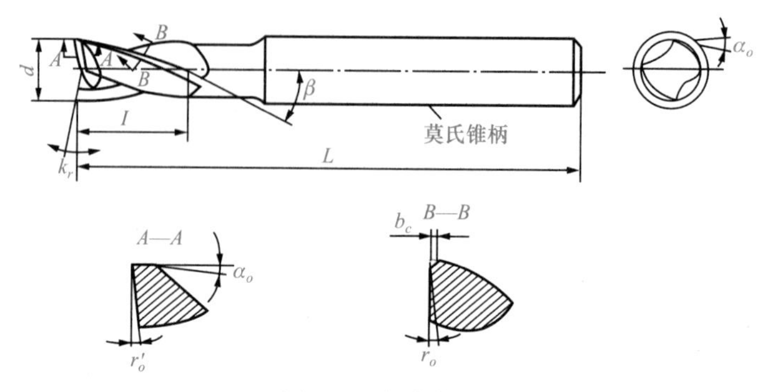

图 2-26 键槽铣刀

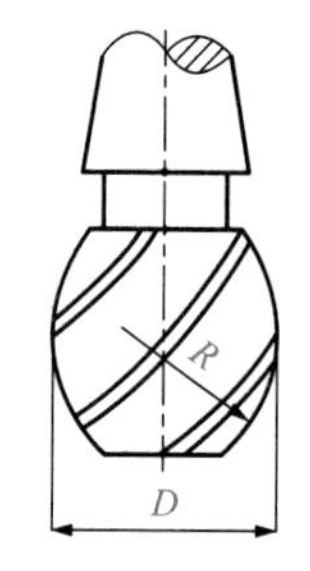

图2-27 鼓形铣刀

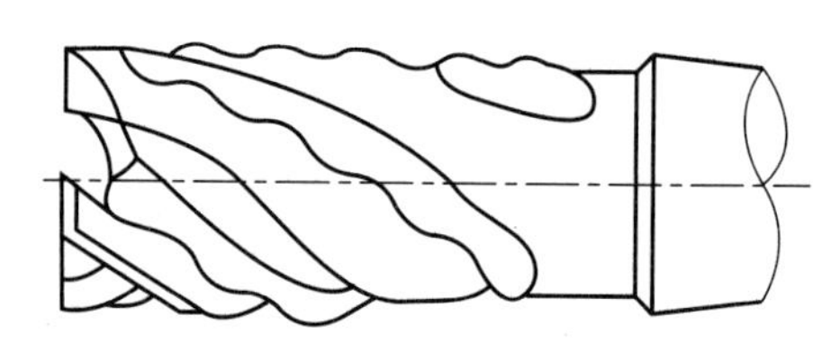

图2-28 波纹立铣刀

(7) 成形铣刀。如图 2-29 所示，成形铣刀一般都是为特定的加工表面专门设计制造的，如角度面、凹槽、特形孔或台阶等。

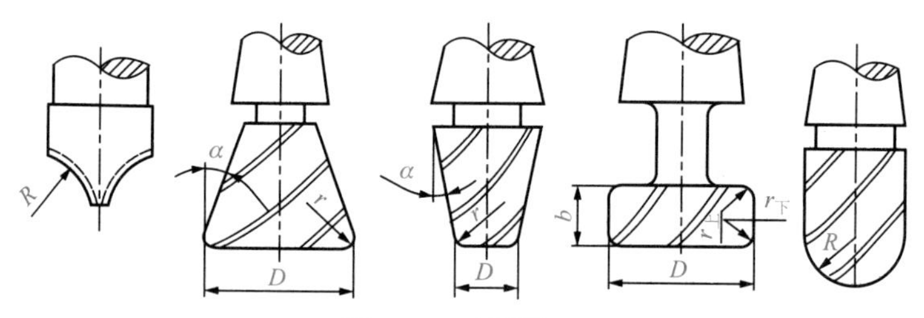

图 2-29 成形铣刀

3) 铣刀的选择

铣刀类型应与工件表面形状与尺寸等相适应。加工较大的平面可选择面铣刀；加工凹槽、较小的台阶面及平面轮廓可选择立铣刀；加工空间曲面、模具型腔或凸模成形表面等多选用模具铣刀；加工封闭的键槽选择键槽铣刀；加工变斜角零件的变斜角面可选用鼓形铣刀；加工特殊型面槽腔、斜角面、特殊孔等可选用成形铣刀。

航空航天领域中，有许多整体薄壁件的加工，如整体框、肋类零件，这类零件在加工时由振动引起被动再切削，造成严重超差，为了防止加工薄壁零件时的再切削，应选用短切削刃的立铣刀。

3. 切削用量的选择

数控加工中，切削用量的合理选择是一个很重要的问题，它与生产率、加工成本、加工

质量等有着密切联系。对于编程员来说，合理选择切削用量的原则是：粗加工时，一般以提高生产率为主，但也应考虑经济性和加工成本；半精加工和精加工时，应在保证加工质量的前提下，兼顾切削效率、经济性和加工成本。具体数值应根据机床说明书、切削用量手册，并结合经验而定。

切削用量包括主轴转速（切削速度）、切削深度、进给量（进给速度）。对于不同的加工方法，需要选择不同的切削用量，并按要求编入相应的数控加工程序中。

切削速度选择时应考虑以下几点。

(1) 应尽量避开积屑瘤产生的区域。

(2) 断续切削时，为减小冲击和热应力，要适当降低切削速度。

(3) 在易发生振动的情况下，切削速度应避开自激振动的临界速度。

(4) 加工大件、细长件和薄壁工件时，应适当降低切削速度。

(5) 加工带外皮的工件时，应适当降低切削速度。

切削速度 V_c (m/min) 确定后，可按公式 (2-1) 计算出数控机床主轴转速 S (r/min)，并写入数控加工程序中，有

$$S = 1000V_c/(\pi D) \tag{2-1}$$

其中，D (mm) 为工件或刀具的直径。

切削深度（也称背吃刀量）主要根据工件的加工余量和由工件、刀具、夹具、机床组成的工艺系统刚度而决定，在刚度允许的情况下，最好在留出精加工余量的基础上，一次切净余量。在工艺系统刚性不足、毛坯余量很大或不均时，粗加工要分多次进给。

进给量（进给速度）是数控机床切削用量中的重要参数，应根据零件的表面粗糙度、加工精度、刀具及工件材料等因素，并参考切削用量手册选取。粗加工时，对工件表面质量没有太高的要求，主要考虑机床进给机构的强度和刚度以及刀具的强度和刚度等限制因素，可根据加工材料、刀具及刀杆尺寸、切削深度等来选择进给量。半精加工和精加工时，按表面粗糙度要求，根据工件材料等因素来选择进给量。

4. 对刀点选择与对刀方法

1) 对刀点选择

对刀点是数控加工时刀具相对工件运动的起点，也是程序的起点，因此对刀点也称程序起点或起刀点。对刀点选择的原则如下。

(1) 对刀点应尽量选在零件的设计基准或工艺基准上，以提高零件的加工精度，例如，以孔为定位基准的零件，应以孔中心作为对刀点。

(2) 便于对刀、观察和检测。

(3) 简化坐标值的计算。

刀具在机床上的位置是由刀位点的位置来表示的。刀位点就是表征刀具特征的点。不同刀具的刀位点是不同的，如平头立铣刀的刀位点在底面中心，钻头的刀位点为钻尖，车刀、镗刀的刀位点为刀尖，球头铣刀的刀位点为球心等，如图 2-30 所示。

2) 对刀方法

对刀的目的是确定工件坐标系与机床坐标系之间的空间位置关系，即确定对刀点相对工件坐标原点的空间位置关系。对刀准确性决定了零件的加工精度，对刀效率直接影响了数控

加工效率。目前常用的对刀方法主要有两种：简易对刀（如试切对刀、杠杆百分表对刀、寻边器对刀、Z轴设定器对刀等）和自动对刀。

（1）试切对刀。

试切对刀就是用刀具直接接触工件，直到通过目测发现切屑时，说明刀具正处于工件的边缘处。由于这种对刀方法根据切屑来判断刀具是否接触工件，所以对刀精度受人为因素影响较大。

（2）杠杆百分表对刀。

当被加工零件以孔中心为对刀点时，可以采用杠杆百分表（或千分表）对刀法。杠杆百分表对刀主要用于X、Y方向的对刀，如图2-31所示。这种对刀方法对刀精度高，但操作烦琐，效率较低，对被测孔或外圆的精度要求较高。

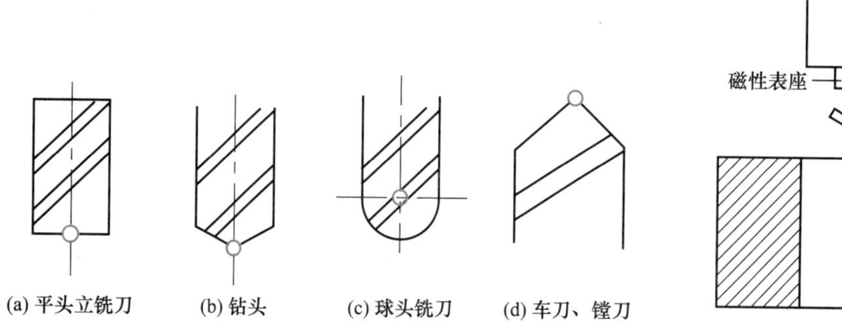

图2-30 不同刀具的刀位点

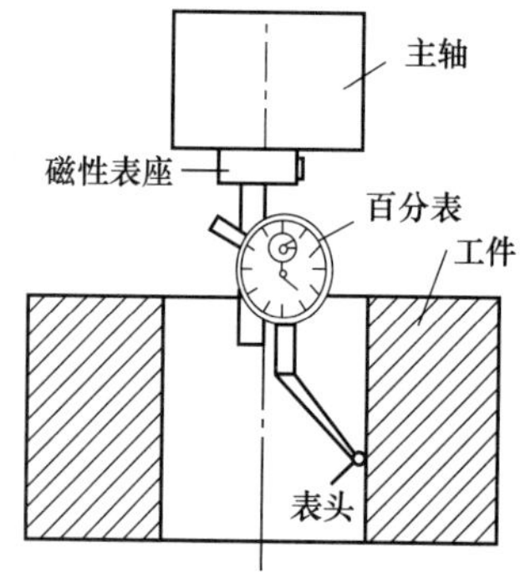

图2-31 用杠杆百分表找正孔中心

（3）寻边器对刀。

寻边器主要用于确定工件上对刀点在机床坐标系中的X、Y坐标值，还可以测量工件的简单尺寸。寻边器有偏心式和光电式等类型，以光电式较为常用。将光电寻边器和普通刀具一样装夹在主轴上，其柄部和触头之间有一个固定的电位差，当触头与金属工件接触时，寻边器上的指示灯被点亮，通过光电寻边器触头直径和机床坐标位置即可得到被测表面的坐标位置。读者可扫描二维码，观看寻边器对刀视频。

（4）Z轴设定器对刀。

Z轴设定器主要用于确定工件对刀点在机床坐标系中的Z轴坐标值，即用于Z向对刀。Z轴设定器有指针式和光电式等类型，通过光电指示或指针判断刀具与对刀器是否接触。对刀时，将加工所用刀具装到主轴上，利用磁性底座将Z轴设定器牢固地吸在工件上，将刀具慢慢移动至Z轴设定器上表面，直至完成Z向对刀。读者可扫描二维码，观看Z轴设定器对刀视频。

（5）自动对刀。

随着数控技术的发展，简易对刀方法已不能满足高效、高精的加工要求，很多数控机床配备了三维测头产品，既能自动完成对刀，又能进行工件尺寸的在机测量，不仅保证了零件加工精度，还提高了机床加工效率、扩大了机床功能。读者可扫描二维码，观看圆心的自动对刀视频。

另外，读者可扫描二维码，观看对刀仪对刀视频。

5. 加工路线确定

加工路线是指刀具相对于被加工工件的运动轨迹，不仅包含了工步的内容，而且反映了工步的顺序。加工路线一旦确定，编程中各程序段的先后次序也基本确定。确定加工路线时要遵循以下几条原则。

(1) 保证零件加工精度和表面粗糙度要求。

(2) 简化数值计算，减少编程工作量。

(3) 缩短加工路线，减少刀具空行程时间，提高加工效率。

如图 2-32 所示，在数控铣床上加工零件时，为了减少加工面上接刀的痕迹，提高轮廓表面的质量，应避免法向切入、切出，最好沿零件轮廓延长线从切向切入和切出工件。铣削封闭的内轮廓表面时，若内轮廓曲线允许外延，则应沿切线或弧线方向切入或切出；若内轮廓曲线不允许外延，则刀具的切入点和切出点应尽量选在内轮廓曲线两相邻几何元素的交点处。

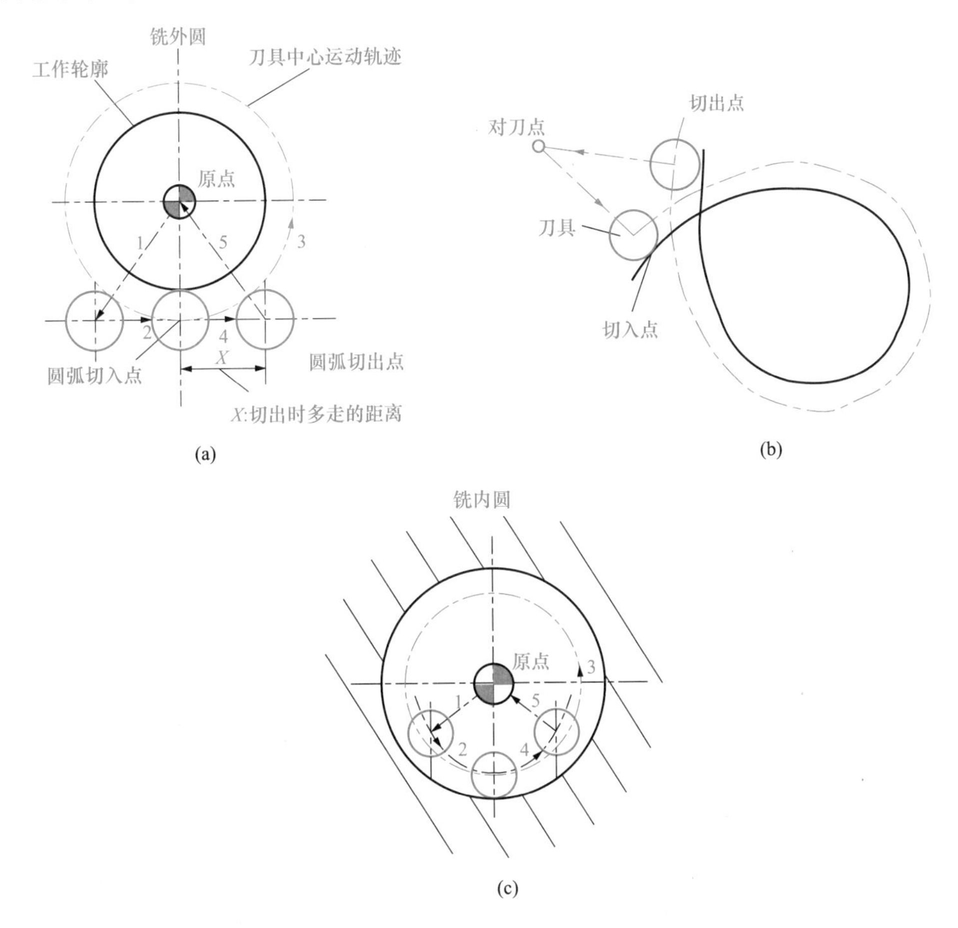

图 2-32　刀具切向切入与切出

对于位置精度要求较高的孔系加工，孔加工顺序若安排不当，就有可能带入沿坐标轴的反向间隙，影响位置精度。图 2-33 (a) 为零件图，在该零件上加工六个尺寸相同的孔，有两种加工路线。当按图 2-33 (b) 所示路线加工时，由于 5、6 孔与 1～4 孔定位方向相反，在 Y 方向的反向间隙会使定位误差增大，从而影响 5、6 孔与其他孔的位置精度。按图 2-33(c)所示路线加工时，加工完 4 孔后，往上移动一段距离到 P 点，然后折回来加工 6、5 孔，这样方向一致，可避免反向间隙的引入，提高 5、6 孔与其他孔的位置精度。

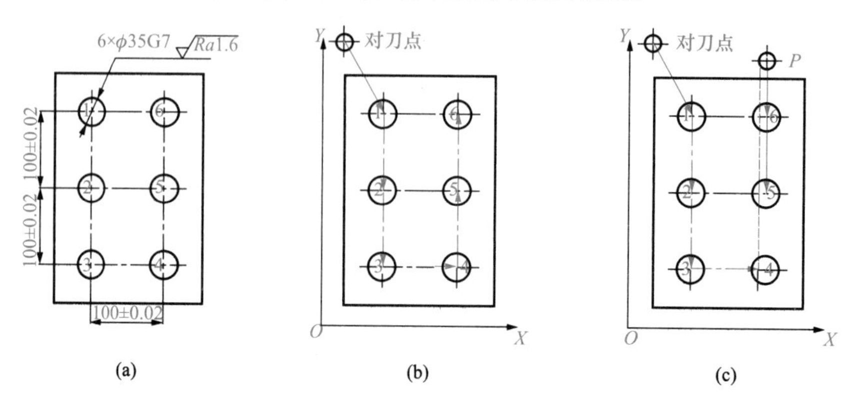

图 2-33 孔加工路线安排

曲面零件加工通常采用行切法，铣刀沿某一方向加工完一行后，沿另一方向移动一个行距，加工另一行，直至完成整张曲面的加工。曲面加工路线的安排要视零件的具体情况而定。图 2-34 表示对于边界敞开的曲面加工可能采取的两种走刀路线。采用图 2-34(a)所示的加工方案时，每次沿直线加工，刀位点计算简单，程序少，加工过程符合直纹面的形成过程，可以准确保证母线的直线度。按图 2-34(b)所示的走刀路线加工，符合这类零件数据给出情况，便于在加工区检验翼(叶)型的准确度，但程序段多。

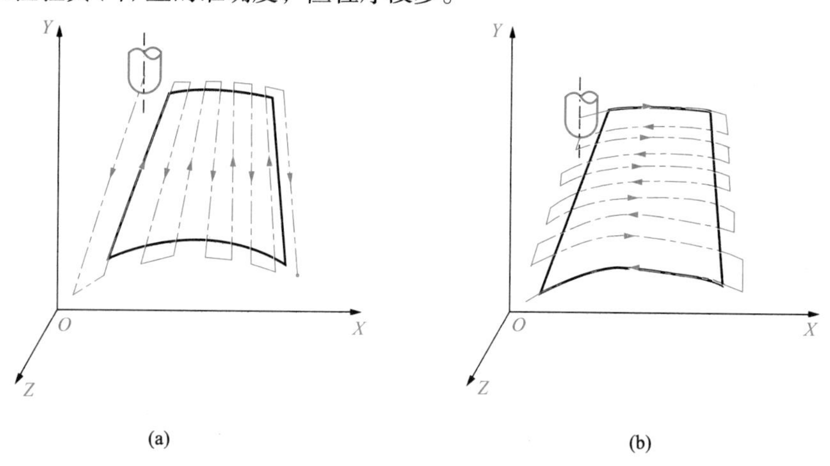

图 2-34 曲面加工的两种走刀路线

图 2-35 为凹槽加工的三种走刀路线。这类内槽加工在飞机零件上常见，常用平底立铣刀加工，刀具圆角半径应符合内槽图纸要求。图 2-35(a)为行切法加工，图 2-35(b)为环切法加工。行切法将在每两次走刀路线之间留下金属残留高度，达不到所要求的表面粗糙度；环切法刀位点计算稍复杂。实际生产中，常先采用行切法加工，最后环切一刀光整轮廓表面，能获得较好效果，如图 2-35(c)所示。

对于航空上常见的多框薄壁件的加工(图 2-36)，在确定不同框之间的走刀路线时，常采用层优先，而不采用深度优先的方法，以减少薄壁件加工变形。读者可扫描二维码，观看多框零件的加工过程。

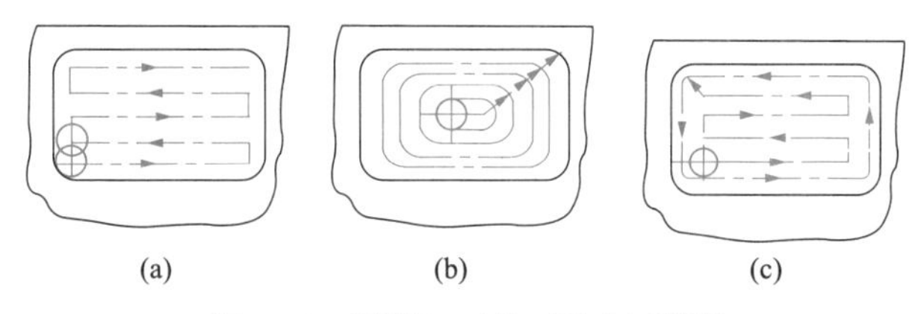

图 2-35　凹槽加工的三种走刀路线

图 2-36　多框薄壁件示意图

图 2-37 为正确选择钻孔加工路线的例子。图 2-37(a)为先加工均布于同一圆周上的八个孔，再加工另一圆周上的孔。在点位加工方式下，机床工作台或刀具由一位置运动到另一位置时，通常沿 X、Y 坐标轴方向同时快速移动，因此希望沿 X、Y 轴移动的距离尽可能接近，并尽可能短，这样才能加快定位过程，节省加工时间。如果按最短空行程来安排走刀路线，则可采用图 2-37(b)所示的方案。

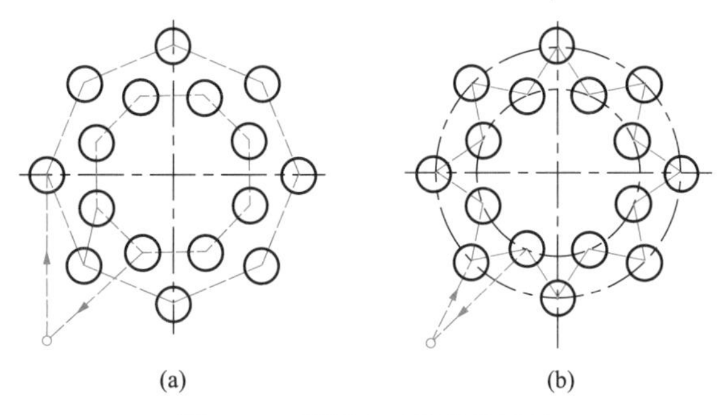

图 2-37　最短走刀路线的设计

在数控车床上车螺纹时，刀具沿 Z 向进给必须和工件转动保持严格同步。由于 Z 向进给从停止状态到达指定进给量，需有一个过渡过程，所以在 Z 向应使车刀刀位点离待加工面(螺纹)有一定的引入距离，退刀时有一定的引出距离，如图 2-38 所示。

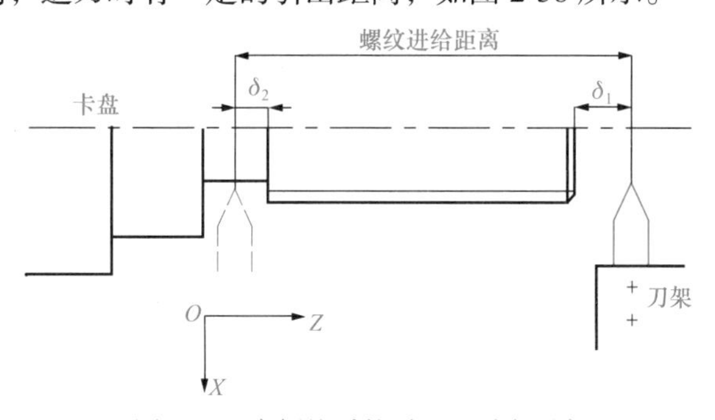

图 2-38　车螺纹时的引入、引出距离

2.3.6 工艺处理案例分析

本节以离心叶轮为例进行说明。离心叶轮是压气机的关键零件之一，与叶盘等零件组成压气机转子。离心叶轮主要由基体和叶片构成，轮毂、轮盖、叶盆、叶背、前缘、后缘组成了流道部分，如图 2-39 和图 2-40 所示。

图2-39 离心叶轮示意图

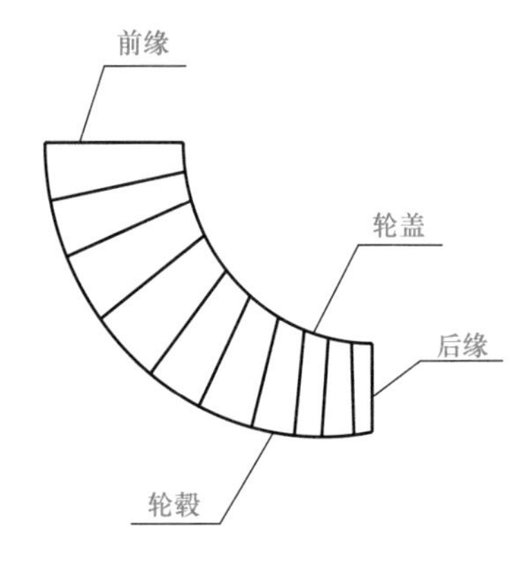

图2-40 离心叶轮叶型结构示意图

离心叶轮的加工难点主要表现在：①形状复杂，其叶型面多为空间复杂扭曲面；②叶片之间的流道狭窄，加工叶片曲面时，除了刀具与被加工叶片之间发生干涉，刀具也极易与相邻叶片发生干涉；③由于叶轮叶片的厚度较薄，在加工过程中存在比较严重的弹塑性变形；④刀具轨迹规划时的约束条件多，自动生成无干涉轨迹比较困难。

叶轮叶型的加工是叶轮加工工艺的重点和难点，主要加工方法有五轴数控铣削、五轴电解、电火花加工等，其中五轴数控铣削是最为普遍和有效的加工方法之一。叶轮毛坯一般为整体锻件，加工余量大，材料去除率高。由于叶片壁厚薄，加工过程中易产生变形和让刀现象，因此需合理选择铣削刀具与铣削参数，并合理规划走刀路径等。

1) 刀具选择

叶轮叶型粗加工和精加工应选择不同种类的刀具。为了提高效率，可尽量选用直径较大的立铣刀或球头铣刀进行粗加工，切深较大时，可选择波刃铣刀，便于断屑。在半精加工和精加工时，为了提高刀具刚性，应尽可能使用带有锥度的球头铣刀。粗加工时，由于切削力较大，可以使用侧固式刀柄，精加工时，由于刀具转速较高，可以选用液压刀柄或者热缩刀柄。读者可扫描二维码，观看各类刀柄。

2) 加工余量确定

粗加工时切削量较大，可能引起叶片变形，为了保证后续加工，可以留余量 0.8～1mm。半精加工的目的在于使叶片曲面的余量均匀，为精加工做准备，一般留余量 0.2～0.5mm。

3) 工艺路线确定

叶轮叶型加工的主要工艺路线为：开槽加工、叶片半精铣、流道半精铣、叶片精铣、流道精铣、叶片根部圆角加工等部分。

(1) 开槽加工(叶型的粗加工)。

开槽加工一般要分区域进行，各区域加工时尽可能选择大直径刀具。开槽加工沿深度方向分层的走刀路线分为三种方式：①以轮毂(流道)面为参考基准往外等分高度；②以轮盖面为参考基准往内等分高度；③以叶片曲面的等参数线为加工深度，如图 2-41 所示。

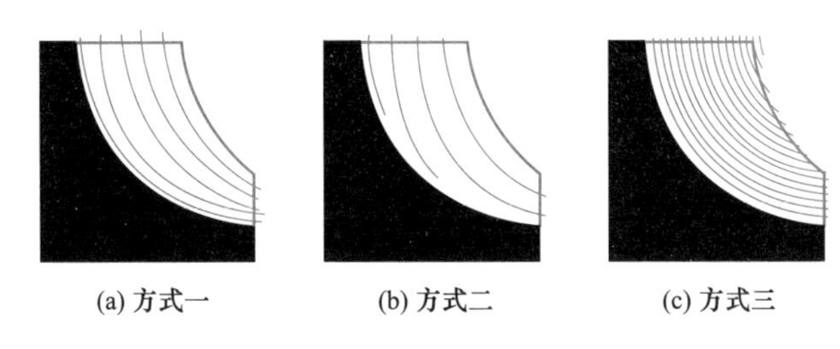

图 2-41　沿深度分层方式

走刀路线的选择决定了刀具矢量的方向、切削深度的分布和零件铣削的刀具纹路。第一种方式下，刀具矢量方向与轮毂(流道)面相关(垂直或成一定的角度)，切削深度以轮毂面为基准向轮盖方向等高分布，且每层最大切削深度一致，保证了靠轮毂面切削层的切削深度一致，叶片根部与轮毂面之间的残留余量均匀。第二种方式下，刀具矢量方向与轮盖面相关，切削深度以轮盖面为基准向轮毂方向等高分布，且每层最大切削深度一致，保证了靠轮盖面切削层的切削深度一致，但是在轮毂面上留有各层之间的接痕。第三种方式下，刀具矢量方向与叶片的等参数曲线相关，切削深度为叶片的等参数线之间的高度，且每层切削深度从进气边到排气边在不断变化，加工纹路也与叶片的等参数曲线一致。

选择深度分层的刀具路线时，应考虑不同零件叶片、轮毂和轮盖结构特点及其对刀具矢量、加工效率的影响。如果构成轮毂面母线的曲率变化平稳，而轮盖面母线的曲率变化剧烈，则优选以轮毂面等分高度的刀具路线，如果以轮盖面为基准等分深度能一次去除更多的加工余量，则优选轮盖面等分深度的刀具路线。

粗加工可以使用五轴联动和 3+2 定轴两种策略。如果叶片曲面曲率比较平缓，使用 3+2 定轴进行粗加工，即先按某一方向以三轴方式进行粗加工，然后工件转动一个角度继续完成未加工区域的加工；如果叶片曲率偏大，应尽量使用五轴联动进行粗加工。

(2) 叶片半精铣和精铣。

为了使精加工余量均匀，半精铣刀具路线一般选择叶片的等参数曲线，叶片的精铣走刀路线与叶片的半精铣走刀路线类似。叶片曲面精加工可分为侧铣和点铣，对于直纹曲面，使用侧铣方法，刀具的侧刃与叶片接触，加工效率高；对于扭曲直纹曲面和自由曲面，则必须使用点铣，刀具的球头部分参加切削，加工效率较低。

(3) 流道半精铣和精铣。

流道加工的走刀路线分为流线型和三角形两种，流线型保证了叶轮流道残留轨迹与气流的流动方向一致，常应用于叶轮流道的精加工。三角形走刀路线保证了刀具残留高度的一致性，有利于提高叶轮流道加工的效率。

(4) 叶片根部圆角加工。

如果加工叶片的刀具为球头铣刀，且球头铣刀的半径等于叶片根部圆角半径，则叶片和根部圆角可以一次加工完成，能节约大量清根时间。叶片根部圆角加工走刀路线通常有三种：一是从轮盖往轮毂方向走刀，开始切削余量较少，靠轮毂面越近，切削余量越大，切削条件越恶劣；二是从轮毂往轮盖方向走刀，开始加工条件差，以底刃切削为主，慢慢过渡到底刃和侧刃同时参与切削，最后转变为侧刃切削；三是从叶片根部圆角的外侧往内走刀，从余量少的两侧向余量最多的中间方向一层层加工，如图 2-42 所示。

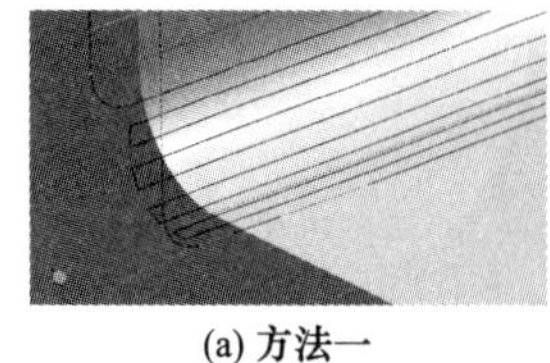
(a) 方法一

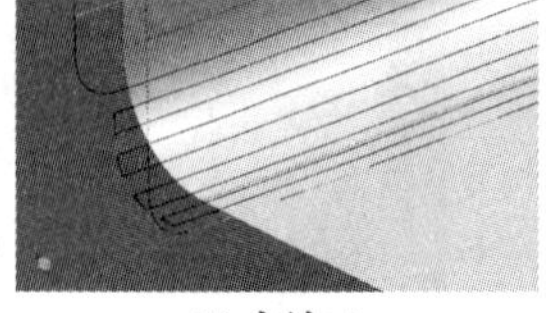
(b) 方法二

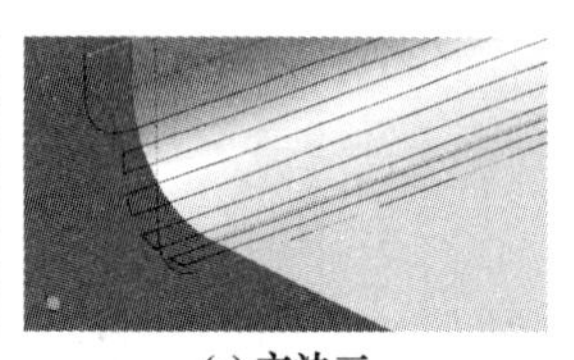
(c) 方法三

图 2-42 叶片根部圆角加工走刀路线

读者可扫描二维码，观看叶轮零件的加工视频。

2.4 高速加工及其工艺处理

2.4.1 高速加工概述

高速加工 high speed cutting 的概念早在 1931 年就由德国 Carl Salomon 博士提出，并获得德国专利。高速加工于 20 世纪 80 年代进入了一个高速发展时期，90 年代在制造业中广泛应用。它是一种先进的金属切削加工技术，由于它大大提高了切削率和加工质量，又称为高性能加工，多用于铣削加工。高速加工是一个相对概念，其含义目前尚无统一的认识，通常有以下几种观点：切削速度很高，为普通切削的 5 10 倍；机床主轴转速很高，一般在 10000r/min 以上，最高达到 150000r/min；进给速度很高，通常在 15m/min 以上，最高可达 90m/min。一般认为，高速加工的机床不仅指要有高的主轴转速，以及与主轴转速相匹配的高进给速度，还必须具备高的进给加速度。读者可扫描二维码，观看高速加工视频。

目前，美国和日本有 30%以上的企业已经使用高速加工，德国有 40%以上的企业使用高速加工。随着汽车、航空航天等工业轻合金材料等的广泛应用，高速加工已成为制造技术的重要发展趋势。

高速加工应用的主要领域有以下几个方面。

1 航空工业及其零件产业。飞机制造业是最先采用高速铣削的行业，飞机上的梁、框、肋零件通常采用整体制造法，即在整体上“掏空”加工以形成多筋薄壁件，其金属切除量大，正是高速加工的用武之地。

2 模具制造业。模具制造业也是高速加工应用的重要领域。模具型腔加工过去一直为电加工所垄断，加工效率低。高速加工切削力小，可铣削淬硬模具钢，加工表面粗糙度值又很小，因此可以替代电加工对模具进行加工，可大大提高加工效率，缩短加工周期。

3 汽车工业。汽车工业是高速加工的又一应用领域。汽车发动机箱体、气缸盖以往多采用组合机床加工，缺点是无法适应零件快速变化的需求。目前可以用高速加工中心完成技术变化较快的汽车零件加工。

2.4.2 高速加工中的工艺处理

高速加工是一种高效的切削方法，它以高切削速度进行小切削量加工，其金属去除率比普通数控加工要高，并且延长了刀具寿命，减少了非加工时间，它适应了现代生产快速反应的应用特点。

高速加工采用全新的加工工艺，在刀具、切削用量、走刀路径及程序编制等方面，都不同于传统的数控加工。

1. 高速加工刀具选择

高速加工对刀具材料要求更高。在实际加工中一般按照下列原则选用合适的刀具材料：①粗加工时优先考虑刀具材料的韧性；②精加工时优先考虑刀具材料的硬度。高速加工的刀具材料有立方氮化硼(CBN)、金刚石(PCD)、陶瓷等。使用 CBN 刀具铣削端面时，其切削速度可高达 5000m/min，主要用于灰口铸铁的切削加工。聚晶金刚石刀具特别适用于切削含有 SiO_2 的铝合金材料。目前，用聚晶金刚石刀具铣削铝合金端面时，5000m/min 的切削速度已达到实用化水平。此外，陶瓷刀具也适用于灰口铸铁的高速切削加工。CBN 和 PCD 刀具尽管具有很好的高速切削性能，但成本相对较高，采用涂层技术的刀具价格低廉，又具有优异性能，可以有效降低加工成本，所以高速加工采用的立铣刀，大都采用氮化铝钛(TiAlN)系的复合多层涂镀技术进行处理。

不同工件材料的高速加工只有选择与其匹配的刀具材料和加工方式，才能获得最佳的切削效果。铝合金高速加工时，可以选用金刚石刀具。如果刀具复杂，可采用整体超细晶粒硬质合金、粉末高速钢、高性能高速钢及其涂层刀具进行高速加工。加工钢和铸铁及其合金时，采用 Al_2O_3 基陶瓷刀具较合适；立方氮化硼适于 HRC45 以上的高速硬切削；氮化硅基和立方氮化硼更适于铸铁及其合金的高速切削，但不宜于切削以铁素体为主的钢铁；WC 基超细硬质合金及其 TiCN、TiAlN、TiN 涂层刀具和 TiC/TiN 基硬质合金刀具也可加工钢和铸铁。加工钛合金时，一般可用 WC 基超细晶粒硬质合金和金刚石刀具。

2. 高速加工切削用量选择

高速加工的切削速度通常为常规切削速度的 5～10 倍。为了使刀具每齿进给量基本保持不变，以保证零件的加工精度、表面质量和刀具的耐用度，进给量也必须相应提高到 5～10 倍，达到 60m/min 以上，有的甚至高达 120m/min。因此，高速切削加工通常采用高转速、大进给和小切深的切削工艺参数。高速切削的切削余量往往很小，所形成的切屑很薄、很轻，把切削时产生的热量很快带走。若采用全新耐热性更好的刀具材料和涂层，采用干切削工艺也是高速加工的理想工艺方案。

3. 高速加工走刀路径确定

高速加工过程中，应保持整个切削过程中载荷的平稳性，避免突然改变方向，在减少进给量或刀具停止时也要避免方向突变。走刀路径确定时，遵循以下策略。

(1)高速加工应以顺铣为主，以减少刀具磨损，提高加工精度。

(2)根据浅切削、小层深的分层原则，采用合理分层路线来实现加工的合理性与载荷的平稳性。

(3)在拐角处应增加圆弧走刀，防止拐角处速度矢量方向的突变，避免刀具载荷的急剧变化。图 2-43 为拐角处圆弧走刀和尖角走刀方式，图 2-44(a)表示在外拐角处增加圆弧走刀的情况，图 2-44(b)为 D 形拐角过渡方式。

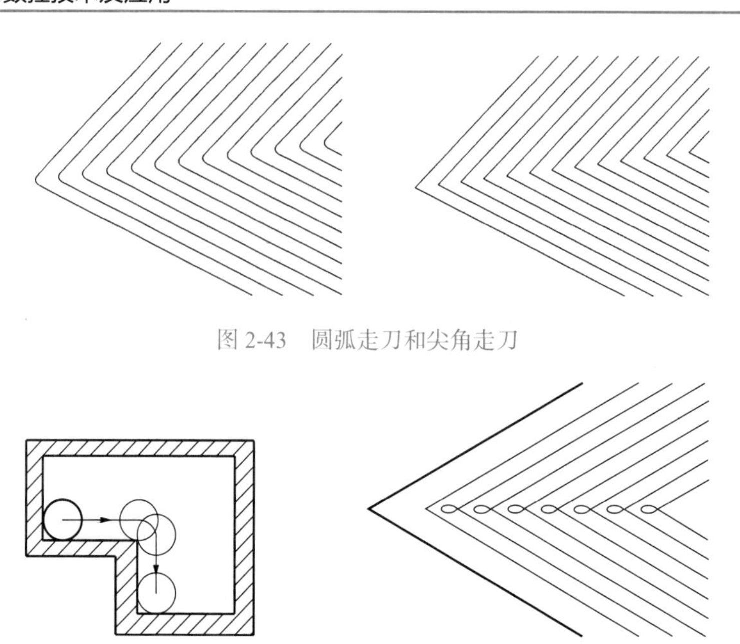

图 2-43　圆弧走刀和尖角走刀

(a) 拐角处圆弧走刀　　(b) D形拐角走刀路径

图 2-44　拐角处圆弧走刀路径

(4)在平面双向切削加工中，可在相邻两行刀具轨迹间附加圆弧转接，以形成光滑的侧向移刀(图 2-45)。在空间双向切削加工中，可以采用空间圆弧过渡移刀、内侧圆弧过渡移刀、外侧圆弧过渡移刀以及“高尔夫”式过渡移刀等多种延伸过渡形式，如图 2-46 所示，这样既保证了刀具轨迹的平滑性，又有效避免了两行间的拐硬弯现象，这种转接方法普遍使用在各种曲面高速铣削中。

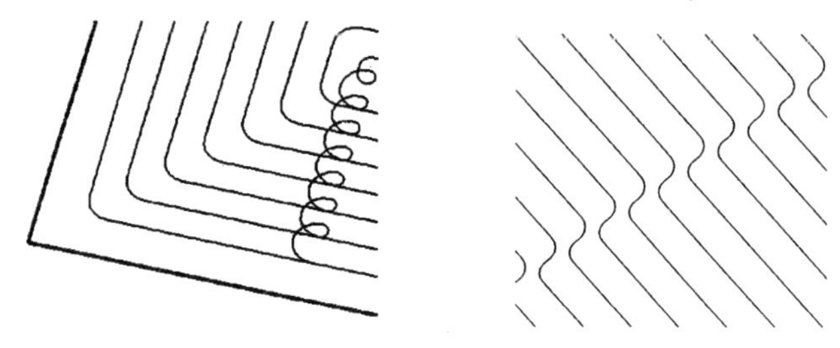

图 2-45　光滑的侧向移刀

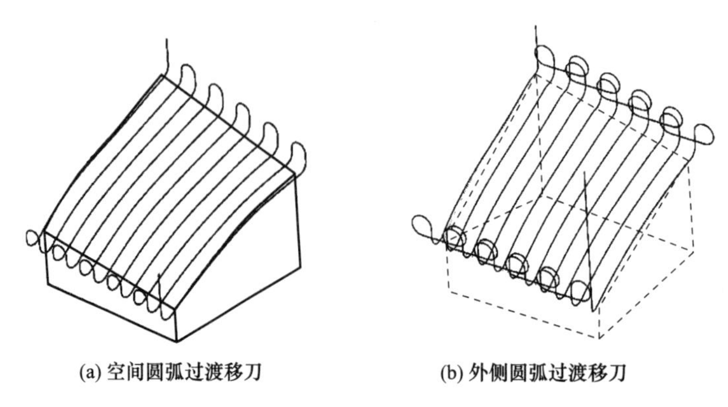

(a) 空间圆弧过渡移刀　　(b) 外侧圆弧过渡移刀

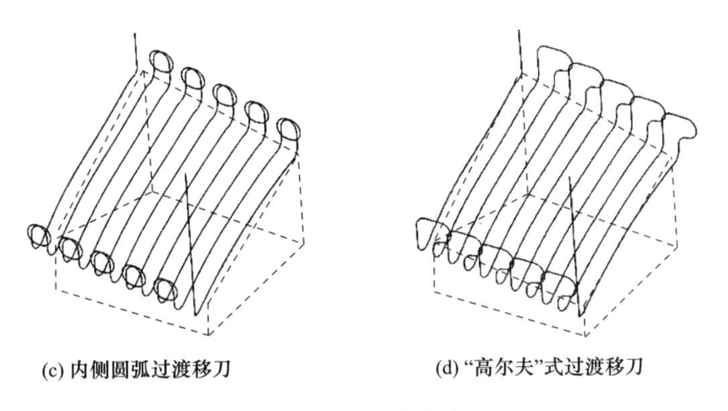

图 2-46　行间光滑移刀

(5) 避免在外形轮廓上法向直接进刀和退刀，应采用螺旋线、圆弧和斜线方式进退刀，保证光滑进退刀，如图 2-47 所示。

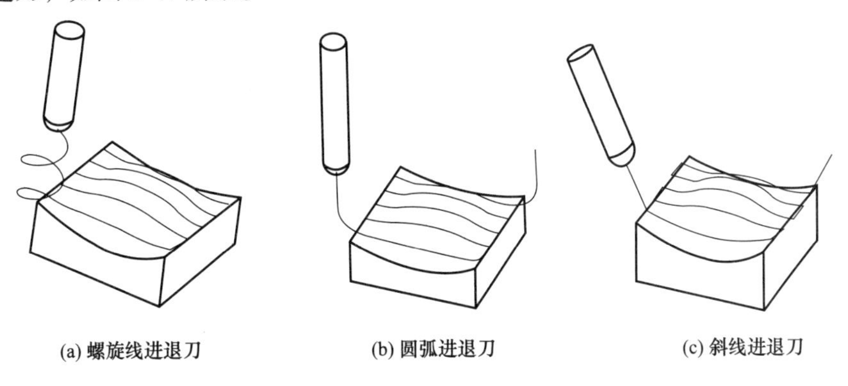

图 2-47　各种进退刀方式

(6) 对陡壁面与非陡壁面的精加工，为防止切削载荷的急剧变化，应用不同的方法把陡壁面与非陡壁面分开加工，可提高切削速度，同时使零件的表面粗糙度均匀。

2.5　数控编程中的数学处理

根据加工零件图，按照已经确定的加工路线和允许的编程误差，计算数控编程所需要的坐标点或刀位点的过程，称为数控编程中的数学处理。这是工艺处理后的又一项主要准备工作。数学处理工作量的大小随被加工零件的形状、加工内容、数控系统的功能而有所不同。编制孔加工程序时，数学处理工作十分简单；编制直线-圆弧类轮廓零件的加工程序时，数学处理一般需要计算相邻几何元素的交点和切点坐标；编制非圆曲线、列表曲线、曲面类零件加工程序时，数学处理很复杂，需要用直线或圆弧去逼近非圆曲线、列表曲线和曲面类零件，计算出相邻逼近线段的交点或切点坐标，一般由计算机软件完成。

2.5.1　直线、圆弧类零件的数学处理

直线、圆弧类零件的轮廓一般由直线和圆弧组成。相邻直线、直线与圆弧、圆弧间的交点或切点称为基点。由于目前机床数控系统都具有直线和圆弧插补功能，因此对于由直线和

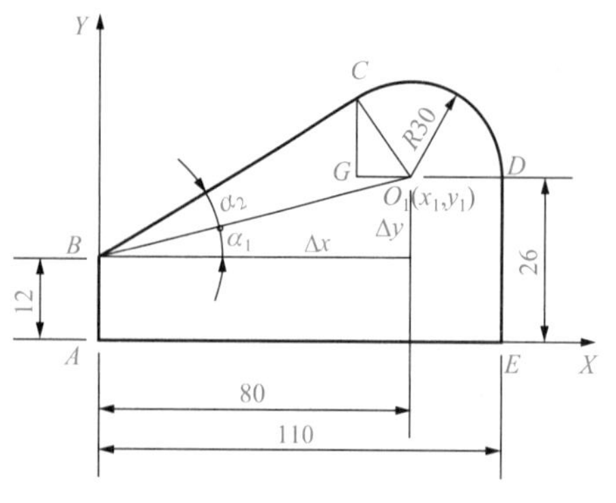

图2-48 直线、圆弧类零件基点计算示例

圆弧构成的平面轮廓类零件的数控加工，其数学处理比较简单，主要完成基点坐标计算。基点的计算方法可以通过联立方程组求解，也可利用几何元素间的三角函数关系求解。

图 2-48 所示的零件轮廓由四段直线和一段圆弧组成，应确定的基点坐标为 A、B、C、D、E 点。其中，A、B、D、E 各点的坐标可直接由图上数据得出，C 点是过 B 点并与圆 O_1 相切的直线和圆 O_1 的切点，C 点坐标值可利用图形间的几何三角关系求解(由读者自行计算)，计算结果为 x_C=64.279(mm)，y_C=51.551(mm)。

2.5.2 非圆曲线节点坐标计算

除直线与圆弧之外，可以用数学方程式 $y=f(x)$ 表达的平面轮廓曲线称为非圆曲线，如抛物线、渐开线等。如果数控装置不具备这类曲线的插补功能，其数学处理就比较复杂，应在满足允许的编程误差的条件下，用直线段或圆弧段去逼近给定的非圆曲线，相邻逼近线段的交点或切点称为节点。图 2-49(a)为用直线段逼近非圆曲线的情况，图 2-49(b)为用圆弧段逼近非圆曲线的情况。逼近处理时，逼近线段与理论曲线的误差 δ 应小于或等于编程允许误差 $\delta_{允}$，即 $\delta \leqslant \delta_{允}$，$\delta_{允}$一般取零件公差的 1/10～1/5。

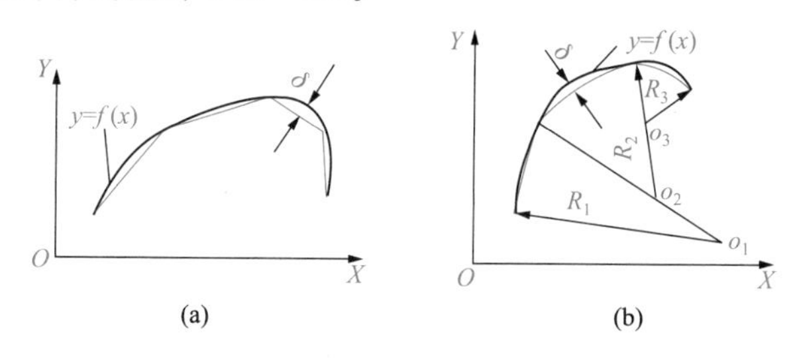

图 2-49 非圆曲线的逼近

1. 用直线段逼近非圆曲线时节点的计算

用直线段逼近非圆曲线时可以采用割线逼近法、弦线逼近法和切线逼近法，其中割线逼近法逼近误差较小；弦线逼近法由于节点落在曲线上，计算较为简单。弦线逼近时计算节点的方法主要有等间距法、等步长法和等误差法。下面简单介绍其中的等步长法和等误差法。

1) 等步长法

用直线段逼近非圆曲线时，如果每个逼近线段长度相等，则称等步长法。如图 2-50 所示，零件轮廓曲线 $y=f(x)$ 的曲率半径各处不相等，曲率半径最小处逼近误差最大，因此首先应求出该曲线的最小曲率半径 R_{min}，由 R_{min} 及 $\delta_{允}$确定允许的步长 l，然后从曲线起点 a 开始，按步长 l 依次截取曲线，通过联立求解方程组，可依次得到 b、c、d 等节点坐标。

2) 等误差法

用直线段逼近非圆曲线时，如果每个逼近误差相等，则称等误差法。如图 2-51 所示，设零件的轮廓方程为 $y=f(x)$，首先以起点 a 为圆心，以 $\delta_{允}$为半径作圆；然后作该圆和已知曲线的公切线，切点分别为 $P(x_P,\ y_P)$、$T(x_T,\ y_T)$，并求出此切线的斜率。接着过点 a 作直线 PT 的平行线交曲线于 b 点，b 点即求得的第一个节点。再以 b 点为起点用上述方法求得第二个节点 c 点，依次类推，即可求出曲线上其余节点。

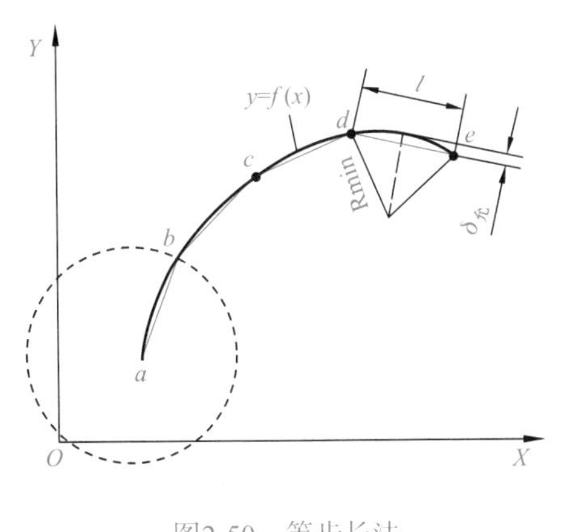

图2-50　等步长法

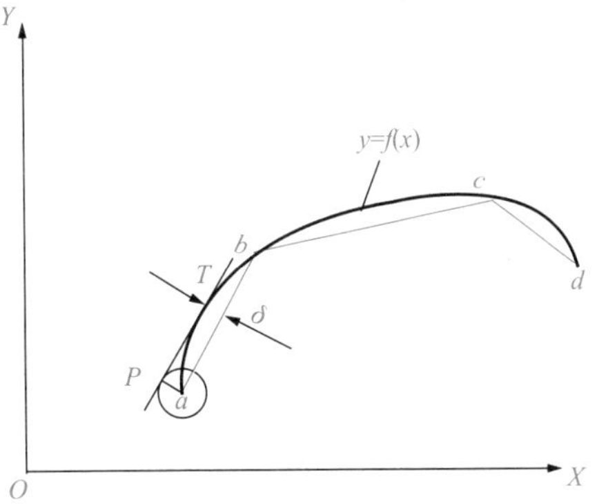

图2-51　等误差法

用等步长法逼近曲线时，求得的 l 是最小曲率半径处的步长，由于曲线各处曲率都不一样，因此逼近的线段较多；等误差法由于各逼近线段误差 δ 相等，因此程序段数目较少，但计算过程比较复杂。

2. 用圆弧段逼近非圆曲线时节点的计算

用圆弧段逼近非圆曲线的方法有曲率圆法、三点圆法、双圆弧法等。

(1) 曲率圆法是用彼此相交的圆弧逼近非圆曲线。其基本步骤如下：从曲线的起点作与曲线内切的曲率圆，求出曲率圆中心，再以曲率圆中心为圆心，以曲率圆半径加(减) $\delta_{允}$为半径，所作的圆(偏差圆)与曲线 $y=f(x)$ 的交点为下一个节点，计算圆弧中心，使圆弧通过相邻两节点，半径为曲率圆半径。重复以上步骤即可求出所有节点坐标及圆弧的圆心坐标。

(2) 三点圆法是在已求出的各节点的基础上，通过连续三点作圆弧，求出圆心坐标和圆弧半径。

(3) 双圆弧法是指在两相邻的节点间用两段相切的圆弧逼近曲线的方法。如图2-52所示，在曲线$y=f(x)$上任取两节点$P_i(x_i,\ y_i)$、$P_{i+1}(x_{i+1},\ y_{i+1})$。过$P_i$点与$P_{i+1}$点分别作曲线的切线$m_i$、$m_{i+1}$，并与直线$P_i P_{i+1}$组成三角形$\triangle P_i P_{i+1}G$。取$\triangle P_i P_{i+1}G$的内心$T$作为两个圆弧相切的切点位置。过$T$作$P_i P_{i+1}$的垂线，与过 P_i 点所作GP_i的垂线交于 O_i，与过 P_{i+1} 点所作GP_{i+1}的垂线交于O_{i+1}。以O_i点为圆心，O_iP_i为半径作圆弧 $\overset{\frown}{P_iT}$；以O_{i+1}为圆心，$O_{i+1}P_{i+1}$为半径作另一圆弧 $\overset{\frown}{TP_{i+1}}$，这两段圆弧均能切于$T$点(原因请读者思考)。这就实现了曲线上相邻两节点间的双圆弧拟合。通过误差计算，可求出逼近圆弧段与非圆曲线间的最大误差，与编程允许误差$\delta_{允}$进行比较，调整曲线上节点的位置，使实际误差小于或等于编程允许误差。下面给出圆心坐标、切点坐标、半径的计算过程。

采用双圆弧法逼近非圆曲线，双圆弧中各几何元素间的关系是在局部坐标系下设定的。如图 2-53 所示，取相邻节点连线为局部坐标系的 U_i 轴，U_i 轴的垂线为 V_i 轴。过 P_i 的圆弧切线与直线 $P_i P_{i+1}$ 的夹角为 θ_i，过 P_{i+1} 的圆弧切线与 $P_i P_{i+1}$ 的夹角为 θ_{i+1}。用 L_i 表示 P_i 与 P_{i+1} 两点之间的距离，则

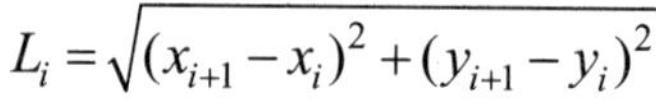

$$L_i = \sqrt{(x_{i+1} - x_i)^2 + (y_{i+1} - y_i)^2}$$

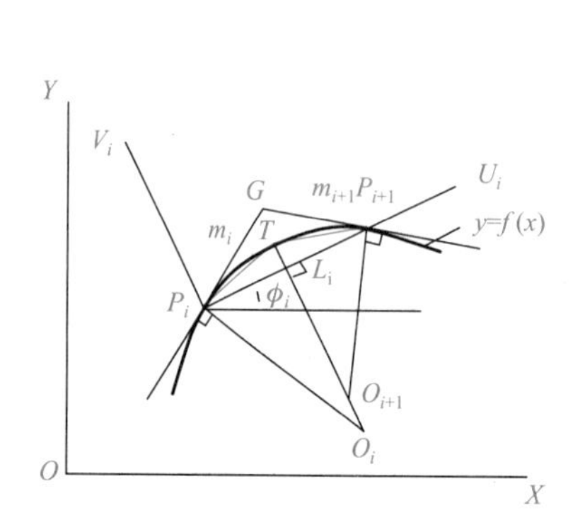

图2-52　双圆弧法逼近非圆曲线

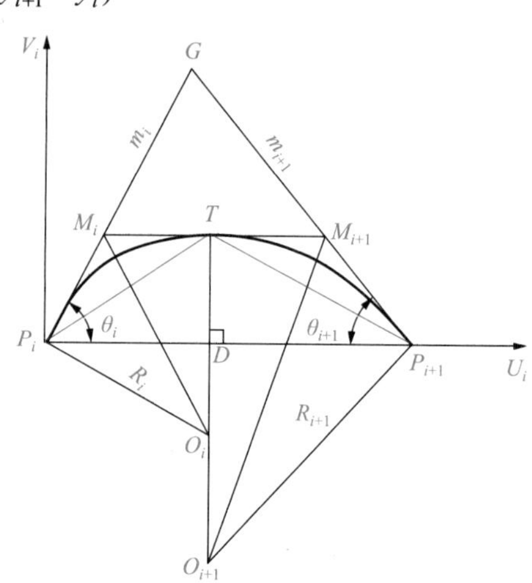

图2-53　双圆弧坐标位置的确定

在△ P_iTP_{i+1} 中，根据正弦定理可得

$$P_iT = \frac{\sin\dfrac{\theta_{i+1}}{2}}{\sin\dfrac{\theta_i + \theta_{i+1}}{2}} P_iP_{i+1}$$

可求得切点坐标为

$$U_T = P_iD = P_iT\cos\theta_i / 2，V_T = DT = P_iT\sin\theta_i / 2$$

圆心 O_i、O_{i+1} 的坐标分别为

$$Uo_i = U_T，Vo_i = DO_i = P_iD / \tan\theta_i$$

$$Uo_{i+1} = U_T，Vo_{i+1} = DO_{i+1} = (L_i - P_iD) / \tan\theta_{i+1}$$

设两圆弧的半径分别为 R_i、R_{i+1}，则

$$R_i = DT + DO_i = V_T + Vo_i，\quad R_{i+1} = DT + DO_{i+1} = V_T + Vo_{i+1}$$

局部坐标系中的坐标求得后，还要换算成整体坐标系下的坐标，换算关系为(图 2-52)

$$x_T = U_T\cos\phi_i - V_T\sin\phi_i + x_i$$

$$y_T = U_T\sin\phi_i + V_T\cos\phi_i + y_i$$

圆心坐标按同样的方法转换。

2.5.3 列表曲线轮廓零件的数学处理

1. 概述

在实际生产中，一些零件的轮廓形状是由实验或测量方法获得的列表点来确定的，如飞机的机翼、机头罩、发动机的叶片、各种模具以及用来检测或安装零件或部件的样板等。图 2-54 是一种用列表曲线表达外缘轮廓的零件。列表曲线轮廓零件的数学处理要经过去噪、拟合、逼近等步骤。首先，由于列表数据多数是通过实验或测量方法获得的，故会存在误差，

使得列表点中产生若干个“坏点”，因此要对列表数据进行检查，去除噪声点；其次，对上述经过处理的列表点用数学方程式拟合，得到用方程式表示的光滑曲线；最后，对拟合得到的光滑曲线用直线或圆弧逼近，获得许多小直线或圆弧段，以满足数控编程和数控加工的需要。列表曲线拟合方法有很多种，常用的方法有 B 样条、Bézier 样条、非均匀有理 B 样条(non-uniform rational B-splines，NURBS)等。

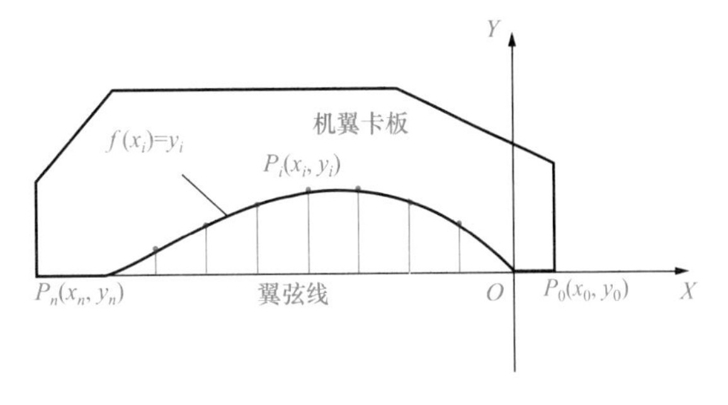

图2-54　一种列表曲线零件

2. 曲线拟合

1) B 样条曲线拟合

三次 B 样条曲线定义为

$$r_i(u)=\sum_{j=0}^{3}N_{j,4}(u)V_{i+j} \tag{2-2}$$

其中，V_{i+j} (i=0,1,⋯,n; j=0,1,2,3) 为控制多边形顶点；$N_{j,4}(u)$ 为三次 B 样条基函数，分别为参数 u ($0\leqslant u\leqslant 1$) 的三次多项式，即

$$N_{0,4}(u)=\frac{1}{3!}\left(1-3u+3u^2-u^3\right)$$

$$N_{1,4}(u)=\frac{1}{3!}\left(4-6u^2+3u^3\right)$$

$$N_{2,4}(u)=\frac{1}{3!}\left(1+3u+3u^2-3u^3\right)$$

$$N_{3,4}(u)=\frac{1}{3!}u^3$$

图 2-55(a) 为一段三次 B 样条曲线，四个控制多边形顶点为 V_i、V_{i+1}、V_{i+2} 和 V_{i+3}。B 样条曲线段的起点 $r_i(0)$ 落在 $\triangle V_iV_{i+1}V_{i+2}$ 的中线 $V_{i+1}m$ 上距 V_{i+1} 的 1/3 处。起点的切矢 $r_i'(0)$ 平行于 $\triangle V_iV_{i+1}V_{i+2}$ 的底边，长度为其 1/2。起点的二阶导矢量 $r_i''(0)$ 等于中线向量 $\overrightarrow{V_{i+1}m}$ 的 2 倍。终点的情况同起点类似。

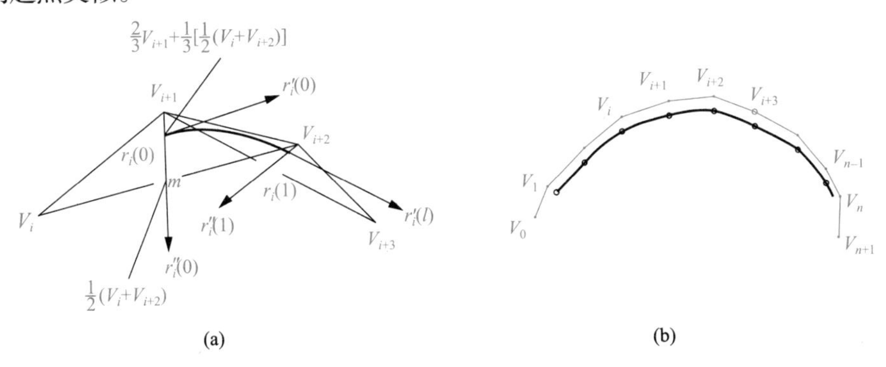

图 2-55　三次 B 样条曲线段和曲线

当控制多边形顶点超过四个时，每增加一个顶点，在不含重节点的情况下，样条曲线相应增加一段曲线段，图 2-55(b)表示了控制多边形及其对应的 B 样条曲线。要使 B 样条曲线通过首末控制顶点，则可在首末节点处取重节点。

由式(2-2)得

$$\begin{cases} r_i(0)=\dfrac{1}{6}\left(V_i+4V_{i+1}+V_{i+2}\right)=V_{i+1}+\dfrac{1}{3}\left[\dfrac{1}{2}\left(V_i+V_{i+2}\right)-V_{i+1}\right] \\ r_i(1)=\dfrac{1}{6}\left(V_{i+1}+4V_{i+2}+V_{i+3}\right)=V_{i+2}+\dfrac{1}{3}\left[\dfrac{1}{2}\left(V_{i+1}+V_{i+3}\right)-V_{i+2}\right] \\ r_i'(0)=\dfrac{1}{2}\left(V_{i+2}-V_i\right) \\ r_i'(1)=\dfrac{1}{2}\left(V_{i+3}-V_{i+1}\right) \\ r_i''(0)=\left(V_{i+2}-V_{i+1}\right)+\left(V_i-V_{i+1}\right) \\ r_i''(1)=\left(V_{i+3}-V_{i+2}\right)+\left(V_{i+1}-V_{i+2}\right) \end{cases} \tag{2-3}$$

控制多边形顶点 V_{i+j} 和三次 B 样条基函数 $N_{j,4}(u)$ 线性组合得到 $r_i(u)$。当参数 u 从 0 变化到 1 时，式(2-3)就描绘出第 i 段曲线。

对列表曲线轮廓零件的数学处理过程为：首先用 B 样条曲线拟合给定列表点，然后求插值点。因此需要根据列表点计算出控制多边形顶点$\{V_i\}$ $(i=-1,0,1,\cdots,n+1)$，即“反算”，然后对曲线进行插值计算。

已知 n+1 个列表点 $P_i(x_i,\ y_i)$ $(i=0,1,2,\cdots,n)$，从式(2-3)中第一、第二式可看出，顶点的求解可归结为下列线性代数方程组的求解：

$$\frac{1}{6}\left(V_{i-1}+4V_i+V_{i+1}\right)=P_i \quad (i=0,1,\cdots,n) \tag{2-4}$$

由于式(2-4)方程组有 n+3 个未知数，而方程只有 n+1 个，故必须根据端点条件补充两个方程，端点条件有多种给法，这里仅给出一种两端点切矢量的方法，即

$$\begin{cases} \dfrac{1}{2}\left(V_1-V_{-1}\right)=P_0' \\ \dfrac{1}{2}\left(V_{n+1}+V_{n-1}\right)=P_n' \end{cases} \tag{2-5}$$

将式(2-5)分别与式(2-4)联立，消去 V_1 和 V_{n-1} 得

$$\begin{cases} \dfrac{2}{6}V_{-1}+\dfrac{4}{6}V_0=P_0-\dfrac{P_0'}{3} \\ \dfrac{4}{6}V_n+\dfrac{2}{6}V_{n+1}=P_n+\dfrac{P_n'}{3} \end{cases} \tag{2-6}$$

用追赶法求解由式(2-6)和式(2-4)构成的三对角线性方程组，即可求得控制多边形各顶点。将求得的控制多边形顶点$\{V_i\}$代入式(2-2)中，取不同的 u 值可得曲线上各插值点坐标。

2) NURBS 曲线拟合

NURBS 提供了对标准解析几何和自由曲线、曲面的统一数学描述。它在 B 样条曲线方程式中，通过引入一个可调的权因子 W_i $(i=0,1,\cdots,n)$ 使前述的方法更加灵活，从而可以精确控制曲线形状。

对于给定三维空间控制顶点 V_i (i=0,1,⋯,n) 及其相应的权因子序列 W_i，在三维空间可定义一条 k 阶 (k–1) 次 NURBS 曲线，表示为

$$r(u)=\sum_{i=0}^{n}W_iV_iN_{i,k}(u)\Big/\sum_{i=0}^{n}W_iN_{i,k}(u)$$

其中，$N_{i,k}(u)$ 为 NURBS 曲线的基函数，由下述递推公式确定：

$$N_{i,1}(u)=\begin{cases}1 & \left(u\in\left[u_i,u_{i+1}\right]\right)\\ 0 & \left(u\notin\left[u_i,u_{i+1}\right]\right)\end{cases}$$

$$N_{i,k}(u)=\frac{u-u_i}{u_{i+k-1}-u_i}N_{i,k-1}(u)+\frac{u_{i+k}-u}{u_{i+k}-u_{i+1}}N_{i+1,k-1}(u)$$

与 B 样条曲线相似，要使得到的曲线通过首末控制顶点，可将曲线两端点各取 k–1 个重复节点。

2.5.4　列表曲面轮廓零件的数学处理

列表曲面是用列表点描述的曲面，列表曲面数学处理要完成曲面拟合、刀位点计算等工作，计算更复杂，目前主要由 CAD/CAM 软件或 CAM 软件完成。列表曲面的拟合方法主要有 B 样条曲面、NURBS 曲面等。

1) B 样条曲面拟合

双三次 B 样条曲面方程定义为

$$S(u,w)=\boldsymbol{ULVL}^{\mathrm{T}}\boldsymbol{W}^{\mathrm{T}} \tag{2-7}$$

其中：

$$\boldsymbol{U}=\left[u^3\ u^2\ u\ 1\right]$$

$$\boldsymbol{L}=\begin{bmatrix}-\frac{1}{6} & \frac{1}{2} & -\frac{1}{2} & \frac{1}{6}\\ \frac{1}{2} & -1 & \frac{1}{2} & 0\\ -\frac{1}{2} & 0 & \frac{1}{2} & 0\\ \frac{1}{6} & \frac{2}{3} & \frac{1}{6} & 0\end{bmatrix},\quad \boldsymbol{V}=\begin{bmatrix}V_{0,0} & V_{0,1} & V_{0,2} & V_{0,3}\\ V_{1,0} & V_{1,1} & V_{1,2} & V_{1,3}\\ V_{2,0} & V_{2,1} & V_{2,2} & V_{2,3}\\ V_{3,0} & V_{3,1} & V_{3,2} & V_{3.3}\end{bmatrix},\quad \boldsymbol{W}=\left[w^3\ w^2\ w\ 1\right]$$

双三次 B 样条曲面的生成可按下列两步进行。

(1) 沿 w 向生成 B 样条曲线 $S(w)$ (图 2-56)，则有

$$\begin{cases}S_0(w)=\boldsymbol{WL}\left[V_{0,0}\ V_{0,1}\ V_{0,2}\ V_{0,3}\right]^{\mathrm{T}}=\left[V_{0,0}\ V_{0,1}\ V_{0,2}\ V_{0,3}\right]\boldsymbol{L}^{\mathrm{T}}\boldsymbol{W}^{\mathrm{T}}\\ S_1(w)=\left[V_{1,0}\ V_{1,1}\ V_{1,2}\ V_{1,3}\right]\boldsymbol{L}^{\mathrm{T}}\boldsymbol{W}^{\mathrm{T}}\\ S_2(w)=\left[V_{2,0}\ V_{2,1}\ V_{2,2}\ V_{2,3}\right]\boldsymbol{L}^{\mathrm{T}}\boldsymbol{W}^{\mathrm{T}}\\ S_3(w)=\left[V_{3,0}\ V_{3,1}\ V_{3,2}\ V_{3,3}\right]\boldsymbol{L}^{\mathrm{T}}\boldsymbol{W}^{\mathrm{T}}\end{cases} \tag{2-8}$$

(2) 沿 u 向生成 B 样条曲线 $S(u)$，此时可以认为是顶点沿 $S(w)$ 线滑动，每一组顶点对应相同的参数 w，当 w 值从 0 变化到 1 时，便可作出双三次 B 样条曲面，其表达式为

$$S(u,w)=\boldsymbol{UL}\left[S_0(w)S_1(w)S_2(w)S_3(w)\right]^{\mathrm{T}} \tag{2-9}$$

将式(2-8)的 $S_0(w)$、$S_1(w)$、$S_2(w)$ 和 $S_3(w)$ 代入式(2-9)后，即可得到 B 样条曲面方程(2-7)。

如图 2-57 所示，由已知列表点构造 B 样条曲面并进行插值计算的步骤如下：首先对 u 向的 n+1 组列表点，按 B 样条曲线的反算方法得到各条拟合曲线的控制多边形顶点 $Q_{i,j}$(i= −1,0,1,⋯,n+1；j=0,1,⋯,m)；然后，将 $Q_{i,j}$ 看作在 w 方向的 m+1 组列表点列，再按 B 样条曲线的反算方法得到 $V_{i,j}$(i= −1,0,1,⋯,n,n+1；j= −1,0,1,⋯,m,m+1)，得到的 $V_{i,j}$ 就是双三次 B 样条曲面控制网格的顶点，即可得到曲面方程。利用曲面方程及相关参数(如插补误差等)对曲面进行插值计算，即可求得曲面上插补点的位置矢量。

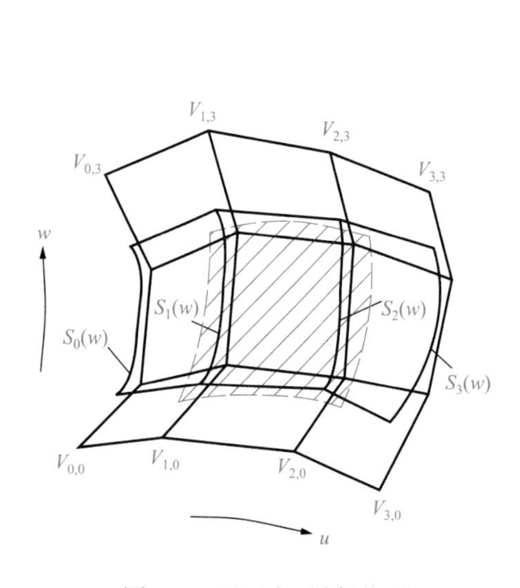

图2-56 双三次B样条曲面

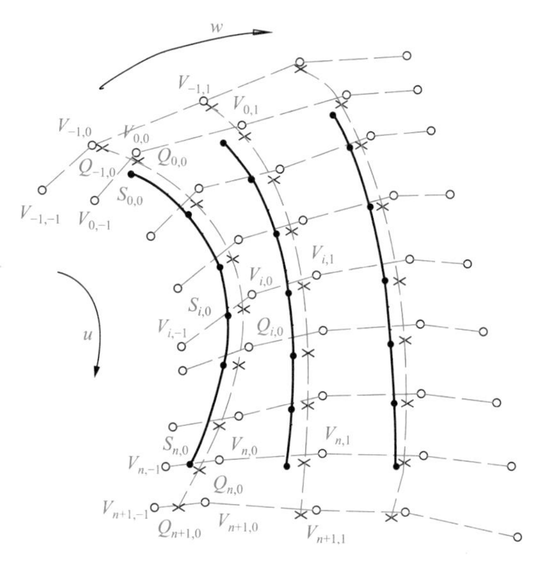

图2-57 B样条曲面的反求

2) NURBS 曲面拟合

NURBS 曲面的定义与 NURBS 曲线定义相似，给定一张(m+1) × (n+1)的网格控制顶点 $V_{i,j}$ (i=0,1,2,⋯,n; j=0,1,2,⋯,m)，以及各网格控制顶点的权因子 $W_{i,j}$(i=0,1,⋯,n; j=0,1,2,⋯,m)，则 NURBS 曲面的表达式为

$$S(u,w)=\sum_{i=0}^{n}\sum_{j=0}^{m}N_{i,k}(u)N_{j,l}(w)W_{i,j}V_{i,j}\bigg/\sum_{i=0}^{n}\sum_{j=0}^{m}N_{i,k}(u)N_{j,l}(w)W_{i,j} \tag{2-10}$$

其中，$N_{i,k}(u)$ 为 NURBS 曲面 u 方向的 B 样条基函数；$N_{j,l}(w)$ 为 NURBS 曲面 w 方向的 B 样条基函数；k、l 为 B 样条基函数的阶数。

复习思考题

2-1 简述数控加工程序编制的主要内容。

2-2 数控加工程序编制方法有哪几种？分别适用于什么场合？

2-3 用 G92 程序段设置工件坐标系时，刀具或工件是否产生运动？为什么？

2-4 刀具补偿功能能给数控编程带来哪些好处？

2-5 如何选择一个合理的对刀点？对刀方法有哪些？

2-6 加工路线选择时应注意哪些问题？

2-7 简述数控夹具与普通机床夹具在结构上的区别。

2-8 数控铣削时如何选择合适的刀具?

2-9 试解释 G00、G01、G02、G03、G41、G04、G90、G91、G18、G43 指令的含义。

2-10 简述机床坐标系与工件坐标系各自的功用及相互关系。

2-11 ISO 关于数控机床坐标系是如何规定的? 请按 ISO 标准确定数控车床、数控镗铣床(卧式)的坐标系统并说明各坐标轴运动方向的确定原则。

2-12 从经济观点出发，试分析哪类零件适合在数控机床上加工。

2-13 简要说明切削用量三要素选择的原则。

2-14 分析离心叶轮的工艺路线。

2-15 确定高速加工走刀路径时要考虑哪些问题?

2-16 非圆曲线用直线逼近时节点的计算方法主要有哪几种? 分别写出计算的步骤。

2-17 非圆曲线用圆弧逼近时节点的计算方法有哪几种?

第 3 章

数控加工编程方法

3.1 概　　述

数控加工编程方法主要有手工编程和自动编程。手工编程主要由人工完成零件图分析、工艺处理、数学处理、程序编制等工作，适用于点位及简单轮廓加工。自动编程主要借助 CAD/CAM 等软件完成数学处理、程序编制等工作，用于复杂零件的程序编制和 CAD/CAM 一体化加工。本章将以数控车床、数控铣床、数控线切割机床、加工中心、车铣复合机床为例介绍各类数控机床的手工编程方法和编程实例。最后介绍基于 UG 的复杂零件自动编程过程和实例。图 3-1、图 3-2 分别为手工编程和自动编程流程图。

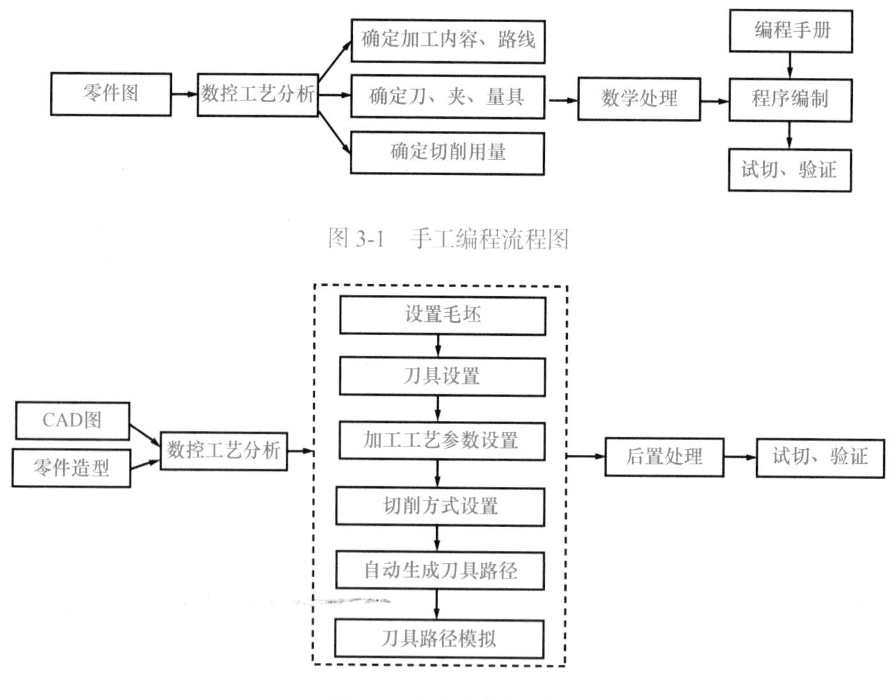

图 3-1　手工编程流程图

图 3-2　自动编程流程图

在自动编程流程中，如果零件图已由 CAD 生成，则在编程时只需把图形调入，而无须重新造型，然后根据加工内容对图形做适当修改以满足编程需要。图 3-2 中的虚线部分是自动编程的前置处理，主要生成刀具路径并输出刀位文件。后置处理则是把刀位文件转换成特定数控机床能执行的数控加工程序。

3.2　手工编程方法

3.2.1　数控车床编程方法及编程实例

1. 数控车床简介

数控车床分为立式数控车床和卧式数控车床两种类型。立式数控车床用于加工回转直径较大的盘类零件；卧式数控车床用于加工轴向尺寸较长或小型盘类零件。这两类数控车床中，卧式数控车床的结构形式较多、加工功能丰富、使用面广。本节主要针对卧式数控车床进行分析。

卧式数控车床按功能可进一步分为经济型数控车床、普通数控车床和车削中心。经济型数控车床一般采用步进电机和单片机控制，成本较低，车削精度也不高，适用于加工精度要求不高的回转类零件或高校学生金工实习、课程实践中的零件加工。普通数控车床的数控系统功能强，具有刀具半径补偿、固定循环等功能，自动化程度和加工精度比较高，适用于一般回转类零件的车削加工。这种数控车床可同时控制两个坐标轴，即 X 轴和 Z 轴，普遍应用于企业的实际生产中。车削中心是在普通数控车床的基础上，增加了 C 轴和铣削动力头，有的还配备了刀库和机械手，可实现三至五个坐标轴联动。车削中心除进行一般车削外，还可以进行径向和轴向铣削、曲面铣削、中心线不在零件回转中心的孔和径向孔的加工等。

读者可扫描二维码，观看数控车床及其加工示例。

2. 数控车床编程中的工艺处理

1) 对刀具、刀座的要求

数控车床和切削中心常用的刀具如图 3-3 所示。加工时可根据加工内容、工件材料等选用，要保证刀具刚度、强度、耐用度。尽可能使用机夹刀和机夹刀片，以减少换刀和对刀时间。由于机夹刀在数控车床上安装时，一般不采用垫片调整刀尖高度，所以刀尖精度在制造时就应得到保证。对于长径比大的内径刀杆，应具有良好的抗振结构。

数控车削刀具很少直接装在数控车床刀架上，一般通过刀座进行过渡。因此应根据刀具的形状、刀架的外形和刀架对主轴的配置形式来决定刀座的结构。目前刀座种类繁多，标准化程度低，选型时应尽量减少种类、形式，以利于管理。

2) 对夹具的要求

在数控车床上，工件的装夹多采用三爪自定心卡盘夹持，轴类零件也常采用两顶尖方式夹持。为了提高刚度，用跟刀架、中心架等辅助支承。由于数控车床主轴转速极高，为便于工件夹紧，多采用液压高速动力卡盘。动力卡盘具有转速高、夹紧力高、精度高、调爪方便、使用寿命长等优点。使用软爪夹持工件，软爪弧面由操作者随机配制，可获得理想的夹持精度。通过调整油缸压力，可改变卡盘夹紧力，以满足夹持各种薄壁和易变形工件的特殊需要。为减少细长轴加工时的受力变形，提高加工精度，可采用液压自动定心中心架。

3) 坐标系统

数控车床的机床原点定义为主轴旋转中心线与车床端面的交点，如图 3-4 中的 O 即机床原点。主轴轴线方向为 Z 轴，刀具远离工件的方向为 Z 轴正方向。X 轴为水平径向，且刀具远离工件的方向为正方向。数控车床的工件坐标系原点一般选在工件回转中心与工件右端面或左端面的交点上，如图 3-4 中的 O'。

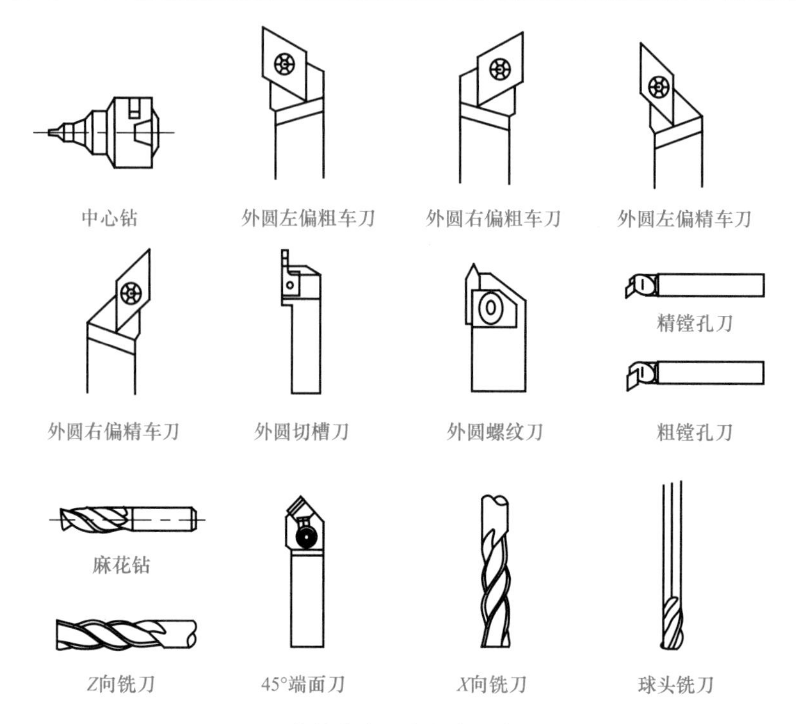

图 3-3 数控车床和车削中心常用刀具

4)切入、切出方式及走刀路线的确定

车削加工时，先采用快速走刀接近工件切削起始点，再改用切削进给，以减少空行程时间，提高加工效率。切削起始点的确定取决于毛坯余量的大小，以刀具快速运动到该点时工艺系统内不发生碰撞为原则。加工螺纹时为保证加工精度，应有一定的引入和引出距离。

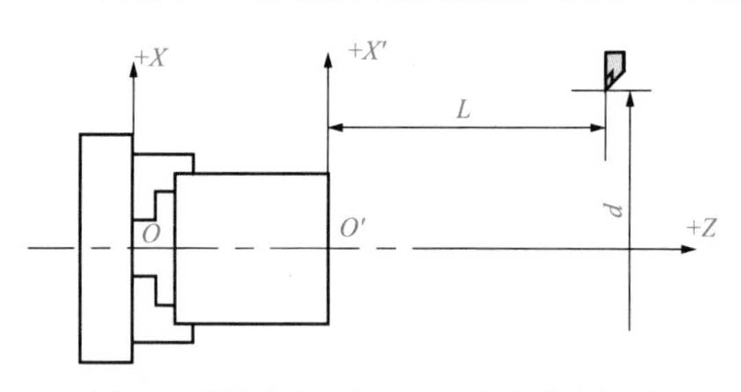

图3-4 数控车床工件坐标系与机床坐标系

在确定走刀路线时，应在保证加工精度和表面质量的前提下，使走刀路线和加工程序最短，不仅可节省工件的加工时间，还减少了一些不必要的刀具磨损及机床进给机构的磨损等。

(1)合理设置起刀点。图 3-5 为合理设置起刀点的情况，采用图 3-5(b)所示的走刀路线可以提高加工效率。

(2)合理设置换刀点。为了换刀的方便和安全，可将换刀点设置在离工件较远的位置，但会导致换刀后空行程路线的增长，所以可在满足换刀空间的前提下将换刀点设置在较近点，以缩短空行程距离。

(3)合理安排“回零”路线。有时编程员在编制较复杂零件的加工程序时，为简化计算过程，便于校核程序，会使刀具通过执行“回零”指令，返回到对刀点的位置，然后再执行后续程序，这样就增加了走刀路线。为了缩短走刀路线，在安排“回零”路线时，应使其前一刀终点与后一刀起点间的距离尽量缩短，或者为零。另外，在返回对刀点时，在不发生加工干涉现象的前提下，应尽量使 X、Z 坐标轴同时“回零”。

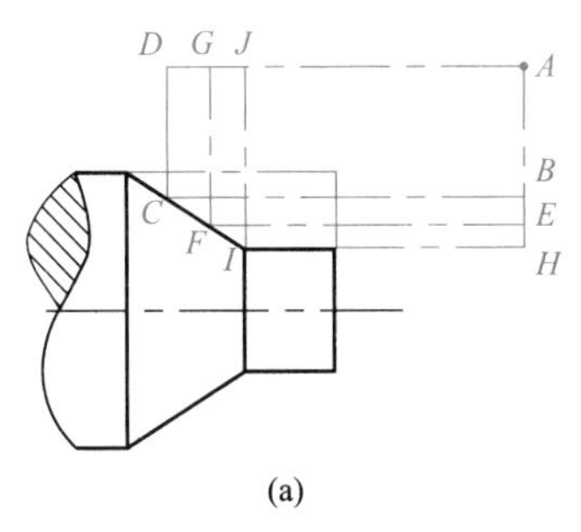

(a)

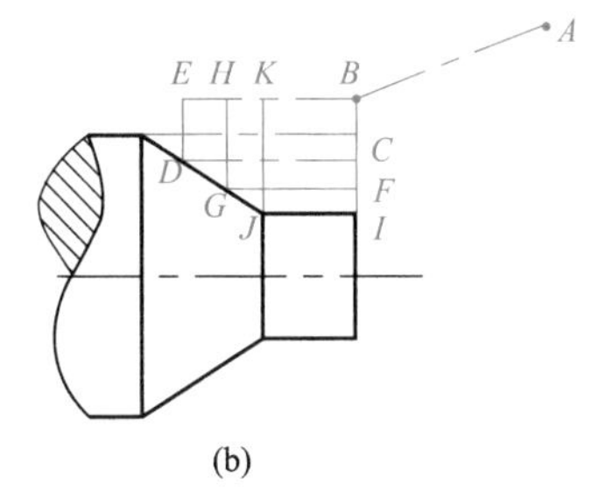

(b)

图 3-5　合理设置起刀点

(4) 确定最短走刀路线。图 3-6 为零件粗车的三种走刀路线图。其中，图 3-6 (a) 为封闭式复合循环功能控制的走刀路线，图 3-6 (b) 为三角形走刀路线，图 3-6 (c) 为矩形走刀路线。这三种走刀路线中，矩形走刀路线的进给总长度最短。

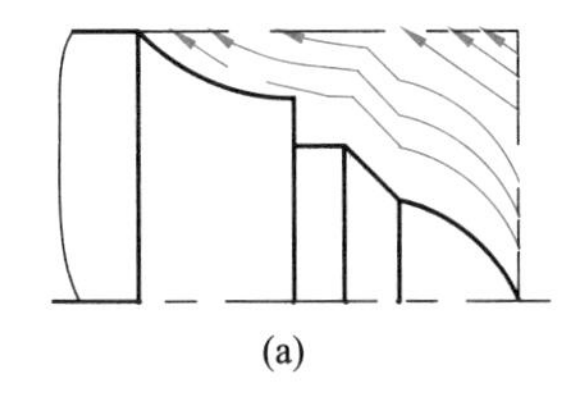

(a)

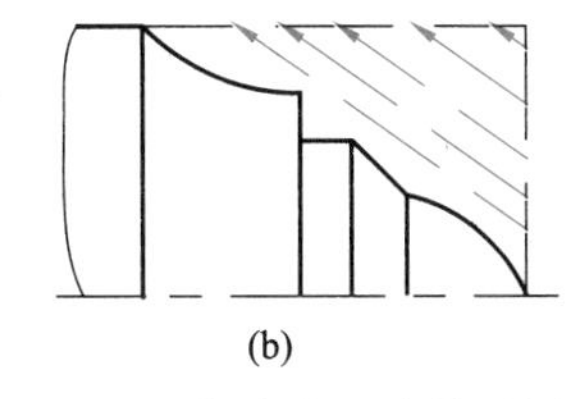

(b)

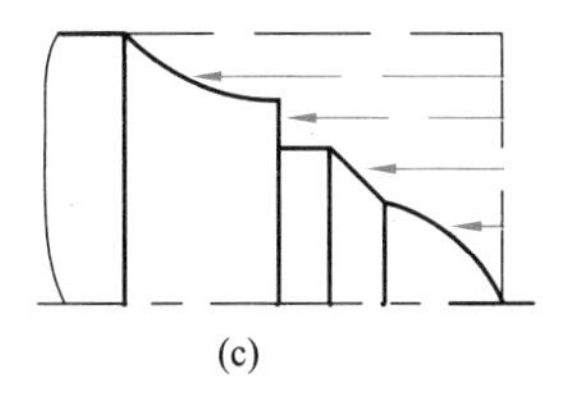

(c)

图 3-6　粗车走刀路线示例

3. 数控车床的编程特点

归纳起来，数控车床的编程主要有以下特点。

(1) 在一个零件的加工程序段中，根据零件图标注的尺寸，可以按绝对坐标编程、增量坐标编程或两者混合编程。当按绝对坐标编程时用代码 X 和 Z 表示；当按增量坐标编程时用代码 U 和 W 表示，一般不用 G90、G91 指令。

(2) 车削常用的毛坯为棒料或锻件，加工余量较大。为简化编程，要充分利用数控系统的车削循环功能，达到多次循环切削的目的。

(3) *X* 方向可以按半径值或直径值编程。由于轴盘类零件尺寸一般以直径值表示，故 *X* 方向按绝对坐标编程时一般以直径值表示；按增量坐标编程时，以径向实际位移量的 2 倍值表示。

(4) 编程时，常认为车刀刀尖是一个点，实际上，为了延长刀具寿命和提高工件表面质量，车刀刀尖常被磨成圆弧，为此，在编制数控车削程序时，需要对刀具半径进行补偿。由于大多数数控车床都具有刀具补偿功能 (G41、G42)，因此可直接按工件轮廓尺寸编程。加工前将刀尖圆弧半径值等输入数控系统，程序执行时，数控系统将根据输入的补偿值对刀具实际运动轨迹进行补偿。对不具备刀具补偿功能的数控车床，则须手动计算补偿量。

(5) 第三坐标指令 I、K 在不同程序段中的作用不相同。切削圆弧时，I、K 表示圆心相对圆弧起点的坐标增量；在固定循环指令程序段中，I、K 则可用来表示每次循环的进刀量。

4. 数控车床常用指令介绍

1) G00、G01、G02、G03 指令

对于数控车床，G00、G01、G02、G03 指令的程序段格式分别如下。

快速定位 (图 3-7) 指令格式：

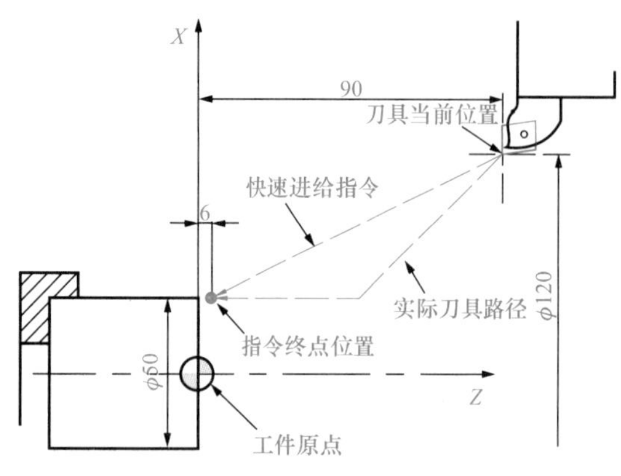

图3-7 G00指令示例

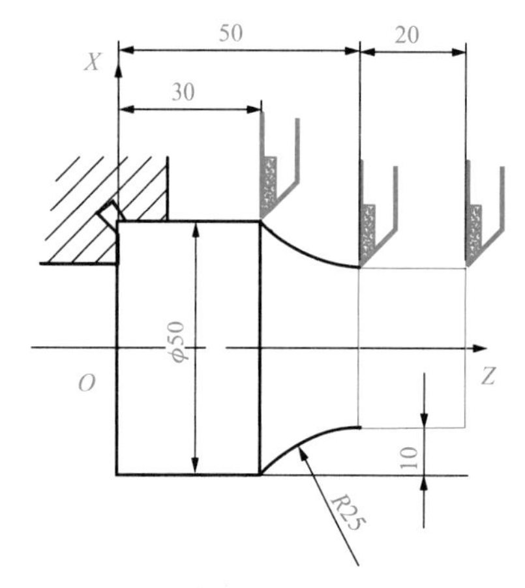

图3-8 直线、圆弧插补示例

```
G00 X(U)_Z(W)_;
```

直线插补指令格式：

```
G01 X(U)_Z(W)_F_;
```

圆弧插补指令格式：

$$\left\{\begin{matrix}G02\\G03\end{matrix}\right\}X(U)\_Z(W)\_I\_K\_F;$$

$$\left\{\begin{matrix}G02\\G03\end{matrix}\right\}X(U)\_Z(W)\_R\_F\_;$$

图 3-8 中按绝对坐标编程时程序段为

```
G01 X30.0 Z50.0 F50;
G02 X50.0 Z30.0 R25.0;
```

按增量坐标编程时程序段为

```
G01 U0.0 W-20.0 F50;
G02 U20.0 W-20.0 R25.0;
```

2) F、S 指令设置

(1) F 指令设置。

在数控车床中有两种切削进给模式设置方法，一种是每转进给模式，单位为 mm/r；另一种是每分钟进给模式，单位为 mm/min。指令为

G99 F_；每转进给模式

G98 F_；每分钟进给模式

G98 和 G99 都是模态指令，一经指定一直有效，到重新指定为止。

(2) S 指令设置。

数控车削加工时，主轴转速可以设置成恒切削速度，指令格式为

G96 S_ ；S 的单位为 m/min

主轴转速也可不设置成恒切削速度，指令格式为

G97 S_ ；S 的单位为 r/min

注意：设置成恒切削速度时，为了防止主轴转速过高而发生危险，在设置前应将主轴最高转速设置在某一最高值，指令格式为

G50 S_ ；S 的单位为 r/min

3) 暂停指令 G04

在车削加工中，该指令可用于车削环槽、不通孔以及加工螺纹等场合，如图 3-9 所示。指令格式为

G04 U_(或 P_)；

在 G98 进给模式下，指令中输入的时间即停止进给的时间；在 G99 进给模式下，则为暂停进刀的主轴回转数。

4) 车削常用固定循环指令

为了简化编程工作，数控车床的数控系统中设置了不同形式的固定循环功能，常用指令

有内外圆柱面循环、内外圆锥面循环、切槽循环、端面循环、内外螺纹循环、复合循环等，这些固定循环随不同的数控系统会有所差别，使用时应参考编程说明书。

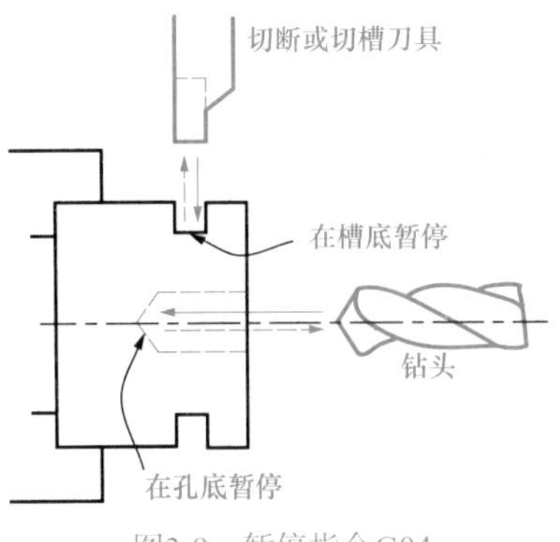

图3-9　暂停指令G04

(1)单一形状圆柱或圆锥切削循环 G90。

圆柱切削循环程序段格式为

```
G90 X(U)_ Z(W)_ F_ ;
```

圆锥切削循环程序段格式为

```
G90 X(U)_ Z(W)_ I_ F_ ;
```

其中，X、Z 为圆柱或圆锥面切削终点坐标值；U、W 为圆柱或圆锥面切削终点相对循环起点的坐标增量；I 为圆锥体切削始点与切削终点的半径差。循环过程如图 3-10 所示。

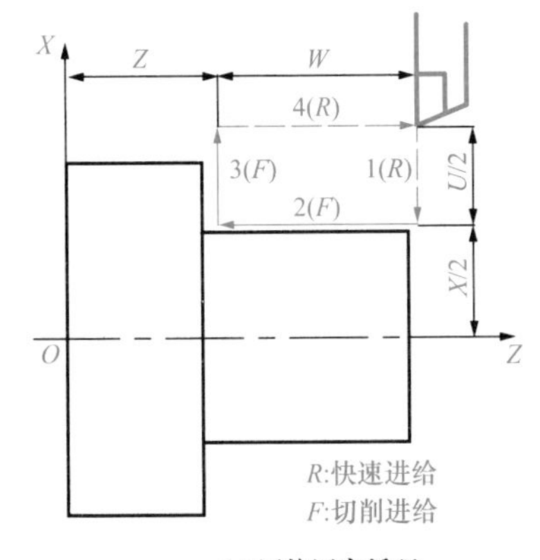

(a) 圆柱固定循环

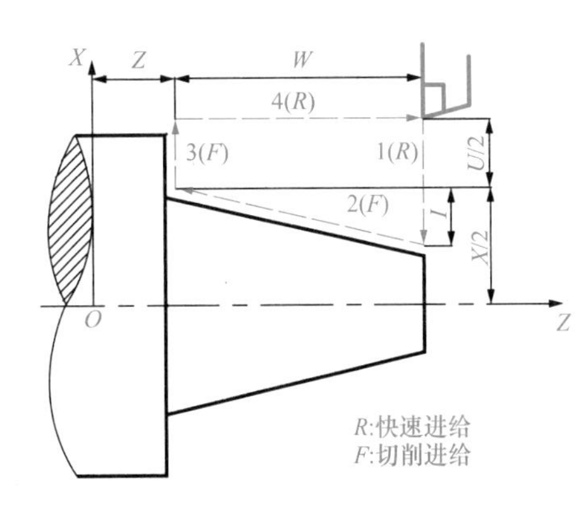

(b) 圆锥固定循环

图 3-10　圆柱与圆锥固定循环

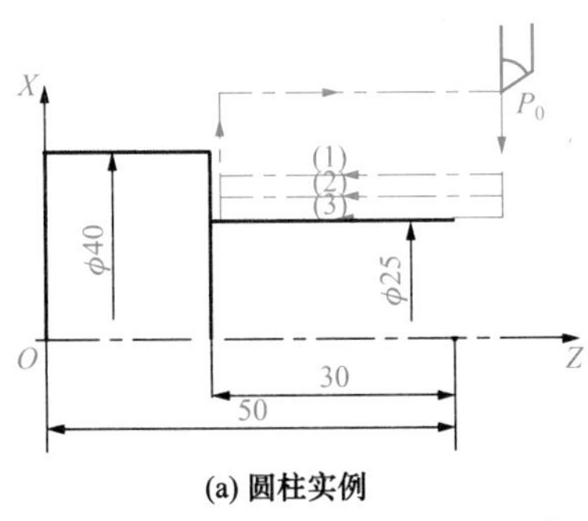

(a) 圆柱实例

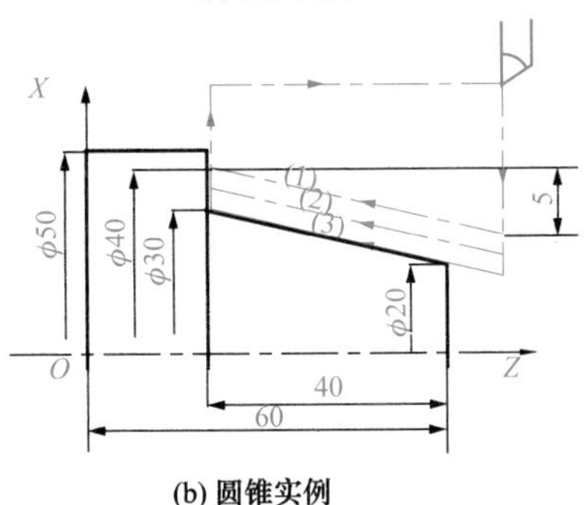

(b) 圆锥实例

图3-11　圆柱与圆锥固定循环加工示例

加工图 3-11 所示的圆柱和圆锥，固定循环程序段可分别写成

```
……
N10 G90 X35.0 Z20.0 F50;
N20 X30.0;
N30 X25.0;
……
N10 G90 X40.0 Z20.0 I-5.0 F50;
N20 X35.0;
N30 X30.0;
……
```

(2)端面切削循环 G94。

端面切削循环程序段格式为

```
G94 X(U)_ Z(W)_ F_ ;
```

其中，X、Z 为端面切削终点坐标值；U、W 为端面切削终点相对循环起点的坐标增量。切削循环过程如图 3-12 所示。

图 3-13 为端面加工实例，其程序段为

```
……
N10   G94  X30.0 Z-5.0 F50;
N20   Z-10.0;
N30   Z-15.0;
……
```

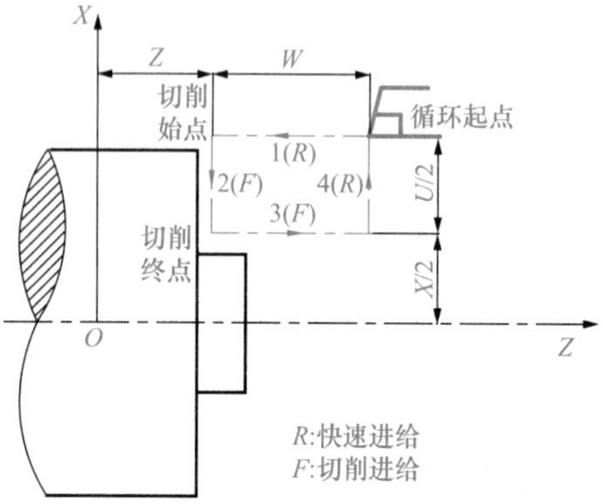

图3-12　端面切削固定循环

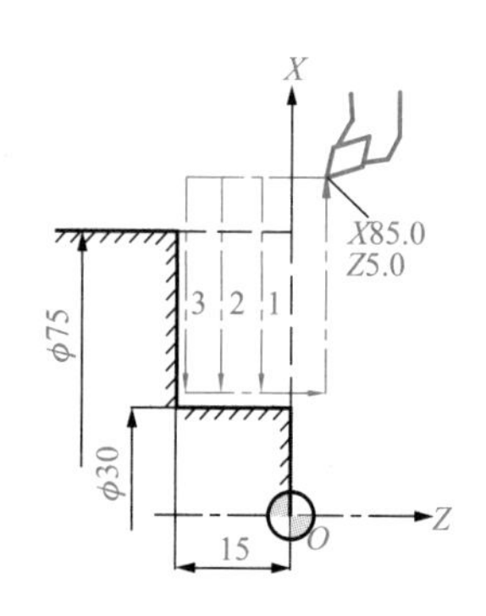

图3-13　端面切削固定循环加工实例

(3) 螺纹切削循环 G92。

螺纹切削循环程序段格式为

```
G92 X(U)_ Z(W)_  I_  F_ ;
```

其中，G92 是模态指令；X、Z 为螺纹切削终点坐标值；U、W 为螺纹切削终点相对循环起点的坐标增量；I 为圆锥螺纹切削始点与切削终点的半径差，I 为 0 时，为圆柱螺纹；F 为主轴每转进给量，即螺距或导程。切削循环过程如图 3-14 所示。

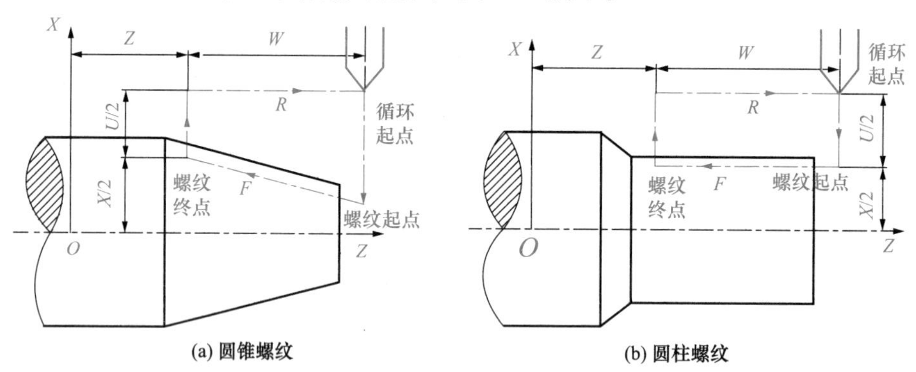

图 3-14　螺纹切削循环

例如，要加工如图 3-15 所示的 M30×2 普通螺纹，可使用 G92 指令编写下列加工程序段：

```
……
N50 G92 X28.9 Z56.0 F2;
N60 X28.2;
N60 X27.7;
N60 X27.3;
……
```

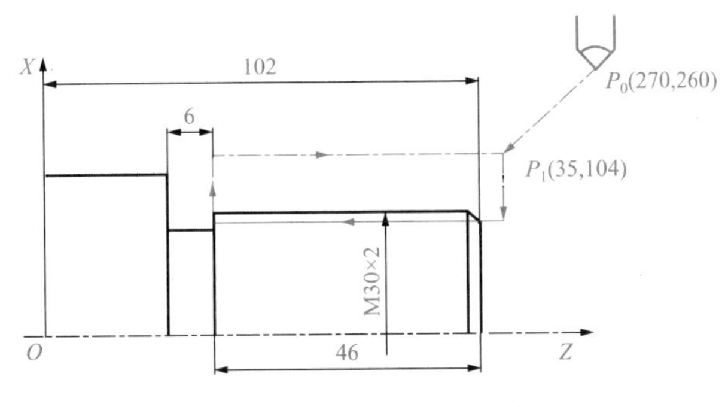

图 3-15　圆柱螺纹切削示例

(4) 多重复合循环指令。

G90、G92、G94 等固定循环指令为单一循环指令，仅循环一次。应用多重复合循环指令可循环多次，使程序得到进一步简化。在多重复合循环中，需指定精加工路线和粗加工的背吃刀量，系统会自动计算粗加工路线和走刀次数。

① 外圆粗车循环指令 G71。

外圆粗车循环指令 G71 的程序段格式为

```
G71  U(Δd) R(e);
G71  P(ns)Q(nf)U(Δu)W(Δw)F_  S_  T_ ;
N(ns)  ……
……
N(nf)  ……
```

其中，Δd 为背吃刀量，以半径值表示；e 为退刀量；ns 为精加工程序段 ($A \rightarrow A' \rightarrow B$) 中的开始程序段号；nf 为精加工程序段中的结束程序段号；Δu 为 X 轴方向精加工余量；Δw 为 Z 轴方向精加工余量。

外圆粗车循环的加工路线如图 3-16 所示。C 为粗车循环的起点，A 为毛坯外径与轮廓端面的交点，$\Delta u/2$ 为 X 向精车余量，Δw 为 Z 向精车余量，e 为退刀量，Δd 为背吃刀量。

例如，要粗车图 3-17 所示短轴的外圆，假设粗车切削深度为 5mm，退刀量为 1mm，X 向精车余量为 2mm，Z 向精车余量为 2mm，则加工程序段为

```
……
N20  G00 X170.0 Z180.0 S750 T0202 M03;
N30  G71 U5.0 R1.0;  定义粗车循环，切削深度为 5mm，退刀量为 1mm
N35   G71  P40  Q100  U3.0  W2.0  F0.3
S500;
N40  G00 X45.0 S750;
N50  G01 Z140.0 F0.1;
N60  X65.0 Z110.0;
N70  Z90.0;
N80  X140.0 Z80.0;
N90  Z60.0;
N100 X150.0 Z40.0;
……
```

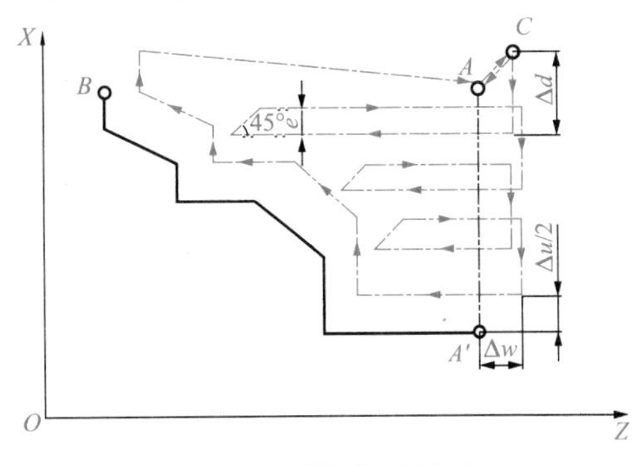

图3-16　外圆粗车循环

② 端面粗车加工循环指令 G72。

端面粗车加工循环指令 G72 的程序段格式为

```
G72  U(Δd) R(e);
G72  P(ns) Q(nf) U(Δu) W(Δw) F_  S_  T_;
N(ns)  ……
……
N(nf)。 ……
```

其中，各参数的含义与外圆粗车循环程序段中的参数含义相同。端面粗车循环的加工路线如图 3-18 所示。

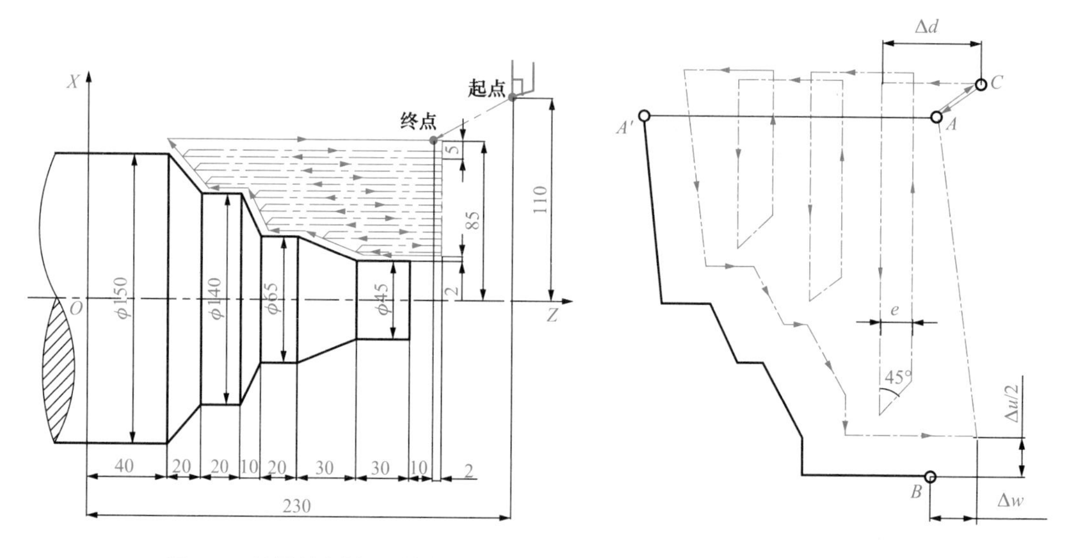

图3-17 外圆粗车循环示例

图3-18 端面粗车循环

例如，要用端面粗车加工循环加工图 3-19 所示的短轴，假设粗车深度为 1mm，退刀量为 0.3mm，*X* 向精车余量为 0.5mm，*Z* 向精车余量为 0.25mm，则加工程序段为

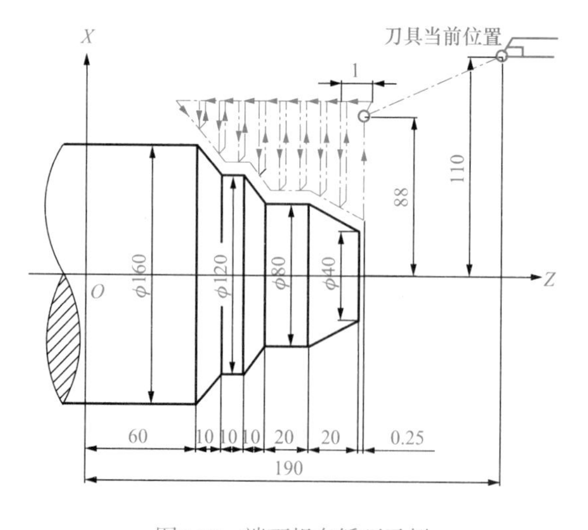

图3-19 端面粗车循环示例

```
……
N40 G00 X176.0 Z130.25;
N50 G72 U1.0 R0.3;
N60 G72 P70 Q120 U1.0 W0.25 F0.3
S500;
N70 G00 Z56.0 S600;
N80 G01 X120.0 Z70.0 F0.15;
N90 W10.0;
N100 X80.0 W10.0;
N110 W20.0;
N120 X36.0 W22.0;
N130 ……
……
```

③ 成形车削循环指令 G73。

G73 指令适用于毛坯轮廓形状与零件轮廓形状基本接近的毛坯的粗加工，如一些锻件或

铸件的粗车。成形车削循环的程序段格式为

```
G73  U(Δi)  W(Δk)  R(Δd);
G73  P(ns)  Q(nf)  U(Δu)  W(Δw)   F_  S_  T_;
N(ns)  ……
……
N(nf)  ……
```

其中，Δi 为沿 X 轴方向的退刀量(按半径编程)；Δk 为沿 Z 轴方向的退刀量；Δd 为重复加工次数，其他参数含义与 G71 指令相同。该指令的执行过程如图 3-20 所示。

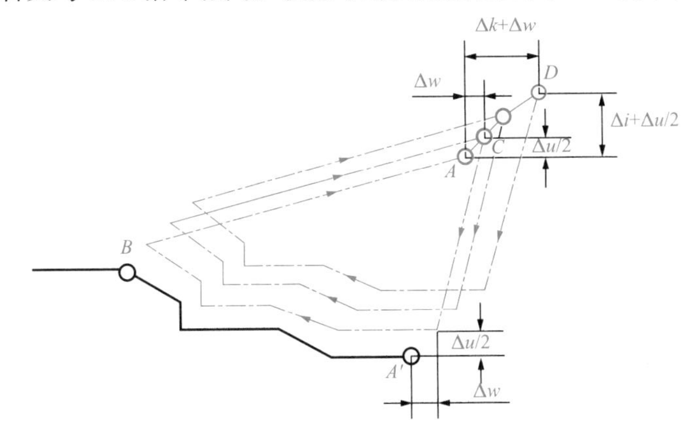

图 3-20　成形车削循环

例如，加工图 3-21 所示的短轴，X 轴方向退刀量为 14mm，Z 轴方向退刀量为 14mm，X 方向精车余量为 0.25mm，Z 方向精车余量为 0.25mm，重复加工次数为 3，则加工程序段为

```
……
N30 G73 U14.0 W14.0 R3;
N40 G73 P50 Q100 U0.5 W0.25 F0.3 S180;
N50 G00 X80.0 W-40.0;
N60 G01 W-20.0 F0.15 S600;
N70 X120.0 W-10.0;
N80 W-20.0 S400;
N90 G02 X160.0 W-20.0 R20.0;
N100 G01 X180.0 W-10.0 S280;
N110 G70 P50 Q100;
N120 G00 X260.0 Z220.0;
N130 M30;
```

④ 精车循环指令 G70。

在采用 G71、G72、G73 指令进行粗车后，用 G70 指令进行精车循环，程序段格式为

```
G70  P(ns) Q(nf);
```

其中，ns 为精车程序中的开始程序段号；nf 为精车程序中的结束程序段号。

编程时，精车过程中的 F、S、T 在程序段号 P 到 Q 之间指定，在 P 和 Q 之间的程序段不能调用子程序。

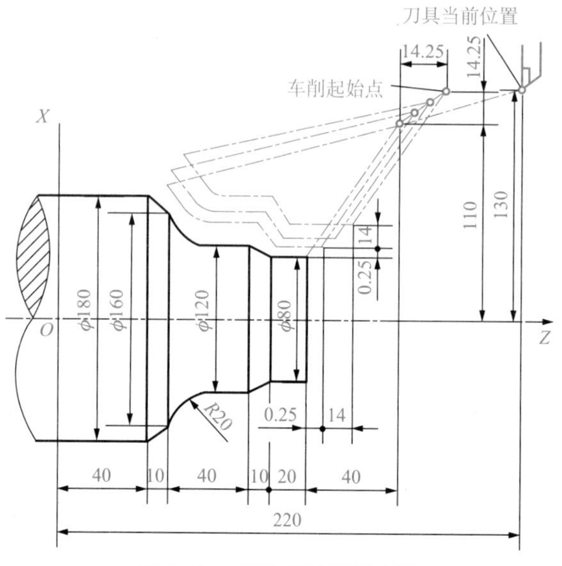

图 3-21 成形车削循环示例

⑤ 复合螺纹切削循环指令 G76。

G76 指令的程序段格式为

```
G76  P(m)(r)(α) Q(Δdmin)R(d);
G76  X(U)_  Z(W)_  R(i)P(k)Q(Δd)F(L);
```

其中，m 为精加工最终重复次数（1～99）；r 为螺纹尾端倒角值，大小可设置为（0.0～9.9）L（L 为导程），用 00～99 的两位数表示；α为刀尖的角度，可以选择 80°、60°、55°、30°、29°、0°六种，其角度数值用 2 位数指定；Δdmin 为最小切削深度；d 为精车余量；X（U）、Z（W）为终点坐标或增量坐标；i 为螺纹锥度半径差（i=0 时为圆柱螺纹）；k 为螺纹高度，用半径值指定；Δd 为第一次的切削深度，用半径值指定。螺纹切削方式如图 3-22 所示。

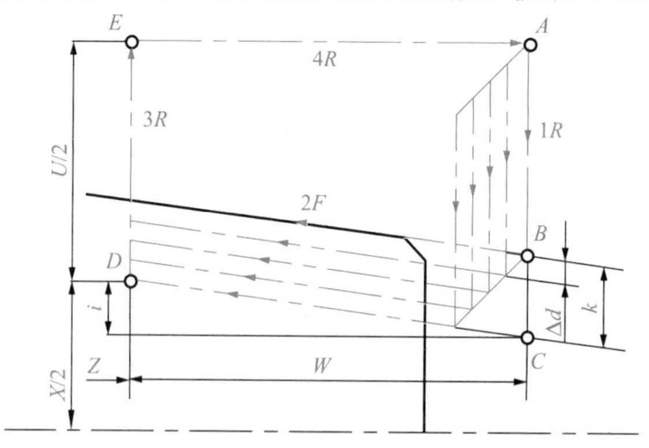

图 3-22 复合螺纹切削循环

例如，车削图 3-23 所示的一段螺纹，螺纹高度为 3.68mm，导程为 8mm，螺纹尾端倒角为 1.1L，刀尖角为 60°，第一次车削深度为 1.8mm，最小车削深度为 0.1mm，精车余量为 0.2mm，精车次数为 1 次，则螺纹加工程序段为

```
……
N50 G76  P011160 Q0.1 R0.2;
N60 G76  X60.64 Z25.0 R0 P3.68 Q1.8 F8.0;
……
```

5) 其他指令

(1) 工件坐标系设定指令 G50。

编程前首先要设定工件坐标系，指令为 G50，程序段格式为

```
G50 X_  Z_ ;
```

其中，X、Z 为刀具刀位点在工件坐标系中的坐标。

例如，图 3-24 所示的坐标系可用 G50 指令设定为

```
G50 X85.0 Z90.0;
```

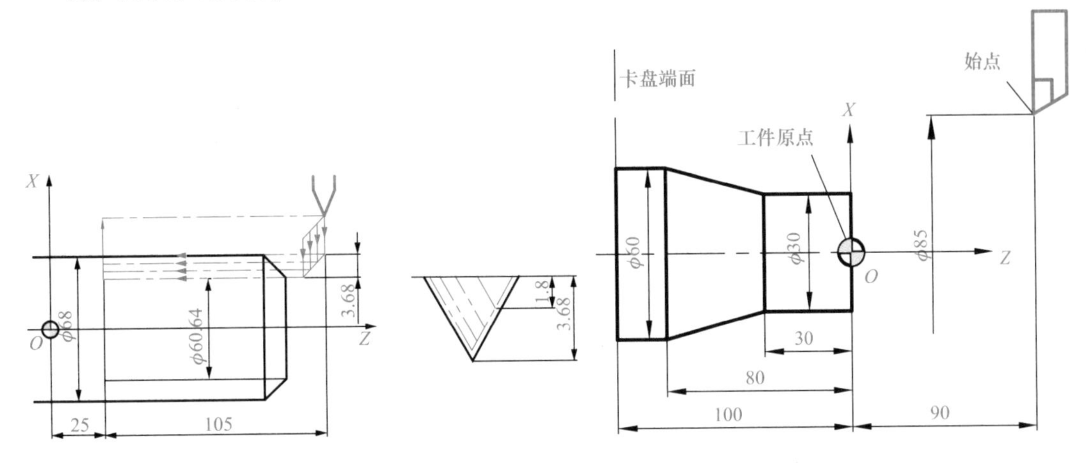

图3-23　复合螺纹切削循环示例　　图3-24　工件坐标系设定示例

(2) 参考点返回指令 G28、G30。

G28 为参考点自动返回指令，程序段格式为

```
G28 X(U)_  Z(W)_ ;
```

其中，X(U)、Z(W) 为参考点返回时经过的中间点坐标，如图 3-25 所示。G30 为返回第二参考点指令，该指令的格式和执行与 G28 非常相似。第二参考点也是机床上的固定点，它和机床参考点之间的距离由参数给定，一般用于刀具交换。

(3) 刀具功能。

数控车床上通常把刀具号和刀具补偿号合在一起，常用四位数字表示刀具功能。如“T0101”，前两位数字表示选 01 号刀具，后两位数字表示刀具补偿号。当后两位数字为 0 时，如 T0100，表示刀具 *X*、*Z* 向的补偿均为零，相当于取消刀具补偿。

(4) 刀尖半径补偿建立与取消指令 G41/G42、G40。

① 假想刀尖与刀尖半径。

一般车刀均有刀尖半径，即在车刀刀尖部分有一个圆弧构成假想圆的半径值，如图 3-26 所示。用假想刀尖 (实际不存在) 编程时，当车外径或端面时，刀尖圆弧大小并不起作用，当车倒角、锥面或圆弧时，会引起过切或欠切，如图 3-27 所示，从而影响精度，因此在编制数控车削程序时，可以利用刀具半径补偿功能给予补偿。

②刀尖半径补偿指令格式。

刀尖半径补偿指令程序段格式为

```
G41/G42  X(U)_  Z(W)_ ;
```

其中，G41、G42 分别为刀具半径补偿左偏置指令和右偏置指令。偏置值在 T××××后两位

数字表示的补偿号对应的存储单元中。

G40 为补偿取消指令，应写在程序开始的第一个程序段及取消刀尖半径补偿的程序段中，格式为

```
G40 X(U)_  Z(W)_;
```

图 3-28 为补偿与未经补偿的刀尖位置。

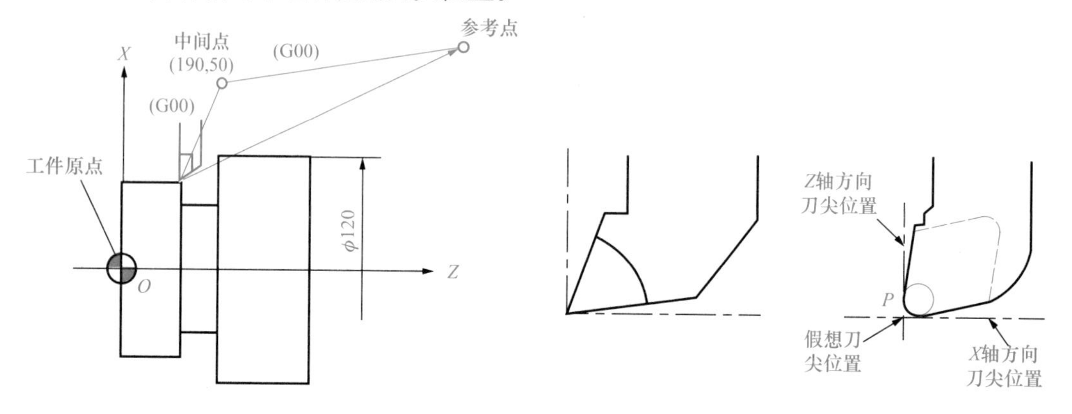

图3-25 数控车床参考点

图3-26 假想刀尖与刀尖半径

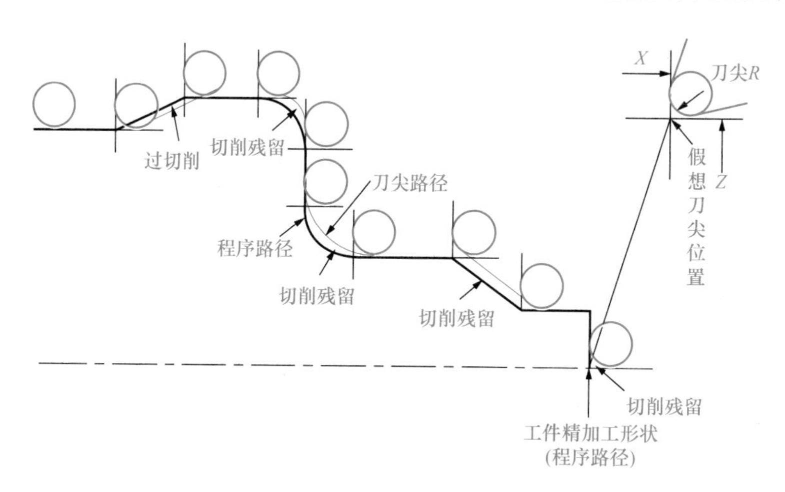

图 3-27 刀尖圆弧造成的过切和欠切

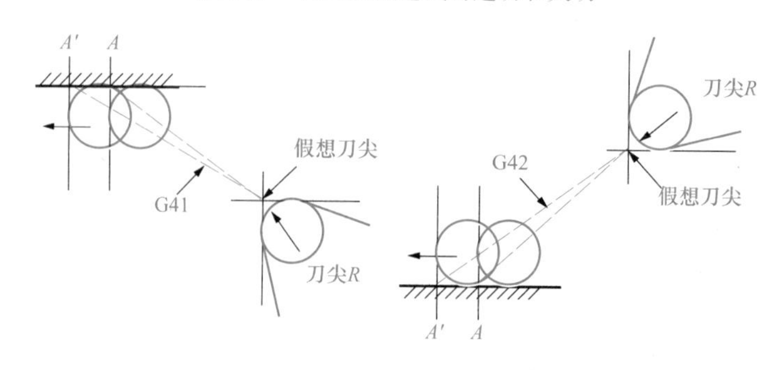

图 3-28 刀具补偿后的刀尖位置

③ 刀尖半径补偿量的设定。

在数控系统中，每一把刀具的 X 轴、Z 轴的位置补偿值、圆弧半径补偿值以及假想刀尖

方位（0～9）存放在刀具补偿号对应的存储单元中，刀具补偿设定示例如图 3-29 所示。刀具号应与刀具补偿号相对应，这样在加工时系统会自动计算刀具的中心轨迹，使刀具按刀尖圆弧中心轨迹运动，而无表面形状误差。

假想刀尖方位是对不同形式刀具的一种编码，如图 3-30 所示。

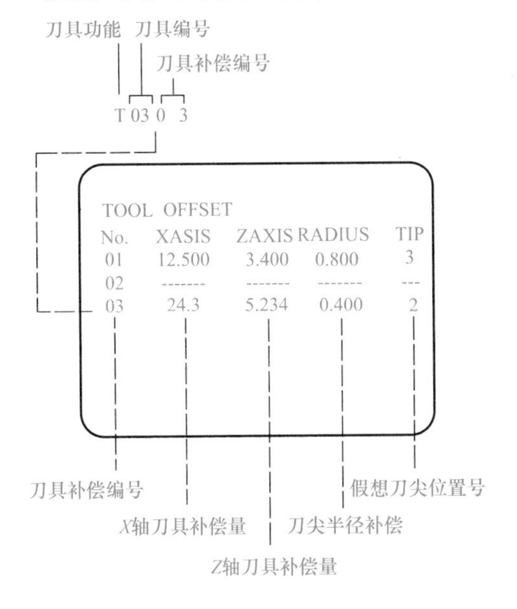

图3-29　刀具补偿设定示例

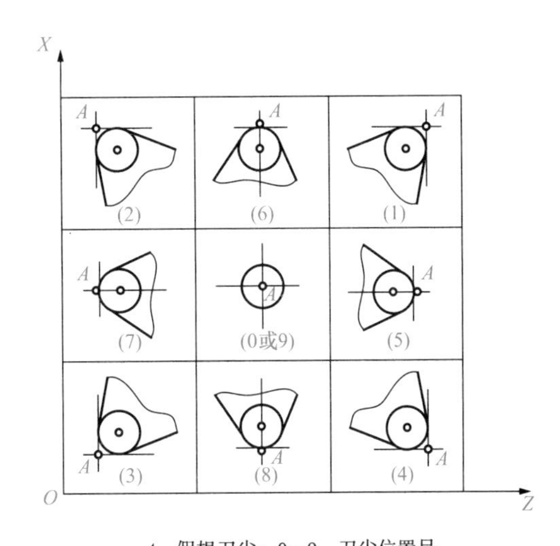

A．假想刀尖；0～9．刀尖位置号

图3-30　刀尖圆弧位置

5. 数控车削编程实例（FANUC 系统）

例 3-1　如图 3-31 所示工件，需要进行精加工，其中ϕ85mm 外圆不加工。毛坯为ϕ85mm ×340mm 棒材，材料为 45 号钢。

工件以ϕ85mm 外圆及右中心孔为定位基准，用三爪自定心卡盘夹持ϕ85mm 外圆，用机床尾座顶尖顶住右中心孔。加工时自右向左进行外轮廓面加工，走刀路线为：倒角—车螺纹外圆—车圆锥—车ϕ62mm 外圆—倒角—车ϕ80mm 外圆—车 *R*70mm 圆弧—车ϕ80mm 外圆—切槽—车螺纹。根据加工要求，采用三把刀具：1 号刀车外圆、2 号刀切槽、3 号刀车螺纹。

读者可扫描二维码，观看加工过程。

精加工程序如下：

```
O0003;
N10 G50 X200.0 Z350.0;          工件坐标系设定
N20 G30 U0 W0 T0101;            换 1 号刀
N20 S630 M03;
N30 G00 X41.8 Z292.0 M08;       快速进给
N40 G01 X47.8 Z289.0 F0.15;     倒角
N50 Z230.0;                     车螺纹外圆
N60 X50.0;                      车台阶
N70 X62.0 W-60.0;               车圆锥
N80 Z155.0;                     车φ62mm 外圆
```

```
N90 X78.0;                              车台阶
N100 X80.0 W-1.0;                       倒角
N110 W-19.0;                            车φ80mm 外圆
N120 G02 W-60.0 R70. 0;                 车 R70mm 圆弧
N130 G01 Z65.0;                         车φ80mm 外圆
N140 X90.0;                             车台阶
N150 G00 X200.0 Z350.0 T0100 M09;       退刀
N160 G30 U0 W0 T0202;                   换 2 号刀
N170 S315 M03;
N180 G00 X51.0 Z230 M08;
N190 G01 X45.0 F0.16;                   切槽
N200 G04 X5.0;                          暂停进给 5s
N210 G00 X51.0;
N220 X200.0 Z350.0 T0200 M09;
N230 G30 U0 W0 T0303;                   换 3 号刀
N240 S200 M03;
N250 G00 X62.0 Z296 M08;                快速接近车螺纹进给刀起点
N260 G92 X47.54 Z231.5 F1.5;            螺纹切削循环，螺距为 1.5mm
N270 X46.94;
N280 X46.54;
N290 X46.38;
N300 G00 X200.0 Z350.0 T0300 M09;
N310 M05;
N320 M30;
```

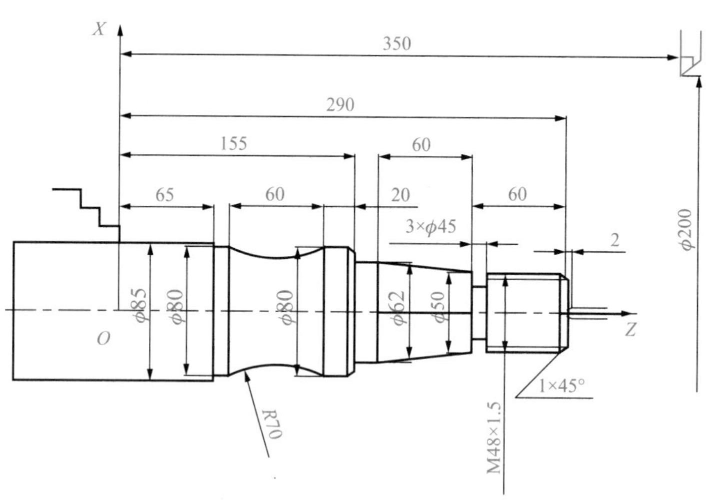

图 3-31 车削编程实例

3.2.2 数控铣床编程方法及编程实例

1. 数控铣床简介

数控铣削加工是实际生产中最常用和最主要的数控加工方法之一，它的特点是能同时控制多个坐标轴运动，并使多个坐标轴的运动之间保持预先确定的关系，从而把工件加工成某一特定形状的零件。数控铣床能铣削二至五轴坐标联动的各种平面轮廓、立体轮廓和曲面零件。

2. 数控铣削编程中的工艺处理

1）加工内容确定

选择数控铣削加工内容时，应从实际需要和经济性两个方面考虑。通常选择下列加工部位为其加工内容：零件上的曲线轮廓，特别是由数学表达式表示的非圆曲线和列表曲线等曲线轮廓；已给出数学模型的空间曲面；形状复杂、尺寸繁多、划线与检测困难的部位；用通用铣床加工难以观察、测量和控制进给的内外凹槽；需尺寸协调的高精度表面；在一次安装中能顺带铣出来的简单表面；采用数控铣削能成倍提高生产率，大大减轻体力劳动强度的一般加工内容。

2）加工路线确定

铣削外轮廓零件时应切向切入、切出；应尽量采用顺铣；避免进给停顿。铣削内轮廓零件时最好采用圆弧切入、切出，以保证不留刀痕。铣削型腔时可先平行切削，再环形切削。铣削曲面时通常采用行切法加工，行距根据加工精度要求确定，如图 3-32 所示。复杂曲面采用行切法加工时常采用三坐标以上数控铣床进行加工，图 3-33 为三坐标和五坐标加工示例。

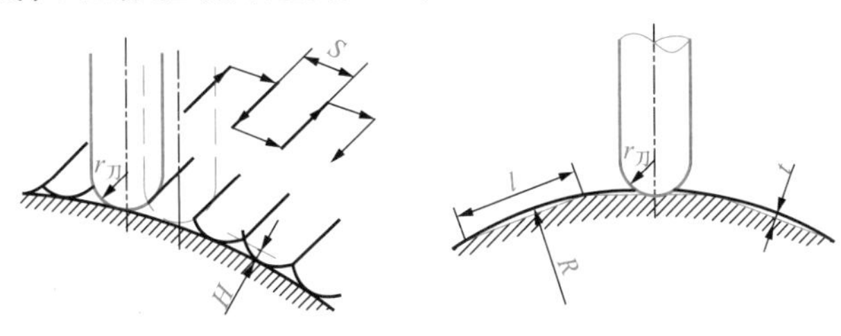

图 3-32　行切法加工

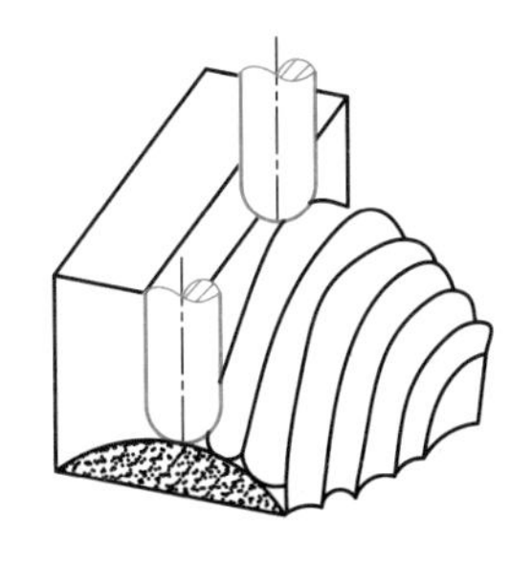

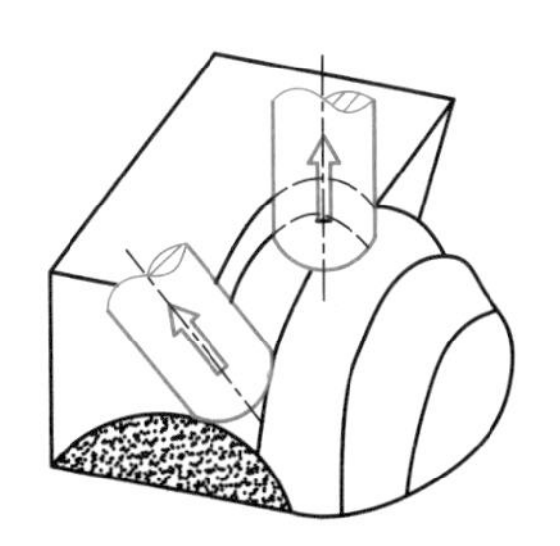

图 3-33　曲面的三坐标和五坐标加工

铣削加工时夹具、刀具等的确定参见第 2 章。

3. 数控铣床的编程特点

1）插补

数控铣床的数控系统具有多种插补方式，一般都具有直线插补和圆弧插补功能。有的还具有极坐标插补、抛物线插补、螺旋线插补等多种插补功能。编程时要合理选择这些功能，以提高加工精度和效率。

2）子程序

数控铣床编程时，可以将多次重复加工的内容，或者递增、递减尺寸的内容编成子程序，

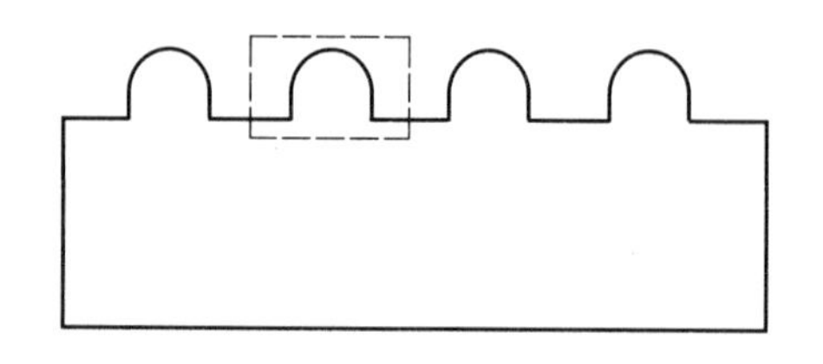

图3-34 子程序技术应用

在重复动作时，多次调用这个子程序。例如，图 3-34 所示零件外轮廓加工，虚线框内的轮廓加工可编成子程序，主程序中只要多次调用子程序即可。

3）镜像功能

如果零件的被加工表面对称于 X 轴、Y 轴，则只需编制其中的 1/2 或 1/4 加工轨迹，其他部分用镜像功能加工。

4）变量功能

对于某些结构相似、尺寸不同的零件的加工程序的编制，可以采用变量技术，即在程序中用变量代替实际的坐标值，在执行前给变量赋值。

4. 数控铣床编程指令介绍

数控铣削常用指令 G00、G01、G02、G03、G41、G42、G43、G44、G40 等的介绍参见第 2 章。

1）工件坐标系设定

除可用第 2 章提到的 G92 指令设定工件坐标系外，还可采用 G54～G59 设定工件坐标系。采用 G54～G59 指令时，操作者在实际加工前，采用合适的对刀方法，测量工件坐标系原点与机床坐标系原点之间的偏置值，并在数控系统中预先设定，这个值叫“工件零点偏置”，如图 3-35 所示。在移动刀具时，工件零点偏置便加到机床坐标系上，并按此来控制刀具运动。

对于每一个零点偏置值，可分别对应 G54、G55、G56、G57、G58、G59 指令，因此共可指定 6 个工件坐标系（有的数控系统超出 6 个）。实际编程时，常遇到下列情况：箱体零件上有多个加工面；同一个加工面上有几个加工区；同一机床工作台上安装多个相同工件等，此时，对各加工零件、各加工区或加工面，允许用 G54～G59 指令分别设定工件坐标系，编程时加以调用。例如，图 3-36 所示在一个面上加工多个二维槽，每个槽有各自的尺寸基准，为便于编程，设定四个工件坐标系，分别用 G54、G55、G56、G57 四个原点偏置寄存器存放 O_1、O_2、O_3、O_4 四个工件原点相对于机床原点的偏移值。

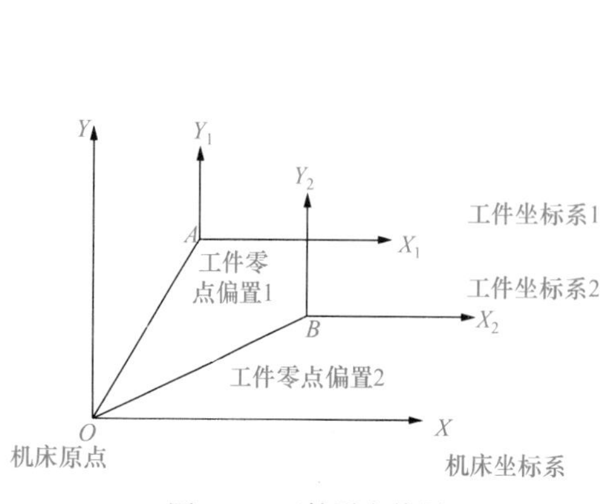

图3-35 工件零点偏置

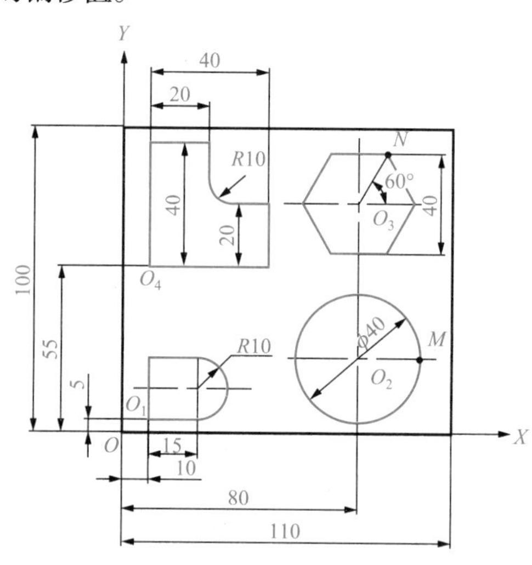

图3-36 多个工件零点的设置

2）螺旋线插补指令

螺旋线插补指令与圆弧插补指令类似，也为G02和G03，分别表示顺时针、逆时针螺旋线插补。不同之处在于螺旋线插补多了导程参数，程序段格式为

```
G02/G03  X_ Y_ Z_ I_ J_ K_ F_ ;
G02/G03  X_ Y_ Z_ R_ K_ F_ ;
```

其中，X、Y、Z为螺旋线的终点坐标；I、J为圆心相对圆弧起点的坐标增量；K为螺旋线的导程，取正值；R为螺旋线在*XY*平面上的投影半径。

例如，图3-37所示的螺旋线加工程序段(按绝对坐标编程)分别为

```
G03 X0.0 Y0.0 Z50.0 I20.0 J0.0 K25.0;
G02 X40.0 Y0.0 Z50.0 I-20.0 J0.0 K25.0;
```

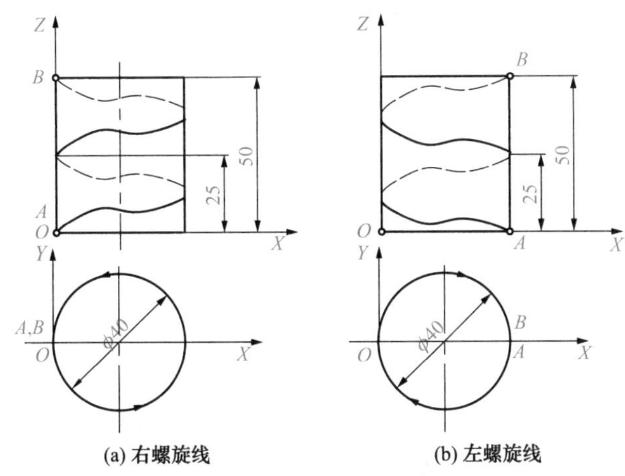

图3-37 螺旋线插补指令举例

3）渐开线插补指令G02.2、G03.2

可以使用渐开线插补指令进行渐开线曲线的加工，这样，就不需要通过直线或圆弧段逼近渐开线曲线，可以消除微小程序段高速加工下的脉冲分配的中断，从而进行高速而又平顺的加工。程序段格式为

```
G02.2/G03.2  X_ Y_ I_ J_ R_ F_ ;
```

其中，G02.2为顺时针方向渐开线插补；G03.2为逆时针方向渐开线插补；I、J为渐开线曲线基圆中心相对起点的坐标增量；R为基圆半径；F为进给速度。

4）旋转/取消指令G68、G69

用坐标旋转指令可将工件旋转某一指定的角度。旋转指令程序段格式为

```
G68 X_ Y_ R_ ;
```

其中，X、Y为旋转中心；R为旋转角度，逆时针为正、顺时针为负。

5）比例缩放/取消指令G51、G50

缩放指令可以放大或缩小(比例缩放)编程形状，从而简化程序，常用于形状相似的零件。程序段格式为

```
G51 X_ Y_ Z_ P_ ;
```

其中，X、Y、Z为比例中心的绝对坐标；P为缩放系数，范围为0.001～999.999。执行该指令后，后续程序坐标相对于比例中心缩放了P倍。比例缩放时，也可用不同的放大倍率进行缩放，程序段格式为

```
G51 X_ Y_ Z_ I_ J_ K_;
```

5. 数控铣削编程实例(FANUC 系统)

例 3-2 加工如图 3-38 所示的槽，毛坯为 70mm×70mm×16mm 板材，工件材料为 45 号钢，六面已经过铣削加工，要求编制槽腔的数控铣削程序。

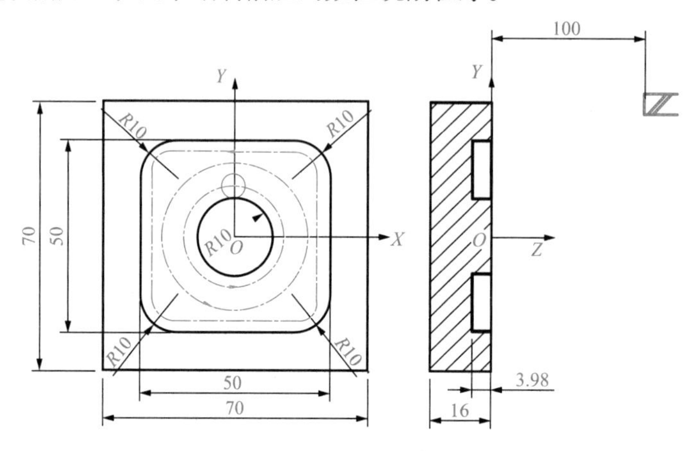

图 3-38 铣削加工零件实例 1

工件以已加工过的底面为定位基准，采用压板夹紧工件。加工时先按两个圆轨迹走刀，再加工 50mm×50mm 的内轮廓。切削深度为 3.98mm。工件坐标系原点设在工件表面的中心点上。选用ϕ8mm 的键槽铣刀，主轴转速为 500r/min，进给速度为 100mm/min。读者可扫描二维码，观看加工视频。

该工件的加工程序如下：

```
O1000;
N10 G92 X35.0 Y35.0 Z100.0;            工件坐标系设定
N15 S500 M03;
N17 G90 G00 X14.0 Y0.0 Z1.0 M08;       切入
N20 G01  Z-3.98 F100;                  下刀到槽的深度
N30 G03  X14.0 Y0 I-14.0 J0;           走圆轨迹
N40 G01  X20.0;
N50 G03  X20.0 Y0 I-20.0 J0;           走圆轨迹
N60 G41  G01 X25.0 Y0 D01;             切入槽轮廓，建立补偿
N65 G01  Y15.0;                        以下为槽轮廓加工程序
N70 G03  X15.0 Y25.0 I-10.0 J0;
N80 G01  X-15.0;
N90 G03  X-25.0 Y15.0 I0 J-10.0;
N100 G01  Y-15.0;
N110 G03  X-15.0 Y-25.0 I10.0 J0;
N120 G01  X15.0;
N130 G03  X25.0 Y-15.0 I0 J10.0;
N140 G01  Y0;
N150 G00  Z150.0 M05;                  抬刀
N160 G40  X35.0 Y35.0 M09;             取消补偿
N160 M30;
```

例 3-3　加工如图 3-39 所示的凸轮轮廓及槽。工件以其底面和孔作为定位基准，并进行压紧。工件坐标系原点设在工件中心上，对刀点设在ϕ14mm 孔中心点上方 50mm 处。选用的刀具为ϕ25mm 立铣刀、ϕ8mm 键槽铣刀。该工件的加工程序如下：

```
O0010;                              铣槽程序
N10 G92 X10.0 Y2.0 Z50.0;           工件坐标系设定
N15 S1000 M03;
N20 G90 G00 G43 H01 Z2.0;           建立刀具长度补偿
N30 X0.0 Y14.0 M08;
N40 G01 Z-6.0 F100;
N50 G03 X0.0 Y-14.0 I0.0 J-14.0;    铣槽
N70 G01 Z2.0;
N80 G00 G49 Z20.0                   取消补偿
N90 X0 Y0 Z50 M09;
N100 M05;
N110 M30;
O0011;                              凸轮轮廓铣削程序
N5 G92 X10.0 Y2.0 Z50.0;
N10 S1000 M03;
N20 G90 G00 Z2.0;
N30 G41 D03 X-25.0 Y-25. 0 M08;     建立刀具补偿
N40 G01 Z-4.0 F200;                 下刀
N50 X-25.0 Y0;                      切入
N60 G02 X-22.0 Y9.0 R15.0;          加工圆弧 IA
N70 G01 X-18.4 Y13.8;               加工直线 AB
N80 G02 X18.4 Y13.8 R23.0;          加工圆弧 BC
N90 G01 X22.0 Y9.0;                 加工直线 CD
N100 G02 X22.0 Y-9.0 R15.0;         加工圆弧 DE
N110 G01 X18.4 Y-13.8;              加工直线 EF
N120 G02 X-18.4 Y-13.8 R23.0;       加工圆弧 FG
N130 G01 X-22.0 Y-9.0;              加工直线 GH
N140 G02 X-25.0 Y0 R15.0;           加工圆弧 HI
N150 G01 Z50.0 M09;
N160 G00 G40 X10.0 Y0.0 M05;
N170 M30;
```

图3-39　铣削加工零件实例2

3.2.3　数控线切割机床编程方法及编程实例

1. 数控线切割机床简介

数控线切割加工是电火花加工的一个分支，利用线状电极（钼丝、铜丝、镀锌丝）靠火花放电对工件进行切割。数控线切割加工中工件和电极丝的相对运动采用数字信息控制。

数控线切割机床通常分为两类：快走丝线切割机床与慢走丝线切割机床。前者是电极丝做高速往复运动，走丝速度为 8～10m/s；后者是电极丝做低速单向运动，一般走丝速度低于 0.2m/s。图 3-40 是快走丝线切割加工原理图。图 3-41 为慢走丝线切割加工原理图。

读者可扫描二维码，观看线切割加工视频。

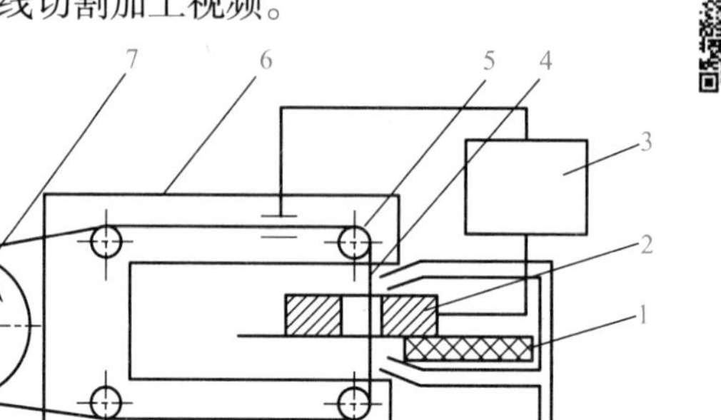

1. 绝缘底板；2. 工件；3. 脉冲电源；4. 钼丝；5. 导轮；6. 支架；7. 储丝筒

图 3-40 快走丝线切割加工原理图

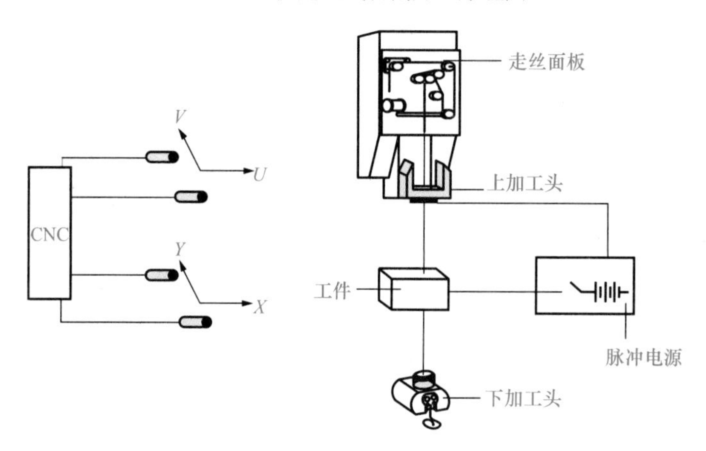

图 3-41 慢走丝线切割加工原理图

2. 数控线切割加工的工艺处理

1）线切割加工的工艺参数

线切割加工工艺参数是指线切割加工过程中的加工条件，包括脉冲宽度、脉冲间隙、峰值电流等电参数，以及走丝速度和进给速度等机械参数。

脉冲宽度是指脉冲电流的持续时间。在其他加工条件相同的情况下，切割速度随着脉冲宽度的增加而增加，但电蚀物也随之增加。当脉冲宽度增加到使电蚀物来不及及时排除时，就会使加工不稳定、表面粗糙度增大，反而使切割速度降低。

脉冲间隙是指相邻两个脉冲之间的时间。在其他加工条件相同的情况下，减少脉冲间隙，相当于提高了脉冲频率，增加了单位时间内的放电次数，使切割速度提高。但是，当脉冲间隔减少到一定程度时，电蚀物不能及时排除，加工间隙的绝缘强度来不及恢复，破坏了加工的稳定性，也会使切割速度下降。

峰值电流是指放电电流的最大值。它和脉冲宽度对切割速度和表面粗糙度的影响相似，但程度更大。因此，合理地增大脉冲电流的峰值，对提高切割速度是极为有效的。但电极丝的损耗也随之增大，容易造成断丝，欲速则不达。

走丝速度的提高有利于电极丝将工作液带入较厚的工件放电间隙中，有利于电蚀物的排除和放电加工的稳定。但走丝速度过高，将加大机械振动、降低精度和切割速度，表面粗糙度恶化，且容易断丝。

进给速度太快时，超过工件可能的蚀除速度，切割速度反而会降低，表面粗糙度也变差，甚至引起断丝；反之，进给速度太低时，大大落后于工件的蚀除速度，也将影响切割面的表面质量。

因此，要综合考虑各参数对加工的影响，合理选择工艺参数，在保证工件加工精度的前提下，提高生产率、降低生产成本。

2）线切割加工工艺设计

选择切割路线时，应注意以下几点。

(1) 避免从工件端面由外向里开始加工，否则会破坏工件的强度，引起变形。

(2) 不能沿工件端面加工，避免放电时电极丝单向受电火花冲击力，而使电极丝运行不稳定，难以保证尺寸和表面精度。

(3) 加工路线离端面距离应大于 5mm，以保证工件结构强度少受影响，不发生变形。

(4) 加工路线应向远离工件夹具的方向进行加工，以避免加工中因内应力释放而引起工件变形。

(5) 在一块毛坯上要切出两个以上零件时，应从不同穿丝孔开始加工，避免连续切割。

(6) 一般情况下，最好将工件与其夹持部分分割的路线安排在最后。

图 3-42(a) 中切割完第一条边后，原来主要连接部位被剥离，余下的材料与夹持部分连接较少，工件刚度大为降低，容易产生变形，影响加工精度。如果按图 3-42(b) 的切割路线加工，可减少由于材料割离后残余应力重新分布而引起的变形。

为减少变形，可采用多次切割法。图 3-43 中第二次切割用以补偿第一次切割产生的内应力引起的变形。

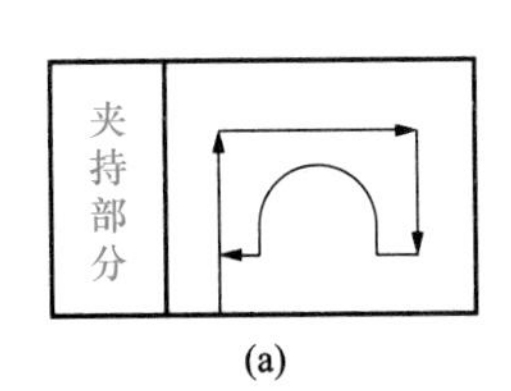

(a)

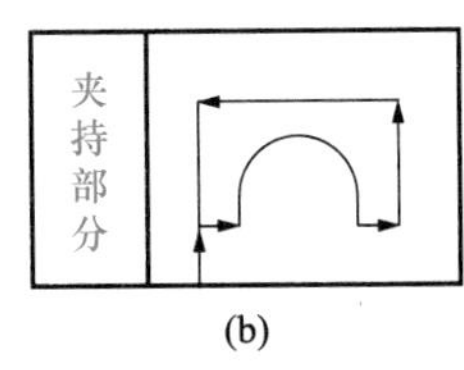

(b)

图3-42　线切割路线对比

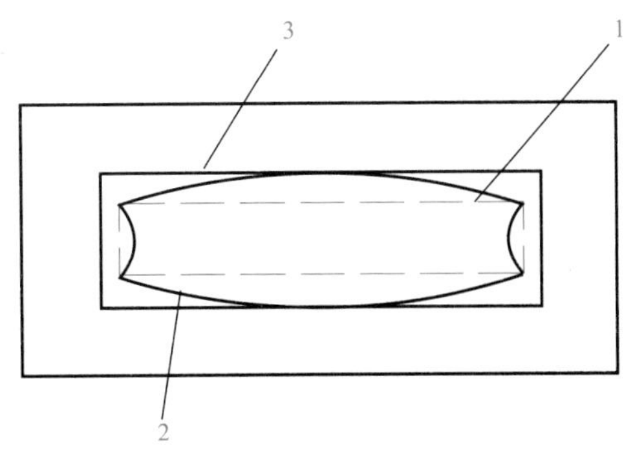

1. 第一次切割路线；2. 第一次切割后的实际图形；
3. 第二次切割的图形

图3-43　线切割路线的确定

3）正确选择穿丝孔

穿丝孔是进行线切割加工之前，采用其他加工方法（如钻孔）在工件上加工出的工艺孔。穿丝孔是电极丝相对于工件运动的起点，同时也是程序执行的起始位置。坯件材料在切断时，会破坏材料内部应力的平衡状态而造成材料的变形，影响加工精度，严重时甚至造成夹丝、断丝。采用穿丝孔可以使工件坯料保持完整，从而减少变形所造成的误差，如图 3-44 所示。

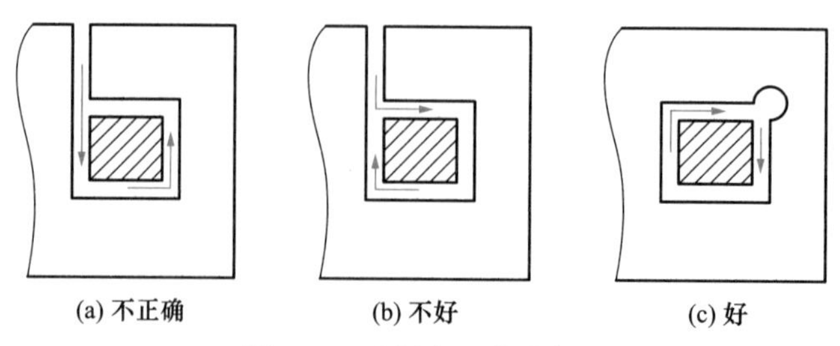

图 3-44 选择穿丝孔示意图

穿丝孔应选在容易找正，并且在加工过程中便于检查的位置。在切割中、小型凹形类工件时，穿丝孔位于凹形的中心位置时，操作最为方便。因为这既便于穿丝孔加工位置的准确性，又便于控制坐标轨迹的计算。在切割凸形类工件或大孔形凹形类工件时，穿丝孔应设置在加工起始点附近，这样可以大大缩短无用切割行程。穿丝孔的位置最好选在已知坐标点或便于计算的坐标点上，以简化有关轨迹的运算。

4）丝半径补偿的建立

数控线切割加工的丝半径补偿值等于电极丝半径和放电间隙之和，如图 3-45 所示，即

$$D=\text{丝半径}+\delta\ (\delta\text{为放电间隙})$$

丝半径补偿的建立和取消与数控铣削加工中的刀具半径补偿的建立和取消过程完全相同，如图 3-46 所示。

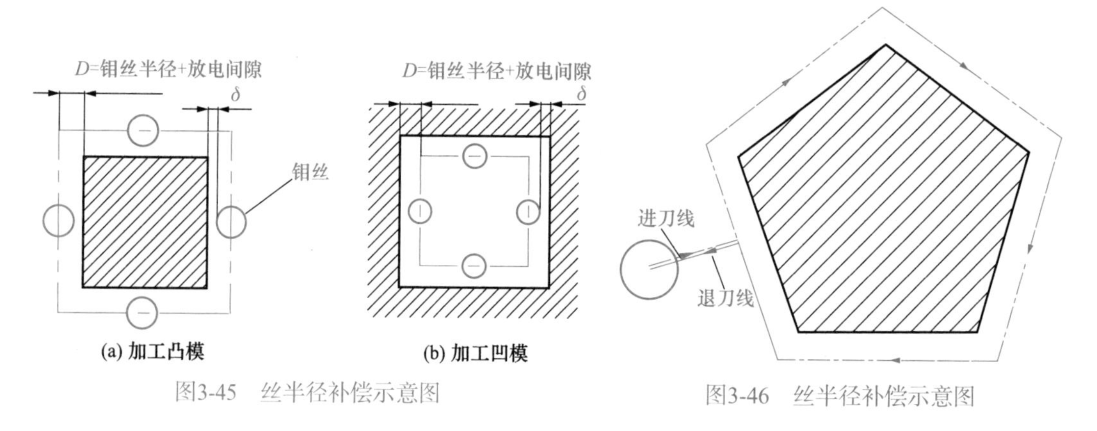

图3-45 丝半径补偿示意图

图3-46 丝半径补偿示意图

对于粗加工、半精加工、精加工，只需调整电参数和丝半径补偿值即可，如图 3-47 所示。

3. 数控线切割机床编程指令

表 3-1 为瑞士 ROBOFIL 6030 SI 慢走丝机的主要 G 指令，本节介绍其中一些常用的 G 指令。

表 3-1 G 指令代码

代码	定义	强制功能	模态功能	模态组别
G00	快速移动		+	a
G01	直线插补	×	+	a
G02	圆弧插补（顺时针）		+	a
G03	圆弧插补（逆时针）		+	a

续表

代码	定义	强制功能	模态功能	模态组别
G04	暂停			
G27	常规方式（取消 G28、G29、G30、G32）	×	+	b
G28	旋转主轴的锥形切割方式（拐角固定角度）		+	b
G29	拐角尖角锥形切割方式		+	b
G30	拐角固定半径的锥形切割方式		+	b
G32	拐角扭转方式的使用和定义		+	b
G38	在线段开始加工时改变偏移和/或锥度命令			
G39	在线段结束加工时改变偏移和/或锥度命令			
G40	取消偏移	×	+	c
G41	左偏移		+	c
G42	右偏移		+	c
G43	带符号的偏移		+	c
G45	取消 G46 功能	×	+	d
G46	在偏移路径上，自动对外角进行倒圆		+	d
G48	用支撑附件时，切入零件时丝倾斜			
G49	用支撑附件时，切出零件时丝倾斜			
G50	搜索非接触位置有效	×	+	i
G51	搜索非接触位置无效		+	i
G52	孔口穿丝		+	i
G53	在最后一个标志点穿丝	×	+	i
G60	拐角保护有效		+	e
G61	拐角保护无效	×	+	e
G62	外部插补开始		+	f
G63	外部插补结束	×	+	f
G64	根据丝倾斜角度自动调整偏移值			
G65	取消 G64			
G70	英制数据		+	g
G71	公制数据	×	+	g
G90	绝对坐标输入数据	×	+	h
G91	增量坐标输入数据		+	h
G92	坐标原点数据			

注：1. 程序开始时，缺省就使用强制功能（“×”指示的代码）。

2. “+”指示的代码为模态指令，除非被取消或被其他功能代替，在程序内一直有效；非模态功能只能在本程序段内有效。

1）坐标系设定指令 G92

G92 是设定当前电极丝位置的指令，程序段格式为

```
G92 X_ Y_ (W_ H_ R_);
```

其中，X 和 Y 值确定电极丝相对于编程零点位置；W 给出基准平面（X、Y 轴确定的平面）与工件底面之间的距离；H 给出工件的高度；R 确定基准平面与第二平面之间（U、V 轴确定的平面）的距离。坐标轴如图 3-48 所示。

2）绝对坐标和增量坐标指令 G90、G91

绝对坐标和增量坐标指令的程序段格式为

```
G90/G91  X_  Y_ ;
```

其中，X、Y 是基准平面 X、Y 坐标系中终点坐标（G90）或终点相对起点的坐标增量（G91）。

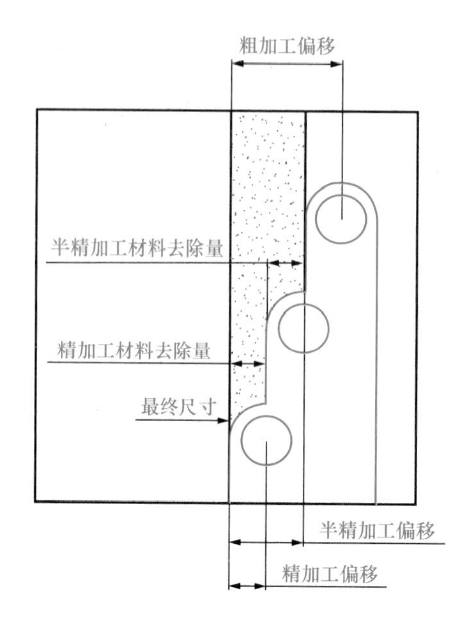

图3-47 粗、精加工

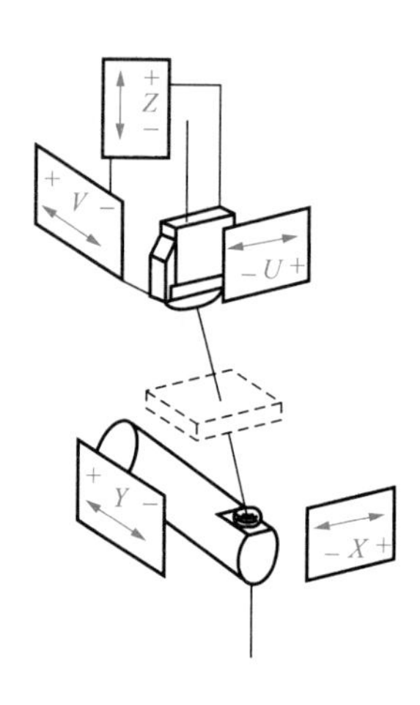

图3-48 坐标轴方向

3）快速点定位指令 G00

快速点定位指令的程序段格式为

```
G00 X_  Y_  Z_  U_  V_ ； 常规方式
G00 X_  Y_  Z_  A_  ；    锥度方式
```

其中，X 和 Y 指定基准面上的运动终点坐标；U、V 指定第二平面上的运动坐标；A 指定斜度。

在常规方式下，G00 命令 X、Y、U、V 做四联动快速移动，但不加工，最后再移动 Z 轴。在锥度方式下，U、V 轴的位移由斜度参数决定。

4）直线插补指令 G01

直线插补指令的程序段格式为

```
G01 X_  Y_  U_  V_ ； 常规方式
G01 X_  Y_  A_  ；    锥度方式
```

5）圆弧插补指令 G02、G03

圆弧插补指令的程序段格式为

```
G02/G03  X_  Y_  I_  J_ ；       常规方式
G02/G03  X_  Y_  I_  J_  A_ ；  锥度方式
```

其中，X 和 Y 指定圆弧终点坐标；I 和 J 指定圆弧圆心坐标；A 指定斜度；U、V 的运动情况由斜度的参数决定。

例如，要加工图 3-49 所示的运动轨迹，电极丝的初始坐标为（170，30），按绝对坐标编程编制的程序为

```
G90 G03 X110.0 Y90.0 I110.0 J30.0;
G02 X90.0 Y50.0 I60.0 J90.0;
```

6）G38/G39 指令

G38 是在线段开始加工时改变偏移和/或锥度的指令，G39 是在线段结束加工时改变偏移和/或锥度的指令。通过执行该指令，形成一条垂直于编程路径的直线，可以改变偏移量或锥度。

7) 丝半径补偿建立、取消指令 G41/G42、G40

丝半径补偿指令程序段格式为

```
G41/G42  D_;
```

G41 是沿着行进方向产生在编程路径左侧的偏移；G42 是沿着行进方向产生在编程路径右侧的偏移，如图 3-50 所示；D 表示在预选定义好的偏移表中的寄存器号，存放偏移值，单位为 mm。例如：

```
G41 D100;        建立丝半径补偿
G01 X5.0 Y0;     进刀线
G40;             补偿取消
G01 X0 Y0;       退刀线
……
```

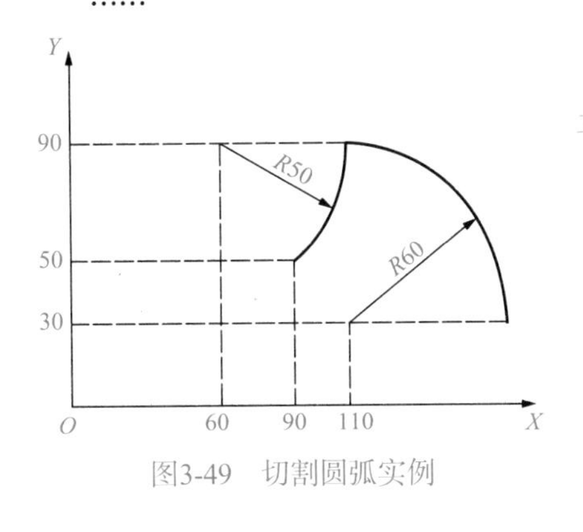

图3-49　切割圆弧实例

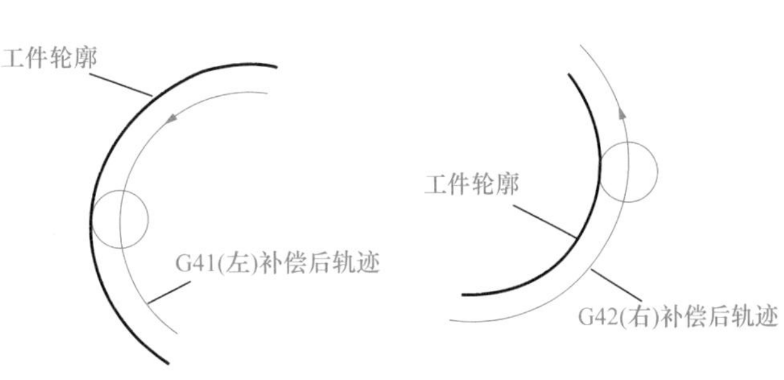

图3-50　丝半径补偿

4. 线切割编程举例

例 3-4　某机床在维修中，一防松垫圈在拆卸时损坏，经测绘，尺寸如图 3-51 所示，要求按图中尺寸加工出配件。

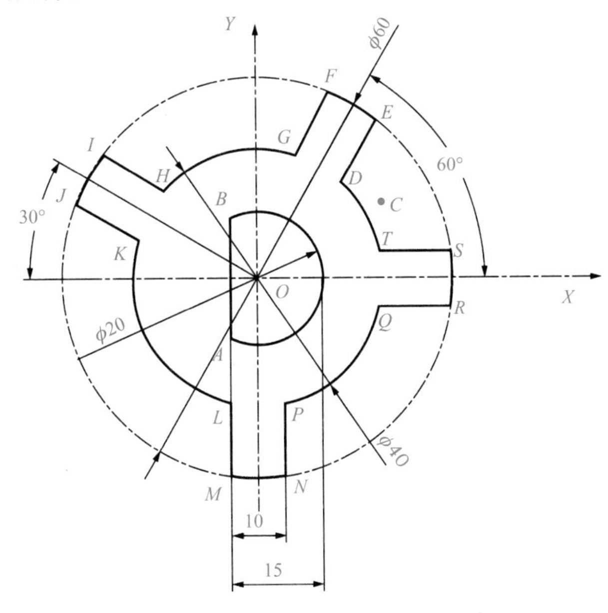

图 3-51　线切割实例

以底平面作为定位基准面，以孔的中心作为加工内孔时的穿丝点。加工外轮廓时，应向远离工件装夹的方向进行加工，以避免加工中因内应力释放而引起工件变形。最后转向接近工件装夹处进行加工。

在 ROBOFIL 6030 SI 慢走丝机上线切割的加工程序如下：

```
G92 X30.0 Y15.0 H20.0 R20.0 W20.0 ;       以下是外轮廓加工程序
M06;                                       自动穿丝
M20;                                       加工有效
G38 E501;                                  E 表示加工方式选择
G61;
G01 X17.889 Y8.944                         运动到 C 点
G42 D0;
G60;
G03 X14.013 Y14.271 I0. J0.;               加工圆弧 CD
G01 X19.12 Y23.117;                        加工直线 DE
G03 X10.46 Y28.117 I0 J0;                  加工圆弧 EF
G01 X5.352 Y19.271;                        加工直线 FG
G03 X-14.271 Y14.013 I0 J0;                加工圆弧 GH
G01 X-23.117 Y19.12;                       加工直线 HI
G03 X-28.117 Y10.46 I0 J0;                 加工圆弧 IJ
G01 X-19.271 Y5.352;                       加工直线 JK
G03 X-5. Y-19.365 I0. J0.;                 加工圆弧 KL
G01 X-5. Y-29.58;                          加工直线 LM
G03X5.Y-29.58 I0. J0.;                     加工圆弧 MN
G01 X5. Y-19.365;                          加工直线 NP
G03 X19.365 Y-5. I0. J0.;                  加工圆弧 PQ
G01 X29.58 Y-5.;                           加工直线 QR
G03 X29.58 Y5. I0. J0.;                    加工圆弧 RS
G01 X19.365 Y5.;                           加工直线 ST
G03 X17.9 Y8.922 I0. J0.;                  加工圆弧 TD
G40 G01 X18.258 Y9.1;                      刀补取消
M12;                                       自动剪丝
G00 X30. Y15.;
M02;
G92 X0.0 Y0.0 H20.0 R20.0 W20.0;           以下是内孔加工程序
M06;
M20;
G38 E501;
G61;
G01 X-5. Y0.;
G42 D0;
G60;
G01 X-5. Y8.66;
G02 X-5. Y-8.66 I0. J0.;
```

```
G01 X-5. Y-0.625;
M00;                                    停止
G01 X-5. Y-0.025;
M21;                                    加工无效
G40 G00 X-4.6 Y-0.025;
M12;
G00 X0. Y0.;
M02;                                    程序结束
```

3.2.4　加工中心编程方法及编程实例

1. 加工中心简介

加工中心是带有刀库和换刀装置，能进行铣、镗、钻、攻螺纹等多种工序加工的数控机床。加工中心按主轴在空间的位置可分为立式加工中心、卧式加工中心、立卧两用加工中心（可扫描二维码观看视频）。立式加工中心主轴轴线（Z 轴）是垂直的，适合于加工盖板类零件及各种模具；卧式加工中心主轴轴线（Z 轴）是水平的，主要用于箱体类零件的加工；立卧两用加工中心的主轴轴线可以垂直，也可以水平，也就是说两者间可以转换，所以在一次装夹后可以加工更多的面。根据加工中心主轴数的不同，加工中心可以分为单主轴、双主轴或多主轴；工作台形式可以为单工作台托盘交换系统、双工作台托盘交换系统或多工作台托盘交换系统（可扫描二维码观看视频）；刀库形式可以有回转式、链式、直线式、箱式等（可扫描二维码观看刀库结构）。加工中心根据数控系统控制功能的不同可以分为三轴联动、四坐标三轴联动、四轴联动、五轴联动等。同时可控轴数越多，则加工中心的加工和适用能力越强，所能加工的零件越复杂。

2. 加工中心编程中的工艺处理

由于加工中心带有刀库并能自动更换刀具，能对工件各加工面自动地进行钻孔、锪孔、铰孔、镗孔、攻螺纹、铣削等加工，所以数控加工程序编制中，加工顺序安排、刀具选择以及加工程序编制等，都比普通数控机床要复杂一些。

在加工中心上加工的零件，通常加工内容多、刀具种类多，甚至在一次装夹下要完成粗加工、半精加工与精加工。因此要周密安排加工顺序，这样有利于提高加工精度和生产效率。除遵循基准先行、先粗后精、先主后次及先面后孔的一般工艺路线安排原则外，还应考虑减少换刀次数、节省辅助时间、减少刀具空行程、缩短走刀路线。

3. 加工中心编程特点

(1) 当零件加工内容较多时，为了便于程序调试，可根据需要编写子程序，主程序主要完成换刀程序及子程序的调用。

(2) 自动换刀要留出足够的换刀空间，以避免换刀时与零件发生碰撞。在换刀前要取消刀具补偿，并使主轴定向定位。

(3) 可根据零件加工特征及加工内容设定多个工件坐标系，在编程时合理选用相应的坐标系，达到简化编程的目的。

(4) 在编制加工中心程序时，要充分利用固定循环功能，达到简化程序的目的。

4. 加工中心编程指令

1）孔加工固定循环指令

加工中心编程中，常用的孔加工固定循环指令有九个，分别为 G81～G89，可以实现钻孔、镗孔、攻螺纹等加工，固定循环的撤销由指令 G80 完成，如表 3-2 所示。孔加工固定循环指令由以下 6 个动作组成，如图 3-52 所示。

表 3-2 固定循环指令

G 代码(含义)	孔加工动作	孔底动作	返回动作	程序段格式
G81(钻孔、中心孔)	切削进给	—	快速	G81 X_Y_Z_R _F_;
G82(钻孔、锪孔)	切削进给	暂停	快速	G82 X_Y_Z_R_ P_F_;
G83(深孔钻)	间隙进给	—	快速	G83 X_Y_Z_R_Q _F_;
G84(攻螺纹)	切削进给	暂停-主轴反转	切削进给	G84 X_Y_Z_R _F_;
G85(镗孔)	切削进给	—	切削进给	G85 X_Y_Z_R _F_;
G86(镗孔)	切削进给	主轴停止	快速	G86 X_Y_Z_R _F_;
G87(反镗孔)	切削进给	主轴正转	快速	G87 X_Y_Z_R_Q _F_;
G88(镗孔)	切削进给	暂停-主轴停止	手动操作	G88 X_Y_Z_R P_F_;
G89(镗孔)	切削进给	暂停	切削进给	G85 X_Y_Z_R_ P_F_;

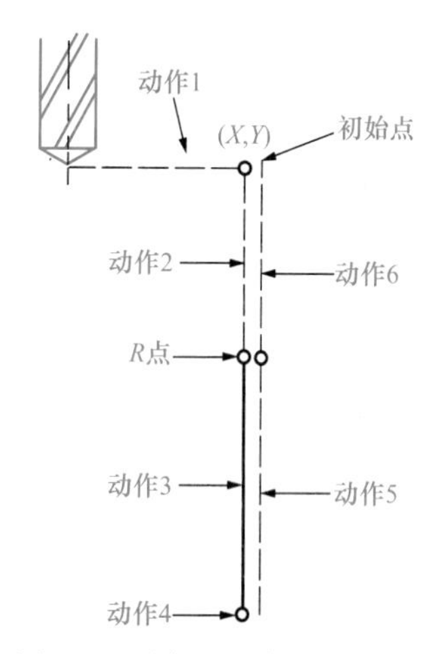

图3-52 孔加工固定循环的动作

(1) *X* 和 *Y* 轴定位。

(2) 快速运行到 *R* 点。

(3) 孔加工。

(4) 在孔底的动作包括暂停、主轴反转等。

(5) 返回到 *R* 点。

(6) 快速退回到初始点。

孔加工固定循环程序段的一般格式为

```
G90/G91  G98/G99  G81~G89  X_  Y_  Z_  R_  Q_  P_  F_  L_;
```

其中，G90/G91 为绝对坐标编程和增量坐标编程指令；G98/G99 为返回点平面指令，G98 为返回到初始平面，G99 为返回到 *R* 点平面，如图 3-53 所示；G80～G89 为孔加工指令，详细图解如图 3-53 所示；X、Y 为孔位置坐标；Z 为孔底坐标，按 G90 编程时，编入绝对坐标值，按 G91 编程时，编入增量坐标值；R 为快速进给终点平面，按 G90 编程时，编入绝对坐标值，按 G91 编程时，编入相对于初始点的增量坐标值；Q 为深孔钻时每一次的加工深度；P 为孔底暂停的时间；F 为进给速度；L 为循环次数。

深孔钻指令 G83 的执行过程如图 3-53(c)所示。X 轴和 Y 轴定位后，刀具进给至一定深度(q 值)后返回至 R 点，再快进至离前一次加工面 d 处，进行第二次进给，依次循环，直至钻完待加工孔后快速返回。

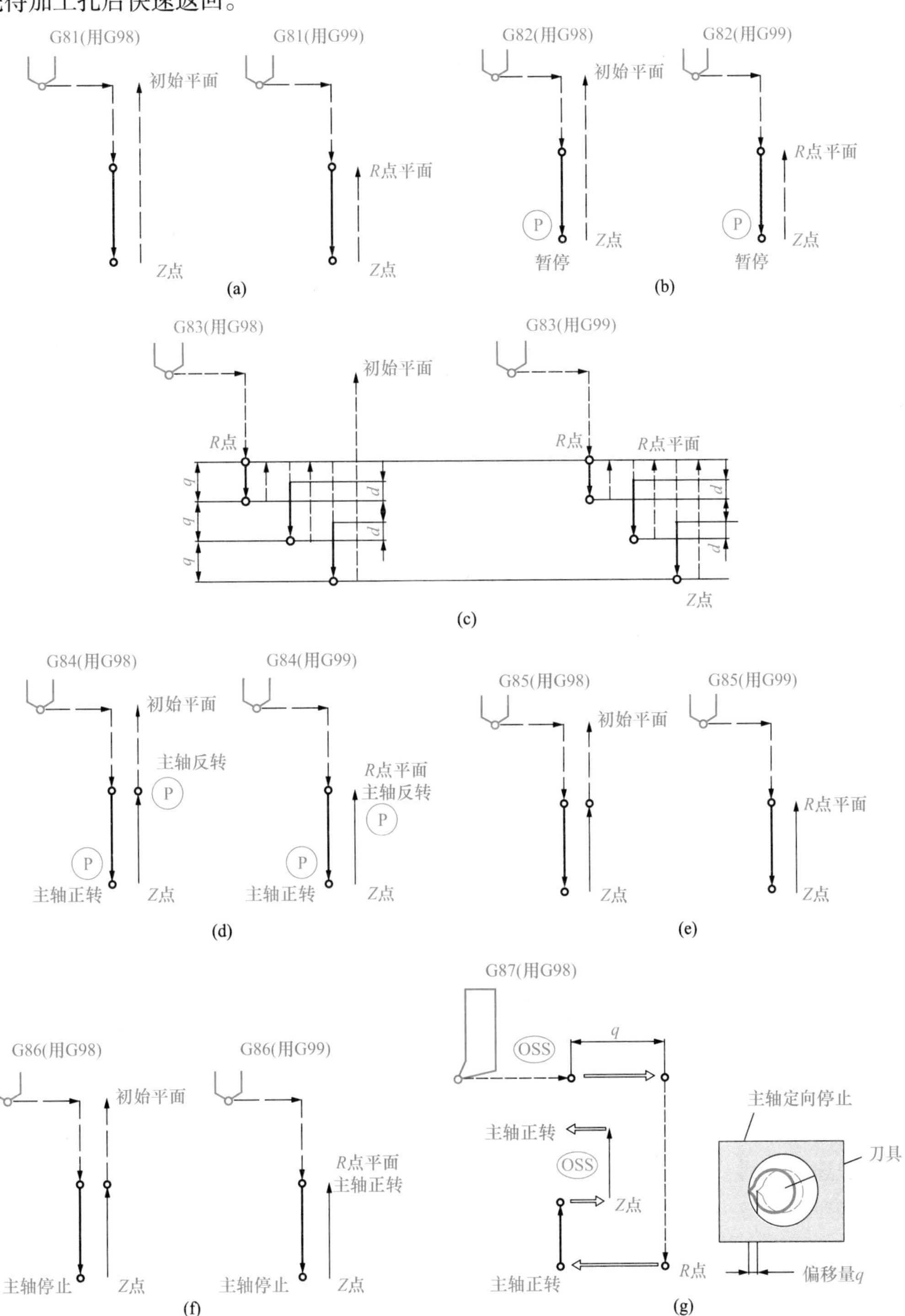

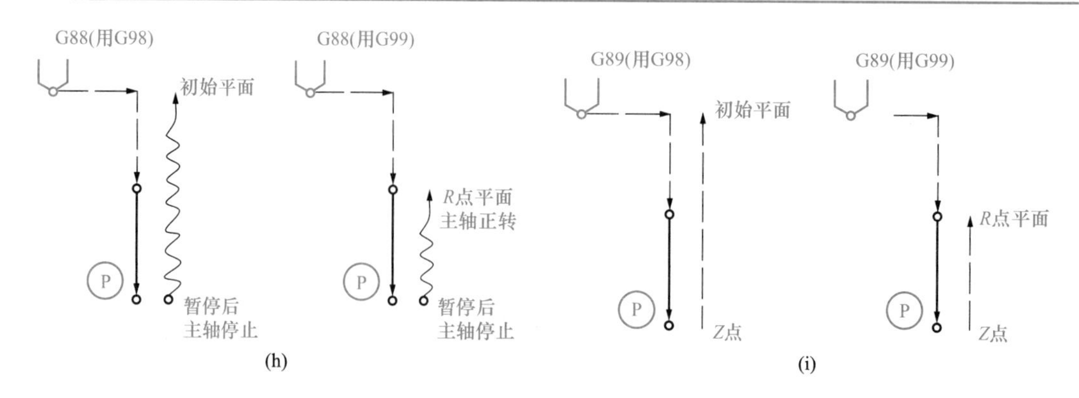

图 3-53 G81～G89 指令图解

反镗孔指令 G87 在执行过程中，X 轴和 Y 轴定位后，主轴定向停止，刀具按刀尖相反方向偏移 q，并快速定位到孔底 R 点，接着刀具按 q 值返回，主轴正转，沿 Z 轴向上加工到 Z 点，在这个位置主轴再次定向停止后，刀具再次按原偏移量反向移动，然后主轴快速移动到初始平面，并按原偏移量返回正转，继续执行下一个程序段。采用这种循环方式时，只能让刀具返回到初始平面而不能返回到 R 点平面，因为 R 点平面低于 Z 点平面。

2）选刀与换刀指令

不同的加工中心，其换刀程序会有所区别，通常选刀与换刀分开进行。换刀动作必须在主轴停转条件下进行，换刀完毕启动主轴后，方可进行后续程序段的加工。因此，“换刀” 动作指令必须编在用“新”刀加工的程序段的前面。选刀操作可与机床加工重合，即在切削加工的同时进行选刀，选刀程序可放在换刀前的任一个程序段。

多数加工中心都规定了换刀位置，并可通过指令 M06 让刀具快速移动到换刀点后执行换刀动作。

选刀和换刀程序段格式为

```
N10 T02; 选 T02 号刀
N60 M06; 主轴换上 T02 号刀
```

可扫描二维码观看换刀过程。

3）参考点返回指令 G28

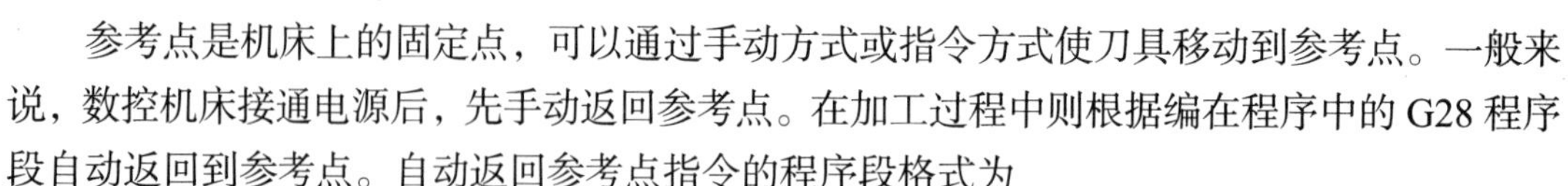

参考点是机床上的固定点，可以通过手动方式或指令方式使刀具移动到参考点。一般来说，数控机床接通电源后，先手动返回参考点。在加工过程中则根据编在程序中的 G28 程序段自动返回到参考点。自动返回参考点指令的程序段格式为

```
G28 X_ Y_ Z_;
```

其中，X、Y、Z 为返回参考点时经过的中间点坐标。G28 指令使各轴快速定位到指定的中间点，然后快速运动到参考点位置。

4）子程序调用与执行

为简化加工中心的程序编制，使程序易读、易调试，常采用子程序技术。

FANUC 系统子程序格式为

```
O××××; 子程序号
……
M99; 子程序返回
```

调用子程序的程序段为

```
M98 P×××× L××××;
```

其中，P 后四位数字为子程序号；L 为重复调用次数。

5) 刀具位置偏移指令 G45～G48

刀具位置偏移指令可以使刀具移动距离增加或减少一个刀具偏移量或二倍的刀具偏移量。G45～G48 代码为非模态指令，不能使用在 G41 或 G42 方式中。程序段格式为

```
G45 X_ Y_ D_; 增加一个刀具偏移量
G46 X_ Y_ D_; 减少一个刀具偏移量
G47 X_ Y_ D_; 增加两个刀具偏移量
G48 X_ Y_ D_; 减少两个刀具偏移量
```

其中，D 为存放刀具偏移量的代码。图 3-54 为刀具位置偏移指令的编程例子，程序如下：

```
N10 G91 G46 G00 X35.0 Y20.0 D01;
N20 G47 G01 X50.0 F120.0;
N30 Y40.0;
N40 G48 X40.0;
N50 Y-40.0;
N60 G45 X30.0;
N70 G45 G03 Y30.0 J30.0;
N80 G45 G01 Y20.0;
N90 G46 X0;
N100 G45 G02 X-30.0 Y30.0 J30.0;
N110 G45 G01 Y0;
N120 G47 X-120.0;
N130 G47 Y-80.0;
N140 G46 G00 X-35.0 Y-20.0;
```

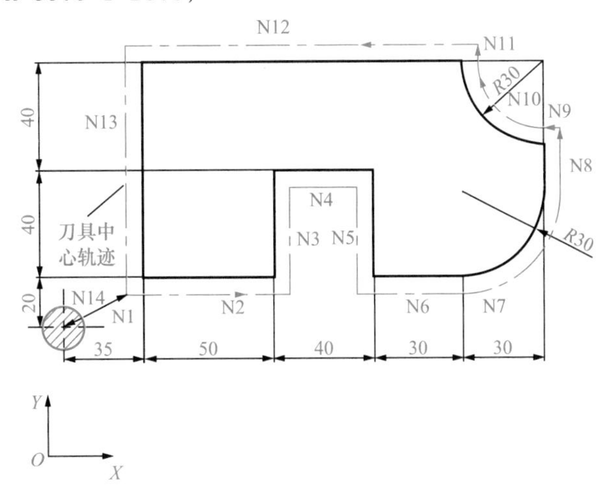

图 3-54　刀具偏移编程示例

5. 加工中心编程实例(FANUC 系统)

例 3-5　编制如图 3-55 所示零件的数控加工程序，毛坯尺寸为 80mm × 80mm × 20mm，

六个面已加工，零件材料为 YL12。

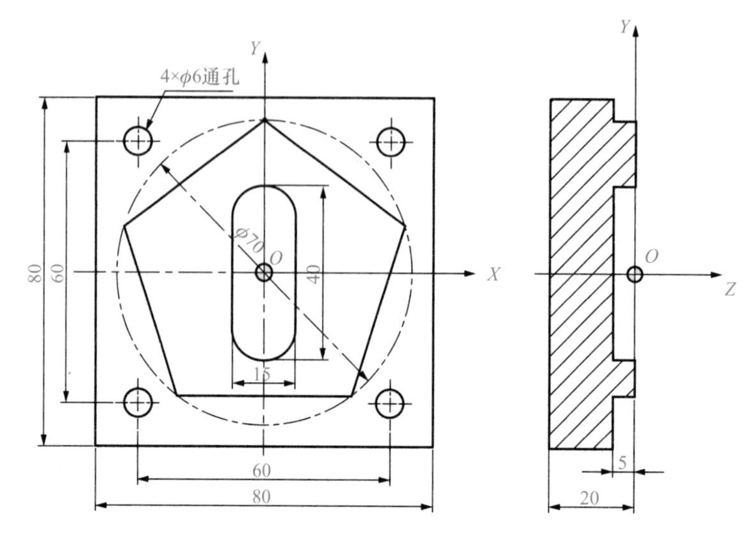

图 3-55 加工中心编程实例 1

零件的加工内容主要为铣削和钻削加工。由于零件的六个面都已经加工，所以应以工件底面、侧面定位，采用平口钳装夹，零件表面应高出钳口约 8mm，零件底面的定位垫块应避开零件的孔位。采用的工艺路线为：先用φ20mm 立铣刀加工五边形凸台；再用φ10mm 的键槽铣刀加工 15mm×40mm 的键槽；然后用φ2mm 的中心钻钻 4 个孔，用φ6mm 的钻头钻削。工件坐标系原点设在工件上表面的中心。

加工程序如下：

```
O6000;
N10 G00 G17 G40 G49 G90;                  程序初始化
N15 G28 G91 Z0.0;                         Z 轴回零
N20 T1 M06;                               换 1 号刀（φ20mm 立铣刀）
N25 G00 G90 G54 X55.0 Y-35.0 S600 M03;    建立加工坐标系，刀具旋转
N30 G43 Z20.0 H01;                        建立刀具长度补偿
N35 G01 Z5.0 F300 M08;
N40 Z-5.0 F50;                            下刀到深度
N45 G41 X36.0 Y-28.27 D01 F100;           建立刀具半径左补偿，加工五边形凸台
N50 X-33.23;
N55 Y35.0;
N60 X33.23;
N65 Y-30.0;
N70 G40 X35.0 Y-55.0;
N75 Z5.0 F500;
N80 X55.0 Y-35.0;
N85 Z-5.0 F100;
N90 G41 X25.0 Y-28.32 D01;
N95 X-20.57;
N100 X-33.29 Y10.82;
```

```
N105 X0.0 Y35.0;
N110 X33.29 Y10.82;
N115 X20.57 Y-28.32;
N120 G40 X25.0 Y-45.0;                    取消刀具半径补偿
N125 Z20.0 F2000;                         退刀
N130 G00 G49 Z200.0 H0 M9;                取消刀具长度补偿
N135 G28 G91 Z0.0 M5;
N140 T02 M06;                             换2号刀(φ10mm键槽铣刀)
N145 G00 G90 X-1.0 Y5.0 S500 M3;
N150 G43 Z20.0 H02;
N155 G01 Z5.0 F500 M8;
N160 Z-5.0 F80;
N165 G42 X7.5 Y0.0 D2 F100;               建立刀具半径右补偿，开始加工键槽
N170 Y-12.5;
N175 G02 X-7.5 Y-12.5 R7.5;
N180 G01 Y12.5;
N185 G02 X7.5 Y12.5 R7.5;
N190 G01 Y-2.0;
N195 G40 X-1.0 Y-5.0;                     取消半径补偿
N200 Z20.0 F500;
N205 G0 G49 Z200.0 H0 M9;
N210 G28 G91 Z0.0 M5;
N215 T03 M06;                             换3号刀(φ2mm中心钻)
N220 G00 G90 X-30.0 Y-30.0 S1200 M3;
N225 G43 Z20.0 H03;
N230 G01 Z2.0 F500 M8;
N235 G98 G81 Z-8.0 R-4.0 F100;            固定循环，钻4个中心孔
N240 X30.0;
N245 Y30.0;
N250 X-30.0;
N255 G80;                                 取消固定循环
N260 G0 G49 Z200.0 H0 M9;
N265 G28 G91 Z0 M5;
N270 T04 M06;                             换4号刀(φ6mm钻头)
N275 G00 G90 X-30.0 Y-30.0 S800 M3;
N280 G43 Z20.0 H04;
N285 G01 Z2.0 F500 M8;
N290 G98 G83 Z-22.0 R-4.0 Q3.0 F150;      深孔钻固定循环，钻4个φ6mm孔
N295 X30.0;
N300 Y30.0;
N305 X-30.0;
N310 G80;                                 取消固定循环
N315 G0 G49 Z200.0 H0 M9;
```

```
N320 G28 G91 Z0 M5;
N325 G28 X0 Y0;
N330 M30;                               程序结束
```

例 3-6 用卧式加工中心加工图 3-56 所示的端盖(*B* 面及各孔)，试编制加工程序。

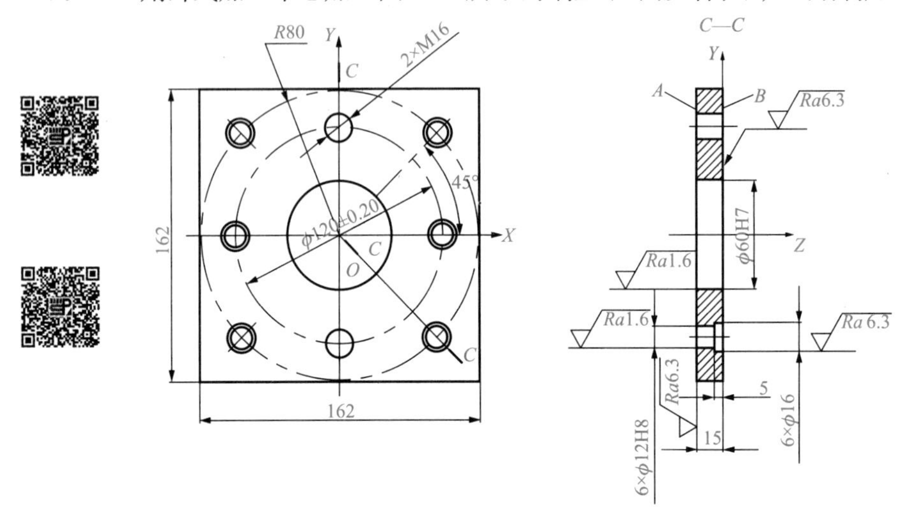

图 3-56 加工中心编程实例 2(端盖零件)

如图 3-56 所示，根据图纸要求，选择 *A* 面为定位基准，用弯板装夹。加工路线如下：粗铣和精铣 *B* 面(选用ϕ100mm 端铣刀 T01、T13)；粗镗、半精镗和精镗ϕ60H7 孔分别至ϕ58mm、ϕ59.95mm、ϕ60H7(选用镗刀 T02、T03、T04)；钻、扩、铰ϕ12H8 孔(ϕ3mm 中心钻 T05、ϕ10mm 钻头 T06、ϕ11.85mm 扩孔钻 T07、ϕ12H8 铰刀 T09)；锪ϕ16mm 孔(锪孔钻 T12)；M16 螺纹钻孔、攻丝(ϕ14mm 钻头 T10、M16 机用丝锥 T11)。工件坐标系原点选在ϕ60H7 孔中心上，*Z* 方向零点选在加工表面上，快速进给终点平面选在距离工件表面 2mm 处平面上。对刀点选在中心孔上方 50mm 处。请读者自行编制加工程序。可扫描二维码查看程序和加工视频。

3.2.5 车铣复合机床编程方法及编程实例

1. 车铣复合机床简介

车铣复合机床包括 3 轴(*XZC*)数控车削中心、带 *Y* 轴控制转塔刀架的 4 轴(*XYZC*)复合车削中心以及在车削中心基础上发展起来的 5 轴控制(*XYZBC*)车铣复合机床。5 轴车铣复合机床具有 *X*、*Y*、*Z*、*C*、*B* 等轴，*X*、*Y*、*Z* 为直线轴，*C*、*B* 为旋转轴，除具备一般的数控车削、数控铣削功能外，还具备卧式加工中心的工件分度等功能，具有铣斜面、铣螺旋槽、铣外圆、铣螺纹、铣各种空间曲面、钻斜孔、攻丝等各种镗铣钻加工功能。5 轴车铣复合机床通常不采用车削中心传统的转塔刀架形式，而是采用带 *B* 轴的车铣头形式，功能全面，加工范围广，可在一次装夹后完成全部或者大部分加工工序，从而缩短了零件加工链，生产效率和加工精度较高，成为目前较为全能的加工设备。

图 3-57 为一个具有双主轴卡盘、双刀塔的车铣复合机床平面结构示意图，该机床具有两个旋转主轴、一个铣刀刀塔(上刀塔)、一个车刀刀塔(下刀塔)。两个旋转主轴用来夹持工件

的左右两端分别进行加工，车刀刀塔能够对工件进行车削操作，铣刀刀塔可对工件进行铣削加工。有的车铣复合机床上刀塔(或下刀塔)通过换刀既能进行车削加工，又能实现铣削等加工。读者可扫描二维码观看机床结构。

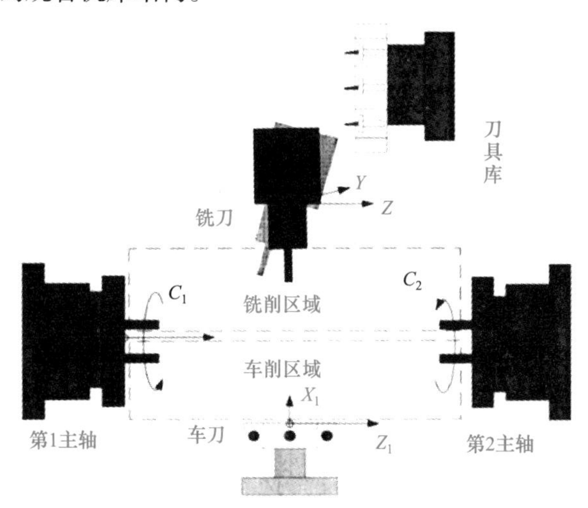

图 3-57　车铣复合机床平面结构示意图

2. 车铣复合机床编程特点

与传统数控机床编程技术相比，车铣复合机床的编程特点主要体现在以下几个方面。

1) 工艺内容繁杂

对于编程员来说，不仅要掌握数控车削、多轴铣削、钻孔等多种加工方式的编程方法，而且对于工序间的衔接与进退刀方式需要准确界定。因此在进行数控编程时，需要对当前工序完成后的加工模型和加工余量的分布有直观认识，以便进行下一道工序的程序编制和进退刀的设置。

2) 严格保持与工艺路线的一致性

在车铣复合机床上加工零件时，可实现从毛料到成品的完整加工，因此不仅应合理规划工艺路线，而且加工程序编制时必须同工艺路线严格保持一致。对于多通道并行加工的工序，也需要在数控加工程序编制过程中进行综合考虑。

3) 多通道加工

车铣复合机床一般带有支持多通道的车铣复合数控系统，具有两个或两个以上的通道，每个通道相当于一台数控机床，具有独立的几何轴，即独立的 X、Y、Z 等轴，各通道相互独立地执行其数控加工程序，每个通道内的程序都有各自的 G 代码、M 代码、S 代码，不同通道程序可同时执行，也可分别执行，相互等待。由于机床自身机械结构的限制，车铣复合机床的某些轴需要作为公共轴，既能在一个通道中运行，又能在另一个通道中运行。

3. 车铣复合机床编程指令

车铣复合机床种类繁多，其指令格式基本采用符合 ISO 标准的 G 代码格式。表 3-3 为 Mazak Integrex200 IVST-SM 车铣复合机床的部分 G 代码，表 3-4 为部分 M 代码。本节介绍其中的复合加工指令。

表 3-3 部分 G 代码

G 代码	功能	G 代码	功能
G00	定位	G59	选择工件坐标系 6
G01	直线插补	G70	精加工循环
G01.1	*C* 轴插补型螺纹切削	G71	外径粗加工循环
G02	圆弧插补(CW)	G72	端面粗加工循环
G03	圆弧插补(CCW)	G73	成形粗加工循环
G04	暂停	G74	端面切断循环
G05	高速加工模式	G75	外径、内径切断循环
G06.2	NURBS 插补	G76	多重螺纹切削循环
G17	平面选择 *X-Y*	G80	固定循环取消
G18	平面选择 *Z-X*	G83	正面钻孔循环
G19	平面选择 *Y-Z*	G84	正面攻丝循环
G28	返回参考点(原点)	G84.2	正面同步攻丝循环
G29	返回开始点	G85	正面镗削循环
G30	返回第 2～4 参考点(原点)	G87	侧面钻孔循环
G31	跳跃功能	G88	侧面攻丝循环
G32	等导程螺纹切削(直、锥)	G88.2	侧面同步攻丝循环
G34	可变导程螺纹切削	G89	侧面镗削循环
G40	刀尖 R/刀具直径补偿取消	G90	固定循环 A(内外径车循环)
G41	刀尖 R/刀具直径补偿(左)	G92	螺纹切削循环
G41.2/G41.5	5 轴加工用刀具直径补偿(左)	G94	固定循环 B(端面车循环)
G42	刀尖 R/刀具直径补偿(右)	G96	圆周速度恒定控制 ON
G42.2/G42.5	5 轴加工用刀具直径补偿(右)	G97	圆周速度恒定控制 OFF
G50	设定机械坐标系/主轴限速	G98	每分钟进给(非同步进给)
G53	选择机械坐标系	G99	每转进给(同步进给)
G54	选择工件坐标系 1	G109	数道工序共用一个程序
G55	选择工件坐标系 2	G110	指定交叉加工控制轴
G56	选择工件坐标系 3	G111	取消交叉加工控制轴
G57	选择工件坐标系 4	G12.1	极坐标插补模式
G58	选择工件坐标系 5	G13.1	极坐标插补模式取消

表 3-4　部分 M 代码

M 代码	功能	M 代码	功能
M00	程序停止	M204	铣削主轴刀具反转指令
M01	任选停止	M205	停止铣削主轴刀具指令
M02	结束程序	M206	第 1 主轴卡盘开启
M03	第 1 主轴正转指令	M207	第 1 主轴卡盘关闭
M04	第 1 主轴反转指令	M210	C_1 轴夹紧(铣削加工用)
M05	第 1 主轴停止	M211	C_1 轴制动(铣削加工用)
M06	更换刀具	M212	C_1 轴松开(铣削加工用)
M08	切削液 ON	M249	铣削主轴箱选择准备
M09	切削液 OFF	M250	铣削主轴/B 轴松开
M16	第 1 主轴 0°定向指令	M251	B 轴夹紧
M17	第 1 主轴 120°定向指令	M252	铣削主轴松开
M18	第 1 主轴 240°定向指令	M253	铣削主轴夹紧
M30	重置、倒带	M300	C_2 轴切换选择
M31	尾座前进	M302	车削第 2 主轴切换选择
M32	尾座后退	M303	第 2 主轴正转指令
M33	第 1 主轴卡盘夹紧力“选择低压”	M304	第 2 主轴反转指令
M34	第 1 主轴卡盘夹紧力“选择高压”	M305	第 2 主轴停止
M45	空气 切削液启动(停止为 M09)	M562	联动开始指令
M52	错误检测	M563	联动结束指令
M54	倒角	M901	HD1 侧选择模式
M58	第 1 主轴卡盘气洗	M902	HD2 侧选择模式
M200	C_1 轴切换选择	M950～M997	互等 M 代码
M202	车削第 1 主轴切换选择	M999	程序结束代码，预读操作将被自动中止
M203	铣削主轴刀具正转指令		

1) 刀塔选择

指令格式为

G109 L1/L2；选择上刀塔/下刀塔

2) 等待指令

为了使上下刀塔间的动作时机吻合，使用等待指令，有两种类型：M 代码和 P 代码，可以并用。

(1)用于等待的 M 代码。

对各个刀塔的加工程序指定相互等待 M 代码，当对刀塔 A 指定了 M 代码时，到刀塔 B

被指定同一M代码为止，刀塔A呈等待状态。对刀塔B指定同一M代码之后，刀塔A才开始执行下一个程序段。

指令格式为

```
M950~M997;
```

M指令程序构成和运行示意图如图3-58所示。

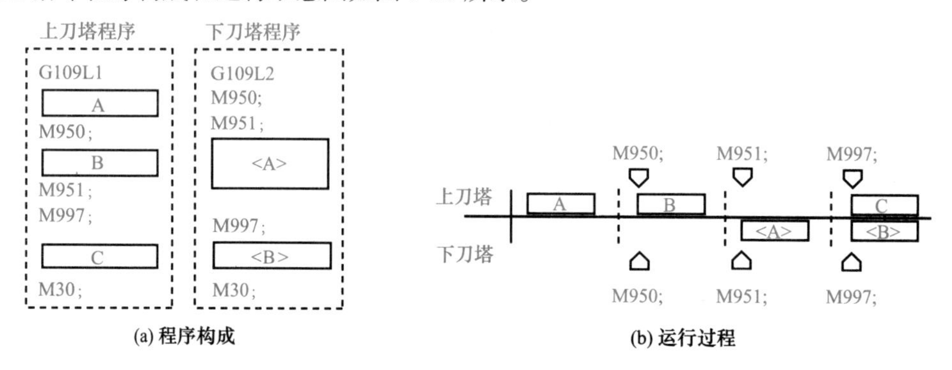

图3-58　M指令程序构成和运行示意图

(2)用于等待的P代码。

对各个刀塔的加工程序指定相互等待P代码，当对刀塔A指定了P代码时，到刀塔B被指定同一个以上的P代码为止，刀塔A呈等待状态。对刀塔B指定同一个以上的P代码之后，刀塔A才开始执行下一个程序段。

指令格式为

```
P1~P99999999;
```

P指令程序构成和运行示意图如图3-59所示。

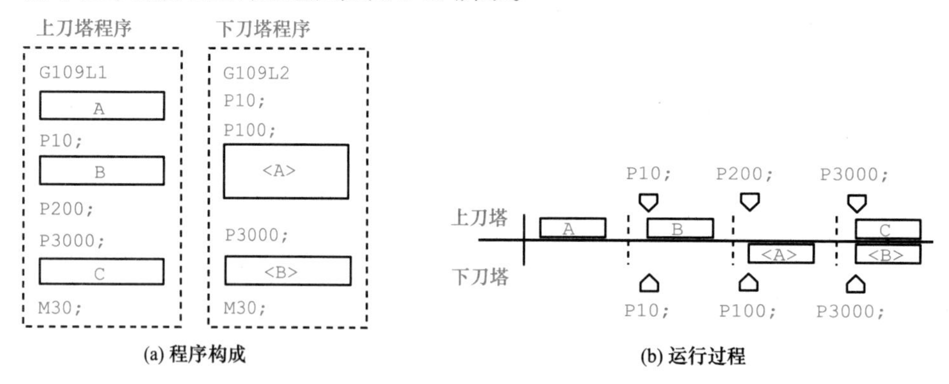

图3-59　P指令程序构成和运行示意图

3)均衡切削

上刀塔和下刀塔可以联动，实现均衡切削，以减小振动，提高效率。在均衡切削期间，一个刀塔作为指令刀塔(主刀塔)，另一个刀塔作为追随刀塔(副刀塔)。在主刀塔的程序中指定均衡切削指令。

均衡切削指令和三个指令结合使用：

(1)等待指令(M950~M997或P1~P99999999)；

(2) M562；联动开始指令；

(3) M563；取消联动指令。

上刀塔作为主刀塔时的程序构成如图3-60所示。

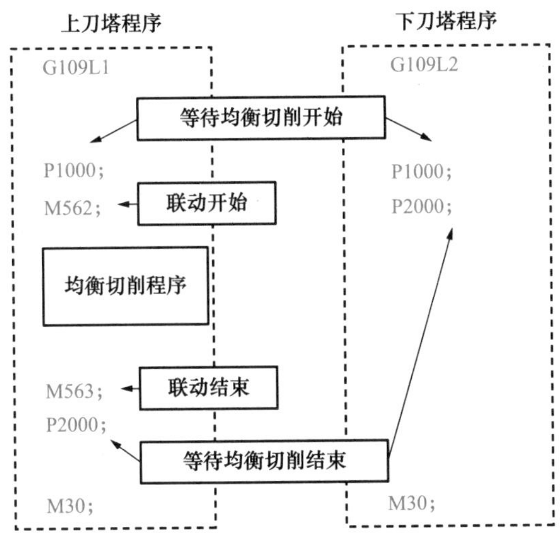

图3-60 均衡切削程序构成示意图

4）复合加工模式

复合加工模式如图3-61所示。上、下刀塔可以单独对同一主轴或不同主轴上的工件实现车削、铣削等功能，也可同时对同一主轴或不同主轴上的工件进行车削、铣削等。

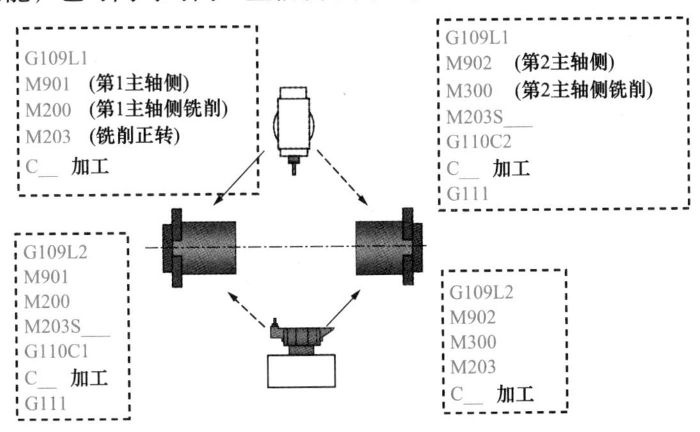

图3-61 复合加工模式

4. 车铣复合机床编程实例

下面以 Mazak Integrex200 IVST-SM 车铣复合机床为例进行编程说明，该机床具有双刀塔、双主轴(图3-62)，其中上刀塔为一个带 *B* 轴和自动换刀功能的动力刀座。

例3-7 编制如图3-63所示零件的数控加工程序，材料为铝合金，毛坯为ϕ74mm×100mm的棒料。

工件以外圆为定位基准，用三爪自定心卡盘夹持。工艺路线主要为：车端面、外圆、倒角、车环形槽、钻ϕ12mm孔、铣ϕ16mm孔、钻四个ϕ8mm小孔、铣端面环形槽。利用上刀塔加工，主要加工程序如下。读者可扫描二维码观看车铣复合加工视频。

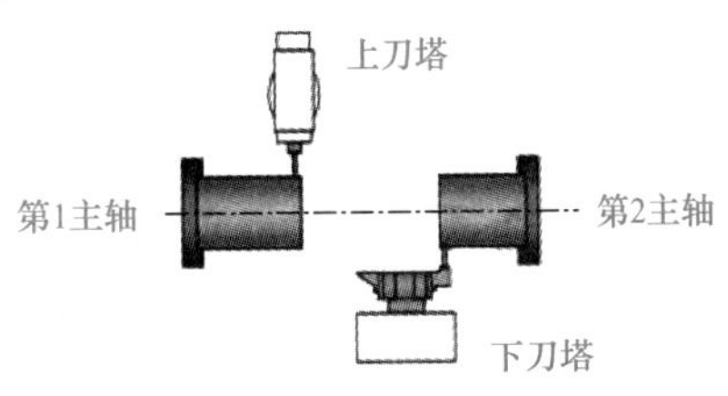

图3-62 双主轴、双刀塔示意图

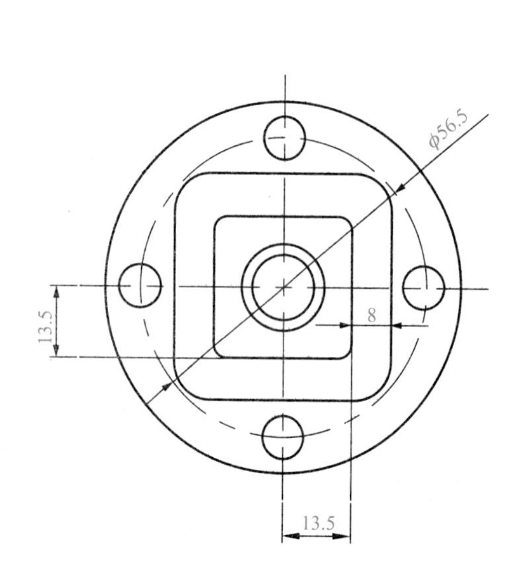

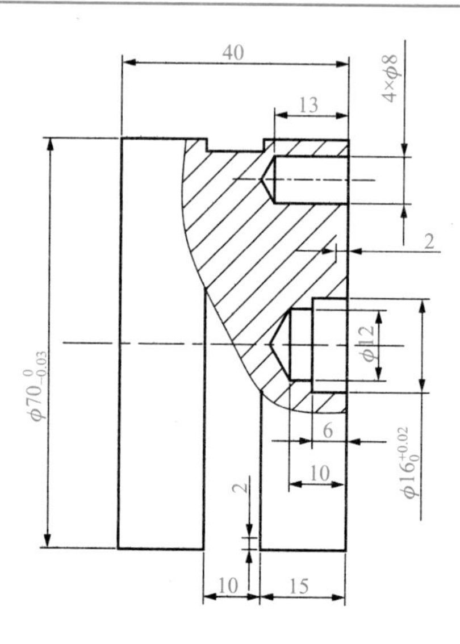

图 3-63 待加工零件示例

```
N5 G109 L1; (上刀塔)
N70; (OPERATION # 1车端面)
N95 M901;
N100 M202;
N105 T001 M6;
N110 G54;
N130 G18;
N135 G97 S1000 M204 R1;
N140 G0 Y0. Z0.;
N145 X78.0;
N155 G96 S300 R1;
N160 G99 G1 X-1.6 F0.25;
N165 G0 Z2.;
N170;  (OPERATION # 2车外圆)
N175 G92 S5000;
N180 G96 S550 M204 R1;
N185 X68.0 Z4.5;
N190 G1 Z2.5 F0.5;
N195 Z0.;
N200 X70.0 Z-1.0;
N220 G1 Z-40.0;
N225 X73.0 Z-40.0;
N265; (OPERATION # 3切槽)
N290 M901;
N295 M202;
N300 T002 M6;
N305 G54;
N325 G18;
N330 G97 S1200 M204 R1;
N335 G0 Y0. Z-18.0;
N340 X75.0;
N345 G92 S5000 R1;
N350 G96 S302 R1;
N355 G99 G1 X66. F0.05;
N360 G0 X75.0;
N365 Z-21.0;
N370 G1 X66. F0.1;
N380 G0 X75.0;
N385 Z-15.0;
N390 G1 X66.0;
N400 G0 X75.0;
N470 G97;
N505; (OPERATION #4钻大孔)
N530 M901;
N535 M200;
N540 T003 M6;
N545 G97 S1000 M03;
N550 G54;
N555 M212;
N560 G0 G90 G53 B0. C0.;
N570 G17 G43 P1 H3 Z100.0;
N575 X0. Y0.;
N580 G98;
N585 G83 Z-10. R0. Q110.F100. M210;
N590 G80;
N600 G0 G91 G28 X0. Y0.;
N605 G28 Z0. M05;
N625; (OPERATION # 5钻4孔)
```

```
N650 M901;
N655 M200;
N660 T004 M6;
N665 G97 S1000 M03;
N670 G54;
N675 M212;
N680 G0 G90 G53 B0. C270.0;
N690 G17 G43 P1 H2 Z100.0;
N695 X28.25 Y0.;
N700 G98;
N705 G83Z-13. R0. Q113.0 F200 M210;
N710 C180.0;
N715 C90.0;
N720 C0.0;
N725 G80;
N730 G49;
N735 G0 G91 G28 X0. Y0.;
N740 G28 Z0. M05;
N760; (OPERATION # 6铣端面槽)
N785 M901;
N790 M200;
N795 T005 M6;
N800 G97 S1500 M03;
N805 G54;
N820 M211;
N825 G43 P1 H1 G17 Z100.;
N830 X20.0 Y0.;
N835 G17;
N840 G12.1;
N845 G90 X9.5 C-17.5;
N850 Z10.0;
N855 G98 G1 Z-2. F238.7;
N860 G3 X17.5 C-9.5 I0. J8. K0. F500.;
N865 G1 C9.5;
N870 G3 X9.5 C17.5 I-8.0 J0.;
N875 G1 X-9.5;
N880 G3 X-17.5 C9.5 I0. J-8.0;
N885 G1 C-9.5;
N890 G3 X-9.5 C-17.5 I8.0 J0;
N895 G1 X9.5;
N900 G0 Z100;
N905; (OPERATION #7铣中间台阶孔)
N910 X4.0 C0.0;
N915 Z10.0;
N920 G1 Z-6.0 F200.;
N925 G2 X0. C-4.0 I-4.0 J0. F500;
N930 X-4.0 C0. I0. J4.0;
N935 X0. C4.0 I4. J0.;
N940 X4.0 C0. I0. J-4.0;
N945 G0 Z100.0;
N950 G13.1;
N955 G49;
N960 G91 G28 X0. Y0.;
N965 G28 Z0. M05;
N985; (OPERATION # 8切断)
N1010 M901;
N1015 M202;
N1020 T002 M6;
N1025 G54;
N1045 G18;
N1050 G97 S1250 M204;
N1055 G43 P1 H2 G0 Y0. Z-40.0;
N1060 X78.0;
N1070 G96 S302 R1;
N1075 G99 G1 X73.977 F0.1;
N1080 X-0.6;
N1085 X3.4;
N1090 G0 X74.0;
N1095 G97;
N1100 G49;
N1105 G91 G28 X0. Y0.;
N1110 G28 Z0. M205;
N1120 G0 G90 G53 B0.;
N1130 M999;
N1135 M30;
```

3.2.6 宏程序编程方法及编程实例

宏程序编程是指使用宏变量进行算术运算、逻辑运算和函数混合运算的程序编写形式。宏程序功能允许使用变量、算术和逻辑运算以及条件分支控制，形成自定义的固定循环。加工程序可利用一条简单的指令来调用宏程序，就像使用子程序一样。采用宏指令编程可编制各种复杂的零件加工程序，增强机床的加工能力，同时可精简程序量。

1. 变量的表示

不同的数控系统，变量表示方法也不一样。FANUC 系统的变量通常用变量符号“#”和变量号指定，如#103、#100 等。

2. 变量的类型

变量一般分为空变量、局部变量、全局变量和系统变量(表 3-5)。空变量总为空；局部变量只能在宏程序内部使用，用于保存数据，如运算结果等，当电源关闭时，局部变量被清空，而当宏程序被调用时，调用参数被赋值给局部变量；全局变量是指在主程序和主程序调用的各用户宏程序内部都有效的变量；系统变量是系统固定用途的变量，可被任何程序使用，有些是只读变量，有些可以赋值或修改。

表 3-5 变量类型及含义

变量号	变量名	功能
#0	空变量	该变量总为空，不能赋值
#1～#33	局部变量	在宏程序中存储数据，断电时不保存
#100～#199 #500～#999	全局变量	在不同的宏程序中意义相同，#100～#199断电为空，#500～#999断电不丢失
#1000～	系统变量	用于保存CNC的各种数据，如当前位置、刀具偏置值等

3. 变量值的范围

局部变量和全局变量的取值范围为-10^{47}～-10^{-29}或 10^{-29}～10^{47}，同时含有 0。

4. 变量的引用

(1)当用表达式指定变量时，应使用括号，如 `G01 X[#1+#2] F#3`。

(2)当改变变量符号时，应把负号(–)放在#前面，如 `G00 X-#1`。

(3)当引用未定义变量时，变量和地址字都被忽略。例如，`#1` 定义为 0，`G00 X#1 Y#4` 执行的结果为 G00 X0。

5. 算术和逻辑运算

在宏程序中可对变量进行算术和逻辑运算，如表 3-6 所示。

表 3-6 算术和逻辑运算

名称	格式	备注
定义	#*i*=#*j*	
加减法	#*i*=#*j*±#*k*	
乘法	#*i*=#*j*×#*k*	
除法	#*i*=#*j*/#*k*	

续表

名称	格式	备注
正弦、反正弦	#i=SIN[#j] 、#i=ASIN[#j]	角度以度指定，90°30表示为90.5°
余弦、反余弦	#i=COS[#j]、#i=ACOS[#j]	
正切、反正切	#i=TAN[#j]、#i=ATAN[#j]	
平方根	#i=SQRT[#j]	
绝对值	#i=ABS[#j]	
舍入	#i=ROUND[#j]	
下取整	#i=FIX[#j]	
上取整	#i=FUP[#j]	
自然对数	#i=LN[#j]	
指数函数	#i=EXP[#j]	
或	#i= #j OR #k	
异或	#i= #j XOR #k	
与	#i= #j AND #k	
从BCD转为BIN	#i= BIN[#j]	
从BIN转为BCD	#i= BCD[#j]	

6. 转移和循环指令

1）无条件跳转

GOTO n；向前跳转

GOTO #i； 向后跳转

2）有条件跳转

IF 条件 GOTO n；

IF 条件 GOTO #i；

3）循环（WHILE）语句

WHILE [条件表达式] DO m(m=1，2，3)

END m

其中，m是循环标识号，是自然数。当循环条件为真时，执行DO m与END m之间的程序；当循环条件为假时执行END m后面的语句。

在转移和循环指令中，会用到EQ(=)、NE(≠)、GT(>)、GE(>=)、LT(<)、LE(<=)等运算符。例如：

```
%9500;
#1=0;
#2=1;
N1 IF[#2 GT 10] GOTO 2 ;
#1=#1+#2;
#2=#2+#1;
GOTO 1;
N2 M30;
```

7. 宏程序调用

宏程序调用方式主要有非模态调用(G65)、模态调用(G66)。

1)非模态调用

非模态调用格式为

```
G65 P_ L_ <自变量表>;
```

其中，P 为调用程序号；L 为重复调用次数；自变量表为传递到宏变量的数据内容。非模态调用的宏程序只能在被调用后执行 L 次，程序执行 G65 后面的程序时不再调用。

例如，下列程序中，P9010 表示调用 O9010 宏程序，L2 表示调用两次，A1.0 B2.0 表示把数据 1.0 和 2.0 传递到#1、#2 变量中，即#1=1.0、#2=2.0。自变量与宏变量有对应关系，如 A、B 分别与#1、#2 对应，实际编程时，对应关系可查阅数控系统手册。

```
O0001;
……
G65 P9010 L2 A1.0 B2.0;
……
M30;
O9010;
#3=#1+#2;
If [#3 GT 360] GOTO 9;
G00 G91 X#3;
N9 M99;
```

例 3-8 加工如图 3-64 所示的零件，取零件中心为编程零点，选用ϕ12mm 键槽铣刀加工，用 G65 调用完成加工，宏程序用绝对坐标编程。

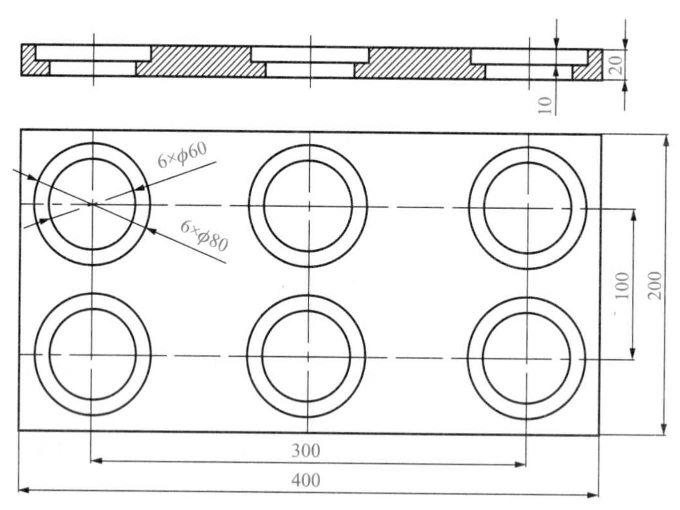

图 3-64 宏程序编制实例 1

```
%1000; 主程序
G54 G90 G0 G17 G40 M03;
Z50 S2000;
Z5;
G65 P9010 X-150 Y-50;
G65 P9010 X-150 Y50;
```

```
G65 P9010 X0 Y50;
G65 P9010 X0 Y-50;
G65 P9010 X150 Y-50;
G65 P9010 X150 Y50;
G0 Z100;
M30;
%9010; 宏程序
G90 G0 X[#24+24] Y#25;
G01 Z-20 F60;
G03 I-24 F200;
G0 Z-10;
G01 X[#24+34];
G03 I-34;
G0 Z5;
M99;
```

例 3-9　编制如图 3-65 所示的加工圆周上孔的宏程序。圆周半径为 *I*，起始角为 *A*，间隔为 *B*(顺时针方向，*B* 指定为负值)，钻孔数为 *H*，圆的中心为(*X*，*Y*)。

```
O0002;                      主程序
G90 G92 X0 Y0 Z100;
G65 P9100 X100 Y50 R30 Z-50 F500 I100 A0 B45 H5;
M30;
O9100;                      宏程序
#3=#4003;                   读取模态信息(G90, G91)
IF[#3 EQ 90] GOTO 1;        在G90方式下转移到N1
#24=#5001+#24;              计算圆心 X 坐标
#25=#5002+#25;              计算圆心 Y 坐标
N1 WHILE[#11 GT 0] DO 1;
#5=#24+#4*COS[#1];          计算孔中心 X 坐标
#6=#24+#4*SIN[#1];          计算孔中心 Y 坐标
G90 X#5 Y#6;
G81 Z#26 R#18 F#9 K0;       钻孔循环
#1=#1+#2;                   更新角度
#11=#11-1;                  孔数减 1
END 1;
G#03 G80;                   返回原始状态代码
M99;
```

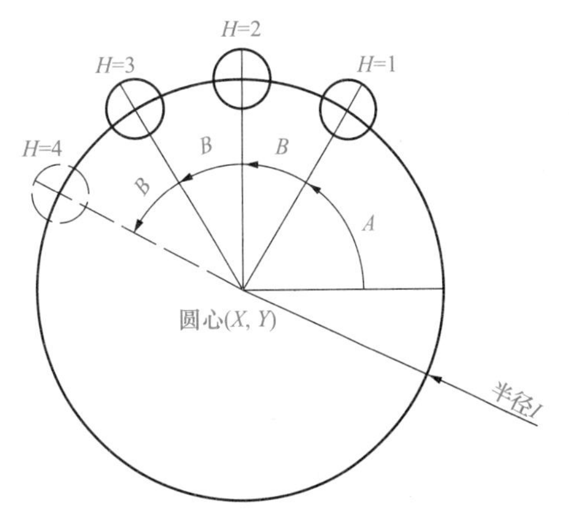

图3-65　宏程序编制实例2

其中，X 为圆心 *X* 坐标，绝对值或增量值指定(#24)；Y 为圆心 *Y* 坐标，绝对值或增量值指定(#25)；Z 为孔深(#26)；R 为快速趋近点坐标(#18)；F 为切削进给速度(#9)；I 为圆半径(#4)；A 为第一孔的角度(#1)；B 为增量角指定，负值时为顺时针(#2)；H 为孔数(#11)。

2)模态调用

模态调用格式为

```
G66 P_L_ <自变量表>;
```

其中，字母含义同 G65。模态调用可多次调用，每次调用 L 次，不仅在 G66 所在程序段中调用，也在后续程序中调用，直到出现 G67 指令。

对图 3-64 所示的零件，用 G66 调用宏程序完成加工的程序如下：

```
%1000;              主程序
G54 G90 G0 G17 G40;
Z50 M03 M07 S1000;
X-150 Y-50;
G66 P9012;
G0 X-150 Y50;
X0 Y50;
X0 Y-50;
X150 Y-50;
X150 Y50;
G67;
G0 Z100;
M30;
%9012;              宏程序
#24=#5001;          读取当前孔中心坐标
#25=#5002;
G90 G0 X[#24+24] Y#25;
Z5;
G01 Z-22 F100;
G03 I-24;
G0 Z-10;
G01 X[#24+34];
G03 I-34;
G0 Z5;
M99;
```

3.3 自动编程方法

3.3.1 概述

自动编程方法是快速、准确地编制复杂零件或空间曲面零件的主要方法。自动编程方法主要有数控语言编程方法和图形交互编程方法。数控语言编程方法首先采用数控语言编写零件源程序，用它来描述零件图的几何形状、尺寸、几何元素间的相互关系以及加工时的走刀路线、工艺参数；接着由数控语言编程系统对源程序进行翻译、计算；最后经后置处理程序处理后自动输出符合特定数控机床要求的数控加工程序。数控语言编程系统研究较早，最先应用的国家是美国。1953 年，美国麻省理工学院伺服机构研究室在美国空军的资助下，着手研究数控自动编程问题，并于 1955 年公布了第一个数控语言编程系统，即 APT (automatically programmed tools) 系统。其后，一方面，APT 几经发展，形成了 APT Ⅱ、APT Ⅲ (立体切削用)、APT Ⅳ (算法改进，增加多坐标曲面加工编程功能)、APTAC (增加切削数据库管理系统) 和 APT/SS (增加雕塑曲面加工编程功能) 等版本；另一方面，其他国家也在 APT 基础上相继研究和开发了许多数控语言编程系统。数控语言编程系统在数控机床使用的早期起到了很大的作用。目前使用者越来越少，主要原因是用数控语言来表达图形和加工过程缺乏几何直观性；缺少对零件形状、刀具运动轨迹的直观图形显示和刀具轨迹的验证手段；难以和 CAD、CAPP 系统有效集成；不容易做到高度的自动化。为此世界各国都在开发集产品设计、分析、加工为一体的图形交互编程方法。1978 年，法国 Dassault 公司开发了 CATIA 系统，随后很快出现了 Pro/Engineer、UG(Unigraphics)等系统。图形交互编程建立在 CAD/CAM 系统的基础上，具有编程速度快、精度高、直观性好、便于检查、使用方便等优点。

3.3.2 图形交互编程的主要过程

1) 几何造型

从 CAD 数据库中调入被加工零件图形，显示在屏幕上，并根据数控工艺要求，删除图形上不需要的部分，增加所需要的内容，形成数控加工的工艺图形。如果不存在 CAD 零件图，则需根据纸质图纸以及数控工艺要求，绘制数控加工用的工艺图形。

2) 生成加工轨迹

根据工艺图形，利用 CAD/CAM 提供的曲面、槽腔、二维轮廓、孔系等加工方法，灵活选定需要加工的实体部分，输入相关的工艺参数和要求，生成刀具轨迹。

3) 加工轨迹编辑

加工轨迹生成后，利用刀位编辑、轨迹连接和参数修改功能对相关轨迹进行编辑修改。

4) 加工仿真

加工仿真方法主要有刀位轨迹仿真法和虚拟加工法。刀位轨迹仿真法是较早采用的图形仿真方法，比较成熟且应用较为广泛，一般在刀位轨迹生成后、后置处理之前进行，主要检查刀位轨迹是否正确，加工过程中刀具与约束面是否发生干涉和碰撞。虚拟加工法是应用虚拟现实技术实现加工过程仿真的方法，是建立在工艺系统基础之上的高一级的仿真方法，不仅解决刀具与工件之间的相对运动仿真，更重视对整个工艺系统的仿真。

5) 后置处理

加工轨迹生成并经过仿真后，需要由加工轨迹生成加工程序，由于不同数控机床的数控系统的代码功能不尽相同，加工程序格式也有所区别，所以要对加工程序进行后置处理，以对应于相应的数控机床。利用后置处理功能，可以通过修改某些设置而适用于各种常见的机床数控系统的要求，生成所需数控系统的加工程序，经过适当调整后满足特定数控机床型号的加工需要。

3.3.3 图形交互编程实例

本节以最具代表性的 UG 为平台，分析零件数控加工的图形交互编程过程。限于篇幅，有关 UG 详细的操作说明和操作指令可参考有关书籍。

例 3-10 要加工如图 3-66 所示的某型发动机静子叶片，写出其编程过程。

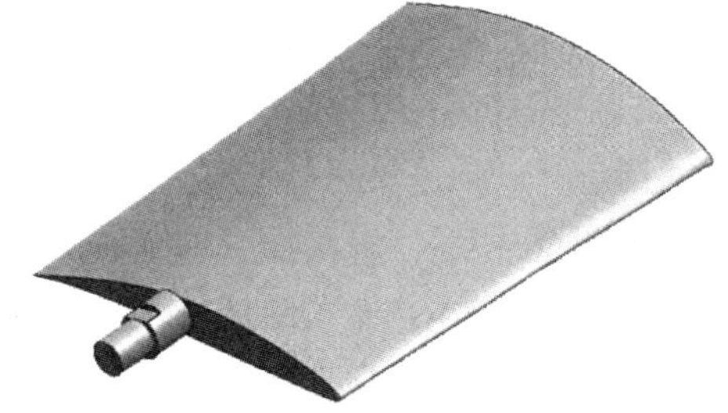

图3-66 叶片零件图

1) 零件造型

曲面造型时，首先由图纸提供的截面上的列表点数据定义样条曲线，然后完成曲面定义。

(1) 曲线造型。

在 UG 软件中可先选择 Application → Modeling 进入造型模块，然后选择 Insert→Curve

→Spline 或单击图标进入样条曲线定义对话框。选择 Through Points→Points from file 并输入样条曲线的列表点数据文件(如 yp11.dat)，单击 OK 按钮，即可生成通过这些点的样条曲线，如图 3-67 所示。用同样的方法生成这个截面上的叶盆曲线，如图 3-68 所示。对这两根样条曲线倒圆角，使它成为一条封闭的曲线，大端的圆角为 1.2mm，小端的圆角为 0.23mm，如图 3-69 所示。用同样的方法绘制其他九个截面的曲线，形成如图 3-70 所示的形状。

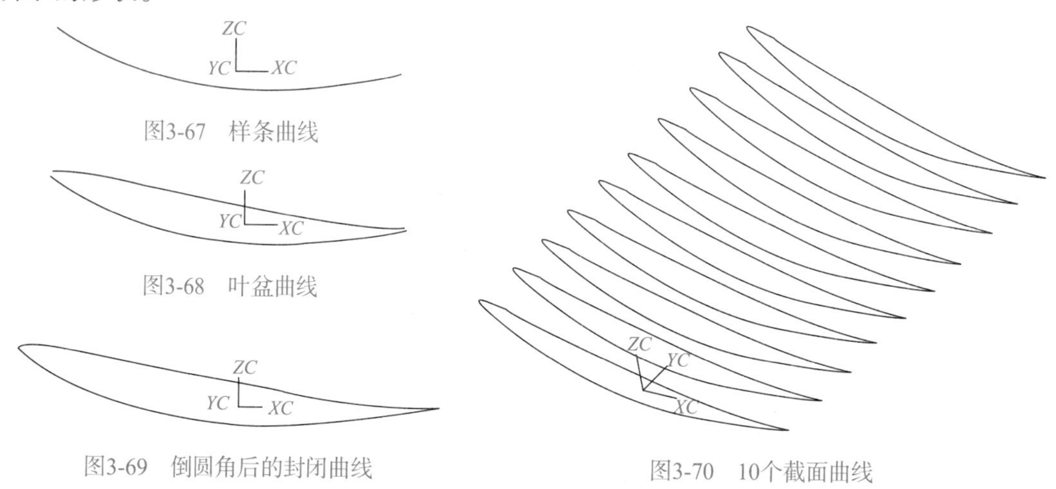

图3-67 样条曲线

图3-68 叶盆曲线

图3-69 倒圆角后的封闭曲线

图3-70 10个截面曲线

(2)曲面造型。

选择 Insert→Free From Feature→Through Curves 或单击图标，依次选取 10 个截面的曲线，在对话框中输入容差等参数，即可由曲线生成曲面，生成相应的叶片零件。参见图 3-66。

2)刀位轨迹生成与仿真

在本例中，假定只对该叶片进行精加工，那么生成精加工程序的过程如下。

(1)选择 Application→Manufacturing 进入加工模块，单击图标，进入 Create Operation(创建操作)对话框，如图 3-71 所示，选用多轴加工方法中的可变轴铣。

(2)进入可变轴铣对话框后，设定相应的参数，如图 3-72 所示。在 Geometry 中单击图标，选中叶片零件。

(3)在 Drive Method(驱动方法)中选择 Surface Area(曲面区域)方法，进入 Surface Drive Method 对话框，选择叶片曲面为 Driver Geometry(驱动几何)，其他参数如图 3-73 设置，在 Tool Axis 中选择刀轴为 4-Axis Normal To Drive(四轴沿驱动面法向)，单击 OK 按钮回到可变轴铣对话框。

进入 Groups 组，新建一把直径为ϕ12mm 的球头刀，参数如图 3-74 所示。

回到 Main 组，单击 Non-cutting 按钮，进入进退刀设置对话框，按图 3-75 设定。

单击按钮，生成叶片加工的刀具轨迹，如图 3-76 所示。单击按钮，可对生成的刀轨进行加工仿真。

3)后置处理，生成 NC 程序

单击按钮，进入后处理对话框(图 3-77)，选择相应的机床特性文件，生成加工叶片零件的 NC 程序。

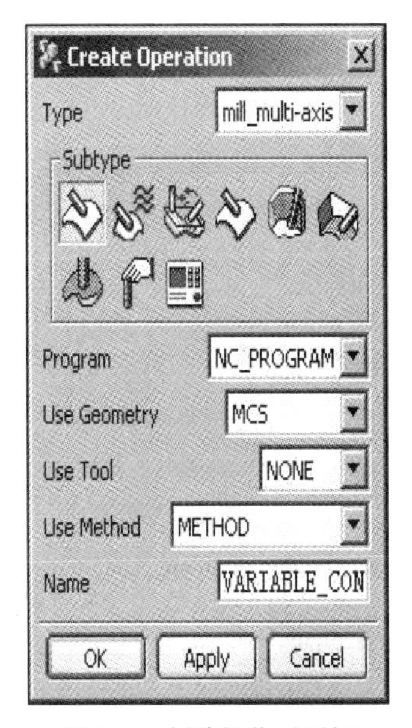

图3-71　创建操作对话框

图3-72　参数设置图

图3-73　Surface Drive Method对话框

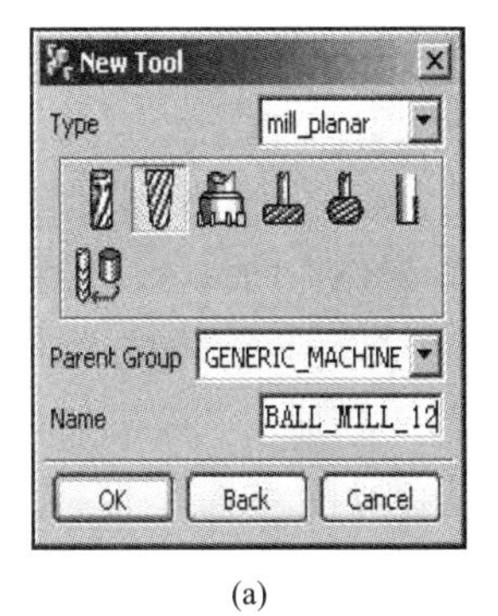

(a)

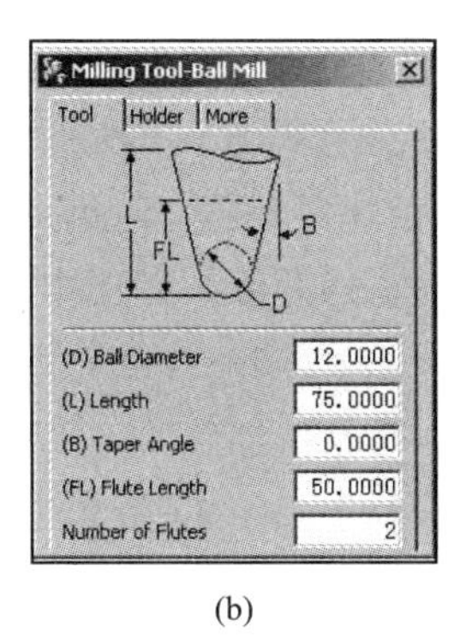

(b)

图3-74　刀具参数设置

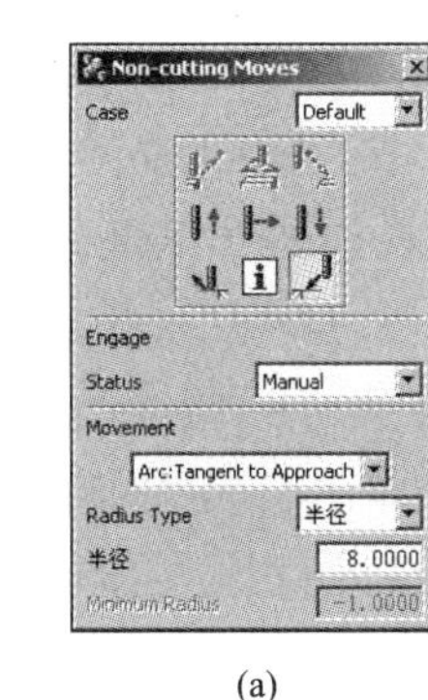

(a)

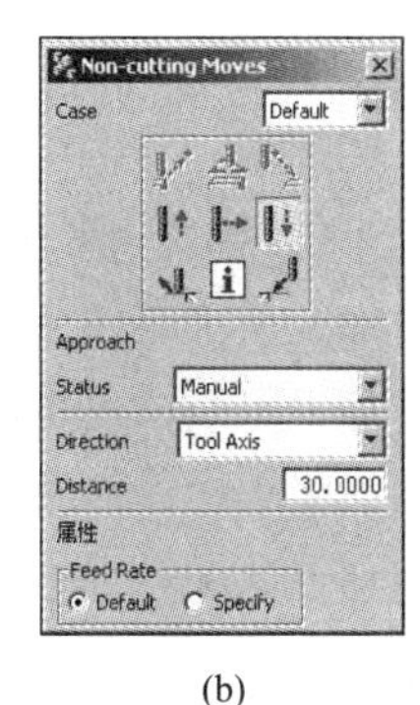

(b)

图3-75　进退刀设置对话框

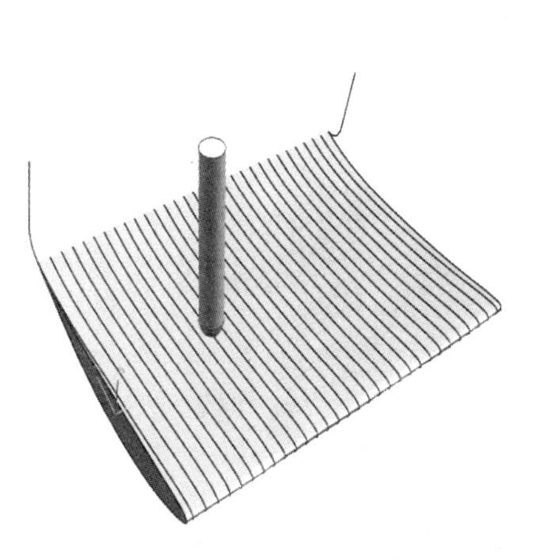

图3-76　叶片加工的刀具轨迹

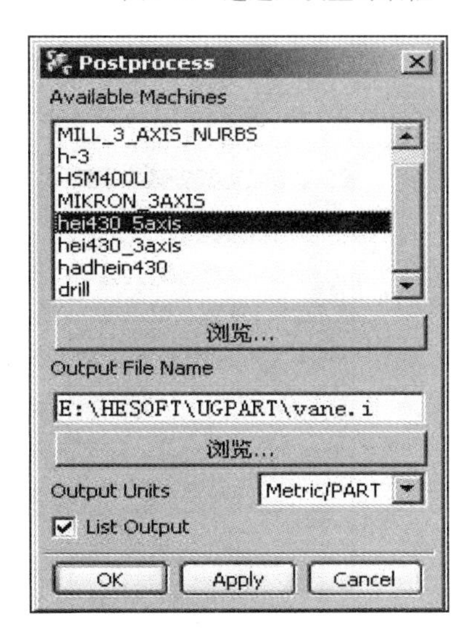

图3-77　后处理对话框

部分程序如下：

```
… …
N57 X-36.763 Y-170.757 Z78.51 A91.04 C10.76;
N59 X-33.86 Y-170.634 Z78.422 A90.87 C10.35;
N61 X-30.999 Y-170.501 Z78.055 A90.69 C10.31;
N63 X-28.165 Y-170.41 Z77.688 A90.56 C10.51;
N65 X-25.305 Y-170.369 Z77.591 A90.51 C10.48;
N67 X-22.423 Y-170.328 Z77.572 A90.46 C10.25;
N69 X-19.553 Y-170.284 Z77.483 A90.4 C10.14;
N71 X-16.692 Y-170.247 Z77.393 A90.35 C10.1;
N73 X-13.833 Y-170.214 Z77.304 A90.3 C10.08;
N75 X-10.979 Y-170.177 Z77.195 A90.25 C10.1;
N77 X-8.128 Y-170.131 Z77.059 A90.19 C10.15;
N79 X-5.282 Y-170.079 Z76.903 A90.12 C10.24;
N81 X-2.44 Y-170.022 Z76.737 A90.05 C10.36;
N83 X0.404 Y-169.965 Z76.576 A89.97 C10.47;
N85 X3.251 Y-169.912 Z76.434 A89.9 C10.55;
N87 X6.104 Y-169.87 Z76.318 A89.85 C10.58;
……
```

例 3-11 加工与图 3-78 类似的整体叶轮，写出编程过程。

本例以 UG NX10 软件的多叶片加工专用模块对整体叶轮进行加工轨迹规划。UG 中的多叶片加工模块是使用多叶片操作来加工多个叶片的部件。多叶片铣加工操作专门为叶片类型零件加工定制，可以用于执行粗加工、流道精加工、叶片根部圆角精加工以及叶片和分流叶片精加工的操作。整体叶轮加工流程主要分为叶轮粗加工、流道和叶片半精加工、流道和叶片精加工等几种加工策略。可扫描二维码观看基于 UG NX10 的叶轮编程过程。

1）加工定义

（1）创建几何。

在创建操作之前先创建加工坐标系、部件和毛坯，然后创建叶轮几何体，选择 MULTI_BLADE_GEOM 模式，指定包覆、叶片、叶片根部圆角、分流叶片及叶片总数，如图 3-78 所示。

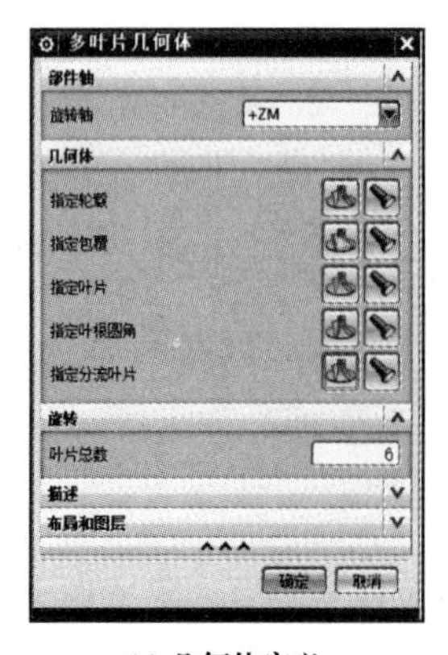

(a) 几何体定义

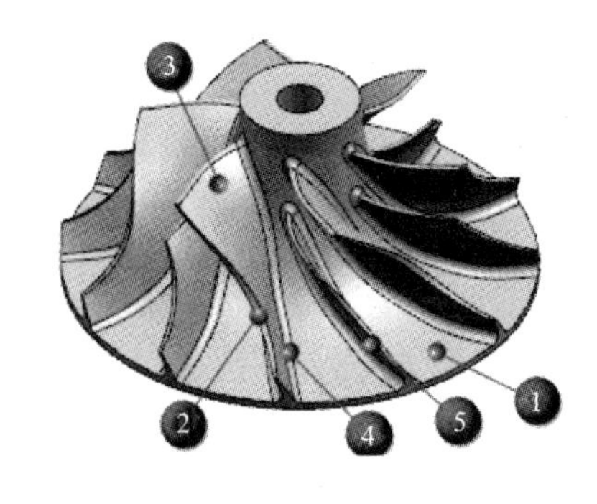

(b) 几何体

1. 流道；2. 包覆；3. 叶片；4. 叶片圆角；5. 分流叶片

图 3-78 叶轮几何体定义

(2) 创建刀具。

根据叶片的间距选择直径为 20mm 的球头铣刀作为粗加工刀具，根据叶片根部圆角的大小选择直径为 8mm 带 4°锥角的锥度球头铣刀作为半精加工和精加工刀具，为了检查刀柄碰撞，需要将刀具夹持器(刀柄)的参数输入，如图 3-79 所示。

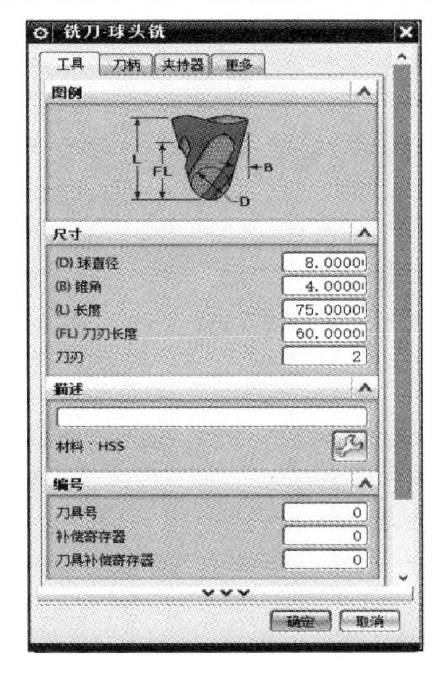

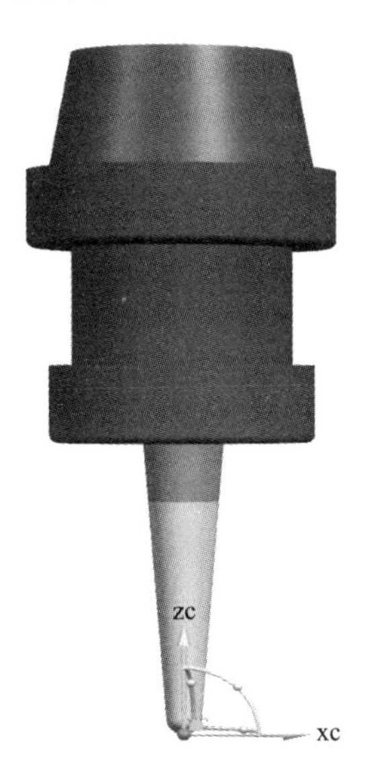

图 3-79　锥度球头铣刀及其刀柄定义

2) 叶轮粗加工

根据整体叶轮的几何特征，粗加工可采用分层加工法，将总加工余量根据叶轮材料和刀具参数分成若干层进行加工。

深度模式选择从轮毂偏置，每刀的深度为恒定值。切削模式为往复上升，切削方向为顺铣。叶片曲面和流道曲面的余量都为 1.0mm。参数设置界面如图 3-80 所示，计算出的刀具轨迹是单个流道的，需要通过刀轨变换的旋转功能将其复制到其他流道，整体叶轮粗加工刀轨和仿真结果如图 3-81 所示。

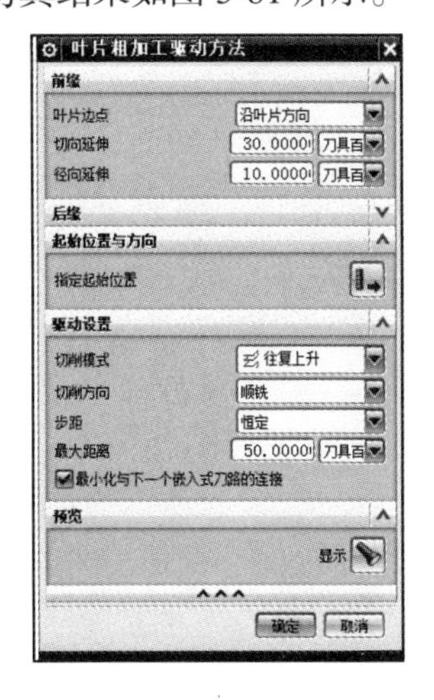

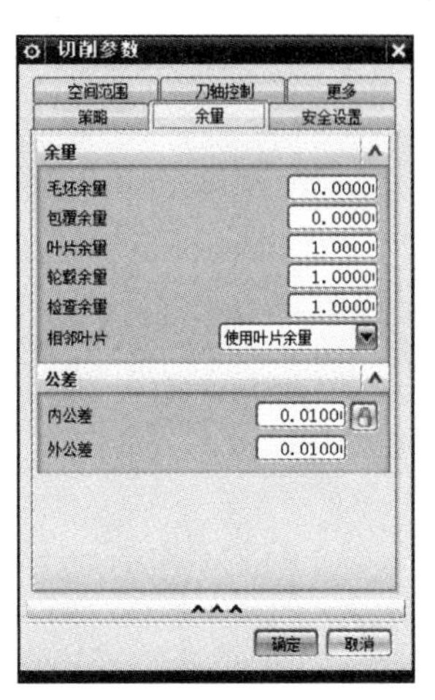

图 3-80　整体叶轮粗加工参数设置

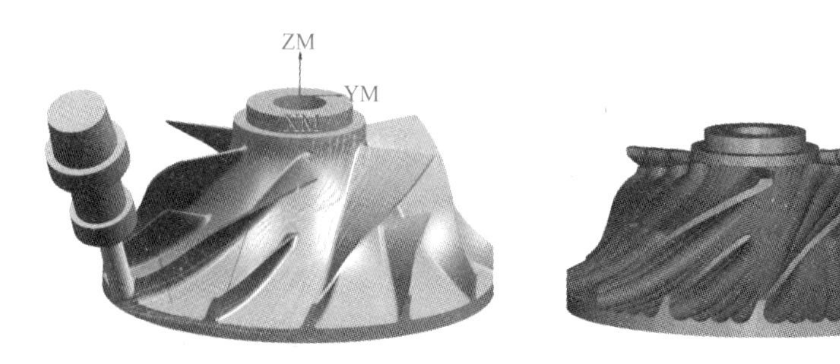

图 3-81　整体叶轮粗加工刀轨和仿真结果

3）流道和叶片半精加工

从粗加工的仿真结果可以看出，整体叶轮零件流道面和叶片面的加工余量都不均匀，要经过半精加工获得比较均匀的余量，为精加工做准备。考虑到叶片根部圆角半径以及叶片曲面和流道曲面加工的完整性，选用较小圆角半径的刀具进行加工，但此时刀具刚性较差，所以采用锥度球头铣刀，既可以得到较小的圆角半径，又有合适的刀具刚性。

叶片半精加工切削模式为单向，切削方向为顺铣，最大刀轴为3°，刀轴光顺百分比为60%，叶片和流道余量设为0.5mm。流道半精加工引导边和尾随边都沿叶片方向，切削模式为往复上升，切削方向为顺逆铣混合，刀轴使用自动方式，侧倾安全角为2°，刀轴光顺百分比为25%。参数设置界面如图3-82所示，刀轨及仿真结果如图3-83和图3-84所示。

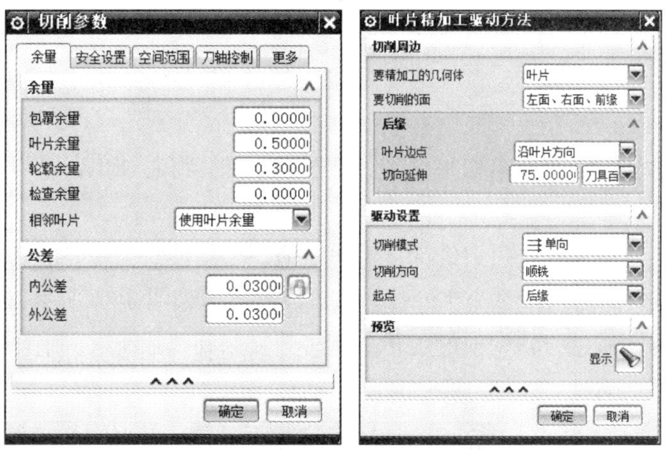

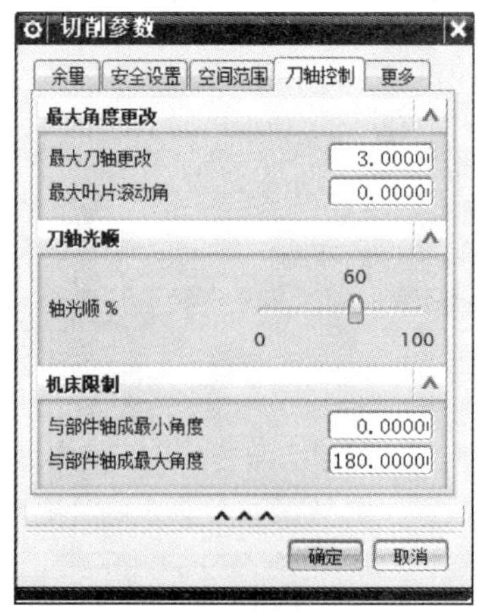

图 3-82　流道、叶片半精加工参数设置

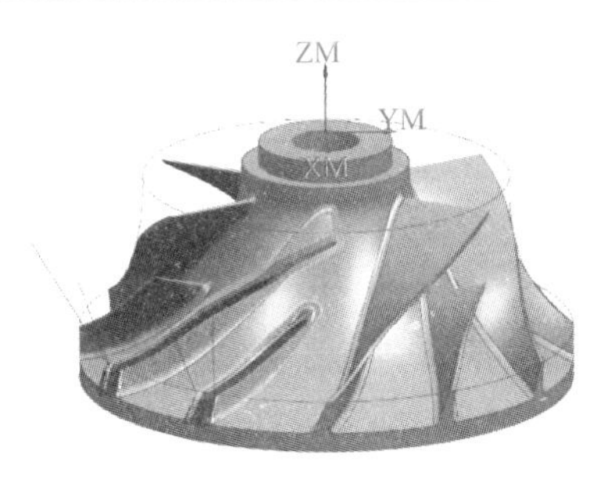

图 3-83　叶片半精加工刀轨和仿真结果

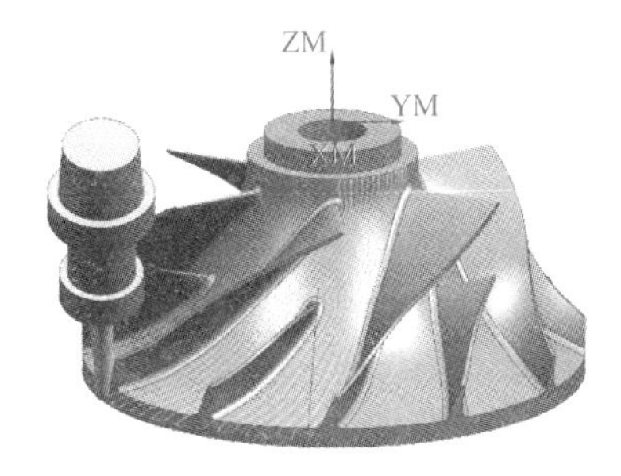

图 3-84　流道半精加工刀轨和仿真结果

4）流道和叶片精加工

由于该叶轮叶片曲面不是直纹曲面，所以叶片精加工要得到较好的效果，则必须使用点铣，即使用刀具的球头刃以很小的深度进行切削，流道曲面同样需要采用较小的行距。切削参数设置基本和半精加工一致，叶片曲面的切削深度设为 0.3mm，流道曲面行距设为 0.5mm，叶片流道余量设为 0mm。刀轨及仿真结果如图 3-85 和图 3-86 所示。

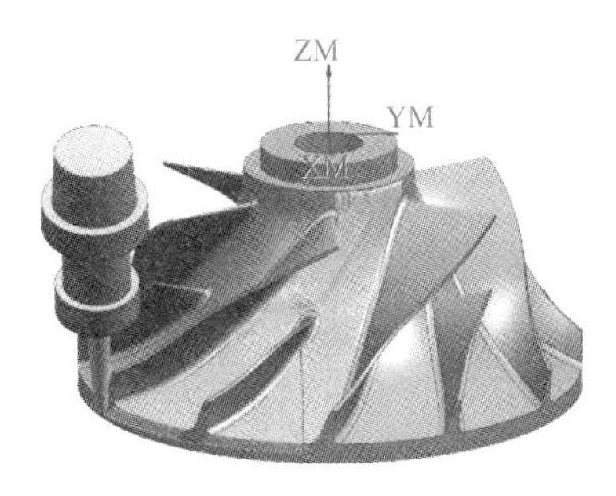

图 3-85　流道精加工刀轨和仿真结果

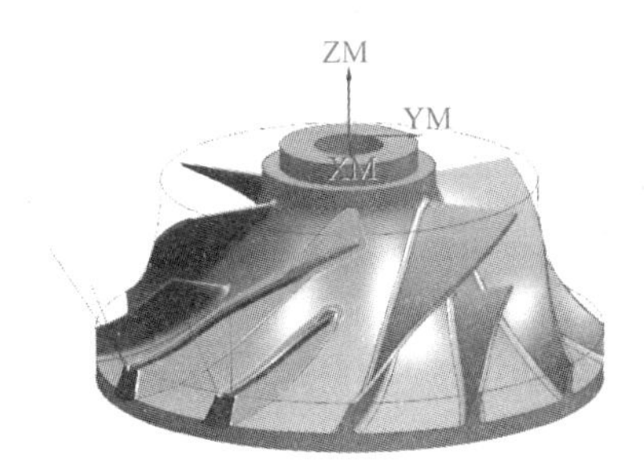

图 3-86　叶片精加工刀轨和仿真结果

5）后处理

编制完成的整体叶轮刀轨文件，通过后处理就可以生成相应的数控程序。图 3-87 为后处理界面，图 3-88 为生成的部分数控程序。

6）机床仿真

整体叶轮类零件，加工复杂，精度要求高，加工周期也比较长。为了保证首件合格，一般应对其加工过程进行仿真，以减少试切时间，防止加工过程中的过切、干涉与碰撞。

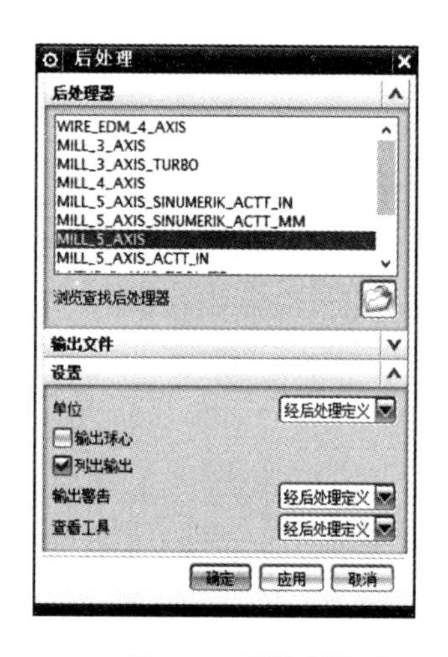

图3-87　后处理界面

```
N101 X-123.798 Y-133.684 Z-88.121 A24.443 C84.59
N111 X-120.888 Y-134.496 Z-86.699 A24.723 C84.192
N121 X-119.194 Y-134.926 Z-85.875 A24.89 C83.969
N131 X-118.142 Y-135.178 Z-85.364 A24.996 C83.83
N141 X-115.108 Y-136.263 Z-83.412 A25.479 C83.354
N151 X-111.548 Y-138.103 Z-80.706 A26.147 C82.533
N161 X-108.02 Y-139.846 Z-77.836 A26.882 C81.725
N171 X-104.695 Y-141.268 Z-74.992 A27.642 C81.038
N181 X-102.769 Y-141.98 Z-73.275 A28.117 C80.69
N191 X-100.434 Y-142.744 Z-71.104 A28.733 C80.3
N201 X-97.596 Y-143.501 Z-68.325 A29.548 C79.899
N211 X-94.952 Y-144.019 Z-65.569 A30.385 C79.611
N221 X-92.572 Y-144.223 Z-62.952 A31.214 C79.469
N231 X-90.27 Y-144.344 Z-60.235 A32.091 C79.354
```

图3-88　叶轮部分数控程序

复习思考题

3-1　数控车床编程有哪些特点？试举例说明刀具半径补偿功能的应用。

3-2　数控铣削适用于哪些加工场合？应如何选择数控铣削刀具？

3-3　说出 G92 与 G54～G59 指令的区别。

3-4　什么是加工中心？加工中心可分为哪几类？其主要特点有哪些？

3-5　加工中心的编程与数控铣床的编程主要有何区别？

3-6　数控线切割加工的特点是什么？主要加工哪一类零件？

3-7　车铣复合机床加工的特点是什么？主要加工哪一类零件？

3-8　试编制题 3-8 图所示零件的数控车削加工程序，数控系统为 FANUC 0T 或 FAN UC 6T。

3-9　试编制题 3-9 图所示零件外轮廓加工的数控铣削加工程序，数控系统为 FANUC 0M 或 FANUC 6M，板厚为 25mm。

3-10　试编制题 3-10 图所示的零件在加工中心上加工的数控加工程序。数控系统为 FANUC 6MB 系统，加工内容为各孔和外轮廓，题 3-10 图（b）、（c）为对称零件。

3-11　用 ISO 格式编制题 3-11 图所示凹模的线切割程序，电极丝为 ϕ0.2mm 的铜丝，单边放电间隙为 0.01mm。

3-12　采用宏程序编程方法编制题 3-12 图所示孔的加工程序，编程零点设在分布圆的中心。

3-13　基于 UG NX10 完成叶轮零件的编程。

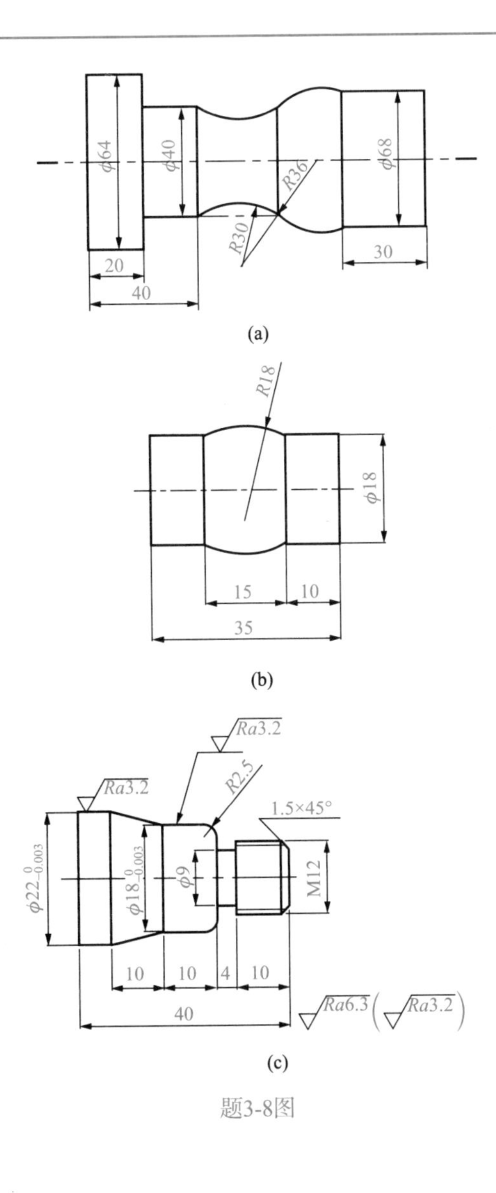
φ64
φ40
φ68
R36
R30
20
40
30
(a)
R18
φ18
15
10
35
(b)
Ra3.2
Ra3.2
R2.5
1.5×45°
φ22$^{0}_{-0.003}$
φ18$^{0}_{-0.003}$
φ9
M12
10
10
4
10
40
Ra6.3 (Ra3.2)
(c)

题3-8图

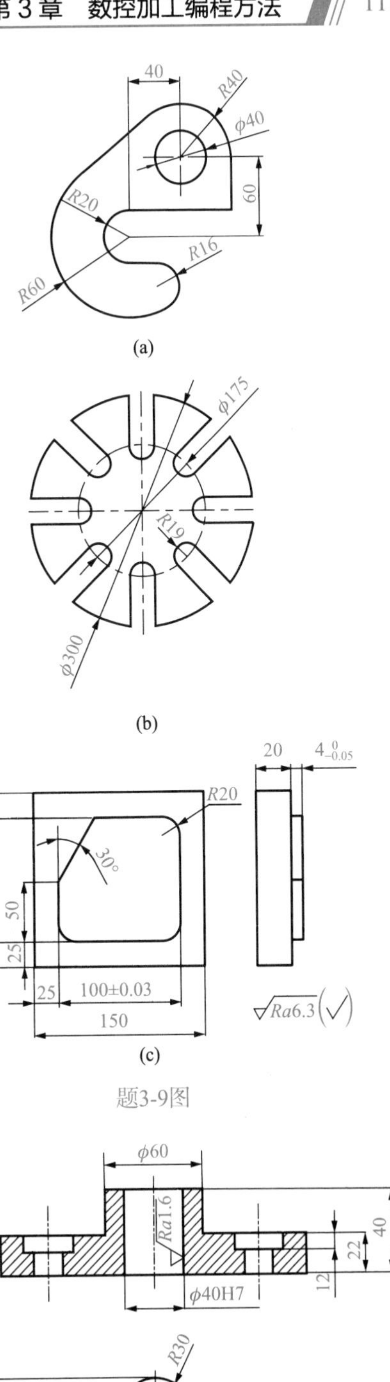
40
R40
φ40
60
R20
R16
R60
(a)
φ175
R19
φ300
(b)
20
4$^{0}_{-0.05}$
R20
30°
150
100±0.03
50
25
25
100±0.03
150
Ra6.3 (√)
(c)

题3-9图

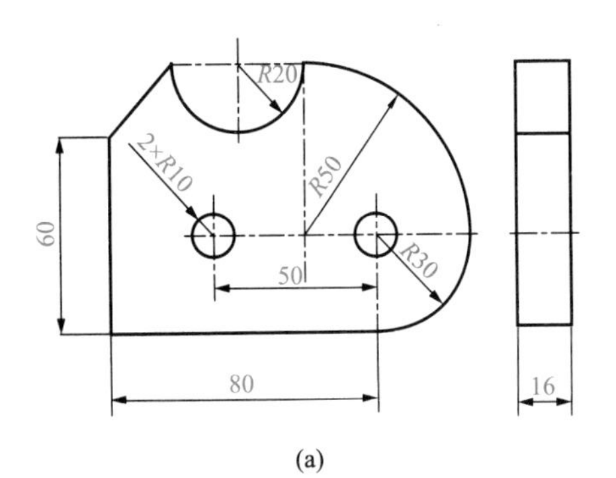
R20
2×R10
R50
60
50
R30
80
16
(a)

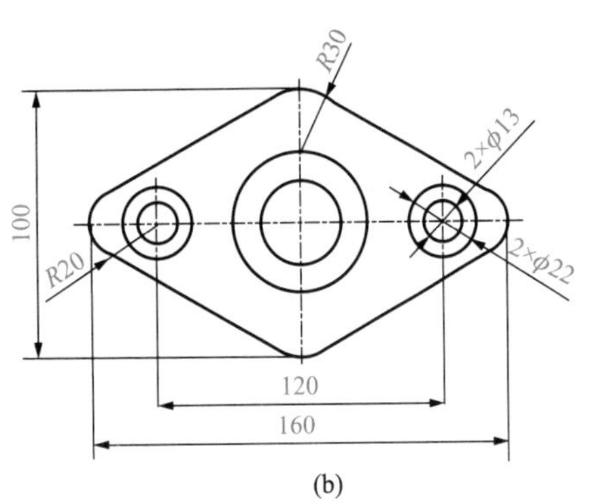
φ60
Ra1.6
40
22
12
φ40H7
R30
2×φ13
100
R20
2×φ22
120
160
(b)

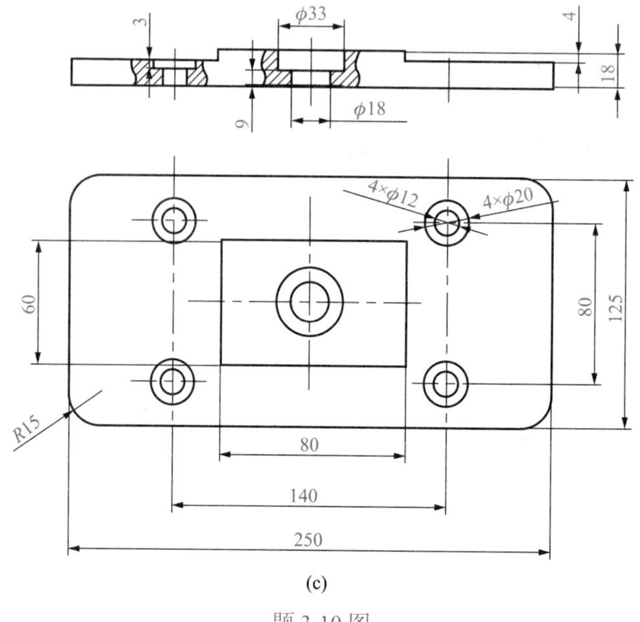

(c)

题 3-10 图

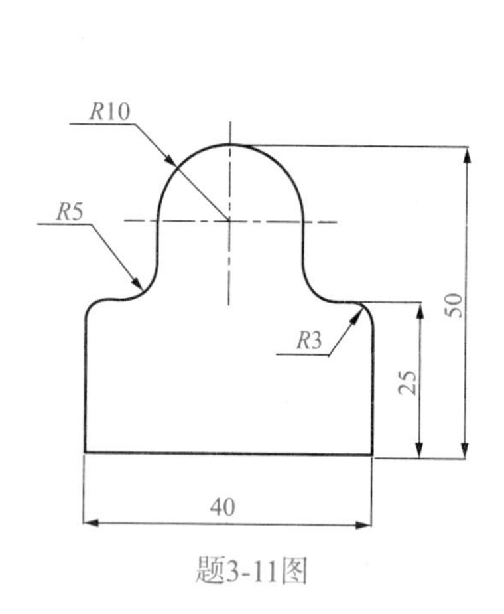

题3-11图

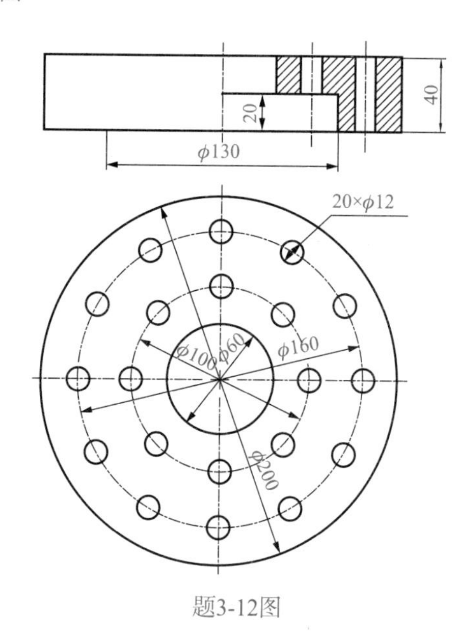

题3-12图

第4章 计算机数控装置

4.1 概　　述

计算机数控(CNC)装置主要由硬件和软件两大部分组成，它是在早期的硬件数控(NC)基础上发展起来的。CNC 装置通过数据输入、数据存储、译码处理、插补运算和信息输出，控制数控机床的执行部件运动，实现零件的加工。读者可扫描二维码，观看相关视频。

此外，现代数控装置采用 PLC 取代了传统的机床电气逻辑控制装置，利用 PLC 的逻辑运算功能实现主轴的正转、反转与启停，刀具更换工件的夹紧与松开，切削液的开关以及润滑系统的运行等各种开关量的控制。

4.2 计算机数控装置的硬件结构

20 世纪 70 年代中期，数控装置开始采用大规模集成电路的小型计算机作为硬件，取代先前的以中小规模集成电路为基础的硬件数控，这标志着数控技术由硬件数控进入了 CNC 时代。CNC 的出现使机床数控装置的体积大大缩小，功能更强，可靠性大幅提高。后来，随着微处理器的诞生，出现了以微处理器为基础的 CNC 系统，如日本的 FANUC 和德国的 SIEMENS 联合研制的 FANUC7 系列，之后又出现了采用 Intel 8086 CPU 的 FANUC 3/6 系列。

随着计算机技术的发展以及用户对 CNC 功能要求的不断提高，CNC 的硬件结构也从单 CPU 结构发展到多 CPU 结构，并出现了以个人计算机为基础的开放式 CNC 结构。下面将介绍几种典型的 CNC 装置的结构。

4.2.1 单微处理器结构

单微处理器结构是指整个数控装置中只有一个微处理器，对存储、插补运算、输入/输出控制、CRT 显示等功能进行集中控制和分时处理。该微处理器通过总线与存储器、输入/输出接口及其他接口相连，构成整个 CNC 系统，其结构框图如图 4-1 所示。早期的 CNC 系统和当前的一些经济型 CNC 系统采用单微处理器结构。

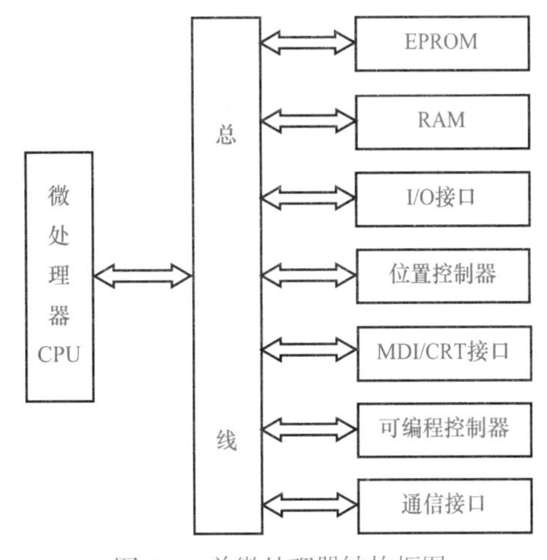

图 4-1　单微处理器结构框图

1) 微处理器

微处理器是 CNC 装置的中央处理单元，由运算器和控制器两部分组成，能实现数控系统的数字运算和管理控制。运算器对数据进行算术运算和逻辑运算，在运算过程中，运算器不断地从存储器中读取数据，并将运算结果送回存储器保存起来。通过对运算结果的判断，设置寄存器的相应状态（进位、奇偶和溢出等）。控制器则从存储器中依次取出程序指令，经过译码后向数控系统的各部分按顺序发出执行操作的控制信号，以执行指令。控制器一方面向各个部件发出执行任务的指令，另一方面接收执行部件发回的反馈信息。控制器根据程序中的指令信息和反馈信息，决定下一步的指令操作。

目前，CNC 装置中常用的有 8 位、16 位、32 位和 64 位的微处理器，可以根据机床实时控制和处理速度的要求，按字长、数据宽度、寻址能力、运算速度及计算机技术发展的最新成果选用适当的微处理器。

2）总线

在单微处理器的 CNC 系统中常采用总线结构。总线一般可分为数据总线、地址总线和控制总线。数据总线为各部分之间传送数据，数据总线的位数和传送的数据宽度相等，采用双方向线。地址总线传送的是地址信号，与数据总线结合使用，以确定数据总线上传输的数据来源或目的地，采用单方向线。控制总线传送的是一些控制信号，如数据传输的读写控制、中断复位及各种确认信号，采用单方向线。

3）存储器

CNC 装置的存储器包括只读存储器（ROM）和随机存储器（RAM）两类。ROM 一般采用可擦除的只读存储器（EPROM），存储器的内容由 CNC 装置的生产厂家固化写入，即使断电，EPROM 中的信息也不会丢失。EPROM 中的内容也可以通过用紫外线抹除之后重新写入的方法改变。RAM 中的内容可以随时被 CPU 读或写，但是断电后，RAM 信息也随之消失。如果需要断电后保留信息，一般需采用后备电池。

4）输入/输出接口

CNC 装置和机床之间的信号传输是通过输入/输出（I/O）接口电路来完成的。信号经输入接口电路送至系统寄存器的某一位，CPU 定时读取寄存器状态，经数据滤波后进行相应处理。同时 CPU 定时向输出接口送出相应的控制信号。一般在接口电路中采用光电耦合器或继电器将 CNC 装置和机床之间的信号进行电气隔离，防止干扰信号引起误动作。

5）位置控制器

数控机床的主运动包括主轴转动和各坐标轴的进给运动。CNC 装置中的位置控制器主要控制数控机床的进给运动的坐标轴位置，不仅对单个轴的运动和位置的精度有严格要求，在多轴联动时，还要求各坐标轴有很好的动态配合。对于主轴运动的控制，要求在很宽的范围内速度连续可调，并且每一种速度下均能提供足够的功率和扭矩。在某些高性能的 CNC 机床上还要求能实现主轴的定向准停，也就是主轴在某一给定角度位置停止转动。

6）MDI/CRT 接口

MDI 接口是通过操作面板上的键盘，手动输入数据的接口。CRT 接口则在 CNC 软件配合下，将字符和图形显示在显示器上。显示器一般是阴极射线管（CRT），也可以是平板式液晶显示器（LCD），一些先进的数控系统提供了触摸屏接口。

7）可编程控制器

可编程控制器（PLC）用来实现各种开关量（S、M、T）的控制，如主轴正反转及停止、刀具交换、工件的夹紧及松开、切削液的开与关、润滑系统的运行、机床报警处理等。

8）通信接口

通信接口用来与外部设备进行信息传输，如与上位计算机或直接数字控制器（DNC）等进行数字通信，一般采用 RS232C 和 RS422/485 串口。现在，许多数控系统都提供方便实用的 USB 接口。

单微处理器结构的 CPU 通过总线与各个控制单元相连，完成信息交换，结构比较简单，但是由于只用一个微处理器来集中控制，CNC 的功能和性能受到微处理器字长、寻址功能和运算速度等因素的限制。

4.2.2　多微处理器结构

多微处理器结构的数控装置中有两个或两个以上微处理器。多微处理器 CNC 装置的功能和单微处理器结构一样，包括存储器、插补、位置控制、输入/输出、PLC 等，不过多微处理器结构采用模块化技术，将每个功能进行模块化。一般包括 CNC 管理模块、CNC 插补模块、位置控制模块、存储器模块、自动编程模块、操作面板显示模块、主轴控制模块以及 PLC 功能模块。并不是每个模块都有一个微处理器，把带有 CPU 的称为主模块，而不带 CPU 的则称为从模块(如各种 RAM、ROM、I/O 接口等)。

多微处理器 CNC 装置在结构上可分为共享总线型和共享存储器型，通过共享总线或共享存储器，来实现各模块之间的互联和通信。

1) 共享总线结构

多微处理器结构的数控装置在共享总线型的结构中，所有主、从模块都插在配有总线插座的机柜内，共享标准的系统总线。系统总线的作用是把各个模块有效地连接在一起，按照标准协议交换各种数据和控制信息，实现各种预定的功能，如图 4-2 所示。

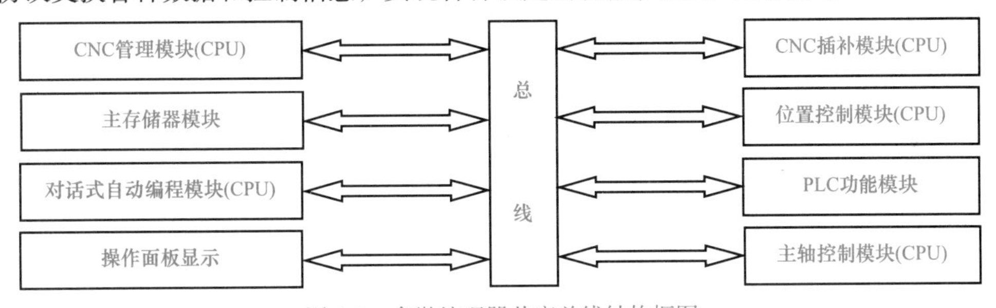

图 4-2　多微处理器共享总线结构框图

在共享总线结构中，只有主模块有权控制使用系统总线。但由于主模块不止一个，多个主模块可能会同时请求使用总线，而某一时刻只能由一个主模块占有总线。为此，系统设有总线仲裁电路。按照每个主模块负担的任务的重要程度，预先安排各自的优先级别顺序。总线仲裁电路在多个主模块争用总线而发生冲突时，能够判别出发生冲突的各个主模块的优先级别的高低，最后决定由优先级高的主模块优先使用总线。

共享总线结构中由于多个主模块共享总线，易引起冲突，使数据传输效率降低，总线一旦出现故障，会影响整个 CNC 装置的性能。但由于其具有系统配置灵活、实现容易等优点而被广泛采用。

2) 共享存储器结构

在共享存储器结构中，所有主模块共享存储器。通常采用多端口存储器来实现各微处理器之间的连接与信息交换，每个端口都配有数据线、地址线和控制线，供独立的 CPU 或控制器访问。同样，访问冲突可设计多端口控制逻辑电路来解决，其结构框图如图 4-3 所示。

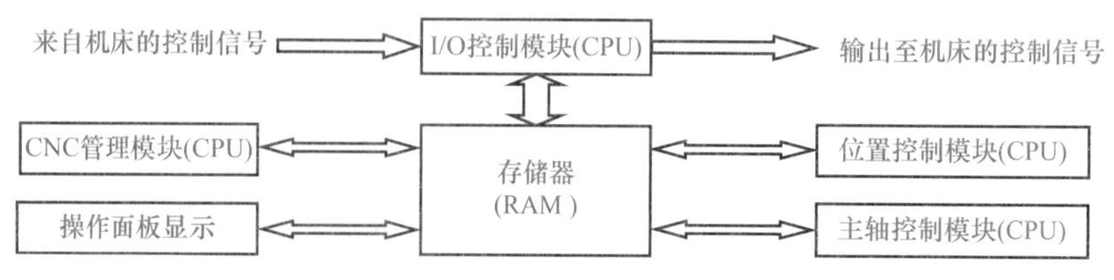

图 4-3 多微处理器共享存储器结构框图

在共享存储器结构中，各个主模块都有权控制使用存储器。即便多个主模块同时请求使用存储器，只要存储器容量有空闲，一般不会发生冲突。在各模块请求使用存储器时，由多端口的控制逻辑电路来控制。

共享存储器结构中多个主模块共享存储器时，引起冲突的可能性较小，数据传输效率较高，结构也不复杂，所以也被广泛采用。

4.2.3 开放式数控系统

前述的数控系统是由厂商专门设计和制造的，其特点是专用性强，布局合理，是一种专用的封闭系统，但是没有通用性，硬件之间彼此不能交换。各个厂家的产品之间不能互换，与通用计算机不能兼容，并且维修、升级困难，费用较高。

虽然专用封闭式数控系统在很长时期内占领了国际市场，但是随着计算机技术的不断发展，以及机械加工精度和速度的不断提高，人们对数控系统提出了更高的要求，要求数控系统的功能不断增强、性能不断改进、成本不断降低，CNC 技术水平要与计算机技术同步发展。显然，传统的封闭式的专用系统是难以适应这种需求的。因此，开放式数控系统的概念应运而生，国内外正在大力研究开发开放式数控系统，有的已经进入实用阶段。

开放式数控系统是一种模块化的、可重构的、可扩充的通用数控系统，它以工业 PC 作为 CNC 装置的支撑平台，再由各专业数控厂商根据需要装入自己的控制卡和数控软件构成相应的 CNC 装置。由于工业 PC 大批量生产，成本很低，因而也就降低了 CNC 系统的成本，同时工业 PC 维护和升级均很容易。目前比较流行的开放式数控主要有两种结构。

(1) CNC+PC 主板。把一块 PC 主板插入传统的 CNC 机器中，PC 主板主要运行非实时控制，CNC 主要运行以坐标轴运动为主的实时控制。

(2) PC+专业运动控制卡。把专业运动控制卡插入计算机标准插槽中作实时控制用，而 PC 主要用于非实时控制。这种配置能充分发挥计算机处理速度快、人机接口友好的特点，越来越受到机床制造商的欢迎，成为近年来国内开放式数控发展的主流。

开放式数控系统采用系统、子系统和模块的分布式控制结构，各模块相互独立，各模块接口协议明确，可移植性好。根据用户的需要可方便地重构和编辑，实现一个系统的多种用途。

以工业 PC 为基础的开放式数控系统，很容易实现多轴、多通道控制，利用 Windows 工作平台，实现三维实体图形显示和自动编程相当容易。开发工作量大大减少，而且可以实现数控系统在三个不同层次上的开放。

(1) CNC 系统的开放。CNC 系统可以直接运行各种应用软件，如工厂管理软件、车间控制软件、图形交互编程软件、刀具轨迹校验软件、办公自动化软件、多媒体软件等，这大大改善了 CNC 的图形显示、动态仿真、编程和诊断功能。

(2)用户操作界面的开放。用户操作界面的开放使 CNC 系统具有更加友好的用户接口，有的甚至还具备远程诊断的功能。

(3) CNC 内核的深层次开放。通过编译循环，用户可以把自己用 C 或 C++语言开发的应用软件加到标准 CNC 的内核中。CNC 内核系统提供已定义的出口点，用户把自己的软件连接到这些出口点，通过编译循环，将其知识、经验、诀窍等专用工艺集成到 CNC 系统中，形成独具特色的个性化数控机床。

通过以上三个层次的开放，能满足机床制造厂商和用户的种种需求，使用户十分方便地把 CNC 应用到几乎所有场合。

4.2.4　嵌入式数控系统

随着嵌入式处理器的广泛使用，数控装置中也采用了嵌入式微处理器，这种数控系统在市场上称为嵌入式数控系统。采用嵌入式处理器的数控装置和先前的数控装置在功能上相似，不过嵌入式处理器强大的计算能力和扩展能力使得嵌入式数控系统的计算速度更快，与外界的接口也更丰富。图 4-4 为嵌入式数控系统的结构框图。读者可扫描二维码，观看相关视频。

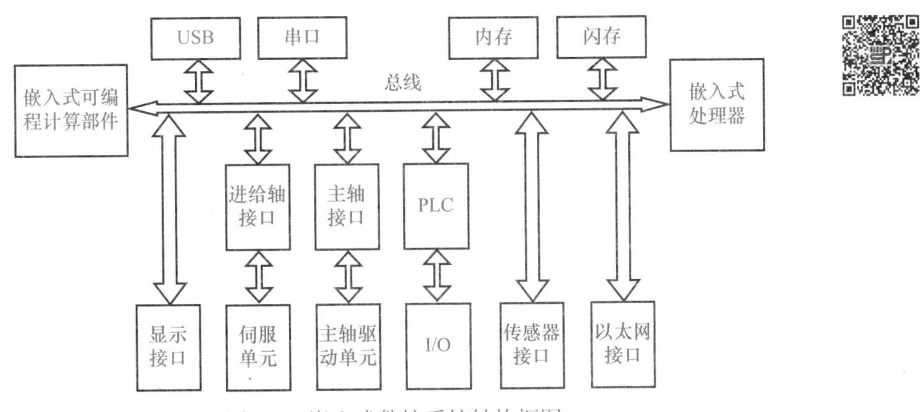

图 4-4　嵌入式数控系统结构框图

嵌入式处理器是整个系统运算和控制中心，种类很多，比较常用的有 ARM、嵌入式 X86、MCU 等。其中，ARM (advanced RISC machines) 处理器是一款 RISC (reduced instruction set computer，精简指令集计算机) 微处理器。ARM 公司是全球领先的半导体知识产权 (intellectual property, IP) 提供商，该公司将处理器技术授权给半导体生产商，由他们根据目标应用领域，添加相应的外围电路，最终形成出现在市场上的各种型号的 ARM 处理器芯片。ARM 具有处理能力强、稳定性好、功耗低、成本低、16/32 位双指令集、开发资源丰富、第三方支持软件众多等特点，广泛应用于嵌入式控制、智能手机、平板电脑、工控设备、仪器仪表等领域。嵌入式处理器中集成了 LCD 控制器，提供了与液晶显示器的接口，通过这个接口可以直接驱动液晶显示屏。嵌入式处理器中还集成了 USB 客户端控制器，方便实现 USB 客户端接口。嵌入式处理器中的以太网模块还可以实现数控系统的联网功能。

可编程计算部件是指现场可编程门阵列 (field-programmable gate array, FPGA)、复杂可编程逻辑器件 (complex programmable logic device, CPLD)、数字信号处理器 (digital signal processor, DSP) 等可编程计算资源。CPLD 与 FPGA 都可集成成千上万的数字逻辑电路，内部有丰富的触发器和 I/O 引脚，其硬件结构设计采用原理图、硬件描述语言等软件编程方法实现，因此比纯硬件的数字电路具有更强的灵活性。相比较而言，CPLD 更适合于复杂的组合逻辑，而 FPGA 更适合于完成时序较多的逻辑电路。CPLD 采用的是 EEPROM 或者 Flash 工艺，所以其内部配置掉电后不丢失；而 FPGA 采用的是 SRAM 工艺，内部配置掉电后丢失，因此需要额外的外部芯片或电路用于上电后重新配置。DSP 具有高速运算能力、流水线技术和改进的哈佛总线结构等特点，可以有效地提高数控系统的动态和静态品质，如频率特性、移动速度、跟随精度和定位精度。

图 4-5 为基于 ARM 和 DSP 的嵌入式数控系统硬件设计方案。该系统采用主从式多微处理器结构形式，通过共享总线实现各微处理器之间的互联和通信。主控 CPU 控制和访问系统总线，通过总线对从控 CPU 进行控制、监视和协调。系统各硬件模块介绍如下。

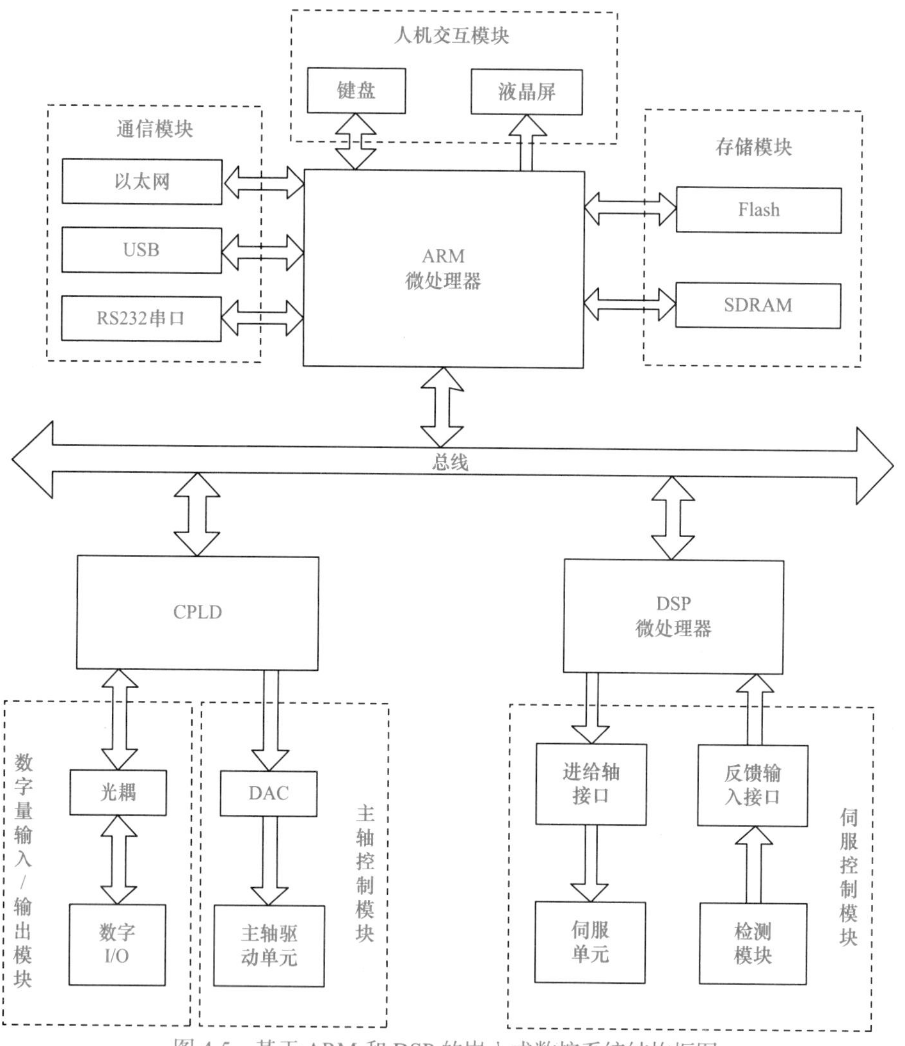

图 4-5　基于 ARM 和 DSP 的嵌入式数控系统结构框图

1）控制器模块

主控 CPU 为 ARM 微处理器，用于多任务调度和资源管理，配有多种接口，实现文件管理、用户交互、网络通信等功能。主控 CPU 通过接收指令输入，对程序段进行译码，通过总线将相关加工数据发送给从控 CPU。

从控 CPU 为 DSP 微处理器，处理实时加工数据，完成高速插补运算和位置控制，保证插补算法等运动控制的实时性。

图 4-5 中的 CPLD 采用软件编程实现其内部逻辑，把一些复杂的算法用硬件电路来构建，

可以实现较大规模的数字集成电路。在嵌入式系统中，广泛采用 CPLD 来代替 PLC，实现数字输入/输出逻辑控制。

2) 伺服控制模块

基于数控系统插补控制算法，DSP 输出伺服电机控制信号，通过进给伺服驱动装置驱动进给电机。同时通过检测装置得到进给轴的当前位置和转速，反馈给 DSP 中的位置控制器，实现进给伺服系统的闭环控制。

在数控系统中，如果进给轴采用全数字式控制，则插补脉冲的输出和位置反馈脉冲的输入可采用差分信号传输，从而增强系统的抗干扰能力。此时进给轴接口和反馈输入接口可采用差分/单端信号转换器来实现信号传输。

3) 主轴控制模块

嵌入式数控系统的主轴转速可以通过数模转换器(DAC)来控制。DAC 输出连续平稳的模拟信号，通过主轴驱动装置控制主轴电机转动，从而实现主轴转速调节。另外，主轴转速控制也可以通过集成在 ARM 中的脉冲宽度调制(pulse width modulation，PWM)定时器，采用 PWM 来实现电机调速。

4) 数字量输入/输出模块

为了防止系统外部线路引入干扰，采用光电隔离的方法输入/输出数字量。光电耦合器的主要优点是能有效地抑制尖脉冲和各种噪声干扰，从而使过程通道上的信噪比大为提高，既可以在内、外部电路之间进行信号传输，同时能有效抑制外部干扰信号进入内部电路中。

5) 存储模块

Flash 存储器存储数控系统软件、加工代码、系统参数、刀补等数据。SDRAM 存储器是系统运行时的主要区域。系统开机后，数控系统程序调入 SDRAM 中运行，以提高系统的运行速度。

6) 人机交互模块

人机交互模块包括液晶显示和键盘输入两个部分。通过 ARM 的液晶屏接口定制数控系统显示功能，显示各种交互界面、加工程序、工作参数以及加工状态。ARM 集成了丰富的串行接口，如 I^{2}C(inter-integrated circuit)、SPI(serial peripheral interface)等，可通过专用串行接口键盘芯片扩展系统键盘输入，实现用户的程序编辑、数据修改以及命令输入等功能。

7) 通信模块

通过 ARM 提供的相应通信接口实现以太网、USB、RS232 串口等通信功能，将用户加工程序、刀补数据、系统参数等数据在数控系统和外部计算机之间进行导入和导出操作。

4.3　计算机数控装置的软件结构

4.3.1　CNC 装置的软件组成

CNC 装置的软件构成如图 4-6 所示，包括管理软件和控制软件两大部分。管理软件主要包括数据输入、I/O 处理、通信、诊断和显示等功能。管理软件不仅要对切削加工过程的各个程序进行调度，还要对面板命令、时钟信号、故障信号等引起的中断进行处理。控制软件包括速度控制、插补控制和位置控制及开关量控制等，控制软件还负责译码、刀具补偿等。读者可扫描二维码，观看相关视频，了解数控装置的软件功能。

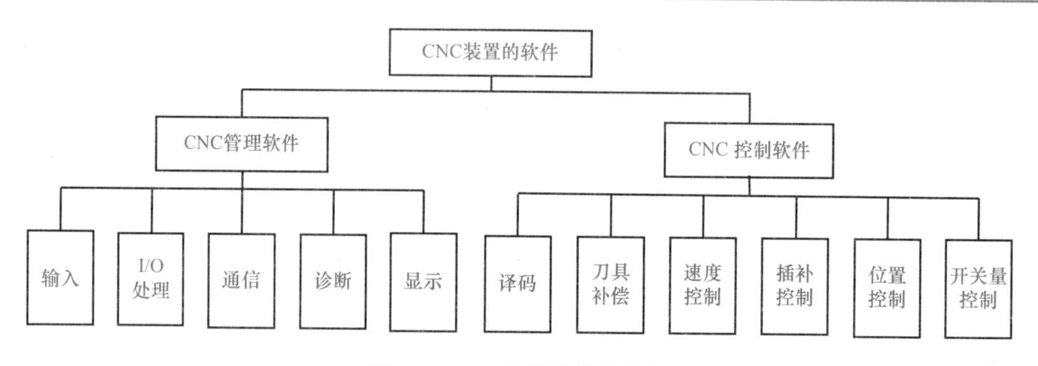

图 4-6 CNC 装置的软件构成

4.3.2 CNC 系统软件的工作过程

CNC 系统是在硬件的支持下执行软件程序的工作过程。下面从输入、译码、数据处理、插补、位置控制、诊断程序方面来简要说明 CNC 工作情况。

1）输入

CNC 系统一般通过键盘、RS232C 接口等方式输入信息，输入的内容包括零件数控加工程序、控制参数和补偿数据。这些输入方式采用中断方式来实现，且每一种输入法均有一个相对应的中断服务程序。其工作过程是先输入零件加工程序，然后将程序存放到缓冲器中，再经缓冲器将程序存储在零件程序存储器单元内。控制参数和补偿数据等可通过键盘输入存放在相应的数据寄存器内。

2）译码

译码以一个程序段为单位对零件数控加工程序进行处理。在译码过程中，首先对程序段的语法进行检查，若发现错误，立即报警。若没有错误，则把程序段中的零件轮廓信息（如起点、终点、直线或圆弧等）、加工速度信息（F 代码）和其他辅助信息（M 代码、S 代码、T 代码等）按照一定的语法规则解释成微处理器能够识别的数据形式，并以一定的数据格式存放在指定存储器的内存单元中。

3）数据处理

数据处理是指刀具补偿和速度控制处理。通常包括刀具长度补偿、刀具半径补偿、反向间隙补偿、丝杠螺距补偿、过象限及进给方向判断、进给速度换算、加减速控制及机床辅助功能处理等。刀具补偿的作用是把零件轮廓轨迹转换成刀具中心轨迹，有的 CNC 装置中，还能实现程序段之间的自动转接和过切判别等。速度控制处理指根据程序中所给的刀具移动速度计算各运动在坐标方向的分速度，保证其不超过机床允许的最低速度和最高速度，如果超出则报警。

4）插补

插补是在一条给定了起点、终点和形状的曲线上进行“数据点的密化”。根据给定的进给速度和曲线形状，计算一个插补周期内各坐标轴进给的长度。数控系统的插补运算是一项精度要求较高、实时性很强的运算。插补精度直接影响工件的加工精度，而插补速度决定了工件的表面粗糙度和加工速度。通常插补分为粗插补和精插补，精插补的插补周期一般取伺服系统的采样周期，而粗插补的插补周期是精插补的插补周期的若干倍。一般的 CNC 装置中，能对直线、圆弧和螺旋线进行插补。一些较专用或高档 CNC 装置还能完成椭圆、抛物线、渐开线等插补工作。

5) 位置控制

位置控制是指在伺服系统的每个采样周期内，将精插补计算出的理论位置与实际反馈位置信息进行比较，将其差值作为伺服调节的输入，经伺服驱动器控制伺服电机。在位置控制中通常还要完成位置回路的增益调整、各坐标的螺距误差补偿和反向间隙补偿，以提高机床的定位精度。

6) 诊断程序

诊断程序包括两部分，一是在系统运行过程中进行的检查与诊断，二是在系统运行前或故障发生停机后进行的诊断。诊断程序一方面可以防止故障的发生，另一方面在故障出现后，可以帮助用户迅速查明故障的类型和发生部位。

4.3.3　CNC 系统的软件结构

CNC 系统是一个实时多任务系统，由于 CNC 装置本身就是一台计算机，所以在 CNC 系统的控制软件设计中，采用了许多计算机软件结构设计的思想和技术。这里主要介绍多任务并行处理、前后台型软件结构、中断型软件结构、开放式数控系统软件结构以及多通道软件结构和基于实时多任务操作系统的嵌入式数控系统软件结构。

1) 多任务并行处理

在多数情况下，CNC 装置进行数控加工时，要完成多种任务。管理软件和控制软件的某些工作必须同时进行。例如，为使操作人员能及时了解 CNC 装置的工作状态，管理软件中的显示模块必须与控制软件中其他模块同时运行。当插补加工运行时，管理软件中的零件程序输入模块必须与控制软件中的相关模块同时运行。可见，数控加工是个多任务并行的过程，数控加工的多任务可以采用并行处理的方式来实现。

并行处理方法可分为资源共享和时间重叠两种方法。资源共享是根据“分时共享”的原则，使多个用户按时间顺序使用同一设备。时间重叠是根据流水线处理技术，使多个处理过程在时间上相互错开，轮流使用同一设备的几个部分。

图 4-7 为各模块间多任务的并行处理。图中双箭头表示两个模块之间存在并行处理关系。

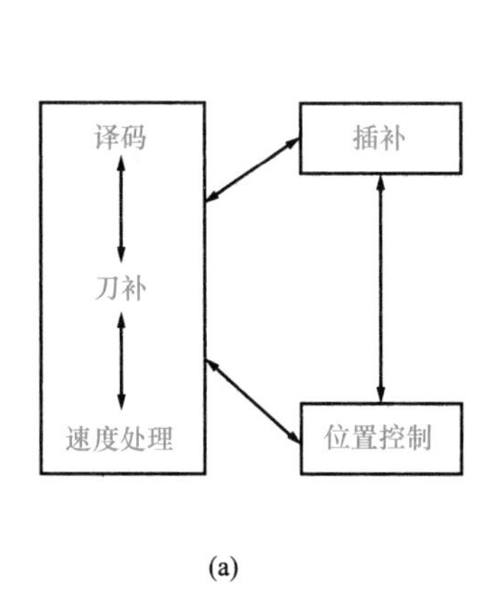

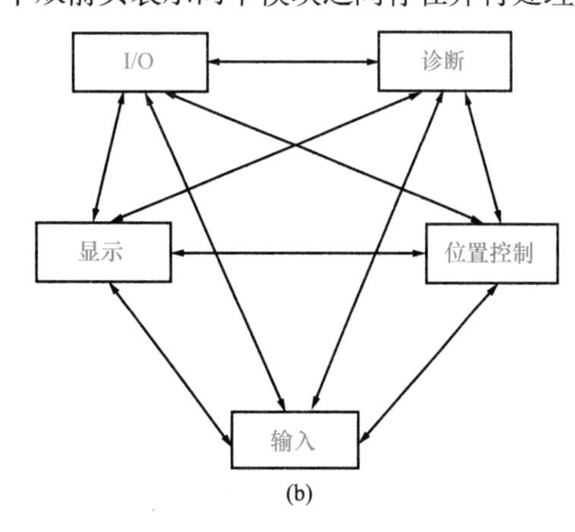

图 4-7　任务的并行处理

2) 前后台型软件结构

前后台型软件结构适合于单微处理器 CNC 装置。在这种软件结构中，前台程序是一个实时中断服务程序，承担了与机床动作直接相关的实时功能，如插补、位置控制、机床相关逻辑和监控等。后台程序是一个循环执行程序，承担一些对实时性要求不高的功能，如输入、译码、数据处理等插补准备工作，管理程序一般也在后台运行。在后台程序循环运行的过程中，前台的实时中断程序不断地定时插入，两者密切配合，共同完成零件的加工任务。如图 4-8 所示，程序一经启动，经过一段初始化程序后便进入后台程序循环。同时开放定时中断，每隔一定时间间隔发生一次中断，执行一次实时中断服务程序，执行完毕后返回后台程序，如此循环往复，完成数控加工的全部功能。

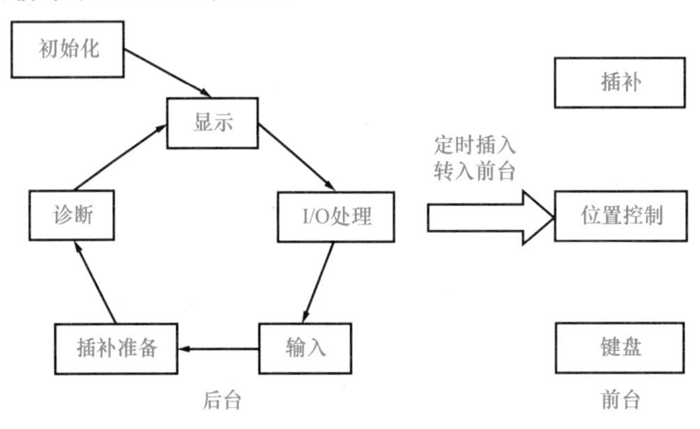

图 4-8 前后台型软件结构

3) 中断型软件结构

中断型软件结构没有前后台之分，整个软件是一个大的中断系统，整个系统软件的各种功能模块分别安排在不同级别的中断程序中。在执行完初始化程序之后，系统通过响应不同的中断来执行相应的中断处理程序，完成数控加工的各种功能。其管理功能主要通过各级中断服务程序之间的相互通信来解决。

4) 开放式数控系统软件结构

开放式数控系统充分发挥了 PC 软件资源丰富和处理数据速度快的优点，吸收了 CAD/CAM 的特点，在利用造型软件生成零件图后，将图形的格式文件转化为数控加工 G 代码，然后将 G 代码解释为板卡的运动控制参数，最后通过调用运动函数库内的插补函数，达到机床控制的目的。

5) 多通道软件结构

多通道数控系统是指在同一时间段内可以同时在多个不同的通道中运行不同程序段的数控系统。如图 4-9 所示，多个通道分别独立地进行数控系统的加工控制，例如，双主轴双刀架数控车床可以同时在两个通道中运行各自的程序段进行不同的加工操作。这两个通道中零件加工程序的运行互不干涉，可以将双主轴双刀架数控车床简单理解为是由两个单通道数控机

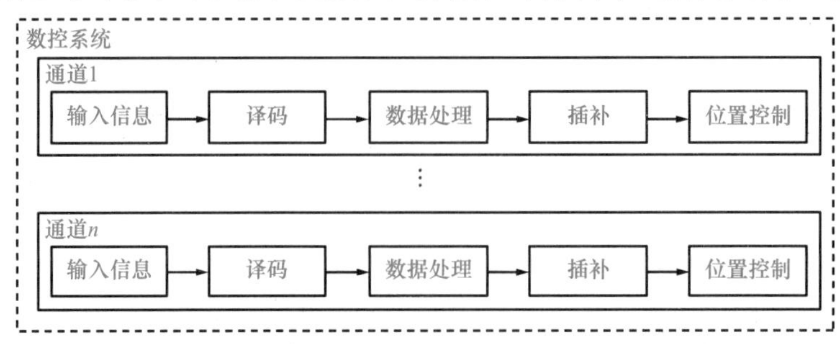

图 4-9 多通道软件结构的数控系统加工过程

床组成的，只不过在同一个数控系统中进行管理控制。而单通道在一个时间段内只能运行一个数控加工程序。通道与轴的关系是多对多的，即一个通道可以控制多个轴的运行，同一个轴也可以被不同的通道所控制，但是在某一时间段，一个轴只能唯一地被一个通道所控制。

多通道控制技术可以使用户同时指定多个程序，并可以在多个程序之间进行信息交换，实现多任务的复杂控制。

6)基于实时多任务操作系统的嵌入式数控系统软件结构

近年来，随着嵌入式系统硬软件技术的快速发展，数控系统逐渐采用基于实时多任务操作系统的嵌入式数控系统，以简化系统结构，便于开发和调试。这类数控系统的软件结构如图 4-10 所示，可以分为系统平台和应用软件两大部分。系统平台包括计算机硬件和实时多任务操作系统，以及数控实时模块。应用软件包括一般的应用程序接口，可以和 CAD/CAM 系统或其他的应用程序相连。还有实时应用程序接口(real time API，RTAPI)模块和数控应用程序接口(NCAPI)模块。

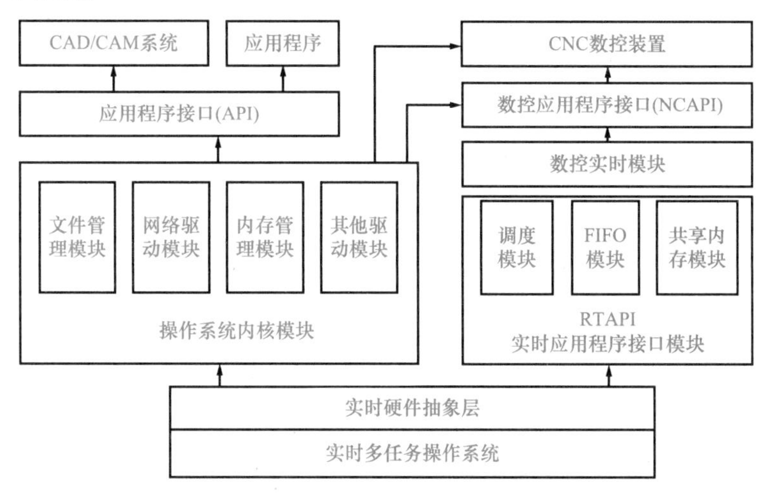

图 4-10 嵌入式数控系统软件结构

数控实时模块除 PLC 之外的部分是不对外开放的,用户可以通过 NCAPI 使用底层的功能。底层模块完成插补任务、PLC 任务、位置控制任务、伺服任务以及公用数据区管理。实时应用软件通过共享内存、FIFO(first input first output)和中断与底层模块进行数据交换。

数控应用软件负责零件程序的编辑、解释，参数的设置，PLC 的状态显示，MDI 及故障显示、加工轨迹、加工程序行的显示等，数控应用软件开发接口是针对不同的机床和不同的要求而提供的通用接口函数，在此之上可以方便地开发出具体的数控系统。统一的 API 保证系统的可移植性和模块的互换性；系统开发集成环境中的配置功能可以通过配置不同的软件模块实现系统性能的伸缩性，系统性能的伸缩性则通过更换系统硬件得以保证。

4.4 数控机床的可编程控制器

4.4.1 数控机床中可编程控制器实现的功能

在数控机床中，利用可编程控制器的逻辑运算功能可实现各种开关量的控制，专门用于数控机床的 PLC 又称为 PMC(programmable machine controller，可编程机床控制器)。读者可扫描二维码，观看相关视频。

现代数控机床通常采用PLC完成如下功能。

1) M、S、T功能

M、S、T功能可以由数控加工程序，或在机床的操作面板上进行控制。PLC根据不同的M功能，可控制主轴的正转、反转和停止，主轴准停，冷却液的开、关，卡盘的夹紧、松开，以及换刀机械手的换刀动作等。S功能在PLC中可以用四位代码直接指定转速。CNC送出S代码值到PLC，PLC将十进制数转换为二进制数后送到DAC，转换成相对应的输出电压，作为转速指令来控制主轴的转速。数控机床通过程序指令T控制PLC进行刀库管理和刀具的自动交换。

2) 机床外部开关量信号控制功能

数控机床有各类控制开关、行程开关、接近开关、压力开关和温控开关等，将各开关量信号送入PLC，经逻辑运算后，输出给控制对象。

3) 输出信号控制功能

PLC 输出的信号经强电柜中的继电器、接触器，通过机床侧的液压或气动电磁阀，对刀库、机械手和回转工作台等装置进行控制，另外还对冷却泵电机、润滑泵电机及电磁制动器等进行控制。

4) 伺服控制功能

通过驱动装置驱动主轴电机、伺服进给电机和刀库电机等。

5) 报警处理功能

PLC 收集强电柜、机床侧和伺服驱动装置的故障信号，将报警标志区中的相应报警标志位置位，数控系统发出报警信号或显示报警文本，以便故障诊断。

6) 其他介质输入装置互联控制

有些数控机床采用U盘读入数控加工程序，通过U盘驱动接口，与数控系统之间进行零件程序、机床参数和刀具补偿等数据的传输。

4.4.2 PLC、CNC与数控机床的关系

根据PLC、CNC装置和数控机床的关系，可将PLC分为内装型PLC和独立型PLC两类。

1) 内装型PLC

内装型PLC从属于CNC装置，PLC与CNC间的信号传送在CNC装置内部实现。PLC与数控机床之间的信号传送则通过CNC输入/输出接口实现，如图4-11所示。

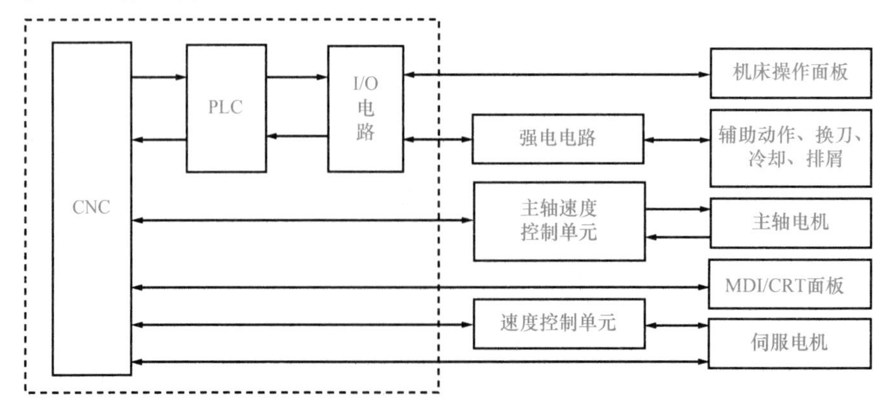

图4-11 内装型PLC、CNC与数控机床的关系

内装型PLC具有以下特点。

(1)内装型 PLC 实际上是 CNC 装置带有的 PLC 功能，一般作为一种基本的功能提供给用户。

(2)内装型 PLC 的性能指标(如输入/输出点数、程序最大步数、每步执行时间、程序扫描时间、功能指令数目等)是根据所从属的 CNC 系统的规格、性能、适用机床的类型等确定的，其硬件和软件部分是被作为 CNC 系统的基本功能或附加功能与 CNC 系统统一设计制造的，PLC 所具有的功能针对性强，技术指标较合理、实用，适用于单台数控机床及加工中心等场合。

(3)内装型 PLC 可与 CNC 共用 CPU，也可单独使用一个 CPU；内装型 PLC 一般单独制成一块附加板，插装到 CNC 主机中。不单独配备 I/O 接口，而是使用 CNC 系统本身的 I/O 接口；PLC 控制部分及部分 I/O 电路所用电源由 CNC 装置提供，不另备电源。

(4)采用内装型 PLC 结构，CNC 系统可以具有梯形图编辑和传送功能等。

2)独立型 PLC

独立型 PLC 独立于 CNC 装置，具有完备的硬件和软件功能，能够独立完成规定控制任务的装置。独立型 PLC 与数控机床的关系如图 4-12 所示。

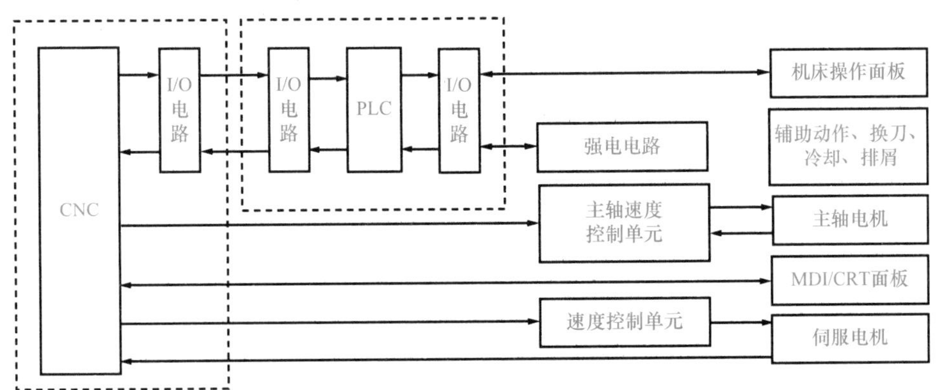

图 4-12　独立型 PLC、CNC 与数控机床的关系

独立型 PLC 具有以下特点。

(1)独立型 PLC 本身是一个完整的计算机系统，具有 CPU、存储器、I/O 接口、通信接口及电源等。

(2)在数控机床的应用中多采用模块化结构，具有安装方便、功能易于扩展和变更等优点。

(3)输入/输出点数可以通过输入/输出模块的增减灵活配置，有的还可通过多个远程终端连接器构成网络，以实现大范围的集中控制。

4.4.3　PLC 在数控机床上的应用举例

数控机床的 PLC 提供了完整的编程语言，利用编程语言，按照不同的控制要求可编制不同的控制程序。梯形图方法是使用最广泛的编程方法，在形式上类似于继电器控制电路图，简单、直观、易读、好懂。

数控机床中的 PLC 编程步骤如下：

(1)确定控制对象；

(2)制作输入/输出信号电路原理图、地址表和 PLC 数据表；

(3)在分析数控机床工作原理或动作顺序的基础上，用流程图、时序图等描述信号与机床运动之间的逻辑顺序关系，设计制作梯形图；

(4)把梯形图转换成指令表的格式，用编程器键盘写入顺序程序，并用仿真装置或模拟台进行调试、修改；

(5)将经过反复调试并确认无误的顺序程序固化到 EPROM 中，并将程序存入 U 盘，同时整理出有关图纸及维修所需的资料。

表 4-1 为 FANUC 系列梯形图中的图形符号。

表 4-1　梯形图中的图形符号

符号	说明	符号	说明
A	PLC 中的继电器触点，A 为常开，B 为常闭	A	PLC 中的定时器触点，A 为常开，B 为常闭
B		B	
A	从 CNC 侧输入信号，A 为常开，B 为常闭		PLC 中的继电器线圈
B			输出到 CNC 侧的继电器线圈
A	从机床侧(包括机床操作面板)输入的信号，A 为常开，B 为常闭		输出到机床侧的继电器线圈
B			PLC 中定时器线圈

下面以数控机床主轴定向控制为例说明 PLC 在数控机床上的应用。

在数控机床上进行加工时，自动交换刀具或精镗孔都要用到主轴定向功能。图 4-13 为主轴定向功能的 PLC 控制梯形图。

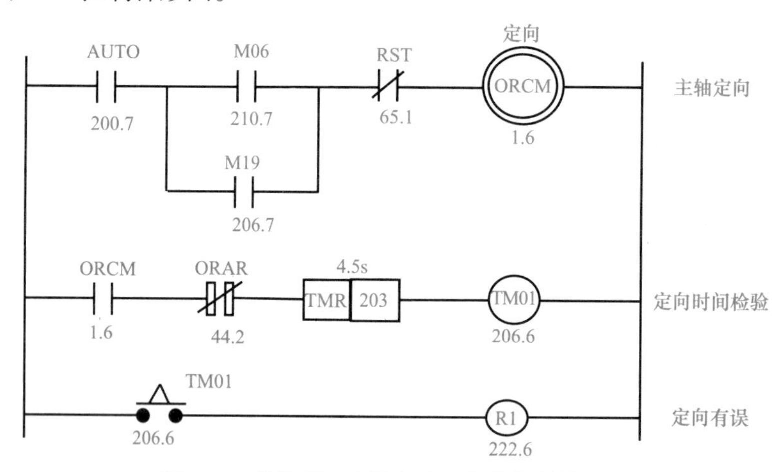

图 4-13　数控机床主轴定向功能的控制梯形图

梯形图 4-13 中 AUTO 为自动工作状态信号，手动时 AUTO 为“0”，自动时为“1”。M06 是换刀指令，M19 是主轴定向指令，这两个信号并联作为主轴定向控制的控制信号；RST 为 CNC 系统的复位信号；ORCM 为主轴定向继电器；ORAR 为从机床输入的定向到位信号。另外，这里还设置了定时器 TMR 功能，来检测主轴定向是否在规定时间内完成。通过手动数据输入(MDI)面板在监视器上设定 4.5s 的延时数据，并存储在第 203 号数据存储单元中。当在 4.5s 内不能完成定向控制时，将发出报警信号。R1 为报警继电器。图中的梯形图符号边的数据表示 PLC 内部存储器的单元地址，如 200.7 表示数据存储器中第 200 号存储单元的第 7 位，这些地址可由 PLC 程序编制人员根据需要来指定。

4.5 典型的 CNC 系统简介

本节将简单介绍在数控机床行业占据主导地位的德国 SIEMENS 公司和日本 FANUC 公司的数控系统性能特点及结构。

4.5.1 SIEMENS 数控系统

SIEMENS 数控系统，以较好的稳定性和较优的性能价格比，在我国数控机床行业被广泛应用。SIEMENS 数控系统的产品类型，主要包括 SINUMERIK 802、808、810、828、840 等系列。读者可扫描二维码，观看相关视频。本节以 SINUMERIK 840D 数控系统为例，介绍其性能特点以及软硬件结构。

1) SINUMERIK 840D 数控系统性能

SINUMERIK 840D 是 SIEMENS 公司 20 世纪 90 年代推出的高性能数控系统。它采用三 CPU 结构：人机通信 CPU(MMC-CPU)、数字控制 CPU(NC-CPU)和可编程逻辑控制器 CPU(PLC-CPU)。三部分在功能上既相互分工，又互为支持。在物理结构上，NC-CPU 和 PLC-CPU 合为一体，合成在 NCU(numerical control unit)中，但在逻辑功能上相互独立。

SINUMERIK 840D 具有以下几个特点。

(1) 数字化驱动。

在 SINUMERIK 840D 中，数控和驱动的接口信号是数字量，通过驱动总线接口，挂接各轴驱动模块。

(2) 轴控规模大。

最多可以配 31 个轴，其中可配 10 个主轴。

(3) 可以实现五轴联动。

SINUMERIK 840D 可以实现 X、Y、Z、A、B_5 轴的联动加工，任何三维空间曲面都能加工。

(4) 操作系统视窗化。

SINUMERIK 840D 采用 Windows 95 作为操作平台，使操作简单、灵活，易掌握。

(5) 软件内容丰富、功能强大。

SINUMERIK 840D 可以实现加工(machine)、参数设置(parameter)、服务(services)、诊断(diagnosis)及安装启动(start-up)等几大软件功能。

(6) 具有远程诊断功能。

如现场用 PC 适配器、MODEM 卡，通过电话线实现 SINUMERIK 840D 与远程 PC 通信，完成修改 PLC 程序和监控机床状态等远程诊断功能。

(7) 保护功能健全。

SINUMERIK 840D 系统软件分为 SIEMENS 服务级、机床制造厂家级、最终用户级等 7 个软件保护等级，使系统更加安全可靠。

(8) 硬件高度集成化。

SINUMERIK 840D 数控系统采用了大量超大规模集成电路，提高了硬件系统的可靠性。

(9) 模块化设计。

SINUMERIK 840D 的软硬件系统根据功能和作用划分为不同的功能模块，使系统连接更加简单。

(10) 内装大容量的 PLC 系统。

SINUMERIK 840D 数控系统内装 PLC 最大可以配 2048 输入和 2048 输出，而且采用了 ProfiBus 现场总线和 MPI 多点接口通信协议，大大减少了现场布线。

(11) PC 化。

SINUMERIK 840D 数控系统是一个基于 PC 的数控系统。

2) SINUMERIK 840D 数控系统硬件结构

SINUMERIK 840D 数控系统硬件组成框图如图 4-14 所示。

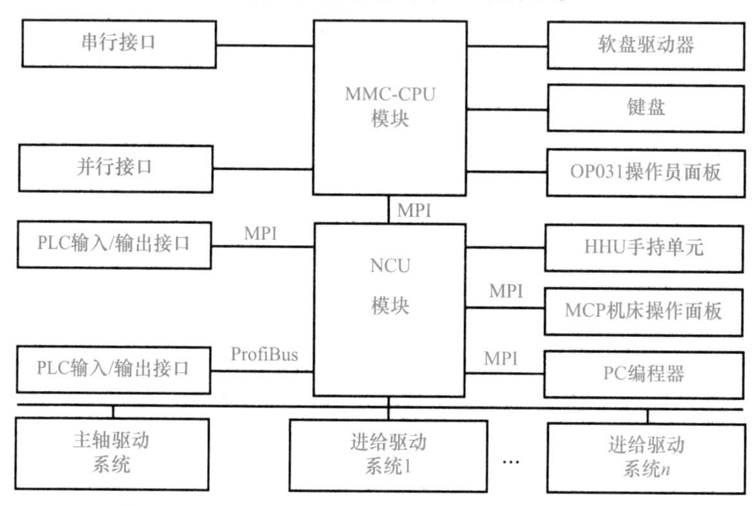

图 4-14 SINUMERIK 840D 数控系统硬件组成框图

下面介绍 SINUMERIK 840D 数控系统主要的功能部件。

(1) 数字控制单元 (NCU)。

NCU 是 SINUMERIK 840D 数控系统的控制中心和信息处理中心，数控系统的直线插补、圆弧插补等轨迹运算和控制、PLC 系统的算术运算和逻辑运算都是由 NCU 完成的。在 SINUMERIK 840D 中，NC-CPU 和 PLC-CPU 采用硬件一体化结构，合成在 NCU 中。

(2) 人机通信中央处理单元 (MMC-CPU)。

MMC-CPU 的主要作用是完成机床与外界及与 PLC-CPU、NC-CPU 之间的通信，内带硬盘，用以存储系统程序、参数等。

(3) 操作员面板 (OP)。

OP 的作用是显示数据及图形，提供人机显示界面；编辑、修改程序及参数；实现软功能操作。

在 SINUMERIK 840D 中有 OP031、OP032、OP032S、OP030 以及 PHG 5 种操作员面板。其中，OP031 是常使用的操作员面板。

(4) 机床操作面板 (MCP)。

MCP 的主要作用是完成数控机床的各类硬功能键的操作。主要有下列 6 个硬功能键操作：①操作模式键区，可选择的操作模式有 JOG、MD、TEACH IN 和 AUTO 等 4 种操作模式；②轴选择键区，实现轴选择，完成轴的点动进给、回参考点和增量进给；③自定义键区，供用户使用，通过 PLC 的数据块实现与系统的联系，完成机床生产厂所要求的特殊功能；④主轴操作区，主轴倍率开关实现主轴转速 0～150%倍率修调；主轴启停按钮实现主轴驱动系统的启停，一般控制主轴驱动系统的脉冲使能和驱动使能；⑤进给轴操作区，进给轴倍率开关，实现主轴转速 0～200%倍率修调；进给轴启停按钮实现进给轴驱动系统的启停，一般控制进给轴驱动系统的脉冲使能和驱动使能；⑥急停按钮，实现机床的紧急停车，切断进给轴和主轴的脉冲使能和驱动使能。

(5) 电源和驱动系统。

主电源模块的主要功能是实现整流和电压提升功能。驱动系统则包括主轴驱动系统和进给驱动系统两部分。

3) SINUMERIK 840D 数控系统软件结构

SINUMERIK 840D 数控系统软件结构如图 4-15 所示。

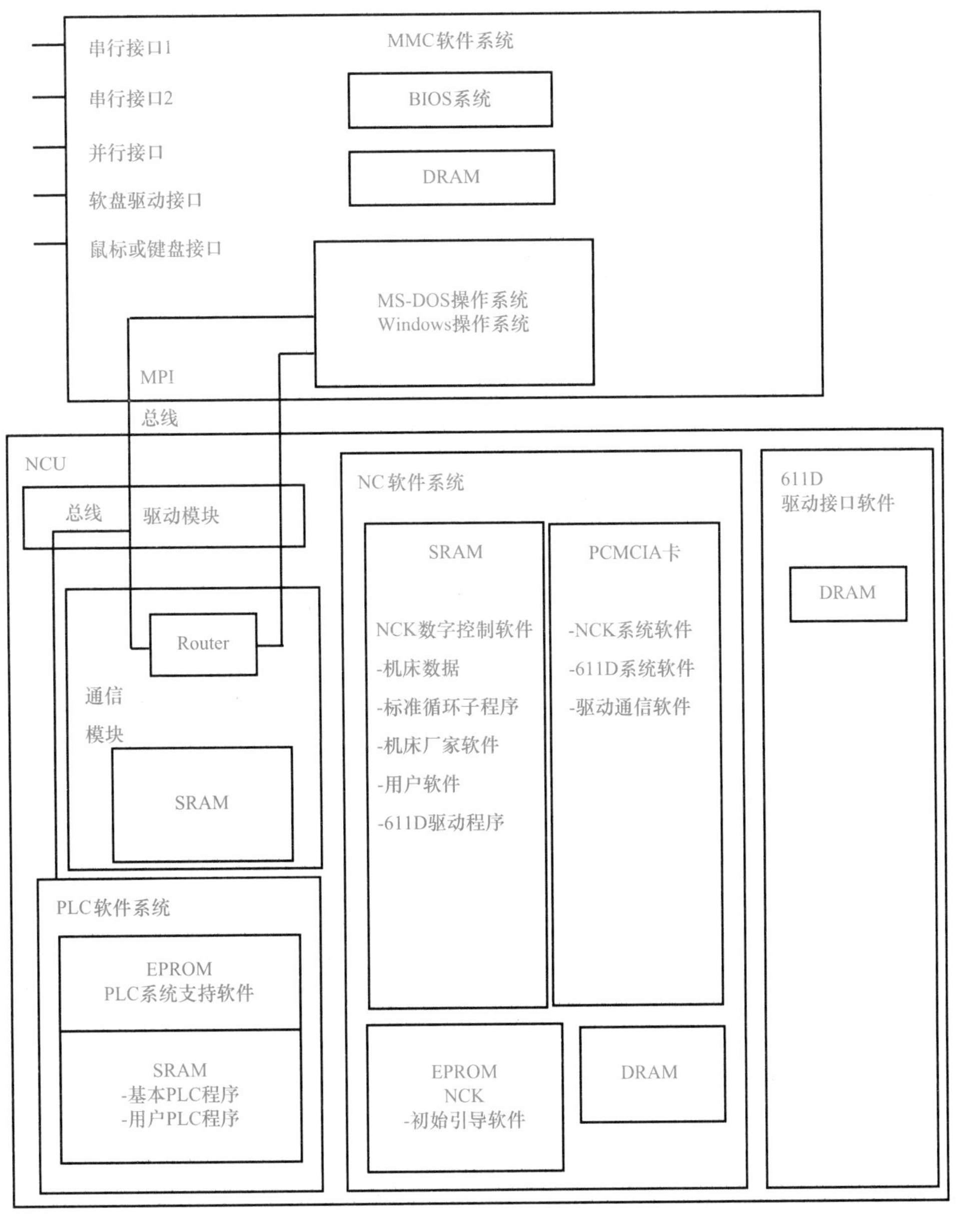

图 4-15 SINUMERIK 840D 数控系统软件结构图

SINUMERIK 840D 软件系统包括四大类软件：MMC 软件系统、NC 软件系统、PLC 软件系统和通信及驱动接口软件。

(1) MMC 软件系统。

MMC102/103 以上系统均带有 5GB 或 10GB 的硬盘，内装有基本输入、输出系统(BIOS)，MS-DOS 内核操作系统，Windows 95 操作系统，以及串口、并口、鼠标/键盘接口等驱动程序，支撑 SINUMERIK 840D 与外界 MMC-CPU、PLC-CPU、NC-CPU 之间的相互通信及任务协调。

(2) NC 软件系统。

NC 软件系统包括四个内容：①固化在 EPROM 中的 NCK 数控核初始引导软件；②NCK 数控核数字控制软件系统，包括机床数据和标准循环子系统，是 SIEMENS 公司为提高系统的使用效能而开发的一些常用的具有车削、铣削、钻削和镗削功能等的软件，用户必须理解每个循环程的参数含义才能进行调用；③SINUMERIK 611D 驱动数据，也就是 SINUMERIK 840D 数控系统所配套使用的 SIMODRIVE 611D 数字式驱动系统的相关参数；④PCMCIA 卡软件系统，用于安装 PCMCIA 个人计算机存储卡，卡内预装有 NCK 驱动软件和驱动通信软件等。

(3) PLC 软件系统。

PLC 软件系统包括 PLC 系统支持软件和 PLC 程序。PLC 系统支持软件支持 SINUMERIK 840D 数控系统内装的 CPU315-2DP 型可编程逻辑控制器的正常工作，该程序固化在 NCU 内。PLC 程序包含基本 PLC 程序和用户 PLC 程序两部分。

(4) 通信及驱动接口软件。

通信及驱动接口软件主要用于协调 PLC-CPU、NC-CPU 和 MMC-CPU 三者之间的通信。

4.5.2 FANUC 数控系统

FANUC 数控系统以其高质量、低成本、高性能、较全的功能，适用于各种机床和生产机械等特点，在市场的占有率较高。FANUC 数控系统的产品类型主要包括 FANUC 0、FANUC 0i、FANUC 16i/18i/21i、FANUC 30i/31i/32i/35i、FANUC 300i/310i 等系列，本节以 FANUC 30i 数控系统为例，介绍其性能特点以及结构。读者可扫描二维码，观看相关视频。

1) FANUC 30i 数控系统性能

FANUC 30i 是针对高度复合型机床的多轴多系统控制的纳米级 CNC，将液晶显示器与 CNC 控制部分合为一体，实现了超小型化和超薄型化，控制轴数多，可同时进行各种加工，具备五轴加工功能，可加工各种复杂形状，应用灵活，适用五轴联动机床、复合型机床、多系统车床等先进数控机床。

FANUC 30i 具有以下几个特点。

(1) 纳米插补。以纳米为单位精密计算发送到数字伺服控制器的位置指令，极为稳定，在与高速、高精度的最先进伺服技术配合下能够实现高精度加工。

(2) 高性能伺服控制。采用高速串行伺服总线(FANUC serial servo bus，FSSB)、高速数字信号处理器(DSP)，大幅度提高数字式伺服基本性能。

(3) 五轴加工功能。对于结构多样的五轴机床，提供平滑且高速、高精度的五轴联动加工功能，可实现五轴加工用刀具中心点控制和半径补偿，直接在倾斜面使用 *X*、*Y*、*Z* 坐标编程，还可以五轴加工手动进给。

(4) 丰富的网络功能。FANUC 30i 系统具有内嵌式以太网控制板，可以与多台计算机同时进行高速数据传输，适合于构建在加工生产线和工厂主机之间进行交换的生产系统。并配以集中管理软件包，以一台计算机控制多台机床，便于进行监控、运转作业和 NC 程序传送的管理。

(5)柔性适用于多种机械结构。将铣削、车削、装料机控制集合在一起，可用一台 CNC 控制具有铣削路径、车削路径、装料机路径的复合加工机床，缓解了只有纯铣削功能或纯车削功能的限制，丰富了多路径控制所需功能。

(6)远程诊断与维护。可通过因特网对数控系统进行远程诊断，将维护信息发送到服务中心。可利用存储卡进行各类数据的输入/输出，以对话方式诊断发生报警的原因，显示出报警的详细内容和处置办法；显示出随附在机床上的易损件的剩余寿命；存储机床维护时所需的信息；通过波形方式显示伺服的各类数据，便于进行伺服的调节；可以存储报警记录和操作人员的操作记录，便于发生故障时查找原因。

(7)控制个性化。通过 C 语言编程，实现画面显示和操作的个性化；用宏语言编程，实现 CNC 功能的高度定制；通过 C 语言编程，可以构建与由梯形图控制的机器处理密切相关的应用功能。

(8)高性能的开放式 CNC。FANUC 30i 通过专用高速接口实现 CNC 与计算机的高度融合，还具有嵌入式紧凑型 OS 的 PC 功能。

(9)软件环境。为了与 CNC/PMC 进行数据交换，FANUC 30i 提供可以从 C 语言或 BASIC 语言调用的 FOCASl 驱动器和库函数；提供 CNC 基本操作软件包，它是在计算机上进行 CNC/PMC 的显示、输入、维护的应用软件，通过用户界面面向操作人员提供“状态显示、位置显示、程序编辑、数据设定”等操作画面；CNC 画面显示功能软件，是在计算机上显示出与标准的 i 系列 CNC 相同画面的应用软件；DNC 运转管理软件包，可以完成从计算机上的硬盘高速地向 CNC 传输 NC 程序并进行运转工作。

2) FANUC 30i 数控系统硬件结构

FANUC 30i 数控系统硬件组成框图如图 4-16 所示。

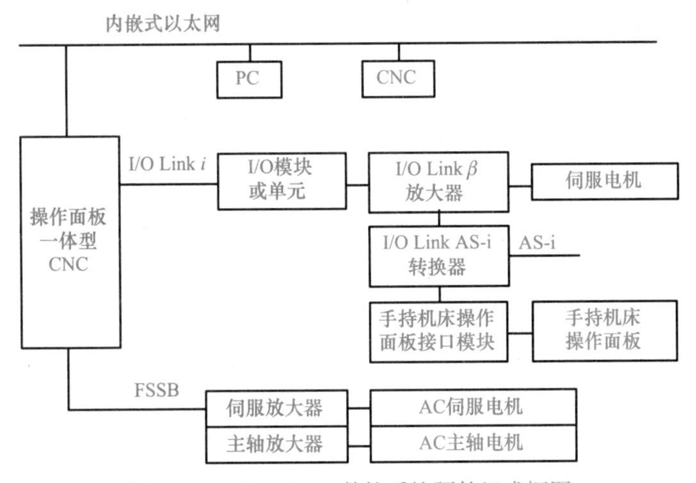

图 4-16　FANUC 30i 数控系统硬件组成框图

下面介绍 FANUC 30i 数控系统主要的功能部件。

(1)操作面板一体型 CNC。

FANUC 30i 数控系统支持 15in(1in=2.54cm)大型彩色液晶显示器，可组合使用纵、横向软键，支持与 PC 操作相同的 NC 键盘操作，还可选择与以往兼容的 ONG 键盘，PCMCIA 插槽可方便地把 CF 卡插到适配器中。将 CNC 控制电路置于液晶显示器背面的显示与控制一体型 CNC，大幅度节省了机床用于安装 CNC 的空间，厚度仅为 60mm 的薄型控制单元内置了智能通信功能，有利于设计紧凑型操作盘。超高速 CNC 处理器具有强大的计算能力，不追加特殊硬件便可进行多轴多路径控制、高速度高精度加工、五轴加工等复杂 CNC 计算。

(2) 机床操作面板。

所有机床提供共同的用户界面，采用了直观的图标和动画等图形表达方式，使画面通俗易懂。

(3) I/O Link *i*。

FANUC I/O Link *i* 是串行连接 PMC 与各种 I/O 单元的 I/O 接口。各通道的 DI/DO 点数扩展为 2048 点/2048 点，相当于传统 I/O 接口 FANUC I/O Link 的 2 倍。各点 DO 对地短路检测以及 I/O 单元电源异常检测等丰富的故障检测功能有利于准确判断故障部位，为快速修复提供支援。对于原本需要 2 根 I/O 电缆的双检安全功能，FANUC I/O Link *i* 只需要 1 根电缆就可实现。

(4) 伺服电机和主轴电机。

伺服电机旋转平滑，带有高精度电流检测、快响应和高分辨率脉冲编码器，可通过共振追随型滤波器避免变频率机械共振；主轴电机通过高速电流控制减轻了高速旋转时的发热，安装有最佳定向功能，在工件和刀具惯量发生变化时也能以优异的加速度进行减速，另外还具有智能型刚性攻丝功能，利用最大功率进行加减速，可实现快速攻丝动作。

(5) 手持机床操作面板。

手持操作面板可在远离主操作盘处显示 CNC 画面并操作机床。

3) FANUC 30i 数控系统软件结构

FANUC 30i 数控系统软件结构如图 4-17 所示。

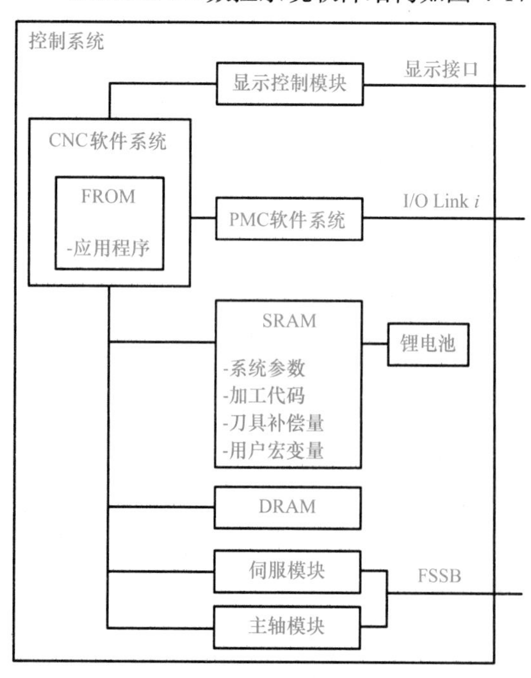

图 4-17 FANUC 30i 数控系统软件结构图

FANUC 30i 数控系统中主要包括 CNC 软件系统、PMC 软件系统、存储器、伺服模块和主轴模块等。

(1) CNC 软件系统。

CNC 软件系统中包括为实现 CNC 系统各项功能编制的专用软件，包括输入数据处理程序、插补运算程序、速度控制程序、管理程序、诊断程序等。

(2) PMC 软件系统。

可编程机床控制器(PMC)内置于 CNC 中，用来执行数控机床顺序控制操作，可超高速执行多路径独立的梯形图程序。用户可开发装料器控制、周边机械控制等独立的梯形图程序，对机床进行系统优化设计。

(3) 存储器。

FANUC 30i 控制系统中的存储器有 FROM (flash ROM)、SRAM (static RAM)、DRAM (dynamic RAM) 三种。FROM 中存放 FANUC

公司的应用程序；SRAM 中存放机床及用户数据，包括系统参数、加工代码、刀具补偿量等；DRAM 为工作存储器，在控制系统中起缓存作用。

(4) 伺服模块和主轴模块。

伺服模块和主轴模块采用了伺服高响应向量(high response vector，HRV)控制技术。伺服 HRV 控制可以实现纳米级高速高精度加工，主轴 HRV 控制实现了与进给轴同样的纳米控制。

复习思考题

4-1　计算机数控装置一般能实现哪些基本功能？

4-2　单微处理器计算机数控装置的硬件结构由哪几部分组成？

4-3　多微处理器 CNC 装置的两种典型结构是什么？各有什么特点？

4-4　什么是开放式数控系统？

4-5　CNC 系统软件一般由哪些模块组成？简述各模块的工作过程。

4-6　CNC 系统软件的结构特点有哪些？举例说明。

4-7　数控机床的 PLC 一般用于控制数控机床的哪些功能？

4-8　通过查阅资料，深入理解 FANUC 30i 数控系统和 SINUMERIK 840D 数控系统的硬软件结构。

第5章 数控机床的运动控制原理

5.1 概　　述

运动轨迹控制是数控机床控制系统的主要任务，刀具或工件的运动轨迹是由运动控制算法生成的。因此，运动轨迹控制算法的优劣直接影响加工质量与加工效率。最常用的运动轨迹控制算法包括插补算法、刀具补偿算法与加减速控制算法。

5.1.1 插补的基本概念

数控机床要加工出各种复杂形状的零件，必须控制刀具相对工件以给定速度沿着数控程序指定的路径运动。由于计算机执行的是数字化离散控制，因此刀具或工件是一步一步移动的，其运动轨迹是由一个个小直线段构成的折线，而不是光滑的曲线。这些小直线段越短，所形成的折线就越接近数控程序所描述的曲线，相应所获得的零件轮廓精度就越高。

通常，零件轮廓由直线、圆弧、抛物线、螺旋线、渐开线以及其他样条曲线等轮廓线条构成。在数控程序中，每个程序段只简单描述了每个轮廓线条的基本几何要素，如直线的起点和终点，圆弧的起点、终点和圆心等。由于这些已知数据不包含轮廓线条上的中间点位置坐标，因此无法完整地表示出驱动刀具或工件运动所需的全部运动轨迹。为此，数控系统需要根据已知的几何信息、进给速度等要求，计算出轮廓线条上中间点位置坐标值，将起点与终点之间的空间进行数据密化，从而生成满足驱动控制要求的刀具或工件运动轨迹，这种“数据密化”的过程就称为“插补”。

插补技术是数控系统的核心技术。其原因是：①插补运算是数控系统中运算量最大且最为密集的任务，它的实时性在很大程度上决定了数控系统的控制速度；②插补方法不同，得到的运动轨迹也会有所不同，运动轨迹与理想轨迹之间必然存在插补误差，误差的大小直接影响数控系统的轨迹控制精度，进而影响数控加工质量。

普通数控系统都支持直线插补和圆弧插补指令，而抛物线、螺旋线、渐开线等复杂线条的插补指令往往只有高档数控系统才支持。为了在普通数控系统中实现高档数控系统才具备的复杂线条插补功能，或者在高档数控系统中实现更复杂的曲线轮廓加工，一般采用直线段和圆弧拟合的方法，即用多段直线段、圆弧去逼近复杂曲线，再进行插补。因此，直线插补和圆弧插补算法构成插补算法的基础。

数控系统中完成插补运算工作的装置或程序称为插补器，插补器可分为硬件插补器、软件插补器及软硬件结合插补器三种类型。硬件插补器应用于早期的 NC 系统，它由逻辑电路组成，特点是运算速度快，但灵活性差，结构复杂，成本较高。软件插补器利用微处理器的运

算能力，通过计算机编程来完成各种插补功能，特点是结构简单，灵活易变，但速度较慢。现代 CNC 系统大多采用软硬件插补相结合的方法，由软件完成粗插补，由硬件完成精插补。粗插补采用软件方法，先将加工轨迹分割为线段；精插补采用硬件插补器，将粗插补分割的线段进一步密化成数据点。粗、精插补相结合的方法对数控系统运算速度要求不高，并可节省存储空间，且响应速度和分辨率都比较高。

由于直线和圆弧是构成零件轮廓的基本线型，因此 CNC 系统一般都具有直线插补和圆弧插补两种基本功能。在三坐标以上联动的 CNC 系统中，一般还具有螺旋线插补功能。在一些高档 CNC 系统中，已经出现了抛物线插补、渐开线插补、正弦线插补、样条曲线插补和球面螺旋线插补等功能。

5.1.2　插补方法的分类

插补的方法和原理很多，根据数控系统输出到伺服驱动装置的信号不同，插补方法可归纳为基准脉冲插补和数据采样插补两大类。

1)基准脉冲插补

基准脉冲插补又称脉冲增量插补或行程标量插补，其特点是数控装置在每次插补结束时仅向各个运动坐标轴输出至多一个控制脉冲，驱动各坐标轴进给电机的运动。任意一个坐标轴在一个控制脉冲的作用下将产生一个很小的行程增量，这个行程增量代表了刀具或工件的最小位移，称为脉冲当量。未获得控制脉冲指令的坐标轴则不发生位移变化。也就是说，每次插补结束时，单个坐标轴要么位移不变，要么产生一个脉冲当量的位移，故称为基准脉冲插补。按此规律，如果连续不断地向各个坐标轴发送控制脉冲，各坐标轴即产生持续的运动，其运动位移的大小与脉冲的数量成正比，其运动速度的大小与脉冲的频率成正比。

基准脉冲插补将坐标轴的运动位移限定为脉冲当量的整数倍。虽然存在插补误差，但是由于脉冲当量相当小(可达到 pm 级，最大也为μm 级)，因此插补误差完全在加工误差范围内。

基准脉冲插补的插补运算简单，容易由硬件电路实现，运算速度很快。早期的 NC 系统都是采用这类方法，在目前的 CNC 系统中也可用软件来实现，但仅适用于一些由步进电机驱动的中等精度或中等速度要求的开环数控系统。有的数控系统将其用于数据采样插补时的精插补。

基准脉冲插补的方法很多，如逐点比较法、数字积分法、比较积分法、数字脉冲乘法器法、最小偏差法、矢量判别法、单步追踪法、直接函数法等。其中应用较多的是逐点比较法和数字积分法。

2)数据采样插补

数据采样插补又称数据增量插补、时间分割法或时间标量插补。这类插补方法的特点是数控装置产生的不是单个脉冲，而是表示各坐标轴增量值的二进制数。

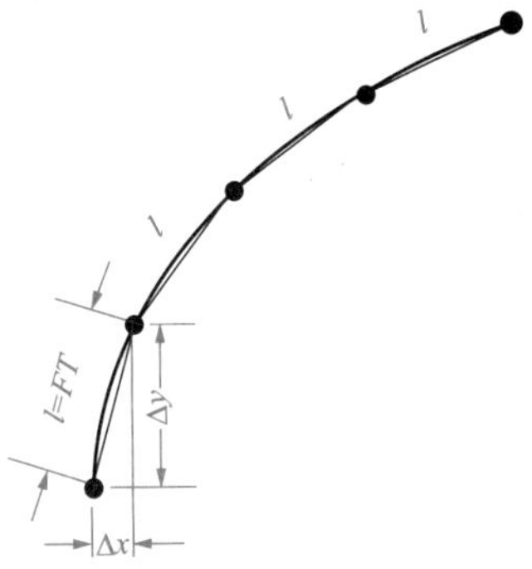

数据采样插补分两步完成：第一步为粗插补，采用时间分割的思想，如图 5-1 所示，根据编程的进给速度 F 和插补周期 T 将轮廓曲线分割为若干条长度为 l 的进给直线段，即轮廓步长 $l=FT$；第二步为精插补，根据采样周期的大小，采用基准脉冲

图 5-1　数据采样插补原理

直线插补，在轮廓步长内再插入若干点，即在粗插补算出的每一微小直线段的基础上再进行“数据点的密化”工作。一般将粗插补运算称为插补，由软件完成，而精插补可由软件实现，也可由硬件实现。

数据采样插补的插补周期为插补程序每两次计算各坐标轴增量进给指令间的时间间隔。采样周期为坐标轴位置闭环控制系统每两次采样检测实际运动位置的时间间隔。通常对于特定数控系统，插补周期和采样周期都是固定不变的数值。因为计算机除了完成插补运算，还要执行显示、监控、位置采样及控制等实时任务，所以插补周期应大于插补运算时间与完成其他实时任务所需的时间之和。插补周期与采样周期可以相同，也可以不同，一般取插补周期为采样周期的整数倍，该倍数应等于对轮廓步长实时精插补时的插补点数。如美国 A-B 公司的 7300 系列，插补周期与位置检测采样周期相同；日本 FANUC 公司的 7M 系统，插补周期为 8ms，位置检测采样周期为 4ms，即插补周期为采样周期的两倍，此时，插补程序每 8ms 被调用一次，计算出下一个周期各坐标轴应该行进的增量长度，而位置检测采样程序每 4ms 被调用一次，将插补程序算好的坐标增量除以 2 后再进行直线段的进一步密化(即精插补)。现代数控系统的插补周期已缩短到 1～4ms，有的已经达到零点几毫秒。

数据采样插补算法的核心问题是如何计算各坐标轴的增量Δx和Δy，如图 5-1 所示，有了前一插补周期末的动点坐标值和本次插补周期内的坐标增量值，就很容易计算出本次插补周期末动点的指令位置坐标值。对于直线插补来讲，由于坐标轴的脉冲当量很小，再加上位置检测反馈的补偿，可以认为插补所形成的轮廓步长 l 与给定的直线重合，不会造成轨迹误差。而在圆弧插补中，一般将轮廓步长 l 作为内接弦线或割线(又称内外差分弦)来逼近圆弧，因而不可避免地会带来轮廓误差。如图 5-2 所示，设用内接弦线或割线逼近圆弧时产生的最大半径误差为δ，在一个插补周期 T 内逼近弦线 l 所对应的圆心角(角步距)为θ，圆弧半径为 R，刀具进给速度为 F，则采用弦线对圆弧进行逼近时，由图 5-2(a)可知：

$$R^2-(R-\delta)^2=\left(\frac{l}{2}\right)^2$$

$$2R\delta-\delta^2=\frac{l^2}{4}$$

舍去高阶无穷小δ^2，则由上式得

$$\delta=\frac{l^2}{8R}=\frac{(FT)^2}{8R} \tag{5-1}$$

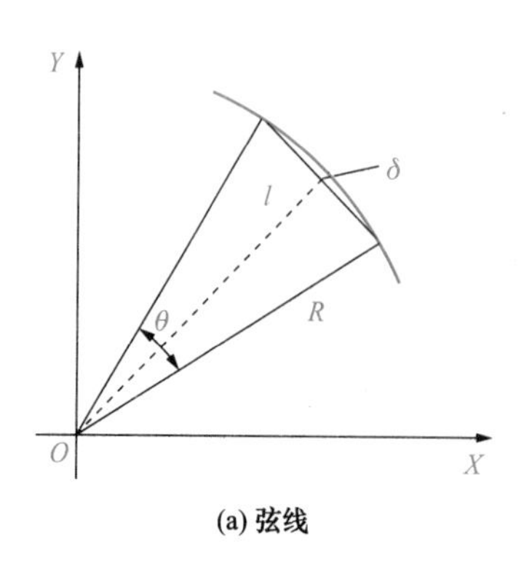

(a) 弦线

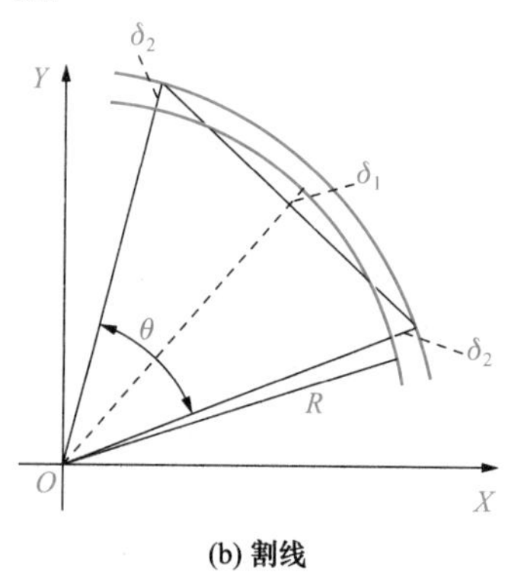

(b) 割线

图 5-2 弦线、割线逼近圆弧的径向误差

采用割线对圆弧进行逼近时，假设内外差分弦的半径误差相等，即$\delta_1=\delta_2=\delta$，则由图 5-2(b)可知：

$$(R+\delta)^2-(R-\delta)^2=\left(\frac{l}{2}\right)^2$$

$$4R\delta=\frac{l^2}{4}$$

$$\delta=\frac{l^2}{16R}=\frac{(FT)^2}{16R} \tag{5-2}$$

显然，当轮廓步长 l 相等时，内外差分弦的半径误差是内接弦的 1/2；若令半径误差相等，则内外差分弦的轮廓步长 l 或角步距θ是内接弦的$\sqrt{2}$倍。但由于采用割线对圆弧进行逼近时计算复杂，应用较少。

从以上分析可以看出，逼近误差δ与进给速度 F 和插补周期 T 乘积的平方成正比，与圆弧半径 R 成反比。由于数控机床的插补误差应小于数控机床的分辨率，即应小于一个脉冲当量，所以，在进给速度 F、圆弧半径 R 一定的条件下，插补周期 T 越短，逼近误差 δ 就越小。当δ给定及插补周期 T 确定之后，可根据圆弧半径 R 选择进给速度 F，以保证逼近误差δ不超过允许值。

以直流或交流电机为驱动装置的闭环或半闭环系统都采用数据采样插补方法，粗插补在每一个插补周期内计算出坐标实际位置增量值，而精插补则在每一个采样周期反馈实际位置增量值和插补程序输出的指令位置增量值，然后计算出各坐标轴相应的插补指令位置与实际检测位置的偏差，即跟随误差，根据跟随误差计算出相应坐标轴的进给速度，输出给驱动装置。

数据采样插补的方法也很多，如直线函数法、扩展数字积分法、二阶递归扩展数字积分法、双数字积分插补法等。其中应用较多的是直线函数法、扩展数字积分法。

5.2　逐点比较法

逐点比较法又称代数运算法，是早期数控机床开环系统中广泛采用的一种插补方法，可实现直线插补、圆弧插补，也可用于其他非圆二次曲线(如椭圆、抛物线和双曲线等)的插补，其特点是运算直观，最大插补误差不大于一个脉冲当量，脉冲输出均匀，调节方便。

逐点比较法的基本原理是每次仅向一个坐标轴输出一个进给脉冲，每走一步都要将加工点的动点坐标与理论的加工轨迹进行比较，判断实际加工点与理论加工轨迹的偏移位置，通过偏差函数计算二者之间的偏差，从而决定下一步的进给方向。每进给一步都要完成偏差判别、坐标进给、偏差计算和终点判别四个工作节拍。下面分别介绍逐点比较法直线插补和圆弧插补的原理。

5.2.1　逐点比较法直线插补

如图 5-3 所示，设在 X-Y 平面的第一象限有一加工直线 OA，起点为坐标原点 O，终点坐标为 $A(x_e, y_e)$，若加工时的动点为 $P(x_i, y_j)$，则直线方程可表示为

$$\frac{y_j}{x_i}-\frac{y_e}{x_e}=0$$

即
$$x_e y_j - y_e x_i = 0$$

则存在三种情况：

(1) 加工点 P 在直线上，有 $x_e y_j - y_e x_i = 0$；

(2) 加工点 P 在直线上方，有 $x_e y_j - y_e x_i > 0$；

(3) 加工点 P 在直线下方，有 $x_e y_j - y_e x_i < 0$。

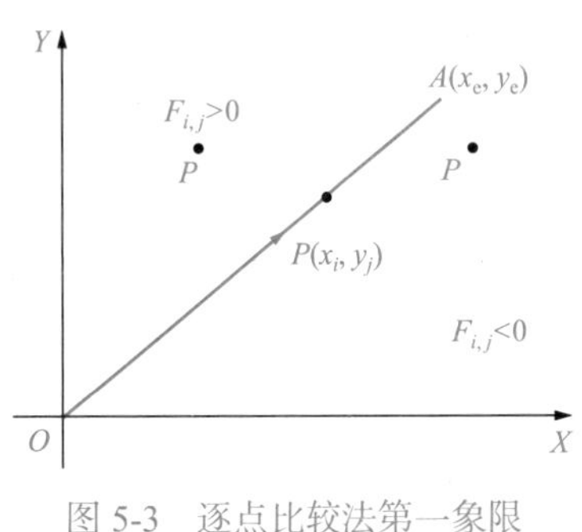

图 5-3 逐点比较法第一象限直线插补

令 $F_{i,j} = x_e y_j - y_e x_i$ 为偏差判别函数，则有：

(1) 当 $F_{i,j}=0$ 时，加工点 P 在直线上；

(2) 当 $F_{i,j}>0$ 时，加工点 P 在直线上方；

(3) 当 $F_{i,j}<0$ 时，加工点 P 在直线下方。

从图 5-3 可以看出，当点 P 在直线上方时，应该向+X 方向进给一个脉冲当量，以趋向该直线；当点 P 在直线下方时，应该向+Y 方向进给一个脉冲当量，以趋向该直线；当点 P 在直线上时，既可向+X 方向也可向+Y 方向进给一个脉冲当量，通常，将点 P 在直线上的情况同点 P 在直线上方归于一类。则有：

(1) 当 $F_{i,j}\geqslant 0$ 时，加工点向+X方向进给一个脉冲当量，到达新的加工点 $P_{i+1,j}$，此时 $x_{i+1}=x_i+1$，则新加工点 $P_{i+1,j}$ 的偏差判别函数 $F_{i+1,j}$ 为

$$F_{i+1,j} = x_e y_j - y_e x_{i+1} = x_e y_j - y_e(x_i+1) = F_{i,j} - y_e \tag{5-3}$$

(2) 当 $F_{i,j}<0$ 时，加工点向+Y方向进给一个脉冲当量，到达新的加工点 $P_{i,j+1}$，此时 $y_{j+1}=y_j+1$，则新加工点 $P_{i,j+1}$ 的偏差判别函数 $F_{i,j+1}$ 为

$$F_{i,j+1} = x_e y_{j+1} - y_e x_i = x_e(y_j+1) - y_e x_i = F_{i,j} + x_e \tag{5-4}$$

由此可见，新加工点的偏差 $F_{i+1,j}$ 或 $F_{i,j+1}$ 是由前一个加工点的偏差 $F_{i,j}$ 和终点的坐标值递推出来的，如果按式(5-3)和式(5-4)计算偏差，则计算大为简化。

用逐点比较法插补直线时，每一步进给后，都要判别当前加工点是否到达终点，一般可采用如下三种方法判别：

(1) 设置一个终点减法计数器，存入各坐标轴插补或进给的总步数，在插补过程中每进给一步，就从总步数中减去 1，直至计数器中的存数被减为零，表示到达终点；

(2) 各坐标轴分别设置一个进给步数的减法计数器，当某一坐标方向有进给时，就从其相应的计数器中减去 1，直至各计数器中的存数均被减为零，表示到达终点；

(3) 设置一个终点减法计数器，存入进给步数最多的坐标轴的进给步数，在插补过程中每当该坐标轴方向有进给时，就从计数器中减去 1，直至计数器中的存数被减为零，表示到达终点。

综上所述，逐点比较法的直线插补过程为每进给一步都要完成以下四个节拍。

(1) 偏差判别。根据偏差值判别当前加工点位置是在直线的上方（或直线上），还是在直线的下方。起始时，加工点在直线上，偏差值为 $F_{i,j}=0$。

(2) 坐标进给。根据判别的结果，控制向某一坐标方向进给一步。

(3) 偏差计算。根据递推公式 (5-3) 和式 (5-4) 计算出进给一步到新加工点的偏差，提供下一步作判别的依据。

(4) 终点判别。在计算新偏差的同时，还要进行一次终点判别，以确定是否到达了终点，若已经到达，则停止插补。

逐点比较法插补第一象限直线的插补流程图如图 5-4 所示。

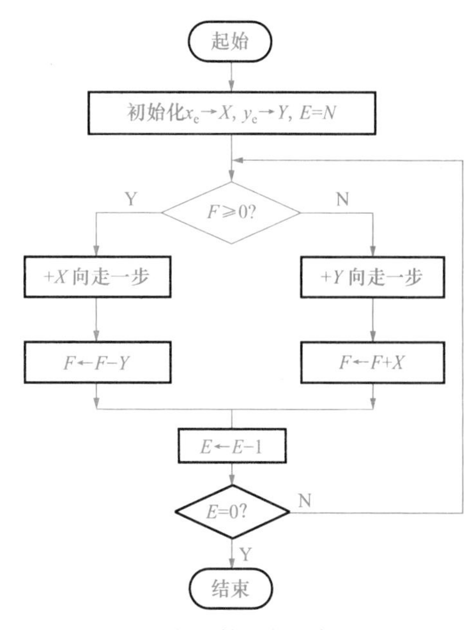

图 5-4　逐点比较法第一象限直线插补流程图

例 5-1　设加工第一象限直线 OA，起点为坐标原点 $O(0, 0)$，终点为 $A(6, 4)$，试用逐点比较法对其进行插补，并画出插补轨迹。

插补从直线的起点开始，故 $F_{0,0}=0$；终点判别寄存器 E 存入 X 和 Y 两个坐标方向的总步数，即 $E=6+4=10$，每进给一步减 1，$E=0$ 时停止插补。插补运算过程如表 5-1 所示，插补轨迹如图 5-5 所示。读者可扫描二维码，查看该插补轨迹的动画。

表 5-1　逐点比较法第一象限直线插补运算举例

步数	偏差判别	坐标进给	偏差计算	终点判别
起点			$F_{0,0}=0$	$E=10$
1	$F_{0,0}=0$	$+X$	$F_{1,0}=F_{0,0}-y_e=0-4=-4$	$E=10-1=9$
2	$F_{1,0}<0$	$+Y$	$F_{1,1}=F_{1,0}+x_e=-4+6=2$	$E=9-1=8$
3	$F_{1,1}>0$	$+X$	$F_{2,1}=F_{1,1}-y_e=2-4=-2$	$E=8-1=7$
4	$F_{2,1}<0$	$+Y$	$F_{2,2}=F_{2,1}+x_e=-2+6=4$	$E=7-1=6$
5	$F_{2,2}>0$	$+X$	$F_{3,2}=F_{2,2}-y_e=4-4=0$	$E=6-1=5$
6	$F_{3,2}=0$	$+X$	$F_{4,2}=F_{3,2}-y_e=0-4=-4$	$E=5-1=4$
7	$F_{4,2}<0$	$+Y$	$F_{4,3}=F_{4,2}+x_e=-4+6=2$	$E=4-1=3$
8	$F_{4,3}>0$	$+X$	$F_{5,3}=F_{4,3}-y_e=2-4=-2$	$E=3-1=2$
9	$F_{5,3}<0$	$+Y$	$F_{5,4}=F_{5,3}+x_e=-2+6=4$	$E=2-1=1$
10	$F_{5,4}>0$	$+X$	$F_{6,4}=F_{5,4}-y_e=4-4=0$	$E=1-1=0$

以上仅讨论了逐点比较法插补第一象限直线的原理和计算公式，插补其他象限的直线时，其插补计算公式和脉冲进给方向是不同的，通常有两种方法解决。

(1) 分别处理法。

可根据上面插补第一象限直线的分析方法，分别建立其他三个象限的偏差函数的计算公式，这样对于四个象限的直线插补会有 4 组计算公式，脉冲进给的方向也由实际象限决定。

(2) 坐标变换法。

通过坐标变换将其他三个象限直线的插补计算公式统一于第一象限的公式中，这样都可按第一象限直线进行插补计算，而进给脉冲的方向则仍由实际象限决定。该种方法是最常采用的方法。

坐标变换就是将其他各象限直线的终点坐标和加工点的坐标均取绝对值，这样，它们的插补计算公式和插补流程图与插补第一象限直线时一样，偏差符号和进给方向可用图 5-6 所示的简图表示，图中 L_1、L_2、L_3、L_4 分别表示第一、二、三、四象限的直线。

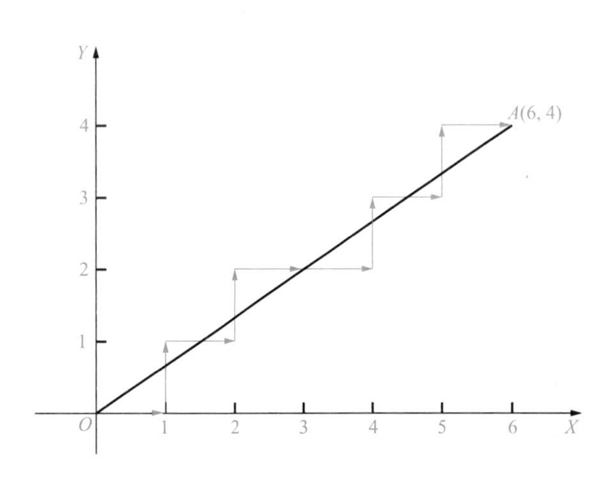

图 5-5 逐点比较法第一象限直线插补轨迹

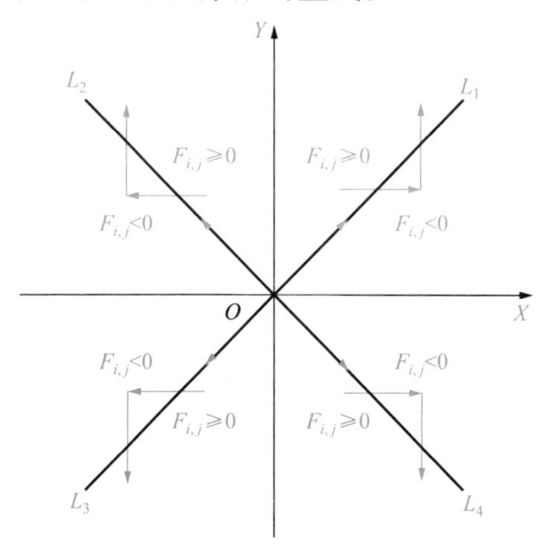

图 5-6 逐点比较法插补不同象限直线的偏差符号和进给方向

5.2.2 逐点比较法圆弧插补

逐点比较法圆弧插补过程与直线插补过程类似，每进给一步也要完成四个工作节拍：偏差判别、坐标进给、偏差计算、终点判别。但是，逐点比较法圆弧插补以加工点距圆心的距离大于还是小于圆弧半径作为偏差判别的依据。如图 5-7 所示的圆弧 $\overset{\frown}{AB}$，其圆心位于原点 $O(0, 0)$，半径为 R，令加工点的坐标为 $P(x_i, y_j)$，则逐点比较法圆弧插补的偏差判别函数为

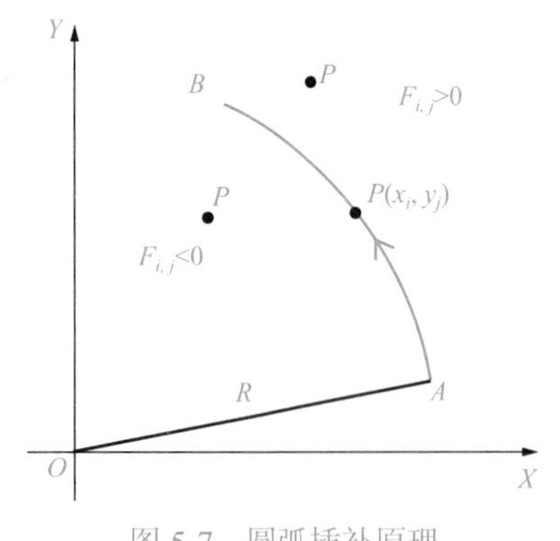

图 5-7 圆弧插补原理

$$F_{i,j} = x_i^2 + y_j^2 - R^2 \tag{5-5}$$

当 $F_{i,j}=0$ 时，加工点在圆弧上；当 $F_{i,j}>0$ 时，加工点在圆弧外；当 $F_{i,j}<0$ 时，加工点在圆弧内。同插补直线时一样，将 $F_{i,j}=0$ 同 $F_{i,j}>0$ 归于一类。

下面以第一象限圆弧为例，分别介绍逆圆弧和顺圆弧插补时的偏差计算和坐标进给情况。

1）插补第一象限逆圆弧

(1) 当 $F_{i,j}\geqslant 0$ 时，加工点 $P(x_i, y_j)$ 在圆弧上或圆弧外，$-X$ 方向进给一个脉冲当量，即向趋近圆弧的圆内方向进给，到达新的加工点 $P_{i+1,j}$，此时 $x_{i+1}=x_i-1$，则新加工点 $P_{i+1,j}$ 的偏差判别函数 $F_{i+1,j}$ 为

$$
\begin{aligned}
F_{i+1,j} &= x_{i+1}^2 + y_j^2 - R^2 \\
&= (x_i - 1)^2 + y_j^2 - R^2 \\
&= (x_i^2 + y_j^2 - R^2) - 2x_i + 1 \\
&= F_{i,j} - 2x_i + 1
\end{aligned} \tag{5-6}
$$

(2) 当 $F_{i,j} < 0$ 时，加工点 $P(x_i, y_j)$ 在圆弧内，$+Y$ 方向进给一个脉冲当量，即向趋近圆弧的圆外方向进给，到达新的加工点 $P_{i,j+1}$，此时 $y_{j+1}=y_j+1$，则新加工点 $P_{i,j+1}$ 的偏差判别函数 $F_{i,j+1}$ 为

$$
\begin{aligned}
F_{i,j+1} &= x_i^2 + y_{j+1}^2 - R^2 \\
&= x_i^2 + (y_j + 1)^2 - R^2 \\
&= (x_i^2 + y_j^2 - R^2) + 2y_j + 1 \\
&= F_{i,j} + 2y_j + 1
\end{aligned} \tag{5-7}
$$

由以上分析可知，新加工点的偏差是由前一个加工点的偏差 $F_{i,j}$ 及前一点的坐标值 x_i、y_j 递推出来的，如果按式(5-6)、式(5-7)计算偏差，则计算大为简化。需要注意的是，x_i、y_j 的值在插补过程中是变化的，这一点与直线插补不同。

与直线插补一样，除偏差计算外，还要进行终点判别。圆弧插补的终点判别可采用与直线插补相同的方法，通常通过判别插补或进给的总步数、分别判别各坐标轴的进给步数来实现。

插补第一象限逆圆弧的插补流程图如图 5-8 所示。

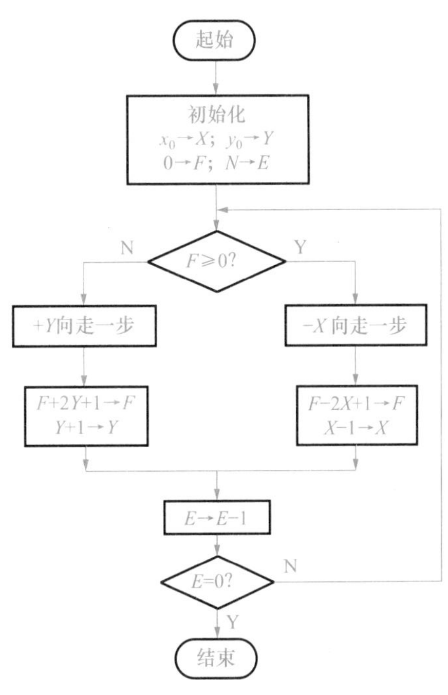

图 5-8　逐点比较法第一象限逆圆弧插补流程图

例 5-2　设加工第一象限逆圆弧 $\overset{\frown}{AB}$，起点 $A(6, 0)$，终点 $B(0, 6)$。试用逐点比较法对其进行插补并画出插补轨迹。

插补从圆弧的起点开始，故 $F_{0,0}=0$；终点判别寄存器 E 存入 X 和 Y 两个坐标方向的总步数，即 $E=6+6=12$，每进给一步减 1，$E=0$ 时停止插补。应用第一象限逆圆弧插补计算公式，其插补运算过程如表 5-2 所示，插补轨迹如图 5-9 所示。读者可扫描二维码，查看该插补轨迹的动画。

表 5-2　**逐点比较法第一象限逆圆弧插补运算举例**

步数	偏差判别	坐标进给	偏差计算	坐标计算	终点判别
起点			$F_{0,0}=0$	$x_0=6, y_0=0$	$E=12$
1	$F_{0,0}=0$	$-X$	$F_{1,0}=F_{0,0}-2x_0+1=0-12+1=-11$	$x_1=6-1=5, y_1=0$	$E=12-1=11$
2	$F_{1,0}<0$	$+Y$	$F_{1,1}=F_{1,0}+2y_1+1=-11+0+1=-10$	$x_2=5, y_2=0+1=1$	$E=11-1=10$
3	$F_{1,1}<0$	$+Y$	$F_{1,2}=F_{1,1}+2y_2+1=-10+2+1=-7$	$x_3=5, y_3=1+1=2$	$E=10-1=9$
4	$F_{1,2}>0$	$+Y$	$F_{1,3}=F_{1,2}+2y_3+1=-7+4+1=-2$	$x_4=5, y_4=2+1=3$	$E=9-1=8$
5	$F_{1,3}<0$	$+Y$	$F_{1,4}=F_{1,3}+2y_4+1=-2+6+1=5$	$x_5=5, y_5=3+1=4$	$E=8-1=7$
6	$F_{1,4}>0$	$-X$	$F_{2,4}=F_{1,4}-2x_5+1=5-10+1=-4$	$x_6=5-1=4, y_6=4$	$E=7-1=6$

续表

步数	偏差判别	坐标进给	偏差计算	坐标计算	终点判别
7	$F_{2,4}<0$	$+Y$	$F_{2,5}=F_{2,4}+2y_6+1=-4+8+1=5$	$x_7=4, y_7=4+1=5$	$E=6-1=5$
8	$F_{2,5}>0$	$-X$	$F_{3,5}=F_{2,5}-2x_7+1=5-8+1=-2$	$x_8=4-1=3, y_8=5$	$E=5-1=4$
9	$F_{3,5}<0$	$+Y$	$F_{3,6}=F_{3,5}+2y_8+1=-2+10+1=9$	$x_9=3, y_9=5+1=6$	$E=4-1=3$
10	$F_{3,6}>0$	$-X$	$F_{4,6}=F_{3,6}-2x_9+1=9-6+1=4$	$x_{10}=3-1=2, y_{10}=6$	$E=3-1=2$
11	$F_{4,6}>0$	$-X$	$F_{5,6}=F_{4,6}-2x_{10}+1=4-4+1=1$	$x_{11}=2-1=1, y_{11}=6$	$E=2-1=1$
12	$F_{5,6}>0$	$-X$	$F_{6,6}=F_{5,6}-2x_{11}+1=1-2+1=0$	$x_{12}=1-1=0, y_{12}=6$	$E=1-1=0$

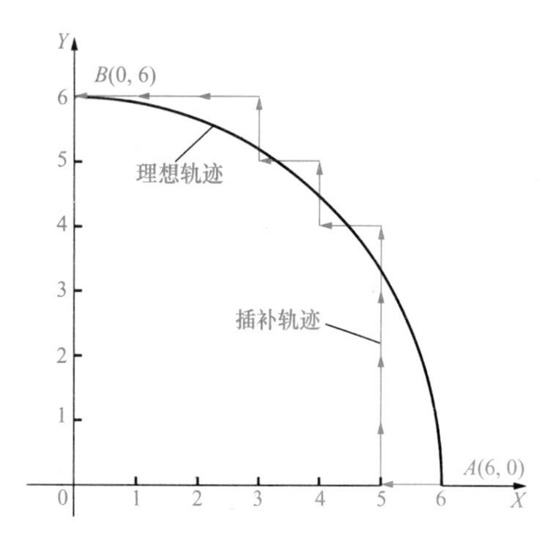

图 5-9 逐点比较法第一象限逆圆弧插补轨迹

2）插补第一象限顺圆弧

(1) 当 $F_{i,j}\geqslant 0$ 时，加工点 $P(x_i, y_j)$ 在圆弧上或圆弧外，$-Y$ 方向进给一个脉冲当量，即向趋近圆弧的圆内方向进给，到达新的加工点 $P_{i,j-1}$，此时 $y_{j-1}=y_j-1$，则新加工点 $P_{i,j-1}$ 的偏差判别函数 $F_{i,j-1}$ 为

$$
\begin{aligned}
F_{i,j-1} &= x_i^2 + y_{j-1}^2 - R^2 \\
&= x_i^2 + (y_j - 1)^2 - R^2 \\
&= (x_i^2 + y_j^2 - R^2) - 2y_j + 1 \\
&= F_{i,j} - 2y_j + 1
\end{aligned} \tag{5-8}
$$

(2) 当 $F_{i,j}<0$ 时，加工点 $P(x_i, y_j)$ 在圆弧内，$+X$ 方向进给一个脉冲当量，即向趋近圆弧的圆外方向进给，到达新的加工点 $P_{i+1,j}$，此时 $x_{i+1}=x_i+1$，则新加工点 $P_{i+1,j}$ 的偏差判别函数 $F_{i+1,j}$ 为

$$
\begin{aligned}
F_{i+1,j} &= x_{i+1}^2 + y_j^2 - R^2 \\
&= (x_i + 1)^2 + y_j^2 - R^2 \\
&= (x_i^2 + y_j^2 - R^2) + 2x_i + 1 \\
&= F_{i,j} + 2x_i + 1
\end{aligned} \tag{5-9}
$$

例 5-3 设加工第一象限顺圆弧 $\overset{\frown}{AB}$，起点 $A(0, 6)$，终点 $B(6, 0)$。试用逐点比较法对其进行插补并画出插补轨迹。

插补从圆弧的起点开始，故 $F_{0,0}=0$；终点判别寄存器 E 存入 X 和 Y 两个坐标方向的总步数，即 $E=6+6=12$，每进给一步减 1，$E=0$ 时停止插补。应用第一象限顺圆弧插补计算公式，其插补运算过程如表 5-3 所示，插补轨迹如图 5-10 所示。读者可扫描二维码，查看该插补轨迹的动画。

表 5-3 逐点比较法第一象限顺圆弧插补运算举例

步数	偏差判别	坐标进给	偏差计算	坐标计算	终点判别
起点			$F_{0,0}=0$	$x_0=0, y_0=6$	$E=12$
1	$F_{0,0}=0$	$-Y$	$F_{0,1}=F_{0,0}=0-2y_0+1=0-12+1=-11$	$x_1=0, y_1=6-1=5$	$E=12-1=11$
2	$F_{0,1}<0$	$+X$	$F_{1,1}=F_{0,1}+2x_1+1=-11+0+1=-10$	$x_2=0+1=1, y_2=5$	$E=11-1=10$
3	$F_{1,1}<0$	$+X$	$F_{2,1}=F_{1,1}+2x_2+1=-10+2+1=-7$	$x_3=1+1=2, y_3=5$	$E=10-1=9$
4	$F_{2,1}<0$	$+X$	$F_{3,1}=F_{2,1}+2x_3+1=-7+4+1=-2$	$x_4=2+1=3, y_4=5$	$E=9-1=8$

续表

步数	偏差判别	坐标进给	偏差计算	坐标计算	终点判别
5	$F_{3,1}<0$	$+X$	$F_{4,1}=F_{3,1}+2x_4+1=-2+6+1=5$	$x_5=3+1=4,\ y_5=5$	$E=8-1=7$
6	$F_{4,1}>0$	$-Y$	$F_{4,2}=F_{4,1}-2y_5+1=5-10+1=-4$	$x_6=4,\ y_6=5-1=4$	$E=7-1=6$
7	$F_{4,2}<0$	$+X$	$F_{5,2}=F_{4,2}+2x_6+1=-4+8+1=5$	$x_7=4+1=5,\ y_7=4$	$E=6-1=5$
8	$F_{5,2}>0$	$-Y$	$F_{5,3}=F_{5,2}-2y_7+1=5-8+1=-2$	$x_8=5,\ y_8=4-1=3$	$E=5-1=4$
9	$F_{5,3}<0$	$+X$	$F_{6,3}=F_{5,3}+2x_8+1=-2+10+1=9$	$x_9=5+1=6,\ y_9=3$	$E=4-1=3$
10	$F_{6,3}>0$	$-Y$	$F_{6,4}=F_{6,3}-2y_9+1=9-6+1=4$	$x_{10}=6,\ y_{10}=3-1=2$	$E=3-1=2$
11	$F_{6,4}>0$	$-Y$	$F_{6,5}=F_{6,4}-2y_{10}+1=4-4+1=1$	$x_{11}=6,\ y_{11}=2-1=1$	$E=2-1=1$
12	$F_{6,5}>0$	$-Y$	$F_{6,6}=F_{6,5}-2y_{11}+1=1-2+1=0$	$x_{12}=6,\ y_{12}=1-1=0$	$E=1-1=0$

以上仅讨论了逐点比较法插补第一象限顺、逆圆弧的原理和计算公式，插补其他象限圆弧的方法同直线插补一样，通常也有两种方法。

(1) 分别处理法。

可根据上面插补第一象限圆弧的分析方法，分别建立其他三个象限顺、逆圆弧的偏差函数计算公式，这样会有 8 组计算公式，脉冲进给的方向由实际象限决定。

(2) 坐标变换法。

通过坐标变换将其他各象限顺、逆圆弧插补计算公式都统一于第一象限的逆圆弧插补公式，不管哪个象限的圆弧都按第一象限逆圆弧进行插补计算，而进给脉冲的方向则仍由实际象限决定。该种方法也是最常采用的方法。

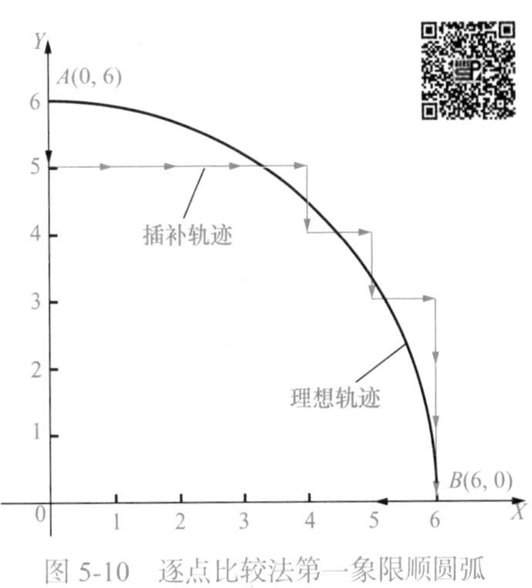

图 5-10　逐点比较法第一象限顺圆弧插补轨迹

坐标变换就是将其他各象限圆弧的加工点的坐标均取绝对值，这样，按第一象限逆圆弧插补运算时，如果将 X 轴的进给反向，即可插补出第二象限顺圆弧；将 Y 轴的进给反向，即可插补出第四象限顺圆弧；将 X、Y 轴的进给都反向，即可插补出第三象限逆圆弧。也就是说，第二象限顺圆弧、第三象限逆圆弧及第四象限顺圆弧的插补计算公式和插补流程图与插补第一象限逆圆弧时一样。同理，第二象限逆圆弧、第三象限顺圆弧及第四象限逆圆弧的插补计算公式和插补流程图与插补第一象限顺圆弧时一样。

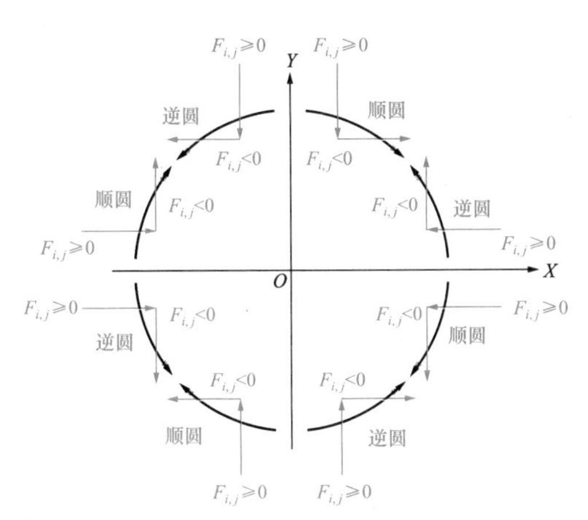

图 5-11　逐点比较法插补不同象限顺、逆圆弧的偏差符号和进给方向

从插补计算公式及例 5-2、例 5-3 中还可以看出，按第一象限逆圆弧插补时，把插补运算公式的 X 坐标和 Y 坐标对调，即以 X 作 Y、以 Y 作 X，那么就得到第一象限顺圆弧。

插补四个象限的顺、逆圆弧时偏差符号和进给方向可用图 5-11 所示的简图表示。

逐点比较法插补圆弧时，相邻象限的圆弧插补计算方法不同，进给方向也不同，过了象限如果不改变插补计算方法和进给方向，就会发生错误。圆弧过象限的标志是 x_i=0 或 y_j=0。每走一步，除进行终点判别外，还要进行过象限判别，到达过象限点时要进行插补运算的变换。

5.3 数字积分法

数字积分法又称数字微分分析器(digital differential analyzer, DDA)法，其利用数字积分的原理，计算刀具沿坐标轴的位移，使刀具沿着所加工的轨迹运动。

由高等数学可知，函数的积分运算可转化为对变量的求和运算。数字积分法正是利用了这样一个原理，将运动坐标轴的位移积分计算转化为对微位移的累加求和运算，并根据每次累加的结果决定是否输出位移脉冲指令。如图 5-12(a)所示，假设需要从 x 轴零点 O 向右运动到终点 A，先取微位移Δx(Δx<1 个脉冲当量)，然后对Δx 进行累加运算。随着累加次数逐渐增加，对应动点的 x 坐标也不断增大。由图 5-12(b)可见，当完成第 3 次累加后，位移之和已经超出 1 个脉冲当量。由于数字积分法本质上属于基准脉冲插补法，脉冲当量是最小位移量，因此这时可利用这个信息作为触发信号，让数控系统向 x 坐标轴发出一个控制脉冲，使之产生一个脉冲当量的位移，从坐标零点步进到坐标为 1 的位置。此后，累加运算不清零继续进行，如图 5-12(c)所示，当位移之和超出 2 个脉冲当量时，再向 x 坐标轴发出一个控制脉冲，依次类推，直到运动到终点 A，插补结束。读者可扫描二维码，查看该累加过程的动画，加深对数字积分原理的理解。

假设上述运动过程中共累加了 m 次，输出了 d 个脉冲，则总位移可用累加公式表示为

$$d=\sum_{i=0}^{m}\Delta x \tag{5-10}$$

考虑到脉冲当量很小，Δx 比脉冲当量更小，而总位移 d 一般很大，由式(5-10)可见，累加次数 m 必然是一个较大的数值，这就容易导致累加器因容量有限而发生溢出。为此，在实际应用上述积分原理时，常选取累加器所能表示的最大数值作为脉冲当量，并把累加器的加法溢出信号作为输出位移脉冲指令的指示信号。这样，每当发生溢出之后，累加器自动丢弃了用于表示第几个输出脉冲的高位整数，只需在原有的余数基础上继续进行累加运算即可。从图 5-12(c)可知，与原来直接累加计算方式相比，这种处理方式所得到的指令脉冲输出是相同的。

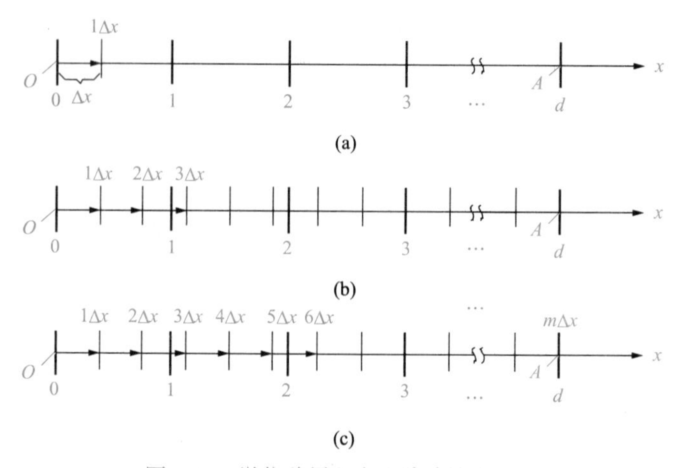

图 5-12 微位移累积产生脉冲输出原理

对于多坐标轴插补，数字积分法只需为每一个坐标轴分别设置一个累加器，并根据待插补轮廓线条的几何关系确定各个坐标轴的微位移量$\Delta x,\Delta y,\Delta z,\cdots$，然后进行同步累加运算，每完成一次累加就检查溢出情况，让发生了溢出的坐标轴进给一步，如此不断重复，即可生成符合轮廓特征的多轴运动轨迹。由此可见，采用 DDA 法进行插补，不仅运算速度快、脉冲分配均匀，而且易于实现多坐标联动或多坐标空间曲线的插补，所以在轮廓控制数控系统中得到了广泛应用。

下面分别介绍 DDA 法直线和圆弧插补的原理。

5.3.1　DDA 法直线插补

在 X-Y 平面上对直线 OA 进行插补，如图 5-13 所示，直线的起点在原点 $O(0,0)$，终点为 $A(x_e,y_e)$，设进给速度 V 是均匀的，直线 OA 的长度为 L，则有

$$\frac{V}{L}=\frac{V_x}{x_e}=\frac{V_y}{y_e}=k \tag{5-11}$$

其中，V_x、V_y 分别表示动点在 X 和 Y 方向的移动速度；k 为比例系数。

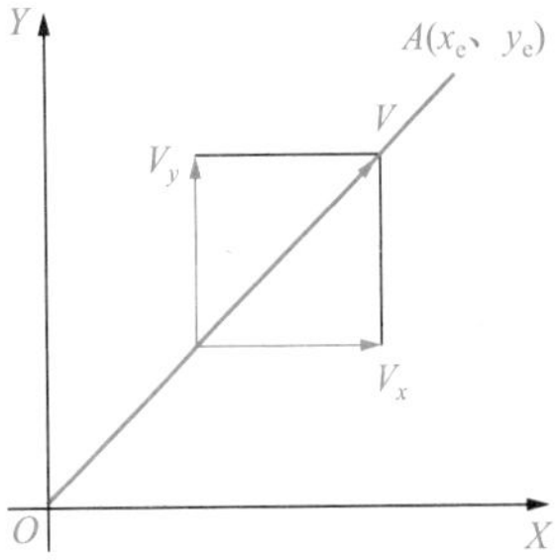

图 5-13　DDA 法直线插补原理

由式(5-11)可得

$$\begin{cases}V_x=kx_e\\V_y=ky_e\end{cases} \tag{5-12}$$

在Δt时间内，X 和 Y 方向上的移动距离微小增量Δx、Δy 应为

$$\begin{cases}\Delta x=V_x\Delta t\\\Delta y=V_y\Delta t\end{cases} \tag{5-13}$$

将式(5-12)代入式(5-13)得

$$\begin{cases}\Delta x=V_x\Delta t=kx_e\Delta t\\\Delta y=V_y\Delta t=ky_e\Delta t\end{cases} \tag{5-14}$$

因此，动点从原点走向终点的过程，可以看作各坐标每经过一个单位时间间隔Δt 分别以增量 kx_e、ky_e 同时累加的结果。设经过 m 次累加后，X 和 Y 方向分别都到达终点 $A(x_e,y_e)$，则

$$\begin{cases}x_e=\sum\limits_{i=1}^{m}(kx_e)\Delta t=mkx_e\Delta t\\y_e=\sum\limits_{i=1}^{m}(ky_e)\Delta t=mky_e\Delta t\end{cases} \tag{5-15}$$

取Δt=1，则有

$$\begin{cases}x_e=mkx_e\\y_e=mky_e\end{cases} \tag{5-16}$$

式(5-14)变为

$$\begin{cases}\Delta x=kx_e\\\Delta y=ky_e\end{cases} \tag{5-17}$$

由式(5-16)可知 $mk=1$，即

$$m=\frac{1}{k} \tag{5-18}$$

因为累加次数 m 必须是整数，所以比例系数 k 一定为小数。选取 k 时主要考虑Δx、Δy 应小于

1，以保证坐标轴上每次分配的进给脉冲小于一个单位步距，即由式(5-17)得

$$\begin{cases}\Delta x = kx_e < 1 \\ \Delta y = ky_e < 1\end{cases} \tag{5-19}$$

另外，x_e、y_e 的最大容许值受寄存器的位数 n 的限制，最大值为 2^n-1，所以由式(5-19)得

$$k(2^n-1)<1\text{，即 } k<\frac{1}{2^n-1}$$

一般取

$$k=\frac{1}{2^n} \tag{5-20}$$

则有

$$m=2^n \tag{5-21}$$

式(5-21)说明 DDA 法直线插补的整个过程要经过 2^n 次累加才能到达直线的终点。

当 $k=1/2^n$ 时，对二进制数来说，kx_e 与 x_e 的差别只在于小数点的位置不同，将 x_e 的小数点左移 n 位即 kx_e。因此在 n 位的内存中存放 x_e(x_e 为整数)和存放 kx_e 的数字是相同的，只是认为后者的小数点出现在最高位数 n 的前面。这样，对 kx_e 与 ky_e 的累加就分别可转变为对 x_e 与 y_e 的累加。

DDA 法插补器的关键部件是累加器和被积函数寄存器，每一个坐标方向都需要一个累加器和一个被积函数寄存器。以插补 X-Y 平面上的直线为例，一般情况下，插补开始前，累加器清零，被积函数寄存器分别寄存 x_e 和 y_e；插补开始后，每发出一个累加脉冲Δt，被积函数寄存器里的坐标值在相应的累加器中累加一次，累加后的溢出作为驱动相应坐标轴的进给脉冲Δx 或Δy，而余数仍寄存在累加器中；当累加脉冲数 m 恰好等于被积函数寄存器的容量 2^n 时，溢出的脉冲数等于以脉冲当量为最小单位的终点坐标，表明刀具运行到终点。X-Y 平面的 DDA 法直线插补器的示意图如图 5-14 所示。

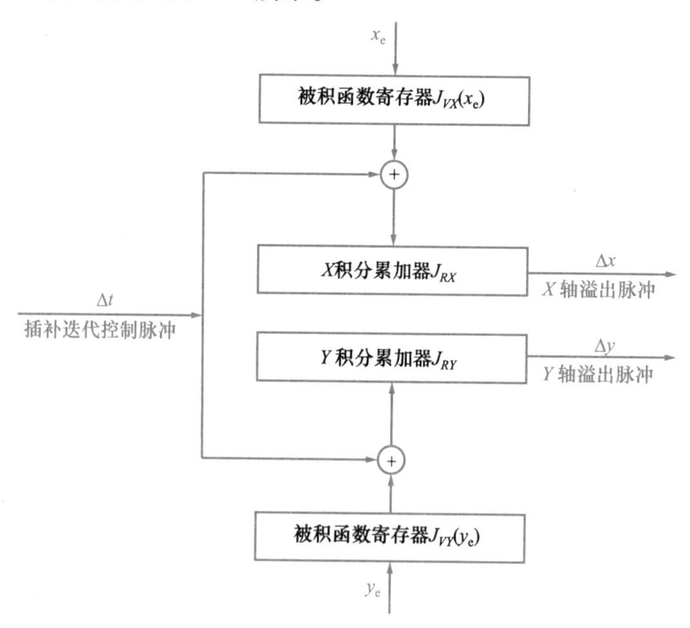

图 5-14　DDA 法直线插补器示意图

DDA 法直线插补的终点判别比较简单。由以上分析可知，插补一直线段时只需完成 $m=2^n$ 次累加运算，即可到达终点位置。因此，可以将累加次数 m 是否等于 2^n 作为终点判别的依

据，只要设置一个位数也为 n 位的终点计数寄存器，用来记录累加次数，当计数器记满 2^n 个数时，停止插补运算。

用软件实现 DDA 法直线插补时，在内存中设立几个存储单元，分别存放 x_e 及其累加值 $\sum x_e$ 和 y_e 及其累加值 $\sum y_e$，在每次插补运算循环过程中进行以下求和运算：

$$\sum x_e + x_e \rightarrow \sum x_e$$
$$\sum y_e + y_e \rightarrow \sum y_e$$

用运算结果溢出的脉冲 Δx 和 Δy 来控制机床进给，就可走出所需的直线轨迹。DDA 法插补第一象限直线的程序流程图如图 5-15 所示。

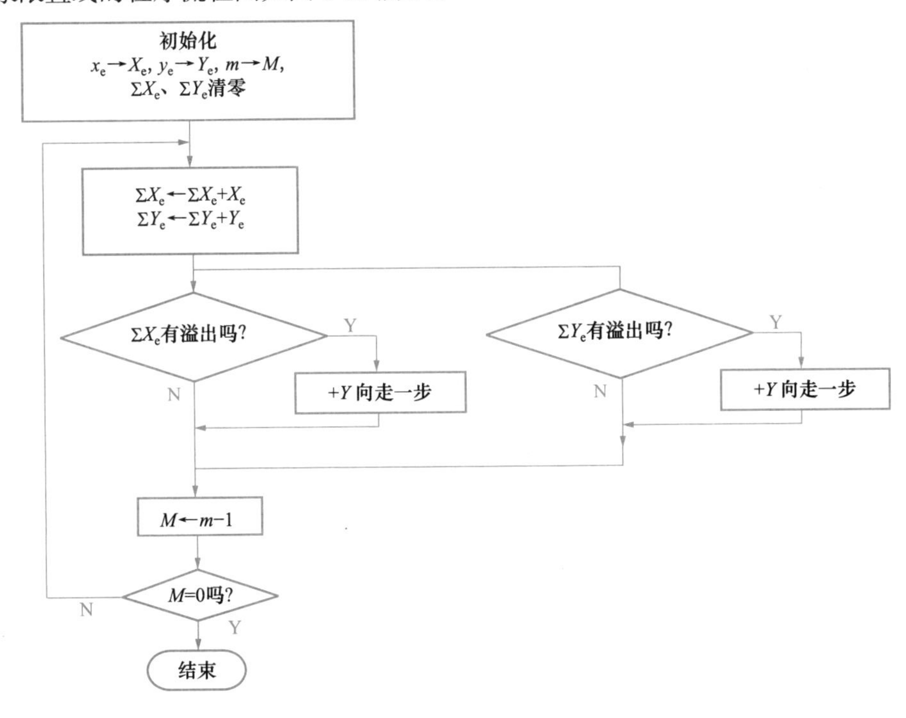

图 5-15　DDA 法插补第一象限直线程序流程图

例 5-4　设直线 OA 的起点在原点 $O(0, 0)$，终点为 $A(8, 6)$，采用四位寄存器，试写出直线 OA 的 DDA 法插补过程并画出插补轨迹。

由于采用四位寄存器，所以累加次数 $m=2^4=16$，寄存器的最大容量值为 $2^4-1=15$，满 16 即产生溢出。插补计算过程见表 5-4，插补轨迹如图 5-16 所示。读者可扫描二维码，查看该插补轨迹的动画。

表 5-4　**DDA 法直线插补运算过程**

累加次数 m	X 积分器			Y 积分器		
	J_{VX}(存 x_e)	$J_{RX}(\Sigma x_e)$	Δx	J_{VY}(存 y_e)	$J_{RY}(\Sigma y_e)$	Δy
0	1000	0	0	0110	0	0
1		1000	0		0110	0
2		0000	+1		1100	0
3		1000	0		0010	+1

续表

累加次数 m	X积分器			Y积分器		
	J_{VX}(存 x_e)	$J_{RX}(\sum x_e)$	Δx	J_{VY}(存 y_e)	$J_{RY}(\sum y_e)$	Δy
4		0000	+1		1000	0
5		1000	0		1110	0
6		0000	+1		0100	+1
7		1000	0		1010	0
8		0000	+1		0000	+1
9		1000	0		0110	0
10		0000	+1		1100	0
11		1000	0		0010	+1
12		0000	+1		1000	0
13		1000	0		1110	0
14		0000	+1		0100	+1
15		1000	0		1000	0
16		0000	+1		0000	+1

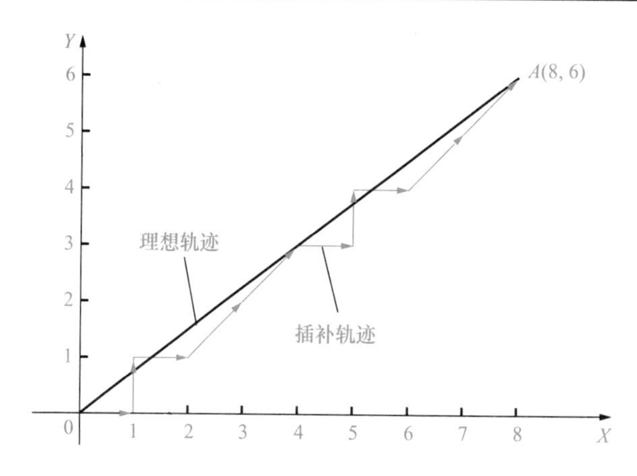

图 5-16 DDA 法直线插补轨迹

以上仅讨论了 DDA 法插补第一象限直线的原理和计算公式，插补其他象限的直线时，一般将其他各象限直线的终点坐标均取绝对值，这样，它们的插补计算公式和插补流程图便与插补第一象限直线时一样，而脉冲进给方向总是直线终点坐标绝对值增加的方向。

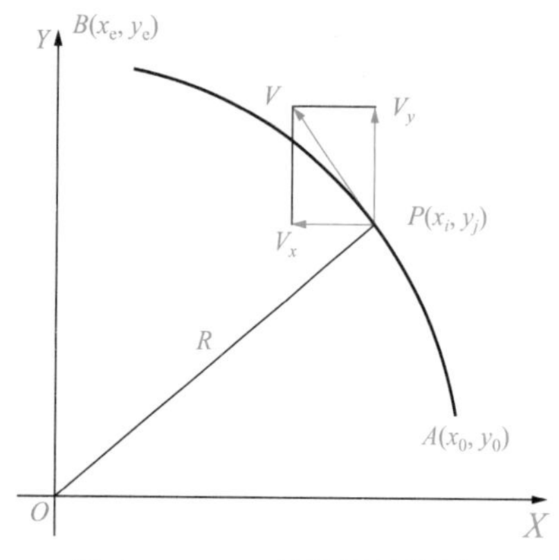

图 5-17 DDA 法圆弧插补原理

5.3.2 DDA 法圆弧插补

下面以第一象限逆圆弧为例，说明 DDA 法圆弧插补原理。如图 5-17 所示，设刀具沿半径为 R 的圆弧 $\overset{\frown}{AB}$ 移动，刀具沿圆弧切线方向的进给速度为 V，点 $P(x_i, y_j)$ 为动点。根据圆的方程 $x^2 + y^2 = R^2$，等式两边同时对时间参数 t 求导，可得

$$2x\frac{\mathrm{d}x}{\mathrm{d}t}+2y\frac{\mathrm{d}y}{\mathrm{d}t}=0$$

即

$$\frac{\mathrm{d}y}{\mathrm{d}t}\bigg/\frac{\mathrm{d}x}{\mathrm{d}t}=-\frac{x}{y} \tag{5-22}$$

由此可导出第一象限逆圆弧加工时动点沿坐标轴方向的速度分量为

$$\begin{cases}V_x=\dfrac{\mathrm{d}x}{\mathrm{d}t}=-ky=-ky_j\\[2mm] V_y=\dfrac{\mathrm{d}y}{\mathrm{d}t}=kx=kx_i\end{cases} \tag{5-23}$$

其中，k 为比例系数。式(5-23)表明速度分量 V_x 和 V_y 是随动点的变化而变化的。在一个单位时间间隔Δt 内，X 和 Y 方向上的微小位移增量Δx、Δy 为

$$\begin{cases}\Delta x=V_x\Delta t=-ky_j\Delta t\\ \Delta y=V_y\Delta t=kx_i\Delta t\end{cases} \tag{5-24}$$

据式(5-24)可写出第一象限逆圆弧加工时 DDA 法插补表达式为

$$\begin{cases}x=\displaystyle\int_0^t(-ky)\mathrm{d}t=-k\sum_{j=1}^{n}y_j\cdot\Delta t\\[2mm] y=\displaystyle\int_0^t kx\mathrm{d}t=k\sum_{i=1}^{m}x_i\cdot\Delta t\end{cases} \tag{5-25}$$

根据式(5-25)，仿照直线插补的方法也用两个积分器来实现圆弧插补，如图 5-18 所示。图中系数 k 的省略原因和直线时类同。但必须注意 DDA 法圆弧插补与直线插补的区别。

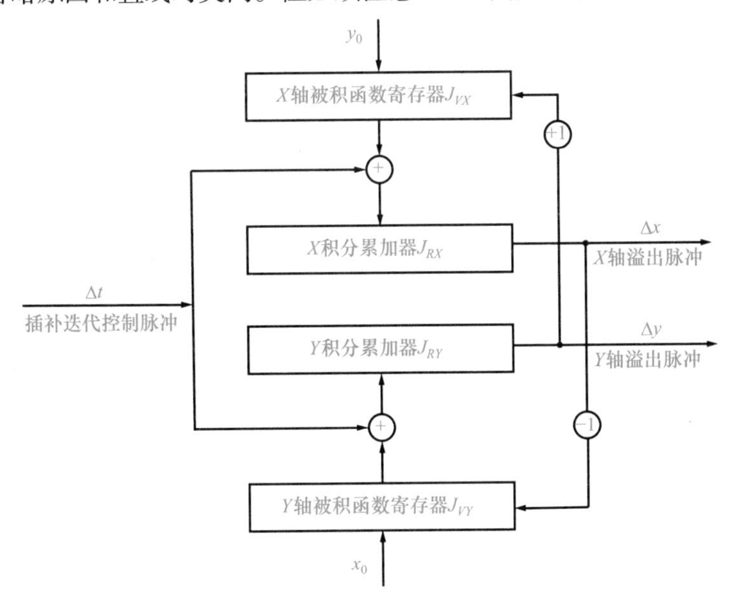

图 5-18　DDA 法圆弧插补器示意图

(1)坐标值 x_i、y_j 存入被积函数寄存器 J_{VX}、J_{VY} 的对应关系与直线不同，恰好位置互调，即 y_j 存入 J_{VX}，而 x_i 存入 J_{VY} 中。

(2)被积函数寄存器 J_{VX}、J_{VY} 寄存的数值与直线插补时还有一个本质的区别：直线插补时

J_{VX}、J_{VY}寄存的是终点坐标 x_e 或 y_e，是常数；而在圆弧插补时寄存的是动点坐标 x_i 或 y_j，是变量。因此在刀具移动过程中必须根据刀具位置的变化来更改寄存器 J_{VX}、J_{VY}中的内容。在起点时，J_{VX}、J_{VY}分别寄存起点坐标值 y_0、x_0；在插补过程中，J_{RY}每溢出一个Δy 脉冲，J_{VX}寄存器应该加“1”修正；反之，当 J_{RX}溢出一个Δx 脉冲时，J_{VY}应该减“1”修正。减“1”修正的原因是刀具在做逆圆运动时，x 坐标做负方向进给，动点坐标不断减少。

表 5-5 完整地列出了用 DDA 法圆弧插补第一～四象限的顺圆弧（SR）和逆圆弧（NR）时被积函数寄存器 J_{VX}、J_{VY}的变化情况，以及增量脉冲Δx 和Δy 沿坐标轴进给的方向。由表 5-5 中前两行可见，DDA 法圆弧插补有这样的规律：在同一个象限内，x_i、y_j 其中一个坐标的绝对值总是不断增加，而另一个坐标的绝对值总是不断减少，修正符号总是一正一负。因为只有这样，才能形成圆弧形状。

表 5-5 DDA 法圆弧插补时坐标值的修改

	SR1	SR2	SR3	SR4	NR1	NR2	NR3	NR4
$J_{VX}(y_j)$	−1	+1	−1	+1	+1	−1	+1	−1
$J_{VY}(x_i)$	+1	−1	+1	−1	−1	+1	−1	+1
Δx	+	+	−	−	−	−	+	+
Δy	−	+	+	−	+	−	−	+

DDA 法圆弧插补的终点判别方法为：各轴各设一个终点判别计数器分别判别其是否到达终点，每进给一步，相应轴的终点判别计数器减 1，当某轴的终点判别计数器减为 0 时，该轴停止进给。当各轴的终点判别计数器都减为 0 时表明到达终点，停止插补。另外也可根据 J_{VX}、J_{VY}中的存数来判断是否到达终点，如果 J_{VX}中的存数是 y_e、J_{VY}中的存数是 x_e，则圆弧插补到终点。

例 5-5 设第一象限逆圆弧的起点为 $A(5, 0)$，终点为 $B(0, 5)$，采用三位寄存器，试写出 DDA 法插补过程并画出插补轨迹。

在 X 和 Y 方向分别设一个终点判别计数器 E_X、E_Y，E_X=5，E_Y=5，X 积分器和 Y 积分器有溢出时，就在相应的终点判别计数器中减“1”，当两个计数器均为 0 时，插补结束。插补计算过程见表 5-6，插补轨迹如图 5-19 所示。读者可扫描二维码，查看该插补轨迹的动画。

表 5-6 DDA 法圆弧插补运算过程

累加次数 m	X 积分器			E_X	Y 积分器			E_Y
	J_{VX}(存 y_j)	J_{RX}	Δx		J_{VY}(存 x_i)	J_{RY}	Δy	
0	000	000	0	101	101	000	0	101
1	000	000	0	101	101	101	0	101
2	000	000	0	101	101	010	+1	100
	001							
3	001	001	0	101	101	111	0	100
4	001	010	0	101	101	100	+1	011
	010							

续表

累加次数 m	X积分器			E_X	Y积分器			E_Y
	J_{VX}(存 y_i)	J_{RX}	Δx		J_{VY}(存 x_i)	J_{RY}	Δy	
5	010	100	0	101	101	001	+1	010
	011							
6	011	111	0	101	101	110	0	010
7	011	010	−1	100	101	011	+1	001
	100				100			
8	100	110	0	100	100	111	0	001
9	100	010	−1	011	100	011	+1	000
	101				011			
10	101	111	0	011	011			
11	101	100	−1	001	011			
					010			
12	101	001	−1	001	010			
					001			
13	101	110	0	001	001			
14	101	001	−1	000	001			
					000			

5.3.3　提高 DDA 法插补质量的措施

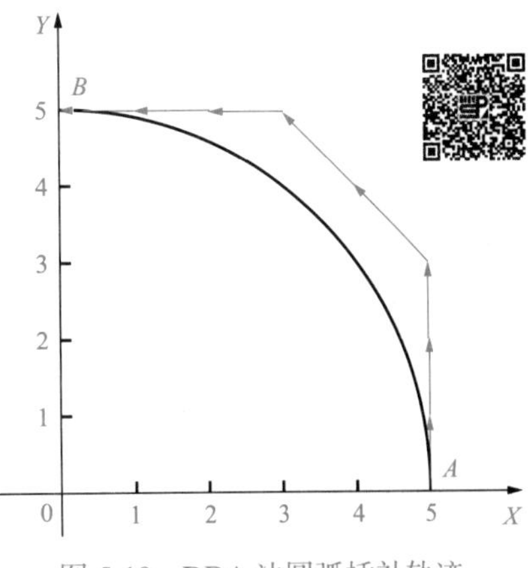

图 5-19　DDA 法圆弧插补轨迹

1. 进给速度的均匀化措施——左移规格化

由式(5-11)和式(5-23)可将直线插补与圆弧插补时的进给速度分别表示为

$$V=\frac{1}{2^n}Lf\delta,\quad V=\frac{1}{2^n}Rf\delta \tag{5-26}$$

其中，f 为插补脉冲的频率；δ 为坐标轴的脉冲当量。

显然，进给速度受到被加工直线的长度和被加工圆弧半径的影响。另外，分析上述 DDA 法直线插补的过程可知，不论被积函数寄存器中的存数大小，即不论加工行程长短，都必须同样完成 $m=2^n$ 次累加运算才能到达终点，也就是说行程长，走刀快，行程短，走刀慢，所以，各程序段的进给速度是不一致的，这样影响了加工的表面质量，特别是行程短的程序段生产率低。为了克服这一缺点，使溢出脉冲均匀，并提高溢出速度，通常可采用设置进给速率数(feed rate number, FRN)或左移规格化等改善措施。较为常用的是左移规格化。

1) 设置进给速率数(FRN)

FRN 对于直线插补和圆弧插补可以分别表示为

$$\begin{cases}\mathrm{FRN}=\dfrac{V}{L}=\dfrac{1}{2^n}f\delta \\ \mathrm{FRN}=\dfrac{V}{R}=\dfrac{1}{2^n}f\delta\end{cases} \tag{5-27}$$

则 V=FRN · L 或 V=FRN · R，通过调整 FRN 的值来调整插补脉冲频率 f 的大小，使其与给定的进给速度相协调，减小线长 L 与圆弧半径 R 对进给速度的影响。

2）左移规格化

一般规定：寄存器中所存在的数，若最高位为“1”，称为规格化数；反之，最高位为“0”，称为非规格化数。由此，对于规格化数，累加运算两次必有一次溢出；对于非规格化数，必须作两次甚至多次累加运算才有溢出。直线插补与圆弧插补的左移规格化处理稍有不同，下面分别加以介绍。

（1）直线插补的左移规格化。

在直线插补时，将被积函数寄存器 J_{VX}、J_{VY} 中的非规格化数 x_e、y_e 等同时左移，直到 J_{VX}、J_{VY} 中至少有一个数是规格化数，称为直线插补的左移规格化。左移一位相当于乘 2，左移两位相当于乘 2^2，依次类推，这意味着把 X、Y 两个方向的脉冲分配速度扩大同样的倍数，两者数值之比不变，所以直线斜率也不变。

因为寄存器中的数每左移一位，数值增大一倍，即乘 2，这时 kx_e 或 ky_e 的比例系数 k 应改为 $k=1/2^{n-1}$，所以累加次数为 $m=2^{n-1}$ 次，减小 1/2。若左移 s 位，则 $m=2^{n-s}$ 次。为此，进行左移规格化的同时，终点判别计数器中的数也应相应地从最高位输入“1”并右移来缩短计数长度。图 5-20 为左移规格化及修改终点判别计数长度的一个实例。

	左移前	左移一位	左移三位
J_{VX}	000011	000110	011000
J_{VY}	000101	001010	101000
E	000000	100000	111000

图 5-20　左移规格化示例

例如，在第一象限内有一直线 OA，起点在坐标原点，终点为 $A(7, 5)$，寄存器位数为 4 位。左移规格化前寄存器中的数为 0111 及 0101，需累加运算 16 次。左移规格化后寄存器中的数为 1110 及 1010，只需累加运算 8 次就完成了。图 5-21 为左移规格化前后的插补轨迹。读者可扫描二维码，查看该插补轨迹的动画。

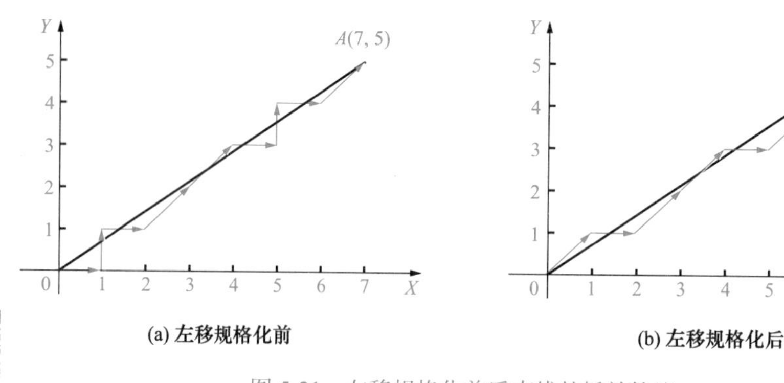

(a) 左移规格化前　　(b) 左移规格化后

图 5-21　左移规格化前后直线的插补轨迹

（2）圆弧插补的左移规格化。

圆弧插补时，也可用左移规格化的方法提高溢出速度和实现进给速度均匀化。但是圆弧插补与直线插补不同，在其插补过程中，被积函数寄存器 J_{VX}、J_{VY} 中的数，随着加工过程的进行需不断地修改，寄存数可能不断增加（即作加“1”修正），若仍取最高位为“1”作规格化数，则有可能在加“1”修正后导致溢出。为避免溢出，圆弧插补的左移规格化是使坐标值最大的被积函数寄存器的次高位为“1”（即保持一个前零），也就是说，在圆弧插补中将 J_{VX}、J_{VY} 寄存器中次高位为“1”的数称为圆弧插补的规格化数。由于规格化数提前一位产生，就要求寄存器的容量必须大于被加工圆弧半径的两倍。

另外，左移 s 位，相当于 X、Y 方向的坐标值扩大了 2^s 倍，即 J_{VX}、J_{VY} 寄存器的数分别为 $2^s y_j$ 及 $2^s x_i$，这样，当 Y 积分器溢出 Δy 时，J_{VX} 寄存器中的数应改为 $2^s y_j \rightarrow 2^s(y_j+1)=2^s y_j+2^s$。表明，若规格化过程中左移 s 位，当 J_{RY} 中溢出一个脉冲时，J_{VX} 寄存器应该增加 2^s，即 J_{VX} 寄存器第 $s+1$ 位加“1”。同理，当 J_{RX} 中溢出一个脉冲时，J_{VY} 寄存器应该减小 2^s，即 J_{VY} 寄存器第 $s+1$ 位减“1”。

可见，虽然直线插补和圆弧插补时的规格化数不一致，但均能提高溢出速度。直线插补时，经规格化后最大坐标的被积函数可能的最大值为 111…111，可能的最小值为 100…000，最大坐标每次迭代都有溢出，最小坐标每两次迭代也会有溢出，可见其溢出速率仅相差一倍；而在圆弧插补时，经规格化后最大坐标的被积函数可能的最大值为 011…111，可能的最小值为 010…000，其溢出速率也相差一倍。因此，经过左移规格化后，不仅提高了溢出速度，而且使溢出脉冲变得比较均匀，所以加工的效率和质量都大为提高。

2. 提高插补精度的措施——余数寄存器预置数

前已述及，DDA 法直线插补的插补误差小于一个脉冲当量，但是 DDA 法圆弧插补的插补误差有可能大于一个脉冲当量，其原因是：①DDA 法插补运动采用步进式，在一步(一个脉冲当量距离)范围内，用切线代替圆弧是有误差的，而且下一步又在前一步的基础上判断新的走向，最后必然产生误差累积，结果导致圆弧插补误差大于一个脉冲当量；②数字积分器溢出脉冲的频率与被积函数寄存器的存数成正比，当在坐标轴附近进行插补时，一个积分器的被积函数寄存器中的值接近于零，而另一个积分器的被积函数寄存器中的值却接近最大值(圆弧半径)，这样，后者可能连续溢出，而前者几乎没有溢出，两个积分器的溢出脉冲速率相差很大，致使插补轨迹偏离理论曲线(图 5-19 和表 5-6)。

为了减小插补误差，提高插补精度，可以把积分器的位数增多，从而增加迭代次数。这相当于把图 5-12 中矩形积分的小区间 Δx 取得更小。这样做可以减小插补误差，但是进给速度却降低了，所以我们不能无限制地增加寄存器的位数。在实际的积分器中，常常应用一种简便而行之有效的方法，称为余数寄存器预置数，即在 DDA 法插补之前，余数寄存器 J_{RX}、J_{RY} 预置某一数值(不是零)，这一数值可以是最大容量，即 2^n-1，也可以是小于最大容量的某一个数，如 $2^n/2$，常用的则是预置最大容量值(称为全加载)和预置 0.5(称为半加载)两种。

半加载是在 DDA 法插补迭代前，余数寄存器 J_{RX}、J_{RY} 的初值不是置零，而是置为 1000…000(即 0.5)，也就是说，把余数寄存器 J_{RX}、J_{RY} 的最高有效位置“1”，其余各位均置“0”，这样，只要再叠加 0.5，余数寄存器就可以产生第一个溢出脉冲，使积分器提前溢出。这在被积函数较小、迟迟不能产生溢出的情况下，有很大的实际意义，它改善了溢出脉冲的时间分布，减小了插补误差。

半加载可以使直线插补的误差减小到半个脉冲当量以内。例如，如图 5-22 所示，对起点在原点、终点为 $A(15, 1)$ 的直线进行插补，未半加载时，X 积分器除第 1 次迭代没有溢出外，其余 15 次迭代均有溢出；而 Y 积分器在第 16 次迭代时才有溢出。若半加载，则 X 积分器除第 9 次迭代没有溢出外，其余 15 次迭代均有溢出；而 Y 积分器的溢出提前到第 8 次迭代。这样改善了溢出脉冲的时间分布，提高了插补精度。

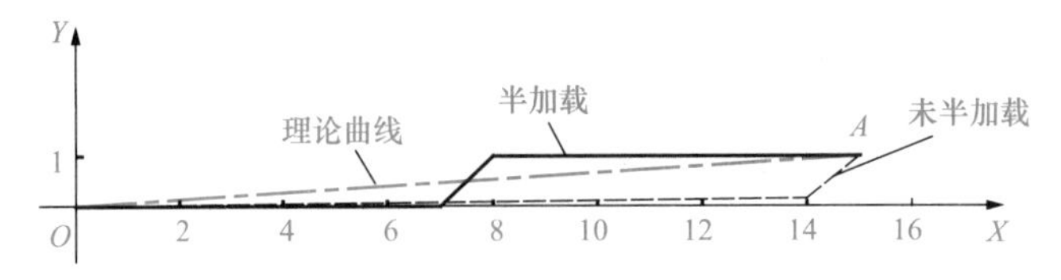

图 5-22 半加载后的直线插补轨迹

半加载也可以使圆弧的插补精度得到明显改善。例如，对例 5-5 进行半加载，其插补轨迹如图 5-23 中的实折线所示，插补计算过程见表 5-7。读者可扫描二维码，查看该插补轨迹的动画。仔细比较表 5-6 和表 5-7 可以发现，半加载使 X 积分器的脉冲溢出提前了，从而提高了插补精度。

表 5-7 **半加载后 DDA 法圆弧插补运算过程**

累加次数 m	X 积分器			E_X	Y 积分器			E_Y
	J_{VX}(存 y_j)	J_{RX}	Δx		J_{VY}(存 x_i)	J_{RY}	Δy	
0	000	100	0	101	101	100	0	101
1	000	100	0	101	101	001	+1	100
	001							
2	001	101	0	101	101	110	0	100
3	001	110	0	101	101	011	+1	011
	010							
4	010	000	−1	100	101	000	+1	010
	011				100			
5	011	011	0	100	100	100	0	010
6	011	110	0	100	100	000	+1	001
	100							
7	100	010	−1	011	100	100	0	001
8					011			
	100	110	0	011	011	111	0	001
9	100	010	−1	010	011	010	+1	000
	101				010			
10	101	111	0	010	010			
11	101	100	−1	001	010			
					001			
12	101	001	−1	000	001			
					000			

全加载是在 DDA 法插补迭代前，余数寄存器 J_{RX}、J_{RY} 的初值置成该寄存器的最大容量值，

即 n 位寄存器置入初值 2^n-1，这会使被积函数寄存器内存入的坐标值较小的积分器提早产生溢出，改善了插补精度。例如，对例 5-5 进行全加载，其插补轨迹如图 5-24 中的实折线所示，插补计算过程见表 5-8。读者可扫描二维码，查看该插补轨迹的动画。

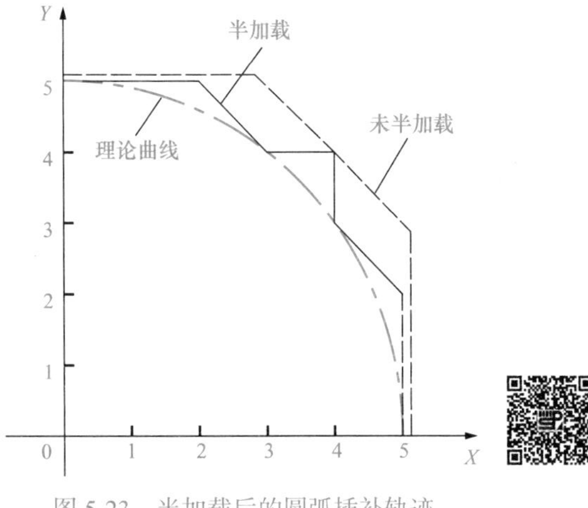

图 5-23　半加载后的圆弧插补轨迹

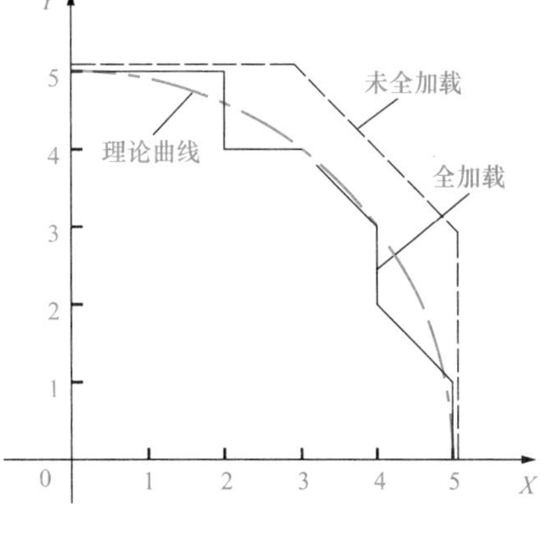

图 5-24　全加载后的圆弧插补轨迹

表 5-8　全加载后 DDA 法圆弧插补运算过程

累加次数 m	X 积分器			E_X	Y 积分器			E_Y
	J_{VX}(存 y_j)	J_{RX}	Δx		J_{VY}(存 x_i)	J_{RY}	Δy	
0	000	111	0	101	101	111	0	101
1	000	111	0	101	101	100	+1	100
	001							
2	001	000	−1	100	101	001	+1	011
	010				100			
3	010	010	0	100	100	101	0	011
4	010	100	0	100	100	001	+1	010
	011							
5	011	111	0	100	100	101	0	010
6	011	010	−1	011	100	001	+1	001
	100				011			
7	100	110	0	011	011	100	0	001
8	100	010	−1	010	011	111	0	001
					010			
9	100	110	0	010	010	001	+1	000
	101							
10	101	011	−1	001				
					001			
11	101	000	−1	001	001			
				000	000			

5.3.4 其他函数的 DDA 法插补运算

为方便起见，可以将增量Δx、Δy及Δt直接写成它们的微分形式 dx、dy 及 dt，这可以通过对直线或二次曲线方程求导数(全微分)获得。

对于第一象限直线方程：

$$\frac{y}{x}=\frac{y_e}{x_e}$$

上式可改写成 $yx_e = xy_e$，再将其两边对 t 求导，并进行变换后可得第一象限直线参数方程：

$$\begin{cases} dy = y_e dt \\ dx = x_e dt \end{cases} \tag{5-28}$$

对于标准椭圆方程：

$$\frac{x^2}{a^2}+\frac{y^2}{b^2}=1$$

仿照式(5-22)与式(5-24)圆方程的变换，将等式两边对 t 求导，并进行变换后可得

$$\begin{cases} dx = -a^2 y dt \\ dy = b^2 x dt \end{cases} \tag{5-29}$$

对于双曲线标准方程：

$$\frac{x^2}{a^2}-\frac{y^2}{b^2}=1$$

等式两边对 t 求导，并进行变换后可得

$$\begin{cases} dx = a^2 y dt \\ dy = b^2 x dt \end{cases} \tag{5-30}$$

对于抛物线标准方程：

$$y=\frac{x^2}{a^2}$$

等式两边对 t 求导，并进行变换后可得

$$\begin{cases} dx = a^2 dt \\ dy = 2x dt \end{cases} \tag{5-31}$$

5.4 直线函数法

直线函数法又称弦线法，是典型的数据采样插补方法之一。圆弧插补时，插补点坐标的计算方法保证了每一插补点位于圆弧轨迹上，提高了圆弧插补的精度。

5.4.1 直线函数法直线插补

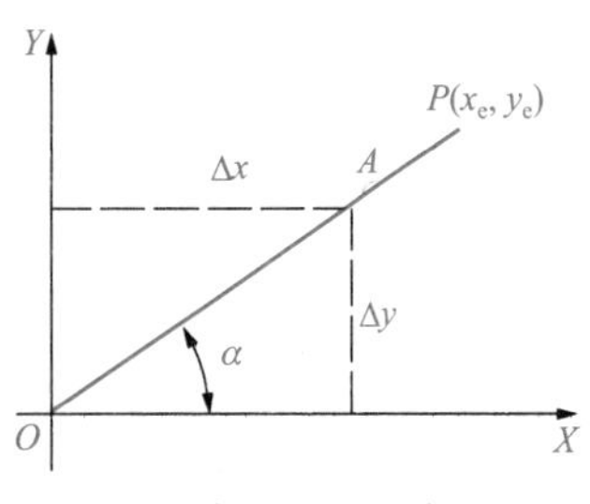

图 5-25 直线函数法直线插补

设要求刀具在 X-Y 平面内做如图 5-25 所示的直线运动，X 和 Y 轴的位移增量分别为Δx和Δy。插补时，取增量大的为长轴，增量小的为短轴，要求 X 轴和 Y 轴的速度保持一定的比例，且同时到达终点。

设刀具移动方向与长轴夹角为α，OA 为一次插补的进给步长 l。根据程序段所提供的终点坐标 $P(x_e, y_e)$，可得到

$$\tan\alpha=\frac{y_e}{x_e}$$

则
$$\cos\alpha=\frac{1}{\sqrt{1+\tan^2\alpha}}$$
从而求得本次插补周期内长、短轴的插补进给量分别为
$$\Delta x=l\cos\alpha \tag{5-32}$$
$$\Delta y=\frac{y_e}{x_e}\Delta x \tag{5-33}$$

5.4.2　直线函数法圆弧插补

如图 5-26 所示，欲加工圆心在原点 $O(0, 0)$、半径为 R 的第一象限顺圆弧，顺圆弧上的 B 点是继 A 点之后的插补瞬时点，两点的坐标分别为 $A(x_i, y_i)$、$B(x_{i+1}, y_{i+1})$，现求在一个插补周期 T 内 X 轴和 Y 轴的进给量Δx、Δy。图中的弦 AB 是圆弧插补时每个插补周期内的进给步长 l，AP 是 A 点的圆弧切线，M 是弦的中点。显然，$ME\perp AF$，E 是 AF 的中点，而 $OM\perp AB$。由此，圆心角具有下列关系：
$$\phi_{i+1}=\phi_i+\phi \tag{5-34}$$
其中，ϕ 为进给步长 l 所对应的角增量，称为角步距。

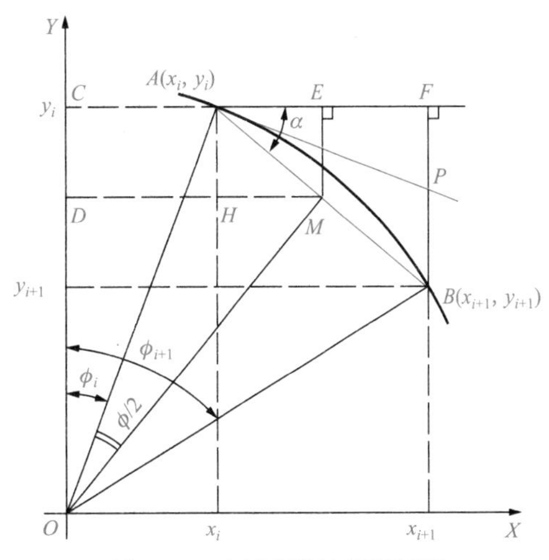

图 5-26　直线函数法圆弧插补

由于$\triangle AOC$与$\triangle PAF$相似，所以
$$\angle AOC=\angle PAF=\phi_i$$
显然
$$\angle BAP=\frac{1}{2}\angle AOB=\frac{1}{2}\phi$$
因此
$$\alpha=\angle PAF+\angle BAP=\phi_i+\frac{1}{2}\phi$$
在$\triangle MOD$中，有
$$\tan\left(\phi_i+\frac{\phi}{2}\right)=\frac{DH+HM}{CO-CD}$$
因为 $\tan\alpha=\frac{FB}{FA}=\frac{\Delta y}{\Delta x}$，将 $DH=x_i$、$CO=y_i$、$HM=\frac{1}{2}\Delta x=\frac{l}{2}\cos\alpha$、$CD=\frac{1}{2}\Delta y=\frac{l}{2}\sin\alpha$ 代入上式，则有
$$\tan\alpha=\tan\left(\phi_i+\frac{\phi}{2}\right)=\frac{\Delta y}{\Delta x}=\frac{x_i+\frac{1}{2}\Delta x}{y_i-\frac{1}{2}\Delta y}=\frac{x_i+\frac{l}{2}\cos\alpha}{y_i-\frac{l}{2}\sin\alpha} \tag{5-35}$$
其中，$\sin\alpha$ 和 $\cos\alpha$ 都是未知数，可以证明采用 sin45°和 cos45°来取代 $\sin\alpha$ 和 $\cos\alpha$ 近似求解 $\tan\alpha$，这样造成的 $\tan\alpha$ 的偏差最小，即
$$\tan\alpha\approx\frac{x_i+\frac{l}{2}\cos 45^\circ}{y_i-\frac{l}{2}\sin 45^\circ} \tag{5-36}$$

再由关系式：
$$\cos\alpha = \frac{1}{\sqrt{1+\tan^2\alpha}} \tag{5-37}$$

进而求得
$$\Delta x = l\cos\alpha \tag{5-38}$$

为使偏差不会造成插补点离开圆弧轨迹，Δy 的计算不能采用 $l\sin\alpha$，而采用由式(5-35)得到的式(5-39)计算：

$$\Delta y = \frac{\left(x_i + \frac{1}{2}\Delta x\right)\Delta x}{y_i - \frac{1}{2}\Delta y} \tag{5-39}$$

因此，可以按式(5-40)求出新的插补点坐标：

$$\begin{cases} x_{i+1} = x_i + \Delta x \\ y_{i+1} = y_i - \Delta y \end{cases} \tag{5-40}$$

采用近似计算引起的偏差能够保证圆弧插补的每一个插补点位于圆弧轨迹上，仅造成每次插补的进给步长 l 的微小变化，所造成的进给速度误差小于指令速度的 1%，这种变化在加工中是允许的，完全可以认为插补的速度仍然是均匀的。

5.5 扩展数字积分法

和前面介绍的 DDA 法相似，扩展 DDA 插补法也是在数字积分原理的基础上发展起来的，并将 DDA 法用切线逼近圆弧的方法改进为用割线逼近，减小了逼近误差，提高了圆弧插补的精度。

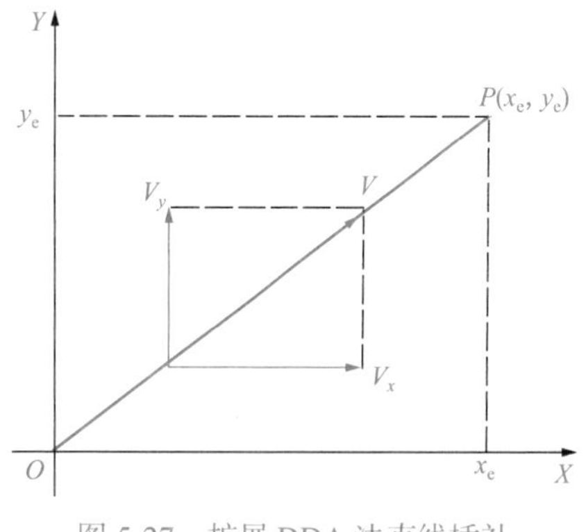

图 5-27 扩展 DDA 法直线插补

5.5.1 扩展 DDA 法直线插补

如图 5-27 所示，设欲加工的直线为 OP，起点坐标为 $O(0, 0)$，终点坐标为 $P(x_e, y_e)$。设在时间 T 内动点由起点到达终点，图中 V_x、V_y 分别为速度 V 的 X、Y 坐标分量，则

$$\begin{cases} V_x = \dfrac{x_e}{\sqrt{x_e^2 + y_e^2}}V \\ V_y = \dfrac{y_e}{\sqrt{x_e^2 + y_e^2}}V \end{cases} \tag{5-41}$$

将时间 T 用采样周期 λ_t 分割为 n 个子区间，n 取最接近大于等于 T/λ_t 的整数，从而在每个采样周期 λ_t 内的坐标增量分别为

$$\begin{cases} \Delta x = V_x\lambda_t = \dfrac{x_e}{\sqrt{x_e^2 + y_e^2}}V\lambda_t = \dfrac{V}{\sqrt{x_e^2 + y_e^2}}\lambda_t x_e = \mathrm{FRN}\cdot\lambda_t x_e \\ \Delta y = V_y\lambda_t = \dfrac{y_e}{\sqrt{x_e^2 + y_e^2}}V\lambda_t = \dfrac{V}{\sqrt{x_e^2 + y_e^2}}\lambda_t y_e = \mathrm{FRN}\cdot\lambda_t y_e \end{cases} \tag{5-42}$$

其中，V 为进给速度；FRN 为进给速率数，$\text{FRN}=\dfrac{V}{\sqrt{x_e^2+y_e^2}}$。

从式(5-42)可以看出，扩展 DDA 法直线插补各坐标轴的进给步长Δx、Δy 分别为轮廓步长的轴向分量，其大小仅随进给速率数 FRN 或 V 变化。

对于具体的一条直线来说，V、x_e、y_e 及λ_t 为已知的常数，因此，式(5-42)中的 FRN 也为常数，可记作λ_d=FRN · λ_t，称为步长系数，则式(5-42)可以写为

$$\begin{cases}\Delta x=\lambda_d x_e\\ \Delta y=\lambda_d y_e\end{cases} \tag{5-43}$$

在计算出每个采样周期λ_t 内的Δx、Δy 的基础上，就可以得到本采样周期末的动点位置坐标值为

$$\begin{cases}x_{i+1}=x_i+\Delta x\\ y_{i+1}=y_i+\Delta y\end{cases} \tag{5-44}$$

由于直线插补每次迭代形成的微小直线段的斜率$\Delta y/\Delta x$ 等于给定的直线斜率，从而保证了轨迹要求。

5.5.2　扩展 DDA 法圆弧插补

如图 5-28 所示，欲加工圆心坐标为 $O(0, 0)$、半径为 R 的第一象限顺圆弧 $\overset{\frown}{A_iD}$。设现实刀具处在 $A_i(x_i, y_j)$点，若在一个采样周期λ_t 内，刀具沿切线方向进给一步后到达 A_{i+1} 点，即刀具沿切线方向的轮廓进给步长为 $l=A_iA_{i+1}$，由图 5-28 可见，点 A_{i+1} 偏离所要求的圆弧轨迹较远，径向误差较大。若通过线段 A_iA_{i+1} 的中点 B 作半径为 OB 的圆弧的切线 BC，再通过 A_i 点作 BC 的平行线 A_iH，并在 A_iH 上截取直线段 $A_iA'_{i+1}$，使 $A_iA'_{i+1}=A_i A_{i+1}=l$，可以证明，$A'_{i+1}$ 一定不在所要求圆弧 $\overset{\frown}{A_iD}$ 的内侧。如果用线段 $A_iA'_{i+1}$ 来替代 A_iA_{i+1} 的切线段进给，则会使径向误差大为减小，扩展 DDA 法就是将切线逼近圆弧的方法转化为割线逼近，用割线进给代替切线段进给。

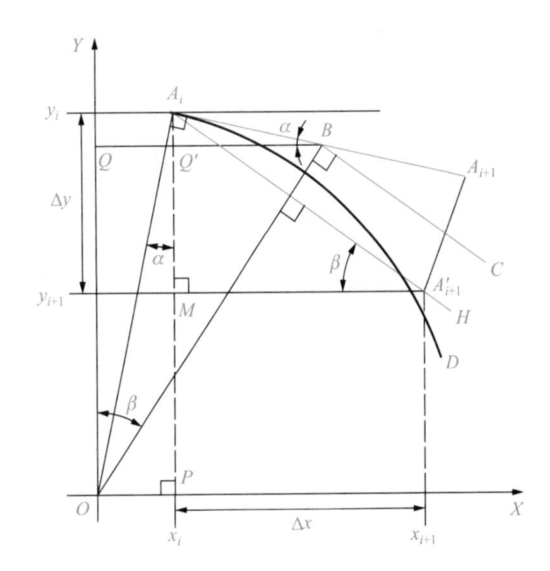

图 5-28　扩展 DDA 法圆弧插补

由图 5-28 可知，在△OPA_i 中，有

$$\sin\alpha=\frac{OP}{OA_i}=\frac{x_i}{R} \tag{5-45}$$

$$\cos\alpha=\frac{A_iP}{OA_i}=\frac{y_i}{R} \tag{5-46}$$

过 B 点作 X 轴的平行线 BQ 交 Y 轴于 Q 点，并交 A_iP 线段于 Q'点，由图 5-28 可以看出，直角三角形△OQB 与直角三角形△$A_iMA'_{i+1}$ 相似，则有

$$\frac{MA'_{i+1}}{A_iA'_{i+1}}=\frac{OQ}{OB} \tag{5-47}$$

其中，$MA'_{i+1}=\Delta x$，$A_iA'_{i+1}=l$。在直角三角形△$A_iQ'B$ 中有 $A_iQ'=A_iB\sin\alpha=\dfrac{l}{2}\sin\alpha$，则

$$OQ = A_iP - A_iQ' = y_i - \frac{l}{2}\sin\alpha \tag{5-48}$$

在直角三角形△OA_iB 中有 $$OB = \sqrt{A_iB^2 + OA_i^2} = \sqrt{\left(\frac{l}{2}\right)^2 + R^2} \tag{5-49}$$

将式(5-48)和式(5-49)代入式(5-47)中，得

$$\frac{\Delta x}{l} = \frac{y_i - \frac{l}{2}\sin\alpha}{\sqrt{\left(\frac{l}{2}\right)^2 + R^2}}$$

将式(5-45)代入上式并整理，得 $$\Delta x = \frac{\left(y_i - \frac{lx_i}{2R}\right)l}{\sqrt{\left(\frac{l}{2}\right)^2 + R^2}}$$

因为$l \ll R$，故可将$\left(\frac{l}{2}\right)^2$略去，则上式变为

$$\Delta x \approx \frac{l}{R}\left(y_i - \frac{lx_i}{2R}\right) = \frac{V}{R}\lambda_t\left(y_i - \frac{V}{2R}\lambda_t x_i\right)$$

令 $$\lambda_d = \frac{V}{R}\lambda_t = \mathrm{FRN}\lambda_t$$

则 $$\Delta x = \lambda_d\left(y_i - \frac{1}{2}\lambda_d x_i\right) \tag{5-50}$$

在上述相似直角三角形△OQB 与直角三角形△$A_iMA'_{i+1}$ 中，有

$$\frac{A_iM}{A_iA'_{i+1}} = \frac{QB}{OB} = \frac{QQ' + Q'B}{OB}$$

已知 $A_iA'_{i+1} = l = V\lambda_t$，$OB = \sqrt{\left(\frac{l}{2}\right)^2 + R^2}$，$QQ' = x_i$，又由直角三角形△$A_iQ'B$ 得 $Q'B = A_iB\cos\alpha = \frac{ly_i}{2R}$，因此有

$$\Delta y = A_iM = \frac{A_iA'_{i+1}(QQ' + Q'B)}{OB} = \frac{l\left(x_i + \frac{ly_i}{2R}\right)}{\sqrt{\left(\frac{l}{2}\right)^2 + R^2}}$$

同理，由于$l \ll R$，故略去$\left(\frac{l}{2}\right)^2$不计，则

$$\Delta y \approx \frac{l}{R}\left(x_i + \frac{ly_i}{2R}\right) \tag{5-51}$$

仍记 $\lambda_d = \frac{l}{R} = \frac{V}{R}\lambda_t$，则

$$\Delta y = \lambda_d \left(x_i + \frac{1}{2} \lambda_d y_i \right) \tag{5-52}$$

由于 $A_i(x_i, y_j)$ 已知，故利用式(5-50)和式(5-52)很容易求得Δx和Δy的值。有了此两值，就可算出本次采样周期内刀具应达到的坐标位置 x_{i+1} 和 y_{j+1} 的值，即

$$\begin{cases} x_{i+1} = x_i + \Delta x \\ y_{i+1} = y_i + \Delta y \end{cases} \tag{5-53}$$

以上为第一象限顺圆弧插补计算公式的推导过程，依照此原理，不难得出其他象限及其他走向的圆弧扩展 DDA 法插补的计算公式。

由上述扩展 DDA 法圆弧插补公式可知，采用该方法只需要有限次的加法、减法及乘法运算，因而计算较方便、速度较高。此外，该方法采用割线逼近圆弧，其精度较直线函数法高。因此，扩展 DDA 法插补是一种比较适合 CNC 系统的数据采样插补法。

5.6 曲面直接插补

曲面加工在模具、汽车、飞机和动力设备等的制造中具有重要地位，也一直是数控技术和 CAD/CAM 的主要应用和研究对象。但目前的多数 CNC 系统在轨迹控制上只有直线、圆弧等少数功能，曲面加工时需将曲面离散成数目庞大的微小直线段，由外部编程构成零件程序后才能在数控机床上加工，即使使用先进的 CAD/CAM 编程功能，庞大的零件程序制作、校验时间也往往是实际机床加工时间的数倍乃至数十倍；此外，由于零件程序是外部编制的，一经确定则无法修改，当加工余量或刀具尺寸改变时，原有程序无法使用，只有重新编程；再者，由于 CNC 内存有限，零件程序不能一次装入，高速加工时普通外设(纸带机、磁盘和普通 DNC)无法工作，需要运用高速 DNC 或将程序分块后再进行加工。为此，国外高档 CNC 采用高速多处理器结构和大容量存储缓冲，以保证高速加工时巨量微程序段的连续执行。目前计算机硬盘和网络技术的使用，缓解了巨量程序的传递“瓶颈”，但 CNC 内存有限和加工参数不可调节的问题依然存在。目前，美国、日本、德国和加拿大等国的一些著名大学都相继开展了 CNC 曲面实时插补加工的研究。我国华中科技大学也开展了曲面直接插补(surface direct interpolation, SDI)技术的研究，并在华中 I 型数控机床上实现，可对二次解析曲面及三次 B 样条曲面进行 3/5 轴的直接加工。曲面直接插补的实质是将曲面加工中的复杂刀具运动轨迹产生功能集成到 CNC 中，由 CNC 直接根据待加工曲面的几何信息和工艺参数实时地完成连续刀具轨迹插补，并以此控制机床运动。SDI 具有如下特点。

(1) 在 CNC 系统中实现曲面加工的连续刀具轨迹直接插补，使得工程曲面的插补成为 CNC 系统内部的功能，只需直接调用，无须进行逼近离散，CNC 系统的输入信息只是零件的几何定义和加工参数，极大地简化了零件程序。

(2) 在轨迹插补中采用由 CNC 系统插补周期和加工速度决定的进给步长直接逼近轮廓，获得最高加工精度。

(3) 由于刀具轨迹的实时生成和插补实现，CNC 系统可对刀具、余量和机床结构参数等进行实时补偿和调整，加工参数变化时原有程序仍可使用，极大地提高加工的灵活性。

(4) 由于程序信息极大简化，可以一次装入内存，无须外部传输和存储环节即可进行高速加工，简化系统硬件，降低成本，提高加工效率。

5.6.1 实现 SDI 的软件系统结构和工作流程

实现 SDI 的软件系统结构和工作流程如图 5-29 所示，各功能模块说明如下。

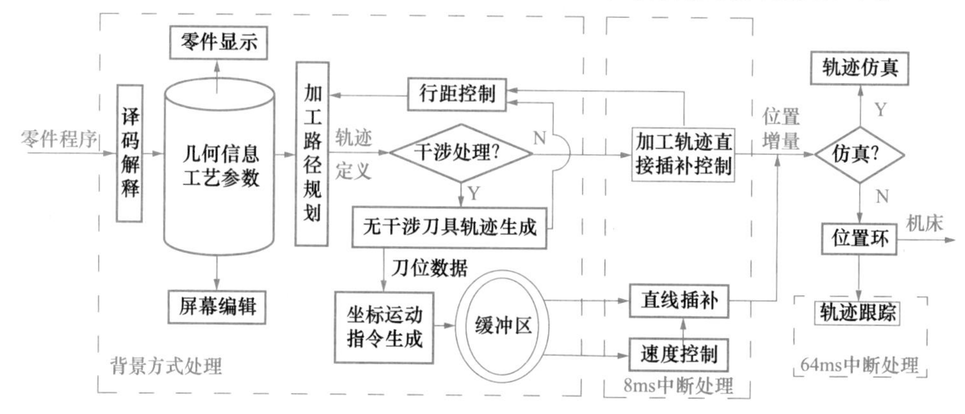

图 5-29 SDI 工作流程和基本模块

(1) 译码解释：根据零件程序，进行译码解释和组合曲面的预处理。

(2) 屏幕编辑：用于在线修改加工参数、曲面数据变换、机床类型选择与参数设置等。

(3) 加工路径规划：按照零件几何信息、加工走刀方式及走刀行距等，实时处理出走刀路线(包括轨线起、终点信息)和辅助进退刀方式，生成可执行的轨线加工指令。

(4) 插补控制：当不进行干涉处理时，直接在插补中断工作周期内根据轨迹类型、加工参数和机床结构参数等实时计算出满足进给速度要求的机床运动控制指令。

(5) 干涉处理：当需要干涉处理时，根据轨迹类型、加工参数、精度要求等对刀具轨迹进行粗插补，并进行干涉检测处理，生成刀触点和刀位数据。

(6) 坐标运动指令生成：根据机床结构参数将刀位数据转换为机床各坐标轴的运动数据。

(7) 速度控制：确定随加工轨迹变化的有效进给速度曲线，并采取合适的加减速措施实现速度的平滑过渡，生成供直线插补模块用的速度指令。

(8) 行距控制：根据残余高度要求等确定加工轨迹全长上的最小走刀行距。

(9) 轨迹仿真：加工前仿真计算并显示刀具轨迹以检验其正确性。

(10) 轨迹跟踪：将机床实际运动以三维方式在显示器上实时跟踪显示。

5.6.2 SDI 算法的基本原理

在 CNC 上实现 SDI 功能，核心问题在于插补器的实现，内容包括刀具轨迹插补、随加工型面曲率变化的速度修调以及切削行宽度的确定等多项功能。

1) 刀具轨迹插补

刀具轨迹插补是 SDI 的工作核心，由曲面给出定义，然后根据刀具形状和加工余量，按指定的进给速度，在规定的系统插补周期内，实时地计算出机床各坐标轴的运动分量，作为伺服驱动的速度指令。

对于被加工的自由曲面，一般用参数表达式定义，对于各种参数曲面均可表达为

$$\boldsymbol{r}_s=\boldsymbol{r}_s(u,v)=\sum_{i=0}^{m}\sum_{j=0}^{n}x_{ik}(u)x_{jl}(v)\boldsymbol{Q}_{ij}$$

其中，u、v 是形成自由曲面的两个方向上的参数，$0\leqslant u,\ v\leqslant 1$；$\boldsymbol{Q}_{ij}$ 是已知的曲面的控制顶点；

$x_{ik}(u)$ 和 $x_{jl}(v)$ 是基函数，不同的基函数形式可分别表示 B 样条、Bézier 等不同自由曲面；k、l 为参数 u、v 的次数，工程实用中一般取 $k=l=3$。

如图 5-30 所示，设曲面上加工线为 $\boldsymbol{r}_s$，刀具中心矢量为 $\boldsymbol{r}_c$，法向加工余量为 $\boldsymbol{r}_\delta$，五坐标旋转机构附加运动为 $\boldsymbol{r}_w$，则实际机床运动轨迹 $\boldsymbol{r}_m$ 为

$$\boldsymbol{r}_m(t)=\boldsymbol{r}_s(t)+\boldsymbol{r}_\delta(t)+\boldsymbol{r}_c(t)+\boldsymbol{r}_w(t) \tag{5-54}$$

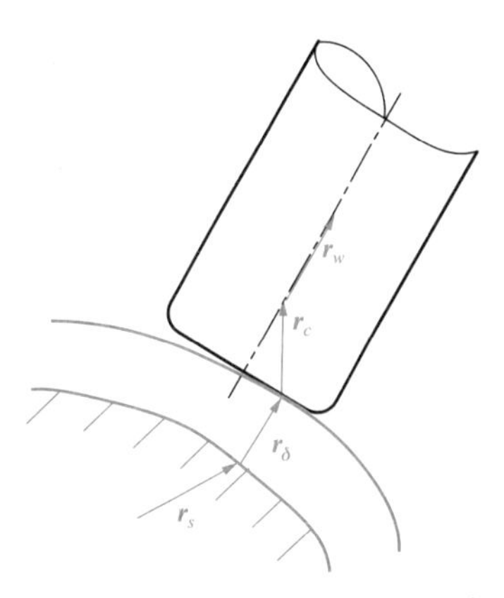

图 5-30　刀具、余量和旋转运动补偿

在闭环控制的 CNC 中，采用时间分割的数据采样插补方法。设五坐标机床运动轴为 X、Y、Z、A、B，插补计算即在 CNC 的第 K 个插补周期 T 中，实时地计算出第 K+1 个插补周期中的各轴运动增量：

$$\Delta\boldsymbol{r}_m(t)=\boldsymbol{r}_m(t_K+1)-\boldsymbol{r}_m(t_K) \tag{5-55}$$

其中，$\Delta\boldsymbol{r}_m(t)=\Delta\boldsymbol{r}_m(t)\,(\Delta X_m(t),\ \Delta Y_m(t),\ \Delta Z_m(t),\ \Delta A_m(t),\ \Delta B_m(t))$，即该 T 周期内机床各运动轴(X、Y、Z、A、B)的运动增量。

一般情况下，总希望刀具相对加工表面呈恒速关系。但三坐标加工时，随着型面变化，刀具在各切削点的切削情况不同，因此保持恒表面切削不具有意义，故按标准 NC 方式使刀具中心做恒速运动，则机床运动增量为

$$|\Delta\boldsymbol{r}_m(t)|=\begin{cases}F_i(t) & (\text{稳定切削进给})\\ F_t(t) & (\text{加减速})\end{cases}$$

而对于五坐标加工，要求以恒表面速度加工，其运动增量为

$$|\Delta\boldsymbol{r}_s(t)|=\begin{cases}F_i(t) & (\text{稳定切削进给})\\ F_t(t) & (\text{加减速})\end{cases}$$

2) 随加工型面曲率变化的速度修调

为了提高加工精度，在凹曲面加工中，SDI 根据型面曲率变化进行了速度修调。

凹曲面加工时，刀具中心轨迹的曲率半径为型面曲率半径ρ与刀具半径 R 之差，当两者相差很小时，若仍按正常进给速度 F 进行进给，则会造成较大的径向误差。此外，刀具中心轨迹曲率半径过小，会造成速度方向变化过大，机床惯性导致型面成为多角形，其加工情况如图 5-31 所示。设径向误差为δ，刀具进给的步距角为θ，则有

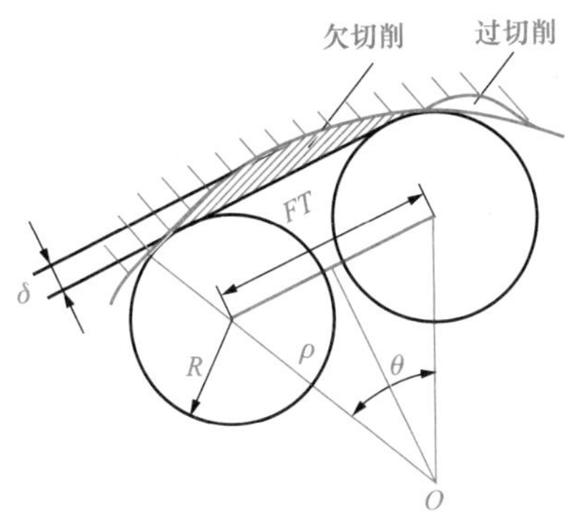

图 5-31　凹曲面曲率较大时的加工情况

$$\delta=(\rho-R)\left(1-\cos\frac{\theta}{2}\right),\quad \theta=2\arcsin\frac{FT}{2(\rho-R)}$$

当$\rho\to R$时，步距角θ增加，导致径向误差δ增大，因此 SDI 必须将进给速度 F 修调为 F_1：

$$F_1=\begin{cases}F\dfrac{(\rho-R)}{\rho} & (\rho>R)\\ 0 & (\rho\leqslant R)\end{cases} \tag{5-56}$$

当 $\rho\leqslant R$ 时，已经出现加工干涉，此时应该停机，更换小直径刀具。当$\rho>R$ 时，通过修调进给速度 F，使刀具进给步距角减少为

$$\theta = 2\arcsin\frac{F_1T}{2(\rho - R)} \approx \frac{FT}{\rho} \tag{5-57}$$

此时的逼近误差为

$$\delta = (\rho - R)\left(1 - \cos\frac{\theta}{2}\right) \approx (\rho - R)\frac{\theta^2}{8} \approx (\rho - R)\frac{(FT)^2}{8\rho^2} \tag{5-58}$$

在加工凸曲面时，由于刀具中心轨迹的曲率半径为零件型面曲率半径和刀具半径之和，较为平坦，为提高实时性，SDI 不对进给速度进行修调。

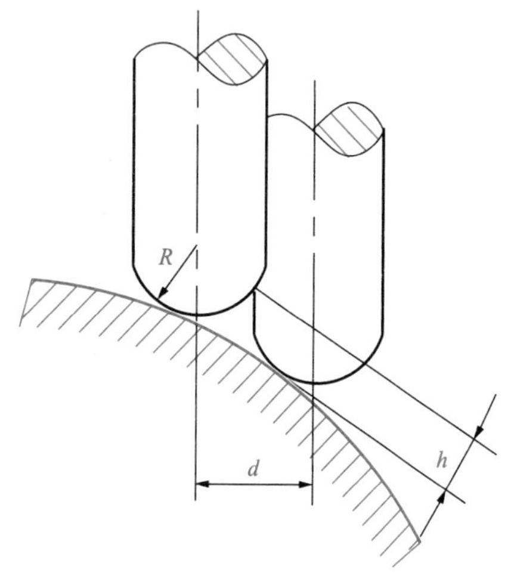

图 5-32　行间切削残留高度

3）切削行宽度的确定

切削行宽度 d 较大时，会提高加工效率，但会增加切削残留高度 h，如图 5-32 所示，因此必须合理确定切削行宽度，根据两条曲面曲线所要求的最小距离来确定。但严格的计算要涉及曲面形状，计算量很大，意义也不大。因此 SDI 采用许多 CAM 使用的简化算法，将行间局部区域以平面近似代替曲面。则

$$d = 2\sqrt{h(2R - h)} \tag{5-59}$$

在精加工时，由于行间距不大，一般可获得满意的结果。为能按轨迹全长考虑，SDI 中使用了中断方式的行距监视，以获得行方向全长上的最小增量控制。

5.6.3　SDI 的信息输入

由于曲面加工的复杂性，零件的 SDI 程序必须使用类似于 APT 系统的直接面向加工问题的高级语言，不仅要针对轨迹上的进给分量进行脉冲分配，还要包括工艺参数（刀具、加工余量）和加工过程（加工路线、进退刀）的综合表达，以便完成一系列的机床运动轨迹插补、行距判别、辅助进退刀处理等，完成类似 CAM 的功能。

1）线加工

如图 5-33（a）所示，线加工是曲面加工的基础，在光滑且无干涉的待加工曲面 S_i 上，给定行加工方式 M（参数行切、平面行切及曲面交线加工）及曲面上行切加工路线的起、终点[P_s, P_e]，则 CNC 能按该曲面的几何定义、刀具形状、加工余量和机床结构，实时地插补出加工该切削行的机床各轴运动轨迹（三坐标时为刀具中心运动轨迹，五坐标时包括旋转运动）。其加工语句表达为

```
Path=Si/M, [Ps, Pe], D;
```

其中，D 为进退刀方式。

线加工的表达式在形式上类似于 APT 系统中的轮廓加工语句，其中 S_i 为零件面（即控制刀具高度的表面），P_s、P_e 类似于导动面（即控制运动方向的表面），以两点形式代替原来的离散直线。

2）区域加工

如图 5-33（b）所示，若将曲面上的一系列边界点作为加工序列[P_s, P_e]$_k$（k=0,1,⋯,N），按一定的加工走刀方式（Zig 为单向走刀、Zig_Zag 为双向来回走刀、Close 为闭合走刀）确定进退刀

方式 D，将这一系列的行切轨迹加以综合，就能用简单循环来实现整张曲面上的区域加工。

```
for k=0 to N
Path=Si/M, [Ps, Pe]k, D;
next k
```

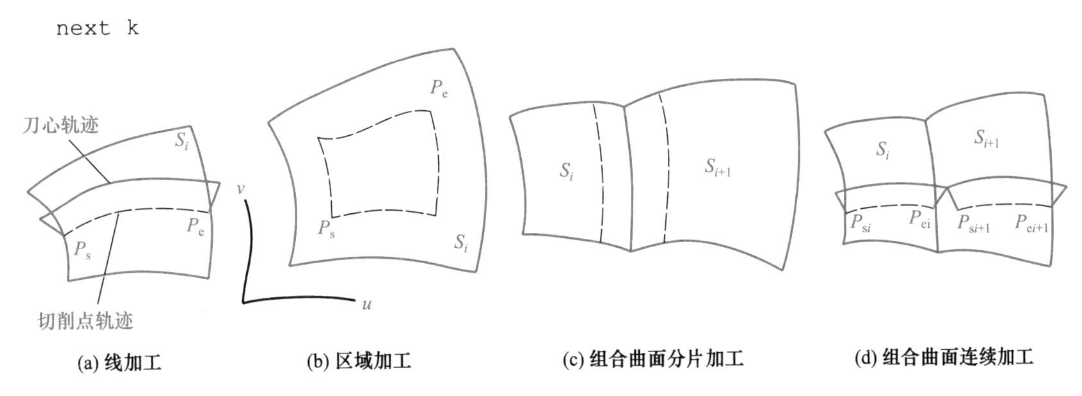

图 5-33　曲面加工方式

对于曲面上任意局部区域的加工，在指定允许残留高度或行进给方向增量时，由 CNC 自动根据区域边界信息、行切方式以及允许残留高度或行进给方向增量确定走刀行距，并完成一系列的辅助进退刀动作，完成该曲面区域的加工，如图 5-33(b)所示。其加工语句表达为

```
Surf=Si/B, M, D;
```

其中，B 为区域边界定义，对于参数矩形域为矩形域的对角点。

在上述定义中，SDI 也使用了类似于 APT 系统中的加工语句，其区域加工的表达除干涉处理外，已与大型的 CAM 的实现内容相同。

3) 组合曲面加工

由许多空间任意形状而无物理模型且相互无拓扑联系的单张曲面片组成的曲面称为组合曲面。对于复杂组合曲面，当给定组合曲面中各曲面的边界信息后，由 CNC 根据刀具尺寸自动计算各曲面的约束边界，边界划分后，分曲面调用区域加工功能，即由 Surf 功能逐片进行加工，再在边界上按标准 NC 功能完成干涉区加工，进而完成整个型面的加工，如图 5-33(c)所示。若希望对多片曲面连续走刀，则可根据各曲面加工约束边界点列，循环调用线加工语句来完成，如图 5-33(d)所示。

```
for k=0 to N
Path=Si/M,[Ps, Pe]k1, D;
Path=Si+1/M,[Ps, Pe]k2, D;
……
next k
```

在实际加工中，由于组合曲面的相贯部分区域难以修整，一般还需要调用曲面交线加工功能进行清根处理。

5.6.4　曲面直接插补的技术关键

SDI 的工作内容类似于 CAM，其曲面块加工指令相当于一个完整工步，由于 SDI 工作在 CNC 实时环境下，其控制复杂度远远超过目前 CNC 的直线和圆弧处理，除了要解决前面论述的有关算法，还要解决下面几个技术关键。

1）插补器的实时处理速度

CNC 是实时系统，其实时任务包括位置控制、插补、刀补、解释、监控和显示等。其中轨迹插补是最重要的，由于曲面加工的轨迹处理要比直线和圆弧计算复杂得多，要在几毫秒内完成整个计算，仅依靠提高硬件速度是十分有限的，关键在于通过有效的算法提高计算速度。

2）插补器的稳定性问题

曲面插补算法除能实现高速处理外，还需充分考虑其稳定性。因为计算机字长有限，复杂轨迹的计算需以浮点进行，舍入误差不可避免，且迭代次数巨大。例如，插补周期为 8ms 时，一小时加工需要 45 万次运算。要在如此巨大的迭代次数中不产生累积误差，其数值稳定性是算法和软件设计中的又一关键。

3）曲线轨迹的加减速控制

曲面加工轨迹为复杂空间曲线，减速控制需实时计算空间曲线的弧长路程。直线、圆弧情况下，减速区计算简单，而空间曲线计算非常复杂，并可能由凹凸不定导致判别错误。因此，对减速区的实时判别是插补计算的关键之一。

4）加工行距的实时调节

加工行距决定着表面质量和加工效率，为保证精加工，以表面最小残留高度来确定行距。SDI 必须在整张曲面的加工过程中实时地预测切削行曲线全长上的最小空间距离，由于自由曲面的非线性，两空间曲线距离的实时预测非常复杂。

5）速度随型面变化的自动适应

由于曲面凸凹不定，凸面加工时，刀具轨迹的曲率小于型面轮廓曲率，其平动速度可能很大，需考虑加工非线性误差以及加速度能力；凹面时，若刀具按指定速度运行，当曲率过大时，会由惯性导致型面过切。因此，插补时，速度还必须能按型面曲率的变化进行自适应修调。

应该指出的是，在加工干涉处理方面，由于计算量庞大，CNC 实时处理有些困难，要较好地解决还有待进一步的研究。

5.7 刀具半径补偿

在轮廓加工中，由于刀具总有一定的半径，刀具中心轨迹并不等于零件轮廓轨迹。应使刀具中心轨迹偏离轮廓一个半径值，这种偏移习惯上称为刀具半径补偿。刀具半径补偿方法主要分为 B 刀具半径补偿和 C 刀具半径补偿。

5.7.1 B 刀具半径补偿

B 刀具半径补偿为基本的刀具半径补偿，它根据程序段中零件轮廓尺寸和刀具半径计算出刀具中心的运动轨迹。对于一般的 CNC 装置，所能实现的轮廓控制仅限于直线和圆弧。对直线而言，刀具半径补偿后的刀具中心轨迹是与原直线相平行的直线，因此刀具半径补偿计算只要计算出刀具中心轨迹的起点和终点坐标值。对于圆弧而言，刀具半径补偿后的刀具中心轨迹是一个与原圆弧同心的一段圆弧，因此对圆弧的刀具半径补偿计算只需要计算出刀具半径补偿后圆弧的起点和终点坐标值以及刀具半径补偿后的圆弧半径值。

B 刀具半径补偿要求编程轨迹的过渡方式为圆角过渡（以圆弧连接），且连接处必须相切，如图 5-34 所示。切削内轮廓角时，过渡圆弧的半径应大于刀具半径。如图 5-34 所示，过渡圆弧 $\overset{\frown}{AB}$ 的半径 $|AO| > r$。

直线的 B 刀具半径补偿如图 5-35 所示。被加工直线段起点坐标为 $O(0,\ 0)$，终点坐标为 $A(x,\ y)$，假定前一程序段加工完后，刀具中心在点 O_1 且坐标值已知。刀具半径为 r，现计算刀具半径补偿后直线 O_1A_1 的终点坐标 $(x_1,\ y_1)$。设刀具半径补偿矢量 AA_1 的投影坐标为 Δx 和 Δy，则

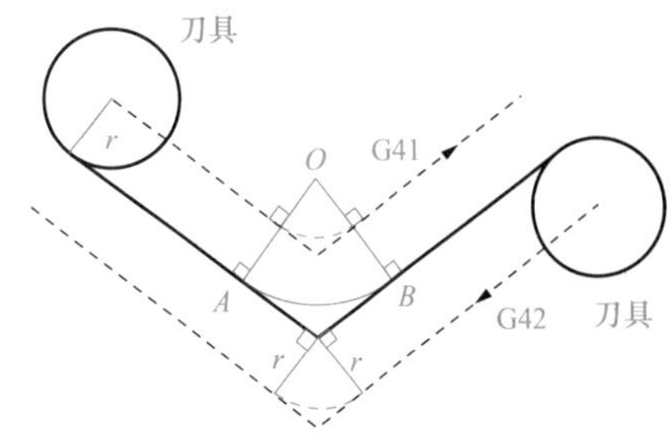

图 5-34　B 刀具半径补偿圆角过渡

$$x_1 = x + \Delta x,\quad y_1 = y - \Delta y$$

由于 $\angle XOA = \angle A_1AK = \alpha$，则有

$$\begin{cases} \Delta x = r\sin\alpha = \dfrac{ry}{\sqrt{x^2+y^2}} \\ \Delta y = r\cos\alpha = \dfrac{rx}{\sqrt{x^2+y^2}} \end{cases},\quad \begin{cases} x_1 = x + \dfrac{ry}{\sqrt{x^2+y^2}} \\ y_1 = y - \dfrac{rx}{\sqrt{x^2+y^2}} \end{cases}$$

圆弧的 B 刀具半径补偿如图 5-36 所示。设被加工圆弧的圆心坐标为 (0, 0)，圆弧半径为 R，圆弧起点为 $A(x_0, y_0)$，终点为 $B(x_e, y_e)$，刀具半径为 r。

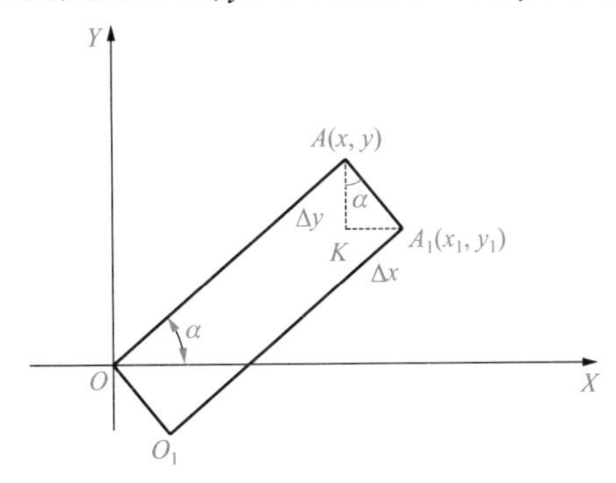

图 5-35　直线 B 刀具半径补偿

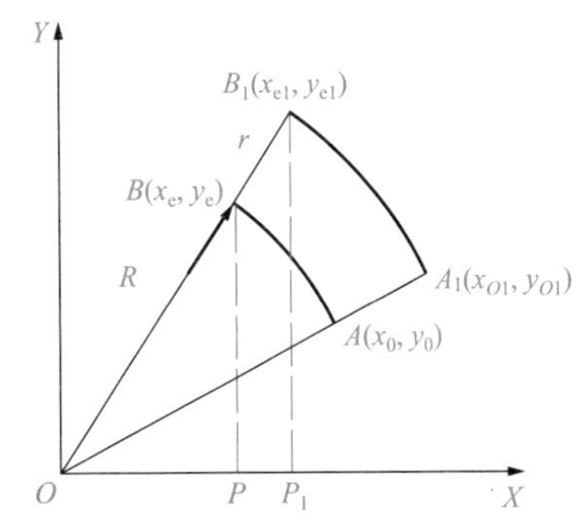

图 5-36　圆弧 B 刀具半径补偿

设 $A_1(x_{O1}, y_{O1})$ 为前一段程序刀具中心轨迹的终点，且坐标已知。因为是圆角过渡，A_1 点一定在半径 OA 或其延长线上，与 A 点的距离为 r。A_1 点即本段程序刀具中心轨迹的起点。现在计算刀具中心轨迹的终点 $B_1(x_{e1},\ y_{e1})$ 和半径 R_1。因为 B_1 在半径 OB 或其延长线上，三角形 $\triangle OBP$ 与 $\triangle OB_1P_1$ 相似。根据相似三角形定理，有

$$\frac{x_{e1}}{x_e} = \frac{y_{e1}}{y_e} = \frac{R+r}{R}$$

则有

$$x_{e1} = \frac{x_e(R+r)}{R},\quad y_{e1} = \frac{y_e(R+r)}{R}$$

$$R_1 = R + r$$

以上为刀具偏向圆外侧的情况，刀具偏向圆内侧时与此类似。

由于 B 刀具半径补偿采用圆弧过渡，这样就带来两个问题：一是在加工外轮廓尖角时，由于刀具中心在通过连接圆弧轮廓的尖角时，始终处于切削状态，尖角加工的工艺性变差，

零件的外轮廓尖角被加工成小圆角；二是在加工内轮廓时，必须由编程人员插入一个比刀具半径大的过渡圆弧，这就给编程人员带来了很大的麻烦，一旦疏忽，就会产生过切现象，使加工的零件报废。此外，B 刀具半径补偿采用读一段、算一段、走一段的控制方法，无法预计由刀具半径补偿所造成的下一段轨迹对本段轨迹的影响，这就不得不依靠编程人员来进行处理。以上限制了 B 刀具半径补偿方法在一些复杂的、要求较高的数控系统中的应用。

5.7.2 C 刀具半径补偿

1. C 刀具半径补偿的特点与执行过程

C 刀具半径补偿能自动处理两个相邻程序段之间连接(即尖角过渡)的各种情况，并直接求出刀具中心轨迹的转接交点，然后再对原来的刀具中心轨迹作伸长或缩短修正。

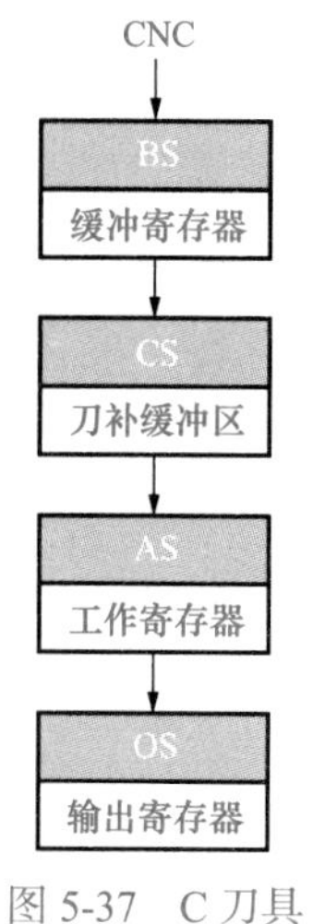

图 5-37 C 刀具半径补偿方式

数控系统中 C 刀具半径补偿方式如图 5-37 所示，在数控系统内，设置有工作寄存器 AS，存放正在加工的程序段信息；刀补缓冲区 CS，存放下一个加工程序段信息；缓冲寄存器 BS，存放再下一个加工程序段的信息；输出寄存器 OS，存放运算结果，作为伺服系统的控制信号。因此，数控系统在工作时，总是同时存储有连续三个程序段的信息。

当 CNC 系统启动后，第一段程序首先被读入 BS，在 BS 中算得的第一段编程轨迹被送到 CS 暂存，又将第二段程序读入 BS，算出第二段的编程轨迹。接着，对第一、第二段编程轨迹的连接方式进行判别，根据判别结果再对 CS 中的第一段编程轨迹作相应修正，修正结束后，顺序地将修正后的第一段编程轨迹由 CS 送到 AS，第二段编程轨迹由 BS 送入 CS。随后，由 CPU 将 AS 中的内容送到 OS 进行插补运算，运算结果送往伺服系统以完成驱动动作。当修正了的第一段编程轨迹开始被执行后，利用插补间隙，CPU 又命令第三段程序读入 BS，随后又将判别 BS、CS 中的第三、第二段编程轨迹的连接方式，并对 CS 中的第二段编程轨迹进行修正。如此往复，可见 C 刀补工作状态下，CNC 装置内总是同时存有三个程序段的信息，以保证刀补的实现。

在切削过程中，刀具半径补偿的执行过程分为三个步骤。

(1) 刀补建立。刀具从起刀点接近工件的过程中，根据 G41 或 G42 所指定的刀补方向，控制刀具中心轨迹相对原来的编程轨迹伸长或缩短一个刀具半径值的距离。

(2) 刀补进行。控制刀具中心轨迹始终垂直偏移编程轨迹一个刀具半径值的距离。

(3) 刀补撤销。在刀具撤离表面返回到起刀点的过程中，根据刀补撤销前 G41 或 G42 的情况，控制刀具中心轨迹相对原来的编程轨迹伸长或缩短一个刀具半径值的距离。

2. C 刀具半径补偿的转接过渡分类

由于一般 CNC 系统所处理的基本轮廓线型是直线和圆弧，因而根据它们的相互关联关系可组成四种连接方式：直线与直线相接、直线与圆弧相接、圆弧与直线相接、圆弧与圆弧相接。

首先定义转接角 α 为两个相邻零件轮廓段交点处在工件侧的夹角，如图 5-38 所示，其变化范围为 $0°\leqslant\alpha\leqslant360°$。图 5-38 中为直线接直线的情形，而当轮廓段为圆弧时，只要用在其交点处的切线作为角度定义的对应直线即可。

现根据转接角 α 的不同，可以将 C 刀补的各种转接过渡形式划分为如下三类。

(1) 缩短型：此时，$180^\circ<\alpha<360^\circ$。

(2) 伸长型：此时，$90^\circ\leqslant\alpha<180^\circ$。

(3) 插入型：此时，$0^\circ<\alpha<90^\circ$。

(a) G41情况　　(b) G42情况

图 5-38　转接角的定义示意图

表 5-9 为刀具半径补偿建立和撤销过程中可能遇到的三种转接过渡形式；表 5-10 为刀具半径补偿进行过程中可能遇到的三种转接过渡形式。由于在圆弧轮廓上一般不允许进行刀补的建立与撤销，故表 5-9 中没有直线-圆弧撤销、圆弧-直线建立、圆弧-圆弧建立、圆弧-圆弧撤销这四种类型。

表 5-9　刀具半径补偿建立和撤销

转接方式		转接过渡类型		
		缩短型 $(180^\circ<\alpha<360^\circ)$	伸长型 $(90^\circ\leqslant\alpha<180^\circ)$	插入型 $(0^\circ<\alpha<90^\circ)$
刀补建立	直线接直线			
	直线接圆弧			
刀补撤销	直线接直线			
	圆弧接直线			

表 5-10　刀具半径补偿进行

转接方式		转接过渡类型		
		缩短型（$180°<\alpha<360°$）	伸长型（$90°\leqslant\alpha<180°$）	插入型（$0°<\alpha<90°$）
刀补进行	直线接直线	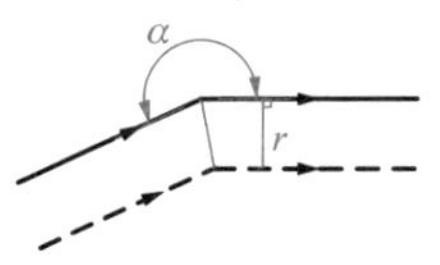	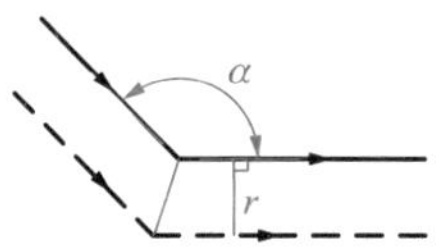	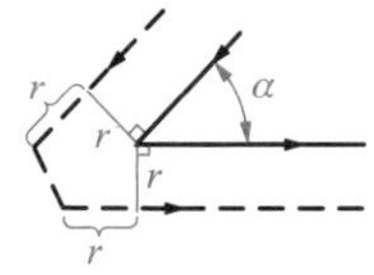
	直线接圆弧	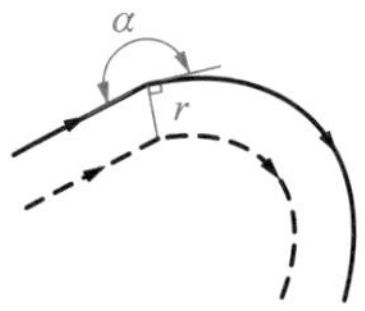	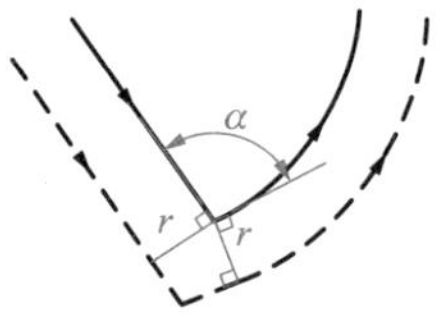	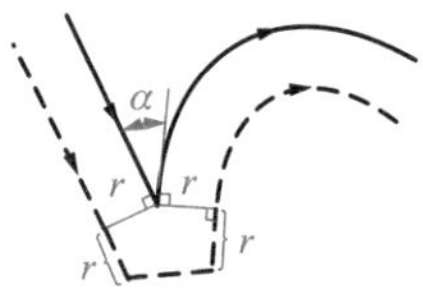
	圆弧接直线	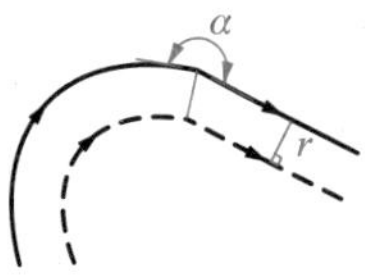	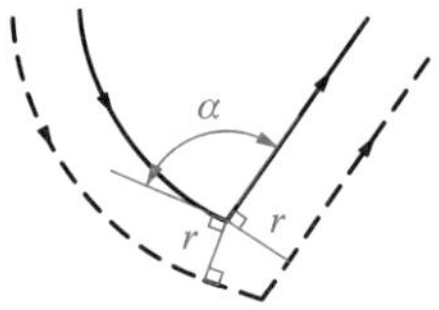	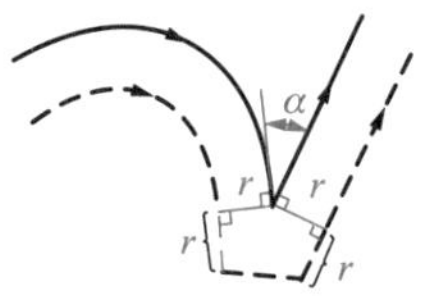
	圆弧接圆弧	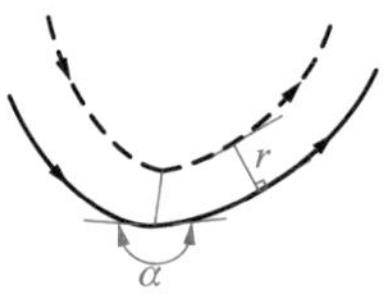	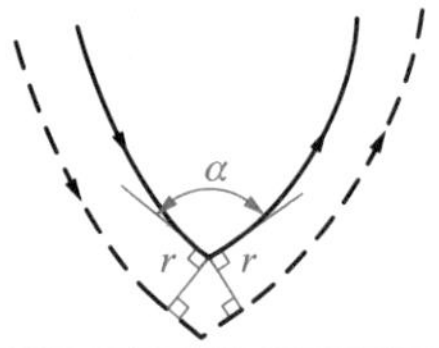	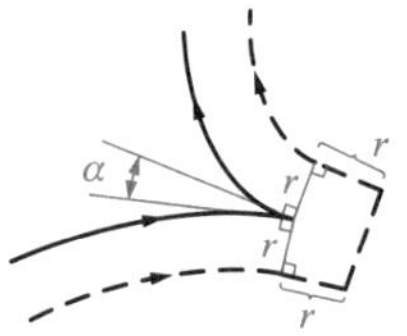

需要说明的是，对于α=0°、α=360°和α=180°的特殊转接情况最好不归入上述三种转接过渡类型中，而是进行针对性的单独处理，计算也很简单，如图 5-39 所示。

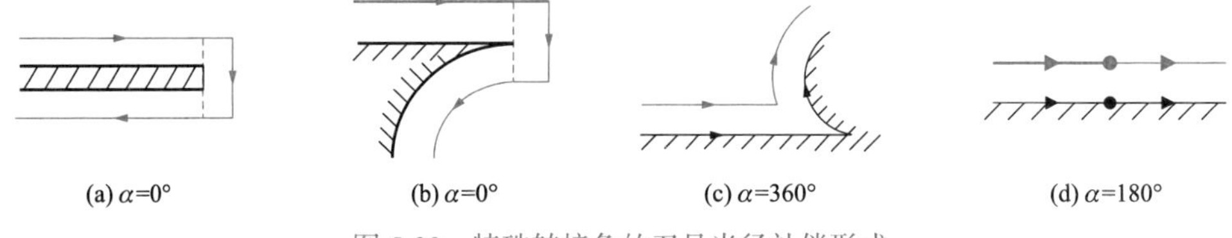

图 5-39　特殊转接角的刀具半径补偿形式

图 5-40 为一个刀具半径补偿实例。要求加工的零件轮廓为 *ABCDFGHJKL*，起刀点选在 O_1 处，采用 C 功能刀具半径补偿处理后，获得如虚线所示的刀具中心轨迹，其中 O_1A_1 为刀补建立段，A_2O_1 为刀补撤销段，其他各段均为刀补进行段。

3. 基于矢量的 C 刀具半径补偿计算

刀具半径补偿计算的主要任务是求出刀具中心轨迹上的各个转接点的坐标值。如果采用标准直线或圆的方程和联立方程组求解的方法，除了计算比较复杂，当存在两个解时，还必须进行更复杂的唯一解的确定，这不利于在实时控制系统中实现。此外，由于零件轮廓是各式各样的，根据线型、连接形式、转接角以及顺/逆圆、左/右刀补等不同，可以组合很多刀补形式，如果一一列举，并加以分析和推导显然是不现实的。因此，刀具半径补偿计算一般采用基于矢量的平面解析几何方法，即把所有的输入轨迹、刀具半径都当作矢量进行分析，然后通过平面几何分析的方法求解。

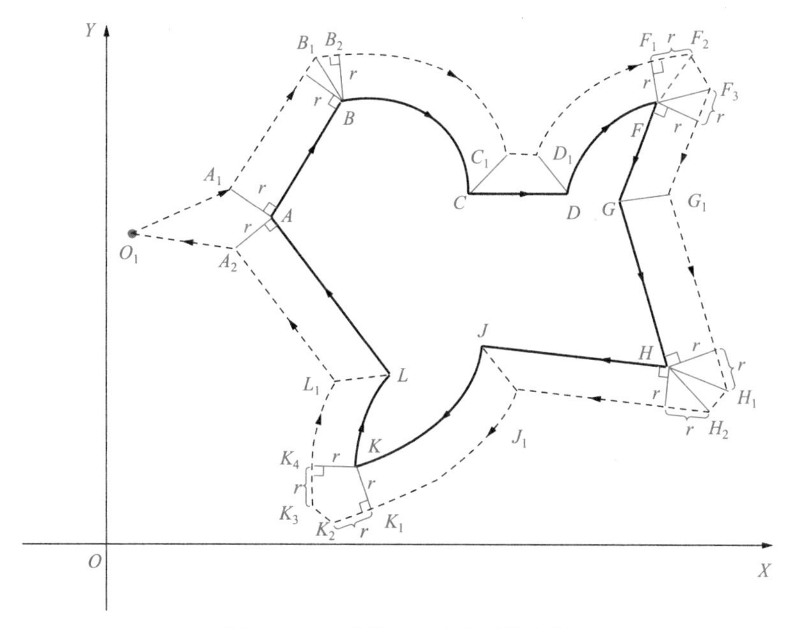

图 5-40　C 功能刀具半径补偿实例

引入矢量概念以后，直线本身就是一个矢量，而圆弧则将起点和终点的半径及起点到终点的弦长都看作矢量，切削刀具半径也当作矢量看待。刀具半径矢量是指在加工过程中，始终垂直于编程轨迹，大小等于刀具半径值，方向指向刀具中心的矢量。在加工直线轮廓过程中，刀具半径矢量始终垂直于刀具移动方向。在加工圆弧轮廓过程中，刀具半径矢量始终垂直于编程圆弧瞬时切削点的切线，矢量方向随切削不断改变。

1）直线和圆弧方向矢量

方向矢量是指与运动方向一致的单位矢量，用 $\boldsymbol{l}_{\mathrm{d}}$ 表示。对于图 5-41 所示直线 AB，设起点为 $A(x_1,y_1)$，终点为 $B(x_2,y_2)$，则对应的方向矢量 $\boldsymbol{l}_{\mathrm{d}}$ 和两坐标轴上的投影分量 x_l 、y_l 分别为

$$\boldsymbol{l}_{\mathrm{d}} = x_l\boldsymbol{i} + y_l\boldsymbol{j} \tag{5-60a}$$

$$x_l = \frac{x_2 - x_1}{\sqrt{(x_2 - x_1)^2 + (y_2 - y_1)^2}} \tag{5-60b}$$

$$y_l = \frac{y_2 - y_1}{\sqrt{(x_2 - x_1)^2 + (y_2 - y_1)^2}} \tag{5-60c}$$

圆弧方向矢量是指圆弧上的某一动点 (x, y) 的切线方向上的单位矢量，进一步又分顺圆和逆圆两种情况。如图 5-42 所示，圆心为 (x_0,y_0)，圆弧上动点为 (x,y)，圆弧半径为 R，则有

$$\begin{cases} x_l = \dfrac{y - y_0}{|R|} \\ y_l = \dfrac{-(x - x_0)}{|R|} \end{cases} \quad \text{(顺圆/G02)} \tag{5-61}$$

$$\begin{cases} x_l = \dfrac{-(y - y_0)}{|R|} \\ y_l = \dfrac{x - x_0}{|R|} \end{cases} \quad \text{(逆圆/G03)} \tag{5-62}$$

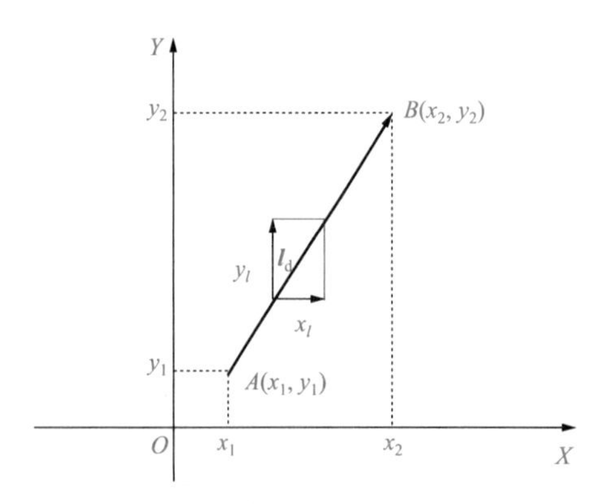

图 5-41 直线方向矢量的定义

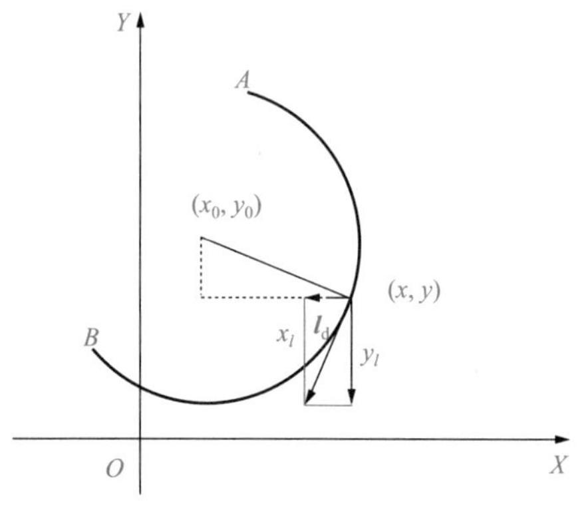

图 5-42 圆弧方向矢量的定义

现规定顺圆(G02)时 $R>0$，逆圆(G03)时 $R<0$，即

$$R=\begin{cases}|R| & (\text{顺圆})\\ -|R| & (\text{逆圆})\end{cases} \tag{5-63}$$

则可将式(5-61)和式(5-62)合并，获得圆弧上任一点的方向矢量及投影分量为

$$\boldsymbol{l}_{\mathrm{d}}=x_l\boldsymbol{i}+y_l\boldsymbol{j} \tag{5-64a}$$

$$x_l=\frac{y-y_0}{R} \tag{5-64b}$$

$$y_l=\frac{-(x-x_0)}{R} \tag{5-64c}$$

2) 刀具半径矢量

刀具半径矢量指加工过程中始终垂直于编程轨迹，且大小等于刀具半径值，方向指向刀具中心的矢量，用 $\boldsymbol{r}_{\mathrm{d}}$ 表示。如图 5-43 所示，设运动轨迹相对于 X 轴的倾角为 α，直线 AB 的方向矢量为 $\boldsymbol{l}_{\mathrm{d}}=x_l\boldsymbol{i}+y_l\boldsymbol{j}$，刀具半径为 r，刀具半径矢量 $\boldsymbol{r}_{\mathrm{d}}=x_{\mathrm{d}}\boldsymbol{i}+y_{\mathrm{d}}\boldsymbol{j}$，根据图中几何关系可推得 $\sin\alpha=y_l$， $\cos\alpha=x_l$。

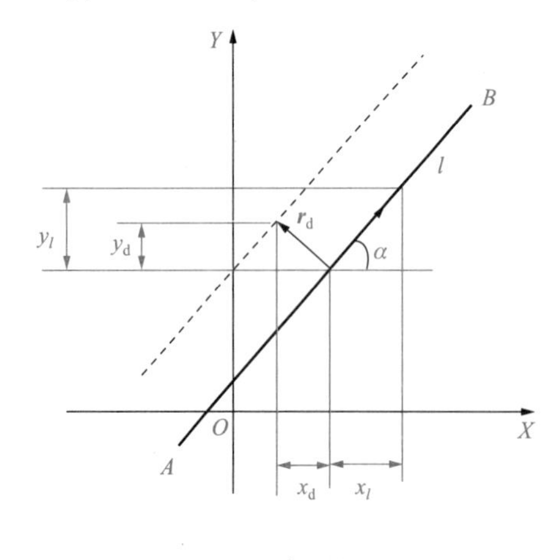

(a) 左刀补

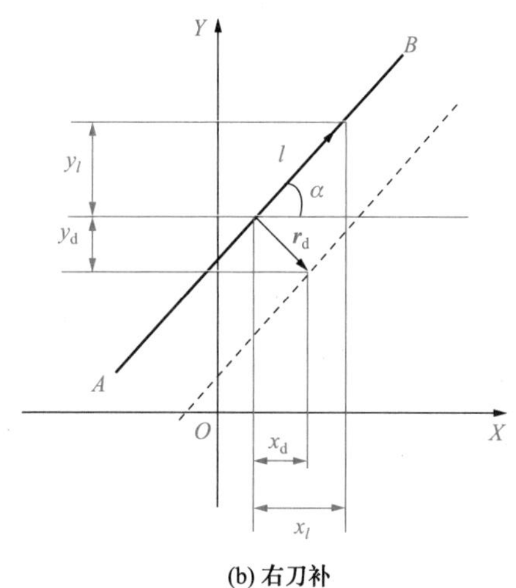

(b) 右刀补

图 5-43 刀具半径矢量与方向矢量

现规定左刀补(G41)时 $r>0$，即

$$r=\begin{cases}|r| & (\text{左刀补})\\ -|r| & (\text{右刀补})\end{cases} \tag{5-65}$$

进一步可推得刀具半径矢量投影分量与直线方向矢量投影分量之间的关系式为

$$\begin{cases}x_{\mathrm{d}}=-ry_l\\ y_{\mathrm{d}}=rx_l\end{cases} \tag{5-66}$$

3) 刀具半径补偿计算举例

由于刀具半径补偿转接过渡类型繁多，限于篇幅，下面仅以直线接圆弧缩短型刀具半径补偿为例，推导基于矢量计算刀具半径补偿转接点的计算公式。

如图5-44所示，l表示零件的直线轮廓，c表示零件的圆弧轮廓，l'和c'分别对应刀补后刀具中心轨迹。假设直线l起点为(x_0,y_0)，直线l与圆弧c的交点为(x_1,y_1)，圆弧c的终点为(x_2,y_2)，圆心相对圆弧起点的坐标为(I,J)。

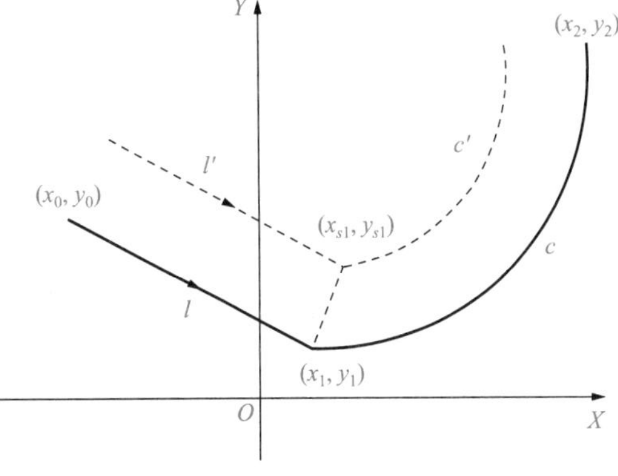

图5-44　直线接圆弧缩短型刀补转接点计算

第一步，求直线的方向矢量投影分量：

$$\begin{cases}x_{l1}=\dfrac{x_1-x_0}{\sqrt{\Delta x_1^2+\Delta y_1^2}}=\dfrac{\Delta x_1}{\sqrt{\Delta x_1^2+\Delta y_1^2}}\\ y_{l1}=\dfrac{y_1-y_0}{\sqrt{\Delta x_1^2+\Delta y_1^2}}=\dfrac{\Delta y_1}{\sqrt{\Delta x_1^2+\Delta y_1^2}}\end{cases} \tag{5-67}$$

第二步，求圆弧在起点(x_1,y_1)处方向矢量的投影分量：

$$\begin{cases}x_{l2}=-J/R\\ y_{l2}=I/R\end{cases} \tag{5-68}$$

其中，R的定义如下：

$$R=\begin{cases}\sqrt{I^2+J^2} & (\text{顺圆/G02})\\ -\sqrt{I^2+J^2} & (\text{逆圆/G03})\end{cases} \tag{5-69}$$

第三步，将坐标系原点O平移到点(x_1,y_1)处，在新坐标系下l'的表达式：

$$-y_{l1}x+x_{l1}y=r \tag{5-70}$$

$$(x-I)^2+(y-J)^2=(R+r)^2 \tag{5-71}$$

联立式(5-70)和式(5-71)，得到新坐标系下l'和c'的交点坐标值为

$$\begin{cases}x=x_{l1}(x_{l1}I+y_{l1}J)-ry_{l1}-\operatorname{sgn}(x_{l1}I+y_{l1}J)x_{l1}f\\ y=y_{l1}(x_{l1}I+y_{l1}J)+rx_{l1}-\operatorname{sgn}(x_{l1}I+y_{l1}J)y_{l1}f\end{cases} \tag{5-72}$$

其中，$f=\sqrt{(R+r)^2-(x_{l1}J-y_{l1}I-r)^2}$；sgn(·)为符号函数，定义如下：

$$\operatorname{sgn}(x)=\begin{cases}1 & (x>0)\\ -1 & (x<0)\end{cases} \tag{5-73}$$

第四步，通过坐标平移，求出转接点(x_{s1},y_{s1})在原XOY坐标系下的坐标值，分以下两种情况。

(1) 当 $x_{l1}y_{l2}-x_{l2}y_{l1}=0$，$\alpha$=180°，即直线与圆弧相切时，$(x_{s1},y_{s1})$ 相对于 (x_1,y_1) 相差一个刀具半径矢量，因此有

$$\begin{cases} x_{s1}=x_1-ry_{l2} \\ y_{s1}=y_1+rx_{l2} \end{cases} \tag{5-74}$$

(2) 当 $x_{l1}y_{l2}-x_{l2}y_{l1}\neq 0$，180°<$\alpha$<360°时，转接点 (x_{s1},y_{s1}) 坐标值为

$$\begin{cases} x_{s1}=x_1+x_{l1}(y_{l1}J+x_{l1}I)-ry_{l1}-\mathrm{sgn}(x_{l1}I+y_{l1}J)x_{l1}f \\ y_{s1}=y_1+y_{l1}(y_{l1}J+x_{l1}I)+rx_{l1}-\mathrm{sgn}(x_{l1}I+y_{l1}J)y_{l1}f \end{cases} \tag{5-75}$$

其中，$f=\sqrt{(R+r)^2-(x_{l1}J-y_{l1}I-r)^2}$。

根据式(5-69)，R 的正、负号分别表示顺圆和逆圆；根据式(5-65)，r 的正、负号分别表示左刀补和右刀补，因此上述计算公式既适用于顺圆和逆圆，又适用于左刀补和右刀补，从而大大减少了刀具半径补偿计算公式的数量。此外，通过式(5-73)所定义的符号函数，确保了联立方程组解算结果的唯一性。可见，基于矢量进行 C 刀具半径补偿计算的方法具有公式简洁、使用方便的优点。

4. 几种刀补特例

1) 在切削过程中改变刀补方向

如图 5-45 所示，切削程序段 N10 采用 G42 刀补，而其后的程序段 N11 改变了刀补方向，采用 G41 刀补，这时必须在 A 点处产生一个垂直于 N11 所对应轮廓 AB 的矢量 $\boldsymbol{r}_{\mathrm{d}}$ 以获得一段过渡直线 SS'。

2) 改变刀具半径

在零件切削过程中如果改变了刀具半径值，则新的补偿值在下一个程序段中产生影响。如图 5-46 所示。N8 段补偿用刀具半径 r_1，N9 段被改变为 r_2 后，则开始建立新的刀补，进入 N10 段后即按新刀补 r_2 的值进行补偿。刀具半径的改变可通过改变刀具号或通过操作面板等方法实现。

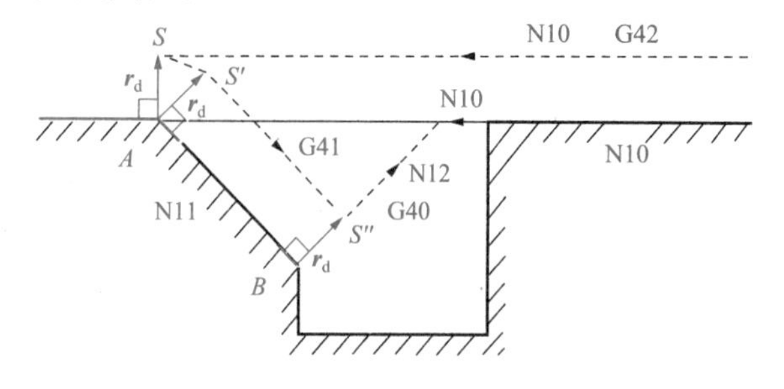

图 5-45 改变刀补方向的切削实例

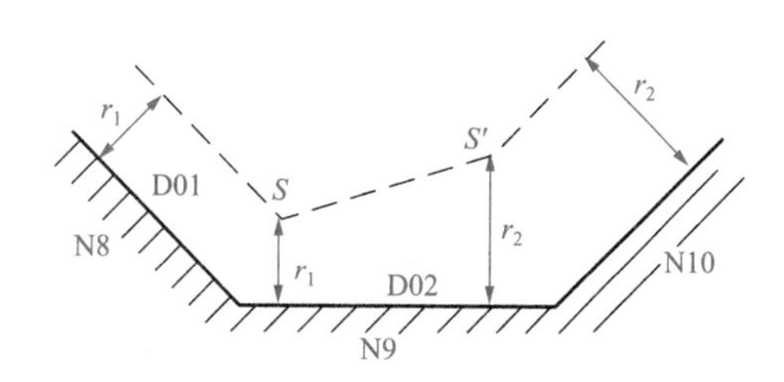

图 5-46 改变刀具半径的切削实例

3) 过切问题

编程不当也可能会引起零件被过切的现象，常见情况有如下几种。

(1) 在两个运动指令之间有两个辅助功能程序段。前面讲过刀补处理过程中一般同时有三个程序段在流动，如果其中含有两个辅助功能程序段，那么在刀补计算时就无法获得两个相邻轮廓段的信息，因此就可能造成过切现象，现假设有如下数控加工程序：

```
N3  G91  X150;
N4  M08  ；雾状冷却
N5  M09  ；关切削液
N6  Y-50;
N7  X50;
```

其对应的加工过程如图5-47所示，可见在S处执行程序段N4、N5后可能造成过切现象。

(2)在两个运动指令之间有一个位移为零的运动指令。由于运动为零的程序段没有工件轮廓信息，因此刀补时就可能造成过切现象。假设有如下数控加工程序：

```
N3  G91  X50;
N4  X0;
N5  Y-5;
```

其对应的加工过程如图5-48所示，可见在S处执行数控加工程序段N4后就会产生过切现象。

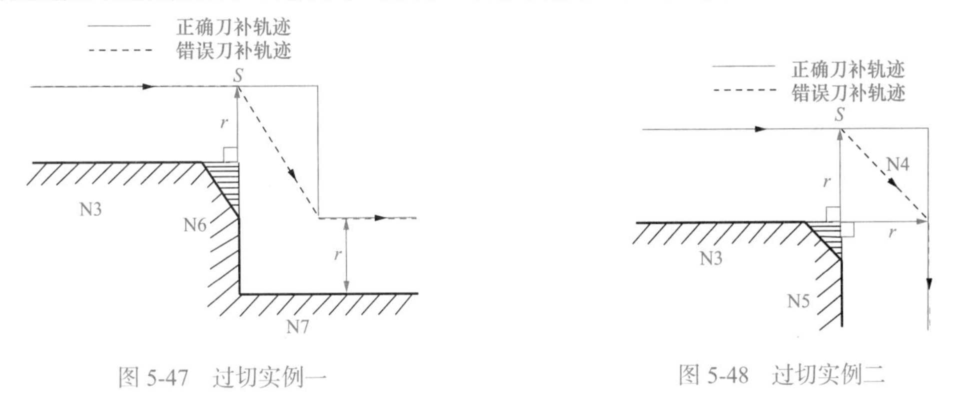

图5-47　过切实例一

图5-48　过切实例二

(3)在两个运动指令之间有一个辅助功能指令和一个位移为零的运动指令。其分析过程与前面类似，这里不再重复。

针对这些过切现象产生的原因，可以从两个方面来加以防患。一方面，在数控加工程序诊断过程中检查这种隐患，一旦发现就提示用户进行修改；另一方面，在刀补处理时进行检查，一旦发现则可针对这种情况来改进刀补处理方法。

5.8　进给加减速控制方法

对数控机床来说，进给速度不仅直接影响加工零件的表面粗糙度和加工精度，而且与刀具、机床的寿命和生产效率密切相关。按照加工工艺的需要，进给速度的给定一般用F代码编入程序，称为指令进给速度。对不同材料零件的加工，需根据表面粗糙度和加工精度等要求，选择合适的进给速度，数控系统应能提供足够的速度范围和灵活的指定方法。在加工过程中，因为可能发生事先不能确定或意外的情况，还应当考虑能手动调节进给速度功能。此外，当速度高于一定值时，在启动和停止阶段，为了防止产生冲击、失步、超步或振荡，保证运动平稳和准确定位，还要有加减速控制功能。在机床加速启动时，要保证加在伺服电机上的进给脉冲频率或电压逐渐增大；而当机床减速停止时，要保证加在伺服电机上的进给脉冲频率或电压逐渐减小；在加工曲线轮廓时，要根据当前加工点的曲率大小自动调整进给速度，防止过切或欠切，保证加工精度。

5.8.1 进给速度的控制方法

进给速度的控制方法和所采用的插补算法有关，前面提到的插补算法可归为一次插补算法和二次插补算法，它们有所不同。

1. 一次插补算法进给速度的控制

一次插补算法进给速度的控制是通过控制插补运算的频率来实现的，对于CNC系统，通常采用如下方法。

1）程序延时方法

先根据要求的进给频率，计算出两次插补运算间的时间间隔，用CPU执行延时子程序的方法控制两次插补之间的时间。改变延时子程序的循环次数，即可改变进给速度。

2）中断方法

用中断的方法，每隔规定的时间向CPU发出中断请求，在中断服务程序中进行一次插补运算，并发出一个进给脉冲。因此改变中断请求信号的频率，就等于改变了进给速度。

中断请求信号可通过F指令控制的脉冲信号源产生，也可通过可编程计数器/定时器产生。例如，采用Z80CTC作为定时器，由程序设置时间常数，每定时到，就向CPU发出中断请求信号。改变时间常数 T_c，就可以改变中断请求信号的频率。那么时间常数是怎样确定的？

设进给速度用F代码指定，脉冲当量为 δ（mm/脉冲），则与进给速度对应的脉冲频率 f 为

$$f = F/(60\delta), \text{Hz}$$

f 所对应的时间间隔 T 为 $$T = 1/f = 60\delta/F, \text{s}$$

因此，Z80CTC的时间常数应为 $T_c = T/(Pt_c) = 60\delta/(FPt_c)$

其中，δ 为脉冲当量；P 为定标系数；t_c 为时钟周期。

由于 δ、P、t_c 均为定值，可用常数 K 表示，所以时间常数也可表示为

$$T_c=K/F \tag{5-76}$$

其中，$K=60\delta/(Pt_c)$。

对 T_c 的处理程序可有两种方法：第一种方法，用查表法对进给速度进行控制。对每一种 F，预先计算出相应的 T_c 值，按表格存放，工作时根据输入的 F 值，通过查表方式找出对应的 T_c 值，实现有级变速。第二种方法，先计算出常数 K 值，再根据输入的 F 值，做除法运算求得 T_c 值，这种方法可输入任意的 F 值，调速级数不限。

2. 二次插补算法进给速度的控制

二次插补算法的进给速度控制可在粗插补部分完成，也可在粗插补与精插补之间通过程序运算完成。如时间分割法，粗插补周期定为8ms，可根据进给速度计算该插补周期内合成速度方向上的进给量：

$$\Delta L = F \cdot \Delta t$$

其中，F 为合成速度方向上的进给速度；Δt 为粗插补周期。若 ΔL 是三轴联动的合成进给量，则根据 ΔL 可计算出各个轴的进给量 Δx、Δy 和 Δz，供精插补使用。如果精插补是通过积分器来实现的，则数据采样法精插补进给控制输出原理如图5-49所示。

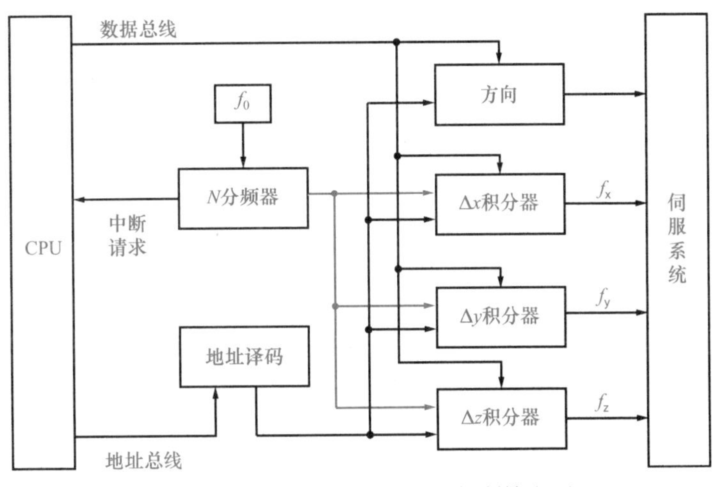

图 5-49　数据采样法精插补进给控制输出原理

各轴的积分器输出频率为

$$\begin{cases} f_x = \dfrac{\Delta x}{2^n} f_0 = \dfrac{\Delta x}{\Delta t} \\ f_y = \dfrac{\Delta y}{2^n} f_0 = \dfrac{\Delta y}{\Delta t} \\ f_z = \dfrac{\Delta z}{2^n} f_0 = \dfrac{\Delta z}{\Delta t} \end{cases} \tag{5-77}$$

其中，令 $f_0 = 2^n / \Delta t$，f_0 经 N 分频器产生插补中断请求的时钟频率为 $\dfrac{1}{\Delta t} = \dfrac{f_0}{N}$，故有 $N = f_0 \Delta t = 2^n$。

以上说明当各积分器和 N 分频器同为 n 位时，能恰好在一个粗插补间隔中使用相应的轴产生的各轴进给量 Δx、Δy 和 Δz。在积分器和 N 分频器为 8 位的情况下，如果要 8ms 插补中断申请一次，则 f_0 的频率应为 $\dfrac{1000}{8} \times 256 = 32(\text{kHz})$。

5.8.2　CNC 装置的常见加减速控制方法

在 CNC 装置中，加减速控制多数都采用软件来实现，这样给系统带来了较大的灵活性。这种用软件实现的加减速控制可以放在插补前进行，也可以放在插补后进行。放在插补前的加减速控制称为前加减速控制，放在插补后的加减速控制称为后加减速控制，如图 5-50 所示。

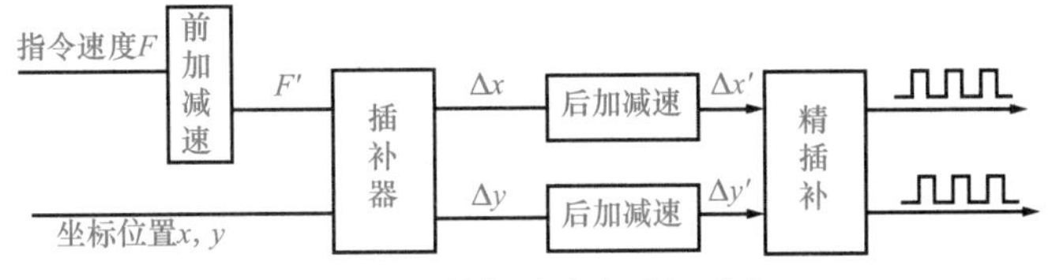

图 5-50　前加减速和后加减速

前加减速控制的优点是仅对合成速度——编程指令速度 F 进行控制，所以它不会影响实际插补输出的位置精度。前加减速控制的缺点是需要预测减速点，而这个减速点要根据实际刀具位置与程序段终点之间的距离来确定，而这种预测工作需要完成的计算量较大。

后加减速控制与前加减速控制相反，它是对各运动轴分别进行加减速控制，这种加减速控制不需专门预测减速点，而是在插补输出为零时开始减速，并通过一定的时间延迟逐渐靠近程序段终点。后加减速控制的缺点是，由于它对各运动坐标轴分别进行控制，所以在加减速控制以后，实际的各坐标轴的合成位置就可能不准确了。但是这种影响仅在加速或减速过程中才会有，当系统进入匀速状态时，这种影响就不存在了。

1. 前加减速控制

1）稳定速度和瞬时速度

稳定速度就是系统处于稳定状态时，每插补一次（一个插补周期）的进给量。在 CNC 装置中，零件程序段的速度命令或快速进给（手动或自动）时所设定的快速进给速度 F(mm/min)，需要转换成每个插补周期的进给量。另外，为了调速方便，设置了快速进给倍率开关、切削进给倍率开关等。这样，在计算稳定速度时，还需要将这些因素考虑在内。稳定速度的计算公式如下：

$$f_s = \frac{TKF}{60 \times 1000} \tag{5-78}$$

其中，f_s 为稳定速度（mm/min）；T 为插补周期（ms）；F 为命令速度（mm/min）；K 为速度系数，包括快速进给倍率、切削进给倍率等。

除此之外，稳定速度计算完以后还要进行速度限制检查，如果稳定速度超过了由参数设定的最大速度，则取限制的最大速度为稳定速度。

瞬时速度即系统在每个插补周期的进给量。当系统处于稳定状态时，瞬时速度 f_i 等于稳定速度 f_s，当系统处于加速（或减速）状态时，$f_i < f_s$（或 $f_i > f_s$）。

2）线性加减速

当机床启动、停止或在切削加工过程中改变进给速度时，系统自动进行线性加/减速处理。加/减速速率分为快速进给和切削进给两种，它们必须作为机床的参数预先设置好。设进给速度为 F(mm/min)，加速到 F 所需要的时间为 t(ms)，则加/减速度 a 可按式（5-79）计算：

$$a = 1.67 \times 10^{-2} \frac{F}{t}, \quad \mu m/(ms)^2 \tag{5-79}$$

（1）加速处理。

系统每插补一次都要进行稳定速度、瞬时速度和加/减速处理。当计算出的稳定速度 f_s' 大于原来的稳定速度 f_s 时，则要加速。每加速一次，瞬时速度为

$$f_{i+1} = f_i + at \tag{5-80}$$

新的瞬时速度 f_{i+1} 参加插补计算，对各坐标轴进行分配。这样，直到新的稳定速度。图 5-51 是线性加速处理的原理图。

（2）减速处理。

系统每进行一次插补运算，都要进行终点判别，计算出当前点与终点的瞬时距离 S_i，并根据本程序段的减速标志，检查是否已到达减速区域，若已到达，则开始减速。当稳定速度 f_s 和设定的加减速度 a 确定后，减速区域 S 可由式（5-81）求得

$$S = \frac{f_s^2}{2a} \tag{5-81}$$

若本程序段要减速，且 $S_i \leqslant S$，则设置减速状态标志，开始减速处理。每减速一次，瞬时速度为

$$f_{i+1} = f_i - at \tag{5-82}$$

新的瞬时速度 f_{i+1} 参加插补运算，对各坐标轴进行分配，一直减速到新的稳定速度或减到零。若要提前一段距离开始减速，则可根据需要，将提前量 ΔS 作为参数预先设置好，由式(5-83)计算：

$$S = \frac{f_s^2}{2a} + \Delta S \tag{5-83}$$

图 5-52 是线性减速处理的原理图。

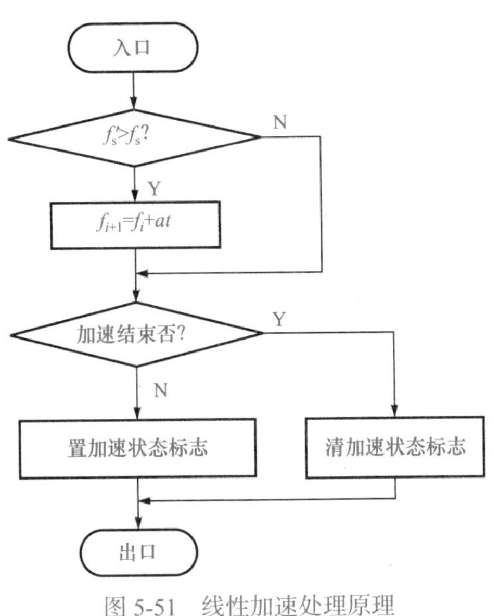

图 5-51 线性加速处理原理

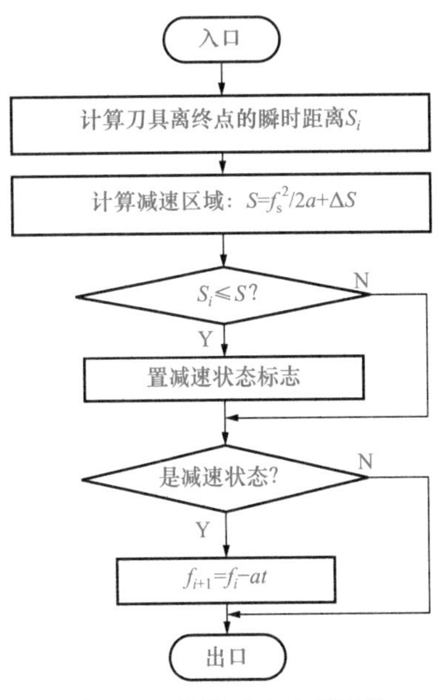

图 5-52 线性减速处理原理

(3) 终点判别处理。

在每次插补运算结束后，系统都要根据求出的各轴的插补进给量，计算刀具中心与本程序段终点的距离，然后进行终点判别。在即将到达终点时，设置相应标志。若本程序要减速，则还需检查是否已达到减速区域并开始减速。

① 直线插补时 S_i 的计算。

在图 5-53 中，设刀具沿着 OP 做直线运动，P 为程序段终点，A 为某一瞬时点。在插补计算中，已求得 X 和 Y 轴的插补进给量 Δx 和 Δy。因此，A 点的瞬时坐标值为

$$\begin{cases} x_i = x_{i-1} + \Delta x \\ y_i = y_{i-1} + \Delta y \end{cases} \tag{5-84}$$

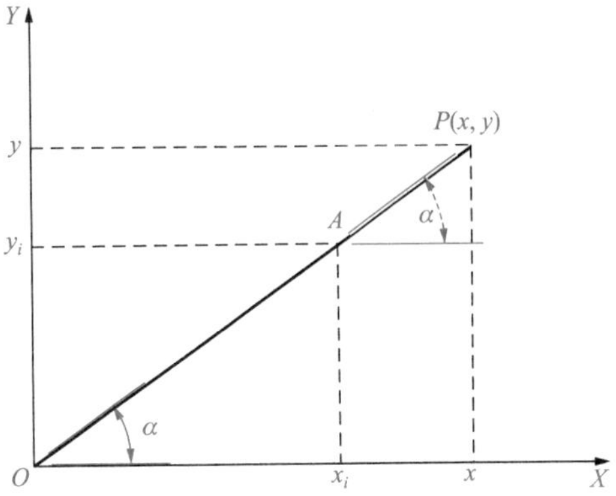

图 5-53 直线插补终点判别

设 X 为长轴，其增量值已知，则刀具在 X 方向上与终点的距离为 $|x - x_i|$。因为长轴与刀具移动方向的夹角是定值，且 $\cos\alpha$ 的值已计算好，所以，瞬时点 A 距终点 P 的距离为

$$S_i = |x - x_i| \cdot \frac{1}{\cos\alpha} \tag{5-85}$$

② 圆弧插补时 S_i 的计算。

当圆弧所对应的圆心角小于π时，瞬时点与圆弧终点的直线距离越来越小，如图 5-54(a)所示。$A(x_i,y_i)$ 为顺圆插补时圆弧上的某一瞬时点，$P(x,y)$ 为圆弧的终点；AM 为 A 点在 X 方向与终点的距离，$|AM|=|x-x_i|$，MP 为 P 点在 Y 方向与终点的距离，$|MP|=|y-y_i|$；$AP=S_i$。以 MP 为基准，则 A 点与终点的距离为

$$S_i=|MP|\cdot\frac{1}{\cos\alpha}=|y-y_i|\cdot\frac{1}{\cos\alpha} \tag{5-86}$$

当圆弧弧长对应的圆心角大于π时，设 A 点为圆弧 $\overset{\frown}{AP}$ 的起点，B 点为离终点的弧长所对应的圆心角等于π时的分界点，C 点为插补到终点的弧长所对应的圆心角小于π时的某一瞬时点，如图 5-54(b)所示。显然，此时瞬时点与圆弧终点的距离 S_i 的变化规律是：当从圆弧起点 A 开始插补到 B 点时，S_i 越来越大，直到 S_i 等于直径；当插补越过分界点 B 后，S_i 越来越小，与图 5-54(a)相同。对于该种情况，计算 S_i 时首先要判断 S_i 的变化趋势。若 S_i 变大，则不进行终点判别处理，直到越过分界点；若 S_i 变小，再进行终点判别处理，如图 5-55 所示。

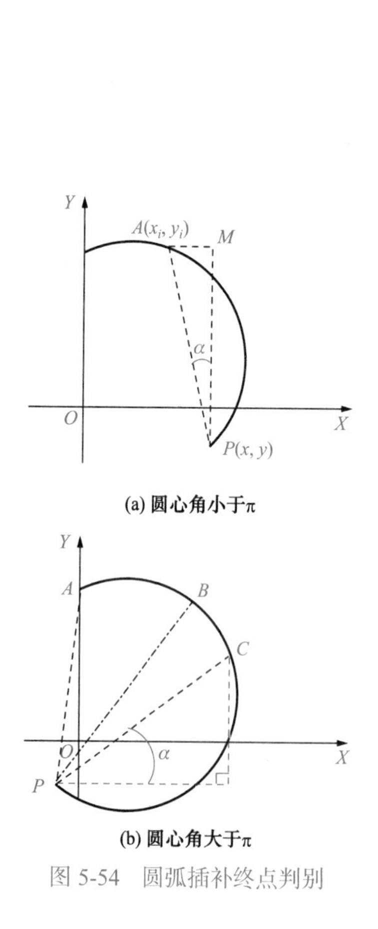

Y
A(x_i, y_i)
M
α
O
X
P(x, y)
(a) 圆心角小于π
Y
A
B
C
O
α
X
P
(b) 圆心角大于π
图 5-54 圆弧插补终点判别

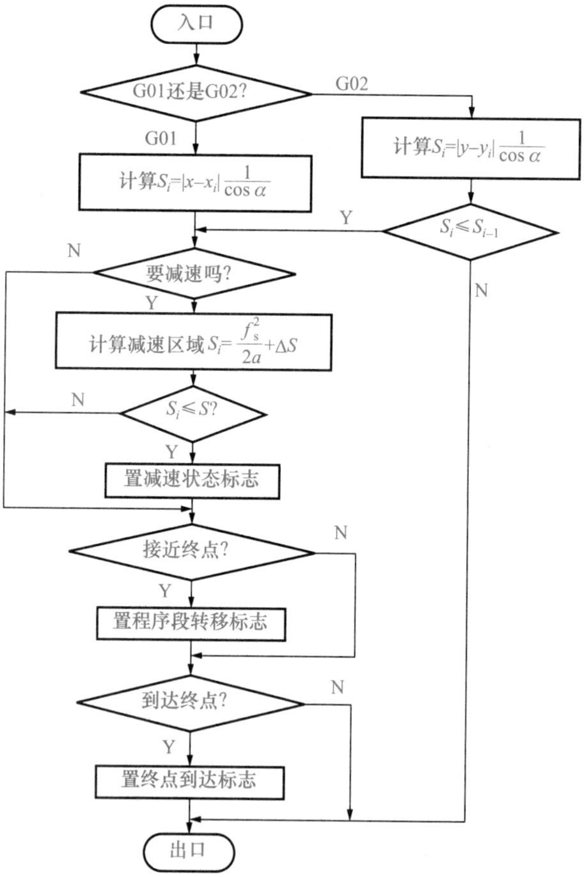

入口
G01还是G02?
G02
G01
计算S_i=|y−y_i| 1/cos α
计算S_i=|x−x_i| 1/cos α
Y
S_i≤S_{i−1}
N
要减速吗?
N
Y
计算减速区域 S_i= f_s^2/2a +ΔS
N
S_i≤S?
Y
置减速状态标志
接近终点?
N
Y
置程序段转移标志
到达终点?
N
Y
置终点到达标志
出口
图 5-55 终点判别处理原理图

2. 后加减速控制

1)直线加减速控制算法

直线加减速控制使机床在启动时，速度沿一定斜率的直线上升。而停止时，速度沿一定

斜率的直线下降。直线加减速控制分为 5 个过程。

(1) 加速过程。

如果输入速度 v_c 与输出速度 v_{i-1} 之差大于一个常数 KL，即 $v_c - v_{i-1} > KL$，则使输出速度增加 KL 值，即

$$v_i = v_{i-1} + \mathrm{KL}$$

其中，KL 为加减速的速度阶跃因子。显然在加速过程中，输出速度沿斜率为 $K' = \frac{\mathrm{KL}}{\Delta t}$ 的直线上升。这里 Δt 为采样周期。

(2) 加速过渡过程。

如果输入速度 v_c 大于输出速度 v_{i-1}，但其差值小于 KL，即

$$0 < v_c - v_{i-1} < \mathrm{KL}$$

则改变输出速度，使其与输入相等，即

$$v_i = v_c$$

经过这个过程后，系统进入稳定状态。

(3) 匀速过程。

在这个过程中，保持输出速度不变，即

$$v_i = v_{i-1}$$

但此时的输出速度 v_i 不一定等于输入速度 v_c。

(4) 减速过渡过程。

如果输入速度 v_c 小于输出速度 v_{i-1}，且其差值不足 KL，即

$$0 < v_{i-1} - v_c < \mathrm{KL}$$

则改变输出速度，使其减小到与输入速度相等，即 $v_i = v_c$。

(5) 减速过程。

如果输入速度 v_c 小于输出速度 v_{i-1}，且其差值大于 KL，即

$$v_{i-1} - v_c > \mathrm{KL}$$

则改变输出速度，使其减小 KL 值，即

$$v_i = v_{i-1} - \mathrm{KL}$$

显然在减速过程中，输出速度沿斜率为 $K' = -\frac{\mathrm{KL}}{\Delta t}$ 的直线下降。

2) 指数加减速控制算法

指数加减速是使启动或停止时的速度随着时间按指数规律上升或下降的一种较为平滑的加减速方法，如图 5-56 所示。

指数加减速控制速度与时间的关系是

加速时，
$$v(t) = v_c\left(1 - e^{-\frac{t}{T}}\right) \tag{5-87}$$

匀速时，
$$v(t) = v_c \tag{5-88}$$

减速时，
$$v(t) = v_c e^{-\frac{t}{T}} \tag{5-89}$$

其中，T 为时间常数；v_c 为稳定速度。

图 5-57 是指数加减速控制算法的原理图，Δt 表示采样周期，它在算法中的作用是对加减速运算进行控制，即每个采样周期进行一次加减速运算。误差寄存器 E 的作用是对每个采样周期的输入速度 v_c 与输出速度 v 之差进行累加，累加结果一方面保存在误差寄存器 E 中，另一方面与 $1/T$ 相乘，乘积作为当前采样周期加减速控制的输出 v。同时 v 又反馈到输入端，准备下一个采样周期，重复以上过程。

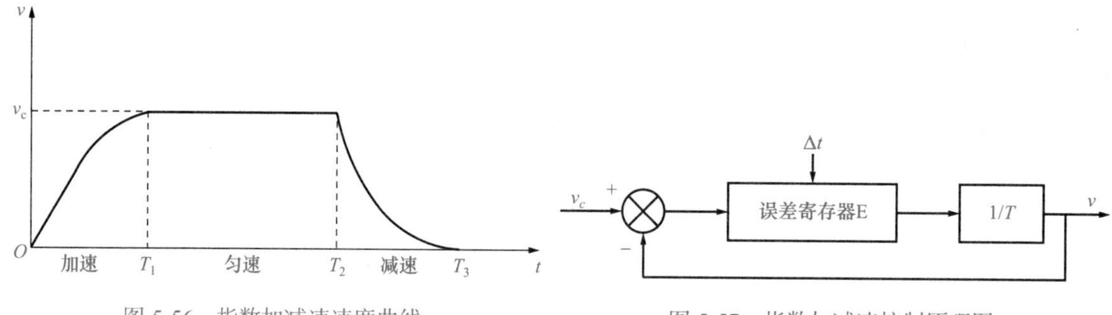

图 5-56　指数加减速速度曲线

图 5-57　指数加减速控制原理图

上述过程可以用迭代公式来实现
$$\begin{cases} E_i = \sum_{k=0}^{i-1}(v_c - v_k)\cdot\Delta t \\ v_i = E_i \cdot \dfrac{1}{T} \end{cases} \tag{5-90}$$

其中，E_i、v_i 分别为第 i 个采样周期误差寄存器 E 中的值和输出速度值，且迭代初值 v_0、E_0 为零。

只要 Δt 取得足够小，则上述公式可近似为
$$E(t) = \int_0^t \big(v_c - v(t)\big)\mathrm{d}t \tag{5-91}$$

$$v(t) = \frac{1}{T}E(t) \tag{5-92}$$

对式(5-91)两端求导得
$$\frac{\mathrm{d}E(t)}{\mathrm{d}t} = v_c - v(t) \tag{5-93}$$

对式(5-92)两端求导得
$$\frac{\mathrm{d}v(t)}{\mathrm{d}t} = \frac{1}{T}\frac{\mathrm{d}E(t)}{\mathrm{d}t} \tag{5-94}$$

再将式(5-93)与式(5-94)合并得
$$T\frac{\mathrm{d}v(t)}{\mathrm{d}t} = v_c - v(t)$$

即
$$\frac{\mathrm{d}v(t)}{v_c - v(t)} = \frac{\mathrm{d}t}{T} \tag{5-95}$$

对式(5-95)两端积分后得
$$\frac{v_c - v(t)}{v_c - v(0)} = \mathrm{e}^{-\frac{t}{T}} \tag{5-96}$$

(1)加速时，$v(0)=0$，由式(5-96)得
$$v(t) = v_c\left(1 - \mathrm{e}^{-\frac{t}{T}}\right) \tag{5-97}$$

(2) 匀速时，令式(5-97)中$t \to \infty$，得

$$v(t) = v_c \tag{5-98}$$

(3) 减速时，输入为零，即$v_c=0$，由式(5-93)得

$$\frac{dE(t)}{dt} = -v(t)$$

代入式(5-94)中可得

$$\frac{dv(t)}{v(t)} = -\frac{dt}{T}$$

两端积分后可得

$$v(t) = v_0 e^{-\frac{t}{T}} = v_c e^{-\frac{t}{T}} \tag{5-99}$$

综合式(5-97)～式(5-99)可见，按照式(5-90)进行迭代计算，可实现指数加减速。在实际工程应用时，常对式(5-90)作如下进一步改造。

令

$$\begin{cases} \Delta S_i = v_i \Delta t \\ \Delta S_c = v_c \Delta t \end{cases} \tag{5-100}$$

则ΔS_c实际上为每个采样周期加减速的输入位置增量值，即每个周期粗插补运算输出的坐标值数字增量。而ΔS_i则为第i个插补周期加减速输出的位置增量值。

将式(5-100)代入式(5-90)，并取$\Delta t=1$可得

$$\begin{cases} E_i = \sum_{k=0}^{i-1}\left(\Delta S_c - \Delta S_k\right) = E_{i-1} + \left(\Delta S_c - \Delta S_{i-1}\right) \\ \Delta S_i = E_i \dfrac{1}{T} \end{cases} \tag{5-101}$$

式(5-101)即实用的数字增量值指数加减速迭代公式。

3. 柔性加减速

1) 三角函数加减速

由于三角函数具有无限次连续可导的特性，采用三角函数构造加减速曲线，可使系统加减速性能达到更好的柔性。例如，采用 $1-\cos x$ 作为加速度的数学表达式，$1-\cos x$ 的导数 $\sin x$ 作为加加速度的数学表达式，由于正、余弦函数具有无限次连续可导的特性，这就使得加速度和加加速度曲线特别光滑，消除了对机床的冲击。构造函数如下：

$$\begin{cases} a(t) = k\left(1-\cos\left(\dfrac{t}{t_m}\cdot 2\pi\right)\right) \\ J(t) = a'(t) = \dfrac{2k\pi}{t_m}\cdot\sin\left(\dfrac{t}{t_m}\cdot 2\pi\right) \end{cases} \tag{5-102}$$

其中，k为待定参数；t_m为加减速时间；t为时间变量，$0 \leqslant t \leqslant t_m$。

对加速度$a(t)$积分可得到速度$v(t)$的函数表达式，再对速度$v(t)$积分可得到位移$s(t)$的函数表达式：

$$\begin{cases} v(t) = v_s + k\left(t - \dfrac{t_m}{2\pi}\sin\left(\dfrac{t}{t_m}\cdot 2\pi\right)\right) \\ s(t) = v_s t + k\left(\dfrac{t^2}{2} + \dfrac{t_m^2}{4\pi^2}\cdot\cos\left(\dfrac{t}{t_m}\cdot 2\pi\right) - \dfrac{t_m^2}{4\pi^2}\right) \end{cases} \tag{5-103}$$

其中，v_s为初始速度。

根据式(5-103)，当$t=t_m/2$时，加速度a达到最大值$A_{max}=2k$；当$t=t_m$时，速度v达到指令速度$v_c=v_s+kt_m$，解得

$$\begin{cases} k=\dfrac{A_{max}}{2} \\ t_m=\dfrac{2(v_c-v_s)}{A_{max}} \end{cases} \tag{5-104}$$

正常情况下三角函数加减速方法的运动过程可分为3段：加速段、匀速段和减速段，如图5-58所示。

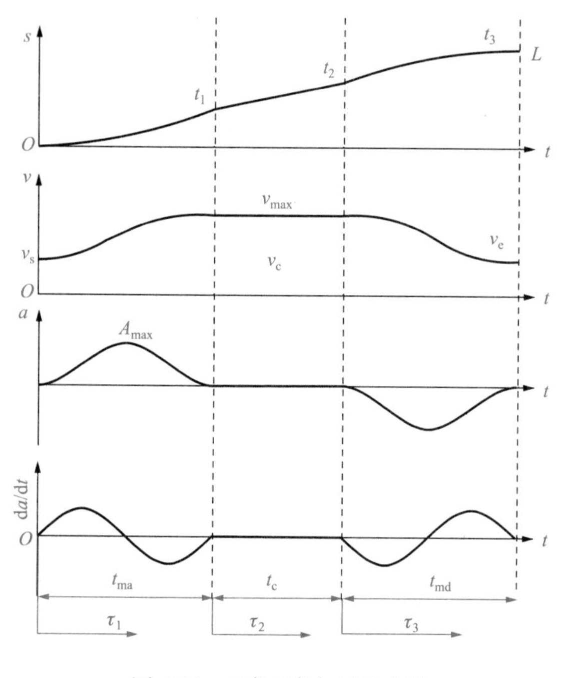

图5-58　三角函数加减速方法

图5-58中，v_s为起始速度，v_e为终止速度，v_c为指令速度，v_{max}为机床最大运动速度；t_{ma}为加速段运动时间；t_c为匀速段运动时间；t_{md}为减速段运动时间；$t_k(k=1, 2, 3)$为各个阶段的过渡点时刻；$\tau_k(k=1, 2, 3)$为局部时间坐标，表示以各个阶段的起始点作为零点的时间，$\tau_k=t-t_{k-1}$；A_{max}为最大加速度；L为整个运动长度。

只要确定了t_{ma}、t_c、t_{md}和k，整个加减速过程就完全确定了。实际速度曲线与程序段的起始速度v_s、终止速度v_e、最大速度v_{max}、最大加速度A_{max}与运动长度L有关。下面以起始速度和终止速度进行分类讨论。

(1) $v_s=v_e=v_{max}$。

此时仅有匀速运动，不存在加减速，无须处理。

(2) $v_s=v_{max}$，$0<v_e<v_{max}$。

此时无加速过程，只有减速过程。根据式(5-102)～式(5-104)可得到t_{md}和k，则减速区长度为

$$S_d=\frac{v_{max}^2-v_e^2}{A_{max}}$$

(3) $v_e=v_{max}$，$0<v_s<v_{max}$。

此时无减速过程，只有加速过程。根据式(5-102)～式(5-104)可得到t_{ma}和k，则加速区长度为

$$S_a=\frac{v_{max}^2-v_s^2}{A_{max}}$$

(4) $0<v_s<v_{max}$，$0<v_e<v_{max}$。

当运动长度$L<\left(2v_{max}^2-v_s^2-v_e^2\right)/A_{max}$时，最大速度不能达到$v_{max}$。根据程序段的长度不同，运动过程也不同，有2种加速方式，如图5-59所示。加速和减速的算法基本相同，在此以加速(即$v_s<v_e$)为例说明如下。

方式 1：从 v_s 加速至某个速度 v_m，然后减速至 v_e，并匀速运动至终点。这种运动方式时间最短。

方式 2：从 v_s 加速至 v_e，然后匀速运动至终点，这种运动方式简单，但运动时间比方式 1 长。

当程序段长度很短时，以上两种方式的运动时间相差不大，但采用方式 2 计算简单，运动平稳。因此一般情况下，建议采用方式 2 设计加减速。只有当 v_s 和 v_e 都很小时（极端的情况是都为 0），需采用方式 1，因为在这种情况下若采用方式 2，则运动时间很长，甚至到不了终点。

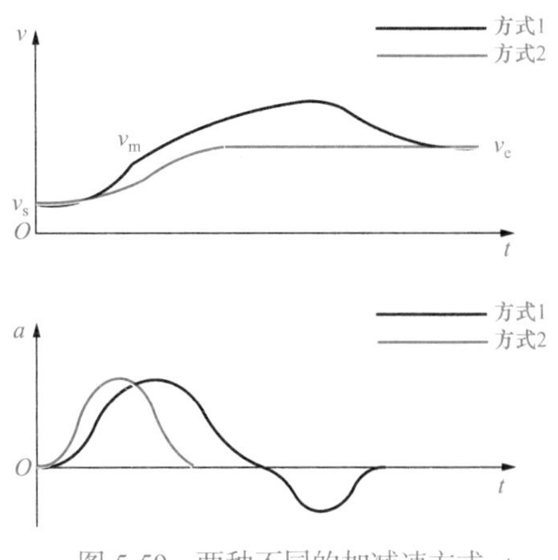

图 5-59　两种不同的加减速方式

2）S 曲线加减速

传统数控中常用的加减速有直线加减速和指数加减速等。此类加减速方式在启动和加减速结束时存在加速度突变，从而产生较大的加加速度冲击，因而不适合用于高速数控系统。S 曲线加减速可保证加速度和加加速度都在最大允许数值范围内，一些先进的 CNC 系统采用 S 曲线加减速，通过对启动阶段即高速阶段的加速度衰减，来保证电机性能的充分发挥和减小启动冲击。

（1）S 曲线加减速原理。

采用 S 曲线加减速运动所得到的速度曲线呈现 S 形，这就是 S 曲线加减速名称的由来。

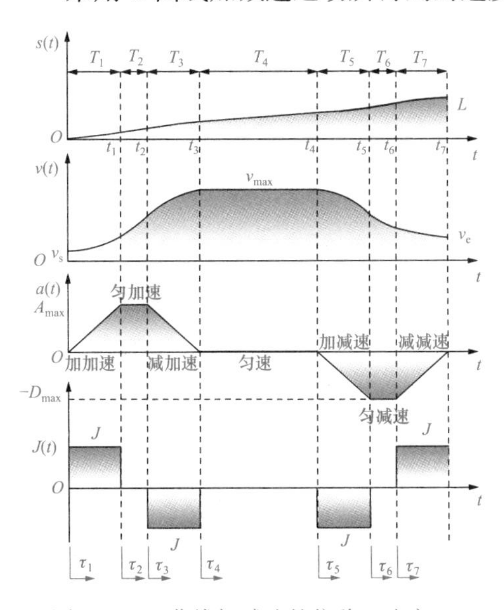

图 5-60　S 曲线加减速的位移、速度、加速度与加加速度曲线

正常情况下的 S 曲线加减速如图 5-60 所示，运动过程可分为 7 段：加加速段、匀加速段、减加速段、匀速段、加减速段、匀减速段、减减速段。图中起点速度为 v_s，终点速度为 v_e。图中符号说明如下。

① t：时间坐标。

② $t_k(k=1,2,\cdots,7)$：各个阶段的过渡点时刻。

③ $\tau_k(k=1,2,\cdots,7)$：局部时间坐标，表示以各个阶段的起始点作为时间零点的时间表示，$\tau_k = t - t_{k-1}\ (k=1,2,\cdots,7)$。

④ $T_k\ (k=1,2,\cdots,7)$：各个阶段的持续运动时间。

一般情况下，电机正反向的负载驱动能力是一致的，因此可假设电机的正向和反向最大加速度相等，即

$$A_{\max} = D_{\max} \tag{5-105}$$

若假设电机加速度从 0 达到最大值和从最大值减至 0 的时间相等，则有

$$T_1 = T_3 = T_5 = T_7 = \frac{A_{\max}}{J} \tag{5-106}$$

根据式（5-105）与式（5-106）规划得到的 S 曲线加减速为对称 S 曲线加减速。当式（5-105）不满足时，为非对称 S 曲线加减速，此时式（5-106）只能部分成立，变成

$$T_1 = T_3 = \frac{A_{\max}}{J},\quad T_5 = T_7 = \frac{D_{\max}}{J} \tag{5-107}$$

最大速度 v_{max}、最大加速度 A_{max} 与加加速度 J 是运动系统三个最基本的参数。其中最大速度 v_{max} 反映了系统的最大运动能力；最大加速度 A_{max} 反映了系统的最大加减速能力；加加速度 J 反映了系统的柔性。若 J 取值大，则冲击大，极限情况下取无穷大，S 曲线加减速即退化为直线加减速；若 J 取值小，则系统的加减速过程时间长，可以根据系统的需要及性能进行选取。通过上述假设，可以得到加加速度 J、加速度 a、速度 v、位移 s 等计算公式通用形式如下：

$$J(t)=\begin{cases}J & (0\leqslant t\leqslant t_1)\\ 0 & (t_1\leqslant t\leqslant t_2)\\ -J & (t_2\leqslant t\leqslant t_3)\\ 0 & (t_3\leqslant t\leqslant t_4)\\ -J & (t_4\leqslant t\leqslant t_5)\\ 0 & (t_5\leqslant t\leqslant t_6)\\ J & (t_6\leqslant t\leqslant t_7)\end{cases},\quad a(t)=\begin{cases}J\tau_1 & (0\leqslant t\leqslant t_1)\\ JT_1 & (t_1\leqslant t\leqslant t_2)\\ JT_1-J\tau_3 & (t_2\leqslant t\leqslant t_3)\\ 0 & (t_3\leqslant t\leqslant t_4)\\ -J\tau_5 & (t_4\leqslant t\leqslant t_5)\\ -JT_5 & (t_5\leqslant t\leqslant t_6)\\ -JT_5+J\tau_7 & (t_6\leqslant t\leqslant t_7)\end{cases} \tag{5-108}$$

$$v(t)=\begin{cases}v_s+\dfrac{1}{2}J\tau_1^2 & \left(0\leqslant t\leqslant t_1, 当t=t_1时, v_{01}=v_s+\dfrac{1}{2}JT_1^2\right)\\ v_{01}+JT_1\tau_2 & (t_1\leqslant t\leqslant t_2, 当t=t_2时, v_{02}=v_{01}+JT_1T_2)\\ v_{02}+JT_1\tau_3-\dfrac{1}{2}J\tau_3^2 & \left(t_2\leqslant t\leqslant t_3, 当t=t_3时, v_{03}=v_{02}+\dfrac{1}{2}JT_1^2\right)\\ v_{03} & (t_3\leqslant t\leqslant t_4, 当t=t_4时, v_{04}=v_{03})\\ v_{04}-\dfrac{1}{2}J\tau_5^2 & \left(t_4\leqslant t\leqslant t_5, 当t=t_5时, v_{05}=v_{04}-\dfrac{1}{2}JT_5^2\right)\\ v_{05}-JT_5\tau_6 & (t_5\leqslant t\leqslant t_6, 当t=t_6时, v_{06}=v_{05}-JT_5T_6)\\ v_{06}-JT_5\tau_7+\dfrac{1}{2}J\tau_7^2 & \left(t_6\leqslant t\leqslant t_7, 当t=t_7时, v_{07}=v_{06}-\dfrac{1}{2}JT_5^2\right)\end{cases} \tag{5-109}$$

$$s(t)=\begin{cases}v_s\tau_1+\dfrac{1}{6}J\tau_1^3 & \left(0\leqslant t\leqslant t_1, 当t=t_1时, S_{01}=v_sT_1+\dfrac{1}{6}JT_1^3\right)\\ S_{01}+v_{01}\tau_2+\dfrac{1}{2}JT_1\tau_1^2 & \left(t_1\leqslant t\leqslant t_2, 当t=t_2时, S_{02}=S_{01}+v_{01}T_2+\dfrac{1}{2}JT_1T_2^2\right)\\ S_{02}+v_{02}\tau_3+\dfrac{1}{2}JT_1\tau_3^2-\dfrac{1}{6}J\tau_3^3 & \left(t_2\leqslant t\leqslant t_3, 当t=t_3时, S_{03}=S_{02}+v_{02}T_1+\dfrac{1}{3}JT_1^3\right)\\ S_{03}+v_{03}\tau_4 & (t_3\leqslant t\leqslant t_4, 当t=t_4时, S_{04}=S_{03}+v_{03}T_4)\\ S_{04}+v_{04}\tau_5-\dfrac{1}{6}J\tau_5^3 & \left(t_4\leqslant t\leqslant t_5, 当t=t_5时, S_{05}=S_{04}+v_{04}T_5-\dfrac{1}{6}JT_5^3\right)\\ S_{05}+v_{05}\tau_6-\dfrac{1}{2}JT_5\tau_6^2 & \left(t_5\leqslant t\leqslant t_6, 当t=t_6时, S_{06}=S_{05}+v_{05}T_6-\dfrac{1}{2}JT_5T_6^2\right)\\ S_{06}+v_{06}\tau_7-\dfrac{1}{2}JT_5\tau_7^2+\dfrac{1}{6}J\tau_7^3 & \left(t_6\leqslant t\leqslant t_7, 当t=t_7时, S_{07}=S_{06}+v_{06}T_5-\dfrac{1}{3}JT_5^3\right)\end{cases} \tag{5-110}$$

将式(5-109)中 v_{01}、v_{02} 的表达式代入 v_{03}，得到

$$v_{03}=v_s+JT_1(T_1+T_2) \tag{5-111}$$

将式(5-109)中 v_{04}～v_{06} 的表达式代入 v_{07}，得到

$$v_{07} = v_{03} - JT_5(T_5 + T_6) \tag{5-112}$$

将式(5-110)中 S_{01}～S_{07} 的表达式代入 S_{07}，得到

$$S_{07} = S_a + v_{max}T_4 + S_d \tag{5-113}$$

其中，S_a 为加速区长度；S_d 为减速区长度，其表达式分别为

$$S_a = v_s(2T_1 + T_2) + \frac{1}{2}JT_1(2T_1^2 + 3T_1T_2 + T_2^2) \tag{5-114}$$

$$S_d = v_{03}(2T_5 + T_6) + \frac{1}{2}JT_5(2T_1^2 + 3T_5T_6 + T_6^2) \tag{5-115}$$

由于加减速运动满足如下边界条件：

$$v_{07} = v_e \tag{5-116}$$

$$S_{07} = L \tag{5-117}$$

在一般情况下运动过程为 7 个阶段时，还有下列两个条件成立：

$$JT_1 = JT_5 = A_{max} \tag{5-118}$$

$$v_{03} = v_{04} = v_{max} \tag{5-119}$$

将式(5-118)和式(5-119)代入式(5-111)，可得

$$v_{max} = v_s + A_{max}(T_1 + T_2) \tag{5-120}$$

由此解得

$$T_2 = \frac{v_{max} - v_s}{A_{max}} - T_1 \tag{5-121}$$

将式(5-116)、式(5-118)与式(5-119)代入式(5-112)，可得

$$v_e = v_{max} - A_{max}(T_5 + T_6) \tag{5-122}$$

由此解得

$$T_6 = \frac{v_{max} - v_e}{A_{max}} - T_5 \tag{5-123}$$

对于式(5-107)所描述的非对称 S 曲线加减速情形，式(5-123)需改为

$$T_6 = \frac{v_{max} - v_e}{D_{max}} - T_5 \tag{5-124}$$

由式(5-113)与式(5-117)，可得匀速运动段时间为

$$T_4 = \frac{L - S_a - S_d}{v_{max}} \tag{5-125}$$

这样，通过式(5-106)或式(5-107)可求出 T_1、T_3、T_5、T_7，通过式(5-121)可求出 T_2，通过(5-123)或式(5-124)可求出 T_6，再通过式(5-125)可求出 T_4，从而确定各个阶段的运动时间，然后根据式(5-108)～式(5-110)进行插补计算即可得到整个运动过程的加速度、速度与位移曲线。

需要说明的是，上述公式成立的一个前提条件是运动长度 L 足够大，且运动过程中可以达到最大速度与最大加速度，此时加减速过程包含了完整的 7 个运动阶段。若这个条件不满足，则 S 曲线加减速过程将因为运动长度或最大速度的限制而变成无匀速运动段的情形，甚至退变成仅包括加加速、减加速、加减速与减减速 4 个运动阶段的情形。对于这些特殊情形，需根据具体情况单独推导加减速计算公式，限于篇幅，此略。

(2)计算实例。

图 5-61 是由折线 *ABCDE* 构成的一段机床连续运动轨迹，其中各个程序段的长度和转折

点 B、C、D 的速度已经通过规划得到，并标示于图中。S 曲线加减速采用的参数为 v_{max}=300mm/s，A_{max}=1500mm/s^2，J=5×10^{4}mm/s^3。

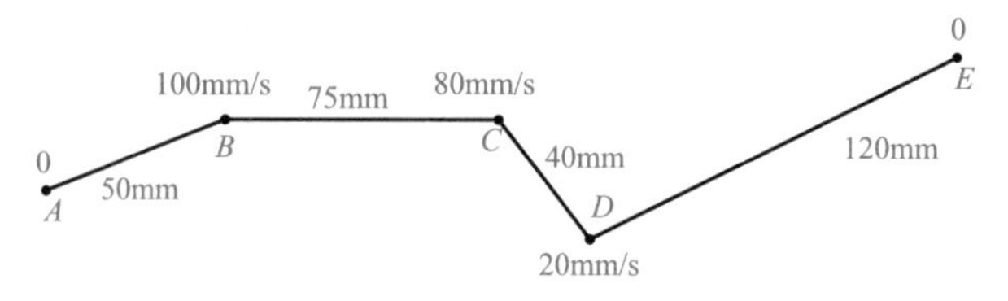

图 5-61 S 加减速控制实例

对于短线段的规划，采用了两种方式，方式 1 是混合方式（直接从 v_s 运动至 v_e，然后匀速运动至终点）。方式 2 完全采用加速再减速（或减速再加速）的方法。

图 5-62（a）是采用方式 1 的运动结果，运动时间为 2.217s，图 5-62（b）是采用方式 2 的运动结果，总运动时间为 1.570s，两种方式在运动时间上有一定的差别。采用方式 1 得到的速度十分平稳，但时间较长；方式 2 的时间短，但速度变化频繁。在使用中可根据需要进行选取。从两种计算结果来看，所得到的速度曲线都是十分平滑的，速度变化平稳，没有产生冲击。

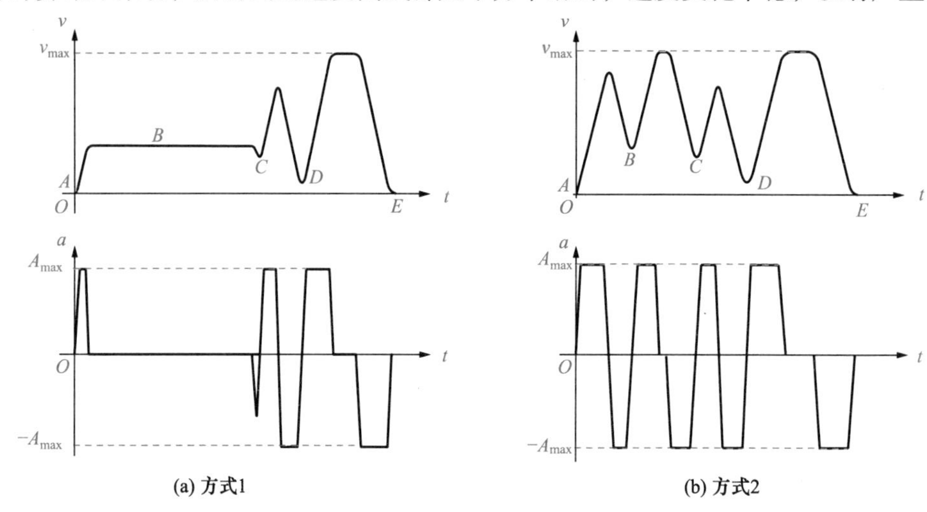

图 5-62 S 曲线加减速计算结果

上述计算实例表明，S 曲线加减速算法克服了传统加减速算法中的缺点，速度变化十分平滑，是一种适合于高速切削的柔性加减速算法。

复习思考题

5-1 若加工第一象限直线 OE，起点为坐标原点 $O(0, 0)$，终点为 $E(7, 5)$。

(1) 试用逐点比较法进行插补计算，并画出插补轨迹。

(2) 设累加器为 3 位，试用 DDA 法进行插补计算，并画出插补轨迹。

5-2 设加工第二象限直线 OA，起点为坐标原点 $O(0, 0)$，终点为 $A(-6, 4)$，试用逐点比较法对其进行插补，并画出插补轨迹。

5-3 用逐点比较法插补第二象限逆圆弧 $\overset{\frown}{PQ}$，起点为 $P(0, 7)$，终点为 $Q(-7, 0)$，圆心在原点 $O(0, 0)$，写出插补计算过程，并画出插补轨迹。

5-4 用 DDA 法插补第一象限顺圆弧 $\overset{\frown}{AB}$，起点为 $A(0, 5)$，终点为 $B(5, 0)$，圆心在原点 $O(0, 0)$，写出

插补计算过程，并画出插补轨迹。

5-5　用 DDA 法插补圆弧 $\overset{\frown}{PQ}$，起点为 $P(7, 0)$，终点为 $Q(0, 7)$，圆心在原点 $O(0, 0)$，设寄存器位数为 3 位，采用二进制计算。

(1)若 X、Y 向的余数寄存器插补前均清零，试写出插补计算过程并画出插补轨迹。

(2)若采用半加载，试写出插补计算过程并画出插补轨迹。

(3)若采用全加载，试写出插补计算过程并画出插补轨迹。

5-6　何谓左移规格化？它有什么作用？

5-7　试用汇编语言编制逐点比较法插补第一象限直线的插补控制程序。

5-8　试用逐点比较法插补原理设计直线插补控制程序流程框图(含四个象限)。

5-9　试用逐点比较法插补原理设计圆弧插补控制程序流程框图(含四个象限及圆弧不同走向)。

5-10　试用 DDA 法插补原理设计直线插补流程框图(含四个象限)。

5-11　什么是 C 刀具半径补偿功能？画出圆弧与直线转接时的刀具中心轨迹。

5-12　B 刀具与 C 刀具半径补偿有什么区别？基于矢量的 C 刀具半径补偿计算方法有什么优点？

5-13　S 曲线加减速有什么优点？S 曲线加减速分成哪几个阶段？其运动系统的三个基本参数是什么？

第6章 数控机床的检测装置

6.1 概　　述

数控机床的位置控制是通过比较插补计算的指令位置与检测的实际位置、用它们的差值去控制进给电机实现的。而实际位置的检测则是通过位置检测装置来实现的。常用的检测装置有旋转变压器、感应同步器、光栅、编码器、磁栅等。此外，长距离、高精度的线位移检测经常使用激光干涉仪，其测量精度和分辨率都很高，同时对使用环境要求高，价格也较高昂，多用于高精度的磨床、镗床和坐标测量机床。本章主要介绍旋转变压器、感应同步器、光栅、编码器、磁栅、激光干涉仪等几种检测装置。

位置检测装置是数控机床闭环和半闭环伺服系统的重要组成部分，其作用是检测位移(线位移或角位移)和速度，发送位置检测反馈信号至数控装置，构成伺服系统的闭环或半闭环控制，使工作台按指令的路径精确地移动。闭环或半闭环控制的数控机床的加工精度主要由检测系统的精度决定。对于采用半闭环控制的数控机床，其位置检测装置一般采用旋转变压器或编码器，安装在进给电机或丝杠上，旋转变压器或编码器每旋转一定角度，都严格地对应着工作台移动的一定距离。测量了电机或丝杠的角位移，也就间接地测量了工作台的直线位移。对于采用闭环控制的数控机床，一般可采用感应同步器、光栅等测量装置，安装在工作台和导轨上，直接测量工作台的直线位移。

位置检测装置的精度主要包括系统精度和分辨率。系统精度是指在一定长度或转角范围内测量累积误差的最大值，目前一般直线位移检测精度均已达到±(0.002～0.02)mm/m以内，角位移测量精度达到±10″/360°；系统分辨率是测量元件所能正确检测的最小位移量，目前直线位移的分辨率多数为1μm，高精度系统的分辨率可达0.01μm，角位移的分辨率可达0.67″。不同类型的数控机床对检测装置的精度和速度要求是不同的，对于大型机床以满足速度要求为主，对于中小型机床和高精度机床以满足精度要求为主。

6.1.1　数控机床对检测装置的主要要求

数控机床对检测装置的主要要求如下：

(1)受温度、湿度的影响小，工作可靠，抗干扰能力强；

(2)在机床移动的范围内满足精度和速度要求；

(3)使用维护方便，适合机床运行环境；

(4)成本低；

(5)易于实现高速的动态测量。

6.1.2　位置检测装置分类

数控机床位置检测装置的种类很多，若按被测量的几何量分，有回转型(测角位移)和直线型(测线位移)；若按检测信号的类型分，有数字式和模拟式；若按检测量的基准分，有增量式和绝对式，如表 6-1 所示。对于不同类型的数控机床，因工作条件和检测要求不同，可采用不同的检测方式。

表 6-1　位置检测装置分类

类型	数字式		模拟式	
	增量式	绝对式	增量式	绝对式
回转型	增量式脉冲编码器 圆光栅	绝对式脉冲编码器	旋转变压器 圆感应同步器 圆磁尺	多极旋转变压器 三速圆感应同步器
直线型	计量光栅 激光干涉仪	多通道透射光栅	直线式感应同步器 磁尺	三速式直线感应同步器 绝对值式磁尺

1. 增量式与绝对式

1) 增量式检测方式

增量式检测方式单纯测量位移增量，移动一个测量单位就发出一个测量信号。其优点是检测装置比较简单，任何一个对中点均可作为测量起点；缺点是对测量信号计数后才能读出移距，一旦计数有误，此后的测量结果将全错；发生故障时(如断电、断刀等)不能再找到事故前的正确位置，事故排除后，必须将工作台移至起点重新计数才能找到事故前的正确位置。

2) 绝对式检测方式

绝对式检测方式中，被测量的任一点的位置都以一个固定的零点作为基准，每个被测点都有一个相应的测量值。这样就避免了增量式检测方式的缺陷，但其结构较为复杂。

2. 数字式与模拟式

1) 数字式检测方式

数字式检测是将被测量单位量化以后以数字形式表示，测量信号一般为电脉冲，可以直接把它送到数控装置进行比较、处理。数字式检测装置的特点如下：

(1) 被测量量化后转换成脉冲个数，便于显示和处理；

(2) 测量精度取决于测量单位，与量程基本无关；

(3) 检测装置比较简单，脉冲信号抗干扰能力强。

2) 模拟式检测方式

模拟式检测是将被测量用连续的变量来表示，如用相位变化、电压变化来表示，主要用于小量程测量。它的主要特点如下：

(1) 直接对被测量进行检测，无须量化；

(2) 在小量程内可以实现高精度测量；

(3) 可用于直接检测和间接检测。

3. 直接检测与间接检测

1）直接检测

对机床的直线位移采用直线型检测装置测量，称为直接检测。直接检测的测量精度主要取决于测量装置的精度，不受机床传动精度的影响。但检测装置要与行程等长，这对大型数控机床来说，是一个很大的限制。

2）间接检测

对机床的直线位移采用回转型检测装置测量，称为间接检测。间接检测使用可靠方便，无长度限制，缺点是在检测信号中加入了直线运动转变为旋转运动的传动链误差，从而影响检测精度。因此为了提高定位精度，常常需要对机床的传动误差进行补偿。

6.2 旋转变压器

旋转变压器是一种数控机床上常见的角位移测量装置，具有结构简单、动作灵敏、工作可靠、对环境条件要求低(特别是高温、高粉尘的地方)、输出信号幅度大和抗干扰能力强等特点，其缺点是信号处理比较复杂。虽然如此，旋转变压器还是被广泛地应用于半闭环控制的数控机床上。

6.2.1 旋转变压器的结构

旋转变压器又叫同步分解器，在结构上与两相绕线式异步电机相似，由定子和转子组成，是一种旋转式的小型交流电机。旋转变压器分为有刷和无刷两种。有刷旋转变压器定子与转子上两相绕组轴线分别相互垂直，转子绕组的引线（端点）经滑环引出，并通过电刷送到外面。无刷旋转变压器无电刷与滑环，由分解器和变压器组成，如图 6-1 所示，左边是分解器，右边是变压器，变压器的作用就是不通过电刷与滑环把信号传递出来，分解器结构与有刷旋转变压器基本相同。变压器一次绕组（定子绕组）5 与分解器转子 8 上的绕组相连，并绕在与分解器转子 8 固定在一起的变压器转子线轴 6 上，与转子轴 1 一起转动；变压器二次绕组 7 绕在与变压器转子线轴 6 同心的变压器定子 4 的线轴上。分解器定子的线圈外接励磁电压，常用的励磁频率为 400Hz、500Hz、1000Hz、2000Hz 及 5000Hz，如果励磁频率较高，则旋转变压器

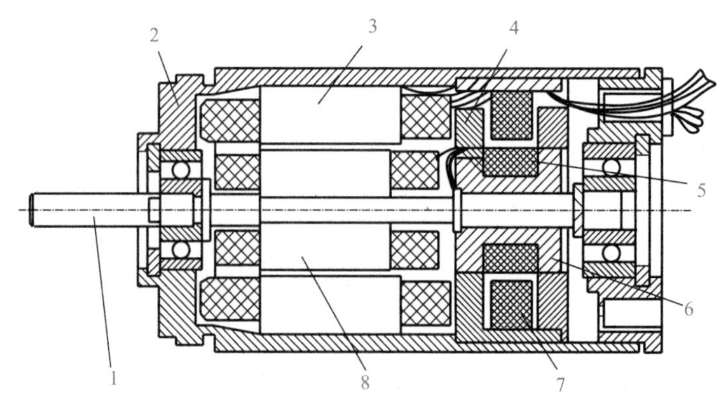

1. 转子轴；2. 壳体；3. 分解器定子；4. 变压器定子；5. 变压器一次绕阻；
6. 变压器转子线轴；7. 变压器二次绕阻；8. 分解器转子

图 6-1 旋转变压器结构示意图

的尺寸可以显著减小，转子的转动惯量也就可以很小，适用于加、减速比较大或精度高的齿轮、齿条组合使用的场合；分解器转子线圈输出信号接到变压器一次绕组 5，从变压器二次绕组(转子绕组)7 引出最后的输出信号。无刷旋转变压器具有输出信号大、可靠性高、寿命长及不用维修等优点，所以数控机床主要使用无刷旋转变压器。

旋转变压器又分为单极对和多极对。通常应用的旋转变压器为单极对和双极对旋转变压器，单极对旋转变压器的定子和转子上都各有一对磁极。多极对旋转变压器增加了定子或转子的极对数，使电气转角为机械转角的倍数，用于高精度绝对式检测系统。双极对旋转变压器的定子和转子上都各有两对相互垂直的磁极，其检测精度较高，在数控机床中应用普遍。

旋转变压器工作时，通过将其转子轴与电机轴或丝杠连接在一起来实现电机轴或丝杠转角的测量。对于单极对旋转变压器，其转子通常不直接与电机轴相连，而是经过精密齿轮升速后再与电机轴相连，此时，需要根据丝杠的导程选用齿轮的升速比，以保证机床的脉冲当量与输入设定的单位相同，升速比通常为 1∶2、1∶3、1∶4、2∶3、1∶5、2∶5 等。多极对旋转变压器不用升速，可与电机轴直接相连，因此检测精度更高。也可以把一个极对数少的和一个极对数多的两种旋转变压器做在一个机壳内，构成“粗测”和“精测”电气变速双通道检测装置，用于高精度检测系统和同步系统。

6.2.2　旋转变压器的工作原理

旋转变压器根据互感原理工作，定子与转子之间气隙磁通分布呈正/余弦规律。当定子加上一定频率的励磁电压时，通过电磁耦合，转子绕组产生感应电动势，其输出电压的大小取决于定子和转子两个绕组轴线在空间的相对位置。

为便于理解旋转变压器的工作原理，先讨论单极对旋转变压器的工作情况。如图 6-2 所示，由变压器原理，设一次绕组匝数为 N_1，二次绕组匝数为 N_2，$n=N_1/N_2$ 为变压比，一次侧输入交变电压：

$$U_1 = U_m \sin \omega t \tag{6-1}$$

二次侧产生感应电动势：

$$U_2 = nU_1 \sin\theta = nU_m \sin\omega t \sin\theta \tag{6-2}$$

其中，U_2 为转子绕组感应电动势；U_1 为定子的励磁电压；U_m 为励磁电压幅值；θ 为转子偏转角。

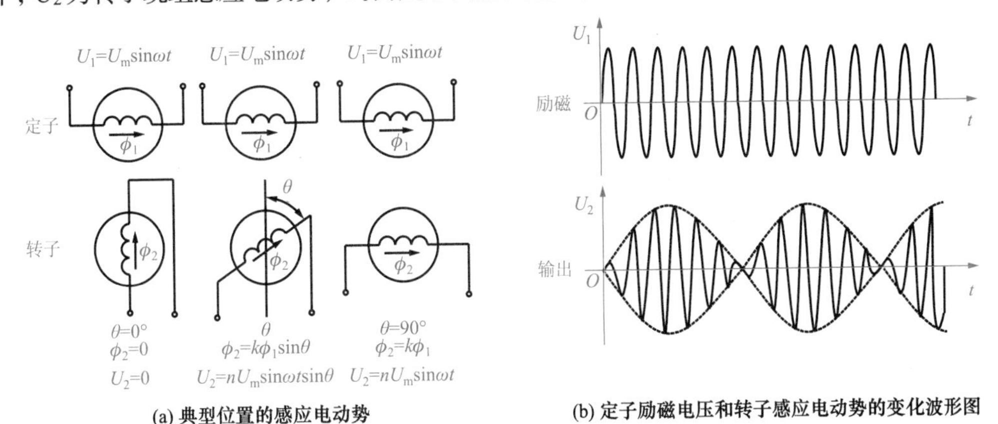

图 6-2　旋转变压器工作原理

旋转变压器是一台小型交流电机，二次绕组跟着转子一起旋转，由式(6-2)可知其输出电

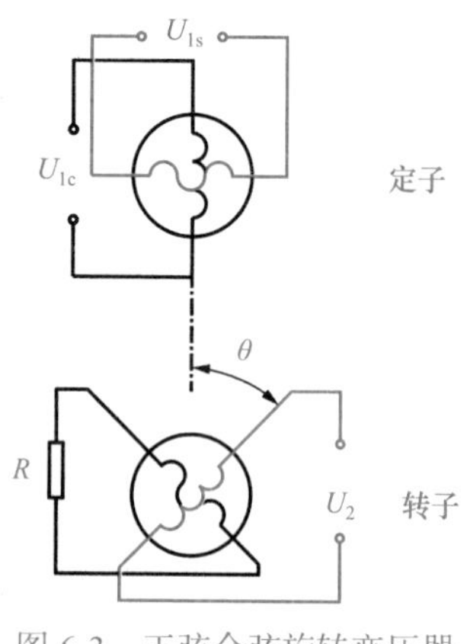

图 6-3 正弦余弦旋转变压器工作原理

压随着转子的角向位置呈正弦规律变化，当转子绕组磁轴与定子绕组磁轴垂直时，$\theta=0$，不产生感应电动势，$U_2=0$；当两磁轴平行时，$\theta=90°$，感应电动势 U_2 最大，为

$$U_2=nU_m\sin\omega t \tag{6-3}$$

下面讨论正弦余弦旋转变压器的工作原理，如图 6-3 所示。正弦余弦旋转变压器是双极对旋转变压器，其定子和转子绕组中各有互相垂直的两个绕组，定子上的两个绕组分别为正弦绕组(励磁电压为 U_{1s})和余弦绕组(励磁电压为 U_{1c})，转子绕组中的一个绕组输出电压为 U_2，另一个绕组接高阻抗，用来补偿转子对定子的电枢反应。

当定子绕组通入不同的励磁电压时，可得到两种不同的工作方式：鉴相工作方式和鉴幅工作方式。

1)鉴相工作方式

给定子的两个绕组分别通以相同幅值、相同频率，但相位差π/2 的交流励磁电压，则有

$$U_{1s}=U_m\sin\omega t$$

$$U_{1c}=U_m\sin(\omega t+\pi/2)=U_m\cos\omega t$$

当转子正转时，这两个励磁电压在转子绕组中产生的感应电压经叠加，得到转子的感应电压 U_2 为

$$U_2=kU_m\sin\omega t\sin\theta+kU_m\cos\omega t\cos\theta=kU_m\cos(\omega t-\theta) \tag{6-4}$$

其中，U_m 为励磁电压幅值；k 为电磁耦合系数，$k<1$；θ 为相位角，即转子偏转角。

当转子反转时，同理有

$$U_2=kU_m\cos(\omega t+\theta) \tag{6-5}$$

可见，转子输出电压的相位角和转子的偏转角 θ 之间有严格的对应关系，只要检测出转子输出电压的相位角，就可以求得转子的偏转角，也就可得到被测轴的角位移。实际应用时，把定子余弦绕组的励磁电压的相位作为基准相位，与转子绕组的输出电压的相位进行比较，来确定转子偏转角 θ 的大小。

2)鉴幅工作方式

在定子的正、余弦绕组上分别通以频率相同、相位相同，但幅值分别为 U_{sm} 和 U_{cm} 的交流励磁电压，则有

$$U_{1s}=U_{sm}\sin\omega t,\quad U_{1c}=U_{cm}\sin\omega t$$

当给定电气角为 α 时，交流励磁电压的幅值分别为

$$U_{sm}=U_m\sin\alpha,\quad U_{cm}=U_m\cos\alpha$$

当转子正转时，U_{1s}、U_{1c} 经叠加，转子的感应电压 U_2 为

$$U_2=kU_m\sin\alpha\sin\omega t\sin\theta+kU_m\cos\alpha\sin\omega t\cos\theta=kU_m\cos(\alpha-\theta)\sin\omega t \tag{6-6}$$

当转子反转时，同理有

$$U_2=kU_m\cos(\alpha+\theta)\sin\omega t \tag{6-7}$$

式(6-6)、式(6-7)中，$kU_m\cos(\alpha-\theta)$、$kU_m\cos(\alpha+\theta)$ 为感应电压的幅值。可见，转子感应电压的幅值随转子偏转角 θ 而变化，测量出幅值即可求得 θ，被测轴的角位移也就可求得了。实际应用时，不断地修改定子励磁电压的幅值，即不断地修改 α，让它跟踪 θ 的变化，实时地让

转子的感应电压 U_2 总为 0，由式(6-6)、式(6-7)可知，此时$\alpha=\theta$。通过定子励磁电压的幅值计算出电气角α，从而得出θ的大小。

无论是鉴相工作方式，还是鉴幅工作方式，在转子绕组中得到的感应电压都是关于转子的偏转角θ的正弦和余弦函数，所以称为正弦余弦旋转变压器。

读者可扫描二维码，查看视频资源，了解旋转变压器的实物结构及其解码电路，并体验转子的感应电压在转子转动过程中的变化。

6.2.3　旋转变压器的应用

根据以上分析可知，测量旋转变压器二次绕组的感应电动势 U_2 的幅值或相位的变化，可知转子偏转角θ的变化。如果将旋转变压器安装在数控机床的丝杠上，当θ从 0°变化到 360°时，表示丝杠上的螺母走了一个导程，这样就间接地测量了丝杠的直线位移(导程)的大小。

当测全长时，由于普通旋转变压器属于增量式检测装置，如果将其转子直接与丝杠相连，转子转动 1 周，仅相当于工作台 1 个丝杠导程的直线位移，不能反映全行程，因此，要检测工作台的绝对位置，需要加一台绝对位置计数器，将累计所走的导程数折算成位移总长度。另外，在转子每转 1 周时，转子的输出电压将随旋转变压器的极数不同而不止一次地通过零点，必须在线路中加相敏检波器来辨别转换点和区别不同的转向。

此外，还可以用 3 个旋转变压器按 1∶1、10∶1 和 100∶1 的比例相互配合串接，组成精、中、粗三级旋转变压器检测装置。这样，如果转子以半周期直接与丝杠耦合(即“精”同步)，结果使丝杠位移为 10mm，则“中”测旋转变压器工作范围为 100mm，“粗”测旋转变压器的工作范围为 1000mm。为了使机床工作台按指令值到达一定位置，需用电气转换电路在实际值不断接近指令值的过程中，使旋转变压器从“粗”转换到“中”再转换到“精”，最终的位置检测精度由“精”旋转变压器决定。

6.2.4　磁阻式多极旋转变压器简介

普通旋转变压器的精度较低，为角分的数量级，一般应用于精度要求不高或大型机床的“粗”测和“中”测系统中。为提高精度，近年来数控系统中广泛采用磁阻式多极旋转变压器。

磁阻式多极旋转变压器又称细分解算器或游标解算器，它是一种多极角度传感元件，实际上是一种非接触式磁阻可变的耦合变压器，其结构与传统的多极旋转变压器的不同之处在于其励磁绕组和输出绕组均安置在定子铁心的槽中，转子仅由带齿的选片叠制而成，不放任何绕组，实现无接触运行。定子冲片内圆冲制有若干大齿(也称为极靴)，每个大齿上又冲制若干等分小齿，绕组安放在大齿槽中。转子外圆表面冲制有若干等分小齿，其数与极对数相等。输出和输入绕组均为集中绕制，其正余弦绕组的匝数按正弦规律变化。而传统结构的多极旋转变压器采用分布式绕组。图 6-4 为磁阻式多极旋转变压器的原理示意图，其中画出了 5 个定子齿，4

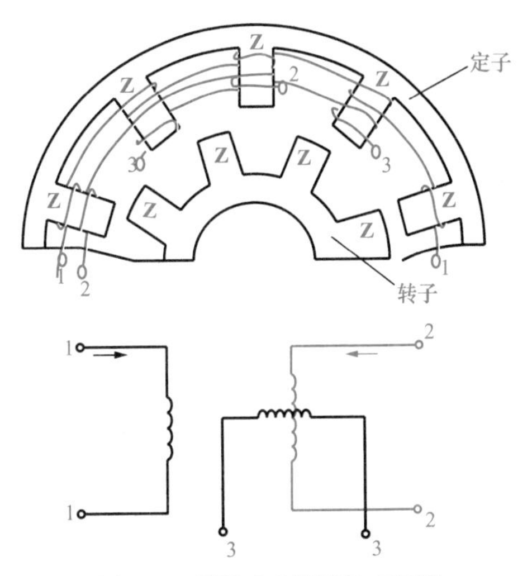

图 6-4　磁阻式多极旋转变压器工作原理示意图

个转子齿。定子槽内安置了逐槽反向串接的输入绕组 1-1 和两个间隔绕制反向串接的输出绕组 2-2、3-3。当给输入绕组 1-1 加上交流正弦电压时，两个输出绕组 2-2、3-3 中分别得到两个电压，其幅值主要取决于定子和转子齿的相对位置间气隙磁导的大小。当转子相对定子转动时，空间的气隙磁导发生变化，转子每转过一个转子齿距，气隙磁导变化一个周期；而当转子转过一周时，气隙磁导变化的周期数等于转子齿数。这样，转子的齿数就相当于磁阻式多极旋转变压器的极对数，从而达到多极的效果。气隙磁导的变化导致输入和输出绕组之间互感的变化，输出绕组感应的电动势也发生变化。实际应用中是通过输出电压幅值的变化而测得转子的转角的。

磁阻式多极旋转变压器没有电刷和滑环接触，工作可靠、抗冲击能力强，并能连续高速运行、寿命长，多用于高精度及各种控制式电气变速双通道系统，提高数控机床定位精度。尽管它的测量精度不如感应同步器和光栅，但高于普通旋转变压器，误差不超过 3.5″，而且成本低，不需维修，输出信号电平高(0.5～1.5V，最高可达 4V)，所以在数控机床上的应用很有前途。

6.3 感应同步器

感应同步器类似于旋转变压器，相当于一个展开的多极旋转变压器。感应同步器的种类繁多，根据用途和结构特点可分成直线式和旋转式(圆盘式)两大类。直线式感应同步器由定尺和滑尺组成，测量直线位移，用于全闭环伺服系统。旋转式感应同步器由定子和转子组成，测量角位移，用于半闭环伺服系统。旋转式感应同步器的工作原理与直线式感应同步器相同，所不同的是定子(相当于定尺)、转子(相当于滑尺)及绕组形状，结构上可分为圆形和扇形两种。

6.3.1 感应同步器的结构与种类

1) 直线式感应同步器

图 6-5 为直线式感应同步器的定尺绕组和滑尺绕组的结构示意图。定尺为连续绕组，节距(也称极距)为 $w_2=2(a_2+b_2)$，其中 a_2 为导电片宽，b_2 为片间间隙，定尺节距 w_2 即检测周期 2τ，常取 $2\tau=2\text{mm}$。

滑尺上为分段绕组，分为正弦和余弦绕组两部分，绕组可做成 W 形或 U 形。图 6-5 中的 11′为正弦绕组，22′为余弦绕组，两绕组的节距都为 $w_1=2(a_1+b_1)$，其中 a_1 为导电片宽，b_1 为片间间隙，一般取 $w_1=w_2$，或者取 $w_1=2/3w_2$。正弦和余弦绕组在空间错开 1/4 定尺节距(相当于电角度错开π/2)，因此两绕组的中心距 l_1 为

$$l_1 = 2\tau\left(\frac{n}{2}+\frac{1}{4}\right) = \tau\left(n+\frac{1}{2}\right)$$

其中，n 为任意正整数。

定尺和滑尺的基体通常采用厚度为 10mm、与机床床身材料的热膨胀系数相近的钢板或铸铁制成，以减小与机床的温度误差。平面绕组为铜箔，通常采用厚度为 0.05mm 或 0.07mm 的纯铜箔，用绝缘黏结剂将铜箔热压黏结在基体上，经精密的照相腐蚀工艺制成所需印刷绕组形式。在定尺绕组表面上涂上一层耐切削液的清漆涂层作为保护层，以防止切削液的飞溅影

响。在滑尺绕组表面贴上一层带塑料薄膜的绝缘铝箔，以防止在感应绕组中由静电感应产生附加的容性电动势。

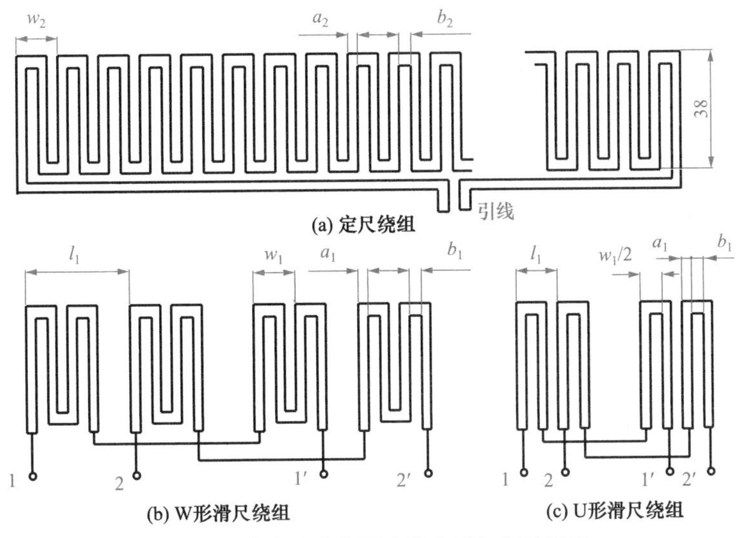

图 6-5　直线式感应同步器定尺与滑尺绕组

直线式感应同步器通常有标准式、窄式、带式和三速(重)式等多种，其中标准式直线感应同步器是直线式感应同步器中精度最高、使用最广的一种；窄式直线感应同步器的定尺、滑尺的宽度比标准式小，电磁感应强度低，比标准式的精度低，适用于精度较低或机床上安装位置窄小且安装面难于加工的情况；带式直线感应同步器由于定尺长度可至3m以上，不需接长，可简化安装，可使定尺随机床床身热变形而变形，但由于定尺较长，刚性稍差，其总测量精度要比标准式低；三速式直线感应同步器的定尺有粗、中、细绕组，为绝对式检测系统，特别适用于大型机床。

2) 圆感应同步器

圆感应同步器的定子、转子都采用不锈钢、硬铝合金等材料作为基板，呈环形辐射状。定子和转子相对的一面均有导电绕组，绕组由厚 0.05mm 的铜箔构成。基板和绕组之间有绝缘层。绕组表面还加有一层与绕组绝缘的屏蔽层，材料为铝箔或铝膜。转子绕组为连续绕组；定子上有两相正交的正弦绕组和余弦绕组，做成分段式，两相绕组相差π/2 电角度分布，如图 6-6 所示。

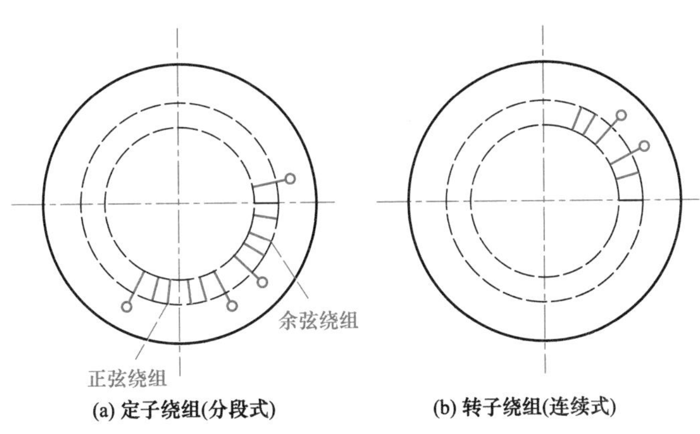

图 6-6　圆感应同步器绕组

6.3.2 感应同步器的安装

感应同步器的定尺安装在机床的不动部件上；滑尺安装在机床的移动部件上。为防止切屑和油污浸入，一般在感应同步器上安装防护罩。

感应同步器在安装时必须保持定尺和滑尺平行，两尺面间的间隙为(0.25±0.05) mm，其他具体的安装要求视具体的产品说明而定，以保证定尺和滑尺在全部工作长度上正常耦合，减少测量误差。

直线式感应同步器的标准定尺长度一般为 250mm，当需要增加测量范围时，可将定尺接长。要根据具体的使用情况，按照一定的步骤和要求拼接定尺，全部定尺接好后，采用激光干涉仪或量块加千分表进行全长误差测量，对超差处进行重新调整，使得总长度上的累积误差不大于单块定尺的最大偏差。

6.3.3 感应同步器的工作原理

如图 6-7 所示的直线式感应同步器，其定尺上有节距为 2τ 的单向均匀感应绕组，滑尺上有正弦和余弦两组励磁绕组，两组绕组的节距与定尺的节距相同，并相互错开 1/4 节距排列，当正弦励磁绕组的每一只线圈与定尺感应绕组的线圈对准时，余弦励磁绕组的每一只线圈则与定尺感应绕组的线圈相差 $\tau/2$ 的距离，由于 2τ 节距相当于 2π 的电角度，所以 $\tau/2$ 的距离相当于两者相差 $\pi/2$ 的电角度。

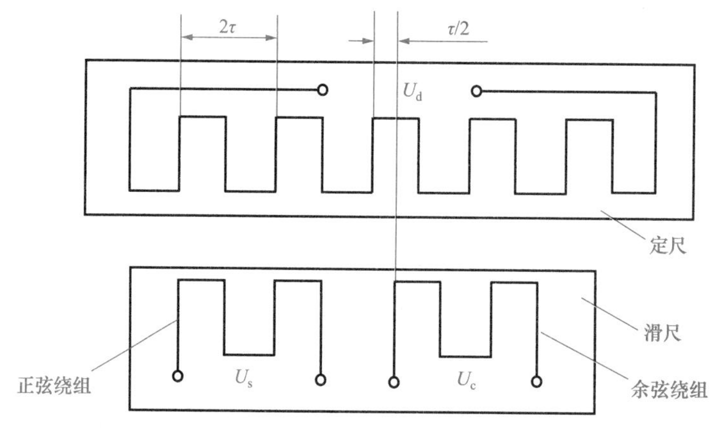

图 6-7 直线式感应同步器绕组原理图

滑尺与定尺互相平行并保持一定的间距，当向滑尺上的绕组通以交流励磁电压时，在滑尺绕组中产生励磁电流，绕组周围产生按正弦规律变化的磁场，由于电磁感应，在定尺上感应出感应电压，当滑尺与定尺间产生相对位移时，由于电磁耦合的变化，定尺上的感应电压随位移的变化而变化。如图 6-8 所示，当定尺与滑尺的绕组重合时，如图 6-8 中 a 点所示，这时定尺上的感应电压最大；当滑尺相对于定尺做平行移动时，定尺上的感应电压就慢慢地减小，到二者刚好错开 1/4 节距时，如图 6-8 中的 b 点所示，感应电压为零；当滑尺再继续移动到二者刚好错开 1/2 节距的位置，即图 6-8 中的 c 点时，感应电压值与 a 点相同但极性相反；当滑尺再移动到二者错开 3/4 节距位置，即图 6-8 中的 d 点时，感应电压又变为零；当滑尺移动到二者错开一个节距，即图 6-8 中 e 点位置时，感应电压值又与 a 点相同。这样，在滑尺移动一个节距的过程中，定尺上的感应电压变化了一个余弦波形，感应同步器就是利用这个感应电压的变化来进行位置检测的。

与旋转变压器类似，根据不同的励磁供电方式，感应同步器也有两种不同的工作方式：鉴相工作方式和鉴幅工作方式。

1) 鉴相工作方式

给滑尺的正弦绕组和余弦绕组分别通以同频率、同幅值，但相位相差π/2 的交流励磁电压，即

$$U_s = U_m \sin \omega t$$

$$U_c = U_m \sin(\omega t + \pi/2) = U_m \cos \omega t$$

若起始时滑尺的正弦绕组与定尺的感应绕组重合，当滑尺移动时，滑尺的正弦绕组与定尺感应绕组不重合，当滑尺移动 x 距离时，定尺上的感应电压为

$$U_{d1} = kU_s \cos\theta = kU_m \sin \omega t \cos\theta$$

其中，k 为电磁耦合系数；U_m 为励磁电压幅值；θ 为滑尺绕组相对于定尺绕组的空间电气相位角。θ 的大小为

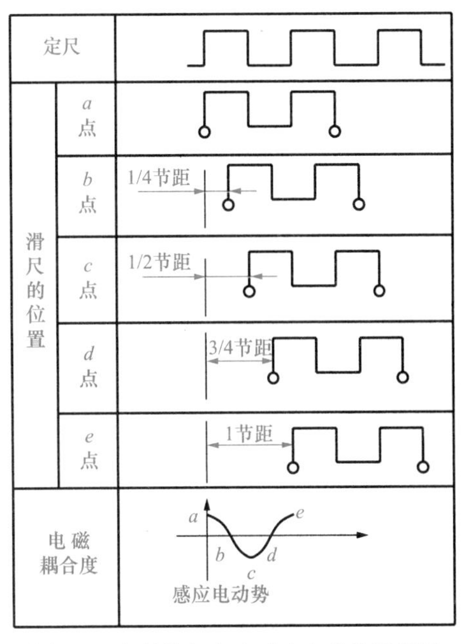

图 6-8　定尺绕组产生感应电动势原理图

$$\theta = \frac{x}{2\tau} 2\pi = \frac{x\pi}{\tau} \tag{6-8}$$

滑尺的正弦绕组与定尺的感应绕组重合时，滑尺的余弦绕组和定尺的感应绕组相差 1/4 节距，定尺上的感应电压为

$$U_{d2} = kU_c \cos(\theta + \pi/2) = -kU_m \sin\theta \cos \omega t$$

由于定尺和滑尺交变磁通经气隙而耦合，磁动势基本上都降落在气隙上，可认为是线性系统，所以可应用叠加原理得出定尺绕组中的感应电压为

$$U_d = U_{d1} + U_{d2} = kU_m \sin(\omega t - \theta) \tag{6-9}$$

可见，定尺的感应电压 U_d 与滑尺的位移量 x 有严格的对应关系，通过测量定尺感应电压的相位，即可测得滑尺的位移量 x。

通常又将 $\beta = \frac{\theta}{x} = \frac{\pi}{\tau}$ 称为相移-位移转换系数。例如，设感应同步器的节距为 2mm，即 τ=1mm，则

$$\beta = \frac{\theta}{x} = \frac{\pi}{\tau} = \frac{\pi}{1} = 180(°/\text{mm})$$

如果脉冲当量 δ=2μm/脉冲，那么其相移系数 θ_P 为

$$\theta_P = \delta\beta = 0.002 \times 180°/\text{脉冲} = 0.36°/\text{脉冲}$$

2) 鉴幅工作方式

给滑尺的正弦绕组和余弦绕组分别通以同相位、同频率，但幅值不同的交流励磁电压，即

$$U_s = U_{sm} \sin \omega t$$

$$U_c = U_{cm} \sin \omega t$$

当给定电气角 α 时，交流励磁电压 U_s、U_c 的幅值分别为

$$U_{sm}=U_m\sin\alpha$$

$$U_{cm}=U_m\cos\alpha$$

与相位工作状态的情况一样，根据叠加原理，可以得到定尺绕组的感应电压为

$$U_d=U_s\cos\theta-U_c\sin\theta=U_m\sin(\alpha-\theta)\sin\omega t \tag{6-10}$$

由式(6-10)可见，定尺绕组中的感应电压 U_d 的幅值为 $U_m\sin(\alpha-\theta)$，若电气角 α 已知，则只要测量出 U_d 的幅值，便可间接地求出 θ 值，从而求出被测位移 x 的大小。特别是当定尺绕组中的感应电压 $U_d=0$ 时，$\alpha=\theta$，因此，只要逐渐改变 α 值，使 $U_d=0$，便可求出 θ 值，从而求出被测位移 x。

令 $\Delta\theta=\alpha-\theta$，当 $\Delta\theta$ 很小时，$\sin(\alpha-\theta)=\sin\Delta\theta\approx\Delta\theta$，式(6-10)可近似表示为

$$U_d\approx U_m\Delta\theta\sin\omega t \tag{6-11}$$

将式(6-8)代入式(6-11)得

$$U_d\approx U_m\Delta x\frac{\pi}{\tau}\sin\omega t$$

由此可见，当位移量 Δx 很小时，感应电压 U_d 的幅值与 Δx 成正比，因此可以通过测量 U_d 的幅值来测定位移量 Δx 的大小。据此，可以实现对位移增量的高精度细分。每当改变一个 Δx 的位移增量时，就有电压 U_d，可以预先设定某一门槛电平，当 U_d 达到该门槛电平时，就产生一个脉冲信号，用该脉冲信号去控制修改励磁电压线路，使其产生合适的 U_s、U_c，从而使 U_d 重新降低到门槛电平以下，这样就把位移量转化为数字量——脉冲，实现了对位移的测量。

6.3.4 感应同步器的特点

(1) 精度高。直线式感应同步器直接对机床位移进行测量，不经过任何机械传动装置，测量精度主要取决于尺子的精度。因为定尺的节距误差有平均自补偿作用(在 250mm 的长度上制作印刷绕组，有的节距小了，一定有的节距大了，总的平均误差几乎为零)，所以定尺上感应电压信号有多周期的平均效应，降低了绕组局部尺寸制造误差的影响，从而达到较高的测量精度。

(2) 测量长度不受限制。感应同步器可以采用多块定尺接长，增大了测量尺寸。行程为几米到几十米的中型或大型机床的工作台位移的直线测量，大多数采用直线式感应同步器来实现。

(3) 工作可靠、抗干扰性强。因为感应同步器金属基板和床身铸铁的热膨胀系数相近，当温度变化时，两者的变化规律相同，还能获得较高的重复精度；圆感应同步器的基板受热后各方向的热胀量对称于圆心，也不影响测量精度。另外，感应同步器是非接触式的空间耦合器件，所以对尺面防护要求低，而且可选择耐温性能良好的非导磁性涂料作保护层，加强感应同步器的抗温防湿能力。

(4) 维护简单、寿命长。感应同步器的定尺和滑尺互不接触，因此无任何摩擦、磨损，使用寿命很长。使用时加防护罩，防止切屑进入定尺、滑尺之间滑伤导片及防止灰尘、油污及冲击振动。同时，由于感应同步器是电磁耦合器件，所以不需要光源、光电元件，不存在元件老化及光学系统故障等问题。

(5) 抗干扰能力强、工艺性好、成本较低，便于复制和成批生产。

(6) 输出信号比较微弱，需要放大倍数较高的前置放大器。

6.4　光　　栅

通常意义上讲，光栅按用途分有两大类，一类是物理光栅(也称衍射光栅)，另一类是计量光栅。物理光栅的刻线细密，线纹密度一般为 200～500 条/mm，线纹相互平行且距离相等，称此距离为栅距。由物理光栅的线纹密度可知其栅距一般为 0.002～0.005mm，其主要利用光的衍射原理，常用于光谱分析和光波波长的测定。而计量光栅的刻线稍粗，线纹密度一般为 25 条/mm、50 条/mm、100 条/mm、250 条/mm 等，即栅距为 0.004～0.04mm，其主要利用光的透射和反射现象，用于数控机床的检测系统中。因此，这里所讨论的光栅是指计量光栅。

计量光栅一般作为高精度数控机床的位置检测装置，是闭环数控系统中用得较多的测量装置，可以用于线位移和角位移的测量，测量精度较高。另外，计量光栅的读数速率从每秒零到数十万次之高，非常适用于动态测量。

6.4.1　光栅的种类与精度

计量光栅按形状可以分为长光栅(又称直线光栅)和圆光栅。长光栅用于检测线位移，圆光栅用于检测角位移。长光栅按制作原理又可以分成玻璃透射光栅和金属反射光栅。

1) 长光栅

(1) 玻璃透射光栅是在玻璃的表面上用真空镀膜法镀一层金属膜，再涂上一层均匀的感光材料，用照相腐蚀法制成透明与不透明间隔相等的线纹，也有用刻蜡、腐蚀、涂黑工艺制成的。玻璃透射光栅的特点有：①光源可以垂直入射，光电元件可直接接收光信号，因此信号幅度大，读数头结构比较简单；②每毫米上的线纹数多，一般为 100 条/mm、125 条/mm、250 条/mm，再经过电路细分，可做到微米级的分辨率。

(2) 金属反射光栅是在钢尺或不锈钢的镜面上用照相腐蚀法或用钻石刀直接刻划制成光栅线纹；金属反射光栅常用的线纹数为 4/mm、10/mm、25/mm、40/mm、50/mm，因此，其分辨率比玻璃透射光栅低。此外，也可以把线纹做成具有一定衍射角度的定向光栅。金属反射光栅的特点有：①标尺光栅的线膨胀系数很容易做到与机床材料一致；②标尺光栅的安装和调整比较方便；③安装面积较小；④易于接长或制成整根的钢带长光栅；⑤不易碰碎。

2) 圆光栅

在玻璃圆盘的外环端面上，做成黑白相间的条纹，条纹呈辐射状，相互间夹角(称为栅距角)相等。根据不同的使用要求，在圆周内的线纹数也不相同。圆光栅一般有 3 种形式。

(1) 十六进制，如圆周内的线纹数为 10800、21600、32400、64800 等。

(2) 十进制，如圆周内的线纹数为 1000、2500、5000 等。

(3) 二进制，如圆周内的线纹数为 512、1024、2048 等。

3) 计量光栅的精度

计量光栅的精度主要取决于光栅尺本身的制造精度，也就是计量光栅任意两点间的误差。由于激光技术的发展，光栅的制作精度得到很大提高，目前光栅精度可达到微米级，再通过细分电路可以达到 0.1μm，甚至达到更高(0.025μm)。

常见的光栅检测系统都是根据莫尔条纹的形成原理进行工作的，莫尔条纹对光栅各线纹之间的栅距误差具有平均效应，所以栅距不均匀所造成的误差得以适当地被修正。表 6-2 列出了几种光栅的精度数据，表中“精度”指两点间最大均方根误差。从表 6-2 可以看出，各种光栅中以玻璃衍射光栅的精度最高。

表 6-2　光栅的精度

计量光栅		光栅长度(直径)/mm	线纹数	精度
长光栅	玻璃透射光栅	500	100/mm	5μm
		1000		10μm
		1100		10μm
		1100		3～5μm
		500		2～3μm
	金属反射光栅	1220	40/mm	13μm
		500	25/mm	7μm
	高精度金属反射光栅	1000	50/mm	7.5μm
	玻璃衍射光栅	300	250/mm	±1.5μm
圆光栅	玻璃圆光栅	ϕ270	10800/周	3″

6.4.2　光栅的结构与测量原理

长光栅和圆光栅的工作原理基本相似，实际中长光栅应用得较多。现以玻璃透射式长光栅为例，来说明其用于闭环控制的数控机床检测系统中的工作原理。

1. 光栅的结构

光栅由标尺光栅和光栅读数头两部分组成。标尺光栅一般安装在机床活动部件(如工作台)上，光栅读数头安装在机床固定部件(如机床底座)上。指示光栅安装在光栅读数头中，当光栅读数头相对于标尺光栅移动时，指示光栅便在标尺光栅上相对移动。标尺光栅和指示光栅构成了光栅尺。图 6-9 为光栅尺的简单示意图，标尺光栅和指示光栅上均匀刻有很多条纹，从局部放大部分看，黑的部分为不透光宽度 a，白的部分为透光宽度 b，设栅距为 d，则 $d=a+b$。通常情况下，光栅尺刻线的不透光和透光宽度是一样的，即 $a=b$。在安装光栅尺时，标尺光栅和指示光栅的平行度(一般为 0.1mm 之内)以及两者之间的间隙(一般为 0.05～0.1mm)要严格保证。

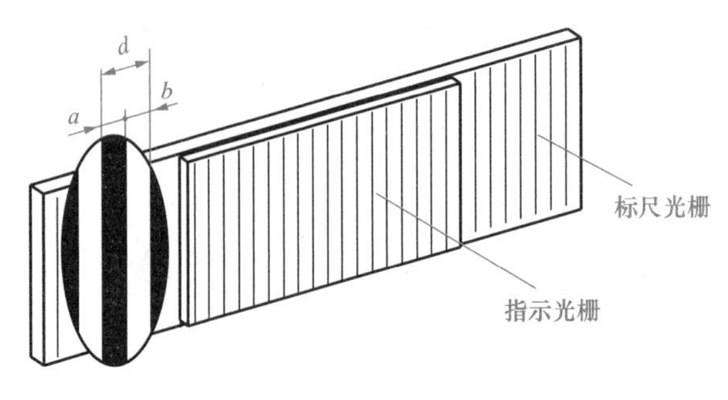

图 6-9　光栅尺

光栅读数头又称光电转换器，由光源、透镜、指示光栅、光敏元件和驱动电路等组成。

光栅读数头的结构形式很多，按光路分，常见的有分光读数头、垂直入射读数头、反射读数头等，分别如图 6-10(a)～(c)所示，图中 Q 表示光源，L 表示透镜，G 表示光栅，P 表示光电元件。

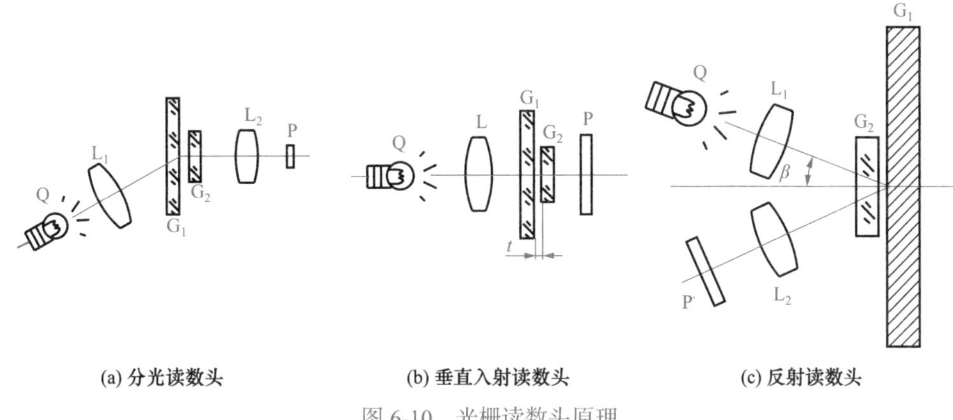

图 6-10　光栅读数头原理

光栅尺检测装置一般采用增量式检测方式，但是有的光栅尺设有一个绝对零点，即在标尺光栅和指示光栅上分别有一小段光栅，当这两小段光栅重合时，发出零位信号，并在数字显示器中显示，当停电或其他原因记错数字时，可以对光栅尺重新对零。

玻璃透射式长光栅用玻璃制成，容易受外界气温的影响而产生误差，而且灰尘、切屑、油污、水汽等容易侵入，使光学系统受到杂质的污染，影响光栅信号的幅值和精度，甚至因光栅的相对运动而损坏刻线。因此，光栅必须采用与机床材料热膨胀系数接近的 K8 等玻璃材料，并且要加强对光栅系统的维护和保养。测量精度较高的光栅都使用在环境条件较好的恒温场所中或进行密封。

用直线光栅测量时，要求标尺光栅与行程等长，通常情况下光栅的长度为 1m，当在大型机床中行程大于 1m 时，需要将光栅接长，此时要注意保证接口处的精度。

2. 光栅的基本测量原理

如图 6-11 所示，对于栅距 d 相等的指示光栅和标尺光栅，当两光栅尺沿线纹方向保持一个很小的夹角 θ、刻划面相对平行且有一个很小的间隙放置时，在光源的照射下，由于光的衍射或遮光效应，在与两光栅线纹角 θ 的平分线相垂直的方向上，形成明暗相间的条纹，称为莫

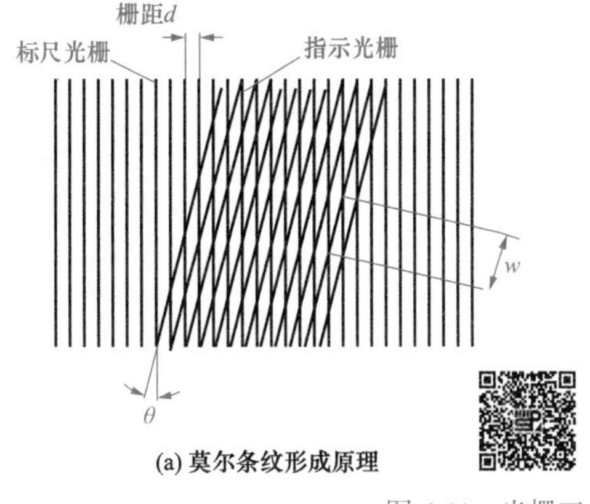

(a) 莫尔条纹形成原理

(b) 莫尔条纹放大原理

图 6-11　光栅工作原理

尔条纹。由于θ很小，所以莫尔条纹近似垂直于光栅的线纹，故有时称莫尔条纹为横向莫尔条纹。莫尔条纹中两条亮纹或两条暗纹之间的距离称为莫尔条纹的宽度，用 w 表示。读者可扫描二维码，观看莫尔条纹动画。

莫尔条纹具有如下特性。

1）放大作用

如图 6-11(b)所示，在倾斜角θ很小时，莫尔条纹宽度 w 与栅距 d 之间有如下关系：

$$w = \frac{d}{2\sin\frac{\theta}{2}} \approx \frac{d}{\theta} \tag{6-12}$$

放大比 k 为

$$k = \frac{w}{d} = \frac{1}{\theta} \tag{6-13}$$

若取 d=0.01mm，θ=0.01rad，则 w=1mm，k=100。可见，无不需要复杂的光学系统和电子放大线路，就能把光栅的栅距 d 放大 100 倍，转换成莫尔条纹的宽度 w，大大提高了光栅检测装置的分辨率。

2）实现平均误差作用

莫尔条纹是由大量光栅线纹共同形成的，使得栅距之间的相邻误差被平均化了，消除了由光栅线纹的制造误差导致的栅距不均匀而造成的测量误差。

3）莫尔条纹的移动与栅距的移动成比例

当光栅移动一个栅距时，莫尔条纹也相应移动一个莫尔条纹宽度；若光栅移动方向相反，则莫尔条纹移动方向也相反。莫尔条纹移动方向与两光栅线纹角θ移动方向垂直。这样，检测莫尔条纹移动的变化就可测量出光栅水平方向移动的微小距离。

6.4.3 光栅测量系统

光栅测量系统由标尺光栅、光栅读数头和信号处理电路等组成，为提高光栅测量的分辨精度，除了增大刻线密度和提高刻线精度，一般还采用倍频电路实现细分，图 6-12 所示的光栅测量系统采用的是四倍频鉴向电路。光源经过透镜后以平行光垂直照射到标尺光栅和指示光栅上，当标尺光栅沿与其线纹垂直的方向相对指示光栅移动一个栅距时，莫尔条纹也相应移动一个莫尔条纹宽度，也就是产生了一次条纹亮暗交替的变化。在标尺光栅不断移动的过程中，莫尔条纹由亮到暗，再由暗到亮，相互交替出现，光信号的变化近似一个正弦波，光电元件则接收该光信号并转换为一个近似正弦波的电压(或电流)信号。每当标尺光栅移动一个栅距 d，莫尔条纹在光电元件上有一次最大光电信号输出，信号处理电路可实现计数一次，根据计数的次数 N 即可计算出标尺光栅(移动部件)移动的距离 Nd。使用一个光电元件就可测出标尺光栅的移动距离，但无法判断移动方向，如果安装两个光电元件，并让它们相距 1/4 莫尔条纹宽度，那么根据两个光电元件哪个先接收光、哪个后接收光的顺序就可知道标尺光栅的移动方向。

四倍频鉴向电路在光栅测量系统中被广泛使用，四倍频就是在一个莫尔条纹宽度内安装彼此距离 1/4 个莫尔条纹宽度的四个光电元件，这样，莫尔条纹移动时，四个光电元件将产生四个依次相差 1/4 周期(90°相位)的正弦信号。将两组相差 180°的两个正弦电压信号分别送入两个差动放大器，输出的信号经整形后，得到两路相位相差 90°的方波信号 A 和 B。A、B 之

间的相位关系可反映出被测对象的运动方向，当运动方向为正时，A 相超前 B 相；当运动方向变为反方向时，B 相超前 A 相。利用这一相位关系，即可鉴别出被测对象的运动方向。

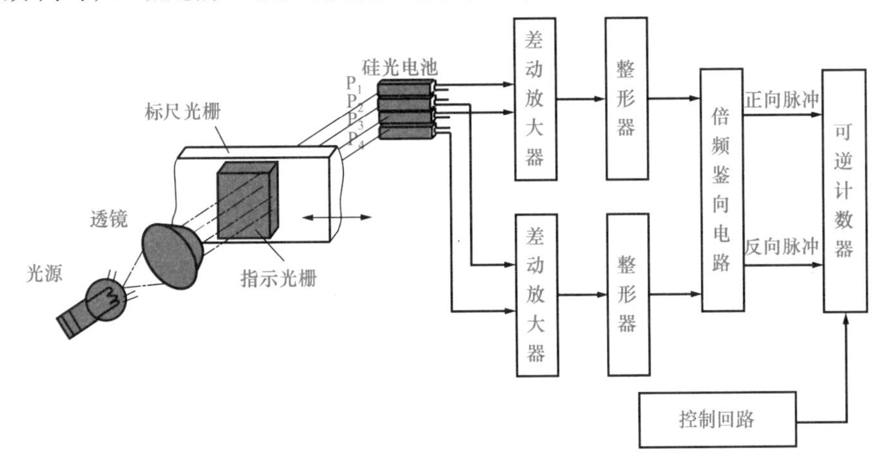

图 6-12　光栅测量系统

四倍频鉴向电路的设计关键在于鉴别出 A、B 信号的上升沿和下降沿。一般通过将输入信号与其本身的延时信号进行异或运算来获得倍频信号。延时电路有微分型、积分型和数字型三种。微分型电路信噪比小、抗干扰性差；积分型电路可以提高信噪比。但是，无论微分型还是积分型，都有一个致命的缺点：倍频脉冲宽度调节困难，且当输入信号频率高时，电容充放电不及时，导致输出信号严重变形。数字型延时电路可以很好地克服上述缺点，延时时间调节简便，即使在高频信号输入时，也容易获得脉冲宽度均匀一致的倍频脉冲。

图 6-13(a)、(b)分别为基于 D 触发器的四倍频鉴向逻辑电路图与波形图。图中采用 4 个 D 触发器锁存输入信号 A、B 的当前状态及原状态，CLK 为周期至少小于 A、B 方波信号最小周期 1/4 的同步时钟，得到 4 个状态信号 Q_1、Q_2、Q_3、Q_4；经三个异或门和两个与门后，输出正反向四倍频计数脉冲 AOUT 及 BOUT，其逻辑表达式分别为

$$[\mathrm{AOUT}]=\left(Q_1^{n+1}\oplus Q_4^{n+1}\right)\cdot\left[\left(Q_1^{n+1}\oplus Q_4^{n+1}\right)\oplus\left(Q_2^{n+1}\oplus Q_3^{n+1}\right)\right]$$

$$[\mathrm{BOUT}]=\left(Q_2^{n+1}\oplus Q_3^{n+1}\right)\cdot\left[\left(Q_1^{n+1}\oplus Q_4^{n+1}\right)\oplus\left(Q_2^{n+1}\oplus Q_3^{n+1}\right)\right]$$

其中，$Q_1^{n+1}=A$，$Q_3^{n+1}=B$，$Q_2^{n+1}=Q_1^n$，$Q_4^{n+1}=Q_3^n$，Q_i^n、Q_i^{n+1} (i=1，2，3，4)分别表示第 i 个 D 触发器的当前状态和下一次翻转后的状态。

如前所述，通过$\left(Q_1^{n+1}\oplus Q_4^{n+1}\right)\oplus\left(Q_2^{n+1}\oplus Q_3^{n+1}\right)$这三个异或运算来实现四倍频，对应的两个与门用来实现鉴向，实现 AOUT 与 BOUT 分别输出正反向脉冲信号。另外，将经过倍频、鉴向后的脉冲信号作为计数器的时钟信号，就可实现对脉冲信号的计数；即 AOUT 输出四倍频脉冲，DA[15..0]为编码器正转时四倍频脉冲个数；反之，BOUT 输出四倍频脉冲，DB[15..0]为编码器反转时四倍频脉冲个数。

从上面的分析可知，四倍频鉴向电路将原来的 1 个莫尔条纹宽度对应 1 个脉冲信号的输出变为 4 个脉冲信号的输出，即光栅每移动一个栅距就对应输出四个脉冲信号，这样，分辨率提高了 4 倍。例如，如果光栅线纹密度为 50 条/mm，即栅距 d=20μm，经四倍频处理后，相当于将线纹密度提高到 200 条/mm，工作台每移动 5μm 就会发送出一个脉冲，即分辨率为

5μm，提高了 4 倍。光栅测量系统的分辨率取决于光栅栅距 d 和鉴向倍频的倍数 n，即分辨率=d/n。

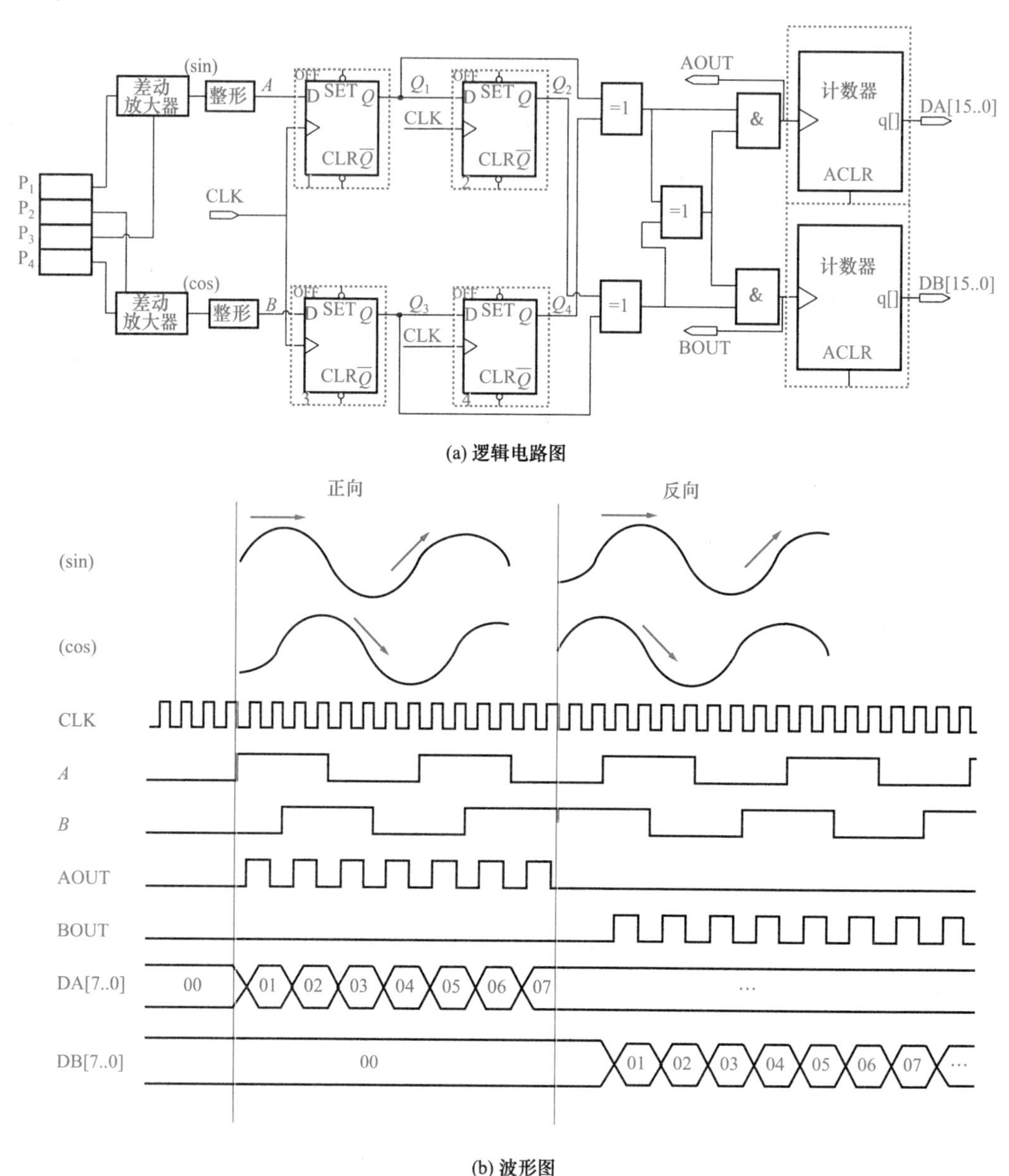

(a) 逻辑电路图

(b) 波形图

图 6-13　基于 D 触发器的四倍频鉴向电路

光栅输出信号有两种：正弦波信号和方波信号。对连续变化的正弦波信号，需经过如上所述的差动放大、整形及倍频处理后得到脉冲信号；也可采用相位跟踪细分，进一步提高分辨率，其原理是将输出信号与相对相位基准信号比较，当相位差超过一定门槛时，移相脉冲门输出移相脉冲，同时使相对相位基准信号跟踪测量信号变化。这样，每个移相脉冲使相对相位基准移相 360°/n，即可实现 n 倍细分，通常有八倍频、十倍频、二十倍频或更高。对方波信号，可进行二倍频或四倍频处理以提高分辨精度。

读者可扫描二维码，查看视频资源，深入了解实际光栅尺的结构与四倍频鉴向电路的原理。

6.5 编　码　器

编码器又称码盘，是一种旋转式测量装置，通常装在被测轴上，随被测轴一起转动，可将被测轴的角位移转换成增量脉冲形式或绝对式的代码形式。根据使用的计数制不同，有二进制码、二进制循环码（格雷码）、余三码和二-十进制码等编码器；根据输出的信号形式不同，可分为绝对值式编码器和脉冲增量式编码器；根据内部结构和检测方式可分为接触式、光电式和电磁式三种。

编码器在数控机床中有两种安装方式：一是和伺服电机同轴连接在一起，称为内装式编码器，伺服电机再和滚珠丝杠连接，编码器在进给传动链的前端；二是编码器连接在滚珠丝杠末端，称为外装式编码器。外装式编码器包含的传动链误差比内装式编码器多，因此位置控制精度较高；但内装式编码器安装方便。

6.5.1 接触式编码器

接触式码盘是一种绝对值式的检测装置，可直接把被测的角位移用数字代码表示出来，且对于每一个角度位置均有表示该位置的唯一对应的代码，因此这种测量方式即使断电或切断电源，也能读出角位移。

图 6-14(a)为四位二进制码盘。它在一个不导电基体上做成许多同心圆形码道和周向等分扇区，其中涂蓝部分为导电区，用“1”表示；其他部分为绝缘区，用“0”表示。这样，在每一个扇区，都有由“1”“0”组成的二进制代码，即每个扇区都可由 4 位二进制代码表示。外圈表示二进制代码的最低位。最里一圈是公共圈，它和各码道所有导电部分连在一起，经电刷和电阻接电源正极。除公用圈以外，4 位二进制码盘的四圈码道上也都装有电刷，电刷经电阻接地。由于码盘是与被测转轴连在一起的，而电刷位置是固定的，所以当码盘随被测轴一起转动时，电刷和码盘的位置发生相对变化，若电刷接触的是导电区域，则经电刷、码盘、电阻和电源形成回路，该回路中的电阻上有电流流过，为“1”；反之，若电刷接触的是绝缘区域，则不能形成回路，电阻上无电流流过，为“0”，由此可根据电刷的位置得到由“1”“0”组成的 4 位二进制代码。由图 6-14 可以看出电刷位置与输出二进制代码的对应关系。

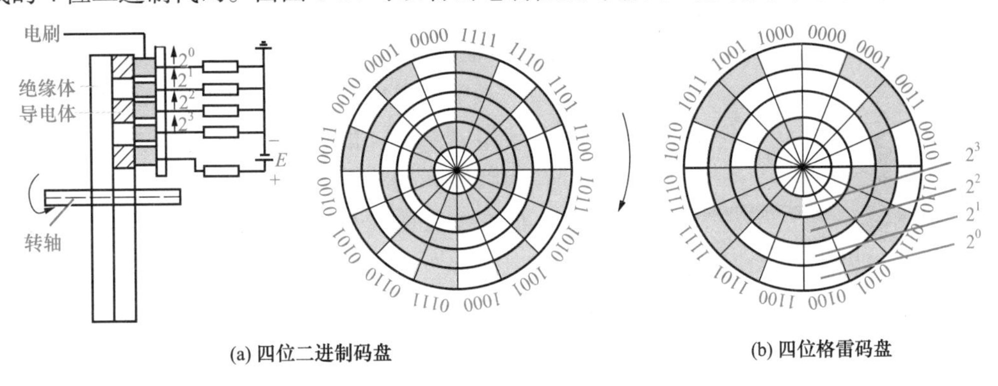

图 6-14　接触式码盘

不难看出，码道的圈数就是二进制的位数，且高位在内，低位在外。由此可以推断出，若是 n 位二进制码盘，就有 n 圈码道，且圆周均分 2^n 等份，即共有 2^n 个数据来分别表示其不同位置，所能分辨的最小角度α=360°/2^n。显然，位数 n 越大，所能分辨的角度越小，测量精度就越高。目前接触式码盘一般可以做到 8～14 位。若要求位数更多，则采用组合码盘，一个作为粗计码盘，另一个作为精计码盘。精计码盘转一圈，粗计码盘转一格。如果一个组合码盘是由两个 8 位二进制码盘组合而成的，那么便可得到相当于 16 位的二进制码盘，这样就使测量精度大大提高，但结构却相当复杂。

在实际应用时，对码盘的制作和电刷的安装要求十分严格，否则就会产生非单值性误差。若电刷恰好位于两位码的中间或电刷接触不良，则电刷的检测读数可能会是任意的数字，例如，当电刷由位置(0111)向位置(1000)过渡时，可能会出现 8～15 的任一个十进制数。为了消除这种非单值误差，一般采用循环码，即格雷码。图 6-14(b)为一个四位格雷码盘，它与图 6-14(a)所示码盘的不同之处在于，它的各码道的数码并不同时改变，任何两个相邻数码间只有一位是变化的，所以每次只切换一位数，把误差控制在最小单位内。

接触式编码器的优点是结构简单、体积小、输出信号强。缺点是电刷磨损造成寿命缩短，转速不能太高(每分钟几十转)，精度受外圈(最低位)码道宽度限制，因此使用范围有限。

6.5.2 光电式编码器

常用的光电式编码器为增量式光电编码器，也称光电码盘、光电脉冲发生器、光电脉冲编码器等，是一种旋转式脉冲发生器，它把机械的角位移变成电脉冲，是数控机床上常用的一种角位移检测装置，也可用于角速度检测。增量式光电编码器按每转发出的脉冲数来分有多种型号，数控机床最常用的型号有 2000 脉冲/转、2500 脉冲/转、3000 脉冲/转等，根据数控机床的丝杠螺距来选用。为了适应高速、高精度数字伺服系统的需要，先后又发展了高分辨率的脉冲编码器，如 20000 脉冲/转、25000 脉冲/转、30000 脉冲/转等。现在已有每转发出 10 万乃至几百万脉冲的编码器，该类脉冲编码器装置内部应用了微处理器。

如图 6-15 所示，增量式光电脉冲编码器由光源、透镜、光栏板、光电码盘、光电元件及信号处理电路组成。其中，光电码盘是在一块玻璃圆盘上用真空镀膜的方法镀上一层不透光的金属薄膜，再涂上一层均匀的感光材料，然后用精密照相腐蚀工艺，制成沿圆周等距的透光和不透光部分相间的辐射状线纹，一个相邻的透光或不透光线纹构成一个节距。在光电码盘里圈的不透光圆环上还刻有一条透光条纹 Z 作为参考标记，用来产生“一转脉冲”信号，即码盘每转一周时发出一个脉冲，通常也称为“零点脉冲”，该脉冲以差动形式 Z、$\bar{Z}$(Z 的反相)输出，用作测量标准。光栏板固定在底座上，与光电码盘保持一个小的间距，其上制有两段线纹组 A、$\bar{A}$(A 的反相)和 B、$\bar{B}$(B 的反相)，每一组线纹间的节距与光电码盘相同，而 A 组与 B 组的线纹彼此错开 1/4 节距，两组线纹相对应的光电元件所产生的信号也就彼此相差 90°相位，用来辨别码盘的旋转方向。当光电码盘与工作轴一起旋转时，光线通过光栏板和光电码盘产生明暗相间的变化，由光电元件接收。通过信号处理电路将光信号转换成电脉冲信号，通过计量脉冲的数目，即可测出转轴的转角位移；通过计量脉冲的频率，即可测出转轴的速度；通过测量 A 组与 B

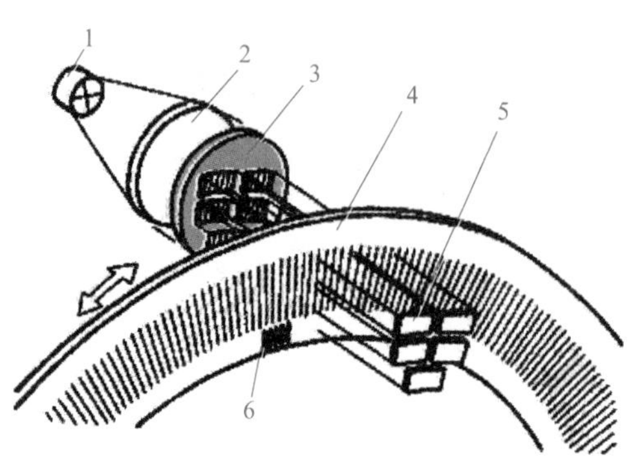

1. 光源；2. 透镜；3. 光栏板；4. 光电码盘；5. 光电元件；6. 参考标记

图 6-15 增量式光电脉冲编码器结构示意图

组信号相位的超前或滞后关系，即可确定被测轴的旋转方向。

光电式编码器的测量精度取决于它所能分辨的最小角度，与码盘圆周的条纹数有关，即分辨角α=360°/条纹数。例如，条纹数为 1024，则分辨角α=360°/1024=0.352°。光电式编码器的输出信号 A、$\bar{A}$ 和 B、$\bar{B}$ 为差动信号。差动信号大大提高了传输的抗干扰能力。在数控系统中，常对上述信号进行倍频处理，以进一步提高分辨力。例如，配置 2000 脉冲/转的光电式编码器的伺服电机直接驱动 8mm 螺距的滚珠丝杠，经数控系统四倍频处理后，相当于 8000 脉冲/转的角度分辨率，对应工作台的直线分辨率由倍频前的 0.004mm 提高到 0.001mm。

光电式编码器的优点是没有接触磨损，码盘寿命长，允许转速高，而且最外圈每片宽度可做得很小，因而精度高。缺点是结构复杂，价格高，光源寿命短。

读者可扫描二维码，查看视频资源，深入了解实际光电式编码器的结构与相关信号接口，掌握光电式编码器的原理与接线方法。

除了上述介绍的增量式光电编码器，目前还有一种混合式绝对值脉冲编码器，它将增量制码与绝对制码同做在一块码盘上，码盘的最外圈是高密度的增量制条纹，中间为由四个码道组成的绝对值式的四位循环码，以二进制码为例，每 1/4 同心圆被循环码分割为 16 个等分段，圆盘最里面有发出“一转脉冲”信号的狭缝。该码盘的工作原理是粗、中、精三级计数，码盘转的转数由对“一转脉冲”的计数表示，在一转以内的角位移由循环码的 4×16 个不同数值表示，每 1/4 圆循环码的细分由最外圈增量制码完成。

6.5.3　编码器在数控机床中的应用

1）位移测量

由于增量式光电编码器每转过一个分辨角就发出一个脉冲信号，因此，根据脉冲的数量、传动比及滚珠丝杠螺距即可得出移动部件的线位移。例如，某带光电式编码器的伺服电机与滚珠丝杠直连（传动比为 1：1），光电式编码器 1024 脉冲/转，丝杠螺距为 8mm，在数控系统伺服中断时间内计脉冲数为 1024 脉冲，则在该时间段里，工作台移动的距离为 $\frac{1}{1024\text{脉冲}}\times 1024\text{脉冲}\times 8\text{mm}=8\text{mm}$。

在数控回转工作台中，通过在回转轴末端安装编码器，可直接测量回转工作台的角位移。

在交流电机变频控制中，与电机同轴连接的编码器可检测电机转子磁极相对定子绕组的角度位置，用于变频控制。

2）主轴控制

主运动（主轴控制）中采用主轴位置脉冲编码器，则称为具有位置控制功能的主轴控制系统，或者叫 C 轴控制。主轴位置脉冲编码器的作用主要如下。

（1）主轴旋转与坐标轴进给的同步控制。

在螺纹加工中，为了保证切削螺纹的螺距，必须有固定的进刀点和退刀点。安装在主轴上的编码器在切削螺纹时主要解决两个问题：①通过对编码器输出脉冲的计数，保证主轴每转一周，刀具准确地移动一个螺距（导程）；②一般的螺纹加工要经过几次切削才能完成，每次重复切削，开始进刀的位置必须相同。为了保证重复切削不乱扣，数控系统在接收到编码器中的“一转脉冲”后才开始螺纹切削的计算。

（2）主轴定向准停控制。

加工中心换刀时，为了使机械手对准刀柄，主轴必须停在固定的径向位置；在固定切削循环中，如精镗孔，要求刀具必须停在某一径向位置才能退出。这就要求主轴能准确地停在某一固定位置上，即主轴定向准停功能。

(3) 恒线速切削控制。

车床和磨床进行端面或锥形面切削时，为了保证加工面的表面粗糙度 Ra 保持一定的值，要求刀具与工件接触点的线速度为恒值。随着刀具的径向进给及切削直径的逐渐减小或增大，应不断提高或降低主轴转速，以保持切削线速度 $V=\pi Dn$ 为常值，其中，D 为工件的切削直径，随刀具进给不断变化，由光电式编码器检测获得；n 为主轴转速。上述数据经软件处理后即得主轴转速 n，转换成速度控制信号后至主轴驱动装置。

3) 转速测量

由光电式编码器发出脉冲的频率或周期可测量转速。利用脉冲频率测量转速是在给定的时间内对光电式编码器发出的脉冲计数，计算出该时间内光电式编码器的平均速度。利用脉冲周期测量转速，是在光电式编码器的一个脉冲间隔内采集标准时钟脉冲的个数来计算转速。

光电式编码器可代替测速发电机的模拟测速而成为数字测速装置。当利用光电式编码器的脉冲信号进行速度反馈时，若伺服驱动装置为模拟式的，则脉冲信号需转换成电压信号；若伺服驱动装置为数字式的，可直接进行数字测速反馈。

4) 零点脉冲信号用于回参考点控制

当数控机床采用增量式的位置检测装置时，数控机床在接通电源后要做回到参考点的操作。这是因为机床断电后，系统就失去了对各坐标轴位置的记忆，所以在接通电源后，必须让各坐标轴回到机床某一固定点上，这一固定点就是机床坐标系的原点或零点，也称机床参考点，使机床回到这一固定点的操作称为回参考点或回零操作。参考点位置是否正确与检测装置中的零点脉冲信号有关。在回参考点时，数控机床坐标轴先快速向参考点方向运动，当碰到减速挡块后，坐标轴再慢速趋近，当编码器产生零点脉冲信号后，坐标轴再移动设定的距离而停止于参考点。

此外，在进给坐标轴中，还应用了一种手摇脉冲发生器，一般每转产生 1000 脉冲，脉冲当量为 1μm，输出信号波幅为+5V，它的作用是慢速对刀和手动调整机床。

6.6 磁　　栅

磁栅又称为磁尺，属于励磁环式电磁式编码器（也称为磁性编码器），是用电磁方法计算磁波数目的一种位置检测装置，可用于线位移和角位移的测量。磁栅与感应同步器、光栅相比，测量精度略低，但它有独特的优点。

(1) 制作简单，安装、调整方便，成本低。磁栅上的磁化信号录制完，若发现不符合要求，可抹去重录。也可安装在机床上再录磁，避免安装误差。

(2) 磁栅的长度可任意选择，也可录制任意节距的磁信号，适合较长位移的测量。

(3) 对使用环境要求低。在油污、粉尘较多的环境中应用，具有较好的稳定性。

因此，磁栅较广泛地应用在数控机床、精密机床和各种测量机上。

6.6.1 磁栅的工作原理与结构

磁栅检测装置由磁性标尺、磁头和检测电路三部分组成。

磁栅工作前要在高精度录磁设备上对磁性标尺进行录磁，用录磁磁头将相等节距（常为20μm 或 50μm）周期变化的电信号记录到磁性标尺上，作为测量位移量的基准尺。在检测时，用拾磁磁头读取记录在磁性标尺上的磁信号，拾磁磁头可分为动态磁头和静态磁头。动态磁头（又称速度响应型磁头）只有一组输出绕组，当磁头和磁尺有一定相对速度时才能读取磁化信号，并输出电信号。位移检测时，要求当磁尺与磁头相对运动速度很低或处于静止时（即数控机床低速运动和静止时）也能实现测量，所以磁栅采用静态磁头。静态磁头（又称磁通响应型磁头）在普通动态磁头上加有带励磁线圈的可饱和铁心，从而利用了可饱和铁心的磁性调制的原理。通过检测电路可将磁头输出的电信号转换为位移量，并用数字显示出来或送至位置控制系统。图 6-16 为磁栅位移检测方框图。

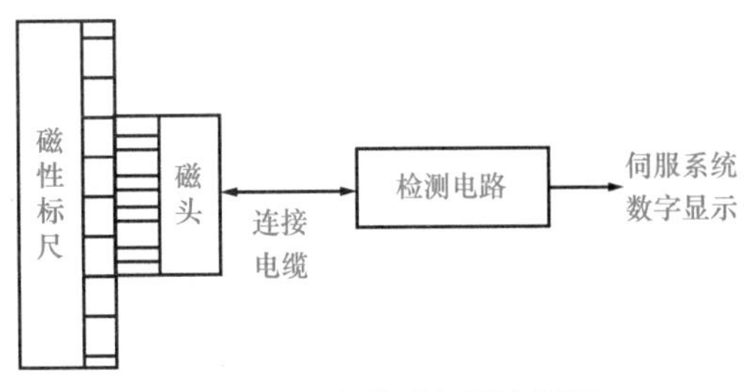

图 6-16　磁栅位移检测方框图

1）磁性标尺

磁性标尺是在非导磁材料的基体（如铜、不锈钢或其他合金材料）上，采用涂敷、化学沉积或电镀镀上一层厚 10～30μm 的高导磁性材料，通常所使用的磁性材料不易受到外界温度、电磁场的干扰，形成均匀的磁性膜；然后使用录磁磁头使磁膜磁化成节距相等的周期变化的磁化信号作为测量基准。磁化信号可以是脉冲、正弦波或饱和磁波等，可以来自基准尺（即更高精度的磁尺）或激光干涉仪。磁化信号的节距（或周期）一般有 0.05mm、0.10mm、0.20mm、1.0mm 等几种。最后在磁尺表面还要涂上一层厚 1～2μm 的耐磨塑料保护层，以防磁头与磁尺频繁接触而导致磁膜磨损。

2）磁头

磁头是一种磁-电转换器，它把反映空间位置变化的磁化信号检测出来，转换成电信号，输送给检测电路。

（1）磁通响应型磁头。

图 6-17 为单磁头的磁通响应型磁头，它是一个带有可饱和铁心的二次谐波磁性调制器，用软磁性材料（坡莫合金）制成，上面绕有励磁绕组（绕在横臂上）和拾磁绕组（绕在竖杆上）。当励磁绕组通以 $I=I_0\sin(\omega_0 t/2)$ 的高频（一般为 5kHz）励磁电流时，在 I 的瞬时值大于某一数值时，横臂上铁心材料饱和，这时磁阻很大，磁路被阻断，磁性标尺的磁通 Φ_0 不能通过磁头闭合，拾磁线圈不与 Φ_0 交链；当 I 的瞬时值小于某一数值时，横臂中磁阻也降低到很小的值，磁路开通，拾磁线圈与 Φ_0 交链。可见，励磁线圈的作用相当于磁开关。励磁电流在一个周期内有正负两个峰值、两次过零，因此磁开关通断两次，相当于读取拾磁信号的频率是励磁频率的 2 倍。拾磁线圈输出的电压信号为

$$e = E_0 \sin\frac{2\pi x}{\lambda}\sin\omega t \tag{6-14}$$

其中，e 为拾磁线圈输出的感应电动势；E_0 为拾磁线圈输出的感应电动势峰值；λ 为磁性标尺上的磁化信号节距；x 为磁头对磁性标尺的位移量；ω 为拾磁线圈感应电动势的频率，$\omega=2\omega_0$。

由式（6-14）可知，磁头输出信号的幅值是位移 x 的函数。一般选用磁尺的某一 N 极作为位移零点（如图 6-17 中的 a 点），测出 e 过 0（即 $e=0$，如图 6-17 中的 b 点）的次数，则根据磁性标尺的磁信号的节距，便可计算出位移量 x 的大小。

磁尺的分辨率不仅与磁性标尺的磁信号的节距有关，还与细分电路的细分倍数有关。例

如，磁性标尺写入磁信号的节距为 0.04mm，当把它细分为四等份时，其磁尺的分辨率可达 0.01mm。

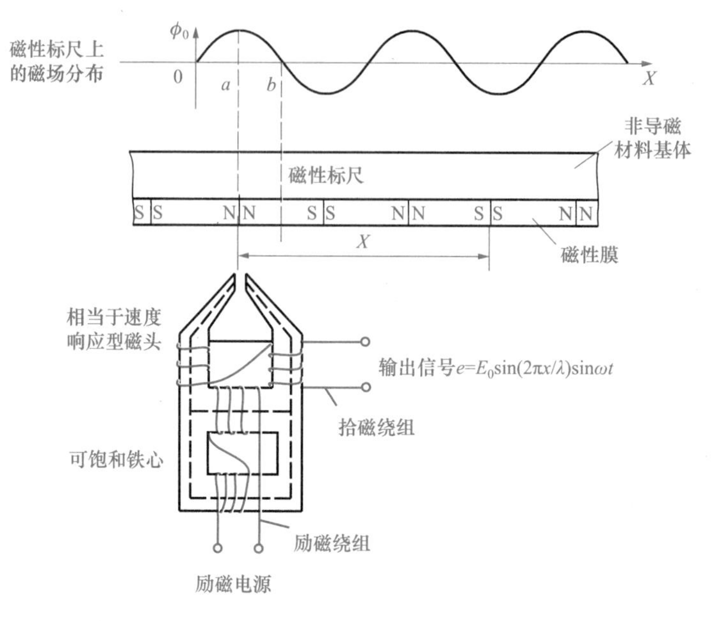

图 6-17 磁通响应型磁头

(2) 多间隙磁通响应型磁头。

使用单个磁头读取磁化信号时，由于输出的电压信号很小(几毫伏到几十毫伏)，抗干扰能力低，所以，实际使用时将几个甚至几十个磁头以一定方式连接起来，组成多间隙磁通响应型磁头(图 6-18)，它具有精度高、分辨率高和输出电压大等特点。

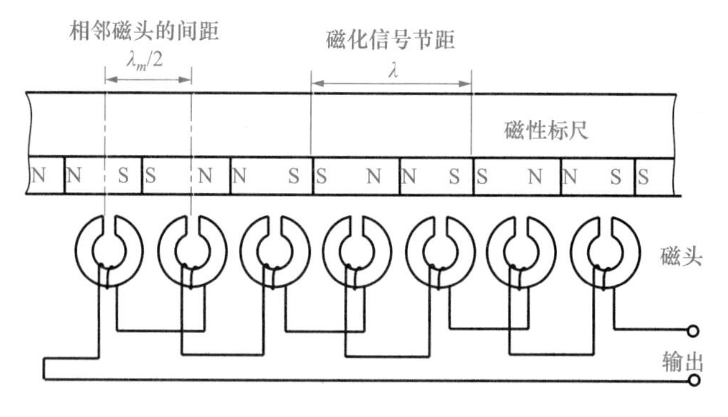

图 6-18 多间隙磁通响应型磁头

多间隙磁通响应型磁头中的每一个磁头都以相同的间距$\lambda_m/2$ 配置，相邻两磁头的输出绕组反相串接，这时得到的总输出电压为每个磁头输出电压的叠加。当$\lambda_m/\lambda=1$、3、5、7 时，总的输出最大。

为了辨别磁头与磁尺相对移动的方向，通常采用磁头彼此相距$(m\pm1/4)\lambda$(m 为正整数)的配置。以双磁头为例，如图 6-19 所示，给两磁头通以频率相同、相位差为 90°的励磁电流，则两个磁头的励磁绕组的输出电压分别为

$$e_1 = E_0 \sin\frac{2\pi x}{\lambda}\sin\omega t \tag{6-15}$$

$$e_2 = E_0 \cos\frac{2\pi x}{\lambda}\sin\omega t \tag{6-16}$$

由式(6-15)、式(6-16)可见，磁尺的辨向原理与光栅、感应同步器是类似的，也分为鉴相和鉴幅两种测量方式。

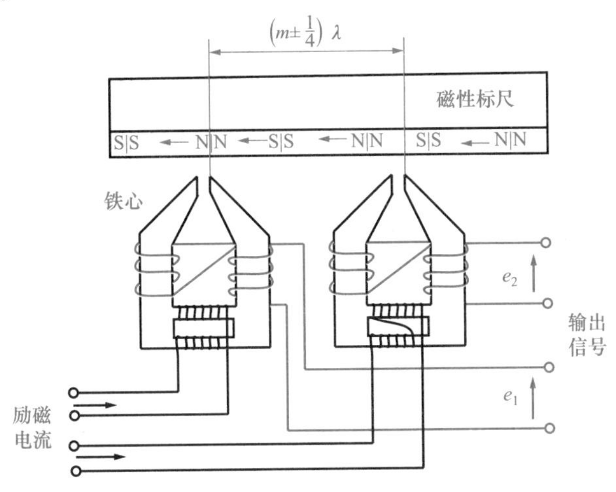

图 6-19 辨向磁头配置

3) 检测电路

磁栅检测电路包括磁头励磁电路，读取信号的放大、滤波及辨向电路，细分内插电路，显示及控制电路等部分。

同样，根据检测方法的不同，也有幅值测量和相位测量两种，以相位测量应用较多。相位检测是将第Ⅰ组磁头的励磁电流移相 45°，或将它的输出信号移相 90°，得

$$e_1 = E_0 \sin\frac{2\pi x}{\lambda}\cos\omega t \tag{6-17}$$

$$e_2 = E_0 \cos\frac{2\pi x}{\lambda}\sin\omega t \tag{6-18}$$

将两组磁头输出信号求和，得

$$e = E_0 \sin\left(\omega t + \frac{2\pi x}{\lambda}\right) \tag{6-19}$$

由式(6-19)看出，磁栅相位检测系统的磁头输出信号与感应同步器在鉴相工作方式下的输出信号是相似的，所以，它们的检测电路也基本相似。图 6-20 是磁栅相位检测系统的一种原理方框图。由脉冲发生器发出的 400kHz 脉冲序列，经 80 分频，得到 5kHz 的励磁信号，再经低通滤波器变成正弦波后分成两路：一路经功率放大器送到第Ⅰ组磁头的励磁线圈；另一路经 45°移相后，由功率放大器送到第Ⅱ组磁头的励磁线圈；从两组磁头读出信号 e_1、e_2，由求和电路求和，即得到相位随位移 x 变化的合成信号，该信号经放大、滤波、整形后变成 10kHz 的方波，再与相励磁信号(基准相位)鉴相，经细分内插的处理，即可得到分辨率为 5μm(磁尺上的磁化信号节距为 200μm)的位移测量脉冲，该脉冲可送至显示计数器或位置控制回路。

实际应用过程中，一般选用多个磁通响应型磁头，这样，不仅可以提高灵敏度，而且能均化节距误差，并使输出幅值均匀。此外，当磁头间距与磁栅栅距一致时，输出信号最大，且具有良好的选频特性。

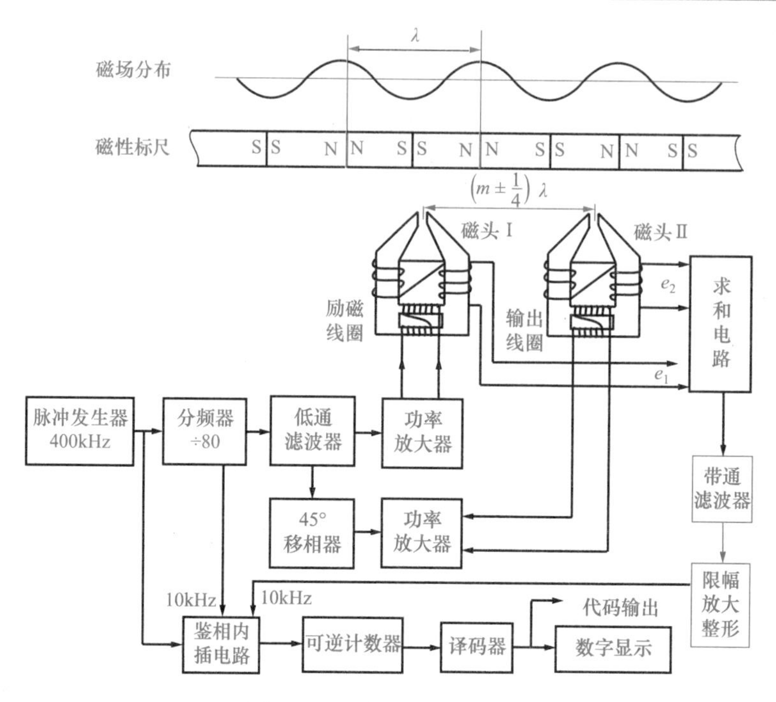

图 6-20 磁栅相位检测系统

6.6.2 磁栅位移检测装置的结构类型

磁栅按磁性标尺的基体形状的不同可以分为测量线位移用的实体型磁栅、带状磁栅和线状磁栅及测量角位移用的回转型磁栅等，如图 6-21 所示。

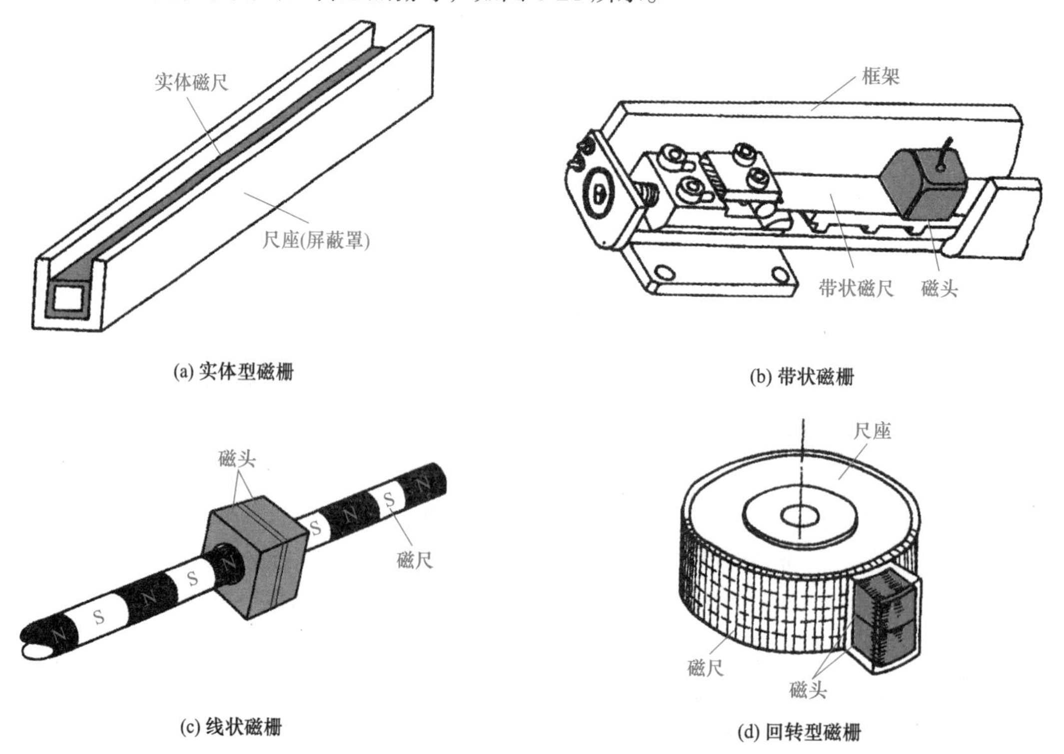

图 6-21 按磁性标尺基体形状分类的各种磁栅

实体型磁栅主要用于精度要求较高的场合，由于其制造长度有限，因此目前应用较少。

带状磁栅的带状磁尺固定在用低碳钢做的屏蔽壳体内，并以一定的预紧力绷紧在框架或支架中，框架固定在机床上，使带状磁尺与机床一起伸缩，从而减少温度对测量精度的影响。带状磁尺可以做得较长，一般是 1m 以上，主要应用于量程较大、安装面不易安排的场合。

线状磁栅的磁尺一般是具有一定直径的圆棍形状，磁头具有特殊的结构，是一种多间隙的磁通响应型磁头，它把磁尺包在中间，对周围电磁起到了屏蔽的作用，所以具有抗干扰能力强、输出信号大、精度高等特点，但不宜做得很长，主要用于小型精密机床或结构紧凑的测量机中。

回转型磁栅是一种盘形或鼓形磁栅，磁头和带状磁尺的磁头相同，主要用于角位移的测量。

6.7 激光干涉仪

激光干涉仪以光波波长为基准来测量各种长度，具有很高的测量精度。在国际标准中，激光干涉仪是唯一公认的进行数控机床精度检定的仪器，它可以测量各种几何尺寸甚至长达几十米的机床并诊断和测量各种几何误差，其精度比传统技术至少高十倍。激光干涉仪可自动采集数据，具有自动线性误差补偿功能，便于按国际标准进行测量数据的统计分析。激光干涉仪主要应用于几何精度检测(包括直线度、垂直度、平面度等)和位置精度检测及其自动补偿、机床动态性能检测。

6.7.1 激光干涉法测距的基本原理

常用的现代激光测距仪的原理均基于迈克耳孙干涉仪，它是一种最典型的干涉仪，基本结构如图 6-22 所示，由四个光学元件(两块平板玻璃 P_1、P_2 和两块平面反射镜 M_1、M_2)组成。其中 P_1 和 P_2 是两块折射率和厚度相同的平行平板玻璃，在 P_1 的一个面上镀有半透半反射金属膜。M_1 和 M_2 为全反射镜，两者大致成直角，并与 P_1 成 45°角，其中 M_1 为可动反射镜，通常与精密移动机构相连。

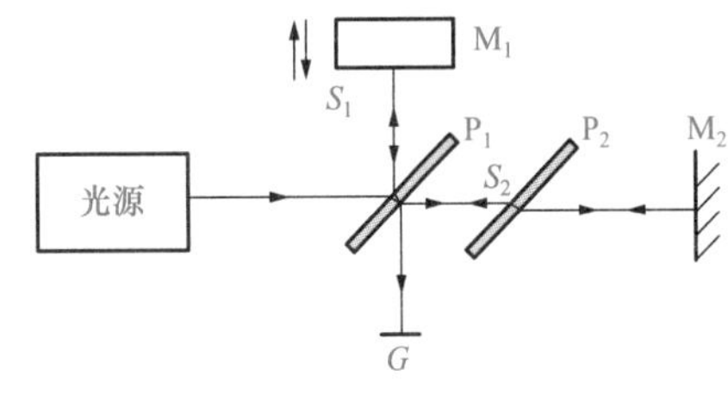

图 6-22 迈克耳孙干涉仪测距原理

如图 6-22 所示，由光源发出的光经分光镜 P_1 分成反射光束 S_1 和透射光束 S_2。两光束分别由可动反射镜 M_1 和固定反射镜 M_2 反射回来，两者经分光镜 P_1 在 G 处汇合。根据光的干涉原理，两列具有固定相位差、相同频率和振动方向或振动方向之间夹角很小的光相互交叠，将会产生干涉现象。若两列光 S_1 和 S_2 的路程差为 $N\lambda$(λ 为波长，N 为非负整数)，实际合成光的振幅是两个分振幅之和，光强最大，如图 6-23(a)所示。当 S_1 和 S_2 的路程差为 $\lambda/2$(或半波长的奇数倍)时，合成光的振幅和为零，如图 6-23(b)所示，此时，光强最小。因此，当反射镜 M_1 在精密移动机构带动下平移时，在 G 处可观察到明暗相间的干涉条纹。M_1 每移动 $\lambda/2$ 的距离，干涉条纹则移动一个条纹间隔，明亮变化一次。若在 G 处安装光电转换元件，则产生的电压信号相应地变化一个周期。经光电转换得到的电压可表示为

$$U_x = U_{\mathrm{m}} \sin \frac{2\pi x}{\lambda / 2} \tag{6-20}$$

其中，x 为反射镜 M_1 的位移量；U_m 为电压幅值。

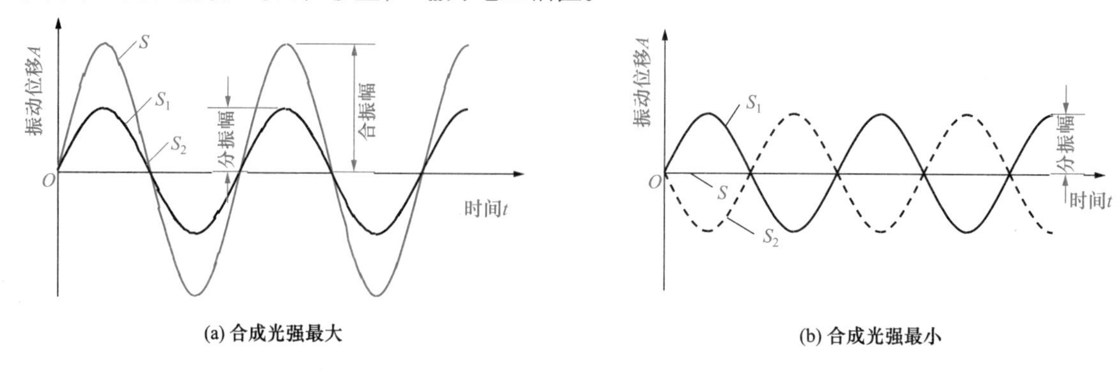

(a) 合成光强最大　　(b) 合成光强最小

图 6-23　激光干涉后的合成光强

式(6-20)描述了一个正弦波，将此正弦波整形为方波，送入计数器即可读出条纹的明亮变化次数 K。激光干涉仪就是利用这一原理实现位移量的检测。所不同的是，迈克耳孙干涉仪使用的光源是白光，而激光干涉仪采用的是激光，故一般不需要平板玻璃 P_2 进行光信号补偿。由于激光的波长极短，特别是激光的单色性好，其波长值很准确，利用激光干涉法测距的分辨率至少为$\lambda/2$，通过现代电子技术还可测定 0.01 个光干涉条纹。因此，用激光干涉法测距的精度极高。

激光干涉仪包括激光管、稳频器、光学干涉部件、光电转换元件、计数器和数字显示器等部件。目前应用较多的有单频激光干涉仪和双频激光干涉仪。单频激光干涉仪是将激光器发出的光分成频率相同的两束光并产生干涉，而双频激光干涉仪是将同一激光器发出的光分成频率不同的两束光并产生干涉。单频激光干涉仪使用时受环境影响较大，调整麻烦，放大器存在零点漂移，抗外界干扰(如地基振动及空气湍流等)能力较差。为克服这些缺点，可采用双频激光干涉仪。

6.7.2 双频激光干涉仪

双频激光干涉仪的工作原理如图 6-24 所示。它是利用光的干涉原理和多普勒效应(此处指由于振源相对运动而发生的频率变化的现象)产生频差的原理来进行位置检测的。

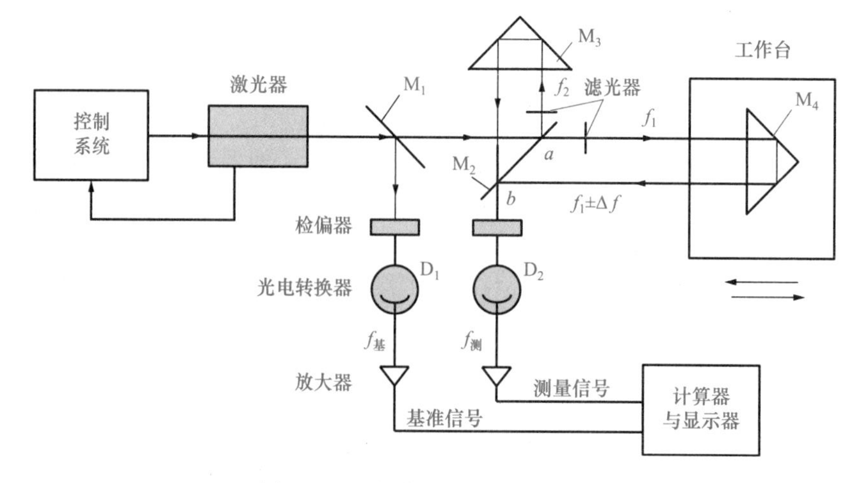

图 6-24　双频激光干涉仪工作原理

激光管放在轴向磁场内，发出的激光为方向相反的右旋圆偏振光和左旋圆偏振光，其振幅相同，但频率不同，分别表示为 f_1 和 f_2。经分光镜 M_1，一部分反射光经检偏器射入光电元件 D_1 作为基准频率 $f_基$($f_基=f_2-f_1$)。另一部分通过分光镜 M_1 的折射光到达分光镜 M_2 的 a 处，频率为 f_2 的光束完全反射经滤光器变为线偏振光 f_2，投射到固定棱镜 M_3 后并反射到分光镜 M_2 的 b 处。频率为 f_1 的光束折射经滤光器变为线偏振光 f_1，投射到可动棱镜 M_4 后也反射到分光镜 M_2 的 b 处，两者产生相干光束。若 M_4 移动，则反射光的频率发生变化而产生多普勒效应，其频差为多普勒频差 Δf。

频率为 $f'=f_1\pm\Delta f$ 的反射光与频率为 f_2 的反射光在 b 处汇合后，经检偏器投入光电元件 D_2，得到测量频率 $f_测=f_2-(f_1\pm\Delta f)$ 的光电流，这路光电流与经光电元件 D_1 后得到的频率为 $f_基$ 的光电流，同时经放大器放大进入计算机，经减法器和计数器，即可算出差值 $\pm\Delta f$，并按式(6-21)～式(6-23)计算出可动棱镜 M_4 的移动速度 v 和移动距离 L。

$$\Delta f=\frac{2v}{\lambda} \tag{6-21}$$

$$v=\frac{\mathrm{d}L}{\mathrm{d}t},\quad \mathrm{d}L=v\mathrm{d}t \tag{6-22}$$

$$L=\int_0^t v\,\mathrm{d}t=\int_0^t \frac{\lambda}{2}\Delta f\,\mathrm{d}t=\frac{\lambda}{2}N \tag{6-23}$$

其中，N 是由计算机记录下来的脉冲数，将脉冲数乘以半波长就得到所测位移的长度。

双频激光干涉仪有下列优点。

(1) 接收信号为交流信号，前置放大器为高倍数的交流放大器，不用直流放大，故没有零点漂移等问题。

(2) 采用多普勒效应，计数器计量频率差的变化，不受激光强度和磁场变化的影响。在光强度衰减 90%时仍可得到满意的信号，这对于远距离测量是十分重要的，同时在近距离测量时又能简化调整工作。

(3) 测量精度不受空气湍流的影响，无须预热时间。

用激光干涉仪作为机床的测量系统可以提高机床的精度和效率。激光干涉仪目前用于高精度磨床、镗床、坐标测量机、加工中心的定位系统中。由于激光仪器的抗振性和抗环境干扰性差，且价格较贵，目前在机械加工现场使用较少。

读者可扫描二维码，了解激光干涉仪的使用方法。

6.8　位置检测装置的输出接口与传输协议

数控机床的位置检测装置有多种类型，与控制系统的接口及信号的形式也不尽相同。按照测量基准不同，位置检测装置的输出接口可分为增量式和绝对式两种；按输出信号的形式不同，其接口可分为模拟式和数字式两种。

增量式位置检测装置输出接口信号简单，但断电后机床的位置信息不能保持，需要通过参考点才能建立正确的机床坐标系。

绝对式位置检测装置直接输出其绝对位置，传输速度快，断电后仍能保持其位置值，初始化简单，不需要参考信号，但信号接口和传输线路(或传输协议)复杂。早期的绝对式位置检测装置主要采用数字量并行信号传输，每一位由一根信号线来传输(差分传输则需要两根)。当位置范围较大时，信号线和接口数量太多，严重影响了其可靠性，且成本高。随着现代电子和通信技术的发展，绝对式位置检测装置多采用串行通信传输，大大简化了传输线路和接口，降低了成本。通过特定的传输协议和校验，保证了系统的可靠性。在现代的数控机床中，串行通信传输的绝对式位置检测装置的应用日趋广泛。

数字脉冲信号利用脉冲来传输位移的相对变化量。由于其接口和处理电路简单、传输速度快、抗干扰性好、位置计数容易实现、成本低，在位置检测中被广泛采用。但是，数字脉冲信号细分倍数不高，限制了位置检测装置的分辨率和精度。随着现代A/D转换技术的提高，越来越多的位置检测装置采用模拟信号来传送位置增量信号，大大提高了检测的分辨率和精度，其典型代表是$1V_{pp}$正交正弦信号。

1. 数字脉冲信号接口

数控机床的位移是双向的，按传送位移方向的形式不同，数字脉冲信号的传输形式有三种。

(1)双向脉冲信号，即有两条不同的信号线来传送不同运动方向的位移脉冲，如图6-25(a)所示。

(2)“方向+脉冲”信号，即一条信号线传送运动方向，另一条信号线传送位移脉冲，如图6-25(b)所示。

(3)“*A*/*B*相正交脉冲”信号，即按照*A*相和*B*相信号的相位来判断运动的方向，用*A*相与*B*相信号的跳变来传送位移变化，如图6-25(c)所示。由于*A*、*B*相任一信号跳变都表示一定的位移量，实现了位移信号的倍频，提高了位移检测的分辨率。另外，对于*A*/*B*相信号，仅一路信号受到干扰时，产生的干扰位移正反向抵消，具有更好的抗干扰性。

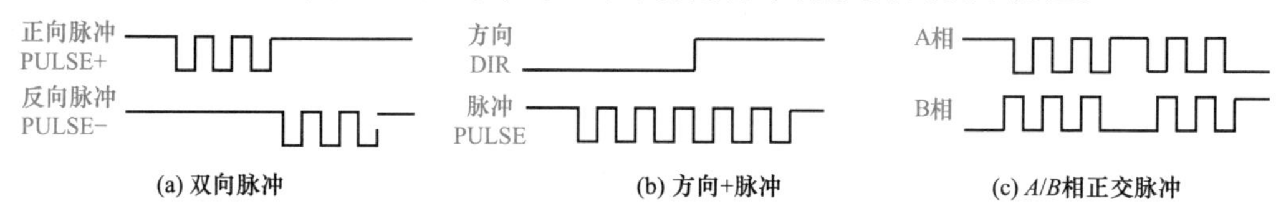

图6-25 数字脉冲信号的不同形式

A/*B*相信号要实现位置计数需要提取两个信号的跳变边沿。目前，通常采用触发器产生一定延时的移相信号，再通过逻辑运算来实现*A*、*B*相信号的微分，进而提取信号的跳变边沿。

2. 模拟电压$1V_{pp}$信号接口

虽然数字脉冲信号具有众多优点，但由于最多只能实现4倍细分，检测分辨率的提高受到限制。实际上，大多数位置检测元件将位移信号转换为电信号时，其强度(电压/电流)随位移呈周期性近似正弦变化规律。受早期电子技术的制约，必须对这样的信号进行整形处理，将其转化为数字脉冲信号才能实现位置计数。随着现代A/D转换技术的发展，A/D转换的速度达到1MHz以上，多路同步转换时间抖动$\ll 1\mu s$，实现了对模拟信号的高速同步处理，进而实现了位置信号多达数千倍的高倍细分，大大提高了位置反馈的分辨率和精度。$1V_{pp}$信号采用两路相位差为90°的*A*、*B*相正弦信号，波形如图6-26所示。

对模拟电压$1V_{pp}$信号进行高倍细分位置检测的原理如下：

(1)将$1V_{pp}$信号整形为数字脉冲信号，对位移脉冲检测计数，作为位置的整数部分(单位为脉冲)；

(2)对 A、B 相信号同时进行 A/D 转换，得到 A、B 相电压值；

(3)求对应的正切值 $\tan\theta=A/B$ 或余切值 $\cot\theta=B/A$，进而求得位置的尾数部分。

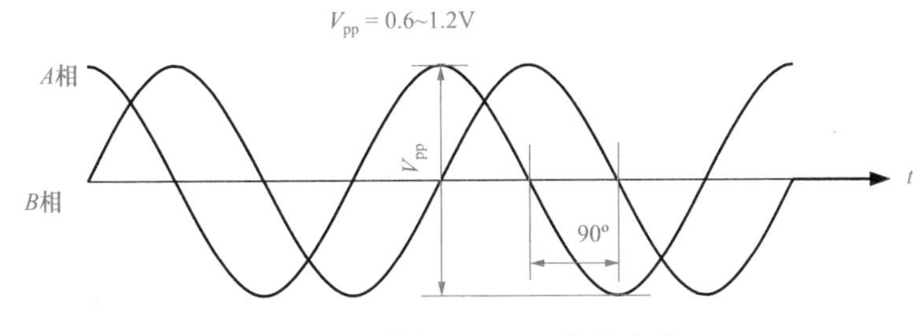

图 6-26　模拟电压 1V_{pp} 信号波形

3. EnDat 串行数字接口

1) EnDat 接口概述

EnDat 串行数字接口是一种适用于光栅、编码器的双向数字通信接口，由德国海德汉公司提出，主要用于绝对位置的传输，还可传输或更新保存在位置检测装置中的信息。EnDat 接口电路通过四条信号线实现差分式全双工同步串行数据传输，其电气标准与 RS-485 兼容。

EnDat 接口具有性能高、成本低、信号质量好、可靠性高、传输速率高(高达 16Mbit/s)等特点。EnDat 接口不仅可传输位置值，还可传输编码器制造商参数、OEM(original equipment manufacture)厂商参数、运行参数、运行状态等附加信息。

2) EnDat 接口数据传输协议

EnDat 传输的信息类型有三种：无附加信息的位置值、带附加信息的位置值、参数。具体发送的信息类型由后续电子设备发出的模式指令选择。

EnDat 接口采用特有的同步串行通信协议。以采用 EnDat 接口的编码器数据传输为例，在每一帧同步数据传输时，一个数据包被发送，传输循环从时钟的第一个下降沿开始，测量值被保存，并计算位置值。在两个时钟脉冲(2T)后，后续电子设备发送模式指令“编码器传输位置值”(带或无附加信息)。

如图 6-27 所示，在计算出了绝对位置值后，编码器从起始位开始向后续电子设备传输数据，后续的错误位 F1 和 F2(只存在于 EnDat2.2 指令中)是为所有的监控功能和故障监控服务的群组信号，它们的生成相互独立，用来表示可能导致不正确位置信息的编码器故障；导致故障的确切原因保存在“运行状态”存储区，可以被后续电子设备查询。从最低位开始，绝对位置值被传输，数据的长度由使用的编码器类型决定。传输位置值所需的时钟脉冲数保存在编码器制造商的参数中。位置值数据的传输以循环冗余校验(CRC)码结束。

位置值如果带有附加信息，紧接在位置值后的是附加信息 1 和 2，它们也各以一个 CRC 码结束，如图 6-28 所示。附加信息的内容由存储区的选择地址决定，然后在后面的采样周期里被传输。在后续的传输中一直传输该信息，直到新的存储区被选择。在数据字的结尾，时钟信号必须置高电平。10～30μs 或 1.25～3.75μs(EnDat2.2 可编程的恢复时间 t_m)后，数据线回到低电平，然后，新的数据传输可在新的时钟信号下开始。

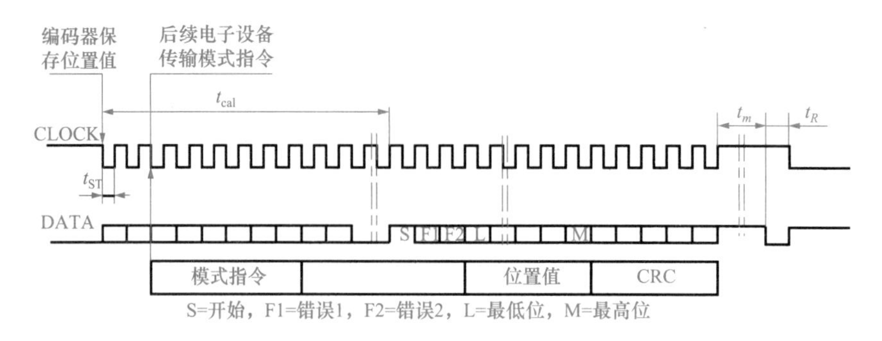

图 6-27 无附加信息的位置值传输

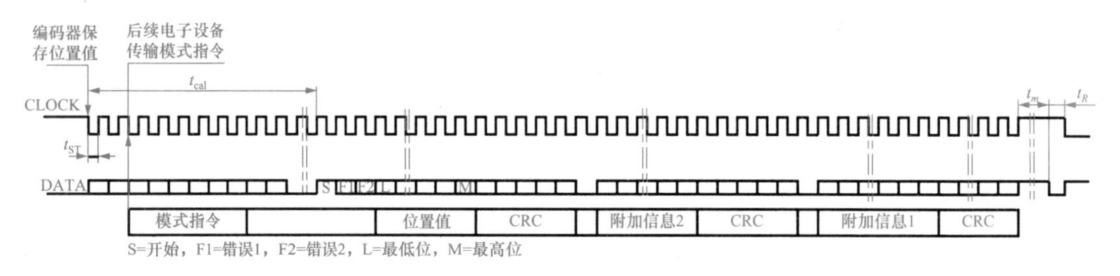

图 6-28 带附加信息的位置值传输

同时，编码器为参数提供了不同的存储区，它们可以被后续电子设备读取，这些区域可以被编码器制造商、OEM 厂商甚至最终用户写入。一些特定的区域是可以被设置成写保护的。不同系列的编码器支持不同的 OEM 存储区和不同的地址范围。因此，每一个编码器必须读取 OEM 存储区的分配信息。基于此原因，后续电子电路应基于相对地址编程，而不能使用绝对地址。

3）典型 EnDat 接口电路

根据 EnDat 接口协议和电路电气特性可以自行设计接口电路进行数据采集与处理。用户可选择专用的 EnDat 数据接口芯片。若用户自行设计电路，需遵循 EnDat 接口的电气特性，并需要掌握 EnDat 接口的协议，保证严格遵循协议的时序要求和数据帧格式。采用 EnDat 接口的编码器与后续电路的连接电路如图 6-29 所示，通过 RS-485 差分信号收发器，在后续电子设备发出的同步时钟信号 CLOCK 的激励下，数据 DATA（位置值和参数）可以在编码器和后续电子设备之间双向传输。

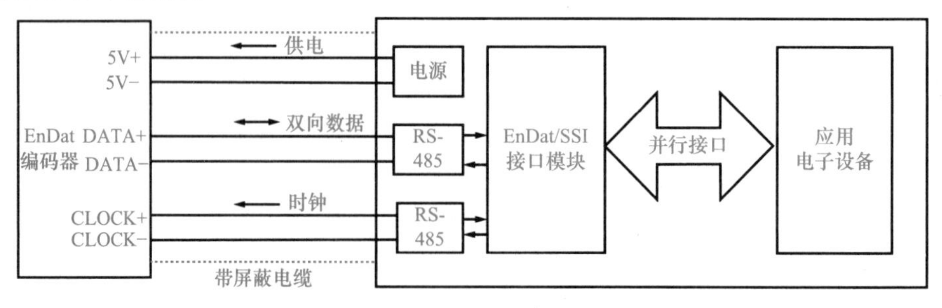

图 6-29 EnDat 编码器与后续电路的连接示意图

4）EnDat 数据传输延时补偿

由于传输线路存在延时，当传输距离较远或传输速度较高时，控制系统需要对传输延时进行补偿，其计算方法如图 6-30 所示。首先，控制系统给位置检测装置发送一个模式指令，当位置检测装置切换为传输状态后，即正好 10 个时钟周期后，控制系统中的计数器开始数每一个时钟上升沿。控制系统测量最后一个时钟脉冲与位置检测装置回馈的起始位上升沿之间的时间差 t_D，将其作为传输时间。为消除计算传输时间过程中的不确定因素，应至少执行三次这个测量过程并测试测量值的一致性，取较低的时钟频率测量信号传输时间(100～200kHz)。为达到足够高的精度，用内部频率采集测量值，内部频率至少是数据传输时钟频率的 8 倍。

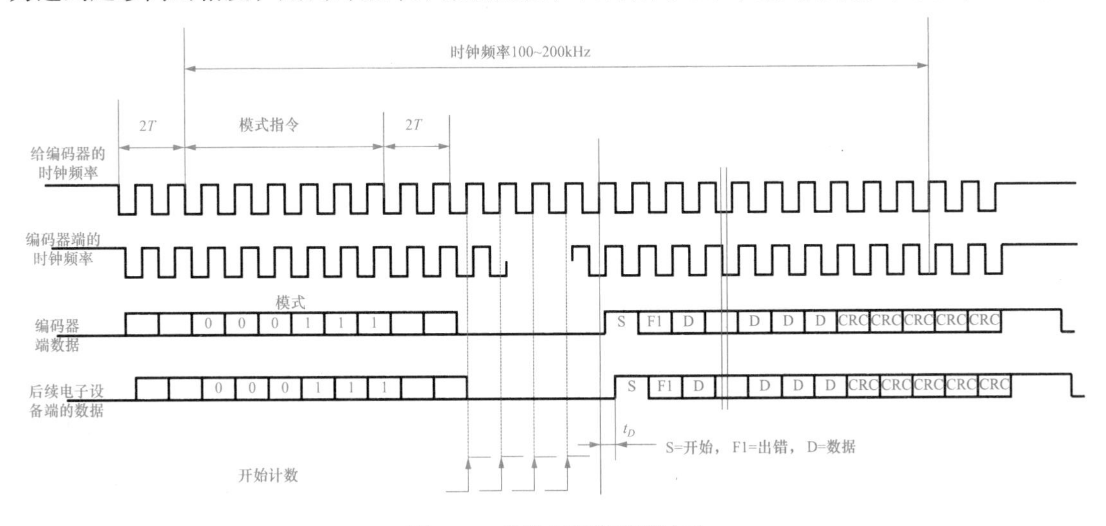

图 6-30　传输时间的确定方法

复习思考题

6-1　何谓绝对式检测和增量式检测、间接检测和直接检测、数字式检测与模拟式检测？

6-2　旋转变压器和感应同步器各由哪些部件组成？它们可分别安装在数控机床的哪些部位？它们的工作方式有几种？

6-3　光栅尺由哪些部件构成？它与数控机床的连接方式如何？工作原理是什么？

6-4　莫尔条纹的作用是什么？

6-5　编码器与数控机床的连接方式如何？简述编码器在数控机床中的应用。

6-6　磁栅由哪些部件组成？被测位移量与感应电压的关系是怎样的?方向判别是怎样实现的?

6-7　简述双频激光干涉仪的基本工作原理和优点。

6-8　从信息输出接口形式来看，编码器的输出信号有哪些类型？

第7章 数控机床的伺服驱动系统

7.1 概 述

数控机床伺服驱动系统是以机床移动部件(如工作台、主轴或刀架)的位置和速度为控制量的自动控制系统，接收来自CNC装置的进给指令脉冲，经过信号变换、功率放大，再驱动各加工坐标轴按指令脉冲运动，这些轴有的带动工作台，有的带动刀架，通过几个坐标轴的联动，使刀具相对于工件产生各种复杂的机械运动，加工出所要求的复杂形状工件。

伺服是一个同时兼顾到音译和意译的词，它源于"servo"，意为"伺候"、"服从"。伺服系统的执行元件实际上就是各种被控电机。伺服控制的目的就是要实现执行元件或机械系统对位置或速度变化的准确跟踪，系统的输出可以跟随给定量的变化并能复现给定量。

数控机床运动中，伺服进给运动和主轴运动是机床的基本成形运动。进给伺服系统是数控装置和机床机械传动部件间的联系环节，包含机械、电子、电机等各种部件，涉及强电与弱电控制，是一个比较复杂的控制系统。

主轴驱动控制一般只要满足主轴调速及正、反转即可，但当要求机床有螺纹加工、准停和恒线加工等功能时，就对主轴提出了相应的位置控制要求。此时，主轴驱动控制系统可称为主轴伺服系统，只不过控制较为简单。本章主要讨论进给伺服系统。

数控机床对进给伺服系统的要求有以下几个方面。

1) 精度高

伺服系统的精度是指机床工作的实际位置复现插补器指令信号的精确程度。一般数控机床的定位精度要达到0.01～0.001mm，有的要求达到0.1μm。

2) 稳定性好

伺服系统的稳定性是指系统在突变的指令信号或外界扰动的作用下，能够以最大的速度达到新的或恢复到原有平衡位置的能力。稳定性是直接影响数控加工精度和表面粗糙度的重要指标。较强的抗干扰能力是获得均匀进给速度的重要保证。

3) 响应速度快

快速响应是伺服系统的动态性能，反映了系统对插补指令的跟踪精度。目前，数控机床的插补周期一般都在10ms以内，即在如此短的时间内指令就变化一次，这就要求系统跟踪指令信号的速度快，电机的转动惯量不小于移动部件的1/3，能迅速加减速，而且无超调或只有很小的超调量。

4) 调速范围宽

调速范围是指数控机床要求电机额定负载时能提供的最高转速和最低转速之比。在数控加工过程中，切削速度因加工刀具、被加工材料及零件加工要求的不同而不同。为保证在任何条件下都能获得最佳的切削速度，要求进给系统必须提供较大的调速范围，一般应达到 1∶1000，性能较高的数控系统应能达到 1∶10000，而且是无级调速。主轴伺服系统主要是速度控制，它要求低速（额定转速以下）恒转矩调速具有 1∶100～1∶1000 的调速范围，高速（额定转速以上）恒功率调速具有 1∶10 以上的调速范围。

5）低速大转矩

机床加工的特点是低速切削时切削深度和进给较大，要求伺服系统在低速时提供较大的输出转矩。

6）可靠性高

对环境（如温度、湿度、粉尘、油污、振动、电磁干扰等）的适应性强，性能稳定，使用寿命长，平均无故障时间间隔长。

7）抗过载能力强

电机加减速时要求有很快的响应速度而使电机可能在过载条件下工作，要求电机有较强的抗过载能力，通常要求在数分钟内过载 4～6 倍而不损坏。

7.2　步进电机及其驱动控制系统

步进电机是开环伺服系统的驱动元件。步进电机盛行于 20 世纪 70 年代，其控制系统的结构简单、控制容易、维修方便，控制为全数字化，即数字化的输入指令脉冲对应着数字化的位置输出，随着计算机技术的发展，除功率驱动电路之外，其他硬件电路均可由软件实现，从而简化了系统结构，降低了成本，提高了系统的可靠性。读者可扫描二维码，观看相关视频。

步进电机用电脉冲信号进行控制，并将电脉冲信号转换成相应的机械角位移。每给步进电机输入一个电脉冲信号，其转子轴就转过一个角度，称为步距角，转子轴的角位移量与电脉冲数成正比，其转速与电脉冲信号输入的频率成正比，通过改变频率就可以调节电机的转速。如果步进电机的各相绕组保持某种通电状态，则其具有自锁能力。步进电机每转一周都有固定的步数，从理论上说其步距误差不会累积。

步进电机的最大缺点在于其容易失步，特别是在大负载和速度较高的情况下更容易发生失步。此外，步进电机的耗能太多，速度也不高，且功率越大，移动速度越低，故主要用于速度与精度要求不高的经济型数控机床及旧机床设备的改造。但是，近年来发展起来的恒流斩波驱动、细分驱动及它们的综合运用，使得步进电机的高频出力得到很大提高，低频振荡得到显著改善，特别是随着智能超微步驱动技术的发展，步进电机的性能提高到一个新的水平，以极佳的性价比获得更为广泛的应用。

7.2.1　步进电机的工作原理

步进电机按电磁吸引的原理工作，现以反应式步进电机为例说明其工作原理。反应式步进电机的定子上有磁极，每个磁极上有励磁绕组，转子无绕组，有周向均布的齿，依靠磁极对齿的吸合来工作。如图 7-1 所示的三相步进电机，定子上有三对磁极，分成 A、B、C 三相。为简化分析，假设转子只有四个齿。

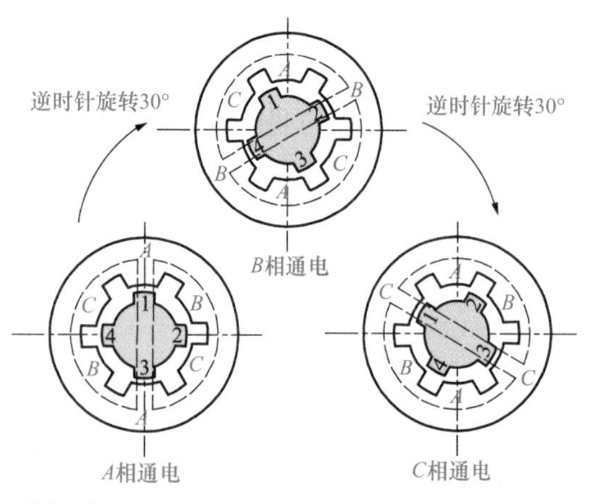

图 7-1 三相反应式步进电机三相三拍工作原理示意图

1)三相三拍工作方式

在图 7-1 中，设 *A* 相通电，为保持 *A* 相绕组的磁力线磁阻最小，给转子施加电磁力矩，使磁极 *A* 与相邻转子的 1、3 齿对齐；接下来若 *B* 相通电，*A* 相断电，磁极 *B* 又将距它最近的 2、4 齿吸引过来与之对齐，使转子按逆时针方向旋转 30°；下一步 *C* 相通电，*B* 相断电，磁极 *C* 又将吸引转子的 1、3 齿与之对齐，使转子又按逆时针旋转 30°，依次类推。若定子绕组按 *A*→*B*→*C*→*A*→…的顺序通电，转子就一步步地按逆时针转动，每步 30°。若定子绕组按 *A*→*C*→*B*→*A*→…的顺序通电，则转子就一步步地按顺时针转动，每步仍然 30°。将一相绕组通电一次称为一拍，*A*、*B*、*C* 三相绕组轮流通电一次为三拍，此时步进电机转过一个齿距，这种控制方式叫三相三拍方式，又称三相单三拍方式。读者可扫描二维码，观看相关动画。

2)三相六拍工作方式

如果按 *A*→*AB*→*B*→*BC*→*C*→*CA*→*A*…(逆时针转动)或 *A*→*AC*→*C*→*BC*→*B*→*BA*→*A*…(顺时针转动)的顺序通电，步进电机就工作在三相六拍工作方式，每步转子转过 15°，步距角是三相三拍工作方式时步距角的 1/2，如图 7-2 所示。因为电机运转中始终有一相定子绕组通电，运转比较平稳。读者可扫描二维码，观看相关动画。

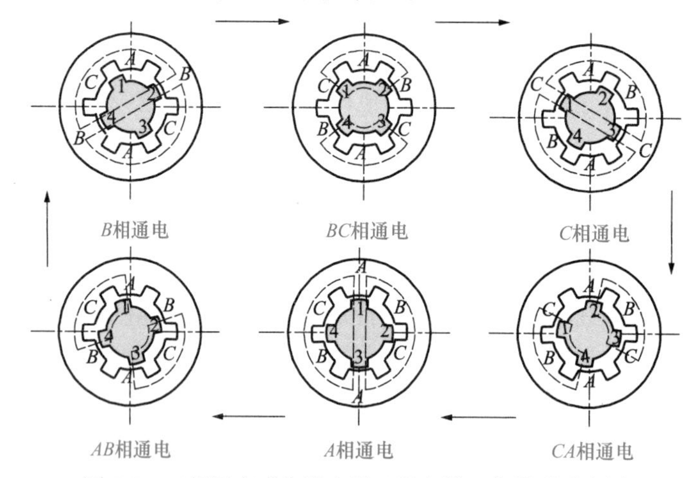

图 7-2 三相反应式步进电机三相六拍工作原理示意图

3)双三拍工作方式

由于前述的单三拍通电方式每次定子绕组只有一相通电，且在切换瞬间失去自锁转矩，容易产生失步，而且只有一相绕组产生力矩吸引转子，在平衡位置易产生振荡，故在实际工作过程中多采用双三拍工作方式，即定子绕组的通电顺序为 *AB*→*BC*→*CA*→*AB*…或 *AC*→*CB*→*BA*→…，前一种通电顺序转子按逆时针旋转，后一种通电顺序转子按顺时针旋转，此时有两对磁极同时对转子的两对齿进行吸引，每步仍然旋转 30°。由于在步进电机工作过程中始终保持有一相定子绕组通电，所以工作比较平稳。

实际上步进电机转子的齿数很多，因为齿数越多，步距角越小。为了改善运行性能，定子磁极上也有齿，这些齿的齿距与转子的齿距相同，当某相定子的磁极由于通电与转子上的齿对齐时，其他各极定子的齿依次与转子的齿错开齿距的 $1/m$（m 为电机相数），这种错齿结构使步进电机各相定子绕组依次通电时，转子实现了步进旋转。每次定子绕组通电状态改变时，转子只转过齿距的 $1/m$（如三相三拍）或 $1/(2m)$（如三相六拍）即达到新的平衡位置。如图 7-3 所示，转子有 40 个齿，故齿距为 360°/40=9°，若通电方式为三相三拍，当转子齿与 A 相定子齿对齐时，转子齿与 B 相定子齿相差 1/3 齿距，即 3°；与 C 相定子齿相差 2/3 齿距，即 6°。

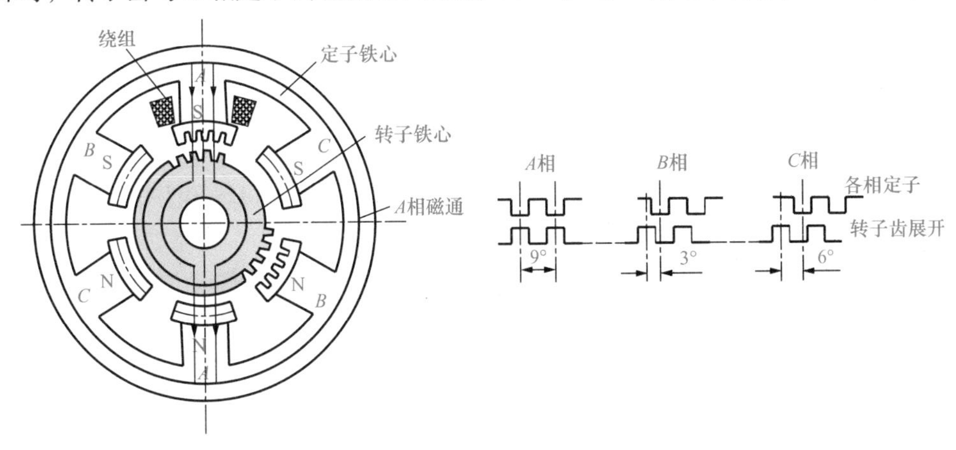

图 7-3　三相反应式步进电机的结构示意图和展开后步进电机齿距

7.2.2　步进电机的主要特性

1）步距角 α

步距角指每给一个脉冲信号，电机转子应转过角度的理论值。步距角是步进电机的重要指标，它取决于电机结构和控制方式。步距角可按式(7-1)计算：

$$\alpha=\frac{360°}{mzk} \tag{7-1}$$

其中，m 为定子相数；z 为转子齿数；k 为通电系数，若连续两次通电相数相同则为 1，若不同则为 2。

数控机床所采用的步进电机的步距角一般都很小，如 3°/1.5°、1.5°/0.75°、0.72°/0.36°等。步进电机空载时，一转内各实际步距角与理论步距角之差的最大值称为静态步距角误差，一般控制在理论步距角的 5%内。

2）矩角特性、最大静态转矩 M_{jmax} 和启动转矩 M_q

当步进电机处于通电状态时，转子处在不动状态，即静态。如果在电机轴上施加一个负载转矩 M，转子会在载荷方向上转过一个角度 θ，转子因而受到一个电磁转矩 M_j 的作用与负载平衡，该电磁转矩 M_j 称为静态转矩，该角度 θ 称为失调角。步进电机单相通电的静态转矩 M_j 随失调角 θ 的变化曲线称为矩角特性，如图 7-4 所示，画出了三相步进电机按 $A \to B \to C \to A \cdots$ 方式通电时 A、B、C 各相的矩角特性。各相矩角特性差异不大，否则会影响步

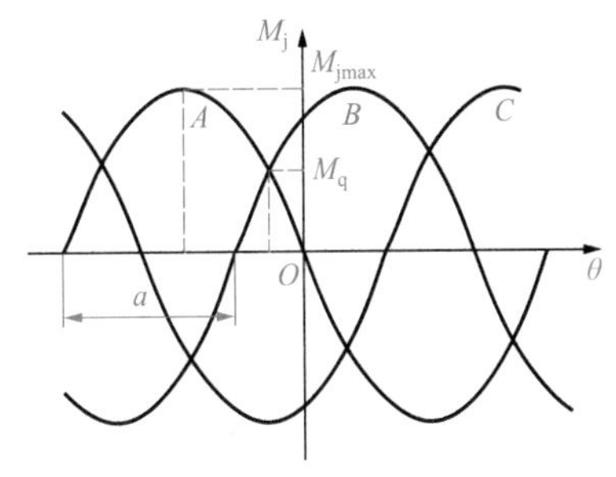

图 7-4　三相步进电机的各相矩角特性

距精度及引起低频振荡。当外加转矩取消后，转子在电磁转矩作用下，仍能回到稳定平衡点θ=0。矩角特性曲线上的电磁转矩的最大值称为最大静转矩 M_{jmax}，M_{jmax}是代表电机承载能力的重要指标，M_{jmax}越大，电机带负载的能力越强，运行的快速性和稳定性越好。

由图 7-4 可见，相邻两条曲线的交点所对应的静态转矩是电机运行状态的最大启动转矩M_q，当负载力矩小于M_q时，步进电机才能正常启动运行，否则将会造成失步。一般地，电机相数的增加会使矩角特性曲线变密，相邻两条曲线的交点上移，会使M_q增加；采用多相通电方式，即变 m 相 m 拍通电方式为 m 相 $2m$ 拍通电方式，也会使M_q增加。

3）启动频率 f_q 和启动时的惯频特性

空载时，步进电机由静止突然启动并进入不丢步的正常运行状态所允许的最高频率，称为启动频率或突跳频率f_q，启动频率是反映步进电机快速性能的重要指标。空载启动时，步进电机定子绕组通电状态变化的频率不能高于该启动频率。原因是频率越高，电机绕组的感抗（$x_L=2\pi fL$）越大，使绕组中的电流脉冲变尖，幅值下降，从而使电机输出力矩下降。每种型号的步进电机都有固定的空载启动频率。

启动时的惯频特性是指电机带动纯惯性负载时启动频率和负载转动惯量之间的关系。一般来说，随着负载惯量的增加，启动频率会下降。如果除惯性负载外还有转矩负载，则启动频率将进一步下降。

4）运行矩频特性

步进电机启动后，其运行速度能跟踪指令脉冲频率连续上升而不丢步的最高工作频率，称为连续运行频率，其值通常是启动频率的 4～10 倍。运行矩频特性描述步进电机在连续运行时，输出转矩与连续运行频率之间的关系，它是衡量步进电机运转时承载能力的动态指标。

随着运行频率的上升，步进电机的输出转矩下降，承载能力下降。当运行频率超过最高频率时，步进电机便无法工作。读者可扫描二维码，观看实验视频，体会步进电机的这一特性。

5）加减速特性

步进电机的加减速特性是描述步进电机由静止到工作频率和由工作频率到静止的加减速过程中，定子绕组通电状态的变化频率与时间的关系。当要求步进电机启动到大于启动频率的工作频率时，变化速度必须逐渐上升；同样，从最高工作频率或高于启动频率的工作频率停止时，变化速度必须逐渐下降。逐渐上升和逐渐下降的加速时间、减速时间不能过小，否则会出现失步或超步。目前，主要通过软件实现步进电机的加减速控制。常用的加减速控制实现方法有指数规律加减速控制和直线规律加减速控制，指数规律加减速控制一般适用于跟踪响应要求较高的切削加工中；直线规律加减速控制一般适用于速度变化范围较大的快速定位方式中。

7.2.3 步进电机的分类

步进电机有多种结构类型，主要根据相数、产生力矩的原理、输出力矩的大小和结构进行分类。

1）根据相数分类

我国数控机床中采用的步进电机有三、四、五、六相等几种，根据前面分析，步进电机的通电方式一般采用 m 相 m 拍、双 m 拍和 m 相 $2m$ 拍，在 m 相 m 拍和 m 相 $2m$ 拍通电方式中，除采用一/二相转换通电外，还可采用二/三相转换通电，如五相步进电机，各相用 A、B、C、D、E 表示，其五相十拍的二/三相转换方式为 $AB\rightarrow ABC\rightarrow BC\rightarrow BCD\rightarrow CD\rightarrow CDE\rightarrow DE\rightarrow$

$DEA \to EA \to EAB$。

2) 根据产生力矩的原理分类

步进电机采用定子与转子间电磁吸合原理工作，根据磁场建立方式，主要可分为反应式和永磁式两类。

反应式步进电机的定子有多相磁极，其上有励磁绕组，而转子无绕组，用软磁材料制成，由被励磁的定子绕组产生磁场，对转子产生感应电磁力矩实现步进运行。永磁式步进电机的定子和转子上均有励磁绕组，由它们之间的电磁力矩实现步进运行。有的永磁式步进电机的转子没有励磁绕组，但用永磁材料制成，通常将这样的步进电机称为混合式步进电机，应用最为广泛。我国的混合式步进电机多为五相，具有输出转矩大、步距角小、额定电流小等优点，缺点是转子容易失磁，导致电磁转矩下降。

3) 根据输出力矩的大小分类

根据输出力矩的大小可将步进电机分为伺服式和功率式两类。伺服式步进电机输出力矩在几十到数百牛・米，只能带动小负载，加上液压扭矩放大器可驱动工作台。功率式步进电机输出力矩较大，能直接驱动工作台。

4) 根据结构分类

步进电机可制成轴向分相式和径向分相式，轴向分相式又称多段式，径向分相式又称单段式。前面介绍的反应式步进电机是按径向分相的，也称单段反应式步进电机，它是目前步进电机中使用最多的一种结构形式。此外，还有一种反应式步进电机是按轴向分相的，也称多段反应式步进电机。多段反应式步进电机沿着它的轴向长度分成磁性能独立的几段，每一段都用一组绕组励磁，形成一相，因此，三相电机有三段。电机的每一段都有一个定子固定在外壳上。转子制成一体，由电机两端的轴承支承。每段定子上都有许多磁极，绕组绕在这些磁极上。沿电机的轴向长度看，转子齿与每段定子齿之间有不同的相对位置。如图 7-5 所示，设一三相多段反应式步进电机的三相分别为 A、B、C，则 A 段里的定子齿和转子齿是对齐的，B 段和 C 段里的定子齿和转子齿则不对齐，一般错开齿距的 $1/m$（m 为定子相数），齿距为

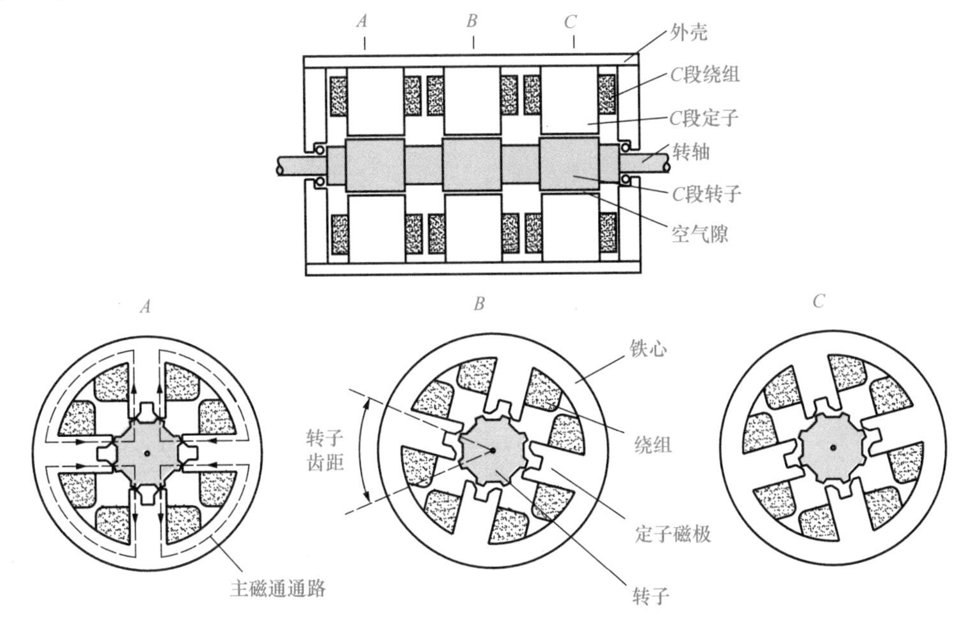

图 7-5　三相多段反应式步进电机结构示意图

360°/转子齿数。若从 A 相通电变化到 B 相通电，则使 B 段里的定子齿和转子齿对齐，转子转动一步。使 B 相断电，C 相通电，则电机以同一方向再走一步。再使 A 相单独通电，则再走一步，A 段里的定子齿和转子齿再一次完全对齐。不断按顺序改变通电状态，电机就可连续旋转。若通电方式为 $A \to B \to C \to A \cdots$，则通电状态的三次变化使转子转动一个齿距；若通电方式为 $A \to AB \to B \to BC \to C \to CA \to A \cdots$，则通电状态的六次变化使转子转动一个齿距。

7.2.4 步进电机的环形分配器

步进电机的驱动控制由环形分配器和功率放大器组成。环形分配器的主要功能是将数控装置送来的一串指令脉冲，按步进电机所要求的通电顺序分配给驱动电源的各相输入端，以控制励磁绕组的通断，实现步进电机的运行及换向。当步进电机在一个方向上连续运行时，其各相通、断的脉冲分配是一个循环，因此称为环形分配器。环形分配器的输出不仅是周期性的，又是可逆的。

环形分配器的功能可由硬件或软件来实现，分别称为硬件环形分配器和软件环形分配器。

1. 硬件环形分配器

硬件环形分配器的种类很多，可由 D 触发器或 JK 触发器构成，也可采用专用集成芯片或通用可编程逻辑器件。目前市场上有许多专用的集成电路环形分配器，集成度高，可靠性好，有的还有可编程功能。例如，国产的 PM 系列步进电机专用集成电路有 PM03、PM04、PM05 和 PM06，分别用于三相、四相、五相和六相步进电机的控制。进口的步进电机专用集成芯片 PMM8713、PMM8714 可分别用于四相(或三相)、五相步进电机的控制。而 PPM101B 则是可编程的专用步进电机控制芯片，通过编程可用于三相、四相、五相步进电机的控制。

以三相步进电机为例，硬件环形分配驱动与数控装置的连接如图 7-6 所示，环形分配器的输入、输出信号一般均为 TTL 电平，输出信号 A、B、C 变为高电平则表示相应的绕组通电，低电平则表示相应的绕组失电；CLK 为数控装置所发出的脉冲信号，每一个脉冲信号的上升或下降沿到来时，环形分配器的输出改变一次绕组的通电状态；DIR 为数控装置发出的方向信号，其电平的高低对应电机绕组通电顺序的改变，即步进电机的正、反转；FULL/HALF 电平用于控制电机的整步(三拍运行)或半步(六拍运行)，一般情况下，根据需要将其接在固定的电平上即可。

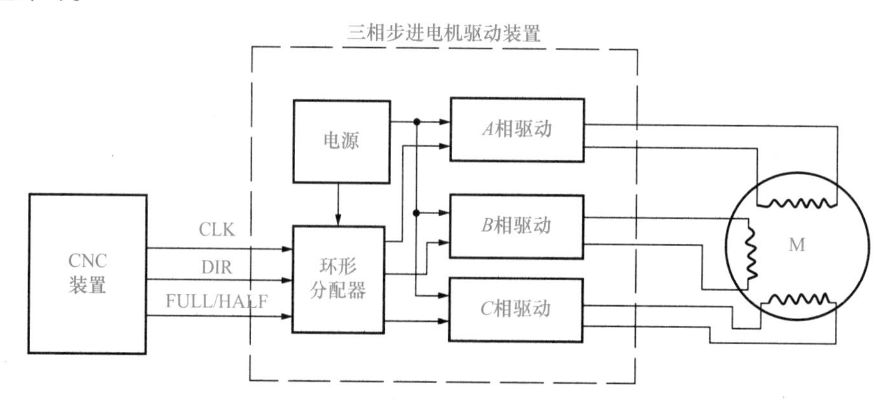

图 7-6 硬件环形分配驱动与数控装置的连接

CH250 是国产的三相反应式步进电机环形分配器的专用集成电路芯片，通过其控制端的不同接法可以组成三相双三拍和三相六拍的不同工作方式，其外形和三相六拍接线方式如图 7-7 所示。

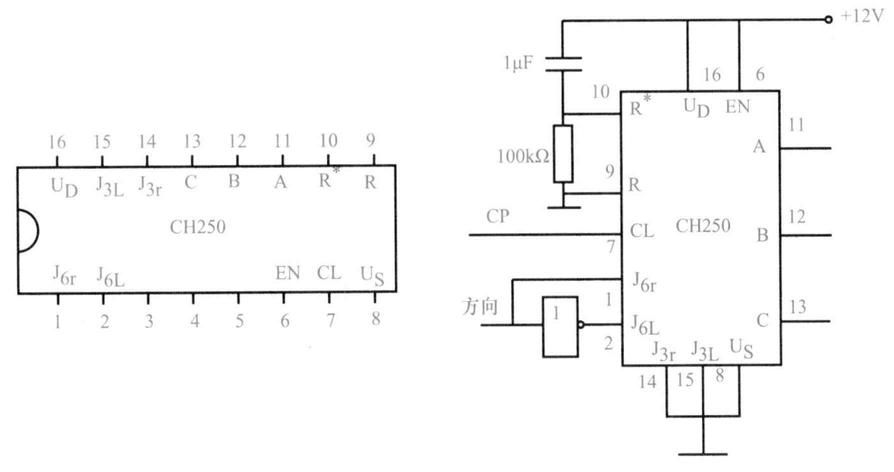

图 7-7　CH250 外形和三相六拍接线方式

2. 软件环形分配器

软件环形分配指由数控装置中的软件完成环形分配的任务，由计算机接口直接输出脉冲的速度和顺序控制信号，驱动步进电机各绕组的通、断电。用软件环形分配器只需编制不同的环形分配程序，可以使线路简化，成本下降，并可灵活地改变步进电机的控制方案。

软件环形分配器的设计方法有多种，如查表法、比较法、移位寄存器法等，最常用的是查表法。下面以三相反应式步进电机的环形分配为例，说明查表法软件环形分配器的工作原理。

图 7-8 为两坐标步进电机伺服进给系统框图。X 向和 Z 向的三相定子绕组分别为 A、B、C 相和 a、b、c 相，分别经各自的功率放大器、光电耦合器与计算机的 PIO(并行输入/输出接口)的 PA_0～PA_5 相连。首先结合驱动电源线路，根据 PIO 接口的接线方式，按步进电机运转时绕组励磁状态转换方式得出环形分配器输出状态表，如表 7-1 所示，将表示 X 向、Z 向步进电机各个绕组励磁状态的二进制数分别存入存储单元(地址由用户设定)地址 0x2A00～0x2A05、0x2A10～0x2A15 中。然后编写 X 向和 Z 向正、反方向进给的子程序，步进电机运行时，调用该子程序。根据步进电机的运转方向，按表 7-1 中地址的正向或反向顺序依次取出存储单元地址的内容并输出，即依次输出表示步进电机各个绕组励磁状态的二进制数，则电机就正转或反转运行。

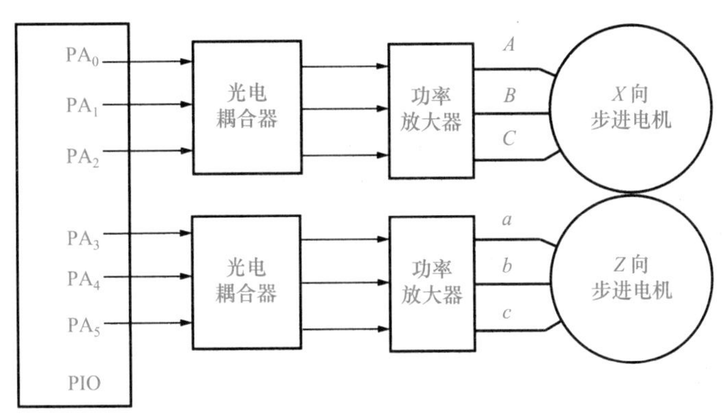

图 7-8　两坐标步进电机伺服进给系统框图

表 7-1 步进电机环形分配器的输出状态表

X 向步进电机							*Z* 向步进电机						
节拍	*C*	*B*	*A*	存储单元		方向	节拍	*c*	*b*	*a*	存储单元		方向
	PA_2	PA_1	PA_0	地址	内容			PA_5	PA_4	PA_3	地址	内容	
1	0	0	1	0x2A00	0x01	正转↓反转↑	1	0	0	1	0x2A10	0x08	正转↓反转↑
2	0	1	1	0x2A01	0x03		2	0	1	1	0x2A11	0x18	
3	0	1	0	0x2A02	0x02		3	0	1	0	0x2A12	0x10	
4	1	1	0	0x2A03	0x06		4	1	1	0	0x2A13	0x30	
5	1	0	0	0x2A04	0x04		5	1	0	0	0x2A14	0x20	
6	1	0	1	0x2A05	0x05		6	1	0	1	0x2A15	0x28	

7.2.5 功率放大电路

从环形分配器输出的进给控制信号的电流只有几毫安，而步进电机的定子绕组需要几安的电流，因此功率放大电路的作用就是对从环形分配器输出的信号进行功率放大并送至步进电机的各绕组，步进电机有几相就需要几组功率放大电路。功率放大电路的控制方式很多，最早采用单电压驱动电路，后来出现了高低电压切换驱动电路、恒流斩波驱动电路、调频调压驱动电路和细分驱动电路等。所采用的功率半导体元件可以是大功率晶体管，也可以是功率场效应晶体管或可关断晶闸管。

1. 高低电压切换驱动电路

高低电压切换驱动电路的特点是给步进电机绕组的供电有高低两种电压，高压充电、低压供电，高压充电以保证电流以较快的速度上升，低压供电维持绕组中的电流为额定值。高压由电机参数和晶体管的特性决定，一般在 80V 至更高范围；低压即步进电机的额定电压，一般为几伏，不超过 20V。

图 7-9 为高低电压切换驱动电路原理图及波形图。图中，由脉冲变压器 *T* 组成了高压控制电路。当输入脉冲信号为低电平时，VT_1、VT_2、VT_g、VT_d 均截止，电机绕组 L_a 中无电流通过，步进电机不转动。当输入脉冲信号为高电平时，VT_1、VT_2、VT_d 饱和导通，在 VT_2 由截止过渡到饱和导通期间，与 *T* 一次侧串联在一起的 VT_2 集电极回路的电流急剧增加，在 *T* 的二次侧产生感应电压，加到 VT_g 的基极上，使 VT_g 导通，80V 的高压经 VT_g 加到绕组 L_a 上，使电流按 $L_a/(R_d+r)$ 的时间常数上升，经过一段时间，达到电流稳定值 $U_g/(R_d+r)$。当 VT_2 进入稳定状态（饱和导通）后，*T* 一次侧电流暂时恒定，无磁通量变化，*T* 二次侧的感应电压为零，VT_g 截止，这时 12V 低压电源经二极管 VD_d 加到绕组 L_a 上，维持 L_a 中的额定电流不变。当输入的脉冲结束后，VT_1、VT_2、VT_g、VT_d 又都截止，储存在 L_a 中的能量通过 R_g、VD_g 及 U_g、U_d 构成回路放电，R_g 使放电时回路时间常数减小，改善电流波形的后沿。

该电路由于采用高压驱动，电流增长加快，绕组上脉冲电流的前沿变陡，使电机的转矩和启动及运行频率都得到提高。另外，由于额定电流由低电压维持，故只需较小的限流电阻，功耗较小。

高低压切换也可通过定时来控制。在每一个步进脉冲到来时，高压脉宽由定时电路控制，故称作高压定时控制驱动电路。

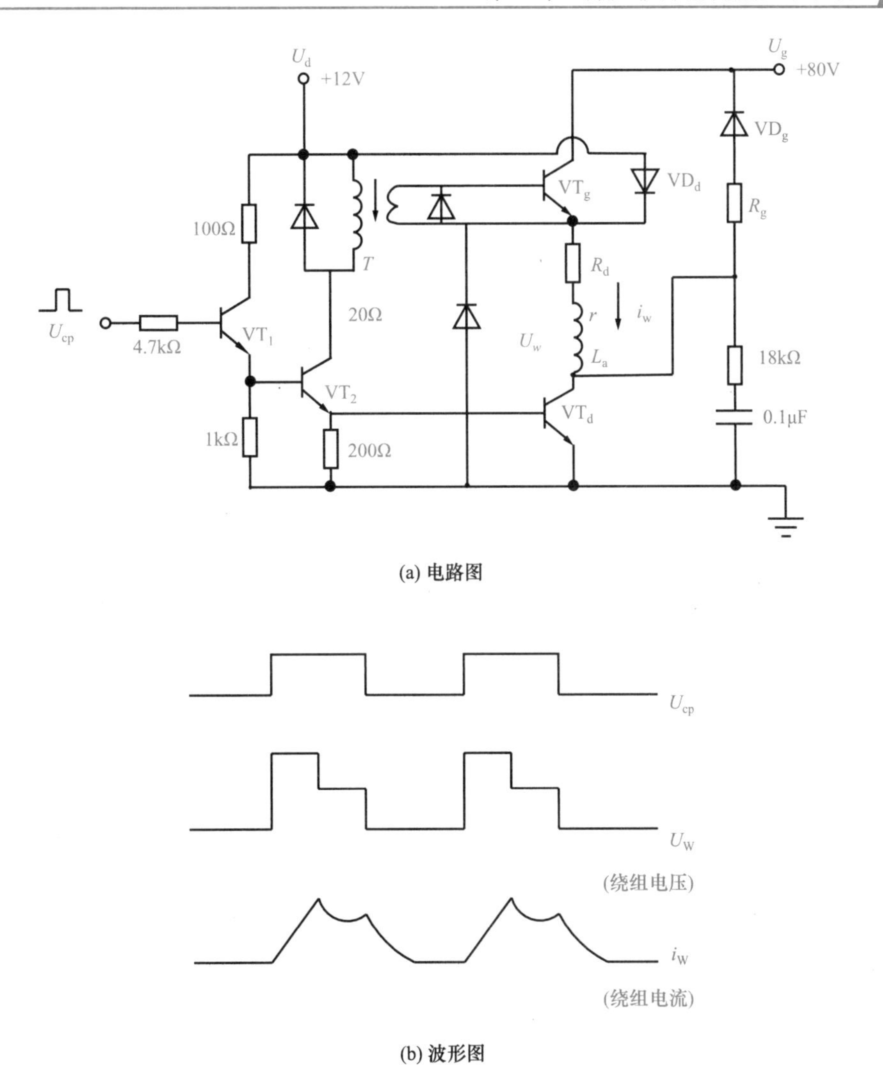

(a) 电路图

(b) 波形图

图 7-9　高低电压切换驱动电路

2. 恒流斩波驱动电路

斩波驱动电路的控制原理是随时检测绕组的电流值，当绕组电流值降到下限设定值时，便使高压功率管导通，使绕组电流上升，上升到上限设定值时，便关断高压管。这样，在一个步进周期内，高压管多次通断，使绕组电流在上、下限之间波动，接近恒定值，提高了绕组电流的平均值，有效地抑制了电机输出转矩的降低。图 7-10 为恒流斩波驱动电路图及波形图。

高压功率管 VT_g 的通断同时受步进脉冲信号 U_{cp} 和运算放大器 Q 的控制。在 U_{cp} 到来时，一路经驱动电路驱动低压功率管 VT_d 导通，另一路通过晶体管 VT_1 和反相器 D_1 及驱动电路驱动高压功率管 VT_g 导通，这时绕组由高压电源 U_g 供电。随着绕组电流的增加，反馈电阻 R_f 上的电压 U_f 不断升高，当升高到比 Q 同相输入电压 U_s 高时，Q 输出低电平，使 VT_1 的基极通过二极管 VD_1 接低电平。VT_1 截止，D_1 输出低电平，这样，VT_g 关断了高压，绕组继续由低压 U_d 供电。当绕组电流下降时，U_f 下降，当 $U_f<U_s$ 时，Q 又输出高电平使 VD_1 截止，VT_1 又导通，再次开通 VT_g。这个过程在步进脉冲有效期内不断重复，使电机绕组中电流波顶的波动呈锯齿

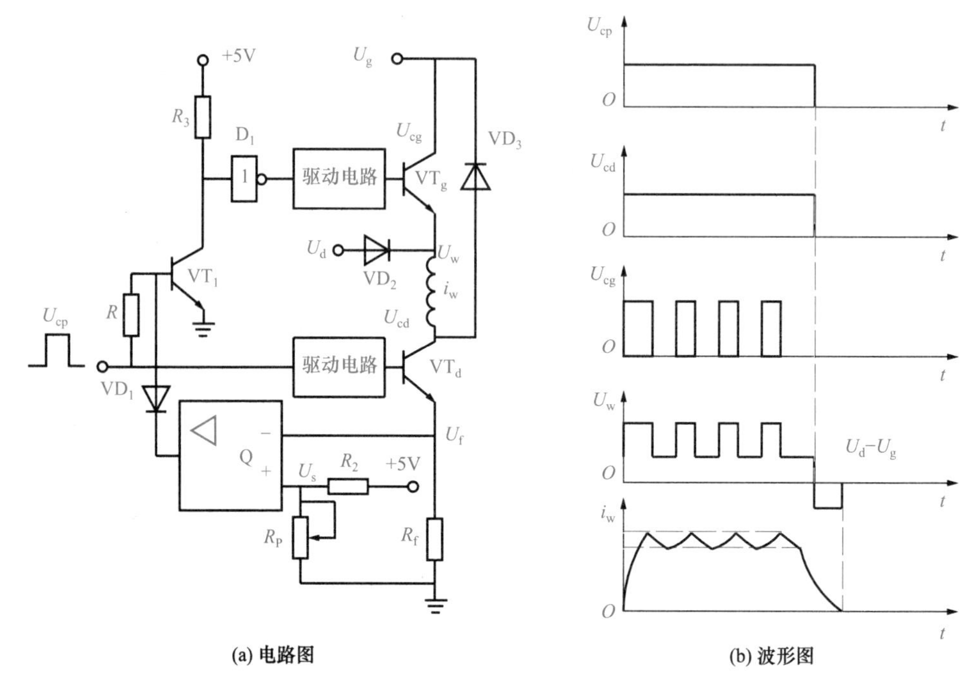

图 7-10 恒流斩波驱动电路

形变化，并限制在给定值上下波动。调节电位器 R_P 可改变 Q 的翻转电压，即改变绕组中电流的限定值。Q 的增益越大，绕组的电流波动越小，电机运转越平稳，电噪声也越小。

这种定电流控制的驱动电路，在运行频率不太高时，补偿效果明显。但运行频率升高时，因电机绕组的通电周期缩短，高压功率管 VT_g 开通时，绕组电流来不及升到整定值，所以波顶补偿作用就不明显了。提高高压电源的电压 U_g，可以使补偿频段提高。

3. 调频调压驱动电路

在电源电压一定时，步进电机绕组电流的上冲值是随工作频率的升高而降低的，使输出转矩随电机转速的提高而下降。要保证步进电机高频运行时的输出转矩，就需要提高供电电压。前述的各种驱动电路都是为保证绕组电流有较好的上升沿和幅值而设计的，从而有效地提高了步进电机的工作频率。但在低频运行时，会给绕组中注入过多的能量而引起电机的低频振荡和噪声。调频调压驱动电路可以解决这个问题。

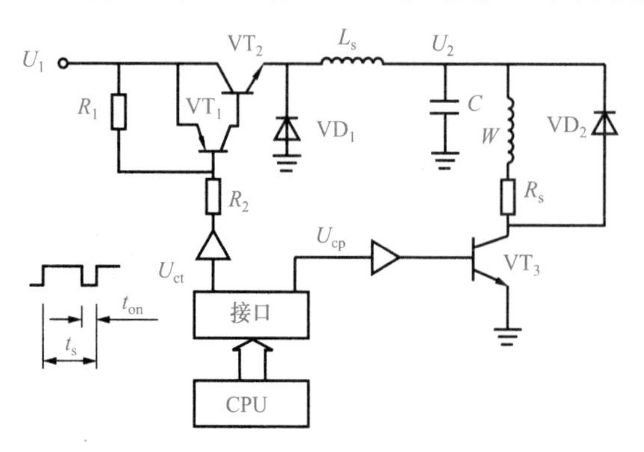

图 7-11 调频调压驱动电路

调频调压驱动电路的基本原理是：当步进电机在低频运行时，供电电压降低，当运行在高频段时，供电电压升高，即供电电压随着步进电机转速的增加而升高。这样，既解决了低频振荡问题，也保证了高频运行时的输出转矩。

在 CNC 系统中，可由软件配合适当硬件电路实现，如图 7-11 所示，由 CPU 输出步进控制脉冲信号 U_{cp} 和开关调压信号 U_{ct}，当 U_{ct} 输出一个负脉冲信号时，晶体管 VT_1 和 VT_2

导通，电源电压 U_1 作用在电感 L_s 和电机绕组 W 上，L_s 感应出负电动势，电流逐渐增大，并对电容 C 充电，充电时间由负脉冲宽度 t_{on} 决定。在 U_{ct} 负脉冲过后，VT_1 和 VT_2 截止，L_s 又产生感应电动势，其方向是 U_2 处为正。此时，若 VT_3 导通，这个反电动势便经 $W \to R_s \to VT_3 \to$ 地 $\to VD_1 \to L_s$ 回路泄放，同时 C 也向 W 放电。由此可见，向 W 供电的电压 U_2 取决于 VT_1 和 VT_2 的开通时间，即取决于负脉冲宽度 t_{on}，t_{on} 越大，U_2 越高。因此，根据 U_{cp} 的频率调整 U_{ct} 的负脉冲宽度，便可实现调频调压。

4. 细分驱动电路

前述的各种驱动电路都是按电机工作方式轮流给各相绕组供电，每换一次相，电机就转动一步，即每拍电机转动一个步距角。在一拍中，通电相的电流不是一次达到最大值，而是分成多次，每次使绕组电流增加一些。每次增加都使转子转过一小步。同样，绕组电流的下降也分多次完成，即通过控制电机各相绕组中电流的大小和比例，从而使步距角减少到原来的几分之一至几十分之一(一般不小于十分之一)。细分驱动电路可以提高步进电机的分辨率，减弱甚至消除振荡，会大大提高电机运行的精度和平稳性。要实现细分，需将绕组中的矩形电流波变成阶梯形电流波。阶梯波控制信号可由很多方法产生，图 7-12 为一种恒频脉宽调制细分驱动电路及其波形图。

可由计算机提供 D/A 转换器的数字信号，该信号是与步进电机各相电流相对应的值，D 触发器的触发脉冲信号 U_m 也可由计算机提供。当 D/A 转换器接收到数字信号后，即转换成相应的模拟信号电压 U_s 加在运算放大器 Q 的同相输入端，因这时绕组中电流还没跟上，故 $U_f < U_s$，Q 输出高电平，D 触发器在 U_m 的控制下，H 端输出高电平，使功率晶体管 VT_1 和 VT_2 导通，电机绕组 W 中的电流迅速上升。当绕组电流上升到一定值时，$U_f > U_s$，Q 输出低电平，D 触发器清零，VT_1 和 VT_2 截止。以后当 U_s 不变时，由于 Q 和 D 构成的斩波控制电路的作用，绕组电流稳定在一定值上下波动，即稳定在一个新阶梯上。当稳定一段时间后，再给 D/A 输入一个增加的电流数字信号，并启动 D/A 转换器，这样 U_s 上升一个阶梯，和前述过程一样，绕组电流也跟着上一个阶梯。当减小 D/A 的输入数字信号时，U_s 下降一个阶梯，绕组电流也跟着下降一个阶梯。由此，这种细分驱动电路既实现了细分，又能保证每一个阶梯电流的恒定。

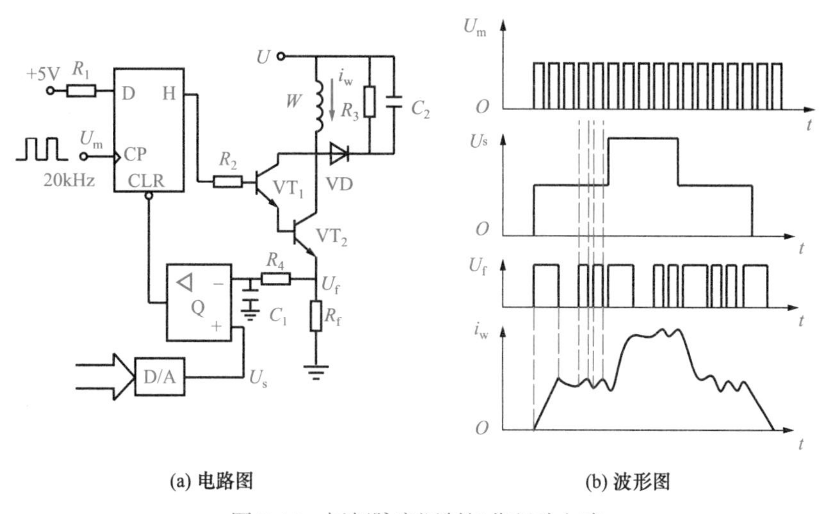

(a) 电路图　　(b) 波形图

图 7-12　恒频脉宽调制细分驱动电路

7.3 直流伺服电机及其速度控制系统

以直流电机作为驱动元件的伺服系统称为直流伺服系统。因为直流伺服电机实现调速比较容易，为一般交流电机所不及，尤其是他励式和永磁式直流伺服电机，其机械特性比较硬，所以直流电机自20世纪70年代以来在数控机床上得到了广泛的应用。

7.3.1 直流伺服电机的分类和工作原理

直流伺服电机的品种很多，根据是否配置有电刷-换向器分为有刷直流伺服电机和无刷直流伺服电机。根据电机惯量大小可分为小惯量直流伺服电机、中惯量直流伺服电机和大惯量直流伺服电机。有刷直流伺服电机根据磁场产生的方式，可分为永磁式、他励式、并励式、串励式和复励式五种。由于永磁式直流伺服电机没有励磁回路，外形尺寸比其他直流伺服电机小。在结构上，直流伺服电机有一般电枢式、无槽电枢式、印刷电枢式、绕线盘式和空心杯电枢式等。

永磁式直流伺服电机(也称为大惯量宽调速直流伺服电机)采用电枢控制方式，调速范围较宽，转动惯量大，加速度大，在较低转速下运行平稳，能够在较大过载转矩时长时间地工作，因此可以直接与丝杠相连，不需要中间传动装置，在数控机床上得到了广泛应用。

小惯量直流伺服电机因转动惯量小而得名，这类电机一般也为永磁式，电枢绕组有无槽电枢式、印刷电枢式和空心杯电枢式三种。因为小惯量直流伺服电机最大限度地减小电枢的转动惯量，所以能获得较快的响应速度，适合需要快速运动的伺服系统。

无刷直流伺服电机没有电刷和换向器，由同步电机和逆变器组成，逆变器由装在转子上的转子位置传感器控制。由于取消了换向器和电刷，所以无刷直流伺服电机的噪声小，使用寿命长，无线电干扰小，适合需要低噪声、高真空、无干扰的伺服系统。

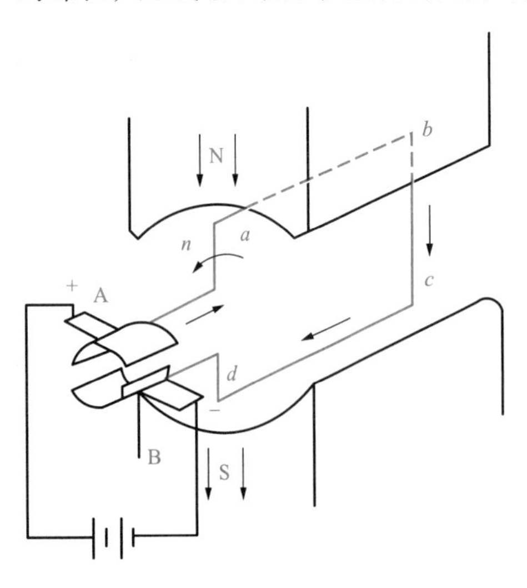

图 7-13 永磁式直流伺服电机工作原理图

直流伺服电机的工作原理是建立在电磁力定律基础上的，以永磁式直流伺服电机为例，如图7-13所示，将直流电压加到A、B两电刷之间，电流从A刷流入，从B刷流出，载流导体*ab*在磁场中受到按左手定则确定的逆时针方向作用力；同理，载流导体*cd*也受到逆时针方向的作用力。因此，转子在逆时针方向的电磁转矩下旋转起来。当电枢转过90°，电枢线圈处于磁极的中性面时，电刷与换向片断开，无电磁转矩作用；但由于惯性的作用，电枢将继续转动一个角度，当电刷与换向片再次接触时，导体*ab*和*cd*交换了位置(以中性面上下分)，导体*ab*和*cd*中的电流方向改变了，这就保证了电枢受到的电磁转矩方向不变，因而电枢可以连续转动。实际电动机的结构比较复杂，为了得到足够大的转矩，往往在电枢上安装许多绕组。

7.3.2 直流伺服电机的调速原理与方法

直流电机由磁极(定子)、电枢(转子)、电刷与换向片三部分组成。以他励式直流伺服电机为例，直流电机的工作原理建立在电磁力定律的基础上，即电流切割磁力线产生电磁转矩，如图 7-14 所示。电磁电枢回路的电压平衡方程式为

$$U_{\mathrm{a}} = E_{\mathrm{a}} + I_{\mathrm{a}} R_{\mathrm{a}} \tag{7-2}$$

其中，R_{a} 为电机电枢回路的总电阻；U_{a} 为电机电枢的端电压；I_{a} 为电机电枢的电流；E_{a} 为电枢绕组的感应电动势。

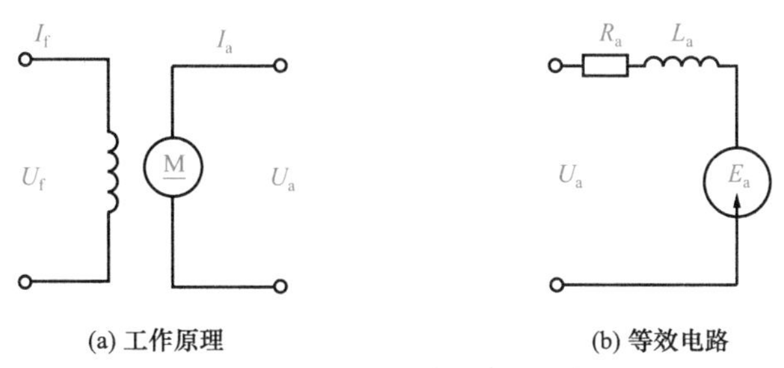

图 7-14　他励式直流伺服电机工作原理及等效电路

当励磁磁通 Φ 恒定时，电枢绕组的感应电动势与转速成正比，则

$$E_{\mathrm{a}} = C_E \Phi n \tag{7-3}$$

其中，C_E 为电动势常数，表示单位转速时所产生的电动势；n 为电机转速。

电机的电磁转矩为

$$T_{\mathrm{m}} = C_T \Phi I_{\mathrm{a}} \tag{7-4}$$

其中，T_{m} 为电机电磁转矩；C_T 为转矩常数，表示单位电流所产生的转矩。

将式(7-2)～式(7-4)联立求解，即可得出他励式直流伺服电机的转速公式：

$$n = \frac{U_{\mathrm{a}}}{C_E \Phi} - \frac{R_{\mathrm{a}}}{C_E C_T \Phi^2} T_{\mathrm{m}} = n_0 - \frac{R_{\mathrm{a}}}{C_E C_T \Phi^2} T_{\mathrm{m}} \tag{7-5}$$

其中，n_0 为电机理想空载转速：

$$n_0 = \frac{U_{\mathrm{a}}}{C_E \Phi} \tag{7-6}$$

直流电机的转速与转矩的关系称为机械特性，机械特性是电机的静态特性，是稳定运行时带动负载的性能，此时，电磁转矩与外负载相等。当电机带动负载时，电机转速与理想转速产生转速差Δn，它反映了电机机械特性的硬度，Δn 越小，表明机械特性越硬。

由直流伺服电机的转速公式(7-5)可知，直流电机的基本调速方式有三种，即调节电枢电阻 R_{a}、电枢电压 U_{a} 和磁通 Φ 的值。但电枢电阻调速不经济，而且调速范围有限，很少采用。在调节电枢电压时，若保持电枢电流 I_{a} 不变，则磁通 Φ 保持不变，由式(7-4)可知，电机电磁转矩 T_{m} 保持不变，为恒定值，因此称调压调速为恒转矩调速。调节磁通调速时，通常保持电枢电压 U_{a} 为额定电压，由于励磁回路的电流不能超过额定值，因此励磁电流总是向减小的趋势调整，使磁通 Φ 下降，称为弱磁调速，此时电机电磁转矩 T_{m} 也下降，转速上升。调速过程中，电枢电压 U_{a} 不变，若保持电枢电流 I_{a} 也不变，则输出功率维持不变，故调磁调速又称为恒功率调速。

直流电机采用调压和调磁调速方式时的机械特性曲线如图 7-15 所示。图中，n_N 为额定转矩为 T_N 时的额定转速，Δn_N 为额定转速差。由图 7-15(a)可见，当调节电枢电压时，直流电机

的机械特性为一组平行线，即机械特性曲线的斜率不变，而只改变电机的理想转速，保持了原有较硬的机械特性，所以数控机床伺服进给驱动系统的调速采用调压的方式。由图 7-15(b)可见，调磁调速不但改变了电机的理想转速，而且使直流电机机械特性变软，所以调磁调速主要用于机床主轴电机调速。

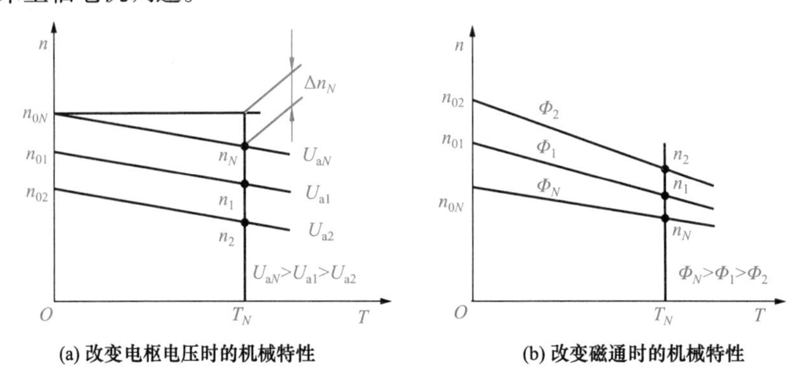

图 7-15　直流电机的机械特性

7.3.3　直流伺服电机速度控制单元的调速控制方式

直流伺服电机速度控制单元的作用是将速度指令信号转换成电枢的电压值，达到调节电机速度的目的。直流电机速度控制单元常采用晶闸管(称可控硅(silicon control rectifier, SCR))调速系统和脉宽调制调速系统，这两种调速系统都采用模拟控制方法，目前最先进的调速方法是全数字直流调速系统。

1. 晶闸管调速系统

图 7-16 为晶闸管直流调速系统的基本原理框图。在交流电源电压不变的情况下，当改变控制电压 U_n^* 时，通过控制电路和晶闸管主电路即可改变直流电机的电枢电压 U_d，从而得到控制电压 U_n^* 所要求的电机转速。电机的实际电压 U_n 作为反馈与 U_n^* 进行比较，形成速度环，达到改善电机运行时的机械特性的目的。

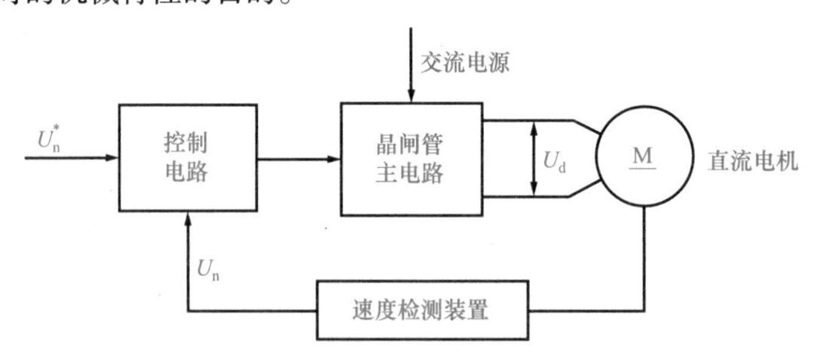

图 7-16　晶闸管直流调速系统的原理框图

由晶闸管组成的主电路采用大功率晶闸管，它的作用有两个，一是用作整流，将电网交流电源变为直流；将调节回路的控制功率放大，得到较高电压与较大电流以驱动电机。二是在可逆控制电路中，电机制动时，把电机运转的惯性能转变为电能，并回馈给交流电网，实现逆变。为了对晶闸管进行控制，必须设有触发脉冲发生器，以产生合适的触发脉冲。该脉冲必须与供电电源频率及相位同步，保证晶闸管的正确触发。

在数控机床中，主轴直流伺服电机或进给直流伺服电机的转速控制是典型的正反转速度控制系统，既可使电机正转，又可使电机反转，俗称四象限运行。晶闸管调速系统的主电路普遍采用三相桥式反并联可逆电路，如图 7-17 所示。它由 12 个可控硅大功率晶闸管组成，晶闸管分为两组，每组有 3 个共阳极和 3 个共阴极晶闸管，按三相桥式连接，两组反并联，分别实现正转和反转。反并联是指两组变流桥反极性并联，由一个交流电源供电。每组晶闸管都有两种工作状态：整流和逆变。一组处于整流工作时，另一组处于待逆变状态。在电机降速时，逆变组工作。为了保证合闸后两个串联的晶闸管能够同时导通或电流截止后再导通，必须对共阳极组的 1 个晶闸管和共阴极组的 1 个晶闸管同时发出触发脉冲。

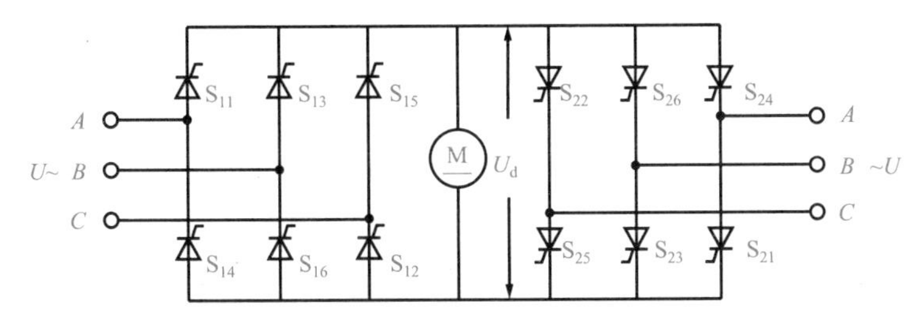

图 7-17　三相桥式反并联可逆电路

晶闸管调速系统的调速范围大，适合大功率的直流伺服电机的调速，但是由于可控硅大功率晶闸管导通后是利用电流过零来关闭的，因此，输出的电流波形是断续的，特别是在低电压时输出给直流电机的电流是很小的尖峰电流，从而使得直流进给伺服电机在低速旋转时有脉动现象，转速不平稳。

2. PWM 调速系统

PWM 调速是使功率晶体管工作于开关状态，开关频率保持恒定，用改变开关导通时间的方法来调整晶体管的输出，使电机两端得到宽度随时间变化的电压脉冲。当开关在每个周期内的导通时间随时间发生连续变化时，电机电枢得到的电压的平均值也随时间连续地发生变化，而由于内部的续流电路和电枢电感的滤波作用，电枢上的电流则连续地改变，从而达到调节电机转速的目的。

PWM 的基本原理如图 7-18 所示，若脉冲的周期固定为 T，在一个周期内高电平持续的时间(导通时间)为 T_{on}，高电平持续的时间与脉冲周期的比值称为占空比 λ，则图中直流电机电压的平均值为

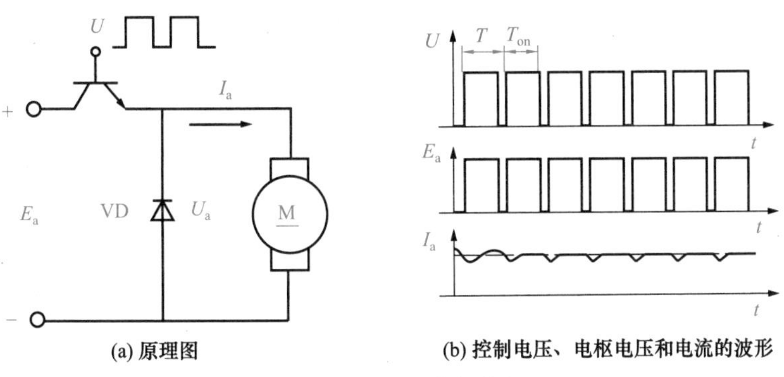

图 7-18　PWM 原理图

$$\overline{U_a} = \frac{1}{T}\int_0^T E_a = \frac{T_{on}}{T} E_a = \lambda E \tag{7-7}$$

其中，E 为电源电压；λ 为占空比，$\lambda = \frac{T_{on}}{T}$，$0 < \lambda < 1$。

当电路中开关功率晶体管关断时，由二极管 VD 续流，电机便可以得到连续电流。

1) PWM 调速系统的组成

图 7-19 为直流电机双环 PWM 调速系统的组成框图。该系统由速度调节器、电流调节器、频率振荡器、调制信号发生器、脉宽调制器、基极驱动电路、功率转换电路和整流器等组成。速度调节器和电流调节器组成了双闭环控制。

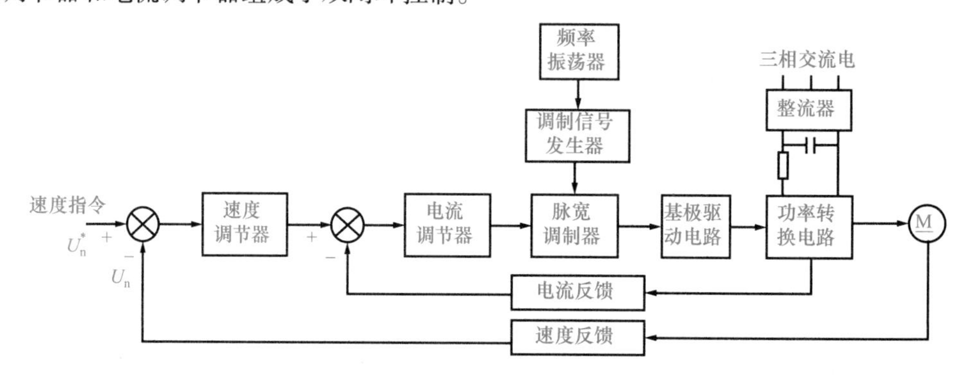

图 7-19　直流电机双环 PWM 调速系统的组成框图

与晶闸管调速系统相比，PWM 调速系统有以下特点。

(1) 频带宽：晶体管的结电容小，截止频率高，比可控硅高一个数量级，因此 PWM 调速系统的开关工作频率一般为 2kHz，有的高达 5kHz，使电流的脉动频率远远超过机械系统的固有频率，避免机械系统由于机电耦合产生共振。另外，晶闸管调速系统开关频率依赖于电源的供电频率，系统的响应速度受到限制。而 PWM 调速系统与小惯量电机相匹配时，可获得很宽的频带，使整体系统的响应速度增高，能实现极快的定位速度和很高的定位精度，适合于启动频繁的工作场合。

(2) 电流脉动小：电机为感性负载，电路的电感值与频率成正比，因而电流的脉动幅值随开关频率的升高而降低。PWM 调速系统的电流脉动系数接近于 1，电机内部发热小，输出转矩平稳，有利于电机低速运行。

(3) 电源功率因数高：在晶闸管调速系统中，随开关导通角的变化，电源电流发生畸变，在工作过程中，电流为非正弦波，从而降低了功率因数，且给电网造成污染。而 PWM 调速系统的直流电源相当于可控硅导通角最大时的工作状态，功率因数可达 90%。

(4) 动态硬度好：PWM 调速系统的频带宽，校正伺服系统负载瞬时扰动的能力强，提高了系统的动态硬度，且具有良好的线性，尤其是接近零点处的线性好。

2) PWM 调速系统的功率转换电路

PWM 调速系统中脉宽调制器的作用是将电压量转换成可由控制信号调节的矩形脉冲，即为功率晶体管的基极提供一个宽度可由速度指令信号调节且与之成比例的脉宽电压。在 PWM 调速系统中，电压量为电流调节器输出的直流电压量，该电压量由数控装置插补器输出的速度指令转化而来。经过脉宽调制器变为周期固定、脉宽可变的脉冲信号，脉冲宽度的变化随着速度指令而变化。由于脉冲周期不变，脉冲宽度的改变将使脉冲平均电压改变。

功率转换电路是脉宽调制速度单元的主回路，其结构形式有多种，图 7-20 为广泛使用的 H 型双极可逆功率转换电路，它是由 4 个续流二极管和 4 个大功率晶体管组成的桥式回路。4 个大功率晶体管分为两组，VT_1 和 VT_4 为一组，VT_2 和 VT_3 为另一组，同一组中的两个晶体管同时导通或关断，两组晶体管则交替导通和关断。直流供电电源 $+E_d$ 由三相全波整流电源供电。晶体管 VT_1、VT_2、VT_3、VT_4 驱动信号分别为矩形波信号 u_1、u_2、u_3、u_4，并保证 $u_1=u_4$，$u_2=u_3=-u_1$。在 $0 \leqslant t < t_1$ 期间，驱动信号 u_1、u_4 为正，晶体管 VT_1 和 VT_4 饱和导通，驱动信号 u_2、u_3 为负，晶体管 VT_2 和 VT_3 截止，电源 E_d 经 VT_1 和 VT_4 向电动机提供能量 $U=E_d$；在 $t_1 \leqslant t < T$ 期间，驱动信号 u_2、u_3 为正，VT_2 和 VT_3 饱和导通，VT_1 和 VT_4 截止，电源 E_d 经 T_2 和 T_3 向电动机提供能量 $U=-E_d$。当脉冲控制信号的脉宽 $t_1 > T/2$ 时，加在电动机转子绕组两端的平均电压大于零，电动机正转；当 $t_1 < T/2$ 时，加在电动机转子绕组两端的平均电压小于零，电动机反转；当 $t_1 = T/2$ 时，加在电动机转子绕组两端的平均电压等于零，电动机停转。读者可扫描二维码，观看相关动画。

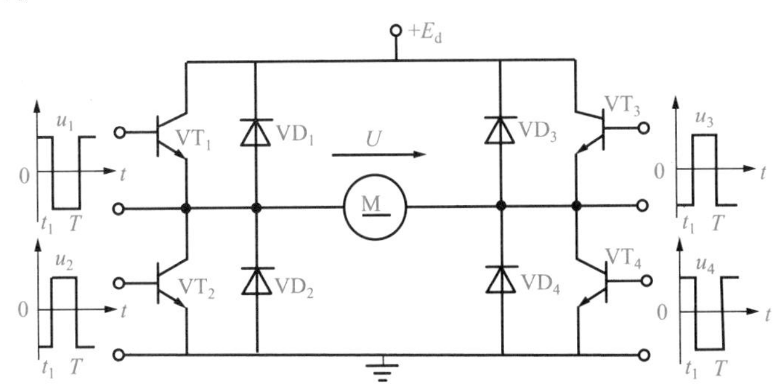

图 7-20　H 型双极可逆功率转换电路

从上述电路工作过程的分析中可以发现，功率转换电路输出的电压频率比每个晶体管的开关频率高 1 倍，从而弥补了大功率晶体管开关频率不能做得很高的缺陷，改善了电枢电流的连续性，这也是这种电路被广泛采用的原因之一。

3. 全数字直流调速系统

在全数字直流调速系统中，只有功率转换组件和执行组件的输入信号和输出信号为模拟信号，其余的信号都为数字信号，由计算机通过算法实现。计算机的计算速度很高，在几毫秒内可以计算出电流环和速度环的输入、输出数值，产生控制方波的数据，控制电机的转速和转矩。全数字直流调速的特点是离散化，即在每个采样周期内给出一次控制数据，采样周期的大小受闭环系统频带宽度和时间常数的影响，一般速度环的采样周期为十几毫秒，电流环的采样周期小于 5ms。在一个采样周期内，计算机要完成一次电流环和速度环的控制数据的计算与输出，对电机的转速和转矩控制一次。

在全数字直流调速系统中也可以利用单片机的定时器产生 PWM 控制方波，用程序控制脉宽变化。图 7-21 是用 8031 单片机实现的数字 PWM 调速系统，当指令速度改变时，通过 8031 的 P0.0 口向定时器装入新的计数值以改变定时器输出脉冲的宽度，速度环和电流环的检测值经 A/D 转换后也由 P0.0 口读入，经与指令值比较后得到差值，再经 P0.0 口装入定时器，及时改变脉冲宽度，控制电机的转速和转矩。

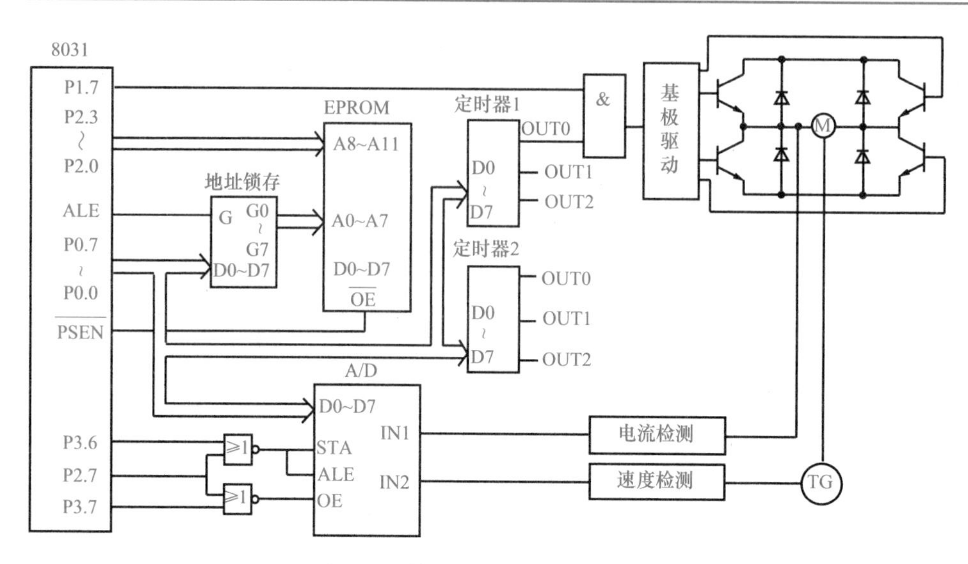

图 7-21 数字 PWM 调速系统框图

7.4 交流伺服电机及其速度控制系统

直流电机具有优良的调速性能，但是由于它的电刷和换向器易磨损，有时产生火花，电机的最高速度受到限制，且直流电机结构复杂，成本较高，所以在使用上受到一定的限制。在某些场合，交流伺服电机已逐渐取代直流伺服电机。交流电机具有坚固耐用、经济可靠、动态响应好、输出功率大等优点。读者可扫描二维码，观看相关视频。

7.4.1 交流伺服电机的分类与特点

在数控机床上应用的交流电机一般都为三相。交流伺服电机分为异步交流伺服电机和同步交流伺服电机，同步交流伺服电机可分为电磁式及非电磁式两大类。在非电磁式中又有磁滞式、永磁式和反应式多种。在数控机床进给驱动系统中多数采用永磁式交流同步电机。异步交流伺服电机相当于感应式交流异步电机，一般用在主轴驱动系统中。

1. 永磁式交流同步电机

永磁式交流同步电机由定子、转子和检测元件三部分组成，其定子三相绕组产生的空间旋转磁场和转子磁场相互作用，带动转子一起旋转；转子磁极由永久磁铁产生，其工作原理如图 7-22 所示，当定子三相绕组通以交流电后，产生一个旋转磁场，这个旋转磁场以同步转速 n_s 旋转。根据磁极同性相斥、异性相吸的原理，定子旋转磁场与转子永久磁场磁极相互吸引，并带动转子一起旋转，因此转子也将以同步转速 n_s 旋转。当转子轴加上外负载转矩时，转子磁极的轴线将与定子磁极的轴线相差一个 θ，若负载越大，θ 也越大。只要外负载不超过一定限度，转子就会与定子旋转磁场一起旋转。若设其转速为 n_r，则

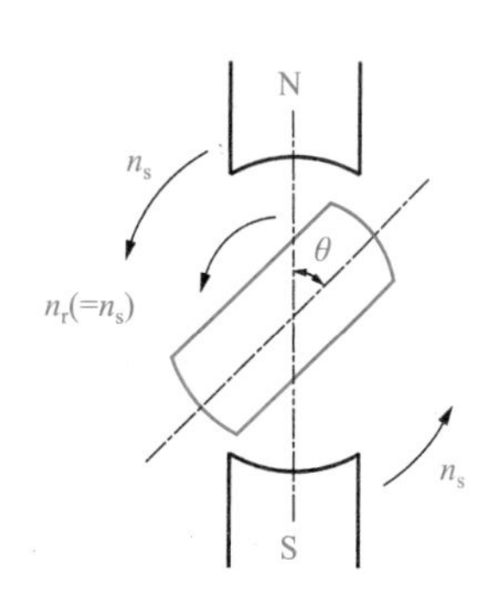

图 7-22 永磁式交流同步电机的工作原理

$$n_r=n_s=60f_1/p \tag{7-8}$$

其中，f_1 为交流供电电源频率（定子供电频率），Hz；p 为定子和转子

的极对数。

永磁式交流同步电机的缺点是启动难。这是由于转子本身的惯量大、定子与转子之间的转速差过大，使转子在启动时所受的电磁转矩的平均值为零。解决的办法是在设计时设法减小电机的转动惯量，或在速度控制单元中采取先低速后高速的控制方法。

2. 交流主轴电机

交流主轴电机是基于感应电机的结构而专门设计的，通常为增加输出功率、缩小电机体积，采用定子铁心在空气中直接冷却的方法，没有机壳，且在定子铁心上做有通风孔，因此电机外形多呈多边形而不是常见的圆形。转子结构与普通感应电机相同。在电机轴尾部安装检测用的编码器。为了满足数控机床切削加工的特殊要求，也出现了一些新型主轴电机，如液体冷却主轴电机和内装主轴电机等。

交流主轴电机与普通感应式伺服电机的工作原理相同。由电工学原理可知，在电机定子三相绕组通以三相交流电时，会产生旋转磁场，这个磁场切割转子中的导体，导体感应电流与定子磁场相互作用产生电磁转矩，从而推动转子转动，其转速 n_r 为

$$n_r = n_s(1-s) = \frac{60f_1}{p}(1-s) \tag{7-9}$$

其中，n_s 为同步转速，r/min；f_1 为交流供电电源频率(定子供电频率)，Hz；s 为转差率，$s=(n_s-n_r)/n_s$；p 为极对数。

同感应式伺服电机一样，交流主轴电机需要转速差才能产生电磁转矩，所以电机的转速低于同步转速，转速差随外负载的增大而增大。

7.4.2 交流伺服电机的变频调速

由式(7-8)和式(7-9)可见，只要改变交流伺服电机的供电频率，即可改变交流伺服电机的转速，所以交流伺服电机调速应用最多的是变频调速。

变频调速的主要环节是为电机提供频率可变的电源变频器。变频器可分为交-交变频和交-直-交变频两种，如图 7-23 所示。交-交变频方式指利用可控硅整流器直接将工频交流电(频率为 50Hz)变成频率较低的脉动交流电，正组输出正脉冲，反组输出负脉冲，这个脉动交流电的基波就是所需的变频电压。这种调频方式所得到的交流电波动比较大，而且最大频率即变频器输入的工频电压频率。交-直-交变频方式先将交流电整流成直流电，然后将直流电压变成矩形脉冲波电压，这个矩形脉冲波的基波就是所需的变频电压。这种调频方式所得的交流电的波动小，调频范围比较宽，调节线性度好。数控机床上常采用交-直-交变频调速。

在交-直-交变频中，根据中间直流电压是否可调，可分为中间直流电压可调的 PWM 逆变器和中间直流电压固定的 PWM 逆变器；根据中间直流电路上的储能元件是大电容还是大电感，可分为电压型逆变器和电流型逆变器。SPWM 变频器是目前应用最广、最基本的一种交-直-交电压型变频器，也称为正弦波 PWM 变频器，具有输入功率因数高和输出波形好等优点，不仅适用于永磁式交流同步电机，也适用于感应式交流异步电机，在交流调速系统中获得广泛应用。

SPWM 逆变器用来产生正弦脉宽调制波，如图 7-24 所示，正弦波的形成原理是把一个正弦半波分成 N 等份，然后把每一等份的正弦曲线与横坐标所包围的面积都用一个与此面积相等的等幅值矩形脉冲来代替，这样得到 N 个等高而不等宽的脉冲。这 N 个脉冲对应着一个正弦波的半周。对正弦波的负半周也采取同样方法处理，得到相应的 $2N$ 个脉冲，这就是与正弦波等效的正弦脉宽调制波，即 SPWM 波。

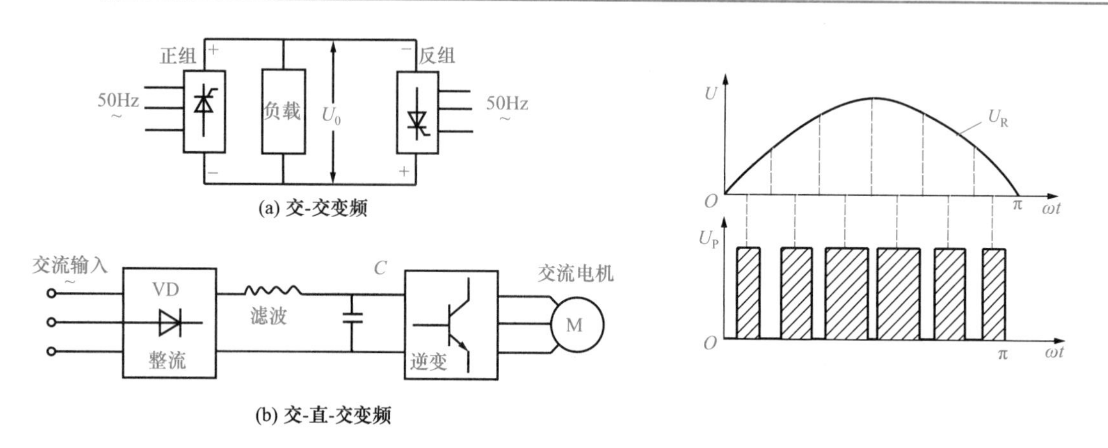

图 7-23 两种变频方式

图 7-24 与正弦波等效的矩形脉冲波

SPWM 波形可采用模拟电路、以调制方法实现。SPWM 是用脉冲宽度不等的一系列矩形脉冲去逼近一个所需要的电压信号，将三角波电压与正弦参考电压相比较来确定各分段矩形脉冲的宽度。双极性 SPWM 原理如图 7-25 所示(图中以一相为例)，与直流电机的 PWM 的调制原理(图 7-19)是相同的，调制信号都是三角波，调制后的波形都是方波，不同的是 SPWM 把正弦波调制成脉宽按正弦规律变化的方波，用来控制交流伺服电机的速度。在调制过程中可以是双极性调制(图 7-25)，也可以是单极性调制，图 7-26 是单极性 SPWM 的波形。双极性调制能同时调制出正半波和负半波，而单极性调制只能调制出正半波或负半波，再将调制波倒相得到另外半波形，然后相加得到一个完整的 SPWM 波。

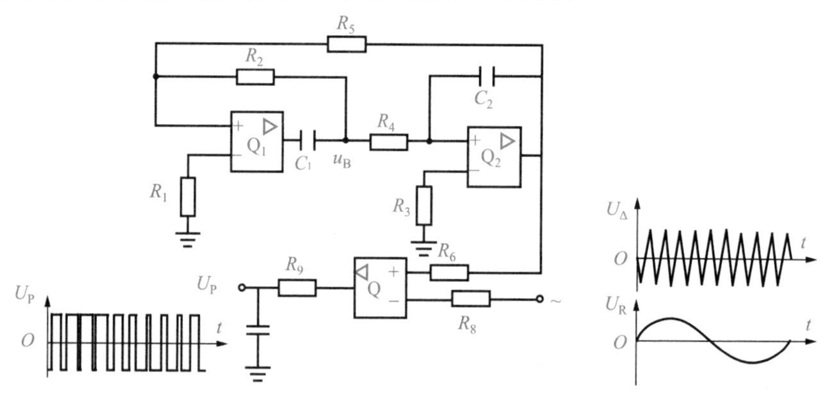

图 7-25 双极性 SPWM 原理(一相)

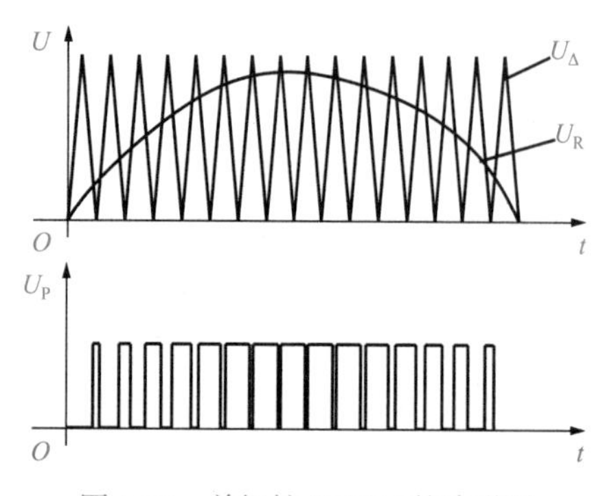

图 7-26 单极性 SPWM 的波形图

图 7-25 为三角波调制法原理图，在电压比较器 Q 的两个输入端分别输入正弦波参考电压 U_R 和频率与幅值固定不变的三角波电压 U_Δ，在 Q 的输出端便得到 PWM 电压脉冲。当 $U_\Delta<U_R$ 时，Q 输出端为高电平；而 $U_\Delta>U_R$ 时，Q 输出端为低电平。U_R 与 U_Δ 的交点之间的距离随正弦波的大小而变化，而交点之间的距离决定了电压比较器 Q 输出脉冲的宽度，因而可以得到幅值相等而宽度不等的 PWM 信号 U_P，且该信号的频率与三角波电压 U_Δ 相同。

要获得三相 SPWM 波形，则需要三个互成 120°的控制电压 U_A、U_B、U_C 分别与同一三角波比较，获得三路互成 120°的 SPWM 波 U_{0A}、U_{0B}、U_{0C}，图 7-27 为三相 SPWM 波的调制原理框图，三相控制电压 U_A、U_B、U_C 的幅值和频率都是可调的。三角波频率为正弦波频率 3 倍的整数倍，所以保证了三路脉冲调制波形 U_{0A}、U_{0B}、U_{0C} 与时间轴所组成的面积随时间的变化互成 120°相位角。

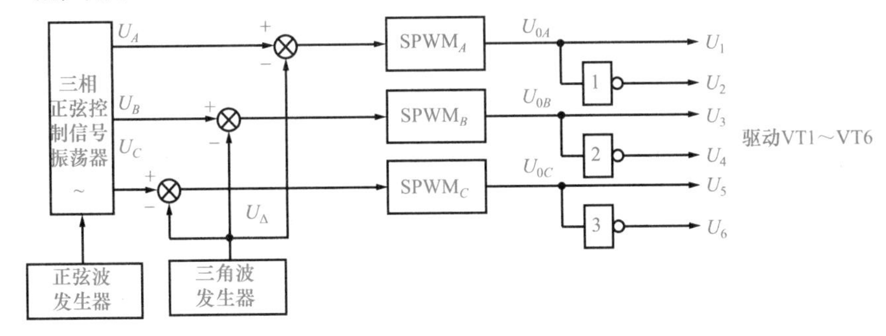

图 7-27　三相 SPWM 控制电路框图

三相电压型 SPWM 变频器的主回路如图 7-28 所示，该回路由两部分组成，即左侧的桥式整流电路和右侧的逆变器电路，逆变器是其核心。桥式整流电路的作用是将三相工频交流电变成直流电；而逆变器的作用则是将整流电路输出的直流电压逆变成三相交流电，驱动电机运行。

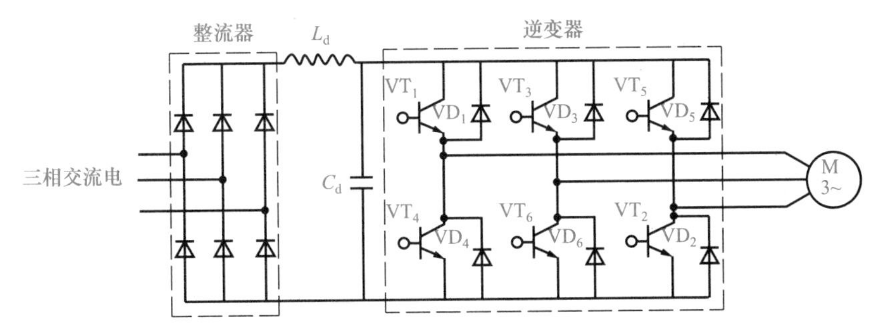

图 7-28　三相电压型 SPWM 变频器主回路

三相逆变电路由 6 只具有单向导电性的大功率开关管 VT_1～VT_6 组成。每只功率开关上反并联一只续流二极管，即图中的 VD_1～VD_6，为负载的电流滞后提供一条反馈到电源的通路。6 只功率开关管每隔 60°电角度导通一只，相邻两只的功率开关导通时间相差 120°，一个周期共换向 6 次，对应 6 个不同的工作状态(又称为六拍)。根据功率开关导通持续的时间不同，可以分为 180°导通型和 120°导通型两种工作方式。导通方式不同，输出电压波形也不同。

图 7-29 为 SPWM 变频调速系统框图。速度(频率)给定器给定信号，用以控制频率、电压及正反转；平稳启动回路使启动加、减速时间可随机械负载情况设定，达到软启动目的；函数发生器是为了在输出低频信号时，保持电机气隙磁通一定、补偿定子电压降的影响而设的。电压频率变换器将电压信号转换成具有一定频率的脉冲信号，经分频器、环形计数器产生方波，和经三角波发生器产生的三角波一并送入调制回路；电压调节器和电压检测器构成闭环控制，电压调节器产生频率与幅值可调的控制正弦波，送入调制回路；在调制回路中进行 PWM 变换产生三相的脉冲宽度调制信号；在基极回路中输出信号至功率晶体管基极，即对 SPWM

主回路进行控制，实现对交流伺服电机的变频调速；电流检测器进行过载保护。

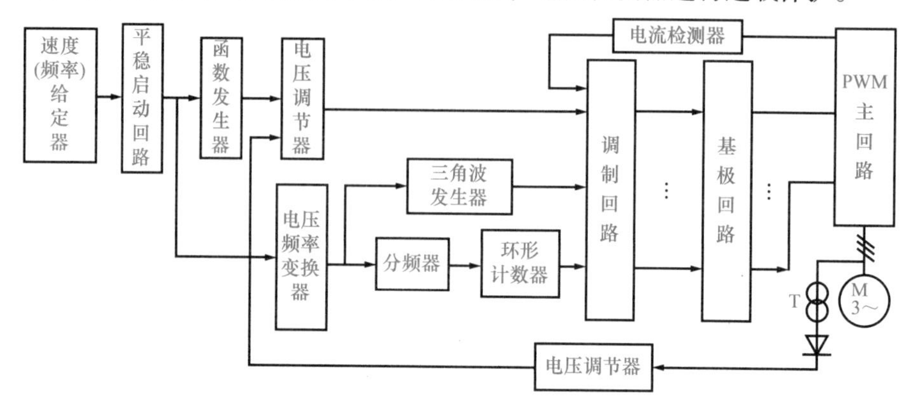

图 7-29 SPWM 变频调速系统框图

SPWM 控制信号可用多种方法产生，上面介绍的是模拟电路实现的 SPWM 变频，其缺点是所需硬件比较多，而且不够灵活，改变参数和调试比较麻烦。而由数字电路实现的 SPWM 逆变器，则采用以软件为基础的控制模式，其优点是所需硬件少，灵活性好，智能性强，但需要通过计算确定 SPWM 的脉冲宽度，有一定的延时和响应时间。随着高速、高精度多功能微处理器、微控制器和 SPWM 专用芯片的出现，采用微处理器或单片机来合成 SPWM 信号，生产出全数字的变频器，实现用微机控制的数字化 SPWM 技术已占主导地位。用微处理器合成 SPWM 信号，通常使用算法计算后形成表格，存于内存中；在工作过程中，通过查表方式，控制定时器定时输出三相 SPWM 调制信号；通过外部硬件电路延时和互锁处理，形成六路信号。但由于受计算速度和硬件性能的限制，SPWM 的调制频率及系统的动态响应速度都不能达到很高，在闭环变频调速系统中应采用性能比较高档的微处理器才能实现数字的速度调节和电流调节。

7.4.3 交流伺服电机的变频调速特性

每台电机都有额定转速、额定电压、额定电流和额定频率。国产电机通常的额定电压是 220V 或 380V，额定频率为 50Hz。当电机在额定值运行时，定子铁心达到或接近磁饱和状态，电机温升在允许的范围内，电机连续运行时间可以很长。在变频调速过程中，电机运行参数发生了变化，这可能破坏电机内部的平衡状态，严重时会损坏电机。

由电工学原理可知：

$$U_1 \approx E_1 = 4.44 f_1 N_1 K_1 \varPhi_{\mathrm{m}} \tag{7-10}$$

$$\varPhi_{\mathrm{m}} \approx \frac{1}{4.44 N_1 K_1} \frac{U_1}{f_1} \tag{7-11}$$

$$T_{\mathrm{m}} = C_M \varPhi_{\mathrm{m}} I_2 \cos\varphi_2 \tag{7-12}$$

其中，f_1 为定子供电电压频率；N_1 为定子每相绕组匝数；K_1 为定子每相绕组等效匝数系数；U_1 为定子每相相电压；E_1 为定子每相绕组感应电动势；$\varPhi_{\mathrm{m}}$ 为每极气隙磁通；T_{m} 为电机电磁转矩；C_M 为转矩常数；I_2 为转子电枢电流；φ_2 为转子电枢电流的相位角。

由于 N_1、K_1 为常数，$\varPhi_{\mathrm{m}}$ 与 U_1/f_1 成正比。当电机在额定参数下运行时，$\varPhi_{\mathrm{m}}$ 达到临界饱和值，即 $\varPhi_{\mathrm{m}}$ 达到额定值 $\varPhi_{\mathrm{mN}}$。而在电机工作过程中，要求 $\varPhi_{\mathrm{m}}$ 必须在额定值以内，所以 $\varPhi_{\mathrm{m}}$ 的

额定值为界限，供电频率低于额定值 f_{1N} 时，称为基频以下调速，高于额定值 f_{1N} 时，称为基频以上调速。

1）基频以下调速

由式(7-11)可知，当 Φ_m 处在临界饱和值不变时，降低 f_1，必须按比例降低 U_1，以保持 U_1/f_1 为常数。若 U_1 不变，则使定子铁心处于过饱和供电状态，不但不能增加 Φ_m，而且会烧坏电机。

当在基频以下调速时，Φ_m 保持不变，即保持定子绕组电流不变，电机电磁转矩 T_m 为常数，称为恒转矩调速，满足数控机床主轴恒转矩调速运行的要求。

2）基频以上调速

在基频以上调速时，频率高于额定值 f_{1N}，受电机耐压的限制，相电压 U_1 不能升高，只能保持额定值 Φ_{mN} 不变。在电机内部，由于供电频率的升高，感抗增加，相电流降低，Φ_m 减小，由式(7-12)可知输出转矩 T_m 减小，但因转速提高，输出功率不变，因此称为恒功率调速，满足数控机床主轴恒功率调速运行的要求。

当频率很低时，定子阻抗压降已不能忽略，必须人为地提高定子相电压 U_1，用以补偿定子阻抗压降。

图 7-30 为交流电机变频调速的特性曲线。

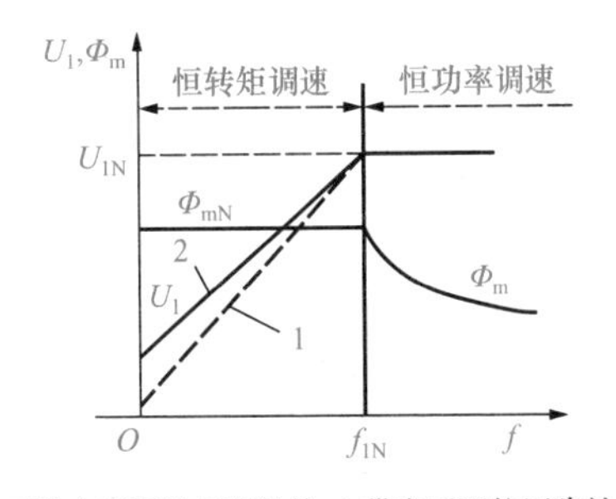

1.不带定子阻抗压降补偿；2.带定子阻抗压降补偿

图 7-30　交流电机变频调速的特性曲线

7.4.4　交流伺服电机的矢量控制

矢量控制是将交流电机模拟成直流电机，用对直流电机的控制方法来控制交流电机。矢量控制的目的是使交流电机变频调速后的机械特性和动态特性接近直流电机的性能。

1）矢量控制的基本原理

直流电机能获得优异的调速性能，其根本原因是与电机电磁转矩 T_m 相关的是互相独立的两个变量——励磁磁通 Φ 和电枢电流 I_a，Φ 仅正比于励磁电流，而与 I_a 无关；在空间上，Φ 与 I_a 正交，使 Φ 与 I_a 形成两个独立变量，由直流电机电磁转矩表达式(7-4)可知，分别控制励磁电流和电枢电流 I_a，即可方便地实现直流电机的转矩与转速的线性控制。而对于交流电机，根据交流异步电机电磁转矩关系式(7-12)可知，其电磁转矩 T_m 与气隙磁通 Φ_m、转子电枢电流 I_2 成正比，交流电机的定子通三相正弦对称交流电时产生随时间和空间都在变化的旋转磁场，因而 Φ_m 是空间交变矢量，Φ_m 与 I_2 不正交，不再是独立的变量，因此对它们不可能分别调节和控制。

交流电机矢量控制的基本思想是利用“等效”的概念，在矢量分析的基础上用数字方法将三相交流电机的定子电流(矢量)变换为等效的直流电机中彼此独立的励磁电流和电枢电流(标量)，建立交流电机的等效数学模型，然后模拟直流电机的控制方式，实现对电机的磁场和转矩的分别控制；通过相反的变换，将被控制的等效直流电机的励磁电流和电枢电流合成，合成后的定子电流供给三相交流电机，从而实现了三相交流电机类似于直流电机的调速控制。

等效变换的准则如下：按照能量不变、瞬时功率相等的原则，使变换前后产生同样大小、同样转速和转向的旋转磁场。

图 7-31 是矢量变换的原理图。图 7-31(a)为三相交流电机，在三相绕组 A、B、C 中分别通以相位相差 120°的三相交流电流 i_A、i_B、i_C，因而产生同步角速度为 ω_1 的旋转磁场，其磁通为 Φ_1，将其转换成如图 7-31(b)所示的两相交流电机，两相绕组 α、β 互相垂直，在其中分别

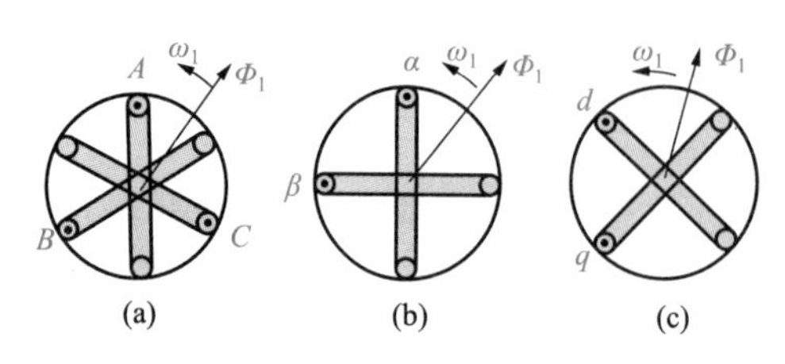

图 7-31　矢量变换原理图

通以相位差为 90°的等效交流电流 i_α、i_β，所产生的旋转磁场的同步角速度和磁通与三相交流电机一致，则该二相交流电机与三相交流电机是等效的。图 7-31(c)是直流电机，d 绕组相当于励磁绕组，q 绕组相当于电枢绕组，若在 d、q 两绕组中通以等效的直流电流 i_d 、i_q，使之产生磁通 Φ_1，并使磁通以角速度 ω_1 旋转，则这个直流电机与上述的二相、三相交流电机等效。这样就可用矢量变换的方法进行三相/二相变换和二相/直流变换。

等效变换的准则是变换前后必须产生同样的旋转磁场，即选择电机某一旋转磁场轴作为基准旋转坐标系，称为磁场定向，因此，矢量控制又称为磁场定向控制。交流电机磁场定向轴的选择有三种：转子磁场定向、气隙磁场定向、定子磁场定向，如果旋转坐标系水平轴选在转子轴线上，称为转子磁场定向，永磁式交流同步电机的矢量控制属于此类。下面以转子磁场定向来讨论矢量控制的等效过程。

2）矢量控制的等效过程

矢量控制的等效过程是：首先在矢量分析的基础上将三相交流电机变换成等效的二相交流电机，然后将二相交流电机变换成等效的直流电机。

（1）Clarke 变换（三相/二相变换）。

三相/二相变换是将三相交流电机变换为等效的二相交流电机以及与其相反的变换。如图 7-32 所示，在交流电机三相定子绕组 A、B、C 上通以相位差为 120°的三相交流电流 i_A 、i_B 、i_C，因而产生同步角速度为 ω_1 的旋转磁场，其磁通为 Φ_1，将这样的一个三相交流电机等效成一个二相交流电机，该二相交流电机的两个定子绕组 α、β 在空间正交，分别通以两相交流电流 i_α 、i_β，产生的旋转磁场的同步角速度和磁通与三相交流电机一致，则该二相交流电机与三相交流电机等效。

在保持能量不变的条件下，两相正交交流坐标系（α、β）中的电流与三相交流坐标系（A、B、C）中的电流之间的关系表达式如下：

$$\begin{bmatrix} i_\alpha \\ i_\beta \\ i_0 \end{bmatrix} = m \begin{bmatrix} \cos 0^\circ & \cos 120^\circ & \cos 240^\circ \\ \sin 0^\circ & \sin 120^\circ & \sin 240^\circ \\ x & x & x \end{bmatrix} \begin{bmatrix} i_A \\ i_B \\ i_C \end{bmatrix}$$

其中，i_0 是为了满足转换矩阵为方阵的要求而虚设的 0 轴分量。上式可简化成

$$\begin{bmatrix} i_\alpha \\ i_\beta \end{bmatrix} = \sqrt{\frac{2}{3}} \begin{bmatrix} 1 & -\frac{1}{2} & -\frac{1}{2} \\ 0 & \frac{\sqrt{3}}{2} & -\frac{\sqrt{3}}{2} \end{bmatrix} \begin{bmatrix} i_A \\ i_B \\ i_C \end{bmatrix}$$

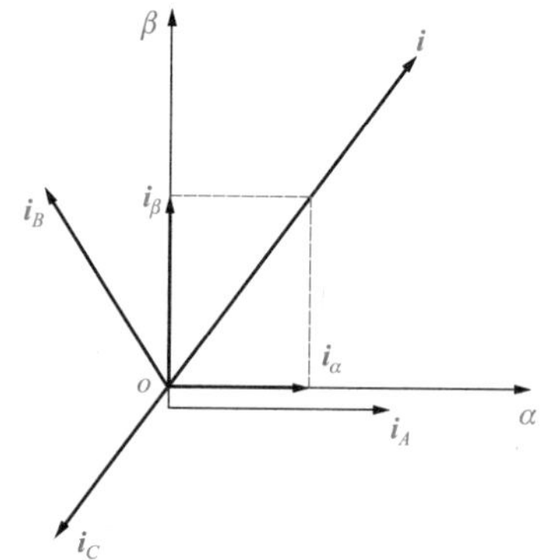

图 7-32　三相/二相变换关系图

如果采用不带 0 线的 Y 型接法，则 $i_0 = 0$，且 $i_A + i_B + i_C = 0$。可见三个变量中，只有两个是独立的。据此，Clarke 变换可进一步简化为

$$\begin{bmatrix} i_\alpha \\ i_\beta \end{bmatrix} = \begin{bmatrix} \sqrt{\dfrac{3}{2}} & 0 \\ \dfrac{1}{\sqrt{2}} & \sqrt{2} \end{bmatrix} \begin{bmatrix} i_A \\ i_B \end{bmatrix} \tag{7-13}$$

(2) Clarke 逆变换(二相/三相变换)。

$$\begin{bmatrix} i_A \\ i_B \end{bmatrix} = \begin{bmatrix} \sqrt{\dfrac{2}{3}} & 0 \\ -\dfrac{1}{\sqrt{6}} & \dfrac{\sqrt{2}}{2} \end{bmatrix} \begin{bmatrix} i_\alpha \\ i_\beta \end{bmatrix} \tag{7-14}$$

(3) Park 变换(静止/旋转变换，或称二相/直流变换)。

将三相交流电机变换为二相交流电机后，还需要将二相交流电机变换为等效的直流电机。如图 7-33 所示，静止/旋转变换是将α-β两相固定坐标系中的交流电流i_α、i_β变换为直流电机的励磁电流i_d和电枢电流i_q，即变换为以转子磁场定向的 d-q 直角坐标系的直流量，变换的条件是保证合成磁场不变，i_α、i_β的合成矢量是$\boldsymbol{i}$，将其向一个旋转直角坐标系 d-q 分解，d-q 坐标系旋转的同步角速度仍为 ω_1，旋转磁场的磁通仍为 Φ_1。静止和旋转坐标系之间的夹角θ是转子位置角，可用安装在电机轴上的编码器来获得。

根据旋转磁通恒定的原则，Park 变换的矩阵表达式为

$$\begin{bmatrix} i_d \\ i_q \end{bmatrix} = \begin{bmatrix} \cos\theta & \sin\theta \\ -\sin\theta & \cos\theta \end{bmatrix} \begin{bmatrix} i_\alpha \\ i_\beta \end{bmatrix} \tag{7-15}$$

(4) Park 逆变换。

$$\begin{bmatrix} i_\alpha \\ i_\beta \end{bmatrix} = \begin{bmatrix} \cos\theta & -\sin\theta \\ \sin\theta & \cos\theta \end{bmatrix} \begin{bmatrix} i_d \\ i_q \end{bmatrix} \tag{7-16}$$

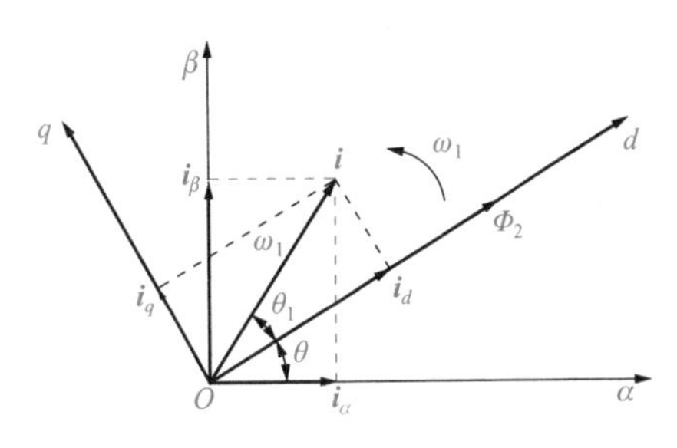

图 7-33　静止/旋转变换关系图

(5) 直角坐标/极坐标变换(K/P 变换)。

用极坐标表示i_d、i_q时，可用下面的关系式：

$$\begin{cases} |\boldsymbol{i}| = \sqrt{i_d^2 + i_q^2} \\ \tan\theta_1 = \dfrac{i_q}{i_d} \end{cases} \tag{7-17}$$

以上所述的交流电机的矢量控制的基本思想和控制过程可用图 7-34 所示的框图来表达，根据矢量变换原理就可组成交流伺服电机矢量控制变频调速系统。

由于交流电机的矢量控制需要复杂的数学计算，所以矢量控制的实现以微处理器为核心硬件，随着微电子技术、电力电子技术、传感技术、永磁技术和控制理论的飞速发展，在交流伺服系统中开始采用各种新颖的器件，如数字信号处理器(DSP)、智能功率模块(intelligent power modules，IPM)等，使伺服系统从模拟控制转向数字控制，克服了模拟控制存在的零漂、可靠性低等问题。尤其是自适应控制、模糊控制等先进控制策略在交流伺服系统中的成功应用，使交流伺服系统已具备了宽调速范围、高稳速精度、快速动态响应及四象限运行等良好的技术性能，其动、静态特性已完全可与直流伺服系统相媲美。

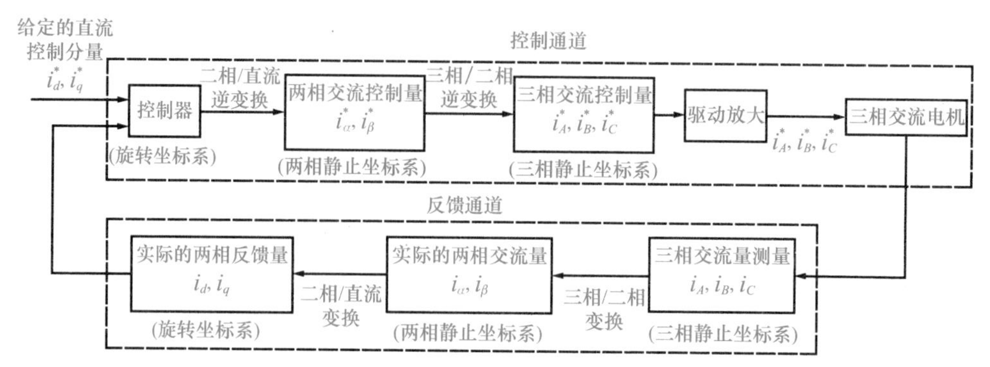

图 7-34 交流电机的矢量控制过程框图

7.4.5 永磁式交流同步电机的矢量控制

永磁式交流同步电机的磁场定向关系示意图如图 7-35 所示，永磁转子的磁通 Φ_r 与定子磁通向量 $\boldsymbol{\Phi}_s$ 的合成向量为 $\boldsymbol{\Phi}$，$\boldsymbol{\Phi}_r$ 长度不变，与 $\boldsymbol{\Phi}_s$ 保持同步旋转，$\boldsymbol{\Phi}_r$ 和 $\boldsymbol{\Phi}_s$ 正交时产生最大转矩。由于电流和磁通是同方向的，去掉绕组的有效匝数因素，可求出定子电流矢量的幅值 I_s，定子电流矢量的方向与 $\boldsymbol{\Phi}_s$ 同向。转子的位置角 θ 可由装在转子轴上的检测装置测出。I_s、θ 和定子三相电流 i_A 、 i_B 、 i_C 的关系可由式(7-18)求出：

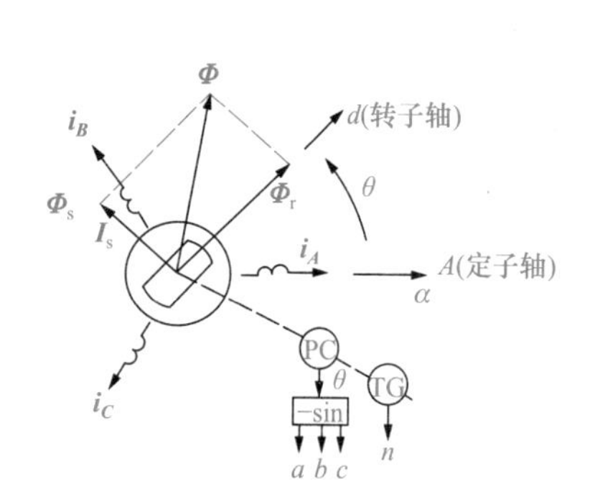

图 7-35 永磁式交流同步电机磁场定向关系示意图

$$
\begin{cases}
i_A = -I_s \sin\theta \\
i_B = -I_s \sin\left(\theta - \dfrac{2}{3}\pi\right) \\
i_C = -I_s \sin\left(\theta + \dfrac{2}{3}\pi\right)
\end{cases}
\tag{7-18}
$$

相差 120°相位角的定子电流的正弦函数值 a、b、c 可直接由检测装置测得的 θ 角算出：

$$
\begin{cases}
a = -\sin\theta \\
b = -\sin\left(\theta - \dfrac{2}{3}\pi\right) \\
c = -\sin\left(\theta + \dfrac{2}{3}\pi\right)
\end{cases}
\tag{7-19}
$$

定子电流的幅值 I_s 可由速度给定值 U_n^* 和速度反馈值 U_n 之差由速度调节器求得，再用式(7-18)由 I_s 和 a、b、c 计算出 i_A 、 i_B 、 i_C ，用以控制永磁式交流同步电机的转矩和速度。

图 7-36 为永磁式交流同步电机速度、电流双环 SPWM 控制系统的原理图，速度给定值 U_n^* 与由测速发电机检测的实际速度值 U_n 之差是速度调节器的输入信号，速度调节器的输出便是与转矩成正比的定子电流幅值 I_s^*，这个电流幅值与正弦函数值 a、c 相乘，得到三相定子电流给定值中的两相 i_A^* 和 i_C^*。i_A^*、i_C^* 与 A、C 相的实测电流 i_A 、 i_C 相减，并经电流调节器后，得到 U_A^*、U_C^* 正弦信号，由于定子三相电流之和为零，即 $i_A + i_B + i_C = 0$ ，所以 U_B^* 可由 U_A^* 、 U_C^* 求得。U_A^*、U_B^*、U_C^* 经三角波调制后作为逆变器的基极驱动信号。

电机启动时，系统得到一个阶跃信号 U_n^*，由于此时的 U_n 为零，速度调节器处于饱和状态，输出饱和电流 I_s^*，在电机转速为零时，仍然有最大转矩，这时 $\theta = 0$ ，由式(7-19)可知：$a = 0$ 、

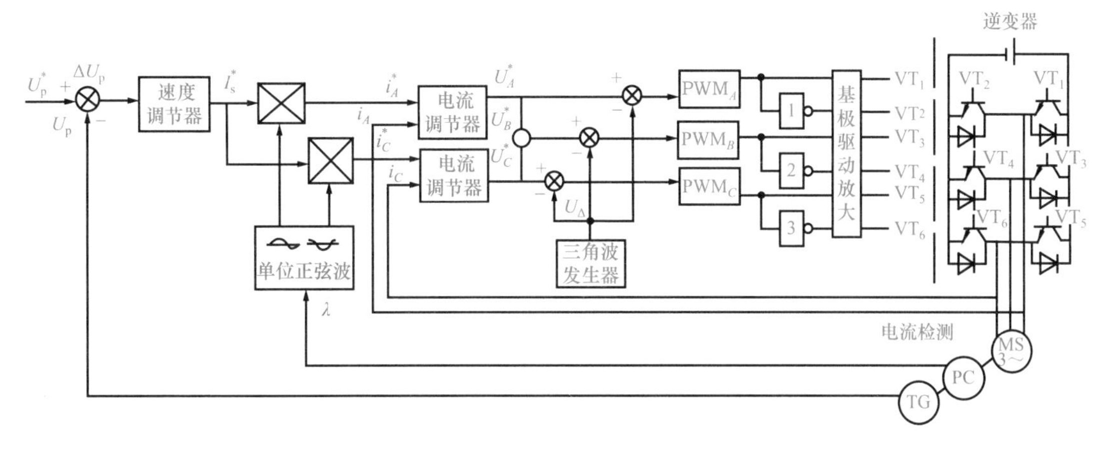

图 7-36　永磁式交流同步电机速度、电流双环 SPWM 控制系统原理图

$c=-0.866$，由式(7-18)可计算出 $i_A^*=0$、$i_C^*=-0.866I_s^*$，在这个电流作用下产生 U_A^*、U_B^*、U_C^*，使电机启动，随着电机的转动，θ 值不断变化，使 i_A、i_C 产生正弦波。由于 θ 值是检测出的转子角度值，因此，i_A、i_C 是跟踪转子转角的正弦波。正弦波上各点的值可由硬件给出，也可由计算机算出。

速度环的输出是定子电流的幅值 I_s^*，稳态时若速度给定值 U_n^* 不变，I_s^* 也不变，这样就与直流电机速度环的控制方法完全一样了。

7.4.6　感应式交流伺服电机的矢量控制

感应式交流伺服电机的转子磁势是由定子磁通感应产生的。转子磁通矢量与定子磁通矢量同步旋转，但比转子本身转速快，转差频率为 ω_2。定子磁通的大小直接与定子电流有关，电流矢量和磁通矢量的方向相同，因此用电流矢量表示电机的磁链关系比用电压矢量表示更方便，用控制电流的方法控制电机的转矩与转差频率比控制电压更直接。因为电压的影响因素较多，在电压平衡式中不仅包含给定电压，还包含电阻、电感、反电动势等很多因素，电压矢量与磁通矢量的方向也不相同。因此，用电流模型法控制简单，控制特性优良，便于实现。

图 7-37 是感应式交流伺服电机的电流矢量示意图，图中 $\boldsymbol{i}_{mr}$ 为转子磁化电流矢量，$\boldsymbol{i}_s$ 为定子电流矢量。转子轴与 $\boldsymbol{i}_{mr}$ 的夹角是 θ_2，转子轴和定子轴的夹角为 ε。定子电流矢量 $\boldsymbol{i}_s$ 可用矢量变换法分解成互相垂直的两个向量 $\boldsymbol{i}_{ds}$ 和 $\boldsymbol{i}_{qs}$，$\boldsymbol{i}_{ds}$ 与 $\boldsymbol{i}_{mr}$ 方向相同，$\boldsymbol{i}_{qs}$ 垂直于 $\boldsymbol{i}_{mr}$。这样，就与他励式直流电机的场电流 i_d 和电枢电流 i_q 相对应，对 $\boldsymbol{i}_{ds}$ 和 $\boldsymbol{i}_{qs}$ 的控制就与对直流电机的控制相类似。求解矢量 $\boldsymbol{i}_{ds}$、$\boldsymbol{i}_{qs}$、$\boldsymbol{i}_{mr}$ 的幅值 i_{ds}、i_{qs}、i_{mr} 和 φ 角，就能最终求出矢量变换中的各个量值。

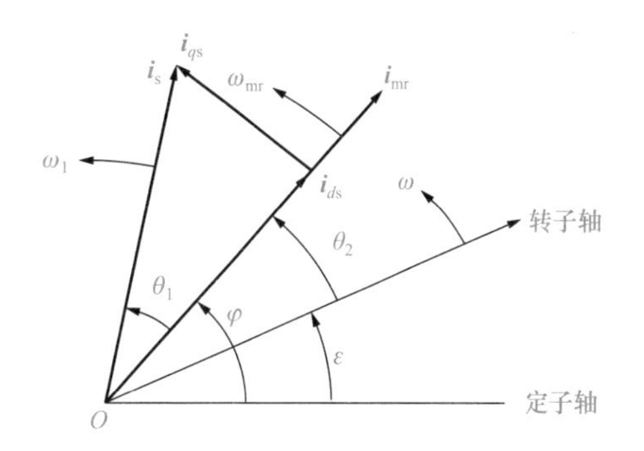

图 7-37　感应式交流伺服电机电流矢量示意图

低于额定转速的调速是恒转矩调速，恒转矩调速时电机在磁饱和状态下工作，这时转子励磁磁通为最大饱和值，i_{mr} 为固定值。高于额定转速的调速是恒功率调速，随转速的升高，转子励磁磁通减小，i_{mr} 减小，这时 i_{mr} 的值可由转速算出，进而由电机学知识求得 i_{ds}、i_{qs} 和 ω_2。

$$i_{ds} = i_{mr} + \tau_r \frac{di_{mr}}{dt} \tag{7-20}$$

$$i_{qs} = \frac{T}{Ki_{mr}} \tag{7-21}$$

$$\omega_2 = \frac{i_{qs}}{\tau_r i_{mr}} = \frac{T}{K\tau_r i^2_{mr}} \tag{7-22}$$

其中，τ_r 为转子时间常数；T 为电机电磁转矩；ω_2 为转差频率。

由转差频率 ω_2 的积分可求得角 θ_2，θ_2 是由转速差造成的。恒转矩调速时，i_{mr} 为定值，由式(7-20)计算得 $i_{ds}=i_{mr}$；恒功率调速时，i_{mr} 是变量，i_{ds} 也随之变化。

图 7-38 是感应式交流伺服电机电流矢量控制的双环 SPWM 调速系统原理。来自位置环的速度给定值 U_n^* 与由检测装置测得的实际速度值 U_n 相减的差值，经速度调节器调节后，得到转矩给定值 T^*；由实测速度值 U_n 经场弱磁环节可算出定子电流给定值 i_{mr}^*。由式(7-23)～式(7-25)可算出 i_{ds}^*、i_{qs}^* 和 ω_2^*：

$$i_{ds}^* = i_{mr}^* + \tau_r \frac{di_{mr}^*}{dt} \tag{7-23}$$

$$i_{qs}^* = \frac{T^*}{Ki_{mr}^*} \tag{7-24}$$

$$\omega_2^* = \frac{i_{qs}^*}{\tau_r i_{mr}^*} = \frac{T^*}{K\tau_r (i_{mr}^*)^2} \tag{7-25}$$

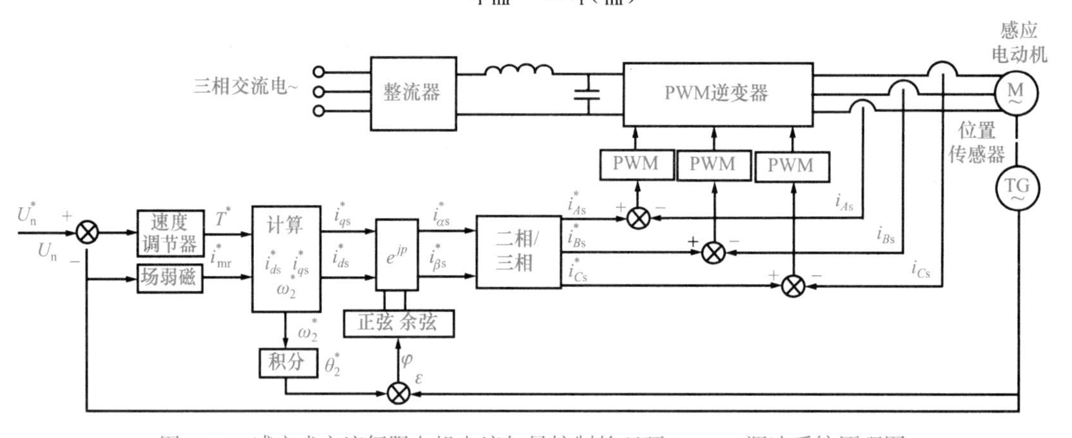

图 7-38 感应式交流伺服电机电流矢量控制的双环 SPWM 调速系统原理图

对 ω_2^* 进行积分得转子轴和转子电流矢量的夹角 θ_2^*，它和 ε 相加得位置角 φ，ε 由与电机转子轴相连的角位移检测装置测得。算出 i_{ds}^*、i_{qs}^* 和 φ 角后，可利用式(7-16)计算出 $i_{\alpha s}^*$ 和 $i_{\beta s}^*$；再利用式(7-14)算出 i_{As}^*、i_{Bs}^*、i_{Cs}^*。计算的三相电流给定值 i_{As}^*、i_{Bs}^*、i_{Cs}^* 与电流检测装置测得的实际相电流 i_{As}、i_{Bs}、i_{Cs} 相减，然后进入采用三角波调制的电流环，控制电机的转矩和转速。

该系统从速度给定值 U_n^* 开始到进入电流环前计算出 i_{As}^*、i_{Bs}^*、i_{Cs}^* 的各个环节都是由计算机通过软件实现的。对于电流环也可以通过软件实现，除电机采用模拟量外，其他各环节可以实现数字控制。

7.5 直线电机及其在数控机床中的应用简介

随着以高效率、高精度为基本特征的高速加工技术的发展，对高速机床的进给系统也在进给速度、加速度及精度方面提出了更高的要求，传统的“旋转伺服电机+滚珠丝杠”的伺服运动进给方式已很难适应现实需求，因此，直线电机直接驱动的传动方式应运而生。直线电机是直接产生直线运动的电磁装置，电磁力矩直接作用于工作台。机床进给系统采用直线电机直接驱动，与原旋转电机传动方式的最大区别是取消了从电机到工作台之间的机械传动环节，即把机床进给传动链的长度缩短为零，故称这种传动方式为“直接驱动”或“零传动”。

7.5.1 直线电机的特点

直线电机伺服系统的开发和应用，不仅简化了进给机械结构，而且通过先进的电气控制使机床的性能指标得到了很大提高，主要表现在以下几个方面。

1) 高速响应

一般来讲，电气元器件比机械传动件的动态响应时间要小几个数量级(电气时间常数约为1ms)，由于直线电机与工作台之间无机械连接件，避免了机械传动中的反向间隙、惯性、摩擦力和刚性不足等缺点，工作台对位置指令几乎立即反应，使整个闭环伺服系统的动态响应性能大大提高。

2) 精度高

由于取消了丝杠等机械传动机构，而减少了插补时由传动系统滞后所带来的跟随误差。通过高精度的直线位移检测元件进行位置检测反馈控制，即可大大提高机床的定位精度。

3) 速度快、加减速过程短

直线电机进给系统能够满足60～200m/min或更高的超高速切削进给速度。由于具有“零传动”的高速响应性，其加减速过程大大缩短，加速度一般可达到(2～10)g。

4) 运行时噪声低

取消了丝杠等部件的机械摩擦，导轨副可采用滚动导轨或磁悬浮导轨(无机械接触)，使运动噪声大大下降。

5) 效率高

由于无中间传动环节，因此无机械磨损，也就取消了其机械摩擦时的能量损耗。

6) 动态刚度高

由于没有中间传动部件，传动效率高，可获得很好的动态刚度(动态刚度即在脉冲负荷作用下，伺服系统保持其位置的能力)。

7) 推力平稳

“直接驱动”提高了传动刚度，直线电机的布局可根据机床导轨的形面结构及其工作台运动时的受力情况来布置，通常设计成均布对称，使其运动推力平稳。

8) 行程长度不受限制

滚珠丝杠有行程限制，但是直线电机的动子(初级)已与工作台合为一体，使用多段拼接技术可延长动子的行程长度，并可在一个行程全长上安装使用多个工作台。

9) 采用全闭环控制系统

由于直线电机的动子已和机床的工作台合二为一，因此，与滚珠丝杠进给单元不同，直线电机进给单元只能采用全闭环控制系统。

直线电机在机床上的应用也存在一些问题，包括以下几个方面。

(1)由于没有机械连接或啮合，因此垂直轴需要外加一个平衡块或制动器。

(2)当负荷变化大时，需要重新整定系统。目前，大多数现代控制装置具有自动整定功能，因此能快速调机。

(3)磁铁(或线圈)对电机部件的吸引力很大，因此应注意选择导轨和设计滑架结构，并注意解决磁铁吸引金属颗粒的问题。

读者可扫描二维码，观看由直线电机驱动的 *XY* 二维工作台的运动视频，了解直线电机的特点。

7.5.2 直线电机的基本结构和分类

直线电机可以认为是旋转电机在结构上的一种演变，由定子演变而来的一侧称为初级，由转子演变而来的一侧称为次级。将旋转电机在径向剖开，然后将电机沿着圆周展开成直线，就形成了扁平形直线电机，如图 7-39(a)所示；将扁平形直线电机沿着和直线运动相垂直的方向卷成圆柱状(或管状)，就形成了管形直线电机，如图 7-39(b)所示。直线电机还有弧形和圆盘形结构，分别如图 7-40 和图 7-41 所示。弧形结构就是将扁平形直线电机的初级沿运动方向改成弧形，并安放于圆柱形次级的柱面外侧；圆盘形直线电机是将初级放在次级圆盘靠近外缘的平面上。对于扁平形和圆盘形结构，又分为单边结构和双边结构，单边结构是在次级的一侧安放一个初级，如图 7-42 所示；双边结构是在次级的两侧各安放一个初级，如图 7-43 所示。直线电机按初级与次级之间的相对长度可分为短初级和短次级，按初级运动还是次级运动可分为动初级和动次级。

直线电机按原理可分为直线直流电机、直线交流电机、直线步进电机、混合式直线电机和微特直线电机等。在励磁方式上，直线交流电机可以分为永磁式(同步)和感应式(异步)两种。永磁式直线电机的次级由多块交替的 N、S 永磁铁铺设，其初级是含铁心的三相绕组，如

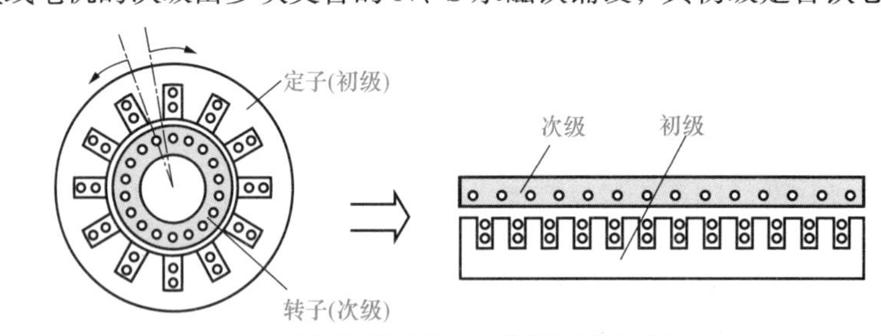

(a) 由旋转电机演变为扁平形直线电机的过程

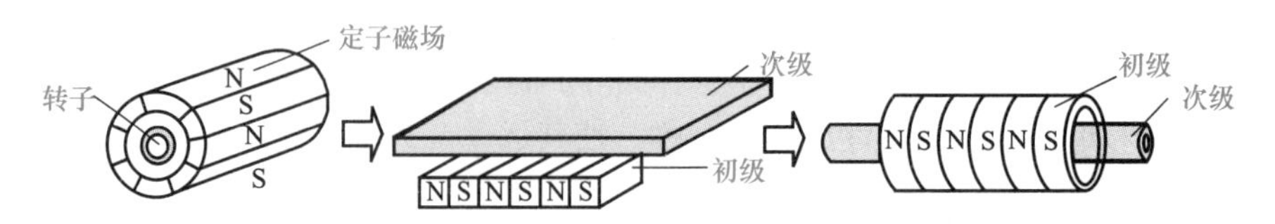

(b) 由旋转电机演变为管形直线电机的过程

图 7-39 由旋转电机演变为直线电机的过程

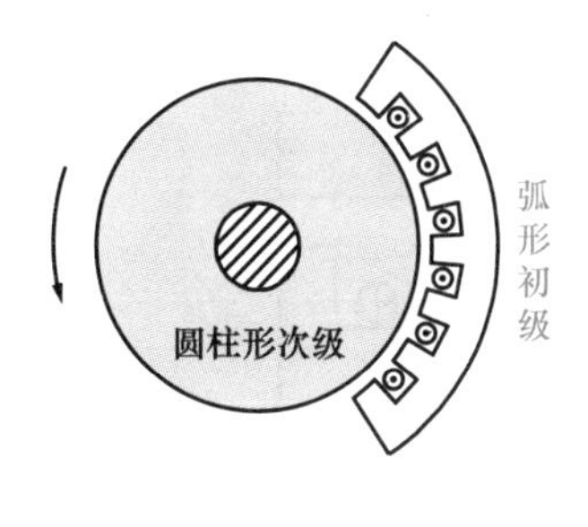

图 7-40　弧形直线电机

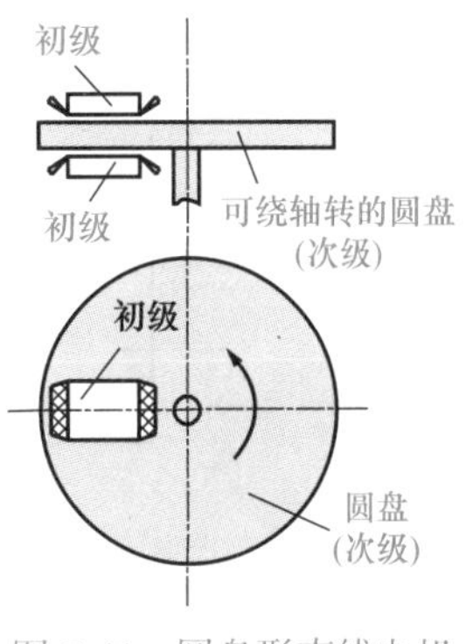

图 7-41　圆盘形直线电机

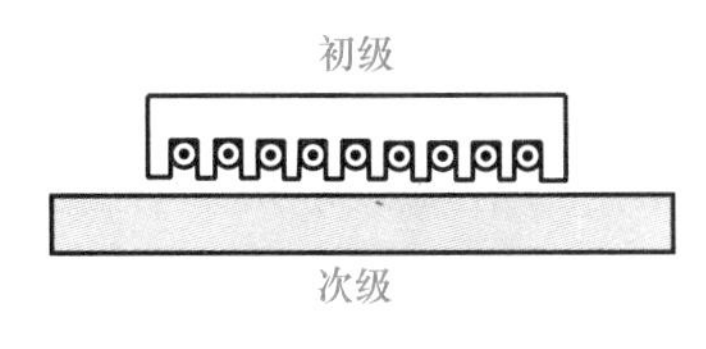

图 7-42　单边短初级结构

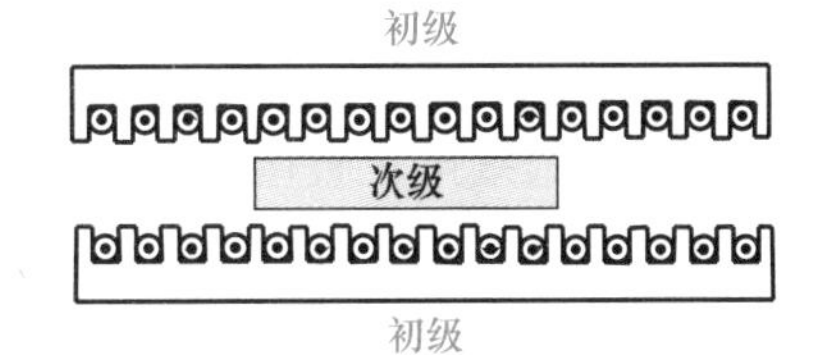

图 7-43　双边短次级结构

图 7-44 所示。永磁式直线电机在单位面积推力、效率、可控性等方面均优于感应式直线电机。感应式直线电机的初级与永磁式直线电机的初级相同，而次级用自行短路的不馈电栅条来代替永磁式直线电机的永磁铁。感应式直线电机在不通电时是没有磁性的，因此有利于机床的安装、使用和维护。

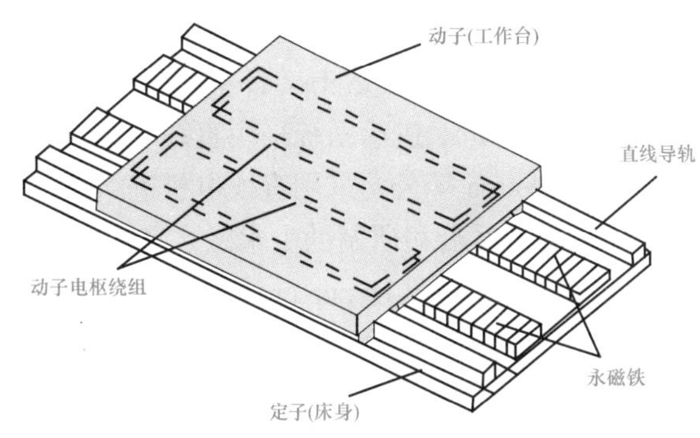

图 7-44　永磁式直线电机结构

7.5.3　直线电机的基本工作原理

直线电机的工作原理也与旋转电机相似。图 7-45 为永磁式直线电机的工作原理示意图。在直线电机初级的三相绕组中通入三相对称正弦电流后，会产生气隙磁场。当忽略由于铁心两端开断而引起的纵向边端效应时，这个气隙磁场的分布情况与旋转电机相似，即可看成沿展开的直线方向呈正弦分布。当三相电流随时间变化时，气隙磁场将按 A、B、C 的相序沿直线移动。这个原理与旋转电机相似，但二者的差别是：直线电机的磁场是沿直线方向平移的，而不是旋转的，因此称为行波磁场。显然，行波磁场的移动速度与旋转磁场在定子内圆表面上的线速度 v_s(即同步速度)是一样的。次级的励磁磁场与行波磁场相互作用产生电磁推力，在这个电磁推力的作用下，次级就顺着行波磁场运动的方向做速度为 v 的直线运动。

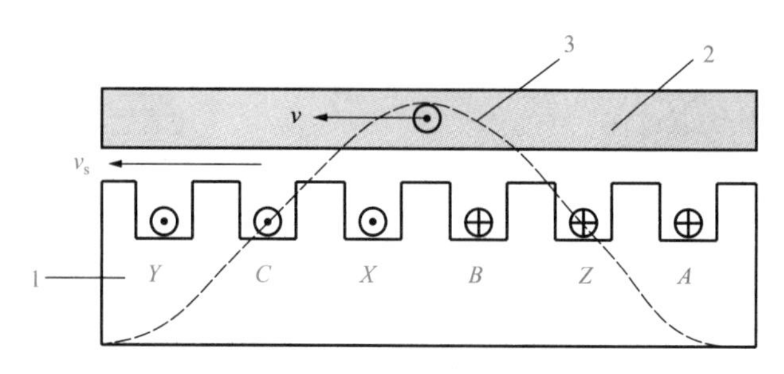

1. 初级；2. 次级；3. 行波磁场

图 7-45 永磁式直线电机的基本工作原理

7.5.4 直线电机在机床上的应用

直线电机驱动系统具有很多优点，对于促进机床的高速化有十分重要的意义和应用价值。20 世纪末以来，直线电机直接驱动开始应用于数控机床，出现了由直线电机装备的加工中心、电加工机床、压力机及大型机床。目前以采用直线电机和智能化全数字直接驱动伺服控制系统为特征的高速加工中心，已成为当今国际上各大著名机床制造商竞相研究和开发的关键技术与产品，并已在汽车工业和航空工业等领域中取得初步应用与成效。

世界上第一台采用直线电机直接驱动的 XHC240 型高速加工中心是德国 Ex-Cell-O 公司 1993 年生产的，采用了德国 Indrmat 公司的感应式直线电机，各轴的移动速度为 80m/min，加速度高达 1g(g=9.8m/s^2)，定位精度为 0.005mm，重复定位精度为 0.0025mm。最早开发使用进给直线电机的是美国 Ingersoll 公司研制的 HVM8 加工中心，其使用了永磁式直线电机，进给最高速度达 76.2m/min，加速度达(1～1.5)g。意大利 Vigolzone 公司生产的高速卧式加工中心，三轴的进给速度均达到 70m/min，加速度达 1g。日本松浦机械所研制的 XL-1 型四轴联动立式加工中心，主轴转速达 100000r/min，进给系统采用直线电机，快速移动速度达 90m/min，最大加速度为 1.5g；丰田工机、Okuma 等公司采用直线电机进给驱动，最大加速度达 2g，快速移动速度达 100～120m/min；Sodick 公司研制的由永磁式直线电机驱动的 AQ35L 型电火花成形机床快速行程为 36m/min；Mazak 公司 Hypersonic 1400L 型超高速龙门式加工中心的 X、Y 轴采用直线电机驱动，速度达 120m/min。美国 Cincinnati 公司研制的用直线电机驱动的加工中心解决了发热和防磁等难题。目前，在机床上使用的直线电机及其系统的研究开发主要有以下方面的趋势：

(1) 机床进给系统采用的直线伺服电机以永磁式为主导；

(2) 注重直线电机本体的优化设计，包括材料、结构和工艺等；

(3) 各种新的驱动电源技术和控制技术被应用到整个系统中；

(4) 电机、编码器、导轨、电缆等集成，减小了电机尺寸，便于安装和使用；

(5) 将各功能部件(导轨、编码器、轴承、接线器等)模块化；

(6) 注重相关技术的发展，如位置检测元件，这是提高直线电机性能的基础。

由于直线电机直接驱动数控机床处于初级应用阶段，生产批量不大，因而成本较高。但可以预见，作为一种崭新的传动方式，直线电机必然在机床工业中得到越来越广泛的应用，并显现巨大的生命力。

7.6　位置伺服系统的结构与原理

7.6.1　概述

位置伺服系统又称为位置随动系统，其根本任务是使执行机构对位置指令进行精确跟踪。被控量一般是负载的空间位移，当给定量随机变化时，系统能使被控量准确无误地跟踪并复现给定量，给定量可能是角位移或直线位移。所以，位置伺服系统必然是一个反馈控制系统，组成位置控制回路，即位置环。因此，位置伺服系统至少应该包含以下几个部分。

(1) 位置检测与反馈。对于一个控制系统来讲，对哪个量进行控制和调节就引入哪个量的反馈，这里要对位置进行控制，因此必须引入位置的检测和反馈。

(2) 位置控制器。可由运算放大器组成，或由计算机数字控制完成。

(3) 功率驱动环节。由电力电子器件组成，与各种调速系统类似。

(4) 执行环节。由伺服电机和机械传动等来承担。

对于控制精度要求不高的普通位置伺服系统，可以采用图 7-46 所示的位置单闭环伺服系统结构。此结构通常是个 I 型二阶系统，系统的响应很快，但存在信号的上下波动，有可能造成系统的不稳定，通常很少采用。

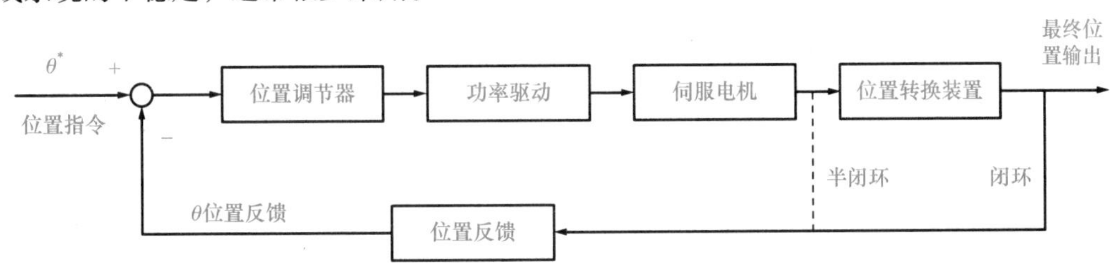

图 7-46　位置单闭环伺服系统结构示意图

多数位置伺服系统是从调速系统发展而来的，即在各种调速系统的基础上外加一个位置反馈环组成。如果原有调速系统是转速闭环的直流调速系统，则加一个位置闭环就组成了位置、速度双闭环伺服系统，如图 7-47 所示。

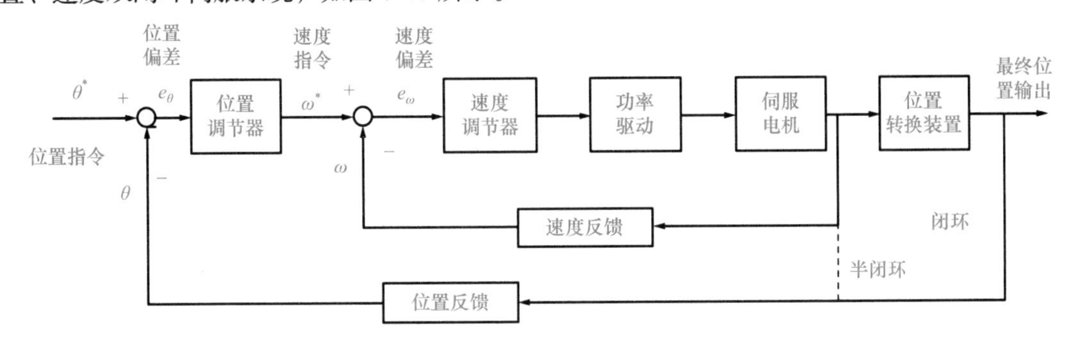

图 7-47　位置、速度双闭环伺服系统结构示意图

如果调速系统是速度、电流双闭环的，则加一个位置环就组成了位置、速度、电流三环随动系统，如图 7-48 所示。对于这样一个三环系统可以按照工程设计方法，由内环到外环逐步地进行，这样可以保证系统稳定性的要求，而且便于进行各项参数的整定。但是对于一个

三环系统来讲，设计比较繁杂，系统的快速性受到影响。

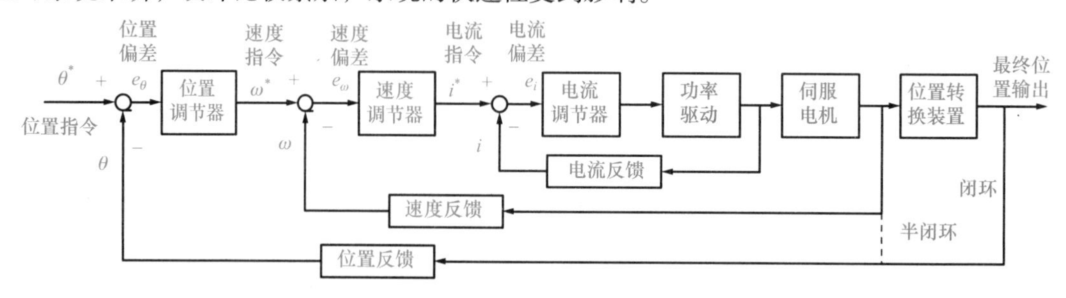

图 7-48 位置、速度、电流三闭环伺服系统结构示意图

三环结构的电流调节器是最内环，使电机绕组中的电流得到有效控制，改变电流大小或幅值，可以改变电机输出转矩大小；改变电流的极性或相序，可以改变转速方向。电流调节器通常采用 PI(proportional-integral，比例-积分)调节器，其传递函数中的积分时间常数应选得比速度环小，大致与电机的电磁时间常数相等，要求电流环具有更高的快速跟踪性能。数字控制时，电流环采样更新周期也远小于速度环(一般小于速度环采样时间的 1/10)，通常为几十微秒或更小。

速度调节器是位置环的内环，电流环的外环，通常为 PI 调节器，其输入为位置调节器输出，输出为电流指令，输出幅度通常受到限制。速度调节器的作用主要是能进行稳定的速度控制，以使其在定位时不产生振荡，为了进行位置控制，也要求速度环能有快速响应速度指令的能力，并在稳态时具有良好的特性硬度，对各种干扰具有良好的抑制作用。数字控制时，速度环采样更新周期通常为几毫秒、几百微秒或更小。

位置环是位置伺服系统的最外环，它是连接速度环与机械系统的纽带，在整个控制系统中具有举足轻重的作用。由于位置指令是经常变化的，是一个随机变量，要求输出量准确跟踪给定量的变化，输出响应的快速性、灵活性、准确性成了位置环的主要性能指标，因此位置调节器通常采用 PID(proportional-integral-derivative，比例-积分-微分)调节器，并辅以速度前馈、加速度前馈、速度滤波、电流滤波、间隙补偿等手段来降低跟随误差，进一步提高系统控制性能，如图 7-49 所示。位置环采样更新周期通常为毫秒级。

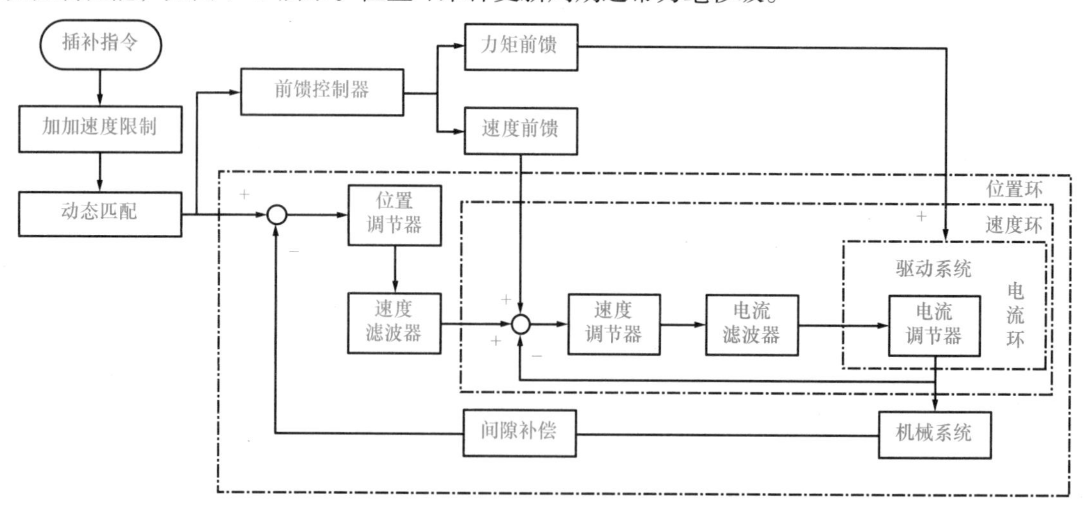

图 7-49 SIEMENS 840D 数控系统控制环路结构

根据对位置环、速度环和电流环的控制是用软件还是硬件来实现，可将伺服系统分为混合式伺服系统和全数字式伺服系统。混合式伺服系统通过软件实现位置环控制，通过硬件实现速度环和电流环的控制。根据位置比较方式的不同，混合式伺服系统分为数字脉冲比较伺服系统、相位比较伺服系统和幅值比较伺服系统。全数字式伺服系统用计算机软件实现数控系统中位置环、速度环和电流环的控制，即系统中的控制信息全用数字量处理。在全数字式伺服系统中，各种增益常数可根据外界条件的变化而自动更改，保证在各种条件下都是最优值，因而控制精度高、稳定性好。全数字式伺服系统对提高速度环、电流环的增益，实现前馈控制、自适应控制等都是十分有利的。

7.6.2　相位比较伺服系统

相位比较伺服系统是数控机床中常用的一种伺服系统，其特点是将指令脉冲信号和位置检测反馈信号都转换为相应的同频率的某一载波的不同相位的脉冲信号，在位置控制单元进行相位的比较，它们的相位差就反映了指令位置与实际位置的偏差。

相位比较伺服系统的位置检测元件采用旋转变压器、感应同步器或磁栅，这些装置工作在相位工作状态。由于旋转变压器、感应同步器和磁栅的检测信号为电压模拟信号，同时这些装置还有励磁信号，故相位比较首先要解决信号处理的问题，即怎样形成指令相位脉冲和实际相位脉冲，主要由脉冲调相器及滤波、放大、整形电路来实现。相位比较的实质是脉冲相位之间超前或滞后关系的比较，相位比较由鉴相器实现。

图 7-50 是一个采用感应同步器作为位置检测元件的相位比较伺服系统的原理框图。在该系统中，感应同步器工作在相位状态，以定尺的相位检测信号经整形放大后得到的 $P_{\theta f}$ 作为实际位置反馈信号。指令脉冲 F_c 的数量、频率和方向分别代表了工作台的指令进给量、进给速度和进给方向，经脉冲调相器转变为相对于基准脉冲信号 f_0 的相位变化的指令脉冲信号 $P_{\theta c}$。$P_{\theta c}$ 和 $P_{\theta f}$ 作为两个同频的脉冲信号输入鉴相器中进行比较，比较后得到它们的相位差 $\Delta\theta$。伺服放大器和伺服电机构成的调速系统，接收 $\Delta\theta$ 信号以驱动工作台朝指令位置进给，实现位置跟踪。当指令脉冲 $F_c=0$ 且工作台处于静止时，$P_{\theta c}$ 和 $P_{\theta f}$ 为两个同频率、同相位的脉冲信号，经鉴相器进行相位比较判别，输出相位差 $\Delta\theta=0$，此时伺服放大器的速度给定为 0，它输出到伺服电机的电枢电压也为 0，工作台维持在静止状态。当指令脉冲 $F_c\neq0$ 时，若设 F_c 为正，经过脉冲调相器后，$P_{\theta c}$ 产生正的相移，由于工作台静止，$P_{\theta f}=0$，故鉴相器的输出 $\Delta\theta>0$，伺服驱动装置使工作台正向移动，此时 $P_{\theta f}\neq0$，经反馈比较，使 $\Delta\theta$ 变小，直到消除 $P_{\theta c}$ 与 $P_{\theta f}$ 的相位差。反之，若设 F_c 为负，则 $P_{\theta c}$ 产生负的相移，在 $\Delta\theta<0$ 的控制下，伺服机构驱动工作台反向移动。

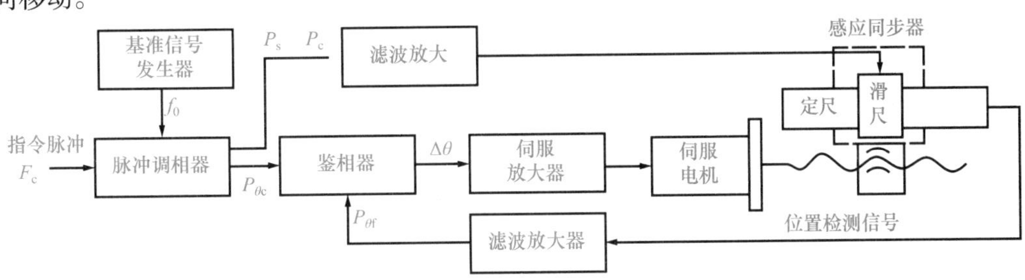

图 7-50　相位比较伺服系统原理框图

下面着重讨论脉冲调相器和鉴相器的工作原理。

图 7-51 为脉冲调相器组成原理框图。脉冲调相器也称脉冲-相位变换器，其作用有两个：一是通过对基准脉冲 f_0 进行分频，产生基准相位脉冲 $P_{\theta 0}$，由该脉冲形成与其频率相同的正、余弦励磁绕组的励磁电压 U_s、U_c，感应电压 U_d 的相位 θ_f 随着工作台的移动而相对于基准相位 θ_0 有超前或滞后；二是通过对指令脉冲 F_c 的加、减，再通过分频产生相位超前或滞后于 $P_{\theta 0}$ 的指令相位脉冲 $P_{\theta c}$。由于指令相位脉冲 $P_{\theta c}$ 的相位 θ_c 和实际反馈的相位脉冲 $P_{\theta f}$ 的相位 θ_f 均以基准相位脉冲 $P_{\theta 0}$ 的相位 θ_0 为基准，因此，通过鉴相器获得在相位上是 θ_c 超前 θ_f，还是 θ_c 滞后 θ_f，或者两者相等。

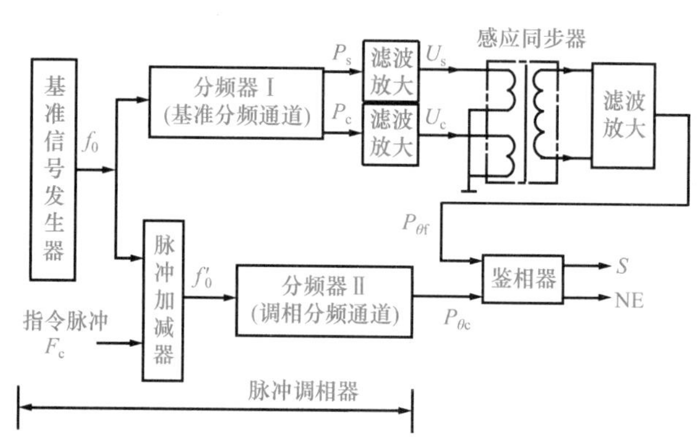

图 7-51　脉冲调相器组成原理框图

基准脉冲 f_0 由石英晶体振荡器组成的脉冲发生器产生，以获得频率稳定的载波信号。f_0 信号输出分成两路，一路直接输入 m 分频的二进制计数器，称为基准分频通道；另一路则先经过加减器再进入分频数也为 m 的二进制计数器，称为调相分频通道。上述两个计数器均为 m 分频，即当输入 m 个计数脉冲后产生一个溢出脉冲。基准分频通道应该输出两路频率和幅值相同、但相位互差 90°的电压信号，以供给感应同步器滑尺的正弦、余弦励磁绕组。为了实现这一要求，可将该通道中的最末一级计数触发器分成两个，如图 7-52 所示。由于最后一级触发器的输入脉冲信号 A、$\overline{A}$ 相位互差 180°，所以经过二分频后，它们的输出脉冲信号 P_s、P_c 的相位互差 90°。由脉冲调相器基准分频通道输出的矩形脉冲，应经过滤除高频分量以及功率放大后才能形成供给滑尺励磁绕组的正弦、余弦信号 U_s 和 U_c。然后，由感应同步器的电磁感应作用，可在其定尺上取得相应的感应电势 U_d，再经滤波放大，就可获得用作位置反馈的脉冲信号 $P_{\theta f}$。调相分频通道的任务是将指令脉冲信号 F_c 调制成与基准分频通道输出的励磁信号 P_s、P_c 同频率、而相位的大小和方向与指令脉冲 F_c 的多少、正负有关的脉冲信号 $P_{\theta c}$。

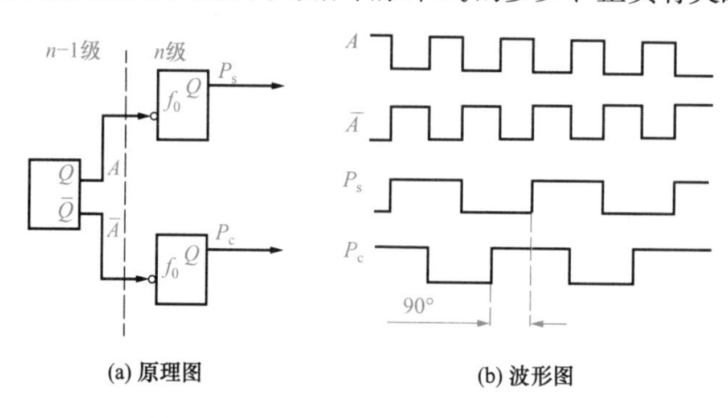

图 7-52　基准分频器末级相差 90°输出

下面举例说明数字移相的工作原理。设分频器由 4 个二进制计数触发器 T_0～T_3 组成，分频数 $m=2^4=16$，即每输入 16 个脉冲产生 1 个溢出脉冲信号。如图 7-53 所示，在没有指令进给脉冲输入的情况下，调相通道和基准通道的波形一致，均如图 7-53 中的 T_3 所示。

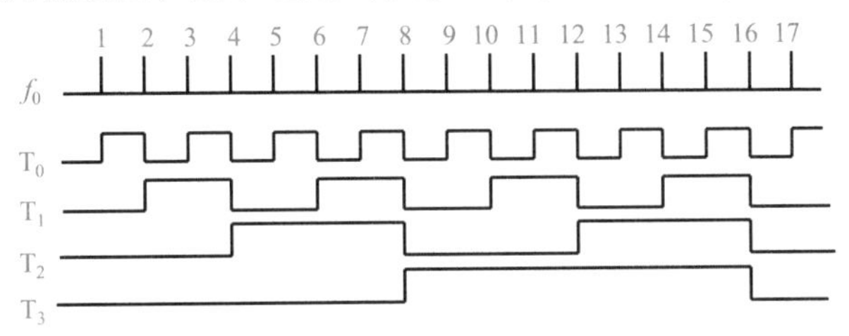

图 7-53　4 位二进制计数器波形图

在正指令进给脉冲输入时，脉冲加减器在时钟脉冲中插入了指令脉冲，使调相通道各触发器提前翻转，插入一个指令进给脉冲后的波形如图 7-54 所示。可见调相通道最末一级的输出 T_3 相对于基准通道的输出 T_3(图 7-54)来说，产生了正的相移 $\Delta\theta$，即超前 $\Delta\theta$。

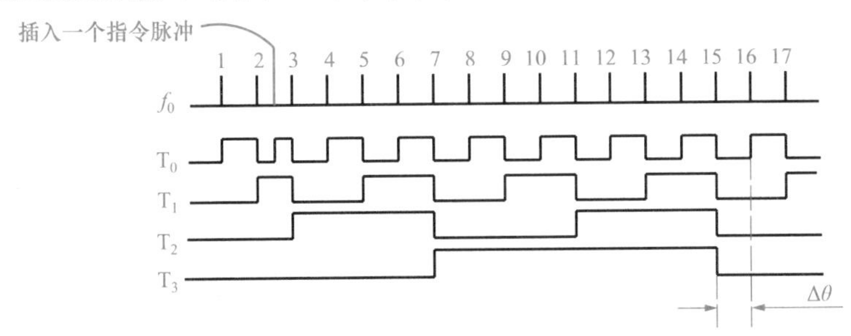

图 7-54　插入一个指令脉冲的波形图

同理，当有负指令进给脉冲输入时，通过脉冲加减器，每输入一个指令脉冲就在时钟脉冲中减去一个指令脉冲，因而调相通道各触发器延时翻转。图 7-55 显示出了减去一个指令脉冲的情况。可见其 T_3 产生了负的相移 $\Delta\theta$，即滞后 $\Delta\theta$。

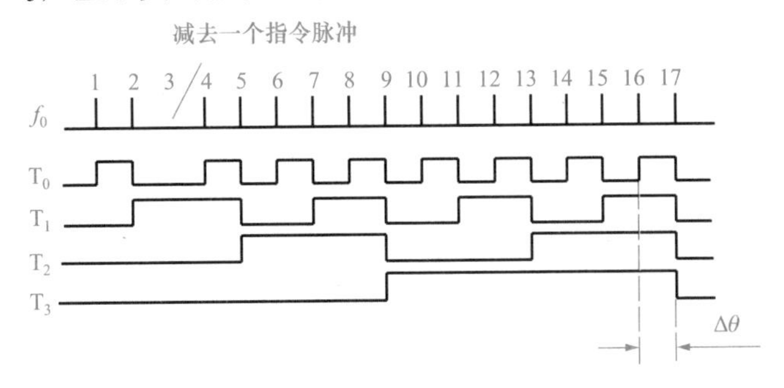

图 7-55　减去一个指令脉冲的波形图

由上述指令移相的原理可知，对应于一个指令脉冲所产生的相移角的大小与分频器的分频数 m 有关。例如，分频数 $m=16$，则每个指令脉冲产生了 $360°/16=22.5°$ 的相移；同理，当相移角要求为某个设定值时，也可计算所需要的分频数 m 的值：$m=360°/$相移角。也可在已知数控机床的脉冲当量 δ 和感应同步器的节距 2τ 时求得相移角。例如，设某数控机床的脉冲当量 $\delta=0.001\text{mm}$，感应同步器的节距 $2\tau=2\text{mm}$，则单位脉冲所对应的相移角 $=\delta\times$

$360°/(2\tau) = 0.001 \times 360°/2 = 0.18°$，此时可知分频数 $m = 360°/0.18° = 2000$，分频器输入的基准脉冲频率将是励磁频率的 m 倍。若本例的感应同步器励磁频率取为 10kHz，分频系数 $m = 2000$，则基准频率 $f_0 = 2000 \times 10\text{kHz} = 20\text{MHz}$。

鉴相器又称相位比较器，它的作用是鉴别指令信号与反馈信号的相位，判别两者之间的相位差及其相位超前、滞后的关系，并把它变成相应的误差电压信号，该信号作为速度单元的输入信号。鉴相器的结构形式很多，根据信号波形的不同，常用的鉴相器有两种类型，一种是二极管型鉴相器(或称变压器型鉴相器)，它可以鉴别正弦波信号之间的相位差；另一种是门电路型鉴相器(或称触发器型鉴相器)，它可以鉴别方波信号之间的相位差。下面以半加器鉴相器为例说明鉴相工作原理。图 7-56 是半加器鉴相器逻辑原理图。

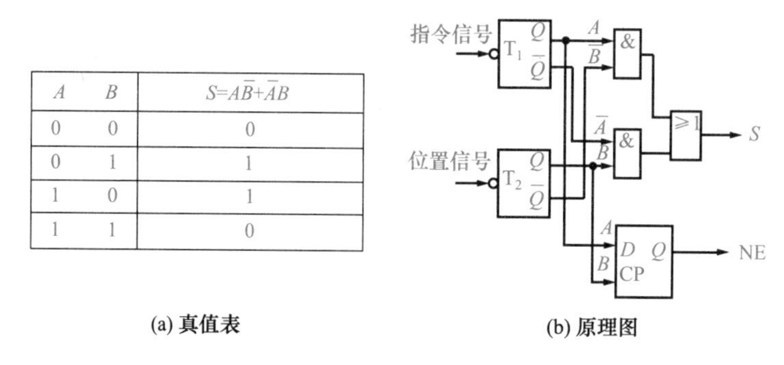

A	B	$S=A\overline{B}+\overline{A}B$
0	0	0
0	1	1
1	0	1
1	1	0

(a) 真值表　(b) 原理图

图 7-56　半加器鉴相器

用 A 和 B 分别表示由脉冲移相和位置检测所得的脉冲信号，并分别输入鉴相器的计数触发器 T_1 和 T_2，经二分频后所输出的 A、$\overline{A}$ 和 B、$\overline{B}$ 的频率降低 1/2。鉴相器的输出信号有两个：S 和 NE。S 为 A 和 B 信号的半加和，是 A 和 B 进行异或逻辑运算 $S = A\overline{B} + \overline{A}B$ 的结果，其值反映了相位差 $\Delta\theta$ 的绝对值。由半加原理可知，同频脉冲信号 A 和 B 相位相同时，半加和 $S = 0$。然而，当 A 和 B 不同相时，无论两者超前或滞后的关系如何，S 信号将是一个周期的方波脉冲信号，此脉冲信号的宽度代表了参加鉴相的两个脉冲信号 A 和 B 的相位差 $\Delta\theta$。NE 为一个 D 触发器的输出信号，根据 D 端和 CP 端相位超前或滞后的关系，决定其输出的电平高低。由图 7-56 可知，对于由下降沿触发的 D 触发器，当接于 D 端的 A 信号超前 B 时，即 A 领先于 B 由“1”变为“0”，则 D 触发器的 Q 端应被置“0”，输出低电平。反之，若 A 滞后于 B 由“1”变为“0”，则 D 触发器将被置“1”，输出高电平。因此，输出端信号 $\text{NE} = 0$，表示指令信号的相位超前于位置信号，相位差为正；$\text{NE} = 1$，表示指令信号的相位滞后于位置信号，相位差为负。图 7-57 分别表示相位差 $\Delta\theta = 0°$、$+90°$、$+180°$、$+270°$四种情况下，鉴相器输入信号 $P_{\theta c}$、$P_{\theta f}$ 二分频后的信号 A、B 及输出信号 S 和 NE 的波形。

由图 7-57 可知，当 $P_{\theta c}$ 与 $P_{\theta f}$ 的相位差超过 180°后，两者的超前和滞后的关系会发生颠倒。现在利用二分频后的 A 和 B 进行相位比较，故其鉴相器范围可扩大至 360°。增加指令信号和位置信号的分频系数可进一步扩大检测范围，但是，随着分频系数的增加，灵敏度会下降。

一般情况下，鉴相器的输出信号为脉宽调制波，需经滤波、整流，将其变换为电压信号，以作为速度控制信号 U_n^*。同时，鉴相器判别出脉冲移相和位置检测所得的脉冲信号的超前、滞后关系，使得速度控制信号在输入正向指令脉冲时为正，输入反向指令时为负。

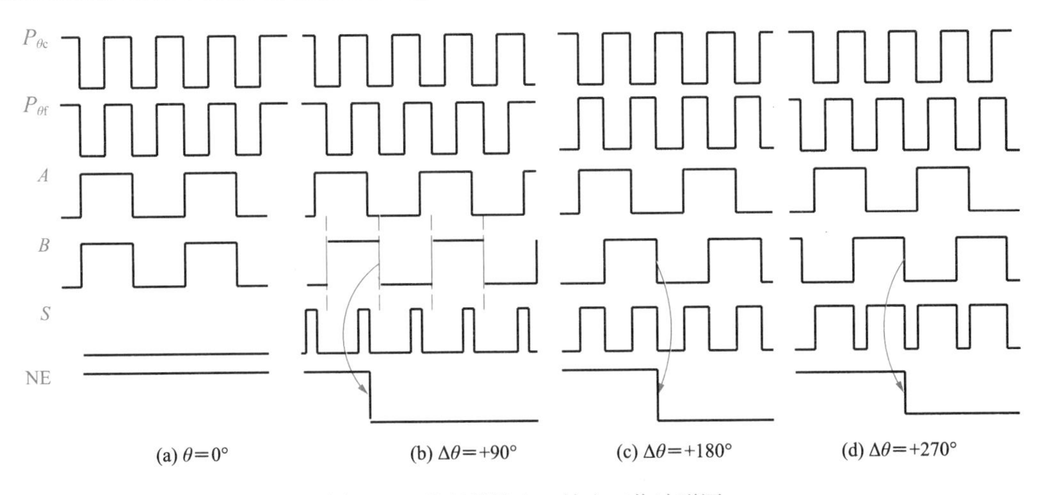

图 7-57　鉴相器输入、输出工作波形图

7.6.3　幅值比较伺服系统

幅值比较伺服系统是以位置检测信号的幅值大小来反映机械位移的数值，并以此作为位置反馈信号与指令信号进行比较而形成的半闭环控制系统，简称幅值伺服系统。

图 7-58 是一个采用旋转变压器作为位置检测元件的幅值比较伺服系统原理框图，由鉴幅器与电压频率变换器组成的位置测量信号处理电路、比较器、励磁电路、伺服放大器和伺服电机共五部分组成。该系统与相位伺服系统相比，最显著的区别是所用的位置检测元件工作在幅值工作方式，除旋转变压器外，感应同步器和磁栅都可用于幅值比较伺服系统。另外，比较器比较的是数字脉冲量，不是相位信号，所以不需要基准信号。进入比较器的脉冲信号有两路，一路是来自数控装置的指令脉冲，另一路是来自位置测量信号处理电路的反馈脉冲，两路脉冲信号在比较器中直接进行脉冲数量的比较。其工作原理是：位置检测装置将测量出的实际位置转换成测量信号幅值的大小，再通过位置测量信号处理电路，将幅值的大小转换成反馈脉冲频率的高低。一路反馈脉冲信号进入比较器，与指令脉冲信号进行比较，从而得到位置偏差，经 D/A 转换、伺服放大后作为驱动伺服电机的信号，伺服电机带动工作台移动，直到比较器输出信号为零时停止；另一路反馈脉冲信号进入励磁电路，控制产生幅值工作方式的励磁信号。

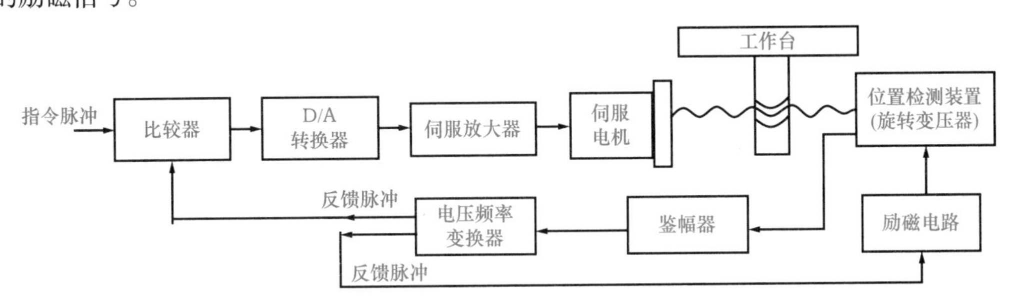

图 7-58　幅值比较伺服系统原理框图

在幅值比较伺服系统中，鉴幅器即解调电路，主要由低通滤波器、放大器和检波器组成。它的功能是对位置测量元件输出的、代表工作台实际位移的电压信号进行滤波、放大、检波、整流，变成正、负与工作台移动方向相对应，幅值与工作台位移成正比的直流电压信号。

电压频率变换器的作用是根据输入的电压值产生相应的脉冲。输入电压为正时，输出正向脉冲；输入电压为负时，输出负向脉冲；输入为 0 时，不产生任何脉冲。因此，鉴幅后输出的模拟电压经电压频率变换器后变换成相应的脉冲序列，该脉冲序列的频率与直流电压的电平高低成正比。电压频率变换器的输出一方面作为工作台的实际位移送入比较器，另一方面作为励磁信号送入励磁电路。

励磁电路的任务是根据电压频率变换器输出脉冲的多少和方向，生成测量元件所需的励磁电压信号 $U_s = U_m \sin\alpha \sin\omega t$ 和 $U_c = U_m \cos\alpha \sin\omega t$，其中电气角 α 的大小由脉冲的多少和方向决定，U_s 和 U_c 的频率及周期根据要求可用基准信号的频率和计数器的位数调整、控制。

当采用感应同步器作为位置检测元件时，在幅值比较过程中，工作台不断移动，通过位置测量信号处理电路的变换，反馈脉冲不断产生，经脉冲比较得到偏差脉冲，直至指令脉冲等于反馈脉冲、偏差脉冲为零，工作台停止在指令要求的位置上。对采用旋转变压器作为位置检测元件而言，在幅值比较时，丝杠有一定的角位移增量，即产生一定的反馈脉冲，其他与采用感应同步器作为位置检测元件时相同。

7.6.4 数字脉冲比较伺服系统

数字脉冲比较伺服系统的结构比较简单，常采用光电编码器、光栅作为位置检测装置，以半闭环的控制结构形式构成的数字脉冲比较伺服系统较为普遍。

图 7-59 为数字脉冲比较伺服系统的半闭环控制原理框图，其采用光电编码器作为位置检测装置。数字脉冲比较伺服系统的特点是指令脉冲信号与位置检测装置的反馈脉冲信号在比较器中以脉冲数字的形式进行比较。

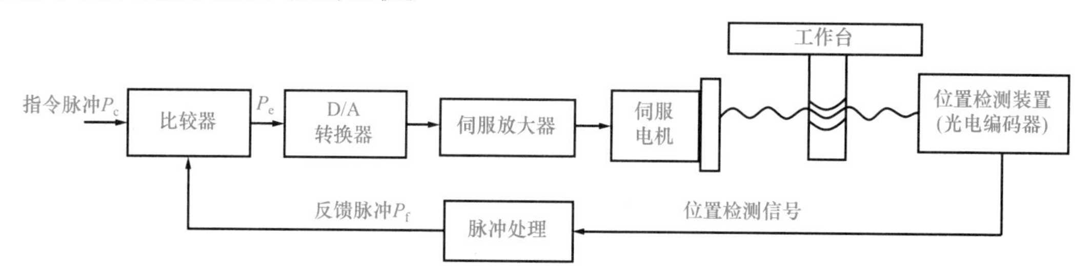

图 7-59 半闭环数字脉冲比较伺服系统原理框图

数字脉冲比较伺服系统的工作原理如下：当数控系统要求工作台向一个方向进给时，经插补运算得到一系列进给脉冲作为指令脉冲 P_c，其数量代表了工作台的指令进给量，频率代表了工作台的进给速度，方向代表了工作台的进给方向。以增量式光电编码器为例，当光电编码器与伺服电机及滚珠丝杠直连时，随着伺服电机的转动，编码器测得的角位移量经脉冲处理后输出反馈脉冲 P_f，脉冲的频率将随着转速的快慢而升降。指令脉冲 P_c 与反馈脉冲 P_f 在数字脉冲比较器中比较，取得位置偏差信号 P_e；位置偏差 P_e 经 D/A 转换(全数字式伺服系统不经 D/A 转换)、伺服放大后送入伺服电机，驱动工作台移动。

数字脉冲比较电路的基本组成有两个部分：一是脉冲分离电路，二是可逆计数器，如图 7-60 所示。应用可逆计数器实现脉冲比较的基本要求是：当输入指令脉冲为正 P_{c+} 或反馈脉冲为负 P_{f-} 时，可逆计数器作加法计数；当指令脉冲为负 P_{c-} 或反馈脉冲为正 P_{f+} 时，可逆计数器作减法计数。在脉冲比较过程中值得注意的问题是：指令脉冲 P_c 和反馈脉冲 P_f 到来的时刻可能错开或重叠。当这两路计数脉冲先后到来并有一定的时间间隔时，计数器无论先加后减

或先减后加，都能可靠地工作。但是，如果两路脉冲同时进入计数脉冲输入端，则计数器的内部操作可能会因脉冲的“竞争”而产生误操作，影响脉冲比较的可靠性。为此，必须在指令脉冲与反馈脉冲进入可逆计数器之前，进行脉冲分离处理。脉冲分离电路由硬件逻辑电路保证先作加法计数，然后经过几个时钟的延时，再作减法计数，这样可保证两路计数脉冲信号均不会丢失。

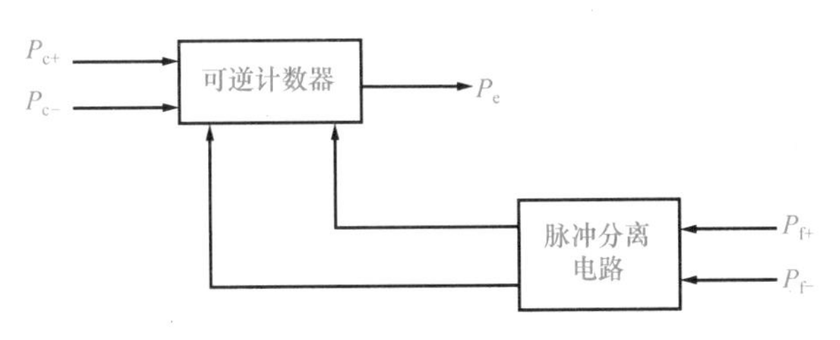

图 7-60　数字脉冲比较电路的基本组成

当采用绝对式编码器作为检测元件时，通常情况下，先对位置检测装置的反馈信号进行处理，经数码数字转换后变成数字脉冲信号，再与指令脉冲信号进行比较。

7.6.5　全数字控制伺服系统

全数字控制伺服系统用计算机软件实现对数控系统中位置环、速度环和电流环的控制。在全数字控制伺服系统中，CNC 系统直接将插补运算得到的位置指令以数字信号的形式传送给伺服驱动单元，伺服驱动单元本身具有位置反馈和位置控制功能，速度环和电流环都具有数字化测量元件，速度控制和电流控制由专用 CPU 独立完成，对伺服电机的速度调节也由微处理器完成。CNC 与伺服驱动之间通过通信联系，采用专用接口芯片。

全数字控制伺服系统可以采用以下新技术，通过计算机软件实现最优控制，达到同时满足高速度和高精度的要求。而普通数控机床的伺服系统是根据传统的反馈控制原理设计的，很难达到无跟踪误差控制，即很难同时达到高速度和高精度。

(1) 前馈控制：引入前馈控制，实际上构成了具有反馈和前馈复合控制的系统结构。这种控制在理论上可以实现完全的“无差调节”，即同时消除系统的静态位置误差、速度与加速度误差以及外界扰动引起的误差。

(2) 预测控制：这是目前用来减小伺服系统跟踪误差的另一种方法。它通过预测机床伺服系统的传递函数来调节输入控制量，以产生符合要求的输出。

(3) 学习控制或重复控制：这种控制方法适合于周期性重复操作控制指令情况的加工，可以获得高速、高精度的效果。它的工作原理是：当系统跟踪第一个周期指令时，产生伺服滞后误差，系统经过对前一次的学习，能记住这个误差的大小，在第二次重复这个加工过程时能够做到精确、无滞后地跟踪指令。学习控制是一种智能型的伺服控制。

全数字控制伺服系统可采用现代控制理论，通过计算机控制，具有更高的动、静态控制精度。在检测灵敏度、时间及温度漂移和抗干扰性能等方面优于混合式伺服系统。

全数字控制伺服系统采用总线通信方式，极大地减少了连接电缆，便于机床的安装、维护，提高了系统可靠性；同时，全数字控制伺服系统具有丰富的自诊断、自测量和显示功能。目前，全数字控制伺服系统在数控机床的伺服系统中得到了越来越广泛的应用。

7.6.6 多轴同步控制原理

在机床控制中双轴或多轴同步控制是一种常见的控制方法，如动梁式龙门铣床的横梁升降控制、龙门框架移动式加工中心的龙门框架移动控制等。虽然在这些情况下可以采用单电机通过锥齿轮等机械机构驱动双边的方案，但传动机构复杂、间隙较大，容易造成闭环控制系统的不稳定，而且运行噪声大，维护困难。另外，若用于负载转动惯量较大的场合，由于传动效率低，必然要选用功率很大的电动机，经济性很差。此时，采用两个及两个以上电机同步驱动是比较理想的方案，这就产生了双轴或多轴同步控制的问题。

1. 机械式同步控制

如图 7-61 所示，由两套交流变频调速系统分别控制作为主从轴的两台交流变频或伺服电机，两台电机各自提供自己的速度反馈信号。为了保持速度同步，两电机轴必须保持机械刚性连接。

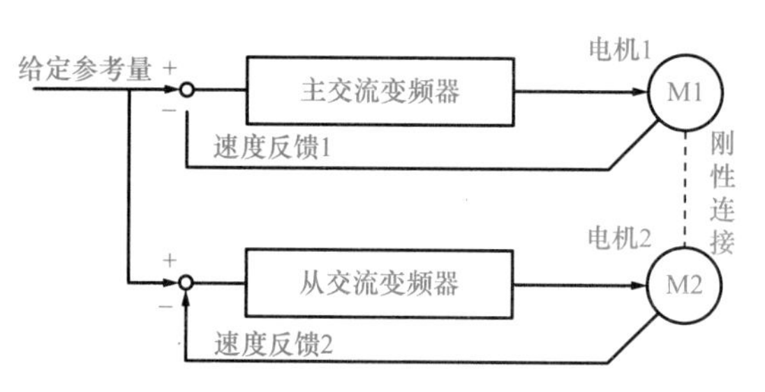

图 7-61 基于刚性连接的同步控制

2. 电控式同步控制

机械式同步控制方法需要复杂的传动机构，同步精度低，灵活性差，故一般只适用于对同步精度要求不高的场合。与此相反，电控式同步控制不受机床结构限制，使用更加灵活，且不存在由机械传动造成的同步控制误差。当前国内大多数数控系统中都具有伺服轴同步功能。同步控制的实现层次既可以是以光电编码器为检测装置的半闭环同步控制，也可以是以光栅尺为检测装置的全闭环同步控制。在轴同步功能中由于控制对象和参量不同，又存在位置同步、转速同步、转矩同步等不同类型，它们适用于不同的场合。就位置同步控制而言，目前主要有并行同步控制、串联同步控制和交叉耦合同步控制三种结构形式。

1）并行同步控制

并行同步控制是一种最简单的双轴同步控制方式，即采用结构完全相同的两套驱动轴并行运行，控制结构框图如图 7-62 所示。虽然两个运动接收相同的指令输入，但由于轴间各自独立控制，无交互作用，当运行过程中某一轴受到扰动时，将会产生无法消除的轴间同步位置偏差；尤其当其中一轴动态特性较差时，将大大限制整个系统的运行速度。同时，由于各轴控制器均按自己的控制时序执行控制过程，也会因控制器执行时序的不同步而造成一定的同步偏差。该控制方式下的同步位置偏差对轴间特性变化敏感，同步性能较差，难以获得高的同步控制性能。

2）串联同步控制（主从同步控制）

串联同步控制结构形式如图 7-63 所示，其中一轴（主动轴）的输出为另一轴（从动轴）的参考输入，是一种从动轴跟随主动轴的主从控制方式。该控制方式下，主动轴上任何扰动引起的变化都会被从动轴跟随反映，而从动轴上的扰动却不能反馈到主动轴中，无法消除由从动轴扰动产生的轴间同步位置偏差。同时，因主、从动轴控制系统间电气和机械的延迟，尤其对于大惯量被控对象，机械的延迟时间将数倍于电气的延迟时间，使得从动轴运动总是落后于主动轴的运动，从而造成较大的同步位置偏差，且运行速度越高，延迟造成的同步偏差越大。

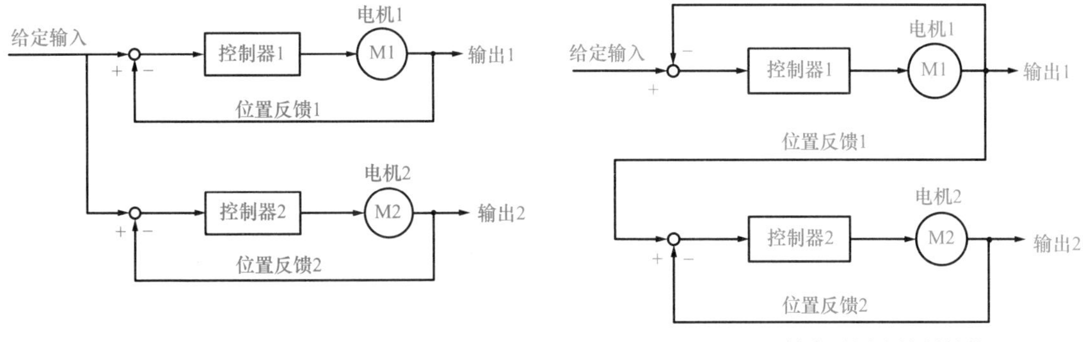

图 7-62　双轴并行同步控制结构

图 7-63　双轴串联同步控制结构

3) 交叉耦合同步控制

交叉耦合同步控制结构原理如图 7-64 所示，它是在并行控制的基础上，综合考虑了轴间控制的耦合和协调关系，引入轴间速度差或位置差的附加反馈信号的一种同步控制形式。通过该附加反馈信号实现对轴间位置偏差的协调、补偿，从而获得较好的轴间同步性能。该控制方式下，同步性能的优劣取决于补偿策略，应用不同算法，轴间同步性能将有所不同。

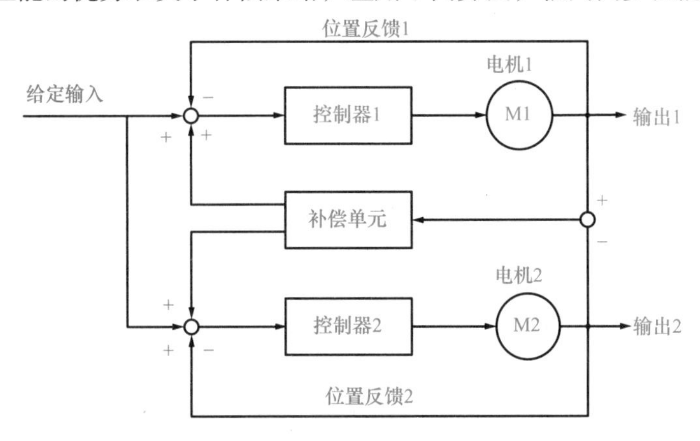

图 7-64　双轴交叉耦合同步控制结构

读者可扫描二维码，观看电控式同步控制视频，感受双电机、双工作台以及多个机器人精准同步控制的效果。

复习思考题

7-1　简述数控机床对进给驱动和主轴驱动的要求。

7-2　步进驱动环形分配的目的是什么？有哪些实现形式？

7-3　高低电压切换、恒流斩波和细分驱动电路对提高步进电机的运行性能有何作用？

7-4　比较直流电机晶闸管（SCR）调速和脉宽调制（PWM）调速的异同点。

7-5　SPWM 指的是什么？控制正弦波与三角形调制波经 SPWM 后，输出的信号波形是何形式？

7-6　交流电机矢量控制的基本原理是什么？

7-7　说明直线电机的工作原理。

7-8　试述感应同步器的鉴相工作原理。

7-9　画出位置伺服控制系统典型的位置环、速度环和电流环三环控制结构图。

7-10　多轴同步控制有哪些主要结构形式？试述它们的基本控制原理。

第8章 数控机床的机械结构与装置

数控机床的机械结构包括机床的床身、立柱、导轨、主传动系统、进给传动系统、工作台、刀架和刀库、自动换刀装置及其他辅助装置，它们相互协调，组成一个复杂的机械系统，在数控指令控制下，实现各种进给运动、切削加工和其他辅助操作等多种功能。

数控机床与普通机床相比，在机械传动和结构上有着显著的不同特点，在性能方面也提出了新的要求。本章主要介绍数控机床的主传动系统、进给传动系统、导轨、自动换刀装置及其他辅助装置等主要部件的结构特点。

8.1 概　　述

8.1.1 数控机床机械结构的特点

数控机床的机械结构和普通机床的机械结构相比，具有如下特点。

(1) 支承件高刚度化。床身、立柱等采用静刚度、动刚度、热刚度特性都较好的支承构件。

(2) 传动机构简约化。主轴转速由主轴的伺服驱动系统来调节和控制，取代了普通机床的多级齿轮传动系统，简化了机械传动结构。

(3) 传动元件精密化。采用高效率、高刚度和高精度的传动元件，如滚珠丝杠螺母副、静压蜗轮蜗杆副及带有塑料层的滑动导轨、静压导轨等，并采取一些消除间隙的措施来提高机械传动的精度。

(4) 辅助操作自动化。采用多主轴、多刀架结构，刀具与工件的自动夹紧装置、自动换刀装置、自动排屑装置、自动润滑冷却装置、刀具破损检测装置、精度检测和监控装置等，改善了劳动条件，提高了生产率。

8.1.2 数控机床机械结构的基本要求

数控机床和普通机床的结构相似，同样具有床身、立柱、导轨、工作台、刀架等主要部件，但为了使数控机床能具有高的加工精度和切削速度，这些部件必须具有高精度、高刚度、低惯量、低摩擦系数、适当的阻尼比等特性，从而使数控机床达到预定的各项性能指标。为此，数控机床的机械结构设计应着重从以下几个方面入手。

1. 提高数控机床构件的刚度

在机械加工过程中，数控机床将承受多种外力的作用，包括机床运动部件和工件的自重、切削力、加减速时的惯性力及摩擦阻力等，机床部件在这些力的作用下将产生变形，如机床床身和立柱的弯曲或扭转变形、轴承和导轨等构件的局部变形、固定连接面和运动啮合面的接触变形等，这些变形都会直接或间接地影响机床的加工精度。数控机床的刚度就是机床结构抵抗这些变形的能力。

根据所受载荷的不同，机床刚度可分为静刚度和动刚度。机床的静刚度是指机床在静载荷(如主轴箱、拖板的自重，工件重量等)作用下抵抗变形的能力，它与机床系统构件的几何参数及材料的弹性模量有关。机床的动刚度是指机床在交变载荷(如周期变化的切削力、旋转运动的动态不平衡力、齿轮啮合传动的冲击力等)作用下防止振动的能力，它与机械系统构件的阻尼率有关。通常，为了提高机床系统的刚度，可以通过采用合理的机床结构布局、优化设计构件的截面形状和尺寸、合理选择和布置筋板、采用焊接结构等方法来实现。

1) 采用合理的机床结构布局

机床结构布局对机床构件受力情况有很大的影响。合理的布局可减小构件承受的弯矩和扭矩，从而提高机床的刚度。图 8-1 所示的几种卧式镗床或卧式加工中心的布局形式中，图 8-1(a)～(c)三种方案的主轴箱单面悬挂在立柱侧面，主轴箱的自重将使立柱受到较大的弯矩和扭矩载荷，易产生弯曲和扭曲变形，从而直接影响加工精度。图 8-1(d)中主轴箱的主轴中心位于立柱的对称面内，主轴箱的自重产生的弯矩和扭矩就较小，一般不会引起立柱的变形。而且即使在切削力的作用下，立柱的弯曲和扭曲变形也大为减少，机床的刚度得到明显提高。目前，有的加工中心采用移动部件箱式支撑机构来提高机床的系统刚度，称为箱中箱结构。对于一些超大型的零件加工，还采用龙门式的机床布局，有的甚至采用动门、动梁的结构。

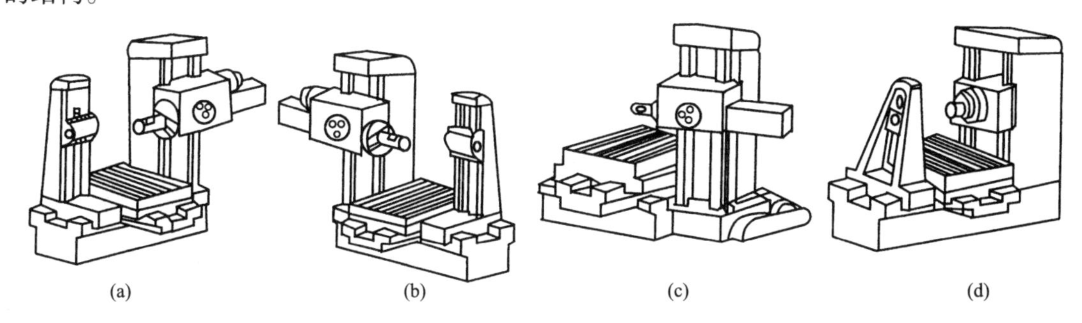

(a)　(b)　(c)　(d)

图 8-1　几种机床的布局形式

床身正置和斜置也会影响床身的受力情况。当两种床身截面积和转动惯量相同时，斜置床身能改善受力条件而提高刚度。此外，将斜置床身设计成封闭截面，也能提高床身的刚度。

2) 优化设计构件的截面形状和尺寸

机床构件在外力的作用下，将产生弯曲和扭转变形，变形的大小取决于构件的截面抗弯和抗扭惯性矩。根据材料力学的理论，在形状和截面积相同时，减小壁厚、加大截面轮廓尺寸，可大大增加刚度；封闭截面的刚度远远高于不封闭截面的刚度；圆形截面的抗扭刚度高于方形截面，而抗弯刚度则低于方形截面；矩形截面在尺寸大的方向具有很高的抗弯刚度。因此，通过合理设计截面的形状和尺寸，可以优化机床构件的结构静刚度。

3) 合理选择和布置筋板

合理布置支承件的筋板可以提高构件的静刚度和动刚度。交叉布置筋板时，可以得到较好的静刚度和动刚度。

4) 采用焊接结构

数控机床的某些构件可以采用钢板焊接结构。一般焊接床身的刚度高于铸造床身，另外，钢板焊接结构能够按刚度要求布置筋板的形式，充分发挥壁板和筋板承载及抵抗变形的作用。同时，焊接结构可将基础件做成完全封闭的箱形结构。

2. 增强数控机床结构的抗振性

提高数控机床结构的抗振性，可以减小振动对加工精度的影响。提高机床抗振性的具体措施可以从减少内部振源、提高静刚度和增加阻尼等方面着手。

1) 减少内部振源

机床的内部振源有多种，减少机床内部振源的措施如下：对机床高速旋转的主轴等部件进行动平衡实验；装配在一起的旋转部件要保证不偏心，并且尽量消除其配合间隙；机床上的高速往复运动部件的传动间隙要消除，并降低往复运动件的质量；对机床上的电机或液压油泵、液压马达等旋转部件安装隔振装置；在断续切削机床的适当部位安装飞轮等。

2) 提高静刚度

提高机床构件的静刚度，调整构件或系统的固有频率，以避免共振的发生。前已述及，合理布置筋扳、采用钢板焊接结构可以提高系统的静刚度。但是，如果采用增加构件壁厚的办法提高静刚度，会引起构件质量的增加，动刚度特性变坏，共振频率发生偏移，仍旧会产生共振。因此，在结构设计时应强调提高单位质量的刚度，使支承件各部分的自身刚度、局部刚度和接触刚度互相匹配，达到系统整体刚度的最优化，这样才能真正提高系统的整体刚度。

3) 提高阻尼比

增大阻尼可提高动刚度和自激振动稳定性。因此，可以在机床构件内腔填充混凝土等阻尼材料来提高结构的阻尼特性，抑制振动。对铸造支承件，常采用附加减振材料、砂芯不清除等方法来提高阻尼比；对于焊接支承件，也可以通过填充混凝土来提高阻尼比。另外，还可以采用减振焊缝，在保证焊接强度的前提下，在两焊接件之间部分焊住，留有贴合而未焊死的表面，在振动过程中，两贴合面之间产生的相对摩擦即阻尼，使振动减少。

在机床构件上增贴阻尼层，同样可以改善阻尼率，例如，在加工中心立柱内侧各粘 2～3mm 厚的类似沥青和玻璃丝混合压制而成的阻尼板，能使系统抗振性提高，并起到吸收主轴箱噪声的作用。

4) 采用特殊的机械结构，控制移动部件的平稳性

例如，采用双丝杠驱动，保证在产生高速和高加速性的同时，最大限度地减少及快速衰减运动中所产生的振动，如图 8-2 所示。

3. 减小机床的热变形

数控机床的各个部件由于内外部热源的作用，会引起温升，产生热膨胀，改变了刀具与工件的正确相对位置，影响了加工精度。为了保证机床的加工精度，必须减少机床的热变形。常用的措施有如下几种。

1) 控制热源和发热量

在机床布局时，应减少内部热源，尽量考虑将电机、液压系统等置于机床本体之外。另外，加工过程产生的切屑也是一个不可忽视的热源，为了快速排除切屑，机床的工作台或主

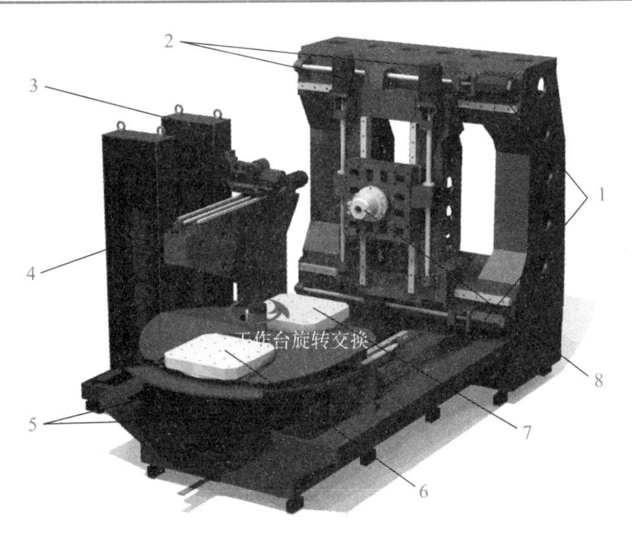

1. *X* 轴双丝杠驱动机构；2. *Y* 轴双丝杠驱动机构；3. 模块化刀库 a；4. 模块化刀库 b；5. *Z* 轴双丝杠驱动机构；
6. 回转工作台（装夹工件位）；7. 回转工作台（工件加工位）；8. 主轴

图 8-2　双丝杠驱动的机械结构

轴常常呈倾斜或立式布局，有的还设置自动排屑装置，随时将炽热的切屑排到机床外。同时，在工作台或导轨上设置隔热防护罩，隔离切屑的热量。

2）加强冷却、散热

对于难以分离出去的热源，可采取散热、冷却等办法来降低温度，减少热变形。可以采用多喷嘴、大流量冷却系统直接喷射切削部位，可迅速地将炽热切屑带走，使热量排出。为控制冷却液温升，一般采用大容量循环散热或附加的制冷系统来降低温度。

3）改进机床布局和结构设计

图 8-3 为卧式坐标镗床热变形示意图，采用热对称结构的设计思想，用双立柱结构代替单立柱结构，由于左右对称，受热后，主轴轴线除产生垂直方向的平移以外，其他方向变形量很小，而垂直方向的轴线移动可以用垂直坐标移动的修正量来补偿。

如图 8-4 所示，将数控机床主轴的热变形方向与刀具切入方向垂直，也就是热变形方向和加工误差敏感方向垂直，虽然有热变形，但不反映到加工精度上，从而可以使热变形对加工精度的影响降低到最小限度。在结构上还尽可能减少主轴中心与主轴箱底面的距离（如图 8-4 中尺寸 *H*），以减少热变形量，同时使主轴箱前后温升一致，避免主轴变形后出现倾斜。

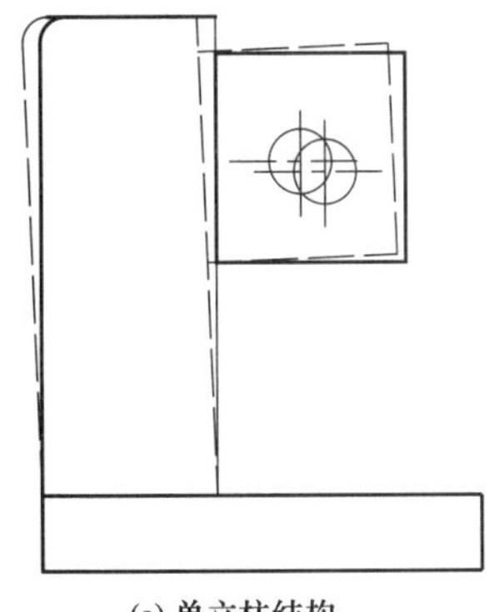

(a) 单立柱结构

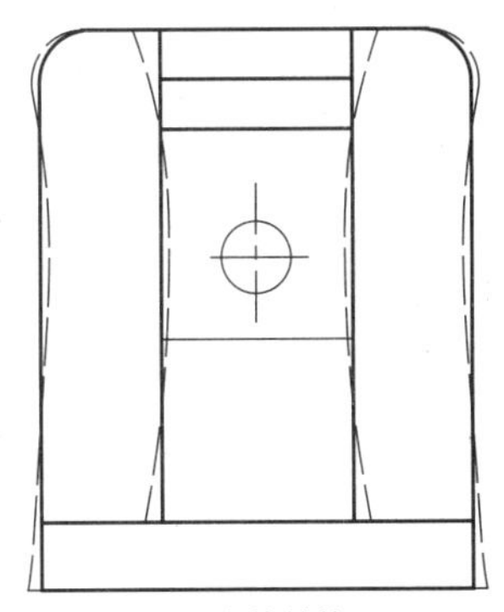

(b) 双立柱结构

图 8-3　卧式坐标镗床热变形示意图

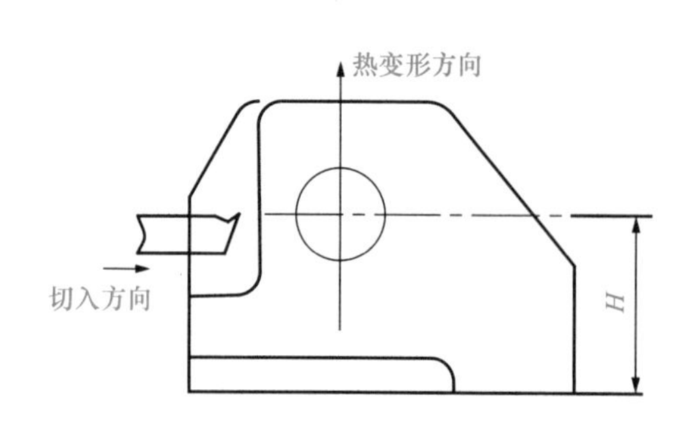

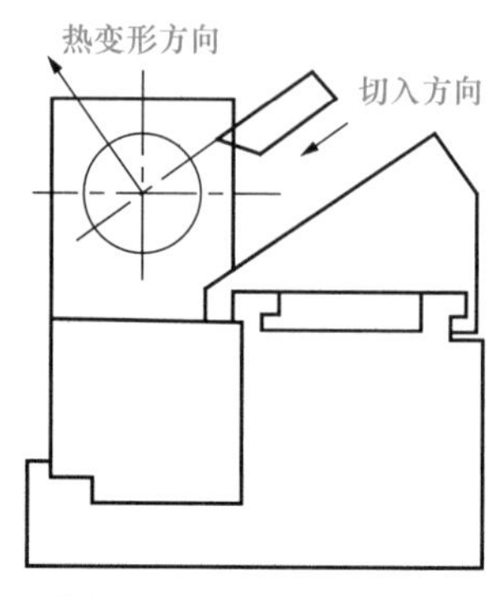

图 8-4 刀具切入方向与热变形方向垂直

4) 恒温处理

在一些超精密的数控车间内，一般装有空调或其他温度调节装置，并配有车间门帘，保持环境温度的稳定。恒温的精度一般严格控制在±1℃，精密级的精度为±0.5℃。在恒温环境中，机床需要足够的启动时间，以使各部件特别是热容量较大的支承件达到与环境温度的平衡。在加工某些精密零件时，在不需要切削的时候，仍旧让机床空转，以保持机床的热平衡。此外，精密机床应避免阳光的直接照射，以免引起不均匀热变形。

5) 采用热变形补偿装置

可以通过预测热变形规律，建立数学模型，并存入 CNC 系统中，控制输出值并进行实时补偿。补偿用的数学模型包括热力学模型、线性回归模型、多元回归模型、有限元模型、神经网络和模糊控制模型等。也可以在热变形敏感位置安装相应的传感器，实测热变形量，经放大后输入 CNC 系统，进行实时补偿。

8.2 数控机床主传动系统

数控机床的工艺范围很宽，针对不同的机床类型和加工工艺特点，数控机床对其主传动系统提出了一些特定要求，具体如下。

(1) 调速功能：为了适应不同工件材料、刀具及各种切削工艺的要求，主轴必须具有一定的调速范围。主轴转速选用合理，可以获得较高的切削效率、加工精度和表面质量。调速范围的指标主要根据各种加工工艺对主轴最低速度与最高速度的要求来确定。

(2) 功率要求：要求主轴具有足够的驱动功率或输出扭矩，能在整个变速范围内提供切削加工所需的功率和扭矩，特别是满足机床强力切削加工时的要求。

(3) 精度要求：主要指主轴的回转精度，包括径向圆跳动、端面圆跳动和倾角摆动三种基本形式。同时，要求主轴有足够的刚度、抗振性及较好的热稳定性。

(4) 动态响应性能：要求升降速时间短，调速时运转平稳。对需同时能实现正反转切削的机床，则还要求换向时可进行自动加减速控制。

(5) 可靠性要求：主轴系统要润滑良好、经久耐用，使用寿命长、精度保持性好；运行时噪声、振动要小。

8.2.1 主传动方式

现代数控机床的主传动系统广泛采用交流调速电机或直流调速电机作为驱动元件，随着

电机性能的日趋完善，能方便地实现宽范围的无级变速，且传动链短，传动件少，变速的可靠性高。

数控机床的主传动方式主要有四种，如图 8-5 所示。

(1)带有二级齿轮变速的主传动方式，如图 8-5(a)所示，主轴电机经过二级齿轮变速，使主轴获得低速和高速两种转速系列，这种分段变速，可以确保低速时的大扭矩，满足机床对扭矩特性的要求，是大中型数控机床采用较多的一种配置方式。

(2)通过定比传动的主传动方式，如图 8-5(b)所示，主轴电机经定比传动传递给主轴，定比传动采用齿轮传动或带传动。带传动方式主要应用于小型数控机床上，可以避免齿轮传动的噪声与振动。

(3)由主轴电机直接驱动的主传动方式，如图 8-5(c)所示，电机轴与主轴用联轴器同轴连接。这种方式大大简化了主轴结构，有效地提高了主轴刚度。但主轴输出扭矩小，电机的发热对主轴精度影响较大。

(4)随着电气传动技术(变频调速技术、电动机矢量控制技术等)的迅速发展和日趋完善，高速数控机床主传动系统的机械结构已得到极大简化。机床主轴由内装式电动机直接驱动(即电主轴)，如图 8-5(d)所示，从而把机床主传动链的长度缩短为零，实现了机床的“零传动”。其优点是主轴部件结构更紧凑，质量小，惯性小，可提高启动、停止的响应特性；缺点是热变形等问题。

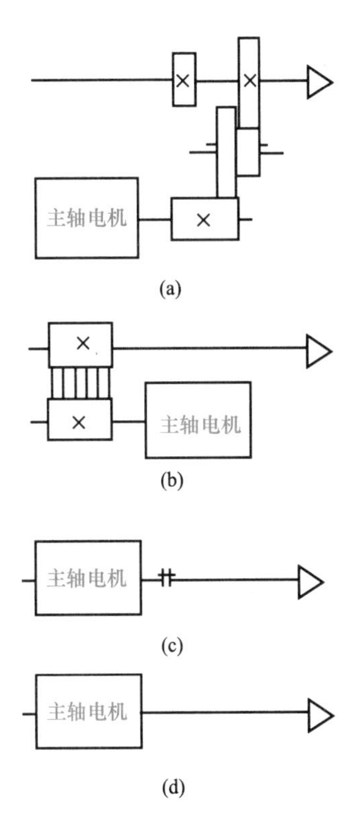

图 8-5　数控机床的主传动方式

8.2.2　主轴部件的结构

主轴部件是数控机床的重要部件，其结构的先进性已成为衡量机床水平的标志之一。主轴部件包括主轴、主轴的支承轴承和安装在主轴上的传动零件等。由于数控机床的转速高、功率大，并且在加工过程中不进行人工调整，因此主轴部件要具有良好的回转精度、结构刚度、抗振性、热稳定性、耐磨性和精度保持性。对于具有自动换刀装置的数控机床，为了实现刀具在主轴上的自动装卸和夹紧，还必须有刀具自动夹紧装置、主轴准停装置等。

机床主轴的端部一般用于安装刀具、夹持工件或夹具。在结构上，应能保证定位准确、安装可靠、连接牢固、装卸方便，并能传递足够的扭矩。目前，主轴端部的结构形状都已标准化。

8.2.3　主轴部件的支承

数控机床主轴部件的支承就是指用来支承主轴部件的不同种类的轴承组合及配置。机床主轴带着刀具或夹具在支承件中做回转运动，需要传递切削扭矩，承受切削抗力，并保证必要的旋转精度。根据主轴部件的转速、承载能力及回转精度等要求的不同而采用不同种类的轴承。一般中小型数控机床(如车床、铣床、加工中心、磨床)的主轴部件多数采用滚动轴承；重型数控机床采用液体静压轴承；高精度数控机床(如坐标磨床)采用气体静压轴承；超高转速主轴可采用磁力轴承或陶瓷滚珠轴承。在各种类型的轴承中，以滚动轴承的使用最为普遍。

1）主轴滚动轴承的配置

根据主轴部件的工作精度、刚度、温升和结构的复杂程度，合理配置轴承，可以提高主传动系统的精度。采用滚动轴承支承，有许多不同的配置形式，目前数控机床主轴轴承的配置主要有如图 8-6 所示的几种形式。

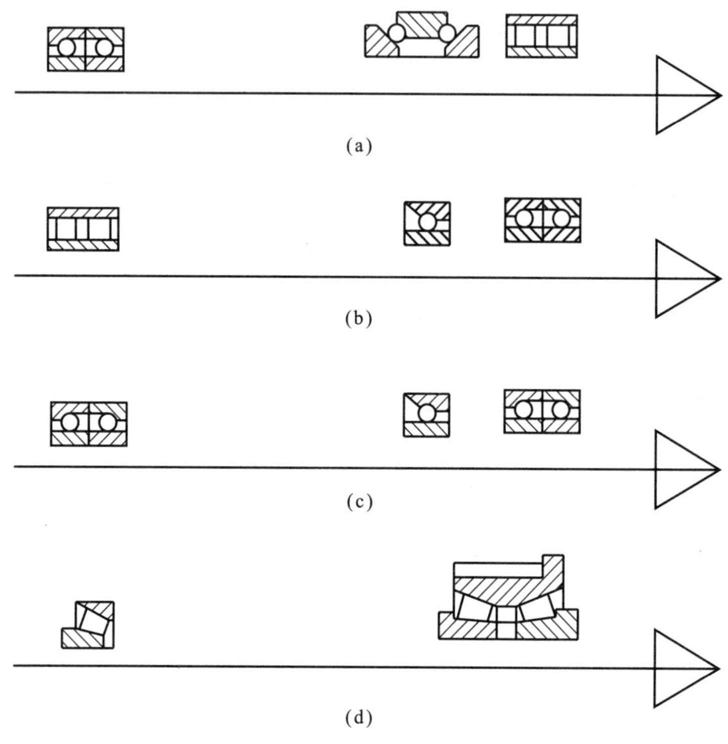

图 8-6　数控机床主轴轴承的配置形式

图 8-6(a)所示的配置形式中，前支承采用双列短圆柱滚子轴承和 60°角接触球轴承组合，承受径向载荷和轴向载荷，后支承采用成对角接触球轴承，这种配置可提高主轴的综合刚度，满足强力切削的要求，普遍应用于各类数控机床。在图 8-6(b)所示的配置形式中，前支承采用角接触球轴承，由两三个轴承组成一套，背靠背安装，承受径向载荷和轴向载荷，后支承采用双列短圆柱滚子轴承，这种配置适用于高速、重载的主轴部件，图 8-6(c)所示的前后支承均采用成对角接触球轴承，以承受径向载荷和轴向载荷，这种配置适用于高速、轻载和精密的数控机床主轴。图 8-6(d)所示的前支承采用双列圆锥滚子轴承，承受径向载荷和轴向载荷，后支承采用单列圆锥滚子轴承，这种配置可承受重载荷和较强的动载荷，安装与调整性能好，但主轴转速和精度的提高受到限制，适用于中等精度、低速与重载荷的数控机床主轴。

2）主轴滚动轴承的预紧

对主轴滚动轴承进行预紧和合理选择预紧量，可以提高主轴部件的回转精度、刚度和抗振性。滚动轴承间隙的调整或预紧，通常是通过轴承内、外圈的相对轴向移动来实现的。

(1)轴承内圈移动。这种方法适用于锥孔双列圆柱滚子轴承。用螺母通过套筒推动内圈在锥形轴颈上做轴向移动，使内圈变形胀大，在滚道上产生过盈，从而达到预紧的目的。图 8-7 为几种移动轴承内圈的预紧形式，图 8-7(a)结构简单，但预紧量不易控制，常用于轻载机床主轴部件。图 8-7(b)用右端螺母限制内圈的移动量，易于控制预紧量。图 8-7(c)在主轴凸缘上均布数个螺钉以调整内圈的移动量，调整方便，但是用几个螺钉调整，易使垫圈歪斜。图 8-7(d)将紧靠轴承右端的垫圈做成两个半环，可以径向取出，通过修磨其厚度可控制预紧量的大小，调整精度较高。调整螺母一般采用细牙螺纹，便于微量调整，但是在调好后要锁紧防松。

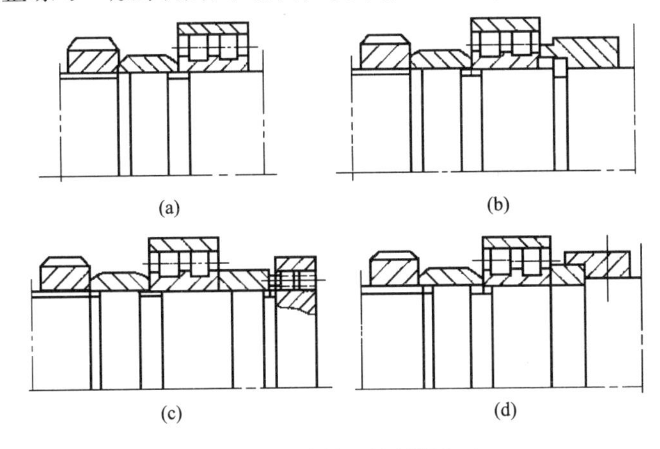

图 8-7　滚动轴承的预紧方法

(2) 修磨轴承座圈。通过修磨轴承的内外座圈，可以调整轴承的预紧力。图 8-8 为两种修磨的形式。图 8-8(a) 为轴承外围宽边相对(背对背)安装，这时修磨轴承内圈的内侧，使间隙 a 增大；图 8-8(b) 为外围窄边相对(面对面)安装，这时修磨轴承外圈的窄边。在安装时按图 8-8 所示的相对关系装配，并用螺母或法兰盖将两个轴承轴向压拢，使两个修磨过的端面贴紧，这样使两个轴承的滚道之间产生预紧力。

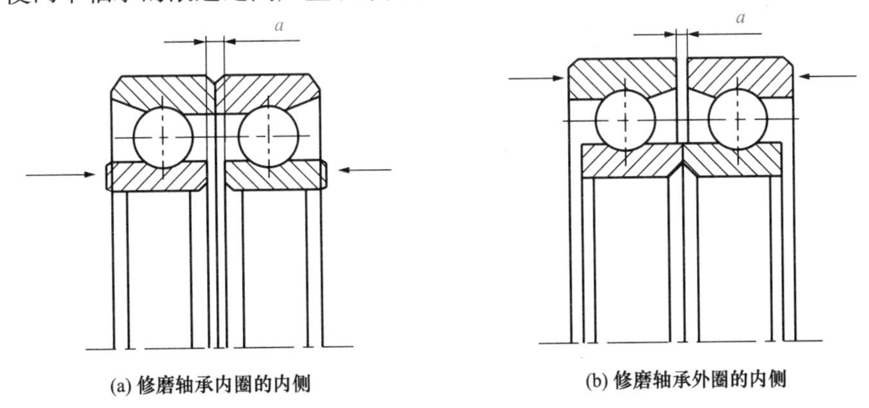

图 8-8　修磨轴承座圈

8.2.4　主轴的准停装置

主轴的准停装置能使数控机床的主轴每次准确停止在一个固定的位置上。在数控加工中心上进行自动换刀时，需要让主轴停止转动，并且准确地停在一个固定的位置上，以便换刀。加工工件时，切削扭矩通常是通过刀杆的端面键来传递的，这就要求主轴具有准确定位于圆周上特定角度的功能。此外，在进行反镗或反倒角等加工时，要求主轴实现准停，使刀尖停在一个固定的方位上。因此，加工中心的主轴必须具有准停装置。

图 8-9 为一种利用 V 形槽轮定位盘的机械式准停装置。在主轴上固定一个 V 形槽轮定位盘，使 V 形槽与主轴上的端面键保持一定的相对位置关系，其工作原理为：准停前主轴必须

处于停止状态，当接收到主轴准停指令后，主轴电机以低速转动，主轴箱内齿轮换挡使主轴以低速旋转，时间继电器开始动作，并延时 4～6s，保证主轴转动稳定后接通无触点开关 1 的电源，当主轴转到图 8-9 所示位置时，即 V 形槽轮定位盘 3 上的感应块 2 与无触点开关 1 相接触后发出信号，使主轴电机停转。另一延时继电器延时 0.2～0.4s 后，压力油进入定位液压缸右腔，使定向活塞 6 向左移动，当定向活塞上的定向滚轮 5 顶入定位盘的 V 形槽内时，行程开关 LS_2 发出信号，主轴准停完成。重新启动主轴时，需先让压力油进入定位液压缸左腔，使活塞杆向右移，当活塞杆向右移到位时，行程开关 LS_1 发出一个信号，表明定向滚轮 5 退出凸轮定位盘的凹槽了，此时主轴可以启动工作。

机械准停装置比较准确可靠，但结构较复杂。现代数控机床一般都采用电气式主轴准停装置，只要数控系统发出指令信号，主轴就可以准确地定向。图 8-10 为一种用磁传感器检测定向的电气式主轴准停装置。

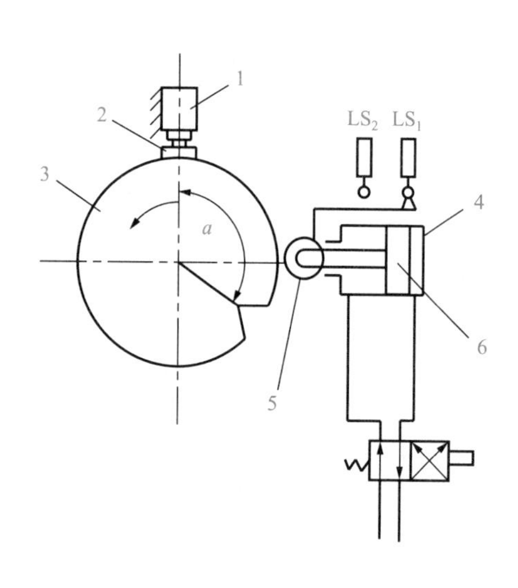

1. 无触点开关；2. 感应块；3. V 形槽轮定位盘；4. 定位液压缸；5. 定向滚轮；6. 定向活塞

图 8-9 V 形槽轮定位盘准停装置

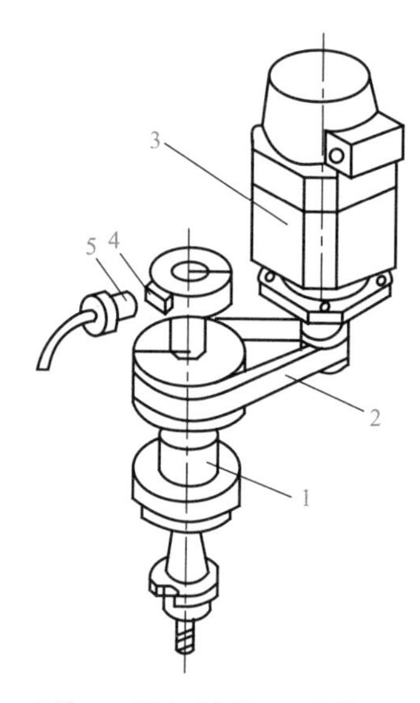

1. 主轴；2. 同步感应器；3. 主轴电机；4. 永久磁铁；5. 磁传感器

图 8-10 电气式主轴准停装置

在主轴上安装有一个永久磁铁 4 与主轴一起旋转，在距离永久磁铁 4 旋转轨迹外 1～2mm 处，固定有一个磁传感器 5，当机床主轴需要停转换刀时，数控装置发出主轴停转的指令，主轴电机 3 立即减速，使主轴以很低的转速回转，当永久磁铁 4 对准磁传感器 5 时，磁传感器发出准停信号，此信号经放大后，由定向电路使电机准确地停止在规定的周向位置上。这种准停装置机械结构简单，永久磁铁 4 与磁传感器 5 之间没有接触摩擦，准停的定位精度可达±1°，能满足一般换刀要求，而且定向时间短，可靠性较高。

8.2.5 自动换刀装置

为了实现刀具在数控机床主轴上的自动装卸，一方面要保证主轴能在准确的位置停下来，这由前述的主轴准停装置来实现；另一方面要有相应的刀具自动松开和夹紧装置。图 8-11 为带自动换刀功能的数控铣镗床的主轴部件，主轴前端的 7：24 锥孔用于装夹锥柄刀具或刀杆。主轴的端面键用于传递切削扭矩，也可用于刀具的周向定位。主轴的前支承由锥孔双列圆柱滚子轴承 2 和双向向心球轴承 3 组成，可以修磨前端的调整半环 1 和双向向心球轴承 3 的中间调整环 4 进行预紧。后支承采用两个向心推力球轴承 8，可以修磨中间调整环 9 实现预紧。

在自动交换刀具时要求能自动松开和夹紧刀具。图 8-11 为刀具的夹紧状态，碟形弹簧 11 通过拉杆 7、双瓣卡爪 5，在套筒 14 的作用下，将刀柄的尾端拉紧。当换刀时，要求松开刀柄，此时，在主轴上端油缸 10 的上腔 A 通入压力油，活塞 12 的端部推动拉杆 7 向下移动，同时压缩碟形弹簧 11，当拉杆 7 下移到使双瓣卡爪 5 的下端移出套筒 14 时，在弹簧 6 的作用下，卡爪张开，喷气头 13 将刀柄顶松，刀具即可由机械手拔出。待机械手将新刀装入后，油缸 10 的下腔 B 通入压力油，活塞 12 向上移，碟形弹簧 11 伸长并将拉杆 7 和双瓣卡爪 5 拉着向上，双瓣卡爪 5 重新进入套筒 14，将刀柄拉紧。活塞 12 移动的两个极限位置都有相应的行程开关(LS_1、LS_2)，以提供刀具松开和夹紧的状态信号。

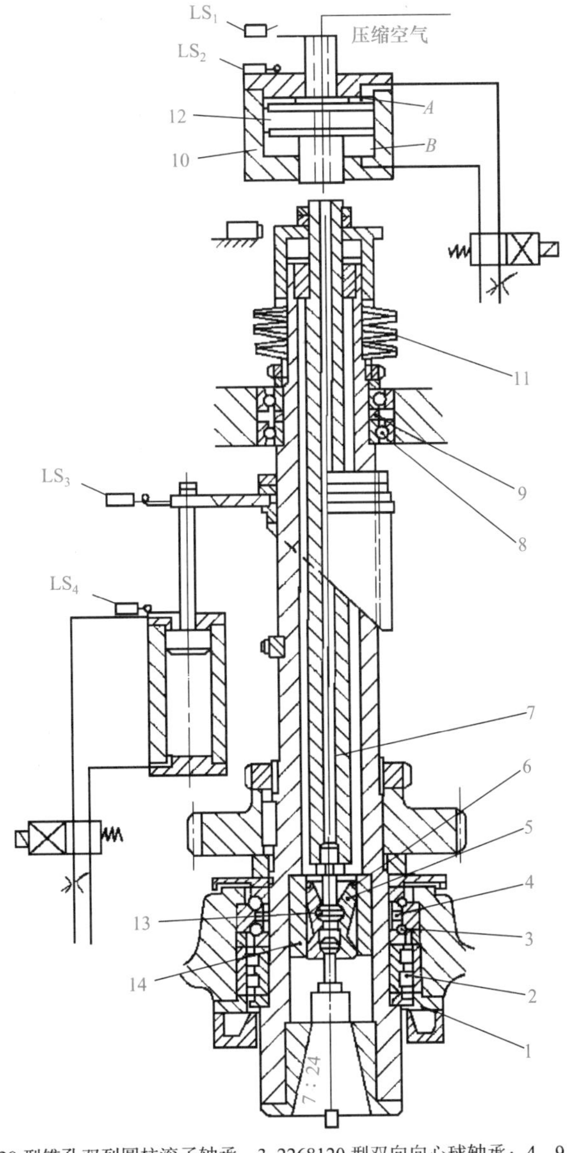

1. 调整半环；2. 3182120 型锥孔双列圆柱滚子轴承；3. 2268120 型双向向心球轴承；4、9. 调整环；5. 双瓣卡爪；6. 弹簧；7. 拉杆；8. 46115 型向心推力球轴承；10. 油缸；11. 碟形弹簧；12. 活塞；13. 喷气头；14. 套筒

图 8-11　具有自动换刀功能的数控铣镗床的主轴部件

活塞 12 对碟形弹簧的压力如果作用在主轴上,并传至主轴的支承,使它承受附加的载荷,这样不利于主轴支承的工作。因此采用了卸荷措施,使作用在碟形弹簧上的压力转化为内力,而不传递到主轴的支承上。图 8-12 为其卸荷结构,油缸 7 与连接座 4 固定在一起,连接座 4 由螺钉 6 通过压缩弹簧 5 压紧在箱体 3 的端面上,连接座 4 与箱孔为滑动配合。当油缸的右端通入高压油使活塞 8 向左推压拉杆 9 并压缩碟形弹簧 2 时,油缸的右端面也同时承受相同的液压力,因此,整个油缸连同连接座 4、压缩弹簧 5 而向右移动,使连接座 4 上的垫圈 11 的右端面与主轴上的螺母 1 的左端面压紧,因此,松开刀柄时对碟形弹簧的液压力就成了在活塞 8、油缸 7、连接座 4、垫圈 11、螺母 1、碟形弹簧 2、套环 10、拉杆 9 之间的内力,因而使主轴支承不再承受液压推力。

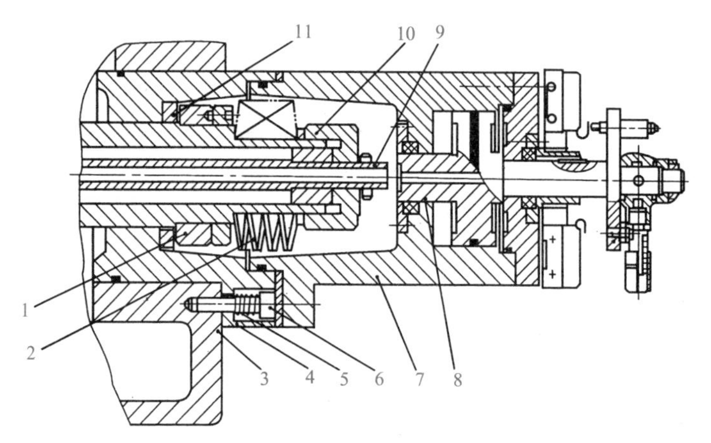

1. 螺母;2. 碟形弹簧;3. 箱体;4. 连接座;5. 压缩弹簧;6. 螺钉;
7. 油缸;8. 活塞;9. 拉杆;10. 套环;11. 垫圈

图 8-12 卸荷结构

8.2.6 高速电主轴装置

由于高速加工可以大幅度提高加工效率,显著提高工件的加工质量,其应用领域非常广泛。目前,国内外各著名机床制造商在高速数控机床中广泛采用高速电主轴装置,特别是在复合机床、多轴联动机床、多面体加工机床和并联机床中。电主轴是高速数控加工机床的关键部件,其性能指标直接决定机床的水平,是机床实现高速加工的前提和基本条件。图 8-13 为数控机床电主轴实物图。

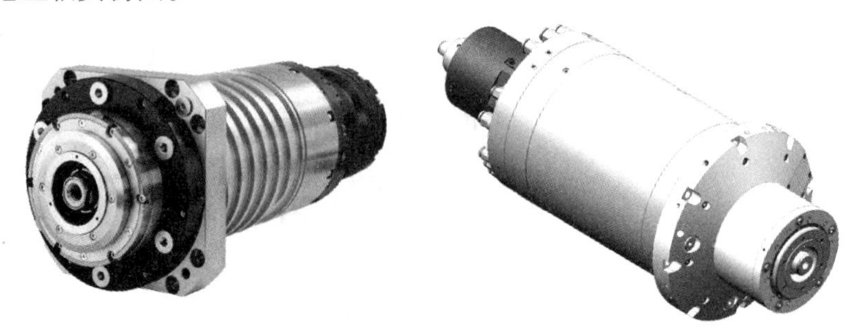

图 8-13 数控机床电主轴

电主轴就是直接将空心的电机转子装在主轴上,定子通过冷却套固定在主轴箱体孔内,形成一个完整的主轴单元,通电后转子直接带动主轴运转。电主轴单元典型的结构布局方式

是电机置于主轴前、后轴承之间，其优点是主轴单元的轴向尺寸较短，主轴刚度大，功率大，较适合于大、中型高速数控机床；其不足是在封闭的主轴箱体内电机的自然散热条件差，温升比较高。图 8-14 为电主轴结构图。

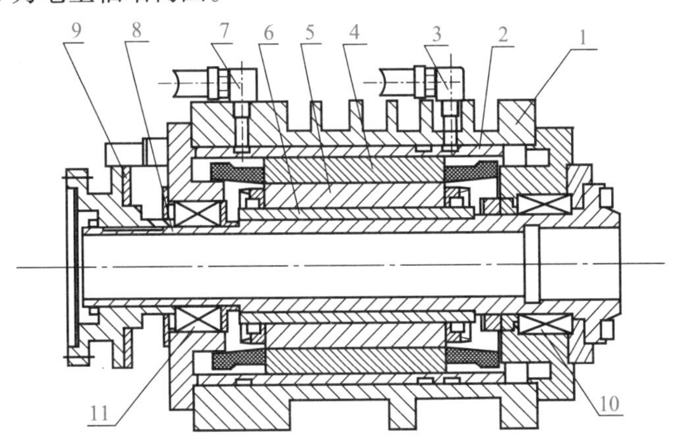

1. 主轴箱体；2. 冷却套；3. 冷却水进口；4. 定子；5. 转子；6. 套筒；
7. 冷却水出口；8. 转轴；9. 反馈装置；10. 主轴前轴承；11. 主轴后轴承

图 8-14　电主轴结构

电主轴省去了带轮或齿轮传动，实现了机床的“零传动”，提高了传动效率。电主轴的刚性好、回转精度高、快速响应性好，能够实现极高的转速、加减速度及定角度的快速准停（*C* 轴控制），调速范围宽。读者可扫描二维码，观看高速电主轴视频。

1）电主轴的高速轴承技术

实现电主轴高速化、精密化的关键是高速精密轴承的应用。目前在高速精密电主轴中应用的轴承有精密滚动轴承、液体动静压轴承、气体静压轴承和磁悬浮轴承等，但主要是精密角接触陶瓷球轴承和精密圆柱滚子轴承。液体动静压轴承的标准化程度不高；气体静压轴承不适合于大功率场合；磁悬浮轴承由于控制系统复杂，价格昂贵，其实用性受到限制。角接触球轴承不但可同时承受径向和轴向载荷，而且刚度高、高速性能好、结构简单紧凑、品种规格繁多、便于维修更换，因而在电主轴中得到广泛的应用。目前随着陶瓷轴承技术的发展，应用最多的电主轴轴承是混合陶瓷球轴承，即滚动体使用 Si_3N_4 陶瓷球，轴承套圈为 GCr15 钢圈。这种混合陶瓷球轴承通过减小离心力和陀螺力矩，来减小滚珠与沟道间的摩擦，从而获得较低的温升及较好的高速性能。

2）电主轴的润滑技术

高速电主轴必须采用合理的、可控制的轴承润滑方式来控制轴承的温升，以保证数控机床工艺系统的精度和稳定性。采用滚动轴承的电主轴的润滑方式目前主要有脂润滑、油雾润滑和油气润滑等方式。脂润滑在转速相对较低的电主轴中是较常见的润滑方式。脂润滑型电主轴的润滑系统简单、使用方便、无污染、通用性强。油雾润滑具有润滑和冷却双重作用，它以压缩空气为动力，通过油雾器将油液雾化并混入空气流中，然后输送到需要润滑的位置。油雾润滑所需设备简单，维修方便，价格比较便宜，但它有污染环境、油耗比较高等缺点。油气润滑技术是利用压缩空气将微量的润滑油分别连续不断地、精确地供给每一套主轴轴承，微小油滴在滚动体和内、外滚道间形成弹性动压油膜，而压缩空气则可带走轴承运转所产生的部分热量。

实践表明，在润滑中供油量过多或过少都是有害的，而脂润滑和油雾润滑方式均无法准确地控制供油量，不利于主轴轴承转速的提高和寿命的延长。而新近发展起来的油气润滑方式则可以精确地控制各个摩擦点的润滑油量，可靠性极高，目前已成为国际上最流行的润滑方式。

3）电主轴的冷却技术

电主轴有两个主要的内部热源：内置电机的发热和主轴轴承的发热。内置电机和滚动轴承在转动过程中将产生大量的热，由于电主轴结构紧凑、空隙较小、自发散热效果较弱，如果热量得不到及时散发，会导致电主轴内部零件之间产生不同程度的热膨胀，严重降低机床的加工精度，更会严重影响电主轴的使用寿命。

目前一般采取强制循环油冷却的方式对电主轴定子及主轴轴承进行冷却，即将经过油冷却装置的冷却油强制性地在主轴定子外和主轴轴承外循环，带走主轴高速旋转产生的热量。

减小轴承发热量的主要措施有如下几种。

(1)适当减小滚珠的直径。减小滚珠直径可以减小离心力和陀螺力矩，从而减小摩擦，减少发热量。

(2)采用新材料。如采用陶瓷材料做滚珠，陶瓷球轴承与钢质角接触球轴承相比，在高速回转时，滚珠与滚道间的滚动和滑动摩擦减小，发热量降低。

(3)采用合理的润滑方式。油气润滑方式对轴承不但具有润滑作用，还具有一定的冷却作用。

4）电主轴的设计和装配

电主轴要获得好的性能和长的使用寿命，必须进行精心设计和制造。电主轴的定子由具有高磁导率的优质矽钢片叠压而成，定子内腔带有冲制嵌线槽。转子由转子铁心、鼠笼和转轴三部分组成。主轴箱的尺寸精度和位置精度也将直接影响主轴的综合精度。通常将轴承座孔直接设计在主轴箱上，为加装电机定子，必须至少开放一端。

主轴高速旋转时，任何小的不平衡质量都可引起电主轴大的高频振动。因此精密电主轴的动平衡精度要求达到 G1～G0.4 级。对于这种等级的动平衡，采用常规的方法即仅在装配前对主轴上的每个零件分别进行动平衡是远远不够的，还需在装配后进行整体的动平衡，甚至还要设计专门的自动平衡系统来实现主轴的在线动平衡。另外，在设计电主轴时，必须严格遵守结构对称原则，键连接和螺纹连接在电主轴上被禁止使用，而普遍采用过盈连接，并以此来实现转矩的传递。过盈连接与螺纹连接或键连接相比具有不会在主轴上产生弯曲和扭转应力、对主轴的旋转精度没有影响、主轴的动平衡易得到保证等优点。转子与转轴之间的过盈连接分为两类：一类是通过套筒实现的，此结构便于维修、拆卸；另一类是没有套筒，转子直接过盈连接在转轴上，转子装配后不可拆卸，转子与转轴可以采用转轴冷缩和转子热胀法装配。

读者可扫描二维码，观看电主轴的装配。

8.2.7 万向铣头

万向铣头又称万能铣头，是高速五轴联动数控机床的关键功能部件，在切削加工过程中起核心作用。五轴联动数控机床除可以完成沿 X、Y、Z 三个坐标轴方向的直线移动以外，还可以通过万向铣头来实现围绕 Z 轴和 X 轴（Y 轴）两个自由度的回转运动，其中围绕机床 Z 轴转动的轴称为 C 轴，围绕机床 X 轴（Y 轴）转动的轴称为 A 轴（B 轴），从而使机床能实现五轴联动加工功能，完成任意斜面的铣削、钻孔、攻丝等加工。万向铣头可以在不改变机床结构的条件下，有效增大机床的加工范围与适应性，减少工件重复装夹次数，提高加工精度和效率。因此，其被广泛应用于航空航天、国防、核能、汽车、船舶等领域的关键零部件的制造加工，如航空发动机叶轮、核电泵叶片、核潜艇螺旋桨、发动机缸体等。读者可扫描二维码，观看数控机床万向铣头视频。

万向铣头根据其质量和功能的不同可以分为轻型万向铣头、重型万向铣头和强力万向铣头三种。轻型万向铣头具有质量轻、精度高的特点，并且可以装备于加工中心刀库中以实现自动换刀，但其驱动扭矩偏小。重型万向铣头的驱动扭矩远大于轻型万向铣头，但其质量重，精度较低。强力万向铣头的特点为精度高、转速高、刚度大、驱动扭矩大，但其质量偏重，价格相对高昂，一般应用于龙门式机床中。

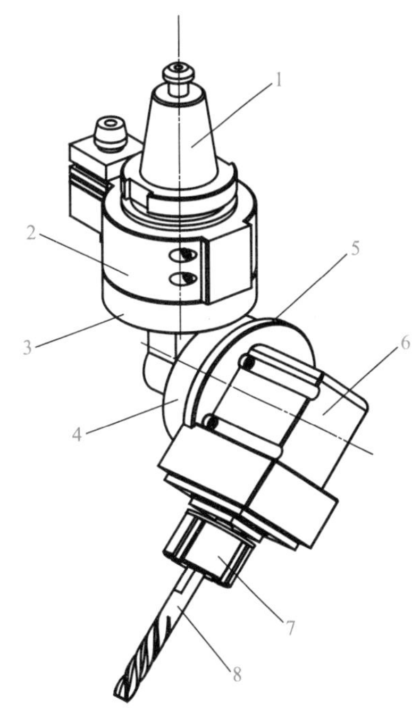

1. 刀柄；2. C 轴驱动单元；3. C 轴回转单元；4. A 轴（B 轴）驱动单元；5. A 轴（B 轴）回转单元；6. 主轴箱；7. 铣刀主轴；8. 铣刀

图 8-15　万向铣头结构

万向铣头作为附加功能部件通常被安装于机床 Z 轴滑枕上，以适应工件多面加工要求。图 8-15 为一种轻型万向铣头外形结构图，主要由刀柄 1、C 轴驱动单元 2、C 轴回转单元 3、A 轴（B 轴）驱动单元 4、A 轴（B 轴）回转单元 5、主轴箱 6、铣刀主轴 7、铣刀 8 等部件构成。操控机床主轴滑枕移动到万向铣头上方，并将刀柄 1 插入机床刀具夹头中，启动铣头夹紧装置，实现万向铣头与主轴滑枕的可靠装夹。C 轴驱动单元 2 和 A 轴（B 轴）驱动单元 4 均内置伺服驱动电机，电机输出的驱动力通过联轴器、传动轴、蜗轮蜗杆、齿轮组、离合器等部件传递至 C 轴回转单元 3 和 A 轴（B 轴）回转单元 5，实现 C 轴与 A 轴（B 轴）的定位锁紧与旋转分度功能。机床主轴的动力经过主轴箱 6 传递至铣刀主轴 7 和铣刀 8，为万向铣头提供铣削动力。C 轴和 A 轴（B 轴）的转动组合可以使铣刀主轴轴线处于前半球面的任意角度。

8.3　数控机床的进给传动系统

数控机床的进给传动系统将伺服电机的旋转运动转变为执行部件的直线运动或回转运动。数控机床要求进给传动系统具有高精度、高稳定性和快速响应等能力。为了满足这样的要求，首先需要有高性能的伺服驱动电机，同时还要有高质量的机械机构。通常数控机床进给传动系统的运动采用无级调速的伺服驱动方式，大大简化了驱动变速箱的结构。

由于数控机床的进给运动完全由数字控制，工件的加工精度与进给传动系统的传动精度、灵敏度和稳定性密切相关。因此，在设计数控机床进给传动系统时，必须考虑以下几方面。

（1）减少运动件的摩擦阻力。传动机构的摩擦阻力主要来自丝杠螺母副和导轨。在数控机床进给传动系统中，为了减小摩擦阻力并提高整个伺服进给传动系统的稳定性，广泛采用刚度高、摩擦系数小且稳定的滚动摩擦副，如滚珠丝杠螺母副、直线滚动导轨。有些滑动摩擦副，如带有塑料层的滑动导轨和静压导轨，由于具有摩擦系数小、阻尼大的特点，也广为数控机床进给传动系统所采用。

(2) 提高传动精度和刚度。进给传动系统的传动精度和刚度，与滚珠丝杠螺母副、蜗轮蜗杆副及其支承构件的刚度有密切的关系。为此，不仅要保证每个零件的加工精度，还要提高滚珠丝杠螺母副、蜗轮蜗杆副的传动精度。通过对滚珠丝杠螺母副和轴承支承进行预紧，消除齿轮、蜗轮蜗杆等传动件间的间隙等来提高进给精度和刚度。

(3) 减少各运动部件的惯量。运动部件，尤其是高速运转的部件，其惯量对进给传动系统的启动和制动特性有很大的影响，在满足传动强度和刚度要求的前提下，应尽可能减小运动部件的惯量。

(4) 系统要有适度阻尼。阻尼既会降低进给伺服系统的快速响应特性，但同时又可增加系统的稳定性。当刚度不足时，运动件之间的适量阻尼可消除工作台的低速爬行，提高系统的稳定性。

(5) 稳定性好、寿命长。稳定性是伺服进给传动系统能正常工作的基本条件，系统的稳定性包括在低速进给时不产生爬行、在交变载荷下不发生共振。稳定性与系统的惯性、刚性、阻尼及增益等多个因素有关。进给传动系统的寿命是指保持数控机床传动精度和定位精度的时间。在设计时，应合理选择各传动件的材料、热处理方法及加工工艺，并采用适宜的润滑方式和防护措施，以延长寿命。

(6) 使用维护方便。数控机床进给传动系统的结构应便于维护和保养，最大限度地减少维修工作量，以提高机床的利用率。

8.3.1 进给传动方式

现代数控机床的进给传动系统广泛采用交流伺服电机、直线电机等作为驱动元件，传动链短，传动件少，变速可靠性高。数控机床的进给运动可以分为直线进给运动和圆周进给运动两类。实现直线进给运动的主要传动方式有滚珠丝杠螺母副传动、齿轮齿条副传动等，以便将伺服电机的旋转运动转换为机床直线进给运动。高速数控机床中常采用直线电机驱动，它实现了无接触直接驱动，避免滚珠丝杠、齿轮和齿条传动中存在的反向间隙、惯性和摩擦力较大，以及刚度不足等缺点，可获得高精度的高速移动，并具有极好的稳定性。数控机床的圆周进给传动系统一般通过蜗轮蜗杆副来实现，在高速数控机床中，有时还采用力矩电机来实现回转工作台的直接驱动。

下面介绍几种在数控机床上常用的进给部件。

8.3.2 滚珠丝杠螺母副

在中、小型数控机床的进给传动系统中滚珠丝杠螺母副（简称滚珠丝杠副）的应用最为普遍。图 8-16 为滚珠丝杠副的典型结构。滚珠丝杠副的工作原理与普通丝杠螺母副基本相同，都是利用螺旋面的升角使螺旋运动转变为直线运动，不同的是在普通丝杠螺母副中螺母和丝杠之间为滑动摩擦，而在滚珠丝杠副中，则由于在螺母和丝杠的运动面之间填入了滚动体而变成滚动摩擦。因此，滚珠丝杠副的传动要比普通丝杠螺母副灵敏，而且效率也更高。为了提高机械系统的刚度，有些加工中心采用平行双丝杠副驱动。读者可扫描二维码，观看滚珠丝杠副视频。

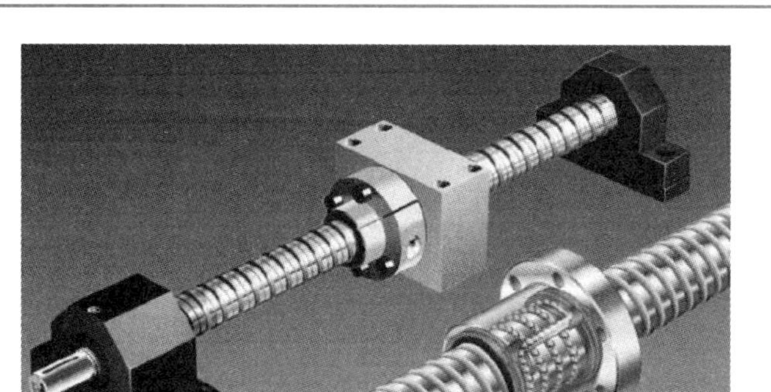

图 8-16　滚珠丝杠副

1）滚珠丝杠副的滚珠循环方式

滚珠丝杠副的结构与滚珠的循环方式有关，按滚珠在整个循环过程中与丝杠表面的接触情况，滚珠丝杠副可分为内循环和外循环两种方式。

内循环方式的滚珠在循环过程中始终与丝杠表面保持接触。如图 8-17 所示，在螺母 2 的侧面孔内装有接通相邻滚道的反向器 4，利用反向器引导滚珠 3 越过丝杠 1 的螺纹顶部进入相邻滚道，形成一个循环回路，称为一列。一般在同一螺母上装有 2～4 个反向器，并沿螺母圆周均匀分布。内循环方式的优点是滚珠循环的回路短、流畅性好、效率高、螺母的径向尺寸也较小，但制造精度要求高。

外循环方式中的滚珠在循环反向时，离开丝杠螺纹滚道，在螺母体内或体外做循环运动。插管式外循环如图 8-18 所示，弯管 1 两端插入与螺纹滚道 5 相切的两个孔内，弯管两端部引导滚珠 4 进入弯管，形成一个循环回路，再用压板 2 和螺钉将弯管固定。插管式外循环结构简单，制造容易，但径向尺寸大，且弯管两端耐磨性和抗冲击性差。螺旋槽式外循环径向尺寸较小，但滚珠经过时易产生冲击。端盖式外循环结构简单，但不易做到准确而影响其性能，故应用较少。

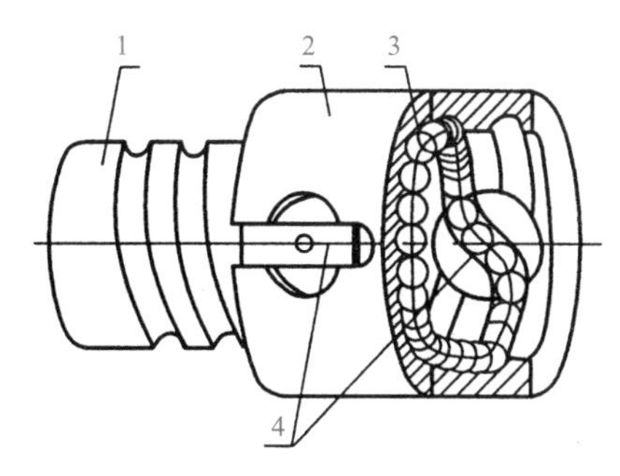

1. 丝杠；2. 螺母；3. 滚珠；4. 反向器

图 8-17　滚珠丝杠副的内循环方式

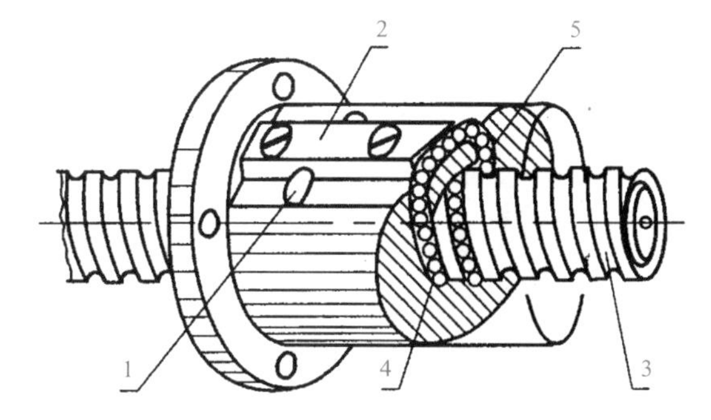

1. 弯管；2. 压板；3. 丝杠；4. 滚珠；5. 螺纹滚道

图 8-18　滚珠丝杠副的外循环方式

2）滚珠丝杠副的预紧方法

滚珠丝杠副预紧的基本原理是使两个螺母产生轴向位移，以消除它们之间的间隙和施加预紧力。

图 8-19 所示结构通过修磨垫片的厚度来调整轴向间隙。这种调整方法具有结构简单可靠、刚性好和装卸方便等优点，但调整较费时间，很难在一次修磨中完成。

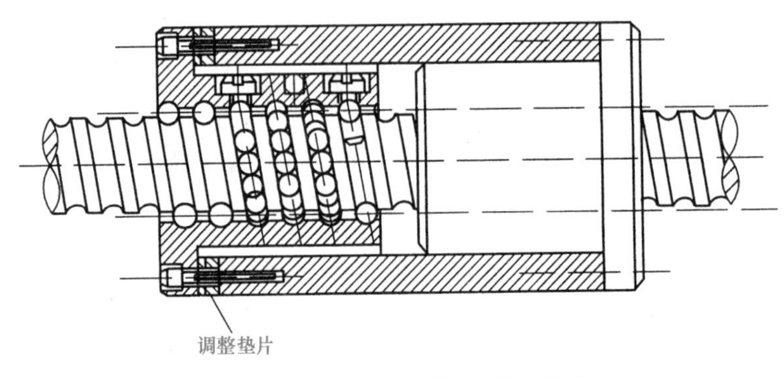

图 8-19 垫片调整间隙和施加预紧力

图 8-20 是利用两个锁紧螺母来调整螺母轴向位移的预紧结构，用两个锁紧螺母 1、2 可使螺母相对丝杠做轴向移动，在消除了间隙之后将其锁紧。这种调整方法具有结构紧凑、工作可靠、调整方便等优点，故应用较广。但调整位移量不易精确控制，因此，预紧力也不能准确控制。

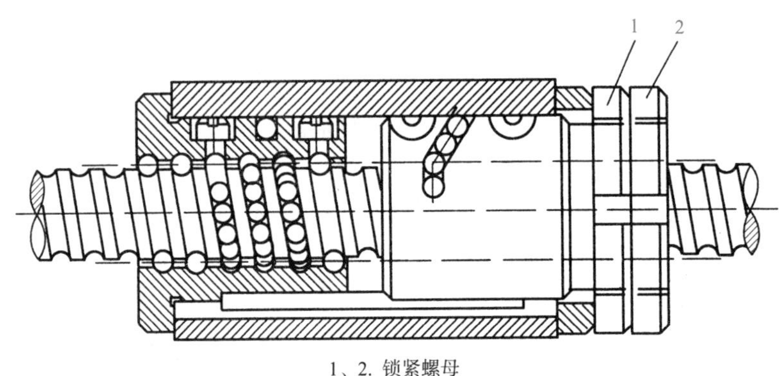

1、2. 锁紧螺母

图 8-20 锁紧螺母调整间隙

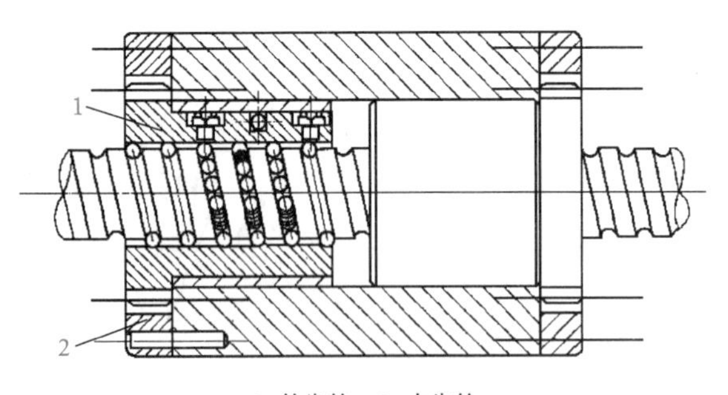

1. 外齿轮；2. 内齿轮

图 8-21 齿差式调整间隙结构

图 8-21 为双螺母齿差式调整间隙结构。在两个螺母的凸缘上分别切出齿数差为 1 的两个齿轮，预紧时两个螺母同向转过相同的齿数,两个螺母的轴向相对位移发生变化，从而实现间隙的调整和施加预紧力。这种调整方式的结构复杂，但调整方便，并可以获得精确的调整量，可实现定量精密微调，是目前应用较广的一种结构。

3）滚珠丝杠副的热变形控制

滚珠丝杠副在工作时会发热，其温度高于床身。丝杠的热膨胀将导致丝杠导程增大，影响定位精度。为了补偿热膨胀，可以将丝杠预拉伸。预拉伸量应略大于热膨胀量。发热后，热膨胀量由部分预拉伸量抵消，使丝杠内的拉应力下降，而长度则基本保持不变。另外，可以将丝杠制成空心，通入冷却液强行冷却，也可以有效地控制丝杠传动中的热膨胀。目前，国外的空心强冷滚珠丝杠的进给速度已经达到 60～120m/min，这在一般的滚珠丝杠传动中是难以达到的。由于螺母的温升也会影响丝杠的进给速度和精度，目前国际上出现了螺母冷却技术，在螺母内部钻孔，形成冷却循环通道，通入恒温冷却液，进行循环冷却。

8.3.3　齿轮齿条副

齿轮齿条副传动常应用于行程较长的大型龙门机床上，其传动比大，刚度和效率也比较高，但传动不够平稳，传动精度不够高，且不能自锁。

采用齿轮齿条副传动时，必须采取措施消除齿侧间隙。当传动负载小时，也可采用双片薄齿轮调整法，分别与齿条的左、右两侧齿槽面贴紧，从而消除齿侧间隙。当传动负载大时，可采用双厚齿轮传动的结构，如图 8-22 所示。进给运动由轴 2 输入，该轴上装有两个螺旋线方向相反的斜齿轮，当在轴 2 上施加轴向力 F 时，能使斜齿轮产生微量的轴向移动。此时，轴 1 和轴 3 便以相反的方向转过微小的角度，使齿轮 4 和齿轮 5 分别与齿条的左、右侧的齿槽面贴紧而消除间隙。

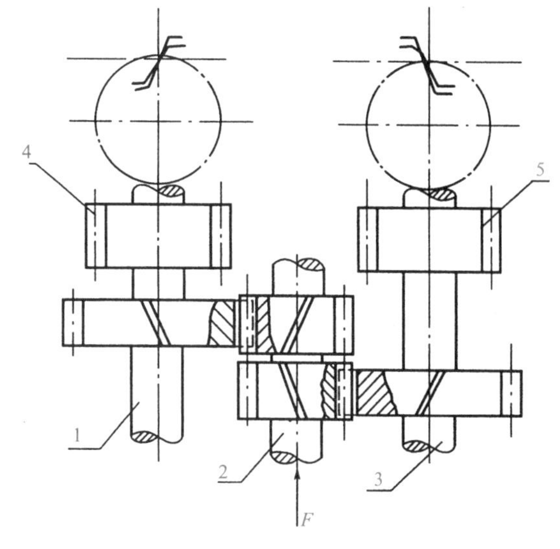

1、2、3. 轴；4、5. 齿轮

图 8-22　齿轮齿条副消除间隙的方法

8.3.4　回转工作台

回转工作台是数控铣床、数控镗床和加工中心等数控机床不可缺少的重要部件，其作用是使数控机床能按照控制指令做分度或回转运动，完成指定的加工工序，数控回转工作台如图 8-23 所示。回转工作台从传动方式角度主要分为机械传动回转工作台和直驱回转工作台两类，机械传动回转工作台由蜗轮蜗杆传动，在传动过程中会产生一部分能量损失，同时其定位精度与机械传动副的运动精度相关。直驱回转工作台通过力矩电机直接驱动转盘运动，采用圆光栅监测电机旋转角度与速度，并通过实时的数据反馈，实现对工作台数控精度和回转速度的控制。直驱回转工作台相对于机械传动式回转工作台具有高精度、高灵敏度、高加速度等优势。因此，直驱回转工作台在数控机床上应用越来越广。读者可扫描二维码，观看数控回转工作台视频。

图 8-23　数控回转工作台

图 8-24 为机械式数控回转工作台结构。伺服电机 15 通过减速齿轮 14、16 及蜗杆 12、

蜗轮 13 带动工作台 1 回转，工作台的转角位置用圆光栅 9 测量。测量结果发出反馈信号并与数控装置发出的指令信号进行比较，若有偏差，经放大后控制伺服电机朝消除偏差方向转动，使工作台精确定位。当工作台静止时，必须处于锁紧状态。台面的锁紧用均布的八个小液压缸 5 来完成，当控制系统发出夹紧指令时，液压缸 5 上腔进压力油，活塞 6 下移，通过钢球 8 推开夹紧瓦 3、4，从而把蜗轮 13 夹紧。当工作台回转时，控制系统发出指令，液压缸 5 上腔的压力油流回油箱，在弹簧 7 的作用下，钢球 8 抬起，夹紧瓦松开，不再夹紧蜗轮 13。然后按数控系统的指令，由伺服电机 15 通过传动装置实现工作台的分度转位、定位、夹紧或连续回转运动。

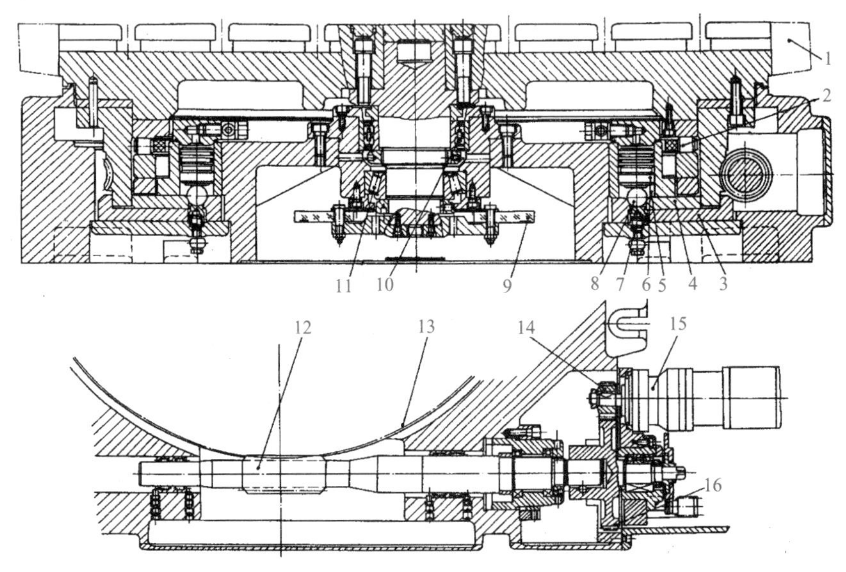

1. 工作台；2. 镶钢滚柱导轨；3、4. 夹紧瓦；5. 液压缸；6. 活塞；7. 弹簧；8. 钢球；9. 圆光栅；10、11. 轴承；12. 蜗杆；13. 蜗轮；14、16. 减速齿轮；15. 伺服电机

图 8-24 机械式数控回转工作台结构图

转台的中心回转轴采用圆锥滚子轴承 11 及双列圆柱滚子轴承 10，并预紧消除其径向和轴向间隙，以提高工作台的刚度和回转精度。工作台支承在镶钢滚柱导轨 2 上，运动平稳而且耐磨。

图 8-25 为直驱回转工作台结构图，主要由力矩电机、转台和安装座组成。电机由冷却套

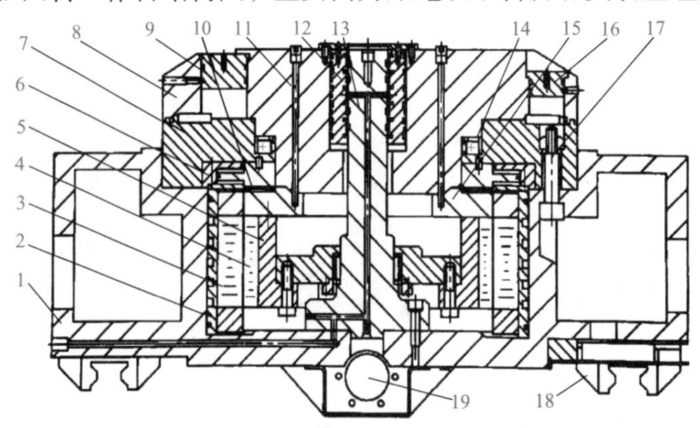

1. 拖板；2. 冷却套；3. 定子；4. 转子；5. 内套；6. *B*轴制动油缸；7. 底座；8. 转台；9、12、16. 分油器；10. 制动片；11.螺钉；13. 芯轴；14. 平面轴承；15. 连接盘；17. 安装螺钉；18. 直线导轨；19. 滚珠丝杠

图 8-25 直驱回转工作台

2、定子 3、转子 4、内套 5 等部件组成，冷却套和定子安装在托板 1 上；转子 4 及内套 5 的上侧通过连接盘 15 与转台连成一体，实现了电机与转台之间的“零传动”；转子 4 的下侧通过圆柱滚子轴承和芯轴 13 连接。转台的上部安装有平面轴承 14；下部安装有 *B* 轴制动油缸 6，回转轴制动时，油缸的活塞向下压紧制动片 10，连接盘 15 连同转台 8 被制动。安装座通过安装螺钉 17 固定在托板 1 上。

8.4　数控机床的导轨

导轨的质量对机床的刚度、加工精度和使用寿命有很大的影响。数控机床的导轨比普通机床的导轨要求更高，要求其在高速进给时不发生振动，低速进给时不出现爬行，且灵敏度高，耐磨性好，可在重载荷下长期连续工作，精度保持性好等。这就要求导轨副具有好的摩擦特性。现代数控机床采用的导轨主要有带有塑料层的滑动导轨、滚动导轨和静压导轨。

8.4.1　带有塑料层的滑动导轨

带有塑料层的滑动导轨摩擦系数低，且动、静摩擦系数差值小；减振性好，具有良好的阻尼性；耐磨性好，有自润滑作用；结构简单、维修方便、成本低等。数控机床采用的带有塑料层的滑动导轨有铸铁-塑料滑动导轨和嵌钢-塑料滑动导轨。塑料层滑动导轨常用作导轨副的活动导轨，与之相配的金属导轨则采用铸铁或钢质材料。根据加工工艺不同，带有塑料层的滑动导轨可分为注塑导轨和贴塑导轨，导轨上的塑料常用环氧树脂耐磨涂料和聚四氟乙烯导轨软带。

1）注塑导轨

如图 8-26 所示的注塑导轨，其注塑层塑料附着力强，具有良好的可加工性，可以进行车、铣、刨、钻、磨削和刮削加工；且具有良好的摩擦特性和耐磨性，塑料涂层导轨摩擦系数小，在无润滑油的情况下仍有较好的润滑和防爬行的效果；抗压强度比聚四氟乙烯导轨软带要高，固化时体积不收缩，尺寸稳定。特别是在调整好固定导轨和运动导轨间的相关位置精度后注入塑料，可节省很多加工工时，特别适用于重型机床和不能用导轨软带的复杂配合型面。

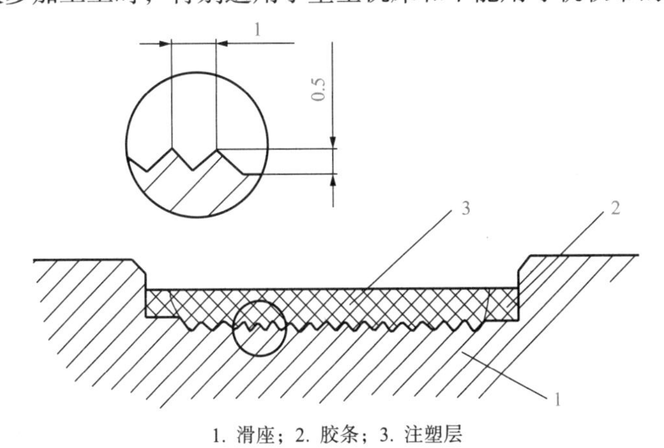

1. 滑座；2. 胶条；3. 注塑层

图 8-26　注塑导轨

2）贴塑导轨

在导轨滑动面上贴一层抗磨的塑料软带，与之相配的导轨滑动面需经淬火和磨削加工。

软带以聚四氟乙烯为基材，添加合金粉和氧化物制成。塑料软带可切成任意大小和形状，用胶黏剂黏接在导轨基面上。由于这类导轨软带用黏接方法，故称为贴塑导轨。

8.4.2 滚动导轨

滚动导轨的特点是：摩擦系数小，启动阻力小，不易产生冲击，低速运动稳定性好；定位精度高，运动平稳，微量移动准确；磨损小，精度保持性好，寿命长。但是抗振性差，防护要求较高；结构复杂，制造较困难，成本较高。现代数控机床常采用的滚动导轨有滚动导轨块和直线滚动导轨两种。

1）滚动导轨块

滚动导轨块是一种以滚动体做循环运动的滚动导轨，其结构如图 8-27 所示。在使用时，滚动导轨块安装在运动部件的导轨面上，每个导轨至少用两块，导轨块的数目与导轨的长度和负载的大小有关，与之相配的导轨多用嵌钢淬火导轨。当运动部件移动时，滚柱 3 在支承部件的导轨面与本体 6 之间滚动，同时又绕本体 6 循环滚动，滚柱 3 与运动部件的导轨面不接触，所以运动部件的导轨面不需淬硬磨光。滚动导轨块的特点是刚度高，承载能力大，便于拆装。

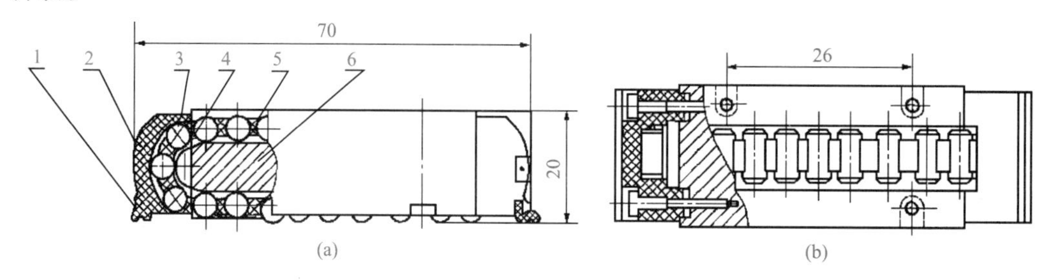

1. 防护板；2. 端盖；3. 滚柱；4. 导向片；5. 保持器；6. 本体

图 8-27 滚动导轨块的结构

2）直线滚动导轨

直线滚动导轨的结构如图 8-28 所示，主要由导轨体 1、滑块 7、滚珠 4、保持器 3、端盖 6 等组成。由于它将支承导轨和运动导轨组合在一起，作为独立的标准导轨副部件由专门的生产厂家制造，故又称为单元式直线滚动导轨。在使用时，导轨体固定在不运动的部件上，滑块固定在运动部件上。当滑块沿导轨体运动时，滚珠在导轨体和滑块之间的圆弧直槽内滚动，并通过端盖内的暗道从工作负载区滚到非工作负载区，然后滚回到工作负载区，不断循环，从而把导轨体和滑块之间的滑动变成了滚珠的滚动。

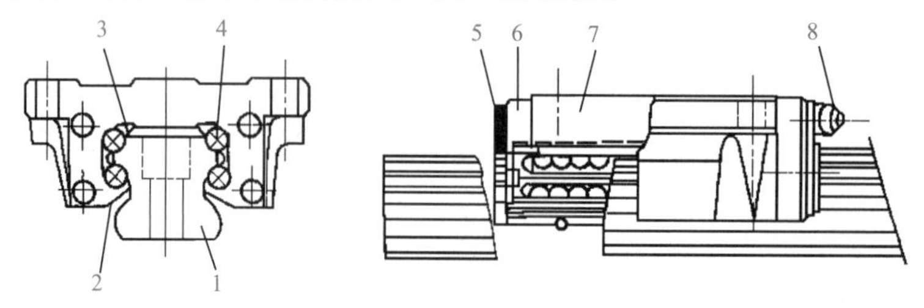

1. 导轨体；2. 侧面密封垫；3. 保持器；4. 滚珠；5. 端部密封垫；6. 端盖；7. 滑块；8. 润滑油杯

图 8-28 直线滚动导轨的结构

8.4.3 静压导轨

静压导轨的导轨面之间处于纯液体摩擦状态，不产生磨损，精度保持性好；摩擦系数低，低速时不易产生爬行；承载能力大；刚性好，承载油膜有良好的吸振作用，抗振性好；但是其结构复杂，需配置一套专门的供油系统，制造成本较高。静压导轨可分为开式静压导轨和闭式静压导轨两种。

开式静压导轨的工作原理如图 8-29 所示。油泵 2 启动后，油经滤油器 1 吸入，用溢流阀 3 调节供油压力，再经过滤油器 4，通过节流器 5 降压至 P_r(油腔压力)进入导轨的油腔，并通过导轨间隙向外流出，回到油箱 8。油腔压力形成浮力并将运动部件 6 浮起，形成一定的导轨间隙。当载荷增大时，运动部件下沉，导轨间隙减小，液阻增加，流量减小，从而使油经过节流器时的压力损失减小，油腔压力 P_r 增大，直至与载荷 W 平衡。

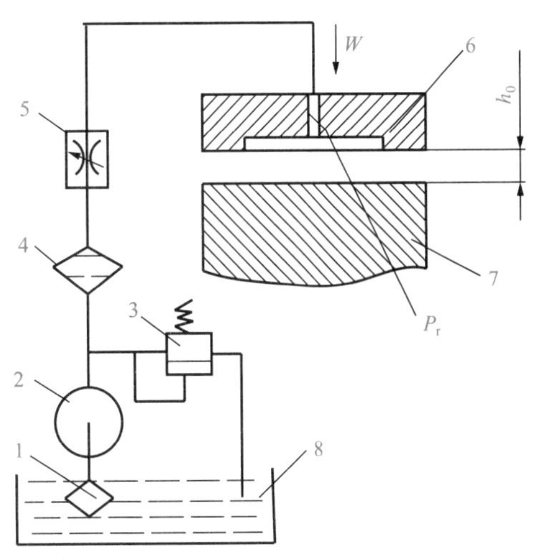

1、4. 滤油器；2. 油泵；3. 溢流阀；5. 节流器；6. 运动部件；7. 固定部件；8. 油箱

图 8-29 开式静压导轨工作原理

8.5 数控机床的自动换刀装置

数控机床为了能在工件一次装夹中完成多道加工工序，缩短辅助时间，减少多次安装工件所引起的误差，必须带有自动换刀装置。自动换刀装置应当满足换刀时间短、刀具重复定位精度高、刀具储存量足够、刀库占地面积小以及安全可靠等基本要求。读者可扫描二维码，观看数控机床的自动换刀装置与刀库视频。

8.5.1 自动换刀装置概述

数控机床自动换刀装置的主要类型、特点及适用范围如表 8-1 所示。

表 8-1 自动换刀装置的主要类型、特点及适用范围

类型		特点	适用范围
转塔刀架	回转刀架	多为顺序换刀，换刀时间短，结构简单紧凑，容纳刀具较少	各种数控车床、车削中心
	转塔头	顺序换刀，换刀时间短，刀具主轴都集中在转塔头上，结构紧凑，但刚性较差，刀具主轴数受限制	数控钻床、镗床、铣床
刀库式	刀库与主轴之间直接换刀	换刀运动集中，运动部件少。但刀库运动多，布局不灵活，适应性差	各种类型的自动换刀数控机床，尤其是对使用回转类刀具的数控镗铣、钻镗类立式和卧式加工中心机床，要根据工艺范围和机床特点，确定刀库容量和自动换刀装置类型。也用于加工工艺范围广的立和卧式车削中心机床
	用机械手配合刀库进行换刀	刀库只有选刀运动，用机械手进行换刀，比刀库换刀运动惯性小，速度快	
	用机械手、运输装置配合刀库换刀	换刀运动分散，由多个部件实现，运动部件多，但布局灵活，适应性好	
带刀库的转塔头换刀装置		弥补转塔换刀数量不足的缺点，换刀时间短	扩大工艺范围的各类转塔式数控机床

1) 自动回转刀架

自动回转刀架是数控车床上使用的一种简单的自动换刀装置，有四方刀架和六角刀架等多种形式，自动回转刀架上分别安装有四把、六把或更多的刀具，并按数控指令进行换刀。自动回转刀架又有立式和卧式两种，立式自动回转刀架的回转轴与机床主轴呈垂直布置，结构比较简单，经济型数控车床多采用这种刀架。

自动回转刀架在结构上必须具有良好的强度和刚度，以承受粗加工时切削抗力和减少刀架在切削力作用下的变形，提高加工精度。自动回转刀架还要选择可靠的定位方案和合理的定位结构，以保证自动回转刀架在每次转位之后具有较高的重复定位精度(一般为 0.001～0.005mm)。图 8-30 为螺旋升降式四方刀架，它的换刀过程如下。

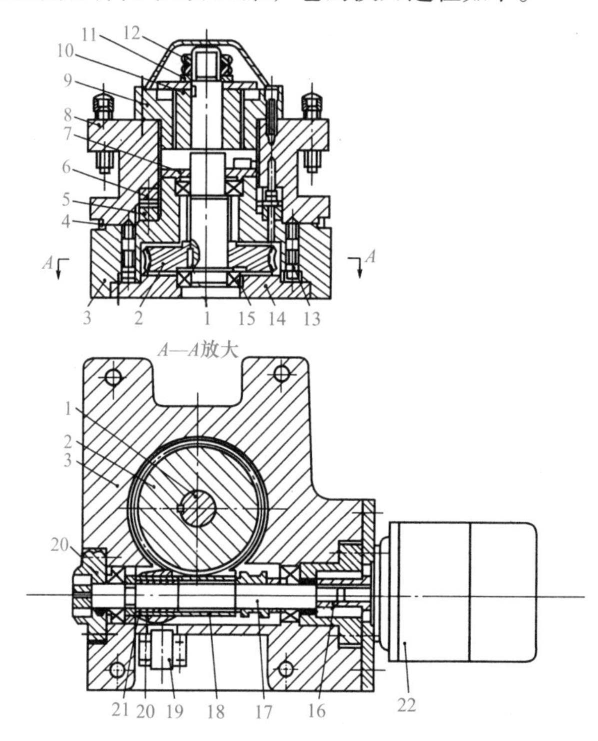

1、17. 轴；2. 蜗轮；3. 刀座；4. 密封圈；5、6. 齿盘；7. 压盖；8. 刀架；9、20. 套筒；10. 轴套；11. 垫圈；12. 螺母；13. 销；14. 底盘；15. 轴承；16. 联轴套；18. 蜗杆；19. 微动开关；21. 压缩弹簧；22. 电机

图 8-30 螺旋升降式四方刀架结构

(1) 刀架抬起。当数控装置发出换刀指令后，电机 22 正转，并经联轴套 16、轴 17，由滑键(或花键)带动蜗杆 18、蜗轮 2、轴 1、轴套 10 转动。轴套 10 的外圆上有两处凸起，可在套筒 9 内孔中的螺旋槽内滑动，从而举起与套筒 9 相连的刀架 8 及上端齿盘 6，使上端齿盘 6 与下端齿盘 5 分开，完成刀架抬起动作。

(2) 刀架转位。刀架抬起后，轴套 10 仍在继续转动，同时带动刀架 8 转过 90°、180°、270°或 360°，并由微动开关 19 发出信号给数控装置。具体转过的角度由数控装置的控制信号确定，刀架上的刀具位置一般采用编码盘来确定。

(3) 刀架压紧。刀架转位后，由微动开关发出的信号使电机 22 反转，销 13 使刀架 8 定位而不随轴套 10 回转，于是刀架 8 向下移动。上下端齿盘 5、6 合拢压紧。蜗杆 18 继续转动而产生轴向位移，压缩弹簧 21 和套筒 20 的外圆曲面压下微动开关 19 使电机 22 停止旋转，从而完成一次转位。

2) 转塔头式换刀装置

带有旋转刀具的数控机床常采用转塔头式换刀装置，如数控钻镗床的多轴转塔头等。转塔头上装有几个主轴，每个主轴上均装一把刀具，加工过程中转塔头可自动转位实现自动换刀。主轴转塔头就相当于一个转塔刀库，其优点是结构简单，换刀时间短，仅为 2s 左右。受空间位置的限制，主轴数目不能太多，主轴部件结构不能设计得十分坚实，影响了主轴系统的刚度，通常只适用于工序较少、精度要求不太高的机床，如数控钻床、数控铣床等。近年来出现了一种用机械手和转塔头配合刀库进行换刀的自动换刀装置，如图 8-31 所示。它实际上是转塔头换刀装置和刀库式换刀装置的结合。其工作原理如下。

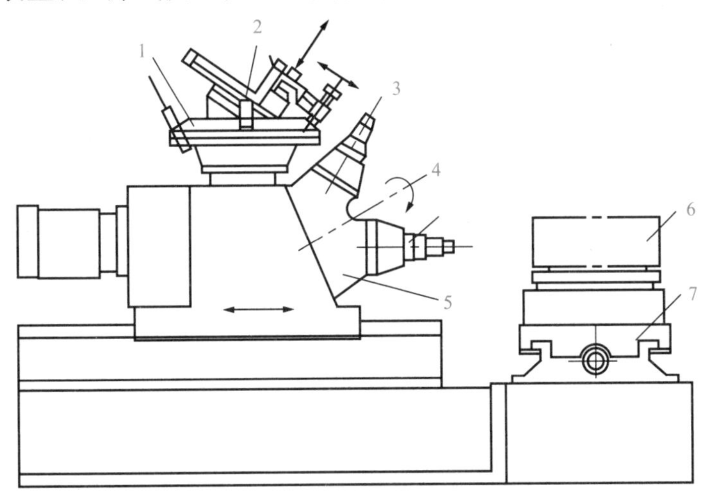

1. 刀库；2. 机械手；3、4. 刀具主轴；5. 转塔头；6. 工件；7. 工作台

图 8-31　机械手和转塔头配合刀库换刀的自动换刀装置

转塔头 5 上有两个刀具主轴 3 和 4，当用刀具主轴 4 上的刀具进行加工时，可由机械手 2 将下一步需用的刀具换至不工作的刀具主轴 3 上，待本工序完成后，转塔头回转 180°，完成换刀。因其换刀时间大部分和加工时间重合，真正换刀时间只需转塔头转位的时间。这种换刀方式主要用于数控钻床和数控铣镗床。

3) 带刀库的自动换刀装置

由于回转刀架、转塔头式换刀装置容纳的刀具数量不能太多，不能满足复杂零件的加工需要，因此，自动换刀数控机床多采用带刀库的自动换刀装置。带刀库的自动换刀装置由刀库和换刀机构组成，换刀过程较为复杂。首先要把加工过程中使用的全部刀具分别安装在标准刀柄上，然后在机外进行尺寸预调整后，按一定的方式放入刀库。换刀时，先在刀库中选刀，再由换刀装置从刀库或主轴上取出刀具，进行交换，将新刀装入主轴，旧刀放回刀库。刀库具有较大的容量，可安装在主轴箱的侧面或上方。由于带刀库的自动换刀装置的数控机床的主轴箱内只有一根主轴，主轴部件的刚度要高，以满足精密加工要求。

另外，刀库内刀具数量较大，因而能够进行复杂零件的多工序加工，大大提高了机床的适应性和加工效率。带刀库的自动换刀装置适用于数控钻削中心和加工中心。

8.5.2 刀库

刀库的作用是储备一定数量的刀具，通过机械手实现与主轴上刀具的互换。刀库有盘式刀库、链式刀库等多种形式，刀库的形式和容量要根据机床的工艺范围来确定。

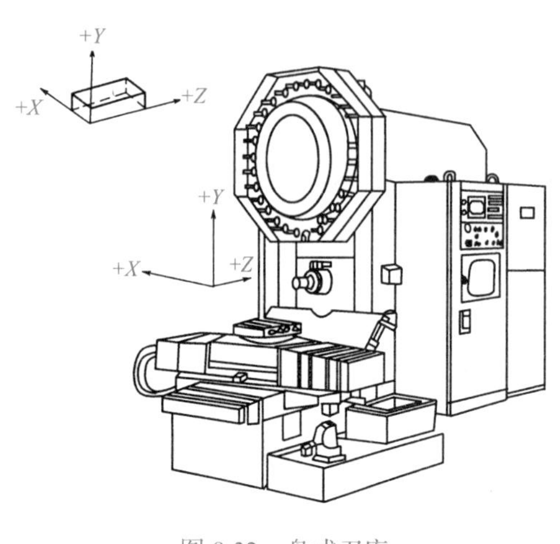

图 8-32 盘式刀库

有的加工中心使用盘式刀库，如图 8-32 所示，刀具的放置方向与主轴同向，换刀时主轴箱上升到一定的位置，使主轴上的刀具正好对准刀库最下面的位置，刀具被夹住，主轴在 CNC 的控制下，松开刀柄，盘式刀库向前运动，拔出主轴上的刀具，然后刀库将下一个工序所用的刀具旋转至与主轴对准的位置，刀库后退，将新刀具插入主轴孔中，主轴夹紧刀柄，主轴箱下降到工作位置，完成换刀任务，进行下道工序的加工。此换刀装置的优点是结构简单，成本较低，换刀可靠性较好；缺点是换刀时间长，刀库容量较小。

有的加工中心采用链式刀库，链式刀库的结构紧凑，刀库容量较大，链环的形状可根据机床的布局制成各种形状，也可将换刀位突出，以便于换刀。当需要增加刀具数量时，只需增加链条的长度即可，给刀库设计与制造带来了方便。

一般的刀库内存放有多把刀具，每次换刀前要进行选刀，常用的选刀方法有顺序选刀和任意选刀两种，顺序选刀是在加工之前，将加工零件所需刀具按照工艺要求依次插入刀库的刀套中，加工按顺序调刀，加工不同的工件时必须重新调整刀库中的刀具顺序。其优点是刀库的驱动和控制都比较简单。因此，这种方式适合加工批量较大、工件品种数量较少的中、小型数控机床的自动换刀。

随着数控系统的发展，目前大多数的数控系统都采用任意选刀的方式，其分为刀套编码、刀具编码和记忆式三种。

刀具编码或刀套编码需要在刀具或刀套上安装用于识别的编码条，一般都是根据二进制编码的原理进行编码。刀具编码选刀方式采用了一种特殊的刀柄结构，并对每把刀具编码。每把刀具都具有自己的代码，因而刀具可在不同的工序中多次重复使用，换下的刀具不用放回原刀座，刀库的容量也可相应减少。但每把刀具上都带有专用的编码环，刀具长度加长，制造困难，刀库和机械手的结构变复杂。刀套编码的方式是一把刀具只对应一个刀套，从一个刀套中取出的刀具必须放回同一刀套中，取送刀具十分麻烦，换刀时间长。目前在加工中心上大量使用记忆式的方式。这种方式能将刀具号和刀库中的刀套位置对应地记忆在数控系统的 PLC 中，无论刀具放在哪个刀套内，刀具信息都始终记忆在 PLC 内。刀库上装有位置检测装置，可获得每个刀套的位置信息。这样刀具就可以任意取出并送回。刀库上还设有机械原点，使每次选刀时就近选取。

8.5.3 刀具交换装置

数控机床的自动换刀装置中，实现刀库与机床主轴之间传递和装卸刀具的装置称为刀具交换装置。刀具的交换方式有两种：由刀库与机床主轴的相对运动实现刀具交换以及采用机械手交换刀具。利用刀库与机床主轴的相对运动实现刀具交换的装置在换刀时必须首先将用过的刀具送回刀库，然后从刀库中取出新刀具，两个动作不能同时进行，换刀时间较长。而采用机械手交换刀具的装置在换刀时能够同时抓取和装卸机床主轴与刀库中的刀具，因此换刀时间进一步缩短。采用机械手进行刀具交换的方式应用最广泛。这是因为机械手换刀灵活，动作快，而且结构简单。机械手能够完成抓刀—拔刀—回转—插刀—返回等一系列动作。为了防止刀具掉落，机械手的活动爪都带有自锁机构。

8.6　数控机床的辅助装置

8.6.1　液压和气动装置

现代数控机床中，除数控系统外，还需要配备液压和气动等辅助装置。所用的液压和气动装置应结构紧凑、工作可靠、易于控制和调节。虽然液压和气动的工作原理类似，但适用范围不同。

液压装置由于使用工作压力高的油性介质，因此机构出力大、机械结构更紧凑、动作平稳可靠、易于调节和噪声较小，但要配置油泵和油箱，当油液渗漏时污染环境。气动装置的气源容易获得，机床可以不必再单独配置动力源，装置结构简单，工作介质不污染环境，工作速度快和动作频率高，适合于完成频繁启动的辅助工作。

液压和气动装置在机床中能实现和完成如下的辅助功能。

(1) 自动换刀所需的动作，如机械手的伸、缩、回转和摆动及刀柄的松开和拉紧动作。
(2) 机床运动部件的平衡，如机床主轴箱的重力平衡、刀库机械手的平衡装置等。
(3) 机床运动部件的制动和离合器的控制，以及齿轮拨叉挂挡等。
(4) 机床的润滑和冷却。
(5) 机床防护罩、板、门的自动开关。
(6) 工作台的松开夹紧、交换工作台的自动交换动作。
(7) 夹具的自动松开、夹紧。
(8) 工件、刀具定位面和交换工作台的自动吹屑清理等。

8.6.2　排屑装置

数控机床在单位时间内金属切削量大大高于普通机床。工件在加工过程中会产生大量的切屑。这些切屑占据一定的加工区域，如果不及时排除，就会覆盖或缠绕在工件或刀具上，阻碍机械加工的顺利进行。并且炽热的切屑会引起机床或工件热变形，影响加工的精度。因此，在数控机床上必须配备排屑装置，它是现代数控机床必备的附属装置，排屑装置的作用就是快速地将切屑从加工区域排出数控机床。在数控车床和磨床上的切屑中往往混合着切削液，排屑装置从其中分离出切屑，并将它们送入切屑收集箱(车)内，而切削液则被回收到冷却液箱。数控铣床、加工中心和数控铣镗床的工件安装在工作台面上，切屑不能直接落入排屑装置，故往往需要采用大流量冷却液冲刷或压缩空气吹扫等方法使切屑进入排屑槽，然后再回收冷却液并排出切屑。

排屑装置的安装位置一般都尽可能靠近刀具切削区域。例如，车床的排屑装置装在回转工件下方，铣床和加工中心的排屑装置装在床身的回液槽上或工作台边侧位置，以利于简化

机床或排屑装置结构，减小机床占地面积，提高排屑效率。排出的切屑一般都落入切屑收集箱或小车中，有的则直接排入车间的集中排屑系统。读者可扫描二维码，观看数控机床的排屑装置视频。

8.6.3 其他辅助装置

数控机床除上述的液压和气动装置、排屑装置外，还有自动润滑系统、冷却装置、刀具破损检测装置、精度检测装置和监控装置等。限于篇幅，此处不一一细述。

复习思考题

8-1 数控机床的机械结构包括哪些内容？和普通机床相比较各有什么特点？
8-2 用哪些方法可以提高数控机床的结构刚度？试说明理由。
8-3 试分析箱中箱结构和双丝杠驱动的优缺点。
8-4 对于数控机床的主轴，在设计和使用时有什么具体要求？
8-5 数控机床主轴滚动轴承的预紧方法有哪些？
8-6 为什么数控机床的主轴有时需要装备准停装置？试举例说明准停装置的工作原理。
8-7 数控机床的进给传动系统由哪几部分组成？举例说明进给传动系统的工作原理。
8-8 数控机床中消除齿轮传动副侧隙的方法有哪些？试举例说明。
8-9 数控机床为什么要使用滚珠丝杠螺母副传动？滚珠丝杠螺母副有哪些预紧和消除侧隙的方法？
8-10 数控加工时，在什么情况下需要使用回转工作台？简述回转工作台的工作过程。
8-11 数控机床的导轨有哪些形式？各有什么特点？
8-12 数控机床的自动换刀装置有哪些主要类型？常见的刀库类型有哪些？
8-13 数控机床的液压和气动装置在数控加工过程中能完成哪些功能？试举例说明。
8-14 数控机床的排屑装置有哪些形式？
8-15 试设计一套能处理多台加工中心切屑的集中排屑处理系统。

第9章 分布式数字控制技术

9.1 概　　述

DNC是用一台或多台计算机，对多台数控机床实施综合控制的一种方法，是以数控机床为基础的机械制造系统的一个重要发展。DNC系统与单机数控机床相比，避免了程序传输烦琐的缺陷，增加了控制功能，提高了设备的利用率，改善了管理。与第10章的FMS相比，DNC强调信息的集成与信息流的自动化，物料流的控制与执行主要采用人工介入完成。因此，相对FMS来说，DNC投资小、见效快，更容易为中、小企业所接受。随着制造业信息化步伐的不断加快，DNC系统能够很容易集成到FMS或CIMS中，成为现代制造系统中的一个基本组成部分。

9.1.1 DNC的产生

从20世纪60年代后期出现DNC系统到70年代初，DNC系统处于发展的初期。1980年国际标准化组织制定了ISO 2806标准，定义DNC是直接数字控制(direct numerical control)，也有人称它为"群控"，其含义为：DNC系统使一群数控机床与公用零件程序或加工程序存储器发生联系，一旦提出请求，它立即把数据分配给有关机床。这就是说，DNC主要是为了解决数控设备的NC程序输入所带来的一系列问题而发展起来的。在DNC系统中，数控机床通过数据通信线与DNC系统主机相连接。数控加工程序存储在DNC系统主机的存储器中，并在需要时通过数据通信线送至各数控机床。

随着通信技术的发展，DNC系统打破传统的本地连接模式，允许数控机床与远程主机相连接，这样，编程人员可以在任何地方编制数控加工程序，并通过网络把程序输入主机中，而不必在数控机床边上编制零件加工程序。因此，DNC系统出现以后，在美国的一些企业中很快被采用。但当时建立这样一个DNC系统的初始投资很大，而且系统的管理和控制都集中在一台主机上，一旦数据通信线或主机发生故障，就会影响整个DNC系统的工作。因此，早期的DNC系统的实际使用情况并不理想，没有达到预期的效果。

20世纪70年代，随着CNC系统的普及，计算机成本的大幅度降低，特别是计算机网络技术和数据库管理技术的发展、完善，经过一段时间的发展，DNC的功能已经不局限于NC程序的上载、下载、储存、管理等基本功能。DNC系统也包含了收集和处理从机床反馈给计算机的数据。1994年国际标准化组织颁布了新的DNC国际标准ISO 2806，对DNC进行了新的定义，为分布式数字控制(distributed numerical control)。其含义为：在生产管理计算机和多个数控系统之间分配数据的分级系统。DNC系统与早期的直接数控系统相比，开始着眼于通过计算机网络更加广泛地与企业管理与技术部门实现信息集成，并对生产计划、技术准备、加工操作等基本作业进行集中监控与分散控制。DNC 系统功能更完善，更具制造柔性。

因此，仅满足 NC 程序传输和管理功能的 DNC 系统称为直接数字控制系统，而新一代的 DNC 系统增加了现代生产管理、设备工况信息采集等功能，通常称为分布式数字控制系统。

9.1.2 DNC 的特点

1. 投入少、周期短、成效好

DNC 系统在技术上重点强调信息流的集成与管理，不解决物料的自动化储运。因此，系统资金和人力资源投入需求少，开发和调试周期短，其成效相对比较明显。DNC 系统首先解决了以往 NC 程序管理混乱、无序的状态，实现了规范化管理。NC 程序建档存入数据库，只有具有相应权限的使用人员才能查看和使用 NC 程序，避免了 NC 程序以文件方式管理出现的易复制、易失密的可能性。同时方便 NC 程序与零件号、工序号(工艺文件)、编程人员信息等关联管理。

另外，强化了 NC 程序的流程管理。DNC 系统可按照 NC 程序所处的不同阶段，将入库程序标记成编辑、调试、回传、冻结等多种状态，实现对 NC 程序的全生命周期管理。

同时，用户权限管理也得到了强化。DNC 系统通常允许设置多个具有不同权限的用户，不同用户只能根据其权限进行相应的工作，如编程员只负责 NC 程序的编辑和入库，程序主管能对 NC 程序所处状态进行解锁和改变等。

2. 拓展了数控机床的功能，提高了数控机床的利用率

首先，DNC 系统拓展了数控机床的程序存储能力，尤其适合存储能力有限的老式数控机床。由于现代产品的复杂程度不断增加，制造精度不断提高，造成了 NC 程序容量的扩张，甚至出现了单个 NC 程序容量超出数控系统存储容量的现象。DNC 系统的断点续传功能，彻底解决了这一问题，不但拓展了数控机床的功能，而且保证了数控加工的质量。其次，DNC 系统的生产数据、设备状态信息采集功能，可实现数控机床远程监视与管理。DNC 系统的 NC 程序和刀具参数的上、下载，以及 NC 程序的编辑与加工轨迹仿真，最大限度地压缩了辅助工时，大大减少了数控机床的待机和停机时间，从而提高了数控机床的利用率。

3. 具有良好的可扩展性和集成性

由于现代 DNC 系统中的通信系统基于计算机网络和现场总线技术进行开发，因此，系统具有良好的可扩展性能，如采用串口/以太网服务器可将具有 RS232/RS422/RS485 接口的数控设备直接连接到车间局域网上。当数控设备增加后，只需要简单地扩展局域网节点数就能很方便地将新增设备联网。

DNC 系统改善了企业信息系统与生产现场之间的集成性，DNC 系统不仅用计算机来管理、调度和控制多台 CNC 机床，而且与 CAD/CAPP/CAM、物料输送和存储、生产计划与控制相结合，形成了柔性分布式数字控制(flexible distributed numerical control, FDNC)系统，成为现代集成制造系统中的重要组成部分。

9.1.3 DNC 的基本组成

图 9-1 为 DNC 系统的典型结构，由以下几部分组成。

(1) DNC 主机(或称 DNC 控制计算机)，包括大容量的外存储器和 I/O 接口。

(2) 通信单元。

(3) DNC 接口。

(4) NC/CNC 装置。

(5) 软件系统，通常包括实时多任务操作系统、数据库管理系统和 DNC 应用软件等。

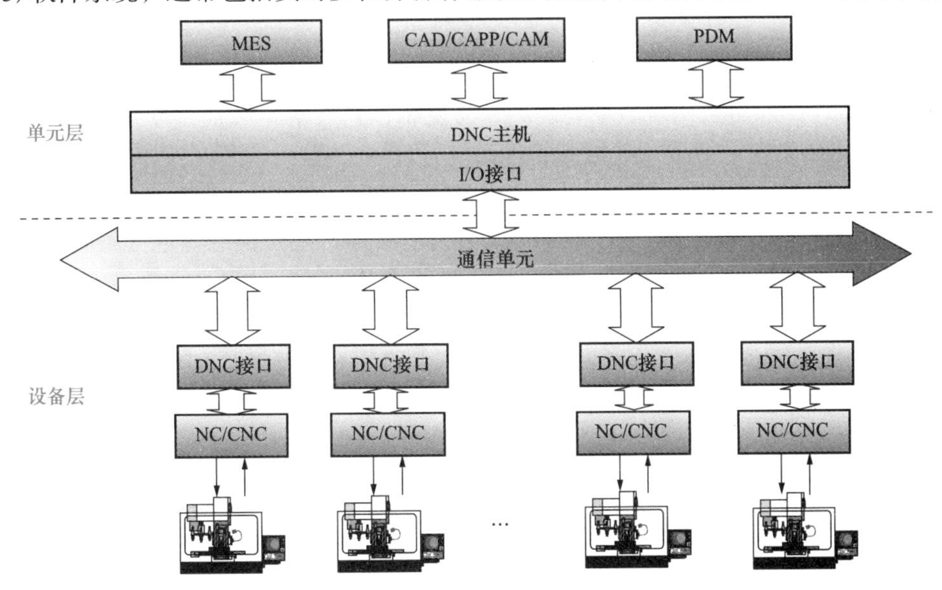

图 9-1　DNC 系统典型结构

由于 DNC 系统的构成有多种形式，DNC 系统各组成部分的配置应根据用户需求和具体条件确定。影响 DNC 系统配置的因素很多，如车间层机床的负载状况、所需要的柔性、劳动力费用、被处理信息的层次等。但首先应考虑工厂具体的需求，如自动化程度、信息流以及工厂的计算机结构层次等重要因素。

NC 和 CNC 装置作为 DNC、FMS 和 CIMS 的底层设备控制器，除了要与数据 I/O 设备等外部设备相连接，还要与 DNC 计算机直接通信或通过局域网络相连，具有网络通信功能。NC 或 CNC 装置与 DNC 主计算机间交换的数据要比单机运行时多得多，如机床启停信号、操作指令、机床状态信息、零件加工程序、刀具参数等数据的传送，为此，传送的速率也要高些。目前有些 NC 或 CNC 装置配置的 RS232C/RS422 等接口的传送速率一般不超过 9600bit/s，而且只能进行加工程序的双向传送，不能进行机床的远程控制操作，更不能直接与网络相连接。这类 CNC 装置必须通过专门开发的 DNC 接口才能连入 DNC 系统中，实现 DNC。

9.1.4　DNC 的主要功能

随着通信、数据库管理、现代管理等技术的快速发展，DNC 系统的功能也在不断增强，主要功能有如下几个方面。

(1) 数控加工程序的下载与上载。采用 DNC 系统的主要目的之一是改变数控加工程序输入方式，直接通过计算机与数控系统之间的通信功能联机下载 NC 程序；同时，由于在实际生产中 NC 程序需要通过试切才能定型，或者在使用过程中需要进行调整和修改，因此，经过试切或在使用过程中进行了局部修改的 NC 程序需要上载到 DNC 主机，再保存到数据库中。

NC 程序下载方式也在不断改变，从简单下载发展到断点续传、自动下载。对于具有在线加工功能的 DNC 系统，可进行 NC 程序断点续传，即实现通常所说的边加工边下载。自动下载就是根据生产作业计划自动分配 NC 程序到相应的机床中。

另外，随着计算机网络技术和数据库管理技术的发展，NC 程序上载、下载已经不局限于 DNC 主机和数控机床之间,还可以通过计算机网络实现远程调用与传输,甚至通过 Internet 进行异地传送。

(2) NC 程序存储与管理。NC 程序的存储与管理是 DNC 系统的另一个重要功能。以文件方式管理 NC 程序，通常会出现版本管理难、易复制、易失密等缺点。为了确保 NC 程序的安全和可靠，DNC 系统一般采用数据库管理系统管理 NC 程序，这样可以方便地实现规范化管理。只有具有相应权限的使用人员，才能实施信息查询、编辑、调用、控制等操作，同时可方便地将 NC 程序与零件号、工序号(工艺文件)、版本、用户信息等进行关联管理，甚至包括程序注释、刀具清单、相关图片等。

随着分布式数据库技术的发展，NC 程序管理系统常常把那些使用频繁的 NC 程序保存在 DNC 系统的本地数据库中，将近期不使用或不常用的 NC 程序保存到远端数据库中。

(3) 数据采集、处理和报告。数据的采集、处理和报告的主要目的是对工厂的生产进行离线监控。采集的数据包括加工工件计数、刀具使用、机床利用和另外一些衡量车间工作状态的参数。DNC 计算机处理这些数据，并及时向管理部门提供必要的信息。近几年来，DNC 这个功能的范围被扩大了，不仅从数控机床上采集数据，而且可从车间范围内的其他计算机或终端采集信息，进行车间或工段的生产准备、管理和控制。

(4) 用户与 NC 程序流程管理。DNC 用户管理就是针对系统应用中承担的不同角色，通过设置多个用户，赋予不同的权限来规范工作流程，通常分为系统管理员和普通用户。系统管理员是系统中最高级别用户，主要完成系统参数配置、用户权限设置等工作。普通用户分为程序员、调度员、程序主管等。程序员负责程序编辑、入库等；调度员负责作业调度和将所需要的 NC 程序下载到指定的机床；程序主管负责对程序所处状态进行解锁和管理。

NC 程序流程管理就是按照程序所处的不同阶段，将入库程序标记成编辑、调试、回传和冻结四种状态。

(5) 分配与传递刀具数据。

(6) 刀具、量具、夹具等工装准备信息，以及系统内工装的实时控制。

(7) 按照工艺计划及生产作业计划，实现由多种数控机床组成的 DNC 系统的物流信息实时控制，工件的输送、储存，以及同步加工和装配等活动的集成化生产管理。

目前多数 DNC 系统仅包括前几项基本功能，可以相信随着制造业信息化工程的不断推进，DNC 系统的功能将不断完善和提高。

9.2 DNC 系统结构与控制

DNC 系统一般采用两级控制结构，即系统管理与控制级和 NC/CNC 设备控制级，如图 9-2 所示。

对于采用两级控制结构的 DNC 系统，DNC 主机承担了全部管理与控制功能，如 NC 程序存储与管理、NC 程序与刀具参数上载与下载、设备状态数据采集与处理、生产计划执行与跟踪等。由于本级既承担 DNC 系统的管理功能，又执行系统的控制功能，所以该类系统的管理与控制功能相对较弱，否则系统的负荷偏重，将影响系统的执行效率。

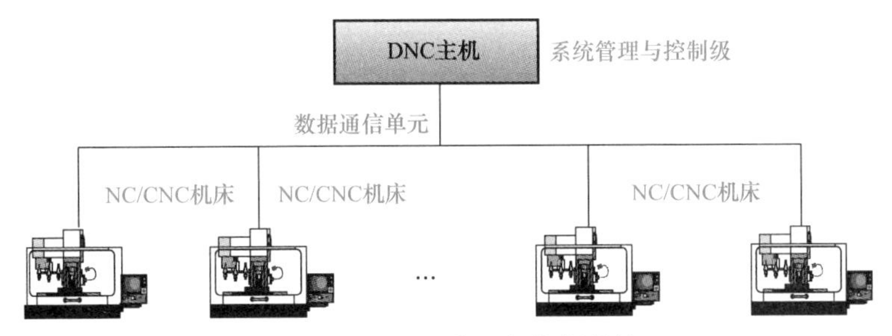

图 9-2　DNC 系统一般控制结构

设备控制级一般都是机床控制单元，其基本功能在于实现机床各坐标轴的运动及有关辅助功能的协调工作。从 DNC 系统的角度看，它执行或接收来自系统管理与控制级的控制指令和相关信息，并负责向系统管理与控制级反馈设备状态信息和命令执行反馈信息。

对于系统比较庞大、功能比较完善的 DNC 系统通常采用多级递阶控制结构。一般来说，底层的能力主要面向应用，具有专用的能力，用于完成规定的特殊任务。顶层则具有通用的能力，控制与协调整个系统。根据 DNC 系统的规模大小，可以采用三、四、五级结构，常用的是三级递阶结构，如图 9-3 所示。

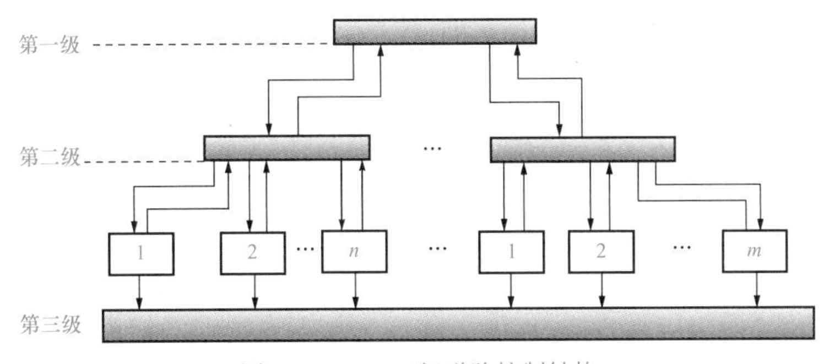

图 9-3　DNC 三级递阶控制结构

在采用递阶控制结构的 DNC 系统中，任务和功能通过优化分配到每一级，各自承担不同的任务，充分发挥各自的最大功能。

对于采用三级递阶控制的 DNC 系统来说，第一级为单元级，是系统的最高级。其主要功能为系统管理、生产计划制定与优化决策、生产计划执行与统计分析、物料需求计划制定及资源跟踪、设备管理、生产技术文件管理等。第二级为工作站级，其主要功能为接收来自单元级的控制及相关信息，并根据下一级的设备状态进行任务分解和调度，实时地向各个设备分配加工任务及 NC 程序上载与下载、设备状态信息的采集与处理、任务执行状况和统计信息的反馈等。部分系统还具有系统故障诊断与系统监控等功能。第三级为设备控制级，其功能如前所述。

9.3　DNC 系统的通信方式

9.3.1　基于异步串行通信的点对点型

点对点型通信方式是 DNC 系统中最早采用的通信方式，它是基于 RS232C/RS422 串口来实现的，拓扑结构为星型，通信速率一般在 110～9600bit/s。这种接口的通信协议通常分为三层，即物理层、链路层和应用层。物理层相当于实际的物理连接，它实现通信介质上的比特流的传输。链路层采用异步通信协议，它将数据进行帧格式的转换，提交物理层进行服务，或对物理层送到的帧进行检错处理，交给上层。异步协议的特征是字符间的异步定时。它将 8 位的字符看作一个独立信息，字符在传送的数据流中出现的相对时间是任意的，但每一字符中的各位却以预定的时钟频率传送，即字符内部是同步的，字符间是异步的。异步协议的检错主要利用字符中的奇偶校验位。应用层就是具体的报文应答信号，往往由控制器厂家自行制定。

点对点的连接简单，成本低。由于大部分计算机和数控机床都具有串行通信接口，所以实现起来比较方便。但这种连接也有以下缺点。

(1) 传输距离短。例如，RS232C 的传输距离不超过 50m，20mA 电流环和 RS422/RS423 的传输距离为 1000m 左右。

(2) 传输不够可靠。这些接口和连接电缆的抗干扰能力较差，而且其传输过程的检错功能较弱。

(3) 传输速率低，实时性差，响应速度慢。

(4) 由于一台计算机提供的串行接口有限，所连设备数量有限，因此系统规模不可能很大。

(5) 每台设备都需一条来自 DNC 主机的通信电缆，因此整个系统的电缆费用很大，而且导致系统环境的复杂性也大大增加。

(6) 系统扩充不容易。当系统需扩充时，不但要修改系统软件，而且要更改硬件。

为了克服上述不足，人们提出了多种方法来满足 DNC 技术的发展需求。早期主要采用的两种方式如图 9-4 所示。第一种是 DNC 主机通过多路串口转换器实现与多台 CNC 机床的通信(图 9-4(a))，但存在结构复杂、成本高、可靠性低等不利因素。第二种是 DNC 主机通过智能多串口卡分别连接多台 CNC 机床(图 9-4(b))，其结构连接虽然简单，但需开发智能通信软件，提高了成本。

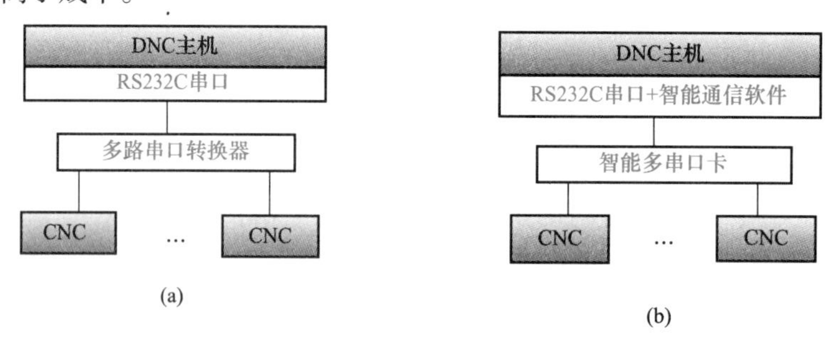

图 9-4 点到点连接的 DNC 系统

9.3.2 基于网络的分布型

高档数控系统都具有网络接口，特别是随着开放式数控技术的迅速发展，网络接口已成为现代数控机床的标准配置，这为 DNC 系统采用计算机网络连接打下了技术基础。

计算机网络通信是一种非集中控制的通信网，它把分散的自动化加工过程和分散的系统通过一条公用的通信介质，如双绞线、光纤电缆或同轴电缆，连接在一起，网络节点数量较多，各节点之间的距离可以较远。采用计算机网络的 DNC 系统如图 9-5 所示。

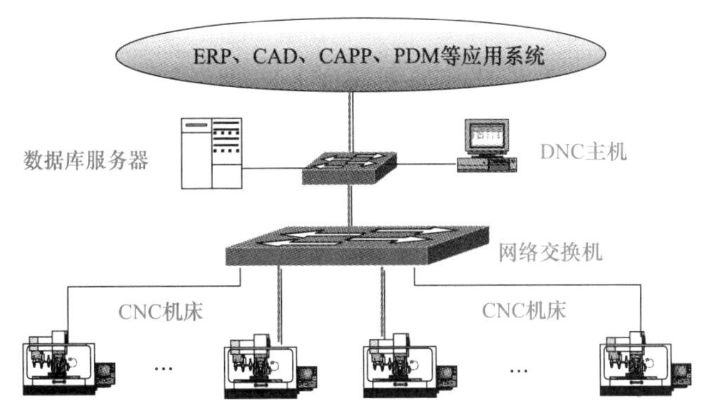

图 9-5　局域网 DNC 系统

计算机局域网络具有在局部范围内高可靠性、高速率地传输信息和数据共享等特点，它完全能满足 DNC 系统的信息传输和数据共享等要求。

从地域分布看，DNC 系统一般安装在一个加工车间内，符合局域网信息传输地域的要求；从实时性看，局域网技术提供的信息传输的实时性完全满足 DNC 系统的实时性要求；从系统的可靠性看，局域网技术提供了一套完整的差错控制、检错功能，局部网络具有很高的可靠性，只要合理地应用这些技术，就能使 DNC 系统具有很高的可靠性；从系统的灵活性看，局域网很容易扩充，这为 DNC 系统分阶段实施提供了条件；从资源共享来看，局域网为 DNC 系统提供了共享工厂级计算机资源信息的条件，使得 DNC 系统不仅仅是一个加工控制系统，而且可与生产管理、计划调度、物料管理以及刀具管理相结合形成一个完整的系统。

因此，局域网是解决 DNC 系统信息传输的有效方法。但在具体应用时，还要考虑 DNC 系统具体的特点来选择合适的局部网。根据局域网的拓扑结构，各站点在局域网中的不同连接型式又可分为星型拓扑、总线型拓扑、环型拓扑、树型拓扑和混合型拓扑，而以总线型和环型应用最多。

DNC 系统中常用的局域网有 MAP(manufacturing automation protocol)网、工业以太网(Ethernet)等。MAP 具有传输速度高、抗干扰能力强、可靠性好、通信距离长、连接设备多等特点，所以它是 DNC 系统通信连接的一种较好的技术方案。不过，虽然在技术层面上，MAP 可以说面面俱到、无懈可击；但在实际开发上，复杂程度高，开发费用大，老旧机床用此技术实现 DNC 几乎不可能。因此，目前工业以太网最为流行。

工业以太网是在标准以太网的基础上发展而来的，因为标准以太网具有成本低、稳定和可靠等诸多优点，已经成为广受欢迎的通信网络之一。工业以太网协议有 4 个主要竞争者：Modbus/TCP(Modbus protocol on TCP/IP)、Ethernet/IP(the control net/DeviceNet objects in TCP/IP)、Foundation Fieldbus HSE(high speed Ethernet)、Profinet(ProfiBus on Ethernet)。工业以太网采用端到端的高速数据交换，统一解决了工业网络的纵向分层和横向远程的系统问题，使信息可以从底层设备、传感器到管理层办公桌面完全集成。由于以太网技术成熟、性能优越、成本低廉，所以受到用户广泛的欢迎，从而能够在自动控制领域异军突起。

各种工业以太网的协议虽然有所区别，但是它们有一个共同点，就是统一使用了 TCP/IP 网络协议。该协议的特点是具有开放的协议标准，并且独立于特定的计算机硬件与操作系统，独立于特定的网络硬件；统一的网络地址分配方案；以及标准化的高层协议，可以提供多种可靠的用户服务。

由于工业网络需要解决工业控制具体问题，因而需要在 TCP/IP 层增加用户层，在这一层次上以上几种工业以太网协议各不相同。例如，Ethernet/IP 工业以太网在 TCP/UDP/IP 之上附加用户控制和信息协议(CIP)，它提供实时的 I/O 报文和信息，以及对等层通信报文，并提供一个公共的应用层。而 HSE 在应用层提供 FF 特别的应用协议，包括数据桥接、现场设备访问代理、系统管理、网络管理、冗余管理和系统诊断等。因此，目前要建立一个统一的应用层和用户层标准协议还只是一个长远的目标。

尽管工业以太网标准悬而未决，不过既然是工业以太网，就都要遵循 IEEE 802.3 开放网络协议，现在能够在极端恶劣条件下稳定工作的工业以太网产品有上百种之多，如连接板卡、芯片、集线器、交换机、网关、远程 I/O、软 PLC、通信软件、驱动软件等。因此，在 DNC 等制造自动化系统中完全能够采用工业以太网技术来构建通信网络，以满足车间各个层次的实时通信要求以及与上层企业信息网集成的需要，从而达到全车间信息的完整性、通透性、一致性、开放性。

从保护自身投资利益出发，现在工业以太网一般使用在控制级及其以上的各级，现场级仍采用现场总线。例如，Modbus TCP/IP 使用 Modbus 总线，Ethernet/IP 使用 DeviceNet 和 ControlNet 现场总线，FF HSE 现场级使用 FF H1 现场总线，Profinet 则完全保留已有的 ProfiBus 现场总线。这样一来，这些系统间相互兼容还很困难，9.4 节中将要介绍的 OPC 技术能够很好地解决这一问题，从而实现异构网络的信息集成。

就工业以太网、MAP 网等“高级”专业网络而言，现场总线相当于“低层”工业数据总线。目前 ISO 11898 通过了 CAN(control area network)现场总线标准。IEC TC17B 通过了 3 种现场总线国际标准，即 SDS(smart distributed system)、ASI(actuator sensor interface)和 DeviceNet。另外，还有 8 种互通信协议不兼容的分属不同公司支持的现场总线：ProfiBus(德国 SIEMENS 公司)、ControlNet(美国 Rockwell 公司)、Interbus(德国 Phoenix Contact 公司)、P-Net(丹麦 Process Data 公司)、World FIP(法国 Alstom 公司)、Swift Net(美国波音公司)等。

现场总线拓扑结构主要采用总线式(即主从式)，在通信方式上各节点之间的数据交换只允许通过主节点来实现，节点之间不直接交换数据。这样有利于简化通信结构，降低成本，提高可靠性。目前也有少量的现场总线采用生产者/消费者方式，如 DeviceNet 和 ControlNet 等，这种通信方式较主从式大大提高了通信效率。

在 DNC 等自动化制造系统中，现场总线应用已经非常广泛，如 CANBus 凭借成本低、抗干扰能力强、实时性好等特点，已广泛应用于 DNC 系统底层以实现设备互连。由于一般的 CNC 机床不具备与现场总线连接的接口，因此需要开发专用的现场总线网络接口才能连接，如图 9-6 所示。

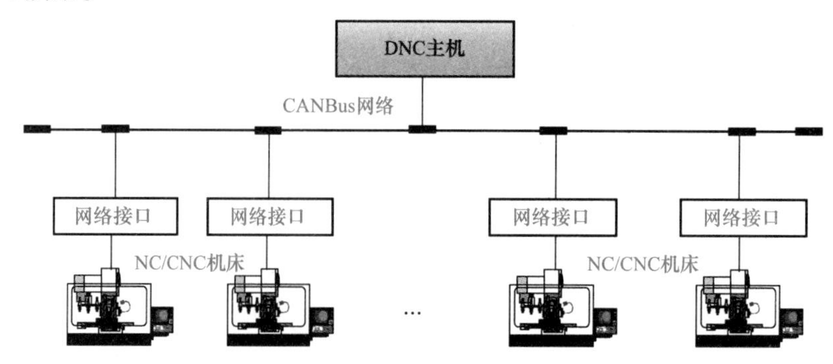

图 9-6　DNC 中的 CANBus 现场总线网络

9.3.3 混合通信型

从前面两种通信方式来看，早期在 DNC 中使用的传统通信连接是智能终端式的。在这种方式中，DNC 主机把 CNC 控制器看作自己的智能外设，主机与 CNC 控制器之间的通信是点对点的通信。计算机局域网技术的快速发展替代智能终端通信方式将成为历史的必然。但是由于目前数控机床新旧并存，串行通信接口是标准配置，加上点对点的通信连接技术应用较早，技术上比较成熟，系统组成也相对简单，易于实现。因此，基于异步串行通信的点对点型的通信方式和基于网络的分布式型通信方式并存的混合通信模式将是 DNC 系统开发中的主要模式。

串口设备联网服务器是这种混合通信模式的典型技术。串口设备联网服务器上端拥有一个自适应 10/100Mbit/s 以太网口，采用双绞线作为传输介质，可以与 IEEE 802.3 局域网相连。下端为多串口接口，它可以方便地让传统的 RS232C/RS422/RS485 设备立即连入标准的局域网，单台串口设备联网服务器可以连接 1～16 个串口设备。

串口设备联网服务器支持主机/驱动程序模式、TCP Server、TCP Client 和 UDP Server/Client 四种操作模式。其默认工作模式为主机/驱动程序模式。该模式在主机上扩展虚拟串口，通过使用传统的串口编程技术即可实现局域网中的主机与 CNC 控制器间的通信。同时，在该模式下局域网中被授权的节点可作为 TCP Client 端，向串口设备联网服务器发出命令请求，再由它将 IP 数据包转换为串口数据传送给 CNC 控制器；CNC 控制器执行命令后，通过串口自动返回响应帧至串口设备联网服务器，经过转换程序处理后，响应帧最终以 IP 数据包的形式在局域网上传送，这样方便地实现了串口通信设备和网络设备间的数据传输。因此，只需要简单地扩展局域网节点数就能很方便地将新增设备联网、分组。同时，可以通过网络方便地实现远程信息存取、设备管理和配置，如图 9-7 所示。

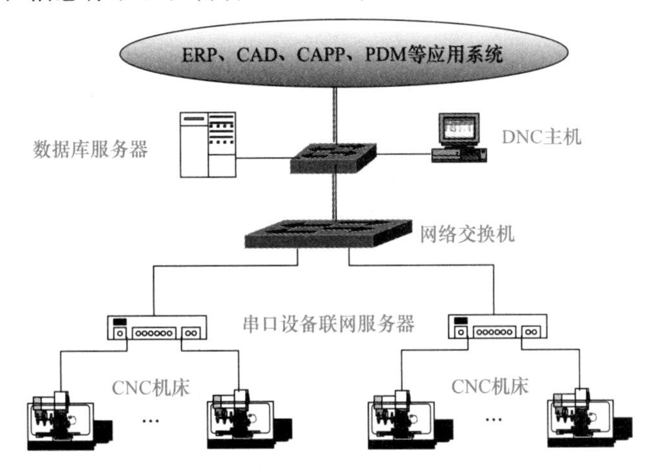

图 9-7 采用串口设备联网服务器连接的 DNC 系统

9.4 DNC 系统中的数据采集与信息监视

9.4.1 数据采集与信息监视技术

数据的采集、处理和报告的主要目的是对 DNC 系统进行在线监控。采集的数据包括加工工件数，以及刀具使用、机床利用和一些衡量 DNC 系统工作状态的参数。DNC 计算机处理这些数据，并及时向管理部门提供必要的信息。近几年来，随着 DNC 与企业制造系统的集成，已经从单纯的 DNC 系统数据采集，扩大到更加广泛的领域，直接与车间、企业管理层的生产准备、管理和控制相结合。

数据采集与处理主要涉及两个方面：一是设备参数状态数据的采集。通常由智能设备供应商解决，在 DNC 系统中由 CNC 控制器提供了设备状态信息采集协议，二是设备生产状态信息的传递。目前 DNC 主机通常通过标准串口或 I/O 卡运行专用的数据采集模块，从 CNC 控制器中实时采集生产状态信息并进行相应的处理。

实时监视是将检测到的实时数据、手工输入的数据等信息进行分析、归纳、整理、计算，并输入实时数据库和历史数据库加以存储。根据实际监视过程的需要及监视进程的情况，进行分析、故障诊断、险情预测，并以图、文、声等形式及时报道，以进行操作指导、实时报警。

信息集成是 DNC 系统的相关信息与企业制造系统的集成。在现代企业中，生产过程管理和企业日常事务管理的结合是不可分割的，信息的分层次流动适合不同的管理需要。尤其是现代制造系统的自动化程度高，加工工况、加工条件、加工类型等因素复杂多变，为保证生产安全、高效，产品质量优良，必须对现场设备、工艺、产品质量及环境等参数进行实时采集，形成可靠、完善的信息监视技术，以保证生产过程的正常运行。

柔性、鲁棒性强的信息监视技术对信息化制造系统来说至关重要。因此，DNC 信息监视技术在信息化制造系统中占有非常重要的地位，也是实施制造业信息化的关键技术之一。

9.4.2 信息采集的实现方案与策略

随着计算机技术和通信技术的飞速发展，信息监视技术在国内外已取得了很大发展，从 20 世纪 40 年代出现以来，它已从最初的集中式向分布式，进而向开放式发展。它的发展过程与数据通信、网络技术的发展过程类似且密切相关，可以大致归纳为以下几个阶段。

(1) 20 世纪 70 年代以前是第一代集中式监视，即远程联机系统阶段。

(2) 20 世纪 70 年代中期至 80 年代中期是以微型计算机为技术基础的信息监视，其基本结构还是集中式的。

(3) 20 世纪 80 年代中期至 90 年代是第三代分层监视技术，这种监视技术较好地利用了微型计算机、通信和网络技术，生产过程的各个设备配备了相应的检测设备，可独立对设备进行监视，同时通过通信网络与中央监视计算机通信。

(4) 20 世纪 90 年代至今，随着网络技术的迅速发展，信息监视技术采用符合 TCP/IP 协议的 Ethernet、广域网、互联网，从而出现了第四代开放式的数据采集和信息监视技术，扩大了信息监视技术与其他应用的集成，形成了开放式系统的基本特点：以工作站为基本单元、具有冗余配置、严格遵守工业标准、采用商用数据库、硬件可选用多个厂家的产品、实现网络互联等。

目前，随着智能型传感器、执行器等设备的迅速发展，数据采集和信息监视技术正朝着标准化、智能化、网络化、微型化方向发展。

传统的 DNC 信息采集系统都是通过不同的驱动程序与不同的 CNC 机床控制器通信，如图 9-8 所示。从图 9-8 中可以看出驱动程序的不一致性往往带来了如下问题。

(1) 同一设备必须针对不同的应用开发不同的驱动程序，大大增加了软件开发成本。

(2) 同一应用程序不能同时访问多个设备，否则访问冲突会造成系统崩溃。

(3) 不同应用程序间缺少标准一致的接口，因而交换数据困难，不能开放地实现企业不同应用间的无缝集成。

(4) 不支持硬件特征的变化，更新硬件时，可能造成系统、硬件、驱动程序之间的不兼容，系统难以扩展。

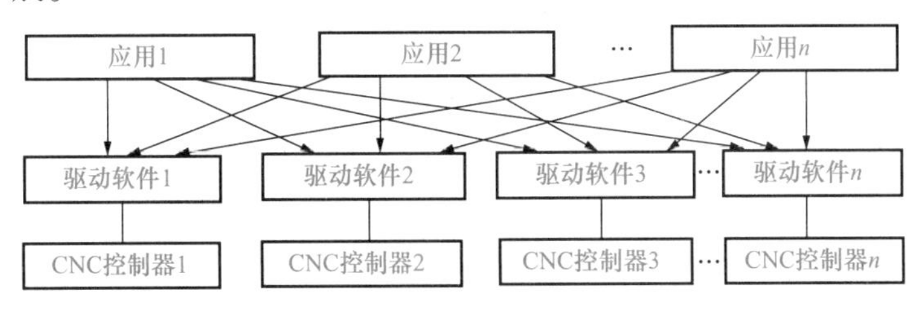

图 9-8　传统的过程控制系统结构

解决上述问题的关键在于使所有的现场信息以统一的方式提供给各级应用，这可以通过制定一种集中于数据访问而不是数据类型的开放、有效的通信协议实现。OPC(OLE for process control) 技术为企业各种应用访问现场数据提供一致的方法，允许兼容的应用程序无缝地访问现场数据，基于 OPC 的过程控制系统结构如图 9-9 所示。OPC 是经微软倡导、由 OPC 基金会制定的硬件和软件接口标准。硬件厂商提供带有标准 OPC 接口的服务器，客户应用通过标准 OPC 接口访问 OPC 服务器，从而实现现场设备访问的标准一致性。

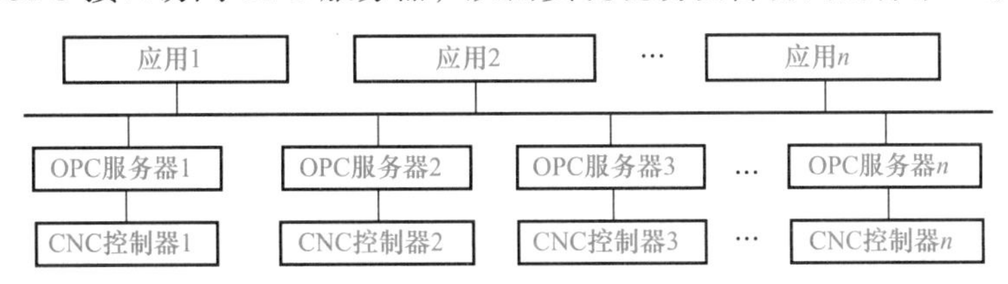

图 9-9　基于 OPC 的过程控制系统结构

OPC 技术基于 COM/DCOM 协议，是一种接口技术，因而具有语言无关性、代码重用性、易于集成性等优点。OPC 规范定义了一套工业标准接口，采用 OPC 规范设计工控软件可带来以下好处。

(1) OPC 规范了接口函数，按照面向对象的原则，将现场设备的驱动程序作为一个对象封装起来，只将接口方法暴露在外面。不管现场设备以何种形式存在，客户都以统一的方式访问，从而保证了软件的透明性，使用户完全从底层驱动的开发中脱离出来。

(2) 采用标准的 Windows 体系接口，硬件供应商为其设备提供的接口程序的数量减少到一个，软件开发商也仅需开发一套通信接口程序。既有利于软硬件开发商，也有利于最终用户。

(3) OPC 规范以 OLE/DCOM 为技术基础，而 OLE/DCOM 支持 TCP/IP 等网络协议，因此可以将各个子系统在物理上分开，分布于网络的不同节点。

(4) OPC 实现了远程调用，使得应用程序的分布与系统硬件的分布无关，便于系统硬件配置，使得系统的应用范围更广。

(5) 采用 OPC 规范便于实现软件的组态化、简化系统、缩短软件的开发周期、提高软件运行的可靠性和稳定性、便于系统的维护与升级。

(6) OPC 使硬件供应商只需开发一套通用的驱动程序，该驱动程序比以往由软件开发商开发的驱动程序具有更高的性能和通用性；而软件开发商可以免除开发驱动程序的工作，将更多的精力集中在核心应用的开发上；同时它使运行在分布环境和异构平台上的控制和商业应用实现对象级上的集成，并提供了在现场设备与控制系统间即插即用的通信和互操作。

9.4.3 OPC 原理与规范

1. OPC 规范的产生与发展

OPC 规范是由世界领先的自动化厂商与微软合作制定的一项工业标准，它以 COM/DCOM 为基础，采用标准的 Client/Server 模式，定义了一组 COM 对象及其接口规范。

OPC 规范定义了客户程序与服务器程序进行交互的方法，但没有规定具体实现，OPC 服务器可由不同的硬件生产商提供，其代码决定了服务器访问物理设备的方式、数据处理等细节。但这些对客户来说是透明的，只要遵循 OPC 规范就能读取服务器中的数据，图 9-10 表示了 OPC 客户与服务器的互联模型。OPC 服务器相当于硬件生产商为其设备提供的一个标准的驱动程序。客户和服务器之间是多对多的关系，即一个客户可同时访问多个 OPC 服务器，同时一个 OPC 服务器也可被多个客户访问。图 9-11 显示了 OPC 客户与 OPC 服务器的多对多关系。利用 DCOM 技术，客户程序和服务器程序可以分布在不同的主机上，形成网络化的制造信息系统。

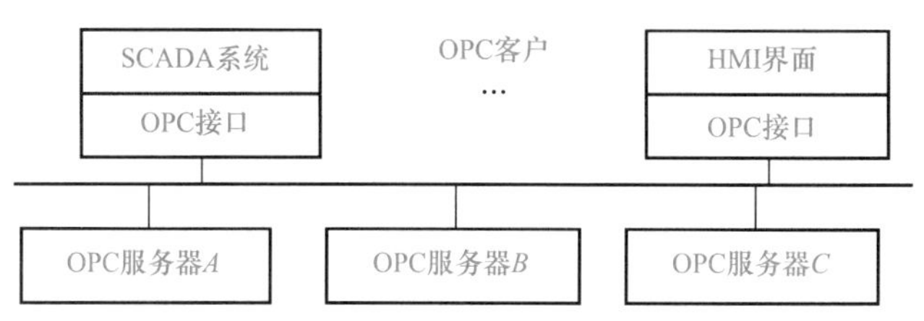

图 9-10　OPC 客户与服务器的互联模型

从图 9-11 可以看出，无论是供应商还是最终用户都可以从 OPC 技术中获得巨大的益处。首先，OPC 技术把硬件设备和应用软件有效地分离开，硬件厂商只需提供一套软件组件，所有的 OPC 客户程序都可使用这些组件，无须重复开发设备的驱动程序。一旦硬件升级，只需修改服务器端的 I/O 接口部分，无须改动客户端程序。其次，工控软件公司只要开发一套 OPC 接口就可采用统一的方式访问不同硬件厂商的设备，保证了软件对客户的透明性，使用户完全从底层驱动的开发中脱离出来。

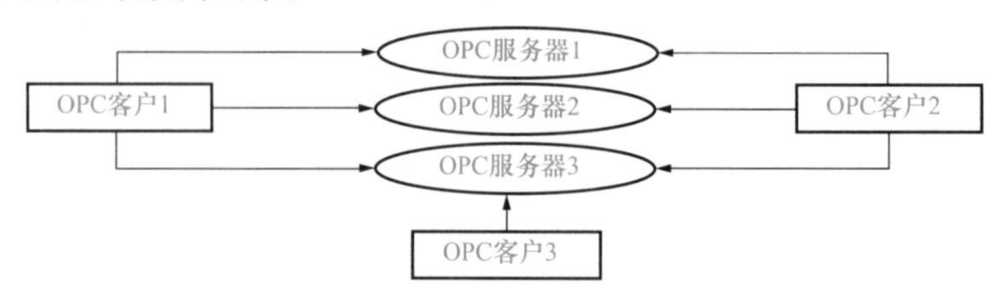

图 9-11　OPC 客户、OPC 服务器关系

负责制定 OPC 规范的组织是 OPC 基金会，它是一个非营利性的组织。目前，已有会员 220 余家，世界各主要的工业自动化仪表、控制系统厂商都是基金会的会员。目前，国内很多工控软、硬件生产商都是 OPC 基金会会员，如北京华控技术有限责任公司、北京华富惠通

技术有限公司。

OPC 规范的最初目标是尽快制定一个开放、灵活、即插即用的工业标准，因此最初版本侧重于实时数据访问、报警事件处理、历史数据访问等方面。安全性、批处理等附加功能在随后的版本中定义。

自 OPC 基金会于 1996 年 8 月完成最初的 OPC 规范后，1997 年 9 月发布了 OPC 规范 1.0A，并更名为数据访问规范 OPC DA 1.0A；2001 年 12 月发布了 OPC DA 2.05A。目前 OPC 数据访问规范的最高版本是于 2003 年 3 月发布的 OPC DA 3.00。数据访问规范定义了 OPC 服务器中的一组 COM 对象和接口，并规定了客户程序对服务器程序进行数据访问时需要遵循的标准。

2. OPC 结构

OPC 以微软的 OLE/COM/DCOM 为基础，采用标准的 C/S 结构。其中，OPC 服务器定义了 OPC 接口能够访问的设备和数据，是一个典型的现场数据源程序，负责收集现场设备数据信息并通过 OPC 接口提供给 OPC 客户；OPC 客户是一个典型的现场数据接收程序，通过标准的 OPC 接口与服务器通信，获取服务器的各种信息。一个典型的 OPC 结构如图 9-12 所示。

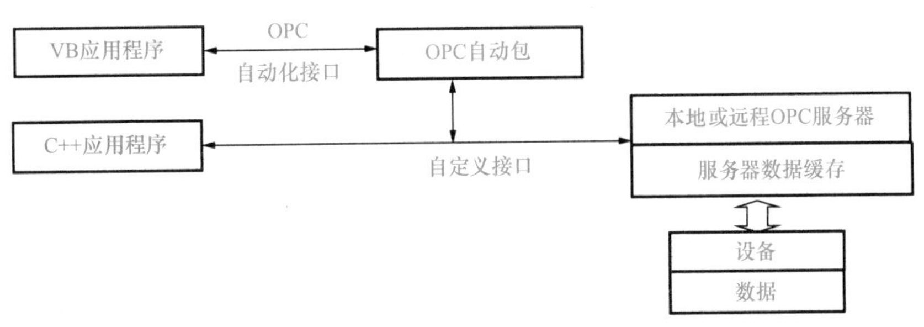

图 9-12　OPC 结构

从图 9-12 可以看出，服务器通常支持两种类型的访问接口：自定义接口和自动化接口，它们分别为不同语言的编程环境提供访问机制。自定义接口效率高，通过该接口客户可以发挥服务器的最佳性能，采用 C++等高级编程语言的客户一般采用自定义接口方案；自动化接口通常是基于脚本编程语言定义的标准接口，使解释性语言和宏语言访问 OPC 服务器成为可能，采用 VB 语言的客户一般采用自动化接口。OPC 服务器必须实现自定义接口，是否实现自动化接口取决于供应商的主观意愿。

9.4.4　OPC 技术在 DNC 中的应用

1. OPC 应用基本原理

目前，OPC 技术在信息采集与系统控制方面的应用有以下几个方面。

1) OPC 数据采集技术

OPC 通常广泛应用于数据采集软件中。越来越多的设备供应商认识到遵循 OPC 这一工业标准的重要性，纷纷推出与 OPC 兼容的产品，因此可以编制符合标准 OPC 接口的客户应用软件来完成数据采集任务。

2）OPC 服务器冗余技术

OPC 标准的制定为软件冗余提供了新的思路。实践应用中，可以开发 OPC 冗余服务器，解决对任何厂商的 OPC 服务器的冗余问题。图 9-13 说明了 OPC 服务器的冗余技术。

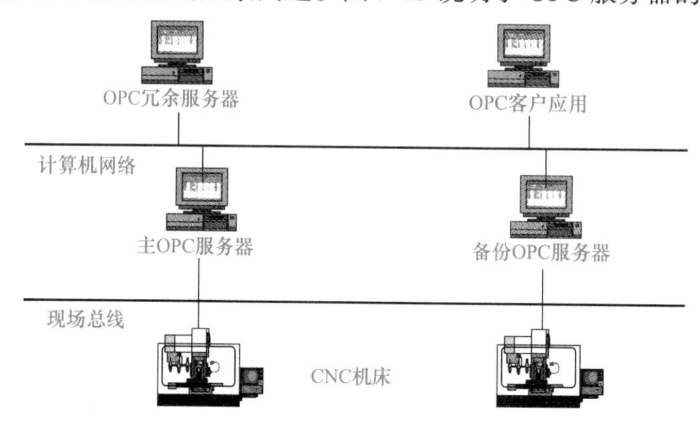

图 9-13 OPC 服务器的冗余技术

从图 9-13 可以看出，OPC 冗余服务器通过主/备份 OPC 服务器采集数据，同时通过标准的 OPC 接口为客户端应用提供数据信息。由于 OPC 冗余服务器采用 OPC 标准，具有开放性和互操作性，可以无缝集成任何符合 OPC 标准的软件，真正实现了软、硬件的即插即用。冗余服务器可根据用户配置的检测时间定时检测 OPC 服务器的连接，在主、从服务器间自动切换，也可按照用户指定的切换目标进行切换，方便了设备维护，使系统运行更加平稳。

OPC 数据访问标准包含服务器和客户两部分，其核心思想是用服务器这样一个驱动程序屏蔽物理设备间的区别，让客户有一个一致的接口。服务器可用于从网络服务器中获取数据，也可用于其他地方。在现场控制层，可用于从物理设备中获取数据，并提交给 SCADA/DCS；在生产管理层，可用于从 SCADA/DCS 中获取数据，并提交给上层的商业应用系统。数据访问服务器由三个层次的对象组成。

（1）服务器。

服务器（server）对象用于维护服务器信息并作为多个组的容器。该对象提供访问数据源的方法，数据源可以是现场的 I/O 设备或控制器数据。客户通过服务器对象的接口访问此对象，在服务器对象中建立、管理组对象，并最终获得需要的数据源数据。

（2）组。

组（group）对象负责维护自身信息，提供组织和访问项的方法，例如，在项和客户间建立连接、定义客户访问的数据项及每个项更新的时间间隔等。组对象提供客户组织数据的一种方式并可作为单元被激活或失激活，同时为客户提供一种数据项“订阅”机制，以在项属性变化时能够通知组立即调用客户端应用的回调函数。

服务器包含两种不同类型的组：公有组和私有组。公有组对所有连接服务器的客户有效，可用于多个客户间共享数据配置信息；私有组只对添加组的客户有效，供该客户专用。

（3）项。

项（item）不是真正的数据源，只是代表了与数据源的连接。所有对项的访问都是通过组对象进行的。它包含一些用于描述数据源的属性，其中最具代表性的是值（value）、质量（quality）、时间戳（timestamp）。值表示数据源的值，以 VARIANT 形式表示；质量表示值的可信度；时间戳表示获取值的时间。

项是读写数据的最小逻辑单位，与具体的位号相连，由服务器定义，通常代表设备的一个寄存器单元。客户对设备寄存器的操作通过项完成，通过定义项，OPC 规范隐藏了设备的特殊信息，增强了服务器的通用性。项不提供对外接口，客户不能直接对它进行操作，所有操作都通过组进行。

通常，客户与服务器的一对连接仅需一个组对象，每一个组对象中，客户可以添加多个数据项。OPC 数据访问服务器的总体结构如图 9-14 所示。

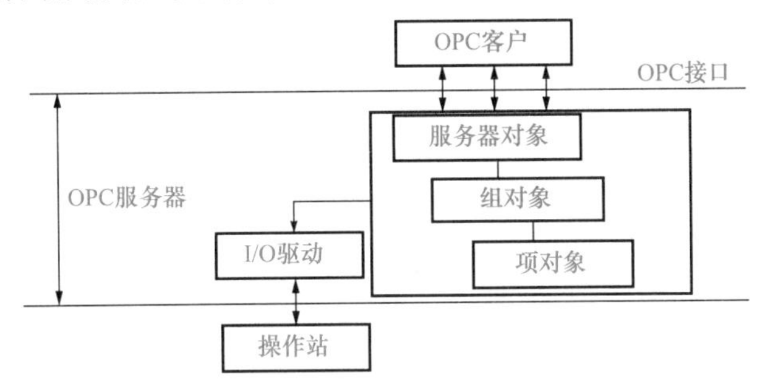

图 9-14　OPC 数据访问服务器总体结构

2. OPC 在 DNC 中的作用

鉴于 OPC 接口的标准一致性、易于集成性，它逐渐被应用到 DNC 系统中，并发挥着越来越重要的作用。图 9-15 说明了利用 OPC 技术实现 DNC 系统数据采集。

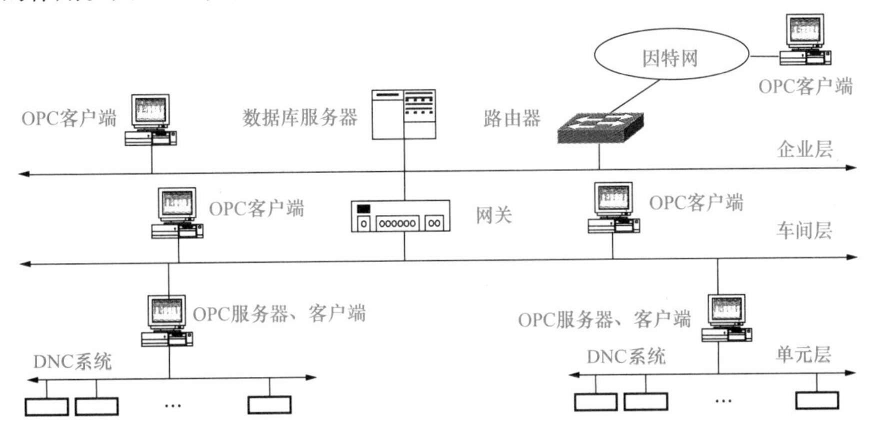

图 9-15　OPC 在 DNC 系统中的作用

从图 9-15 可以看出，OPC 技术标准化了监控与管理软件与现场设备间的接口，OPC 服务器在底层控制系统中遵循统一的标准，实现了应用程序与现场设备的有效连接，发挥了重要的桥梁作用，解决了制约 DNC 控制系统的“信息孤岛”问题，促进了 DNC 系统与企业生产管理层和经营决策层的集成。

9.5　DNC 系统实例分析

图 9-16 是一个工厂自动化(FA)系统的信息流程图，该系统由两个 DNC、一个刀具立体

库和一个物料库组成。刀具库和物料库为两个 DNC 共享。每个 DNC 由 10 台 CNC 机床组成。车间所有的信息都是集成和共享的。刀具库和物料库均为自动化仓库，刀具和物料的输送由人工完成。这是一个典型 FDNC 系统，其功能已接近 FMS。

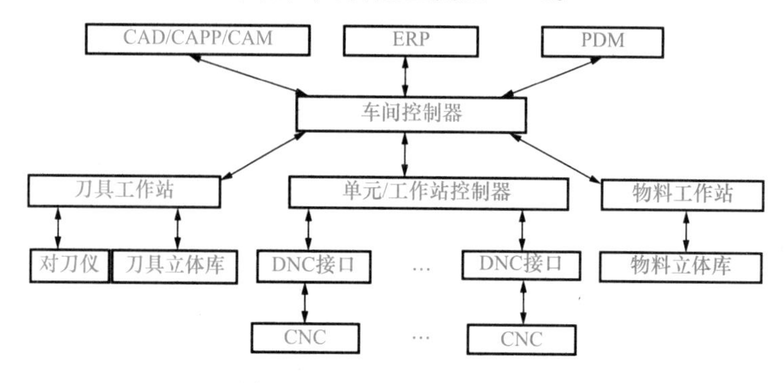

图 9-16　FA 系统信息流程图

FA 系统采用四级递阶控制结构：车间、单元、工作站和设备。其中单元和工作站逻辑上为独立的二级，但物理上都放在 DNC 主机上。单元/工作站控制器通过 DNC 接口计算机与 CNC 装置实现互联。车间控制器还与 CAD/CAPP/CAM 系统、ERP/PDM 集成，实现工艺规程和数控加工程序的下载、车间生产任务的接收、生产计划完成信息和产品质量信息反馈，各部分的功能如下。

1）车间控制器

(1) 根据 ERP 系统下达的月生产作业计划，向 FDNC 单元下达双旬生产作业计划，同时分别向刀具工作站和物料工作站下达双旬刀量具和物料需求计划。

(2) 根据 ERP 系统的半年生产计划制定零件的工艺规程和 NC 程序需求计划。

(3) 检查工艺规程、NC 程序、刀具、量具和物料的准备情况。

(4) 跟踪各 FDNC 单元生产计划的执行情况和零件生产进度。

(5) 统计生产作业计划完成情况、设备工况、产品质量情况、生产例外、工时、人员出勤情况等。

(6) 向 ERP 反馈生产任务的完成情况、物料资源短缺情况和生产例外情况。

(7) 向 PDM 反馈产品质量情况。

2）单元控制器

(1) 根据车间控制器下达的双旬生产作业计划产生双日/班生产作业计划给制造工作站，并给刀具工作站和物料工作站下达双日/班刀具、量具需求计划和双日/班物料需求计划。

(2) 根据生产现场的计划执行情况重新调整作业计划。

(3) 根据制造工作站反馈零件加工工序完成情况，向刀具工作站、物料工作站发出刀具、量具和零件入库信息。

(4) 向车间控制器反馈单元生产作业计划完成情况、生产例外、工时统计、出勤状况、设备工况、产品质量处理信息等。

3）制造工作站

(1) 接收单元控制器的双日/班生产作业计划，制定派工单。

(2) 向单元反馈日生产作业计划完成情况。

(3) 接收各机床发来的故障信息并实时反馈给单元控制器。

(4) 因生产故障而影响作业计划的完成，可向单元提出申请更改计划。

4) 刀具工作站

(1) 接收车间控制器下达的双旬刀具、量具需求计划，根据刀具、量具订货和库存情况，向车间控制器反馈刀具、量具短缺情况。

(2) 根据单元控制器下达的双日/班刀具、量具需求计划，准备刀具、量具，并把刀具、量具送到加工现场。

(3) 根据 ERP 系统的半年生产计划，制定刀具、量具的订货计划。

(4) 对刀具、量具进行在线管理。

(5) 进行刀具的修磨和量具的定检与修复。

5) 物料工作站

(1) 接收车间控制器下达的双旬物料需求计划，根据物料库存和领料计划，向车间控制器反馈物料短缺情况。

(2) 根据单元控制器下达的双日/班物料需求计划，准备物料，并把物料送到加工现场。

(3) 根据 ERP 系统的半年生产计划和车间控制器下达的双旬物料需求计划，制定领料计划。

(4) 对物料进行在线管理。

(5) 进行工装的定检和修复。

(6) 完成零件在各单元与外车间的交接。

6) DNC 接口

(1) 显示派工单和零件工艺规程。

(2) 记录零件工序的完成情况。

(3) 确认刀具、量具和物料的到场情况。

(4) 反馈机床状态信息。

(5) DNC 接口计算机与 CNC 机床之间 NC 程序双向传输。

(6) 动态显示刀具轨迹和校验 NC 程序。

FA 系统中的车间控制器、单元(工作站)控制器、刀具工作站和物料工作站通过以太网连接起来，所有的 CNC 机床通过 DNC 接口计算机连接到网络上。网络协议采用 TCP/IP。FA 局域网通过网桥与公司层的主干网相连，实现与 CAD/CAPP/CAM、ERP 和 PDM 系统的数据共享。

复习思考题

9-1　DNC 系统的定义、基本组成和功能分别是什么？

9-2　DNC 通信系统的物理连接方式有哪几种？它们的优点和不足是什么？

9-3　DNC 系统中可采用的数据采集策略是什么？

9-4　OPC 技术的基本原理是什么？它对 DNC 数据采集通信接口标准化具有什么优势？

9-5　根据我国制造业目前的实际情况，在企业进行技术改造中，你认为 DNC 技术具有什么样的优势？

第10章 柔性制造系统

10.1 概　　述

NC 和 CNC 机床的出现，以及计算机通信技术、控制技术、自动化技术的发展，为多台 CNC 机床的集成创造了条件。因此 20 世纪 60 年代末出现了 DNC 系统，接着又出现了 FMS。

FMS 是柔性制造技术在制造业应用的典型实例。世界上公认的第一个 FMS 是 20 世纪 60 年代末出现在英国 Molins 公司的“系统(System) 24”，该系统按照设计可以进行 24h 连续生产。为此 Molins 公司取得了英国的发明专利。Molins“系统 24”由两台数控钻床、镗床，三台数控铣床，一台六坐标数控加工中心，一台测量机，物料储运系统等组成，在一台通用计算机 IBM-1130 的控制下协调运行。系统中工件的安装则仍由工人来完成。

FMS 兼顾了生产率和生产柔性，具有强大的生命力，在美国、日本、欧洲等许多发达的工业化国家和地区中得到了广泛的应用。为了追求制造业的全面优化，计算机集成制造、并行工程、准时生产(just in time, JIT)、精良生产(lean production, LP)、敏捷制造、智能制造(intelligence manufacturing, IM)等技术的出现，进一步推动了柔性制造技术的发展。

10.1.1 柔性制造系统的定义

至今，对 FMS 尚无统一、严格的定义，许多国家的组织和协会从自己的理解给出了不同的描述。这里我们引用《中华人民共和国国家军用标准——武器装备柔性制造系统术语》中关于 FMS 的术语：柔性制造系统(FMS)是由数控加工设备、物料储运装置和计算机控制系统等组成的自动化制造系统。它包括多个柔性制造单元(FMC)，能根据制造任务或生产的变化迅速进行调整，适用于多品种，中、小批量生产。其中，FMC 由计算机控制的数控机床或加工中心、环形(圆形或椭圆形)托盘输送装置或工业机器人所组成，可不停机转换工件进行连续生产。图 10-1 为柔性制造单元的示意图。

柔性制造系统由两台或两台以上的数控加工设备(CNC 数控机床、加工中心等)或柔性制造单元(FMC)所组成，配有物料自动输送装置、自动上下料装置(运输及装载设备、托盘库、自动化仓库、中央刀库等)，并具有计算机综合控制功能、数据管理功能、生产计划和调度管理功能及监控功能等。图 10-2 为 FMS-500 示意图。

根据 FMS 在机械制造不同领域的应用，FMS 分为切削加工 FMS、钣金加工 FMS、焊接 FMS、柔性装配系统等。读者可扫描二维码，观看典型 FMS 视频。

刀具库
CNC
MC2
刀具库
CNC
MC1
FMC
控制器
APC
APC
托盘缓冲库

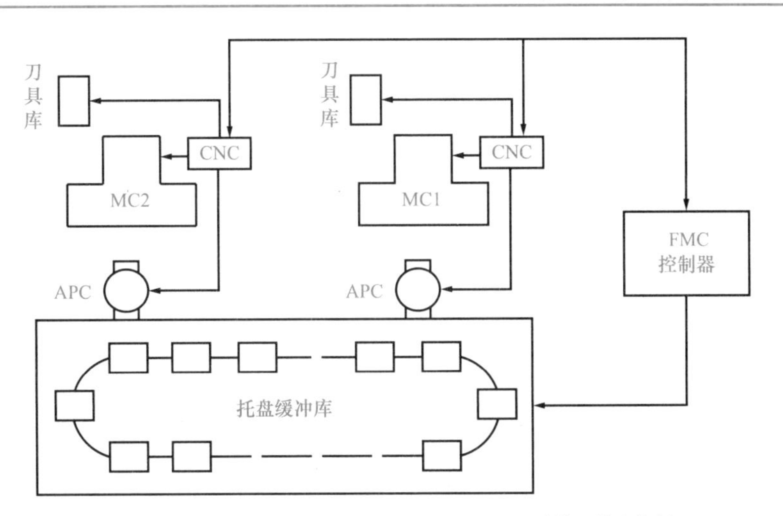

APC. 托盘自动交换装置；MC. 加工中心；CNC. 计算机数字控制

图 10-1　典型的 FMC 配置

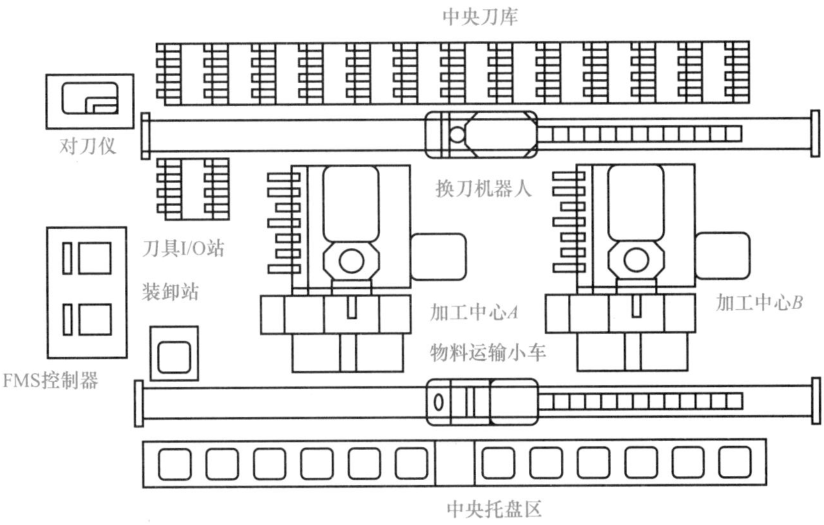

中央刀库
对刀仪
换刀机器人
刀具I/O站
装卸站
加工中心A
加工中心B
物料运输小车
FMS控制器
中央托盘区

图 10-2　FMS-500 示意图

10.1.2　柔性制造系统的特点

FMS 应用于制造领域具有许多优势，主要体现在以下几个方面。

1) 保证系统具有一定柔性的同时，还具有较高的设备利用率

FMS 能获得高效率的原因，一是计算机给每个零件都安排了加工机床，一旦机床空闲，即刻将零件送上去加工，同时将相应的数控加工程序输入这台机床；二是送入机床的零件早已在装卸站上装夹在托盘上，因而机床无须等待零件的装夹。

2) 减少设备投资

由于设备利用率高，FMS 能以较少的设备来完成同样的工作量。把车间采用的多台加工中心换成 FMS，其投资一般可减少 2/3。

3) 减少直接工时费用

数控机床是在计算机控制下进行工作的，整个系统除工件装卸外，不需工人去操纵。

4）减少工序中在制品量，缩短生产准备时间

和一般加工相比，FMS 由于缩短了等待加工时间，因而在减少工序中零件积存数量上有惊人的效果。促成等待加工时间缩短的因素主要有：系统占用的场地小，在制品流动路线缩短，加工工序集中，零件装夹次数减少，计算机按制定的进度计划高效地把零件分批送入 FMS 加工。

5）对加工对象具有快速应变能力

FMS 有其内在的灵活性，能适应由于市场需求变化和工程设计变更所出现的变动，进行多品种生产，而且能在不明显打乱正常生产计划的情况下，插入备件和急件制造任务。

6）维持生产能力强

许多 FMS 设计成具有当一台或几台机床发生故障时仍能降级运转的能力，即采用了加工能力有冗余度的设计，并使物料传送系统有自行绕过故障机床的能力。此时，虽然生产率要降低些，但系统仍能维持生产。

7）产品质量高、稳定性好

FMS 与联成系统的数控机床相比，产品质量高，并具有良好的质量稳定性。高度的自动化、零件装夹次数的减少、工装的精心准备等都有利于提高单个零件的质量。

8）运行的灵活性大

运行的灵活性是提高生产率的另一个因素。有些 FMS 能够在无人照看的情况下进行第二班和第三班的生产。

9）产量的灵活性大

车间平面布局规划合理，开始时 FMS 的设计产量可以较低。但若需要增加产量，则易于布置增加的机床，以满足扩大生产能力的需要。

10）便于实现工厂自动化

由于采用了 FMS，工厂的底层设备控制管理实现了自动化，因而可与上层控制管理层进行无缝连接，有助于实现工厂全面自动化。

11）投资高、风险大，管理水平要求高

一个全新的 FMS 需要很大的投入，一旦投资失败，可带来巨大的损失，因而投资风险很大。系统即使成功开发，但系统的使用和维护仍然需要有较高水平的工人和技术人员。

10.2 柔性制造系统基本组成

FMS 由制造工作站、物料储运系统和 FMS 管理与控制系统三个主要部分组成。制造工作站则主要包括机械加工工作站、清洗站和测量站。

10.2.1 FMS 制造工作站

1）机械加工工作站

一般在 FMS 中主要的机械加工设备是加工中心，常带有机附刀库，可实现主轴和机附刀库的刀具交换，同时还带有自动托盘交换装置。

加工中心要集成到 FMS 中，需要满足以下的基本条件。

（1）硬接口。硬接口带有托盘自动交换装置（automated pallet changer, APC）和第二刀具交

换点。APC 采用多种方式，最为常见的双交换台有平行式和回转式两种类型。第二刀具交换点的功能是使加工中心机附刀库通过刀具机器人实现与外界交换刀具。

(2) 软接口。软接口具有通过计算机网络或其他通信接口实现与上级控制计算机通信的功能，通常称为 FMS 接口。接口的功能是接收上级控制机发给加工中心的各种命令和数据，同时也能把各种数据和状态上传给控制机。

2) 清洗站

清洗站可以放在 FMS 的生产线内，也可分开。可以独立，也可与装卸站并为一体。清洗站主要清除切屑和清洗油污，清洗对象包括零件、夹具和托盘。清洗不包括去除零件毛刺，通常去毛刺工作在生产线外进行，因为它对装卸工作有干扰。通过清洗保证零件在下一工序中的定位、装夹和顺利加工。

3) 测量站

检验工序有在线和离线两种方式，各有优点。通过在线检验进行测量与补偿，能迅速确定制造中的问题，但由于一般检验的速度比生产速度低，难于做到在线 100%的检验。离线检验则由于检验工位离得远，零件定位和夹紧费时，或由于缺少自动检验装置等而具有滞后性。

10.2.2 物料储运系统

在 FMS 中，一般采用自动化物料储运系统，即物料的运输和存储过程均在计算机的统一管理和控制下自动完成。物料储运包含两个方面内容：第一，FMS 内部的物料装卸、搬运及存储；第二，FMS 与外部储运系统或其他自动化制造系统之间的物料储运。

在 FMS 中采用物料储运系统，并不意味着完全排除人工参与。事实上，在某些环节采用人工实现有着良好的效果，例如，在 FMS 物料装卸站常采用人工装卸，因为在装卸时，在毛坯不统一的前提下(如采用机械手等)对机械手的要求很高，实际的操作可能又不能满意，时间长，效率低，编程复杂等，而人却能很容易地做好这项工作。

在 FMS 中通常采用的自动化物料储运设备有输送机、有轨小车、自动导向小车(automated guided vehicle, AGV)、工业机器人等。

1. 输送机

输送机是自动化物料储运系统最早采用的形式之一，由于造价低廉，控制相对比较容易，有着广泛的应用。输送机通常有皮带式输送机、滚子式输送机、铰链式输送机等。在自动化制造系统中用输送机直接传送工件或托盘有很多应用实例，更常用的是输送托盘，图 10-3 为滚子式输送机。

托盘输送机的驱动装置一般有牵引式和机械驱动式。牵引式驱动装置适用于轻载荷、传送距离短的工作条件下，可采用链条、胶带等。当载荷较大、传动距离长时，可采用刚性的机械式驱动装置。机械式驱动装置又可分为单个驱动和分组驱动两种。

托盘输送机上的托盘在驱动装置的驱动下，随链条或胶带向前平稳运动，其速度随载荷的变化而定。托盘在每个制造工作站前可以精确定位，存放在托盘上的零件通过机器人等输送装置送入制造工作站处理。工作站处理完毕的工件被送回到输送机的空托盘上。

电动自行小车输送系统(automated electrified monorail system, AEMS)是一种集机械、电子、电气、计算机于一体的高技术自动化物料输送系统。它将生产、仓储等过程中的物料通过自行小车装在预定的轨道上，按照预定的控制程序进行起重、输送、搬运、积放储存、自

图 10-3　滚子式输送机

动分流合流等操作，并保证准确无误。同时，电动自行小车按照设定的工艺过程在不同的工位点上，按照计算机的操作指令进行实时的自动化控制。

AEMS 根据轨道和小车形式的不同，可以分为悬挂式电动自行小车（overhead electrical monorail conveyors 或 overhead monorail vehicles, OMV）、积放式输送系统、地面单轨自行小车系统等。AEMS 虽然形式多样，但基本组成部分变化不大。以悬挂式电动自行小车输送系统为例，根据结构特点把系统简单分为轨道系统和小车系统两大部分，如图 10-4 所示。其中轨道系统包括导轨、支架、滑触线、岔道装置、上下坡转载装置等主要机械部分；小车系统的主要部分有车架、小车驱动装置、车载控制器等。

图 10-4　悬挂式电动自行小车输送系统

2. 有轨小车

有轨小车是一种无人驾驶的自动化搬运设备。有轨小车沿着预先铺设的导轨，在牵引装置的推动下，按照控制指令行走，实现物料的自动输送。有轨小车一般由导轨系统、小车控制器、车架、警告和安全装置组成，如图 10-5 所示。读者可扫描二维码，观看有轨小车视频。

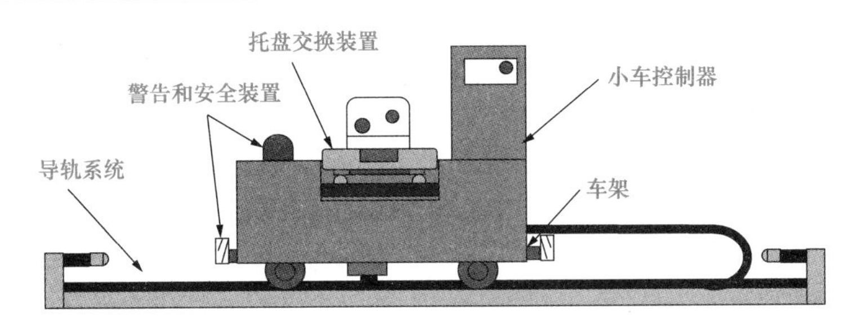

图 10-5　有轨小车组成

1）导轨系统

导轨系统由底座、圆柱形导轨、传动齿条、回零挡块、越限挡块等组成。圆柱形导轨用于承载小车和小车的来回运动方向，传动齿条实现与小车的驱动连接，固定在底座上。小车的回零挡块安装在底座的适当位置上，当小车的回零开关与导轨上的回零挡块相撞时，可使控制小车行走位置的高速计数器清零，同时回零挡块的位置也作为小车行走的参考点。在底座两端装有小车越限挡块，当小车上的极限开关与导轨上的越限挡块相撞时，会发出越限急停信号。

2）小车控制器

小车控制器是有轨小车的控制核心单元，由控制单元和伺服驱动单元组成，需要有高的抗振动、抗干扰能力。工控机和 PLC 通常作为有轨小车的控制单元。有轨小车控制器的控制功能通常包括对小车行走的控制、物料交换控制、与上级控制器的通信、系统故障的处理和安全保护工作等。

3）车架

车架是用来固定小车其他部件的，一般由钢架焊接或连接而成。

4）警告和安全装置

警告装置用于系统报警时发出蜂鸣声及闪光，以提示操作员及时进行故障处理，确保设备安全。安全装置在防止系统失控时用于辅助控制，由光电传感器或机械式触点开关作为传感元件，辅以其他机构组合而成。物料运输小车的前后两侧和输送装置的左右两侧均装有安全挡板。当小车的安全挡板受到冲击、压合触点开关后，系统急停并报警。

有轨小车具有以下特点：启动速度快，行走平稳，定位精确；承载能力大，适合搬运笨重零件；控制系统相对简便，可靠性高，成本低，易维护；传输路径柔性不高，一般适宜在直线布局的系统中采用。

3. 自动导向小车

AGV 是一个电磁或光学的自动导向装置，可以沿着事先预定的路径运行，是具有依据应用需求进行编程和选择停靠点等功能的运输小车。读者可扫描二维码，观看 AGV 视频。

AGV 具有柔性良好、可靠性高、容易扩展、易于与其他自动化系统集成等优点，是最具有潜力和优势的 FMS 自动化运输设备。目前 AGV 的应用越来越广泛，图 10-6 和图 10-7 为 AGV 应用实例。

尽管 AGV 的形式和使用场合千变万化，但是它的基本组成部分可以分为车架、电池、充电器、AGV 控制系统、导引系统、通信单元、安全装置、精确定位装置、工作平台等，如图 10-8 所示。

图 10-6 AGV 在电表检定线中的应用实例

图 10-7 AGV 在汽车工业中的应用实例

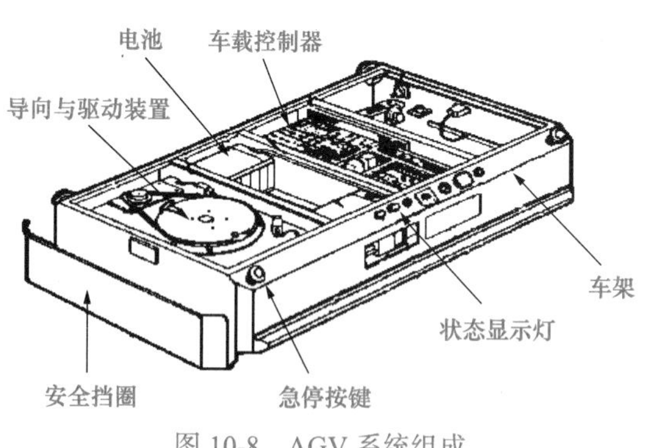

图 10-8 AGV 系统组成

1）车架

车架是 AGV 的本体，它通常采用金属焊接，表面用铝合金面板封装而成。

2）电池及充电器

AGV 采用的动力源，通常为 24V 或 48V 工业电池，由于电池使用时间短，因而电源需要再充电或重新更换。充电方式有随时充电及周期性充电两种，随时充电是指 AGV 空闲时，随时可以到充电区进行充电；周期性充电是指当 AGV 退出服务时，去充电区内长时间充电，充足电后，又投入运行。AGV 和充电器之间的联系分为自动对接和人工对接两种。

3）AGV 控制系统

AGV 控制系统是 AGV 的重要组成部分，由车载控制器和地面站控制器所组成。车载控制器由工控机、直流伺服系统驱动单元、电气系统和电磁阀四大部分组成。工控机由主机板、A/D、D/A 转换板、计数器板、输入/输出板、导向信号采集板、伺服驱动板等组成。

AGV 车载控制器可以实现以下控制功能。

(1) 通过脉冲编码器测量 AGV 的运行速度和位置。

(2) 监控各种离散信号的输入，如手动控制信号、安全装置激活信号、电池状态信号、导向限位开关、制动状态等，并进行相应处理。

(3) 控制 AGV 的执行装置，如电机控制器、充电连接器、安全报警系统及导向单元等。

(4) 通过通信单元接收地面站控制命令，或反馈小车的状态信息。

4) 导引系统

导引系统用来引导 AGV 朝目标位置运行，是 AGV 系统的核心单元。目前采用的导引方式主要有以下几种。

(1) 磁感应导引。

(2) 激光导引。

(3) 视觉导引。

(4) 磁条导引。

(5) 复合导引。

导引控制单元根据不同的导引方式会有所不同，如磁感应导引单元由感应线圈、导向电机、伺服驱动器等组成，其导向原理如图 10-9 所示。

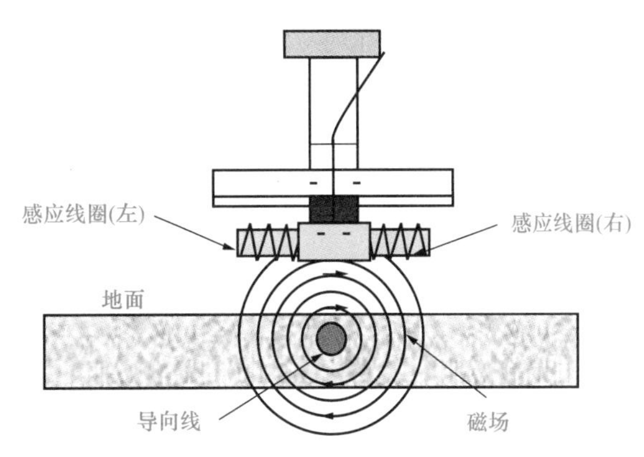

图 10-9　磁感应导向原理

5) 通信单元

通信单元是联系 AGV 与上位机(FMS 控制机或地面站)的桥梁。命令的接收和状态的反馈都依赖通信单元。通信单元按照其采用的方式可分为连续通信和离散通信。连续通信是指 AGV 和上位机之间一直保持联系，可以随时发送和接收信息。常用的为无线通信方式，分别在地面站和 AGV 上安装无线电收发装置，以一定的功率和频率发送和接收信息。离散通信是指 AGV 和上位机之间的通信联系只能在某些事先设定的站点上进行，在其他位置则无法通信。常用的通信方式为红外通信，在 AGV 上安装一个红外线收发器，然后在 AGV 运行范围内安装一定数量的红外线收发器，确保 AGV 运行到任一站点或位置上时可以保持和上位机的通信。

6) 安全装置

AGV 安全装置是确保 AGV 安全运行的保证系统，用于避免 AGV 之间、AGV 与周边物体、AGV 与人的碰撞。AGV 上的安全装置通常有两类：一类为接触式防碰撞装置，通常在 AGV 的周围安装安全挡圈，因为在安全挡圈上安装有各种碰撞检测传感器，一旦传感器触发，AGV 就急停下来；另一类为红外线障碍物检测装置，安装在 AGV 四周的中部，检测距离可调，可设置不同距离的检测区域，在远距离的区域，AGV 降低运行速度，在近距离的区域，AGV 停止运行。

4. 工业机器人

工业机器人(图 10-10)一般由机械主体、传感器、驱动系统和控制器等部分组成。机械主体构成了机器人执行动作的基础部件，通常由机器人基座、关节、手爪等组成。基座是机械主体的基础，通常有移动型和固定型两类。关节与人的关节类似，工业机器人的关节在控制器的控制下可使其上的两个零(部)件相对移动或转动。工业机器人所配置的关节可分为五类：线性关节、正交关节、回转关节、扭转关节和旋转关节。手爪是接触工作物的部件，包括手指及安全机构，并针对作业对象的不同，有不同种类的手爪供使用者选择。机器人的各个关节需要一定的驱动装置来驱动，这些驱动装置可以是电气的、液压的或气动的。控制器是工业机器人的控制和指挥中心，它通过输入设备接收人或其他控制系统的命令，并进行运送与控制，指挥机器人的机座、关节及手爪执行作业。依据对不同类型的机器人控制的需要，控制器通常可分为有点位控制器、连续轨迹控制器、单一动作控制器和智能控制器等。

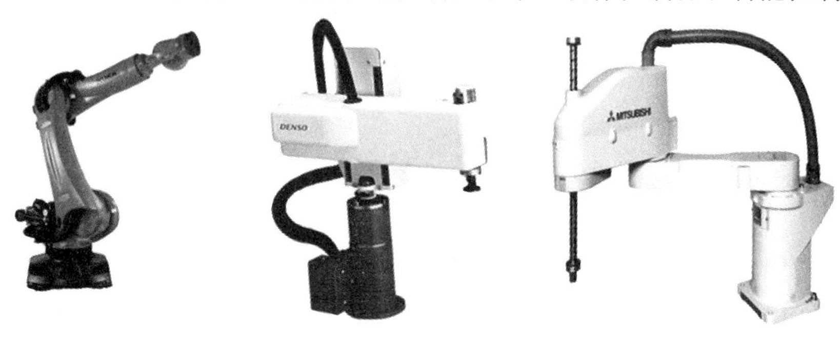

图 10-10 工业机器人

由于工业机器人夹持的重量受到一定的限制，所以通常用来传输重量较轻的零件或刀具。另外由于机器人的工作范围有限制，所以有时可通过与有轨小车等的组合来延伸其工作范围。

图 10-11 为工业机器人在 FMS 中的应用实例。读者可扫描二维码，观看工业机器人在 FMS 中的应用视频。

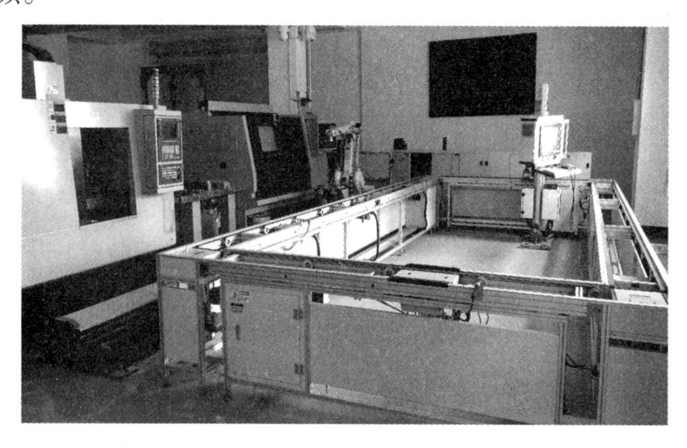

图 10-11 工业机器人在 FMS 中的应用实例

5. 自动化物料仓库

在自动化制造系统中，通常希望系统具有较大的物料存储容量，这样便于实现无人化生产。为了达到这一目的，大多系统通过设立自动化物料仓库来解决。

自动化物料仓库采用集中式的存储方式，将生产过程中流动的各种物料(如工件、夹具、托盘、刀具、量具等)在自动化制造系统的主控系统和物料控制系统控制下，实时地完成制造系统中工作站之间的各种物料的传送和存储。自动化物料仓库通常由货架、巷道堆垛机和控制系统等组成。

自动化物料仓库有多种形式，一般可分为平面库和立体库两种。平面库通常应用于大型工件的存储，空间利用率低，主要应用在系统规模较小的制造系统中；自动化立体库具有占

地面积小、空间利用率高、存储量大、周转快、自动化程度高等特点，在 FMS 等自动化制造系统中得到广泛的应用，成为现代化工厂内物流自动化的重要标志之一。自动化立体库集存储控制、信息管理于一体，对实现物料的自动化管理、加速资金周转、保证生产均衡等方面带来了巨大的效益。

读者可扫描二维码，观看自动化物料仓库视频。

10.2.3　FMS 管理与控制系统

1. FMS 管理与控制系统体系结构

管理与控制系统是 FMS 的核心和灵魂。为了降低 FMS 管理与控制系统的复杂性，简化实施过程，采用多层递阶控制结构，其优点是将一个复杂的系统分解成几个子系统，减少全局控制和开发的难度。这种体系结构最成熟，应用最广泛。

FMS 管理与控制系统通常可采用三级递阶控制结构。如果 FMS 的规模比较大，采用三级递阶控制结构对单元控制机来说负荷较大，则可在第二、三级中间加入工作站级。图 10-12 为具有工作站级的 FMS 四级递阶控制结构。

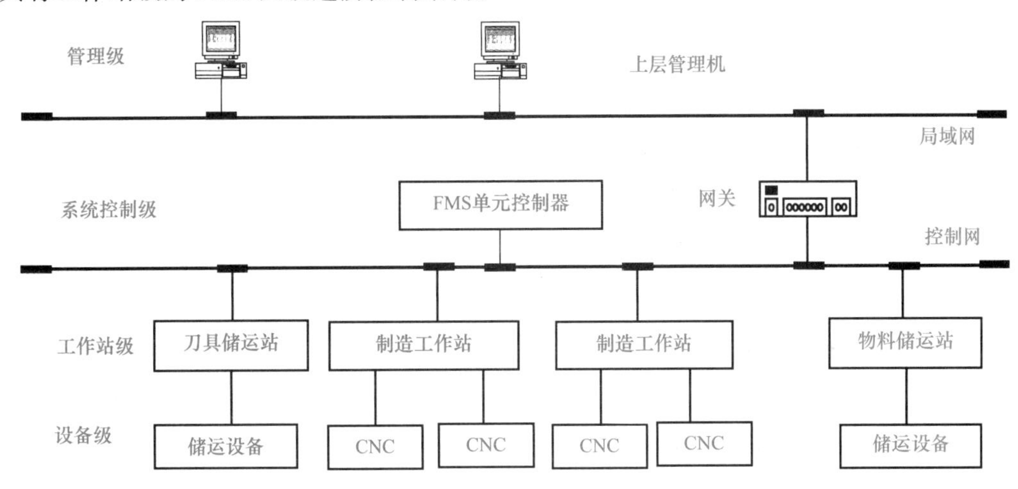

图 10-12　FMS 四级递阶控制结构

由于 FMS 生产计划控制与调度的作用区域在制造企业递阶控制结构中的车间、单元、工作站、设备层，因此，FMS 生产计划控制与调度通过对制造过程中物料流的合理计划、调度和控制，来缩短产品的制造周期，减少在制品，降低库存，提高生产设备的利用率，最终达到提高 FMS 生产率的目的。为了达到上述目的，需要依据 FMS 所采用的体系结构和运行特点，对 FMS 生产计划控制与调度的逻辑结构进行合理的规划，提出系统合理的软件配置，确定每个软件的具体功能。图 10-13 表示了一种 FMS 生产计划控制与调度系统的逻辑结构。

2. FMS 管理系统及其功能

FMS 管理系统的功能是准备 FMS 正常运行的各种数据，如作业清单、零件 NC 程序、刀具文件等。有的 FMS 为了在实际系统运行前对作业计划进行验证，要用到仿真软件。仿真软件能完成对作业计划的评估，并为实际系统的运行提供参考。综上所述，FMS 管理系统软件主要由 FMS 作业计划、CAM、CAPP、FMS 仿真技术组成。

FMS 作业计划是管理系统软件中的一个重要组成部分，它制定日作业计划，把周、旬或更长时间的计划逐步落实到 FMS 中完成。FMS 作业计划是生产活动(生产准备、加工)的时间表，它根据生产计划(零件种类、供货日期、需求量等)，优化得出月、周、日/班 FMS 加工的零件及各班次刀具配置清单、夹具清单和原材料清单。编制和执行 FMS 作业计划，是为了保证按期、按质、按量完成加工任务。

CAM 是 FMS 中的一个重要环节。在 FMS 中，所有加工设备采用数字控制，要用到大量的数控加工程序。在 CIMS 环境中，CAM 和 CAD 组成一个独立的功能子系统，通过网络和 FMS 相连。而本章把 CAM 归到 FMS 最上层管理软件中。由于在 FMS 中加工的零件都比较复杂，FMS 对数控加工程序也有特殊的要求，因此，采用 CAM 生成 FMS 所用的数控加工程序非常重要。

CAPP 是 CAD 和 CAM 的桥梁，提供零件的加工工艺，包括工艺路线，以及刀具、夹具、量具清单。这些清单是作业计划中的刀具、夹具、量具清单的数据源头。

FMS 仿真技术在 FMS 的设计阶段，用于对系统进行评估，当 FMS 建立后，就用于 FMS 作业计划的运行仿真，从而对系统的输入进行评估，以达到优化的目的，并为系统实际运行提供参考。

3. FMS 控制系统及其功能

FMS控制系统通常由硬件和软件两方面组成，其组成如图10-14所示。

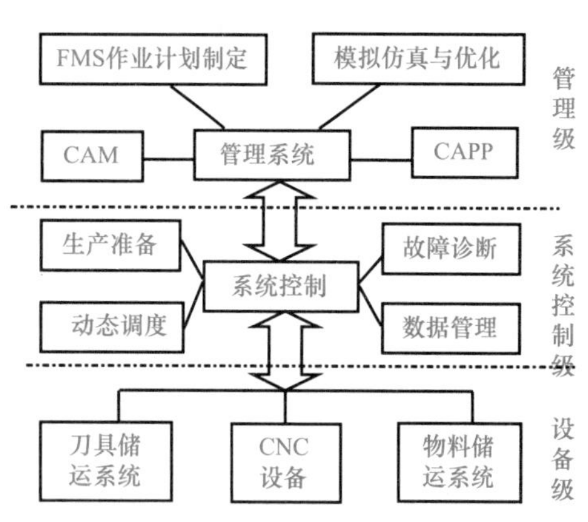

图 10-13 FMS 生产计划控制与调度系统的逻辑结构

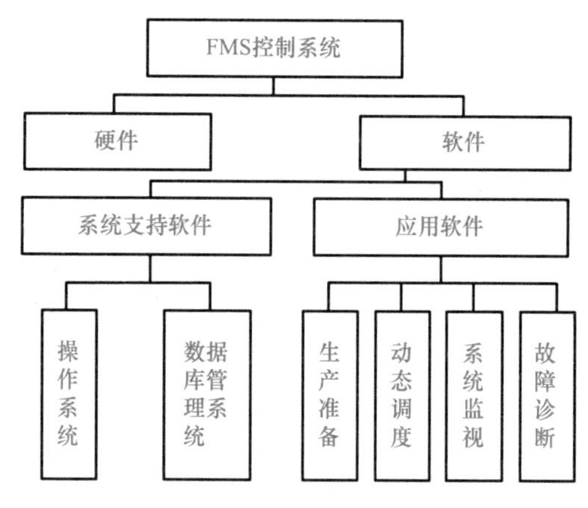

图 10-14 FMS 控制系统组成

FMS 控制系统的基本功能如下。

(1) 把物料参数、NC 程序、刀具数据等传送给 FMS 中的物料储运系统和加工设备。

(2) 协调 FMS 中各设备的运行，保证工件和刀具的及时供给，使加工设备高效运转。

(3) 提供友好的操作界面，使操作者能够输入数据，控制、运行和监视 FMS 运行。

(4) 当 FMS 发生故障时，能帮助操作者进行故障诊断和故障处理。

1) 生产准备

任何一个 FMS 自动运行前必须完成生产准备工作。生产准备工作可以在每天下班前或上班后系统自动运行前进行。生产准备的主要内容有以下几个方面。

(1) 获取生产作业计划、工艺计划与 NC 程序。在系统自动运行前，需要从车间控制器获取当天系统加工所需的 FMS 作业计划。在获取作业计划的同时，下载相应的刀具需求计划和物料需求计划。检查作业计划中零件加工所需的工艺计划和 NC 程序是否齐备，若不全则从 CAD/CAM 系统或上位机中获取。

(2) 刀具准备。由于刀具准备需要一定的时间，为了保证 FMS 有较高的生产率和设备利用率，一般情况下，当天系统加工所需的刀具在系统运行前都已事先进入系统。除非加工中出现刀具破损等情况，才临时从系统外进刀。因此，在 FMS 开工前，应当依据刀具需求清单，事先将所需的刀具进行装配、对刀，并通过生产准备系统将刀具送入 FMS 中央刀库，相应的刀具参数存入 FMS 单元控制机的数据库中和刀具管理控制机上。对不设中央刀库的 FMS 应将刀具送入相应的制造工作站的机附刀库中。

(3) 工装与工件毛坯准备。工装准备是指准备 FMS 完成当日作业计划所需的夹具并安装到随行托盘上，工件毛坯准备是指将需在 FMS 中加工的零件毛坯送到现场或存放在物料库中。

(4) 系统配置与数据核对。FMS 运行时，依据作业的需要或某种特殊的情况（设备临时维修等），FMS 中某台设备会临时离线，则可通过生产准备系统进行系统设置。系统数据核对也是 FMS 运行前一项重要的工作，因为系统中每一个数据都将直接影响系统的运行，可能会因一个微小的数据错误造成系统严重的故障，通常采用的办法是将存放在不同位置的数据进行校验，如将存放在单元控制器数据库中的数据与制造工作站的数据校验，一旦发现差异需人工进行校核，并通过生产准备系统中的数据管理系统进行纠正。

2) 动态调度

动态调度就是协调各子系统之间的合作关系，实现工件流、刀具流和信息流自动化传输，使 FMS 能高效自动化加工。动态调度系统是 FMS 控制系统的核心内容，它将 FMS 生产作业计划调度与控制问题在时间与空间上进行分解。

FMS 运行过程中设备状态的变化是十分复杂的，面对这种复杂和快速的实时状态变化，动态调度系统必须进行实时反应，使 FMS 保持正常、优化运行。因此，FMS 实时动态调度是一项十分复杂的任务。每发出一个实时动态调度命令，首先需要采集系统内所有设备的实时状态数据，并对这些数据进行分析，在数据分析的基础上结合调度优化策略，进行系统运行优化决策，最后生成实时动态调度命令。

在 FMS 调度中存在许多决策点，如工件投入、工件选择设备、设备选择工件、传送设备选择、成品退出系统等，这些决策点需要动态调度系统依据一定的原则做出正确的决策，确保系统运行优化。

3) 系统监视

监视系统监视整个 FMS 的运行工况，能使操作者随时了解整个 FMS 的运行状态，并能统计出以下系统数据：

(1) 设备利用率和准备时间；

(2) 发生故障的平均间隔时间、故障时间；

(3) 零件投入时间；

(4) 每个零件的循环时间；

(5) 操作者开关系统时间；

(6) 零件加工时间；

(7) 缓冲区利用率；

(8) 设备状态信息等。

上述统计数据按班、日、周、月和年收集起来作为累积资料，供以后分析。这些数据也可按照系统管理人员的需要，按一定的时间间隔存储到数据库中或打印保存。

4）故障诊断

故障诊断就是诊断出 FMS 各子系统的故障类型，做出对故障处理的决策，把故障信息提示给系统操作人员等。

10.3 FMS 实例

10.3.1 FMS-500 概况

FMS-500 是针对液压件壳体零件加工的中小型柔性制造系统，具有一班无人加工的能力。FMS-500 由两台卧式加工中心、自动化工件储运系统、自动化刀具储运系统、FMS 控制系统和决策管理系统组成。读者可扫描二维码，进一步了解 FMS-500。

自动化工件储运系统由中央托盘库、装卸站和有轨小车组成，为了完成一班无人加工，中央托盘库的容量为 12 个，托盘尺寸为 500mm×500mm。在自动化工件储运系统控制机的控制下，可以以手动、半自动、自动三种方式实现中央托盘、加工中心和装卸站三者之间工件的运送与交换。有轨小车的平均运行速度为 24m/min，重复定位精度小于 0.5mm，最大载重量为 500kg，如图 10-15 所示。

图 10-15 FMS-500 自动化工件储运系统

自动化刀具储运系统由刀具容量为 210 把刀的中央刀库、具有四个自由度的直角坐标机器人、具有 24 个刀位的刀具交换站和对刀仪组成。换刀机器人夹持刀具的最大质量为 18kg，平均运行速度为 24m/min，重复定位精度小于 0.5mm。

换刀机器人可以在机床加工过程中进行加工中心机附刀库与中央刀库的刀具交换。

图 10-16 是 FMS-500 自动化刀具储运系统。

刀具预调仪用于测量将进入系统的刀具的实际尺寸，测量结果传送给 FMS 控制机（单元机），再由单元机把该数据信息传送给相应的加工中心控制器，以便加工中心加工工件时使用。

刀具进出口站为刀具进入或退出系统的暂存装置，其容量为 22 个刀位，每个刀位有红、绿指示灯，指出刀具是进入还是退出系统。退出系统的刀具由机器人放入刀具出口站，再由操作人员取出；进入系统的刀具由操作者放入进出口站，再由系统刀具交换机器人送入系统。

图 10-16　FMS-500 自动化刀具储运系统

刀具交换机器人用于刀具在中央刀库、机床机附刀库和进出口站之间的装卸与传输。这种交换可在机床加工的同时进行，不需要停止机床加工，从而形成一个无准备时间的连续加工过程。FMS-500 中的两台加工中心为型号相同、功能一致的卧式加工中心，分别拥有容量为 60 把刀的机附刀库，具有随机换刀的功能，并具有刀具破损自动检测及工件尺寸和位置自动测量的功能。

10.3.2　FMS-500 系统递阶控制结构与系统功能

FMS-500 采用三级递阶控制结构，第一级为管理决策支持级，第二级为单元控制级，第三级为设备控制级。第一级和第二级用以太网连接，第二级和第三级用工业控制网连接。由于加工中心控制器不直接与工业控制网连接，系统通过网络接口与加工中心 CNC 控制器连接。FMS-500 三级递阶控制结构如图 10-17 所示。

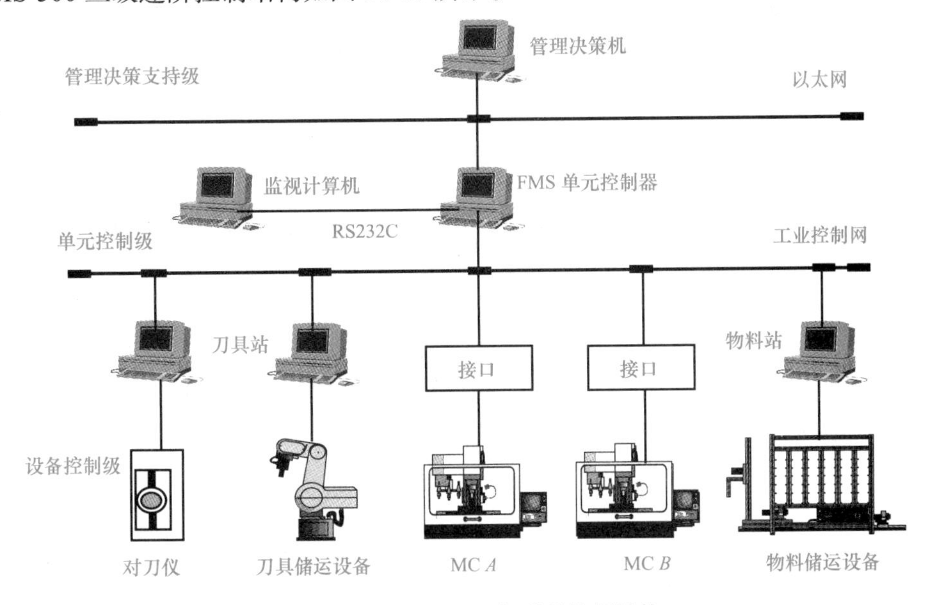

图 10-17　FMS-500 三级递阶控制结构

1) 第一级——管理决策支持级

在管理决策计算机上主要完成以下功能。

(1) 自动编程。完成壳体类零件数控加工程序编制和图形模拟，直观检查编程的效果与准确性。

(2) 作业计划编制。提供周作业计划和日作业计划，周作业计划为一周内将要加工的零件种类、数量以及所需要的毛坯种类、数量等；日作业计划为每天(或班)所要用的刀具、夹具清单以及零件 NC 加工程序等。

(3) 作业计划模拟仿真。通过人机交互方式进行系统平面布局的调整和配置的修改；通过对作业计划的仿真，建立系统运行中的各种状态记录，实现对系统的数字仿真和动态图形仿真，并输出仿真结果(包括各设备的利用率、系统的生产率等)，验证作业计划的合理性，为系统的实际运行提供参考。

(4) CAPP。为 FMS 加工的 33 种零件建立 CAPP 库，该库包括工艺路线库、设备目录清单、工序库(主要是数控加工工序)和图形库，这些库可随时检索调用；可以对库内任何一种零件的工艺过程进行修改，从而产生其他同类零件的工艺过程；可以绘制工序图；可以输出工艺文件。

2) 第二级——单元控制级

在 FMS 单元控制机上主要完成以下功能。

(1) 生产准备。通过人机界面进行系统配置、系统初始化(系统设备状态检测、刀具和物料系统数据核对等)、获取日作业计划或编辑、获取零件 NC 程序、系统内设备的单步操作等。

(2) 动态调度。研究生产作业计划和系统设备的状态，实时控制整个 FMS 的生产过程。正常情况下，实时动态调度有三种结束的可能，第一种为本班的加工时间已到；第二种为本班日加工计划已完成；第三种为操作者人为中断。通常是前两种方式，第三种方式一般在有特殊要求时才发生。当实时动态调度完成加工任务后，自动将系统的各种参数存到数据库中，待下一班开工时使用。

(3) 系统状态监视与诊断。实时监视 FMS 的运行工况，当一班结束后能统计设备利用率、系统生产率、系统工作时间、加工零件数量、刀具的使用情况等。在 FMS 发生故障时，诊断软件会把故障类型及故障解释显示出来，以便操作者了解故障情况，通知维修技术人员进行维修。

3) 第三级——设备控制级

设备控制级完成刀具数据采集和刀具数据传送；完成数控加工、刀具与零偏数据传送及系统状态监控；完成物料数据传送、刀具数据传送等。

10.3.3 FMS-500 的特点

(1) FMS-500 是一个以壳体类为加工对象的生产实用型 FMS，系统功能完整、可靠性高。

(2) 采用基于现场总线的工业控制局域网，具有速度快、可靠性高、实时性好、成本低等特点，并实现了与 FMS 底层设备的互连。

(3) 系统故障处理、故障容忍和系统再调度的能力强。

(4) 具有随机换刀、断刀、姐妹刀、刀具寿命管理与控制功能。

(5) 有机地将工件和零偏在线测量装置集成到 FMS 中。

(6) 具有计划下载、制造信息反馈等功能。

(7) 性价比高，配置灵活。

10.4 智能制造系统

随着 FMS 的进一步发展，日本和欧美等西方发达国家和地区开始提出智能制造系统。智能制造系统(intelligent manufacturing system, IMS)是一种由智能机器和人类专家共同组成的人机一体化系统，在制造的各个环节中，以一种高度柔性与集成的方式，借助计算机模拟的人类专家的智能活动，进行分析、判断、推理、构思和决策，取代或延伸制造环境中人的部分脑力劳动；同时，收集、存储、完善、共享、继承和发展人类专家的制造智能。

智能制造是基于新一代信息通信技术与先进制造技术深度融合，贯穿于设计、生产、管理、服务等制造活动各个环节，具有自感知、自学习、自决策、自执行、自适应等功能的新型生产方式。智能制造以智能工厂为载体，以关键制造环节智能化为核心，以端到端数据流为基础，以网络互联为支撑。为了实现智能制造，必须具有数字化、网络化的工具软件和制造装备，包括以下类型：

(1) 计算机辅助工具，如 CAD、CAE、CAPP、CAM 等；

(2) 工厂/车间业务与生产管理系统，如企业资源计划(ERP)、制造执行系统(MES)、产品全生命周期管理(PLM)/产品数据管理(PDM)等；

(3) 智能装备，如高档数控机床与机器人、增材制造装备、智能传感与控制装备、智能检测与装配装备、智能物流与仓储装备等；

(4) 新一代信息技术，如物联网、云计算、大数据等。

10.4.1 智能制造系统的网络层次模型

智能制造系统可以分为计划层、执行层、监视层、控制层和现场层五层结构，如图 10-18 所示。

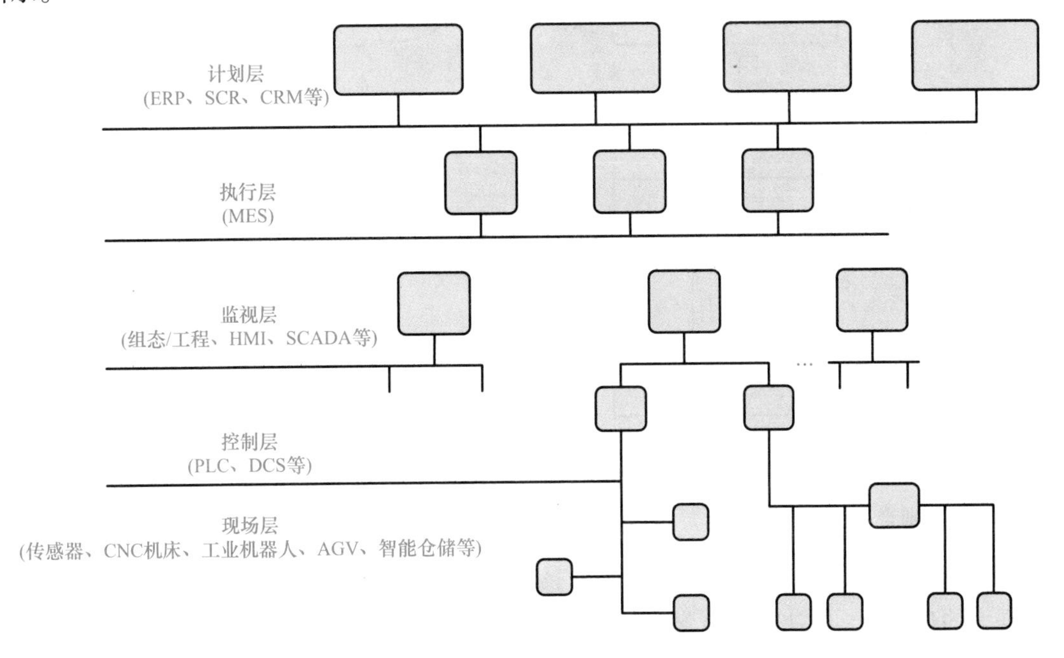

图 10-18 智能制造系统的层次模型

(1)计划层：主要实现面向企业的经营管理，如接收订单，建立基本生产计划(如原料使用、交货、运输)，确定库存等级，保证原料及时到达正确的生产地点，以及远程运维管理等。企业资源计划(ERP)、客户关系管理(CRM)、供应链关系管理(SCRM)等管理软件在该层运行。

(2)执行层：实现面向工厂/车间的生产管理，如维护记录、详细排产、可靠性保障等，主要就是 MES。

(3)监视层：实现面向生产制造过程的监视，包括可视化的数据采集与监控(SCADA)系统、人机接口(HMI)、实时数据库服务器等。

(4)控制层：包括各种可编程的控制设备，如 PLC、DCS、工业计算机(IPC)、其他专用控制器等。

(5)现场层：实现面向生产制造过程的传感和执行，包括各种传感器、变送器、执行器、远程终端设备、条码、射频识别，以及 CNC 机床、工业机器人、AGV、智能仓储等。

10.4.2 智能制造系统的数据流

智能制造系统的数据/信息交换要求从底层(现场层)向上贯穿至执行层甚至计划层，使得系统能够实时监视现场的生产状况与设备信息，并根据获取的信息来优化和调整生产调度与资源配置。按照图 10-18 所示的智能制造系统的层次结构可知，智能制造系统的数据流如图 10-19 所示。

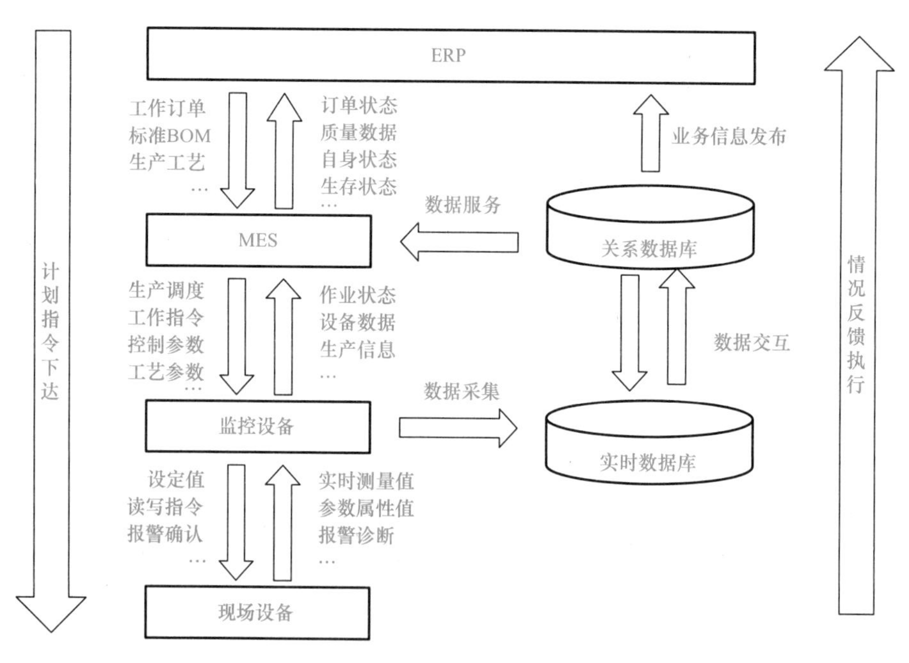

图 10-19 智能制造系统的数据流

10.4.3 智能制造系统实例

图 10-20 为智能制造系统的一个实例，该系统可以实现智能设备之间的“对话与协作”，具备强大的自感知、自决策、自学习的应用能力，彰显了人工智能和物联网在制造领域的深度融合，可实现真正意义上的“智能制造”。读者可扫描二维码，观看智能制造系统视频。

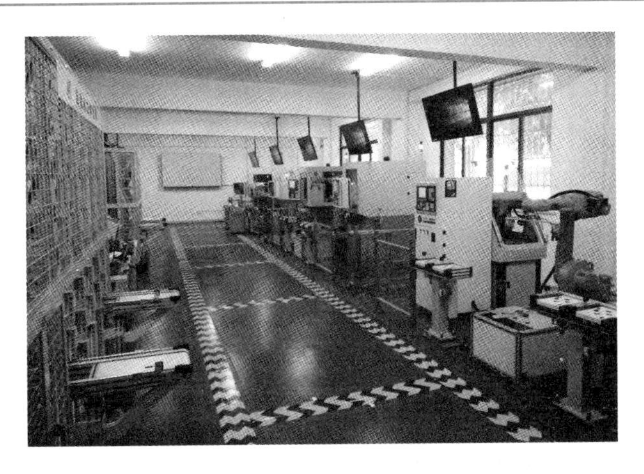

图 10-20　智能制造系统实例

复习思考题

10-1　FMS 的基本定义、组成和功能是什么？

10-2　在 FMS 中有哪些类型的制造工作站，它们在 FMS 中各自的作用是什么？

10-3　FMS 与 DNC 系统的主要区别是什么？FMS 的柔性体现在哪些方面？它给制造业带来的优势又是什么？

10-4　FMS 物料储运系统可采用的运输、存储设备有哪些？它们各自的特点是什么？

10-5　AGV 的基本原理、组成是什么？它和其他类型的传输设备相比具有什么优势？

10-6　FMS 控制系统的组成和主要功能是什么？

10-7　通过查阅资料，详细阐述智能制造系统的自感知、自学习、自决策、自执行、自适应功能。

参考文献

白恩远, 2002. 现代数控机床伺服及检测技术. 北京: 国防工业出版社
毕承恩, 丁乃建, 1991. 现代数控机床. 北京: 机械工业出版社
戴勇, 马万太, 等, 2004. 生产制造过程数字化管理. 北京: 科学出版社
邓奕, 2004. 数控加工技术实践. 北京: 机械工业出版社
杜君文, 邓广敏, 2002. 数控技术. 天津: 天津大学出版社
范炳炎, 1995. 数控加工程序编制. 2 版. 北京: 航空工业出版社
龚仲华, 2014. 现代数控机床设计典例. 北京: 机械工业出版社
顾京, 2004. 数控机床加工程序编制. 2 版. 北京: 机械工业出版社
关美华, 2003. 数控技术. 成都: 西南交通大学出版社
何雪明, 吴晓光, 刘有余, 2014. 数控技术. 武汉: 华中科技大学出版社
黄家善, 2004. 计算机数控技术. 北京: 机械工业出版社
黄翔, 2005. 数控编程理论、技术与应用. 北京: 清华大学出版社
李峻勤, 费仁元, 2000. 数控机床及其使用与维修. 北京: 国防工业出版社
梁彦学, 赵海波, 2003. 数控刀具技术现状及发展. http：//www.chinatool.net[2003-08-25]
廖卫献, 2002. 数控线切割加工自动编程. 北京: 国防工业出版社
林宋, 田建君, 2003. 现代数控机床. 北京: 化学工业出版社
刘雄伟, 2000. 数控加工理论与编程技术. 2 版. 北京: 机械工业出版社
刘雄伟, 2001. 数控机床与编程培训教程. 北京: 机械工业出版社
罗学科, 谢富春, 2004. 数控原理与数控机床. 北京: 化学工业出版社
梅雪松, 2013. 机床数控技术. 北京: 高等教育出版社
宁汝新, 赵汝嘉, 1999. CAD/CAM 技术. 北京: 机械工业出版社
彭晓南, 2003. 数控技术. 北京: 机械工业出版社
全国数控培训网络天津分中心, 1997. 数控原理. 北京: 机械工业出版社
全国数控培训网络天津分中心, 1999. 数控编程. 北京: 机械工业出版社
任建平, 2001. 现代数控机床故障诊断及维修. 北京：国防工业出版社
任玉田, 1996. 机床计算机数控技术. 北京: 北京理工大学出版社
单岩, 王卫兵, 2003. 实用数控编程技术与应用实例. 北京: 机械工业出版社
孙汉卿, 2000. 数控机床维修技术. 北京: 机械工业出版社
王爱玲, 沈兴全, 吴淑琴, 等, 2002. 现代数控编程技术及应用. 北京: 国防工业出版社
王春梅, 樊锐, 赵先仲, 2003. 数字化加工技术. 北京: 化学工业出版社
王聪梅, 2014. 航空发动机典型零件机械加工. 北京: 航空工业出版社
王侃夫, 2001. 机床数控技术基础. 北京: 机械工业出版社
王仁德, 赵春雨, 张耀满, 2002. 机床数控技术. 沈阳: 东北大学出版社
王润孝, 秦现生, 1997. 机床数控原理与系统. 西安: 西北工业大学出版社
王先逵, 2013. 机床数字控制技术手册. 北京: 国防工业出版社
王永章, 杜君文, 程国全, 2001. 数控技术. 北京: 高等教育出版社
薛彦成, 2004. 数控原理与编程. 北京: 机械工业出版社

晏初宏, 2004. 数控加工工艺与编程. 北京: 化学工业出版社
杨继昌, 李金伴, 2004. 数控技术基础. 北京: 化学工业出版社
杨伟群, 2002. 数控工艺培训教程(数控铣部分). 北京: 清华大学出版社
杨有君, 2005. 数控技术. 北京: 机械工业出版社
叶蓓华, 2002. 数字控制技术. 北京: 清华大学出版社
叶云岳, 2000. 新型直线驱动装置与系统. 北京: 冶金工业出版社
叶云岳, 卢琴芬, 范承志, 2003. 直线电机技术手册. 北京: 机械工业出版社
易红, 2005. 数控技术. 北京: 机械工业出版社
张超英, 罗学科, 2003. 数控加工综合实训. 北京: 化学工业出版社
张吉堂, 刘永姜, 王爱玲, 等, 2009. 现代数控原理及控制系统. 3 版. 北京: 国防工业出版社
赵玉刚, 宋现春, 2003. 数控技术. 北京: 机械工业出版社
周济, 周艳红, 2002. 数控加工技术. 北京: 国防工业出版社
朱晓春, 2019. 数控技术. 3 版. 北京: 机械工业出版社